AF348288

TRAITÉ

DES

CHAMPIGNONS.

TOME I.

TRAITÉ

DES

CHAMPIGNONS,

Ouvrage dans lequel, on trouve après l'hiftoire analytique & chronologique des découvertes & des travaux fur ces plantes, fuivie de leur fynonimie botanique & des tables néceffaires, la defcription détaillée, les qualités, les effets, les différens ufages non-feulement des champignons proprement dits, mais des truffes, des agarics, des morilles, & autres productions de cette nature, avec une fuite d'expériences tentées fur les animaux, l'examen des principes pernicieux de certaines efpèces, & les moyens de prévenir leurs effets ou d'y remédier ;

Le tout enrichi de plus de deux cents Planches où ils font repréfentés avec leurs couleurs & en général leurs grandeurs naturelles, & diftribués fuivant une nouvelle méthode.

Par le C.^{en} PAULET, Médecin des facultés de Paris & de Montpellier, de l'Académie médicale de Madrid, &c.

TOME PREMIER.

A PARIS,

DE L'IMPRIMERIE NATIONALE EXÉCUTIVE DU LOUVRE.

M. DCC. XCIII.

INTRODUCTION.

Depuis long-temps on défire une inftruction à peu-près complette fur les champignons, & on la demande fur-tout aux médecins. Les accidens fréquens auxquels l'ufage de ces plantes expofe, & les lumières ordinaires aux perfonnes qui exercent cette profeffion, femblent juftifier ce vœu & fon adreffe. Mais quelques connoiffances qu'on fuppofe aux médecins, quelque zèle qu'ils ayent toujours montré, lorfqu'il s'agit de fecourir l'humanité; le fervice qu'on effaye de rendre aujourd'hui au public, étoit de nature à ne pouvoir être ni prompt, ni d'une exécution facile. Un ordre de plantes très-nombreux à confidérer; des préjugés ou des erreurs fur leurs qualités, fur leur ufage, depuis long-temps accrédités, à combattre; des obfervations inexactes ou contradictoires fur leurs effets, à rectifier ; leur hiftoire botanique pleine de confufion, jointe à un langage prefque inintelligible; enfin, un vrai chaos à débrouiller : voilà les premiers pas qu'il falloit faire en entrant dans la carrière pénible qu'il y avoit à parcourir.

Pour qu'un ouvrage de ce genre fût un peu fatiffaifant pour le public, il ne fuffifoit pas encore de rendre clair ce qui étoit obfcur, de faire accorder les botaniftes entr'eux, de parler une langue que tout le monde pût entendre ; il étoit effentiel que, dans une matière auffi délicate, il n'y eût aucun doute fur les qualités des champignons , aucune occafion de méprife ou d'erreur. Il falloit avoir des portraits fidèles de ces plantes, prefque toutes tendres, délicates & de courte durée , & fe les procurer dans un état de fraîcheur, les guetter dans leur faifon, les furprendre, pour ainfi dire, au moment de leur apparition : les difficultés augmentoient lorfqu'il s'agif-foit de les faire venir de loin. Pour conftater leurs effets fur le corps animal , il y avoit beaucoup d'expériences à tenter , dont la plupart avoient befoin même d'être répétées plufieurs fois, quelques efpèces n'étant nui-fibles que dans leur maturité ou dans un état d'alté-ration fenfible, d'autres pouvant laiffer des doutes fur leurs qualités. Il falloit loger , contenir , renou-veler les animaux qui y étoient foumis : tout cela exigeoit beaucoup de foins, d'attention , de frais, de recherches , un emploi de temps confidérable ; voilà , fans doute , ce qui a détourné d'une pareille entreprife tous ceux qui peuvent en avoir eu l'idée avant nous.

D'ailleurs , des confidérations d'un autre genre pouvoient encore arrêter dans ce travail. L'antiquité avoit déjà prononcé que tous les champignons font en général malfaifans, & que le plus fûr eft de ne pas y toucher. Des écrivains modernes avoient même été plus loin , en propofant d'en profcrire entièrement l'ufage parmi les hommes. C'étoient autant de motifs, de prétextes favorables à la pareffe ou à l'ignorance, capables de juftifier le filence qu'on auroit pu garder à leur égard.

Mais peut-on empêcher les hommes de faire ufage de ces plantes, & fe diffimuler le befoin d'une inftruction! Toute la terre eft couverte de champignons, & prefque tous les peuples qui y font répandus en font entrer dans leurs alimens. On les porte au marché de Pékin, à la Chine, comme à ceux de Péterfbourg & de Florence, en Europe; c'eft une reffource furtout pour les peuples de Ruffie, de Hongrie, de Tofcane, principalement pendant le carême. Les accidens obfervés chez eux dans tous les temps, & qui y arrivent quelquefois encore *(a)*, ne les en ont point dégoûtés; ils n'ont fervi qu'à rendre ces peuples plus inftruits, plus attentifs. Un Ruffe, en effet, un habitant de Tofcane connoît mieux, en général, les champignons, que nos jardiniers ne connoiffent les plantes qu'ils cultivent; il fait les diftinguer, les claffer, les caractérifer même mieux que nous, parce que fa méthode eft le fruit du befoin, le réfultat d'une longue fuite d'obfervations & d'expériences, celui du concours des lumières de plufieurs hommes réunis.

Pline a beau s'écrier, *quæ tanta voluptas ancipitis cibi!* les amateurs des champignons connoiffent le paffage de Pline & ce qui y donna lieu; la fin malheureufe de

---

(a) Targioni Tozetti rapporte dans fes voyages, que dix-fept bucherons ayant mangé des champignons cueillis dans un bois en Tofcane, neuf en moururent le lendemain.

L'accident arrivé à la veuve du czar Alexis, qui s'empoifonna avec des champignons qu'on avoit gardés pour le carême, & rapporté par Muller, eft de notre fiècle.

l'empereur Claude, celle de plufieurs familles confulaires de Rome ; ils n'ignorent pas celles du pape Clément VII, de l'empereur Jovien, d'un Borromée de Naples, de l'empereur Charles VI, de la veuve du czar Alexis, tous illuftres victimes de leur goût pour ces végétaux, & ces amateurs ne fe corrigent pas. Ils connoiffent, de plus, les obfervations de médecine remplies de faits femblables; des exemples de mortalité régnant dans les armées, femblables à des épidémies, produits par la même caufe *(b)*; l'accident arrivé à feu madame la princeffe de Conti à Fontainebleau, en 1751 *(c)*; ceux qu'on obferve journellement aux environs de Paris *(d)*, de Rome *(e)*, de Naples, &c. & cependant ils n'en ont point encore perdu le goût. Tandis qu'on leur parle de ces accidens, ils regrettent de n'être pas dans le Béarn pour y manger des *palomètes*, qui n'ont jamais incommodé perfonne; en

---

(b) Stahl, *obfervationes medico-practicæ, de lue caftrenfi lethiferâ ab efu fungorum deleteriorum.*

(c) Feu madame la princeffe de Conti, dans un voyage de la Cour à Fontainebleau, en 1751, ayant aperçu dans la forêt des champignons qu'elle prit pour des oronges, fe les fit fervir à dîner; elle en mangea beaucoup plus que tous ceux qui étoient à fa table, & qui en furent très-incommodés. Cette princeffe fut à toute extrémité.

(d) Depuis 1749 jufqu'en 1788, on compte environ cent perfonnes qui ont péri aux environs de Paris par l'effet des champignons. Les accidens ont été obfervés fur-tout en 1749 à Chambourcy; en 1750 à Saint-Germain-en-Laye; en 1754 à Paris; en 1764 à Chatou; en 1765 à Paris; en 1775 à Melun, à Surenne; en 1778 à Franconville; en 1787 à Verfailles; en 1788 à Paris.

(e) En dernier lieu, les papiers publics ont fait mention d'un événement de ce genre arrivé à Rome.

Languedoc, pour y faire ufage des *oronges*, des *rougillons*, des *coquemelles*, des *poules*, des *favatelles*, *&c.*; en Guyenne, pour cueillir des *cèpes*; en Provence, pour y trouver la *pinède*, la *baligoule*; en Piémont, pour y manger la *truffe-à-l'ail*; en Bourgogne, pour y cueillir le *moufferon*; dans le Bourbonnois, pour y trouver des *coches*; à Fontainebleau, pour y manger des *barbes-de-chèvre*; en Italie, pour y arrofer la *pierre-à-champignons*, tous mets qu'ils appellent avec un empereur romain, *le manger des Dieux*.

Les défenfes même de les cueillir n'ont point d'effet. En 1754, à l'occafion d'un accident caufé par des champignons cueillis au bois de Boulogne, on affiche aux portes de ce bois une ordonnance de police qui défend d'y en ramaffer; la défenfe eft vaine, les accidens continuent. Effayer de profcrire parmi les hommes l'ufage des champignons, parce qu'il y en a qui incommodent, feroit une entreprife femblable à celle qui auroit pour objet de leur défendre l'ufage du perfil & du cerfeuil, parce que la cigüe qui leur reffemble eft un poifon.

Il n'y a donc d'autre reffource, d'autre parti à prendre que de s'éclairer. Il eft même étonnant qu'un peuple auffi avancé dans les fciences & les arts, que l'eft celui de Paris & de fes environs, foit en général d'une ignorance auffi complette fur les champignons, dont il diftingue à peine une feule efpèce, celle qu'on élève fur couche, négligeant ou dédaignant la connoiffance de tous les autres; ce qui le met, à cet égard, au-deffous de quelques animaux qui, au moyen de deux fens extrêmement exquis que la nature leur a accordés, celui du goût & celui de l'odorat, favent difcerner ceux qui peuvent leur nuire : auffi n'y a-t-il pas de pays au monde où les accidens caufés par les champignons, foient plus fréquens qu'aux environs de Paris.

Cette confidération feule a toujours été fans doute affez puiffante pour déterminer les botaniftes François, ceux de la capitale fur-tout, un peu plus philofophes que le peuple ou les écrivains dont on a parlé, à s'occuper de cet objet, & l'on eft certain que le grand Tournefort, ce botanifte qui a fait tant d'honneur à la France, méditoit un travail particulier fur les champignons, lorfque la mort vint le furprendre. Barrelier, feux Mrs de Juffieu, Vaillant, fes élèves ou fes fucceffeurs, eurent tous la même idée. Les nombreux deffins de champignons laiffés par Barrelier, & confervés en partie dans le cabinet du Roi, en partie dans celui de M. de Juffieu, ainfi que fes obfervations publiées, prouvent quelle fut fon intention. On voit dans un des Mémoires de l'Académie Royale des Sciences de l'année 1728, une efquiffe du travail que méditoit le célèbre Antoine de Juffieu fur cet ordre de plantes. Vaillant a laiffé le fien dans fon *Botanicon parifienfe :* on y voit fon plan, fa méthode, fes diftributions, fes genres qui ont fervi de modèles à d'autres ; & malgré le défordre de fon manufcrit, malgré les fautes qui n'ont pu être fauvées par les foins de fon illuftre éditeur, Boerrhaave, aidé même de Shérard, on doit au botaniste François, le plus grand jour jeté fur cette partie de la botanique.

Les botaniftes étrangers avoient fenti, comme nous, la néceffité d'un travail méthodique fur les champignons. L'Écluse (plus connu fous le nom de *Clufius*) *(f)* avoit déjà fait connoître, par une diftribution claire & méthodique, ceux qui naiffent en Hongrie, J. B. Porta, ceux des environs de Naples ; & leur travail avoit fervi de guide à J. Bauhin, à Loëfel, à Sterbeeck, pour la diftribution de ceux qu'on trouve dans le Montbéliard, en Pruffe & dans le Brabant. G. Bauhin ne fut que le rédacteur des travaux en ce genre, de l'Écluse & de Porta. Mentzel, Ray, Dillen ne donnèrent enfuite fur les champignons que des catalogues étendus, faifant partie de leur travail fur les plantes en général. On en doit dire autant des botaniftes qui ont publié des liftes de plantes fous le titre de *Flores ;* mais tous ces auteurs, à l'exception de l'Écluse, de J. Bauhin, de Loëfel, de Sterbeeck fur-tout, fe font bien plus occupés du foin de les décrire, que de celui de faire connoître leurs qualités, qu'ils n'ont même annoncées le plus fouvent que fur la foi d'autrui, & fur des rapports vagues & fufpeéts.

Parmi les botaniftes modernes qui ont travaillé plus particulièrement fur cet ordre de plantes, on doit diftinguer Micheli, Gleditfch, Battara, Schaeffer

---

(f) Quoique l'Écluse fût François, puifqu'il étoit d'Arras, on le confidère ici comme étranger, à raifon fur-tout de fon travail fur les champignons, qui n'a eu pour objet que ceux de la Hongrie.

& Batſch, qui ont fait connoître par des traités particuliers ou principaux de leurs écrits, les champignons
qui croiſſent aux environs de Florence, dans la marche
de Brandebourg, aux environs de Rimini, de Ratis-
bonne & d'Iène ; mais leurs travaux ſe reſſentent tous
plus ou moins de l'obligation qu'on s'impoſe ordinairement en botanique, de ne faire nulle mention des
qualités des plantes, ou de n'en parler que d'une manière
vague.

On doit excepter néanmoins Battara, dont le travail
auroit été d'une utilité bien plus générale, s'il étoit
mieux ſoigné & moins hériſſé de mots grecs ; ce qui
le fait reſſembler à un jardin couvert de beaux fruits
qu'on voudroit cueillir, mais dont l'entrée eſt défendue
de toutes parts par des ronces & des épines.

L'ouvrage de Batſch eſt ſans contredit bien mieux
fait, bien mieux ſoigné : la méthode y eſt jointe à la
clarté ; les objets y ſont fidèlement & agréablement
rendus, bien rapprochés, le terrain ménagé ; & je ne
doute pas que ce travail, fait même pour ſervir de
modèle en ce genre, ne produiſe tout le fruit qu'on
en peut retirer ; mais il laiſſe le regret de n'y voir
qu'un petit nombre de champignons (ceux des environs d'Iène), & ſon utilité bornée en général aux
connoiſſances purement botaniques.

On en peut dire autant de celui de Micheli, quoique
beaucoup plus étendu, quoique cet ouvrage étonne
autant par le ſavoir, le génie, la méthode & la clarté
qui y règnent, que par le nombre de découvertes
qu'il renferme. Il en eſt de même, à l'égard de l'utilité,

de

de la méthode de Gleditfch , qui n'eft qu'une copie de celle de Micheli. On y trouve quelques notes utiles fur l'ufage de certaines efpèces ; mais ces notes font pour ainfi dire perdues pour le public , dans des ouvrages qui ne font connus en général que des favans.

Les travaux des autres botaniftes poftérieurs à Micheli , n'ont pas été d'un plus grand fecours pour le public : & d'ailleurs , depuis les découvertes de cet auteur fur les parties de la fructification dans les champignons, prefque tous les efforts des plus grands botaniftes fe font dirigés vers la connoiffance de ces parties , dont la difpofition a fervi de bafe à leurs méthodes ou aux genres qu'ils ont établis. Les travaux, fur ce point, de Mrs Adanfon, Hill, Hedwig, en font la preuve, quoique ce dernier paroiffe avoir été plus heureux & très - exact dans fes découvertes ; mais des parties extrêmement fines , qu'on ne peut diftinguer qu'à la faveur d'un microfcope , éloignent trop , ainfi groffies, de la nature, pour qu'on puiffe la reconnoître en cet état, & rendent ces fortes d'ouvrages en général beaucoup plus curieux qu'utiles.

Les collections de champignons figurés, telles que celle de Schaeffer & d'autres , n'ont pas été d'une plus grande reffource pour le public. Ces fortes d'ouvrages, faits plutôt en général pour le plaifir des yeux ou pour le profit de l'auteur, que pour l'inftruction publique, ont prefque tous l'inconvénient qu'auroit une fuperbe galerie de tableaux, tous faits pour la même hiftoire, mais dont perfonne ne pourroit faifir l'enfemble ou

Tome I.   *b*

deviner le fujet ; il manque toujours à ces labyrinthes un fil propre à guider. Ces fortes de collections ne font point rares ; depuis quelques années on les a beaucoup multipliées, foit en France, foit en Allemagne *(g)*. Ainfi, ce n'eft pas le fonds qui nous manque ; c'eft la chofe. Tout cet amas de champignons ne fournit pas une vraie richeffe ; c'eft ce que Diofcoride appeloit de fon temps, où l'on en faifoit autant pour toute forte de plantes, *une abondance ftérile.*

Champier de Lyon, Philippe Breyne, avoient rendu

(g) Une des plus anciennes eft un recueil de deffins de champignons fort étendu fait par l'Éclufe, dont Sterbéeck eut connoiffance, & qu'on confervoit de fon temps, dans la bibliothèque de Leyde, où on ne le trouve plus : il contenoit les figures de tous les champignons dont l'Éclufe avoit fait mention dans fon ouvrage, & cette collection qui étoit un peu méthodique, mérite d'être diftinguée des autres. Le travail fur les champignons de Baldus ou Baldi, cité avec éloge par Micheli, fe voit dans la bibliothèque de Nani à Venife. Celui d'Heckius & de Cefi, fuperbe ouvrage en trois vol. *in-folio*, dont Lancfi a fait mention, eft aujourd'hui dans celle du palais Albani, à Rome. Il exifte encore un recueil de champignons fait par Shérard, dont Micheli a eu connoiffance ; un autre fait par Breyne, cité par le même auteur ; un autre par Marfigli ; un autre par Totty, abbé de Vallombreufe, dont Battara a fait mention ; enfin, un autre célèbre fait par Rudbeck, dont Linné, auquel il a fervi de guide pour les champignons, parle avec éloge dans la *Flore de Laponie*. Le cabinet des eftampes du Roi, à Paris, renferme environ deux cent cinquante deffins de champignons peints fuperbement & d'après nature, par les meilleurs artiftes François. On y voit encore la collection des plantes de feu M. Rouffel, fermier général, qui en contient un grand nombre (*a*). M. Barbeu du Bourg en a laiffé encore une collection nombreufe.

(a) Ces champignons du cabinet du Roi font défignés dans la fynonimie des efpèces, fous les titres abrégés de *Cimel. Reg. Parif.* & de *Rouff.* pour *Cimelium regium parifienfe, & Rouffel.*

un plus grand fervice au public, en faifant connoître,
l'un, dans fon traité *de re cibariâ*, la plupart des
champignons qu'on fert fur les tables ; l'autre, dans
fon traité *de fungis officinalibus*, ceux qui font d'ufage
en médecine ; mais ces champignons fe réduifent à un
très-petit nombre d'efpèces.

On étoit donc réduit, pour les notions générales les
plus fûres à l'égard de ces plantes & de leurs qualités,
prefqu'aux feuls traités de l'Éclufe & de Sterbéeck,
écrits, l'un en latin, l'autre en langue flamande. Mais,
foit pareffe de la part des lecteurs, foit ignorance de
ces langues, défaut de confiance, ou vice dans les
figures, il en a réfulté que ces travaux n'ont pu être
généralement utiles, & que celui de l'Éclufe ne l'a été
même que pour la botanique. On en peut dire autant
des catalogues de Jean & de Gafpard Bauhin, de Ray,
& de Dillen, quoique les plus eftimés.

Les ouvrages de botanique beaucoup plus modernes, ont été pour le public d'une reffource encore
plus foible que les précédens ; & d'ailleurs, quelque
parfaites qu'euffent été les méthodes propofées par
leurs auteurs, les dénominations introduites depuis
quelques années dans la fcience, & rendues littéralement dans notre langue, euffent été pour fes progrès
un obftacle conftamment invincible.

Qu'on prenne pour exemple le mot *bolet*, qu'on
voit dans plufieurs de nos écrits, & qui eft la traduction littérale de *boletus*, terme générique des plus
ufités en botanique, pour les champignons. Ce mot,
d'origine grecque, employé d'abord par les anciens,

pour défigner l'oronge (champignon de la couleur du bol, c'eft-à-dire, d'un rouge pâle, & d'un ufage très-recherché), fervit enfuite à défigner d'autres plantes, telle que la truffe-du-cerf, qu'on nomma, par métaphore, *boletus cervi*, comme pour dire l'oronge du cerf, à caufe du goût qu'on croit que ces animaux ont pour cette plante. Sous Tournefort & fes fectateurs, le même mot devint le nom générique des morilles; fous Dillen, il changea de fignification, & fervit à défigner des champignons poreux ou cèpes; & enfin, fous Linné, il eft devenu le nom générique non-feulement des champignons poreux ou tubuleux, mais de tous les agarics qui ont le même caractère. Rendu littéralement dans notre langue, on ne fait plus ce qu'il fignifie. Il n'y a pas plus de raifon de dire qu'un *bolet* foit un cèpe ou une morille, plutôt qu'une oronge. Ce terme, ainfi traduit, eft donc un mot vide de fens, ou plutôt n'en a qu'un relatif aux diverfes acceptions qu'il a reçues, aux différentes époques où il a été employé ; de manière que fi l'on n'eft au fait des révolutions arrivées en botanique, fi l'on ne fe tranfporte aux différens temps où ce mot a été mis en ufage, *bolites*, *boletus*, ou *bolet*, fera pour les uns une morille, comme il l'a été pour l'auteur d'un dictionnaire d'hiftoire naturelle, qui prend pour des morilles les *boleti medicati* que Suétone dit qu'on donna à manger à l'empereur Claude, tandis que c'étoient des oronges apprêtées ; pour d'autres, ce fera une truffe, comme pour un traducteur de phrafes botaniques de Linné, qui rend celles de *boletus bovinus*,

& de *boletus perennis*, par celles de *truffe de bœuf*, & de *truffe perpétuelle*, tandis qu'il n'y a point de truffe dans le pays dont on parle, & que Linné ne prétend défigner que des champignons poreux ; pour d'autres, enfin fur-tout dans les provinces où certains mots latins fe font confervés prefque fans altération, comme en Languedoc, un *bolet* fera l'oronge, puif-qu'on ne l'y appelle pas différemment dans plufieurs cantons.

Le mot *agaricus*, autre nom générique très-ufité parmi les botaniftes pour les champignons & de même origine que le précédent, a autant d'inconvé-niens que le premier, dans une traduction littérale. Confacré avant Linné, pour les feuls agarics, c'eft-à-dire, pour ces plantes fongueufes & incomplettes qu'on voit attachées latéralement & fortement aux troncs d'arbres, ce mot eft devenu, depuis ce bota-nifte, le nom générique de tous les champignons & agarics qui ont des feuillets ; de manière que fes fectateurs ou traducteurs n'écrivant plus, ne nommant plus les chofes par leur nom, donnent aujourd'hui indiftincte-ment celui *d'agaric* à tous les champignons feuilletés ; appelant, par exemple, *agaric comeftible* celui que tout le monde connoît fous le nom de champignon de couche ; *agaric chanterelle*, celui qu'on appelle par toute la France, *gérille*, *girolle* ou *girandet*, & ainfi des autres ; de manière que dans leur langage, le véritable agaric, celui du melèze, par exemple, n'eft plus un agaric, mais un *bolet*, & le champignon ordinaire n'eft plus un champignon, mais un agaric.

C'eſt au moyen de ces dénominations étranges, preſque ridicules, qu'on traveſtit les objets même les plus connus, au point de ne pouvoir plus les reconnoître, & qu'on interdit au public l'entrée d'une ſcience qui devroit être la plus généralement répandue, puiſqu'elle eſt une des plus néceſſaires. C'eſt faire preſque inſulte aux mânes de l'homme le plus profond, le plus célèbre du ſiècle (M. de Buffon), qui parlant de cette manie, en botanique, de changer les expreſſions déja reçues, diſoit : « Je ne conçois » pas qu'un auteur ſoit aſſez déraiſonnable pour donner » des noms à des choſes déja nommées, & pour » employer des expreſſions inintelligibles. C'eſt vouloir » parler pour n'être point écouté, & écrire pour » n'être point entendu. » *(Diſcours ſur les animaux.)*

Mais à ce ridicule ſe joint un très-grand mal , lorſque les interprètes des botaniſtes, peu ou point au fait de la choſe dont ils parlent, traduiſent comme au haſard, leurs phraſes botaniques. Alors, il peut arriver qu'un très-petit champignon, par exemple, dont l'uſage ne ſauroit nuire, ſe trouve transformé tout-à-coup en une plante qui a l'air d'un géant , & dont l'effet eſt des plus meurtriers ; tandis que celui dont l'uſage n'eſt pas ſûr, pourra être donné pour une eſpèce innocente. On en a un exemple frappant dans un ouvrage moderne très-conſidérable, où l'*agaricus extinĉtorius* de Linné , qui eſt un petit champignon feuilleté, en forme d'éteignoir & d'un effet nul, ſe trouve donné pour une eſpèce meurtrière, ſous le titre d'*agaric deſtruĉteur;* tandis que l'*agaricus integer* du même auteur, champignon à feuillets entiers & dont l'ufage n'eft pas fûr, eft donné pour une efpèce des plus innocentes, fous le titre ridicule d'*agaric pur*.

Tel eft le réfultat de ce travers de fauffe fcience, ou du plus mauvais goût joint à l'ignorance ; réfultat qui eft prefque autant la faute des originaux qu'on traduit, que celle de leurs interprètes, puifque la plupart de ces termes génériques employés d'abord par quelques botaniftes fans règle & fans choix, bien loin de donner une idée jufte de l'objet qu'on veut leur faire défigner, n'en donnent aucune, ou en donnent une fauffe.

On en peut juger principalement par ceux d'*hydnum* & d'*elvella*, employés par le même Linné, l'un (l'*hydnum*) pour défigner des champignons dont la partie inférieure du chapiteau eft hériffée de pointes, l'autre (l'*elvella*) pour des champignons à furface unie & en forme de toupie ; tandis qu'on fait que l'*hydnum* eft le nom grec de la truffe, & que l'*elvella* ou *helvella* eft un mot employé par les Latins, fur-tout par Cicéron, pour défigner l'oronge, comme pour dire *è volvâ*, parce qu'en effet ce champignon fort d'une enveloppe, que les Latins appeloient *volva*, d'où s'étoient formés leurs termes *evolutio, evolvere, &c.* Comment l'interprète de Linné, même inftruit, pourra-t-il fe figurer, s'il n'eft parfaitement au fait de fon langage, que chez cet auteur, l'*hydnum* ne foit plus la truffe, & l'*elvella* ne foit plus l'oronge ! Mais quel fera fon étonnement & fon embarras, fi ne connoiffant pas l'idiôme ou plutôt le grimoire de certains botaniftes, il trouve écrit dans fa propre langue, un *hydne*, une *elvelle*, &c. comme il y en a des exemples ! Alors, abjurant une fcience dont le langage eft perpétuellement une énigme pour lui, il aime mieux y renoncer, que d'en connoître à ce prix tous les avantages.

Le choix des mots n'eft donc point indifférent dans les fciences, & peut influer, comme on voit, fur les chofes. Prefque tous les termes génériques, employés en botanique dans ces derniers temps, pour les champignons, ont malheureufement une fignification différente de celle que l'ufage leur avoit confacrée. Voyez l'*amanita* des Grecs ! il ne défigne plus, fous les plumes de Dillen, de Haller & d'Adanfon, des champignons poreux comme chez les Grecs, mais des champignons feuilletés. Le mot *phallus* même, dont la fignification eft fi connue, employé à la manière de Linné, n'eft pas exempt d'inconvéniens. Comment un lecteur à demi-inftruit, lifant *phallus efculentus*, furtout à côté de *phallus impudicus*, pourra-t-il fe perfuader qu'un *phallus* foit bon à manger, & que c'eft le nom de la morille ordinaire ! C'eft vraifemblablement ce qui a été caufe qu'un de fes interprètes ayant à traduire *phallus efculentus*, a mieux aimé indiquer un être imaginaire, fous le titre de *champignon de couche à réfeaux*, plutôt que de s'expofer au ridicule qu'il croyoit trouver dans le mot *morille*.

On raffembleroit mille interprétations vicieufes de ce genre, fervant toutes à prouver qu'avec un femblable langage, les méthodes même les plus parfaites ne fauroient réuffir, & qui font fentir en même temps la

néceffité

néceffité non-feulement d'une réforme dans l'expreffion, ou plutôt le befoin du rétabliffement de celle qu'un long ufage avoit confacré, mais celle du rapprochement, dans une fynonimie exacte, de tous les termes ufités pour les champignons.

Lorfqu'on examine de près l'hiftoire botanique de ces plantes, on y trouve affez de difficultés, fans y ajouter celle de l'expreffion. Elle eft fi peu exacte, cette hiftoire, que les auteurs même les plus célèbres, tels que Mathiole, G. Bauhin & autres, ont fait quelquefois plufieurs efpèces de la même plante, non-feulement en la multipliant, mais en prenant une de fes parties pour le tout, comme on peut s'en convaincre à leurs articles, & notamment aux n.ºs 3 & 17 de la fynonimie.

L'incertitude a toujours été telle, dans cette partie de la botanique, même à l'égard des efpèces les plus connues, que Cicarelli, auteur d'un traité fur les truffes, après en avoir admis d'abord quatre différentes, finit par fe rétracter pour n'en admettre qu'une, qui n'eft pas même celle qu'il vouloit indiquer, c'eft-à-dire, celle de Diofcoride, mais celle que Mathiole a fait repréfenter, offrant au printemps, en été, en automne ou en hiver, des afpects différens. Tous ces faits avoient befoin d'être éclaircis, ainfi qu'une infinité d'autres, fujets à des conféquences bien plus importantes, furtout quand les efpèces fufpectes ont été données pour bonnes, ou confondues avec celles-ci, & les bonnes pour mauvaifes, comme il y en a beaucoup d'exemples.

Vaillant eft fur-tout un des auteurs dont il étoit le

Tome I. c

plus important, pour nous, d'éclaircir les paſſages, à
cauſe du grand nombre de champignons des environs
de Paris qu'il a décrits, de quelques aſſertions haſardées ſur les qualités de certaines eſpèces & du déſordre
qui règne ſur ces plantes, dans les numéros & titres
de ſon *Botanicon;* les uns ſe trouvent répétés, d'autres
tranſpoſés, ne répondant point par conſéquent aux
deſcriptions qu'ils ſuſcrivent; ce qui rend cet auteur
non-ſeulement obſcur & inintelligible en pluſieurs
endroits, mais ſujet à tromper, & même dangereux
à ſuivre dans d'autres. Il peut ſe faire que Vaillant ait
erré ſur quelques points; mais il ſemble qu'on ait
encore de plus grands reproches à faire à l'éditeur de
ſon ouvrage.

Les livres de médecine ſont pleins d'obſervations
ſur les effets pernicieux des champignons, qui deviennent
pour ainſi dire nulles, à cauſe de l'ignorance dans laquelle
on laiſſe le lecteur ſur l'eſpèce ou le genre qui a produit
ces accidens. La connoiſſance de ces eſpèces peut devenir extrêmement utile; & en général, toutes les obſervations de ce genre ont beſoin d'être rectifiées.

Il y a encore ſur les cauſes de la vénénoſité de ces
plantes, ſur les moyens de la reconnoître, de la corriger, &c. preſque autant d'erreurs que d'opinions
reçues. Il en eſt à peu-près de même des notions tranſ-
miſes à leur ſujet par l'antiquité. Preſque toutes celles
qui ſont parvenues juſqu'à nous, ſont marquées au
coin de l'ignorance, ou de quelque préjugé popu-
laire, ou du merveilleux : ce dernier trait caractériſe
principalement les obſervations de ce genre, publiées

en Allemagne dans les feizième & dix - feptième fiècles.

Les affertions des voyageurs fur l'ufage que font les peuples du Nord, les Ruffes, les Oltiaques fur-tout, indiftinctement, difent-ils, de toutes fortes de champignons, même de celui qui eft fi connu chez eux, fous le nom de *mucho - more* (ch. à mouches), étoient trop vagues, & avoient befoin d'être rectifiées.

L'art de remédier aux accidens que certaines efpèces produifent, étoit encore un objet des plus importans à confidérer. Cet art, livré dans l'antiquité à une efpèce d'empirifme, avoit befoin d'être fondé fur des bafes plus certaines : il eft fi peu avancé même encore cet art, que, de nos jours, on a vu des perfonnes qui l'exercent, propofer le vinaigre, les vomitifs même les plus violens, tels que les différens vitriols & le tartre émétique, à des dofes exceffives, indiftinctement & comme les feules reffources. Mais ne fait-on pas que le véritable art d'adminiftrer les fecours dans tous les cas, & en particulier dans celui-ci, eft toujours relatif aux circonftances où les fujets fe trouvent, à la manière dont ils font affectés, & à la nature du corps ou de la caufe qui produit les accidens ; ceux qui réfultent de l'ufage des champignons pouvant être caufés par des efpèces diverfes, dont les unes nuifent à raifon de leur tiffu coriace, d'autres à raifon de leur fubftance fpongieufe, d'autres par l'effet d'une fermentation très-exaltée, d'autres par leur état putride, enfin, d'autres par un principe réfineux abfolument délétère. Il y en a qui portent leur action d'abord fur la gorge ou fur l'eſtomac, qu'elles affectent de différentes manières; d'autres n'agiſſent ſur des organes éloignés de ceux-ci, que quelque temps après leur entière diſſolution dans l'eſtomac, qu'elles laiſſent quelquefois intact; les unes ne cauſent qu'un gonflement, un poids incommode; d'autres, un état de ſpaſme, ou d'inflammation, ou de phlogoſe gangreneuſe; d'autres, un état de foibleſſe, de langueur ou de ſtupeur, ou de délire, &c. toutes circonſtances qui, ſans parler de celles tirées de l'âge, du ſexe, des complications, &c. offrent preſque autant de cas particuliers qui néceſſitent la diverſité des ſecours; les vomitifs prompts & ſûrs étant indiqués pour les uns, les purgatifs pour d'autres; les ſédatifs, les antiſpaſmo-diques, les vrais antidotes, les confortatifs ſeuls ou combinés pour d'autres, & le vinaigre ne paroiſſant propre à remédier à aucun. J'avoue qu'on ne peut bien ſaiſir toutes ces indications, qu'à l'aide des diſtinctions néceſſaires, des connoiſſances exactes & ſûres ſur cet objet.

Je crois qu'on ne peut acquérir celle de ces plantes, qu'à la faveur d'une étude approfondie, ou d'une mé-thode artificielle qui l'abrége & la facilite. Ces ſortes de méthodes, toujours néceſſaires quand il y a beau-coup d'objets à connoître, à diſtinguer, comme dans la partie des champignons, ont l'avantage, en claſſant les plantes analogues & les rapprochant, de ſoulager la mémoire & de faciliter les recherches. Mais on exige en botanique qu'elles ſoient claires, que les caractères des plantes ſoient faciles à ſaiſir, que les objets réunis ſoient vraiment analogues; enfin, qu'elles abrégent l'étude de la fcience ; fans quoi leur but eft manqué.

La première partie de cet ouvrage , deftinée à offrir une fuite chronologique des découvertes fur les champignons, ainfi que le rapprochement des genres & des efpèces, offre en même temps le tableau des diverfes méthodes qui ont été propofées fur ces plantes ; & l'on peut fe convaincre qu'il n'y en a prefque aucune qui n'ait des vices, ou du moins des inconvéniens, & qui ne laiffe quelque chofe à défirer. On a pu remarquer encore que leur imperfeclion, en général, paroît dépendre fur-tout de la manière dont les genres qui leur fervent de bafe, y font établis.

Ces fortes de genres pour les champignons , dont les premiers & les meilleurs modèles, fournis d'abord par Ruelle , Tournefort & Vaillant, furent enfuite imités , fuivis ou remplacés par ceux de Dillen, de Micheli, de Linné, d'Adanfon, de Hill, de Hedwig &c. pour qu'ils foient les meilleurs poffibles, c'eft-à-dire, les plus propres à former des chefs d'ordre bien établis, ne doivent pas être fondés, felon nous, fur la difpofition particulière d'un feul ordre de parties , quand même ces parties feroient très-apparentes, comme la plupart de ceux qu'ont formés Dillen & Linné. Ils paroiffent encore moins parfaits, lorfque ces parties dont la difpofition fert de fondement à leur caraclère, font très-difficiles à découvrir, exigent le fecours des inftrumens pour être aperçues, comme la plupart de ceux de Micheli , de Gleditfch , d'Adanfon , de Hill , &c. (car c'eft alors donner des fignaux pour qu'ils ne foient point aperçus) ; mais ils doivent tirer leurs caractères des attributs les plus effentiels & en même temps les plus remarquables de la plante , confidérée non-feulement dans fa forme , fa ftruéture intérieure & extérieure , mais dans fon corps , fa fubftance , fon tiffu , fes principes , fes qualités , &c. Le petit nombre de genres qui ont paru les mieux faits dans ces derniers temps , tels que quelques-uns de ceux de Micheli , de Haller , n'ont été établis que d'après ces confidérations. Si l'on s'en écarte , le genre le plus parfait en apparence , le plus rigoureufement établi , ne fauroit avoir les caractères de la perfeétion.

Qu'on prenne pour exemple , l'*oétofpora* de Hedwig , genre admiré des connoiffeurs : quelque parfait qu'il paroiffe , il laiffe encore beaucoup à défirer. Il eft fondé , il eft vrai , fur la difpofition d'un ordre de parties qui ne manquent jamais à la plante , celles de la fruétification que l'auteur a exa-minées rigoureufement , au moyen d'un microfcope folaire : tout l'appareil de cette fruétification eft mis en évidence ; c'eft comme un myftère de la nature à découvert. Mais ce genre tire tout fon caractère de la difpofition d'un ordre de parties qu'il eft prefque impoffible d'apercevoir , & dès-lors fon but principal , qui doit être l'utilité publique , eft manqué. D'ailleurs , il eft poffible qu'il réuniffe des êtres fort diffemblables , puifqu'il n'eft contraire ni à la raifon , ni à l'obfervation , que la nature ait employé le même artifice , le même moyen de repro-duétion pour des plantes très-différentes d'ailleurs entr'elles, quoique fe reffemblant en un feul point. Tout genre qui n'a donc qu'un côté, qu'un figne de ralliement pour fes efpèces, eft effentiellement vicieux, fur-tout lorfque ce figne eft très-obfcur ou difficile à faifir, tel que celui de l'*oʻlofpora*, qui confifte dans des capfules à étuis, cachées fous l'épiderme de la plante, & contenant chacune huit femences.

J'avoue que cette manière d'arracher à la nature fon fecret, de lui ôter fon voile, fait honneur à l'auteur de la découverte, a de grands avantages, peut fervir fur-tout à fixer les limites qui féparent les efpèces, mais ne fauroit être la plus profitable. D'ailleurs, de pareils genres paroiffent être non-feulement peu propres à l'inftruction publique, mais entièrement hors de la bonne règle; car en fuppofant que l'unité & l'uniformité de notes pour le caractère d'un genre, foient fes qualités les plus éminentes; encore faudroit-il tirer ce caractère des parties les plus effentielles & les moins variables de la plante; mais la difpofition des femences dans les champignons, c'eft-à-dire, leur fituation, leur forme, leur nombre, leur couleur, &c. ne font point dans ce cas; puifqu'on trouve des champignons évidemment de même nature, de même forme, de même fubftance & de même qualité, dans lefquels la difpofition de ces parties diffère non-feulement d'efpèce à efpèce, mais varie dans le même individu. D'ailleurs, en ne donnant ainfi qu'une note pour caractère à des chefs d'ordres, c'eft traiter le genre comme l'efpèce, un quartier de ville comme une rue ou les maifons, un corps de troupes comme les foldats, enfin comme tous les objets d'un ordre inférieur & de détail, auxquels on fe contente, pour les diftinguer, de donner un nom, un numéro, tandis qu'on décrit, qu'on caractèrife avec foin tout ce qui eft genre, chef d'ordre, collection d'efpèces, &c. Avec plufieurs notes, fi l'une eft équivoque ou manque, une autre vient à fon fecours; avec une feule, fur-tout fi elle eft équivoque, obfcure, difficile à faifir, on rifque à chaque inftant de s'égarer: fi l'on s'égare pour le genre, que fera-ce pour l'efpèce! Le plus grand nombre des genres de Gleditfch, de Hill, d'Adanfon, celui de Hedwig, établis d'après la difpofition des femences, la plupart de ceux de Dillen & de Linné, fondés fur la difpofition de leurs réceptacles, également fujets à varier, font donc effentiellement vicieux, & en font défirer d'autres; leur caractère étant uniquement & exclufivement fondé fur un ordre de parties pour ainfi dire acceffoires à la plante, difficiles à découvrir, ou fujettes à varier.

En attendant des genres mieux établis, des méthodes plus parfaites pour un ordre particulier de plantes très-naturel, c'eft-à-dire, qui n'a rien de commun avec les autres, & qui offre beaucoup de facilités pour l'établiffement & la diftinction des caractères; voici celle qui m'a paru la plus naturelle, la plus propre à abréger l'étude, à faciliter les recherches de ces plantes. Son développement, ainfi que fon application aux différentes efpèces qu'on a à faire connoître, forment l'objet principal de la deuxième

partie

partie de cet ouvrage : on en trouve le plan dans un tableau général, placé à la tête de cette partie.

Il réfulte de ce tableau, que tous les champignons, c'eft-à-dire, toutes les plantes fongueufes, peuvent fe ranger facilement, à raifon de leur forme ou ftructure apparente, fous quatre claffes principales, dont la première comprend ceux dont le corps eft formé en chapiteau horizontal & circulaire; plus épais au centre qu'aux bords; la feconde, ceux qui réfultent d'une peau d'égale épaiffeur par-tout, creufe, aplatie ou pliffée; la troifième, ceux qui font compofés de tiges nues, plus ou moins perpendiculaires; & la quatrième, ceux dont le corps eft en globe, ou en maffe plus ou moins arrondie.

La première de ces claffes eft fufceptible d'être divifée en deux chefs d'ordres ou feĉtions principales, dont l'une comprend les champignons à chapiteau incomplet, & en général fans tige ou avec une tige latérale, c'eft-à-dire, les AGARICS; & l'autre, les champignons à chapiteau complet, c'eft-à-dire, les CHAMPIGNONS proprement dits.

La feconde claffe eft fufceptible d'une divifion femblable, contenant des plantes incomplettes, pour la plupart en forme d'oreille, ou de conque, ou de trompette, fans pédicule ou tige, c'eft-à-dire, les NOSTOCS ou COCCIGRUES, & d'autres complettes portées fur une tige, c'eft-à-dire, les MORILLES.

La troifième eft dans le même cas, comprenant des tiges de fubftance charnue ou molle, creufes ou pleines, croiffant pour la plupart par terre, c'eft-à-dire, les

CLAVAIRES, & d'autres d'un tiſſu plus compacte, plus sèches, à ſurface noire, toutes paraſytes, & d'une ſaveur de truffe, c'eſt-à-dire, les TRUFFONS.

La quatrième eſt encore ſuſceptible d'être diviſée en deux principales ſections, dont l'une comprend les plantes de cette claſſe ſans écorce ou enveloppe diſtincte, c'eſt-à-dire, les TRUFFES; & l'autre, celles qui ont une enveloppe ſenſible & diſtincte de leur pulpe, c'eſt-à-dire, les LYCOPERDONS ou VESSES-DE-LOUP.

Sous ces principales ſections ſe trouvent les genres dont les caractères ſont tirés de la conſidération non-ſeulement de l'état général du corps de la plante, mais de ſa manière d'être particulière & de ſa ſtructure ou organiſation ſenſible, extérieure ou intérieure; enfin de ſes attributs les plus conſtans & les plus re-marquables, de ce qui conſtitue eſſentiellement ſa nature propre. Ces genres ſont au nombre de vingt-un, dont les huit premiers dans la première claſſe, ſont, l'*agaric-liége*; l'*agaric-nerf*; l'*agaric-amadou*; l'*agaric-gelée*; l'*agaric-chair*; l'*agaric-pulpe*; l'*agaric-champi-gnon*, & le *champignon*. Ceux de la ſeconde ſont, la *conque-oreille*; le *noſtoc*; le *grain-de-mure*; le *coccigrue*; la *peau-de-morille*; la *morille*, & le *phallus*. Ceux de la troiſième ſont, le *doigtier*; la *clavaire-noſtoc*; la *clavaire*, & le *truffon*. Ceux de la quatrième ſont, la *truffe* & la *veſſe-de-loup.*

Ces genres ſont ſoumis, au beſoin, à des diviſions & ſous-diviſions, c'eſt-à-dire, à des ordres & ſous-ordres dont les caractères ſont déduits principalement de la diſpoſition particulière des parties de la plante, comme, par exemple, de la forme des réceptacles des ſemences, diſpoſés dans les uns en forme de lames ou feuillets; dans d'autres, en tubes ou pores ; dans d'autres, en prolongemens papillaires ou comme épineux; dans d'autres en ſillons légers, &c. & pour les diviſions ſecondaires, ſont tirés par exemple pour celles du *champignon,* non comme chez Micheli & Haller, de la différence des couleurs très-ſujettes à varier & à des changemens conſtans, mais de leurs modes particuliers, comme d'être réguliers ou irréguliers, de ſubſtance molle ou ferme, ſucculens ou ſans ſuc, âcres ou inſipides, papillés, ſphériques, plats, creux, bombés, &c. &c. Ces diviſions conduiſent aux eſpèces, dont pluſieurs, à raiſon de leur analogie, ſont ſuſceptibles d'être réunies & de former des tribus particulières, qu'on trouve ici ſous le titre de *familles,* dont les caractères d'analogie ou de rapprochement ſont fondés ſur des rapports non-ſeulement de forme, de ſtructure générale & particulière des parties, mais de principes & de qualités. Les eſpèces ſont diſtinguées entr'elles, ſoit par leur conſiſtance, leur couleur, leur grandeur, ſoit par l'état du corps de la plante, de ſa ſurface, de ſa tige, ou autres particularités qui établiſſent toujours quelque différence entr'elles.

Ces ſortes de tribus ou réunions miſes ici ſous le titre de *familles* & au nombre de cent ſoixante, n'étant que des collections d'eſpèces analogues, pourroient à la rigueur mériter le titre de *genres,* &

le feroient même pour ceux qui attachent un mérite à
les multiplier ; mais on a préféré cette manière de
préfenter les champignons, comme la plus conforme
aux idées généralement reçues fur ces plantes, & fur-
tout à la marche de la nature, qui n'ayant employé
pour ces végétaux qu'un petit nombre de matériaux
primitifs, c'eft-à-dire de parties élémentaires, en a
prodigieufement diverfifié les modes, les réfultats,
c'eft-à-dire les efpèces, parmi lefquelles plufieurs fe
reffemblant évidemment par des caractères communs
ou de famille, établiffent ces fortes de tribus, très-
nombreufes fous quelques genres, comme fous le
champignon proprement dit, qui en fournit environ
cinquante très-diftinctes.

Sans avoir eu trop particulièrement égard à la
pofition des femences (feules parties de la fructification fenfibles dans les champignons), il fe trouve
en général, que ceux de la première claffe les ont
placées à la partie inférieure de leur chapiteau; ceux
de la feconde, dans des cavités ou creux où elles
font réunies en manière de chapelets, ou groupées, ou
contenues dans des capfules particulières; ceux de la
troifième, fur toute l'étendue de la furface de la plante,
où elles font difperfées fans ordre, ou logées dans de
petites cellules fphériques plus ou moins nombreufes;&
ceux de la quatrième, dans l'intérieur même de la
plante qui finit toujours néceffairement par s'ouvrir
pour leur donner iffue.

On a fuivi autant qu'on l'a pu, dans la diftribution
foit des genres, foit des familles, la gradation infenfible

que la nature femble avoir obfervée pour paffer de l'un
à l'autre, & l'on a toujours commencé par les objets
les plus fimples, les moins compliqués, pour arriver
aux plus compofés.

La feconde partie de cet ouvrage, qui en forme
le fecond volume, deftinée au favant comme à l'igno-
rant, au cuifinier, au laboureur le moins inftruit,
comme à l'amateur le plus éclairé, eft entièrement
dépouillée de termes fcientifiques, & de phrafes
latines ou botaniques; elle contient l'énumération &
la defcription détaillée de toutes les efpèces de champignons qu'on a à faire connoître, diftribuées dans
l'ordre qu'on vient d'expofer, & avec leurs dénominations même les plus vulgaires, ufitées dans les
différentes provinces de France. On y marque les lieux
où elles croiffent, leur faifon, leurs qualités, leurs
effets fur le corps animal, ou le réfultat des expériences tentées fur les animaux; l'analyfe de leurs
principes, lorfqu'elle a paru néceffaire; la meilleure
manière de les conferver, de les corriger, lorfqu'elles
en font fufceptibles, & celle de les apprêter pour
l'ufage des tables, lorfqu'elles fe trouvent de bonne
qualité. On y fait connoître en même temps les moyens
de remédier aux accidens qui réfultent de l'ufage des
efpèces nuifibles.

L'art de les multiplier artificiellement, c'eft-à-dire,
de faire une couche par principes (art qui paroît
plus avancé, ou du moins appliqué à un plus grand
nombre d'efpèces, chez les Chinois que parmi nous),
eft encore entré dans le plan de ce travail; on n'y a

pas négligé, non plus, le choix & la préparation de ceux qui font d'ufage, foit en médecine, foit en chirurgie, enfin le parti qu'on en peut tirer pour les arts. Il n'étoit guère poffible de ne pas chercher à fixer l'attention du lecteur fur un ordre de plantes dont plufieurs recèlent un poifon des plus dangereux ; d'autres offrent à l'homme ou une reffource pour fa nourriture, ou de quoi flatter fon goût, le ranimer même dans quelques circonftances d'impuiffance ou de foibleffe ; d'autres lui fourniffent des vêtemens déjà en ufage dans certains pays ; d'autres enfin des remèdes efficaces contre fes maux, & dont l'enfemble préfente au naturalifte, au philofophe, au médecin, à l'obfervateur, à l'amateur, au phyficien, au chimifte, à l'artifte, &c. un fujet on ne peut pas plus vafte ou de recherches, ou d'obfervations, ou de réflexions, ou de découvertes utiles ou agréables.

On a joint à cet ouvrage les figures néceffaires de ces plantes, deffinées par les meilleurs artiftes de la capitale, & rendues avec leurs couleurs naturelles, placées dans le même ordre obfervé dans le difcours, avec les numéros de renvoi néceffaires. Cet objet forme feul un troifième volume.

On ne s'eft point arrêté dans ces figures, à groffir des objets minutieux, tels que des moififfures, à la faveur du microfcope, & à la manière de plufieurs botaniftes modernes, même du premier rang, qui fe fervent de cet artifice pour rendre les objets beaucoup plus grands, plus apparens, ce qui les change fouvent au point de rendre la nature méconnoiffable, même aux yeux de ceux qui la connoiſſent le mieux. Cet art , accompagné ſur-tout d'une ſuperbe décoration comme d'un beau papier & de beaucoup de blanc , &c. a fait ſouvent le principal mérite d'un ouvrage , la réputation & la fortune de ſon auteur. Mais l'étude de ces plantes apprend à ſe méfier de ce luxe qui , juſques dans la nature même (ſi toutefois il eſt permis de lui faire un reproche) eſt trompeur , puiſque les champignons les plus beaux , les plus apparens , ceux pour leſquels elle ſemble avoir fait le plus de frais , ſoit en couleurs éclatantes , ſoit en parfum très-exalté , ſoit en robes qui leur ſervent d'enveloppes , ſont préciſément ceux dont on doit ſe méfier le plus , dans tous les genres ſans aucune exception.

Nous n'avons eu d'autre ambition que celle de faire un ouvrage généralement utile , & on n'a rien négligé pour le rendre tel. On donne au public le fruit d'environ trente ans de recherches, de travaux , d'expériences ou de méditations ſur cet objet. On auroit ſupprimé la première partie de cet ouvrage, ſi l'hiſtoire botanique de ces plantes eût été moins cónfuſe chez les auteurs. D'ailleurs , on ne doit point oublier qu'il eſt certains ouvrages qui ſeront toujours lûs, & dont on aura par conſéquent toujours intérêt de voir les paſſages éclaircis. La double ſynonimie , celle des genres & celle des eſpèces , placée à la fin du premier volume, partie qui a tant coûté de peines à l'auteur, paroiſſoit auſſi néceſſaire que la lumière l'eſt dans les ténèbres. Cette ſynonimie , jointe au ſecours de la table latine , devient d'une reſſource telle qu'il n'y a prefque point de genre ou d'efpèce de champignon dont les auteurs ayent fait mention, qu'on ne trouve ici avec fon hiftoire & le nom de celui qui l'a fait connoître le premier, en fe reportant au numéro du difcours qui répond à celui de la fynonimie des efpèces. Chaque numéro de cette fynonimie contient de plus, en tête, celui du genre auquel l'efpèce appartient ; de forte qu'au moyen de cette connexion , en quel-que endroit de l'ouvrage qu'on foit, on eft sûr de fe retrouver par-tout, & de n'être embarraffé nulle part. On a cru devoir donner toutes ces facilités au lecteur, pour lui épargner l'embarras des recherches tou-jours très-longues & quelquefois infructueufes, qu'on n'éprouve que trop fouvent en confultant la plupart des ouvrages de ce genre.

Quelques précautions qu'on ait prifes , la répétition d'une ou de deux phrafes botaniques a échappé dans la fynonimie des efpèces : du refte, on invite quiconque feroit tenté d'en faire la critique, de bien prendre garde à la nature, & fur-tout à la lecture des auteurs ori-ginaux cités fouvent fans avoir été confultés, ou dont les paffages ont été tronqués. La fynonimie du *tre-mella lichenoïdes*, donnée par Linné , en offre un exemple.

On a cru avoir affez de raifons pour exclure de l'ordre des champignons, des plantes qui ne paroiffent pas leur appartenir , telles que le prétendu *champignon de Malthe*, dont on a tant célébré les vertus aftrin-gentes, & qui eft une plante du genre des orobanches ; les *funguli minimi* de Mentzel & de Vaillant ; les *byffus*,

les

les *afpergillus*, les *botrytis*, & autres plantules filamenteufes indiquées par Micheli. Mais on a mis à leur
place des productions parafytes qui en ont les caractères,
telles que l'*ergot du feigle*, qui eft un *clavaria* (*Voy.
fynon. des efpèces*, n.º *87, c. 5.) ;* la *nielle* & le *charbon
des blés*, qui font des lycoperdons. (*Synon. des efpèces,
n.º 85, & p. 590.)* Sur plus de neuf cent efpèces cu
variétés conftantes de champignons, dont on fait mention, il y en a plus de foixante qui n'étoient pas indiquées, & qu'on fait connoître avec leurs qualités.

Du refte, on n'a rien négligé pour donner à cet
ouvrage toute l'authenticité & la fanction que l'importance de fon objet méritoit. On l'a foumis pour
cela, foit en entier, foit en partie, au jugement des
compagnies les plus favantes, l'Académie des Sciences
& la Faculté de Médecine; & le fuffrage dont elles
ont bien voulu l'honorer, a été pour l'auteur un
dédommagement de fes peines, & comme un fruit
déjà cueilli de fes travaux.

---

*EXTRAIT des Regiftres de l'Académie Royale des Sciences,
du 5 Juin 1776.*

M.^{rs} DE JUSSIEU (Bernard) & LE MONNIER,
commiffaires nommés par l'Académie pour examiner les
Mémoires de M. Paulet fur les Champignons feuilletés, en
ayant fait leur rapport, l'Académie a jugé cet ouvrage digne
de paroître fous fon privilége.

Je certifie le préfent Extrait conforme à l'original & au
jugement de l'Académie.

A Paris, ce 30 août 1777.

Signé, le marquis DE CONDORCET.

Tome I. e

RAPPORT

Des Commiſſaires nommés par la Faculté de Médecine de Paris.

Un ouvrage ſur les Champignons, dans lequel on trouve une diſtribution méthodique, une deſcription exacte & des figures de ces plantes, manquoit à la France. Cet ouvrage intéreſſant & néceſſaire vient d'être fait par M. Paulet; on peut dire qu'il manque même aux pays étrangers : ce n'eſt pas, cependant, que les botaniſtes François, comme les botaniſtes étrangers, ſe ſoient tûs au ſujet des champignons, dans leurs ouvrages ſur la botanique; il ſuffit de citer pour la France, Tournefort & Vaillant, Micheli pour l'Italie, Hill pour l'Angleterre, pour faire connoître des auteurs qui ſe ſont occupés de la connoiſſance de ces plantes; aucun de ces auteurs, cependant, n'eſt entré dans le détail intéreſſant & néceſſaire où M. Paulet eſt entré, détail qu'on dit néceſſaire, puiſqu'il s'agit de bien faire connoître des plantes dont pluſieurs eſpèces, bien loin d'être utiles à notre nourriture, portent dans notre ſang un ſuc mortel, aux effets duquel pluſieurs amateurs de champignons, comme aliment, ont ſuccombé. Un ouvrage de cette nature ne peut que mériter l'approbation non-ſeulement des botaniſtes, mais en général de tout le public qui y trouvera le moyen de reconnoître les eſpèces de champignons qu'il doit ne pas faire entrer dans ſa nourriture. Outre cet avantage, les botaniſtes y auront l'hiſtoire abrégée de tous les ouvrages qui ont été imprimés ſur cette ſorte de plantes, & un ordre analytique de ces mêmes plantes.

Cet ouvrage eſt diviſé en deux parties. M. Paulet s'eſt occupé dans la première, de cette hiſtoire & de cet ordre.

Pour donner une idée du travail que l'auteur a entrepris ,
& qu'il a été obligé d'exécuter pour faire cette hiftoire , il
fuffit de dire qu'il a remonté jufqu'au temps des Grecs & des
Romains. Il a tracé le tableau de ce que Théophrafte ,
Diofcoride , Galien, auteurs Grecs, nous ont laiffé à ce fujet
dans leurs écrits. Les œuvres de Pline y font de même exa-
minées. De cet examen , M. Paulet paffe à celui des auteurs
du moyen âge , & de ceux de notre temps. Aucun , à ce qu'il
paroît , n'a échappé à fes recherches , foit qu'il fût François ,
Anglois , Suédois , Allemand ou Italien , qu'il fût fyftéma-
tique , ou qu'il eût feulement fait connoître les vertus bonnes
ou mauvaifes que quelqu'efpèce peut avoir ; travail qui a dû
coûter beaucoup de peines & de foins à l'auteur.

La feconde partie peut être encore plus intéreffante que la
première , principalement à caufe des defcriptions détaillées
de toutes les efpèces de champignons dont M. Paulet parle ,
& par l'ordre méthodique qu'il y donne de ces plantes. Il
en forme quatre claffes, dont la première contient huit genres:
l'*agaric-liége* , l'*agaric-nerf*, l'*agaric-amadou* , l'*agaric-gelée* ,
l'*agaric-chair*, l'*agaric-pulpe* , l'*agaric-champignon* , & le *champignon ;* la deuxième , fept, la *conque-oreille*, *le nofloc*, *le grain-
de-mûre* , le *coccigrue*, la *peau-de-morille* , la *morille*, & le *phallus ;*
la troifième , quatre, le *doigtier* , la *clavaire-nofloc* , la *clavaire* ,
& le *truffon ;* & la quatrième , deux , qui font la *truffe* & la
veffe-de-loup.

Avant d'expofer les raifons que M. Paulet a de diftribuer
les champignons dans l'ordre qu'il a adopté , il explique les
termes dont il fe fert dans les defcriptions , pour faire
connoître les parties de ces plantes. Enfuite il parle de
leur nature , des conditions néceffaires à leur reproduction ,
des fignes auquel on reconnoît leurs qualités , de leur ufage ,
de leur affaifonnement, de leurs correctifs , & de leurs antidotes ; enfin , il termine cette partie par un réfumé général.

On fentira , fans doute , qu'il n'étoit guères poffible d'entrer
dans un détail plus grand fur un ouvrage rempli de chofes

comme eft celui de M. Paulet. Il fuffira de dire qu'on y trouve des notes hiftoriques & typographiques fur la plupart des auteurs dont il y eft fait mention, & une fuite d'expériences tendant à faire connoître ou à conftater les effets de certaines efpèces malfaifantes, & à découvrir les moyens de vaincre leur action délétère. Enfin, ce traité eft précédé d'une préface ou introduction dans laquelle l'auteur expofe les motifs qu'il a eu d'écrire fur cette matière : l'ouvrage eft terminé par plus de deux cents planches où font repréfentés les champignons dont il eft fait mention dans ce traité, dont on ne peut que défirer de voir l'impreffion.

A Paris, le 17 janvier 1784. *Signés*, GUETTARD; THIÉRY, médecin-confultant du roi; DESCEMET; DUHAUME; DARCET; SALLIN; BERTHOLLET.

DÉCRET de la Faculté de Médecine en l'Univerfité de Paris.

L'AN mil fept cent quatre-vingt-dix, le mardi quinze juin, la Faculté de Médecine en l'Univerfité de Paris, affemblée en fes Écoles fupérieures à cinq heures de relevée, pour entendre les conférences de fes docteurs fur les maladies courantes, les meilleures méthodes de les traiter & les guérir, &c. lecture faite par M. *Thiery* du rapport ci-deffus, a décidé unanimement qu'Elle approuvoit l'ouvrage de M. *Paulet* fur les champignons, comme très-utile, & propre à foutenir la célébrité que l'auteur s'eft acquife par fes ouvrages précédens, & j'ai conclu avec Elle.

Edme-Claude BOURRU, *doyen.*

TRAITÉ

TRAITÉ

DES

CHAMPIGNONS.

PREMIÈRE PARTIE.

ANALYSE des travaux entrepris sur les Champignons.

QUOIQUE l'usage des Champignons paroisse très-ancien *(Voyez Note 1)*, on ne trouve, dans l'antiquité, que quelques notions vagues & très-incertaines sur cet ordre de plantes. Les recherches sur la nature de leurs principes, sur celle de leurs qualités, sur leurs caractères distinctifs, ont été aussi négligées que celles qu'on auroit pu faire sur la véritable cause de leur reproduction.

Toute l'antiquité paroît avoir cru que les Champignons étoient des productions fortuites, qui, pour naître, n'avoient besoin ni de racines ni de semences. Voilà pourquoi les Poëtes & quelques Philosophes, Porphire sur-tout, avoient coutume de les appeler, les *Enfans des Dieux ou de la terre;*

Tome I. A

expreſſion figurée qui ſert encore à déſigner les hommes dont les parens ſont inconnus. Quelques Naturaliſtes ou Obſervateurs avoient néanmoins ſoupçonné, dans ces plantes, ſur-tout dans les Truffes, un principe de reproduction *(a)*; mais l'opinion la plus générale étoit qu'elles en étoient privées.

Les uns attribuoient leur naiſſance à ce qu'ils nommoient la *pituite* des arbres, c'eſt-à-dire, à leur ſuc épaiſſi ou extravaſé, ſur-tout à celui de leurs racines *(b)*; d'autres les faiſoient dépendre du limon de la terre, raréfié par la chaleur centrale du globe *(c)*; enfin d'autres les conſidéroient comme un réſultat de la conjonction ou alliance qu'ils croyoient exiſter entre le ciel & la terre, & qui éclate, diſoient-ils, ſur-tout dans un temps d'orage, d'une part, par des coups de tonnerre, & de l'autre, par des ouvertures qui ſe font à la terre, pour recevoir l'influence du ciel. Cette idée que les Poëtes ont enſuite beaucoup embellie *(d)*, étoit fondée, par rapport aux champignons, ſur la remarque faite aſſez conſtamment dans les pays chauds, que ces plantes, ſur-tout les Truffes,

---

(a) *Athenæi Dipnoſophiſtarum, lib. II.*

(b) *Plinii Hiſtoria naturalis, lib. XXII, cap.* 22.

(c) *Nicandri Colophonii alexipharmaca. Gorræo interpr.* Paris, 1549, *in-8.*

(d) Homére repréſentoit cette union de la terre & du ciel, par une chaîne d'or qui tenoit aux deux; & Virgile, en parlant de la fécondation qui arrive au printemps, nous a laiſſé ces beaux vers, dans ſes Géorgiques:

> *Tùm Pater omnipotens, fæcundis imbribus æther,*
> *Conjugis in gremium lætæ deſcendit, & omnes*
> *Magnus alit, magno commixtus corpore, fœtus.*

Vers qui ont été ſi bien rendus, dans notre Langue, par M. l'Abbé de Lille:

> Alors la terre ouvrant ſes entrailles profondes
> Demande de ſes fruits les ſemences fécondes;
> Le Dieu de l'air deſcend dans ſon ſein amoureux,
> Lui verſe ſes tréſors, lui darde tous ſes feux.
> Remplit ce vaſte corps de ſon ame puiſſante;
> Le Monde ſe ranime, & la Nature enfante.

croiſſent abondamment, immédiatement après un temps
d'orage *(e)*.

On étoit même ſi perſuadé, dans l'antiquité, de l'influence du tonnerre ſur les truffes, qu'on croyoit leur
groſſeur & leur abondance relatives au nombre & à la force
de ſes coups *(f)*.

Dans des temps peu éloignés du nôtre, on a eu, ſur la
génération de ces plantes, des idées analogues à celles
des Anciens. On a cru qu'elles pouvoient ſe reproduire
d'elles-mêmes *(g)*, ou par l'effet de l'eſprit univerſel &
générateur qui les fécondoit ſubitement *(h)*; on a cherché
même à expliquer ce phénomène (avant de l'avoir conſtaté);
enfin, on a imaginé qu'un champignon pouvoit être produit
par les accidens du rut de certains animaux, ou par des
cauſes à peu-près ſemblables *(Note 2)*.

Mais ces dernières opinions, dont on retrouve encore
des traces chez quelques Peuples, ſur-tout en Allemagne,
ſemblent avoir pris leur ſource dans la perſuaſion où l'on
a été long-temps, que les champignons étant de nature
chaude, ſtimulante, devoient avoir une origine analogue à
cette propriété. En ſuppoſant le principe vrai, on ſent
combien les conſéquences peuvent être abſurdes. C'eſt ſans
doute, d'après cette manière de voir, ou quelqu'une de ces
idées, qu'on a cru devoir agiter, de nos jours, la queſtion
de ſavoir ſi le *dudaïm* des Hébreux, dont il eſt parlé dans

(e) Ce qui fait dire à Juvenal, dans ſa Satyre cinquième, que les coups
de tonnerre, ſi c'eſt au printemps, rendront les repas de Virron beaucoup
plus ſomptueux, à cauſe de l'abondance des Truffes :

> *Poſt hunc raduntur tubera, ſi ver*
> *Tunc erit, & facient optata tonitrua cænas.*
> *Majores.*

(f) Athenæi Dipnoſophiſtar. lib. II, cap. 22, de Tuberibus.

(g) Fortunius Licetus de ſpontaneo viventium ortu. Vicetiæ, 1618,
in-folio.

(h) Marci Aurelii Severini Eviſtola de lapide fungifero. Guelpherbyti. 1728.

A ij

la Genèse, & dont se servit Rachel pour exciter Jacob à
l'amour, étoit une truffe *(i)!* quoiqu'on ait toujours cru
que ce dudaïm n'est autre chose que la mandragore, plante
à laquelle on a attribué, à peu-près, les mêmes vertus
qu'aux champignons.

Telles ont été, dans l'antiquité, les principales idées sur
l'origine de ces plantes. Dans notre siècle, leur reproduction
a été attribuée à des causes qui paroissent plus naturelles,
comme à la fermentation *(k)*, à la fécondation de leurs
graines ou semences *(l)*; mais on a fini par les considérer
comme l'ouvrage & l'habitation de très-petits animaux ou
polypes d'un nouveau genre : cette opinion a eu, même
de nos jours, pour partisans, les Naturalistes les plus
distingués *(m)*.

Les connoissances sur les qualités pernicieuses de certains
champignons, c'est-à-dire, sur la véritable cause de leur
vénénosité, ont été encore plus tardives que celles qui avoient
leur reproduction pour objet. On a cru, pendant long-
temps, que le voisinage des lieux infects, le contact de
certains corps, la plante sur laquelle ils prennent naissance,
leur communiquoient des qualités malfaisantes. Ainsi,
Nicandre regardoit comme très-suspects ceux qui croissent
auprès des retraites des serpens, des vipères sur-tout, ou
dans des endroits exposés à des exhalaisons pernicieuses.
Selon lui, on doit redouter l'usage des champignons qui
croissent sur l'olivier, sur le grenadier, sur le chêne ordinaire,
le chêne vert, &c. Dioscoride, Pline, ajoutent à ces principes
de malignité, le contact de la rouille de fer, celui du linge

---

(i) *Franc. Ern. Brückmanni, Philos. & Med. D. Centuria epistolar.
itiner. epist.* 2.ª Wolfenbutelæ, 1742, *in-*4.° *& specimen botanicum de
fungis subterraneis,* 1720.

(k) *Marsigli de generatione fungorum, & Lancisi dissertatio de ortu,
vegetatione ac texturâ fungor.* Romæ, 1714, *in-folio.*

(l) *Michelii nova plantar. genera.* Florentiæ, 1729, *in-folio.*

(m) *Ottonis a Munchausen der hausvater,* Hanover, 1765; *& Linnæi
mundus invisibilis in Amœnit. Academ. tom. VII.* Holmiæ, 1769, *in-*8.°

pourri &c ; mais la plupart de ces opinions n'ayant d'autre fondement que des bruits populaires ou des conjectures vagues, ont été démenties par l'expérience ; des observations plus exactes ayant appris que la vénénosité d'un champignon ne dépend ni du contact du corps qui l'avoisine, ni même de l'arbre sur lequel il croît, puisqu'on en voit d'espèce & de qualité très-différentes, prendre naissance sur le même végétal. Le melèze, le saule, le chêne, le sureau, & d'autres arbres, en fournissent des exemples.

Les Anciens ont fait, en général, très-peu d'attention à cet ordre de plantes, quoique leurs effets aient été souvent très - frappans ; tel que l'accident arrivé à la famille du poëte Euripide, qui, pendant son absence, perdit en un jour, sa femme, ses deux fils & sa fille, par l'effet des champignons ; évènement dont Éparchide a conservé la mémoire, & qu'il a rendu d'une manière très-énergique *(n)*. Les Medécins même, quoique les plus intéressés à connoître leurs effets, paroissent s'en être très-peu occupés. A peine, par exemple, est-il fait mention, une fois, de champignons, dans les écrits nombreux d'Hippocrate. Le seul endroit, où il en soit question *(o)*, est celui des Épidémiques, où cet Auteur rapporte l'accident arrivé à la fille de Pausanias, qui, pour en avoir mangé de cruds, éprouva des anxiétés, de la suffocation, des douleurs de ventre, &c. On sait qu'Hippocrate la rétablit avec de l'hydromel chaud, qui les lui fit rendre, & qu'il mit, en outre, le bain en usage.

Mais d'après ce rapport, on ne peut pas même déterminer l'espèce qui a produit l'accident. On sait seulement qu'Hippocrate s'est servi du mot *myces*, terme générique qu'employoient les Grecs, pour désigner les champignons à tige & à chapiteau ; dénomination tirée, à ce qu'il paroît, de la ressemblance de ces plantes avec la poignée d'une épée,

---

(n) *O sol qui sempiternum cæli verticem peragras ! adeò ne indignum facinus oculis tuis antehac conspexisti, matrem, virginem filiam & fratres duos consanguineos, eodem die, fato ereptos !*

(o) *Hippocratis Epidemicor, lib. VII, hist. 110.*

qui, chez eux, portoit le même nom, & dont la garde ou coquille repréfente, en quelque forte, une tête de champignon, & la poignée, la tige. Si cette dénomination, pour les champignons, a été empruntée de la forme d'un inftrument de guerre, elle fert à prouver que les Grecs furent guerriers ou armés, avant d'être botaniftes.

Les autres Médecins ne nous ont guère plus inftruits qu'Hippocrate fur cet objet : on trouve feulement, dans les écrits d'Athenée *(p)*, que Diphile avoit reconnu des efpèces de truffes dangereufes. Ce Médecin foutenoit que les champignons, en général, plaifent à l'eftomac, tiennent le ventre libre, nourriffent le corps, mais font de digeftion difficile, & venteux. Glaucias penfoit de même fur l'oronge.

Voilà, à peu-près, à quoi fe réduifent les notions tranf-mifes par les Anciens, fur les qualités ou principes de ces plantes; cependant, leur reproduction artificielle ne leur étoit pas inconnue; les procédés qu'ils employoient pour cet effet, paroiffent même avoir donné l'idée de nos couches à champignons *(Note 3)*.

Quant à leur ufage ; on fait que les anciens Romains recherchoient beaucoup ce mets, dans plufieurs efpèces. Du temps d'Horace, il étoit reçu que ceux des prés font de la meilleure qualité :

> *Pratenfibus optima fungis*
> *Natura eft, aliis malè creditur (q).*

On les claffoit même, à raifon de leurs qualités ; l'oronge tenoit le premier rang ; venoient enfuite les truffes. On lit dans Martial :

> *Rumpimus altricem tenero de vertice terram*
> *Tubera; boletis poma fecunda fumus.*

(p) *Athenæi Dipnofophiftarum, lib. II, cap. 22.*
(q) *Horatii Satyr. IV, lib. 2.*

Leur ufage s'étendit, & on ne tarda pas à en faire un objet de luxe & de fenfualité. Pline, Juvenal & le fameux Apicius, nous ont laiffé des détails fur les efpèces qui étoient les plus recherchées & fur leur apprêt. Apicius a fait même de la préparation des champignons, l'objet d'un chapitre particulier, *de fungorum apparatu*, dans fon Traité *de arte coquinariâ (Note 4)*.

Pour ce qui eft de leurs correctifs, ou des moyens de remédier aux effets de certaines efpèces, ils fe trouvent abondamment indiqués, fur-tout dans les divers écrits de Médecine. Confidérant, en général, les champignons comme un aliment froid & vifqueux, les Médecins de l'antiquité confeilloient de les manger avec des plantes piquantes, sèches, chaudes, incifives, telles que la racine de pyrètre, le creffon, la moutarde, la coriandre; ils les corrigeoient encore avec le fel qu'ils appeloient *nitrum (Note 5)*, avec le fuc de citron, le vinaigre, les huileux, &c. Celfe étoit même perfuadé que, cuits dans l'huile, avec une petite branche de poirier, ils ne font jamais malfaifans *(r)*. On confeilloit encore de leur joindre les œufs, le vin; mais les pédicules de poires étoient le correctif le plus fortement recommandé.

En cas d'accidens, ils avoient recours à l'hydromel, à l'oximel, au nitrum ou natrum, au miel, au fuc de raifort, comme vomitifs ou évacuans, & qu'ils faifoient prendre chauds; ils donnoient enfuite les acides, le fel marin; c'étoit la pratique d'Hippocrate, d'Appollodore, de Diphile, de Nicandre; mais ce dernier confeilloit de plus, comme vomitif, la diffolution du vitriol martial, ou couperofe verte *(f):* ils mettoient encore en ufage, dans ce cas, la rhue, les cendres de clématite avec le vinaigre, les cendres gravelées, la fiente de poule, enfin, le fuc des baies de

---

(r) *Cornelii Celfi, de re medicâ, lib. V, cap.* 2.

(f) Dans la fuite, on lui a fubftitué celle du vitriol blanc ou de zinc *(gilla vitrioli)*, & même celle du vitriol bleu, comme vomitifs d'un effet plus prompt & plus fûr. *(Voy. II.ᵉᵐᵉ Partie)*

myrthe, que Nicandre recommande, d'une manière particulière, à la fin de son Poëme, sur les antidotes *(t)*.

En général, quoique tous ces remèdes ne méritent pas
les éloges qu'on leur a prodigués, les anciens Medécins s'ac-
cordoient tous sur un point principal, qui est la nécessité de
faire vomir les malades dans cette circonstance ; & la plupart de ces moyens, sur-tout le suc de raifort, le vitriol,
les sels lixiviels, la fiente de poule même, produisent cet
effet : ainsi, la principale indication se trouvoit toujours
remplie.

Quant aux connoissances botaniques sur ces plantes ; c'est
l'objet, à ce qu'il paroît, qui a été le plus négligé parmi
les Anciens ; & faute de descriptions, on ne sait souvent de
quelle espèce ils ont voulu parler. Cette disette de caractères
& la confusion qui a régné ensuite dans les écrits des
Auteurs, nous obligent de donner, pour les faire accorder,
une double synonimie, une pour les genres ou principales
divisions de ces plantes, & une autre pour les espèces.

<table>
<tr><td>An. av. J. C.
300.
———
Théophraste.</td><td>Théophraste, l'Auteur des Caractères, contemporain d'Aristote, ainsi que de Platon, dont il fut le disciple, est le premier Auteur, selon nous, qui ait donné les notions les plus claires, quoique très-succinctes, sur cet ordre de plantes (u). Il mettoit tous les champignons au nombre de celles qui sont imparfaites, c'est-à-dire, qui sont privées entièrement de racines ; & les comprenoit tous sous les noms génériques, hydnon, myces, poxos & cranion ; qui ont été rendus par les Latins, par ceux de tuber, fungus, pezica, vescia ou crepitus lupi, & qui répondent à ce que nous appelons truffe, champignon, morille creuse, & vesce-de-loup ; quoiqu'on n'ait jamais bien su ce que Théophraste avoit voulu désigner par le mot poxos (Note 6).</td></tr>
</table>

(t) *Nicandri Alexipharmaca, in fine.*

(u) *Theophrasti Eresii opera, lib. I. cap. 9. de historiâ plantarum.* **Edit.**
græca & latina. Lugduni-Batavor. 1613, *in-folio.*

II

Il est vraisemblable que cet Auteur ayant remarqué quatre sortes de champignons, essentiellement différens, les uns de forme ronde & croissant sous terre, d'autres qui viennent à sa surface & qui sont montés sur une tige, d'autres creux sans tige & sans chapiteau, & d'autres ronds, semblables à une tête d'homme, en ait fait quatre classes principales ou quatre genres, sous les dénominations qu'on vient de voir; & quoique ces classes ne soient pas suffisantes pour les comprendre tous, puisque les agarics & les coralloïdes ne s'y trouvent pas, il n'en est pas moins vrai qu'elles sont très-naturelles, dans le sens que les Botanistes l'entendent, c'est-à-dire, ayant des caractères très-distincts, invariables & pris dans la Nature. On peut donc regarder ces quatre classes ou divisions comme les quatre premiers & principaux genres qui aient été créés dans cette partie. *(Voy. synonimie des genres, n.ºs 1. 2. 3. 4) (x)*.

Depuis Théophraste jusqu'à Dioscoride, médecin d'Anazarbe, dans la Caramanie, & qui vivoit du temps de Néron, on ne trouve rien dans les Auteurs, qui ait rapport à notre objet; & si l'on en excepte le passage d'Horace, cité, & ce qu'on attribue à Tarentinus, à peine en est-il fait mention; encore croit-on que ce Tarentinus étoit très-postérieur à Dioscoride *(Note 7)*.

Quant à Horace; il est évident qu'il a désigné clairement sous le titre de *fungi pratenses*, un genre de champignons très-connus, qui sont, en effet, de très-bonne qualité en général, & qu'on trouve dans les prés ou friches, & parmi lesquels on distingue ceux dont les feuillets sont couleur de rose. Ils forment le cinquième genre de la synonimie. *(Voy. synonimie des genres, n.° 5)*.

Dioscoride est le premier Auteur de l'antiquité, qui ait

An. av. J. C.
300.

Théophraste.

Dioscoride.

(x) Notez que dans le cours de cet ouvrage, lorsqu'on ne fera mention que de la synonimie, sans spécifier laquelle, on doit toujours entendre, non celle-ci, mais celle des espèces.

parlé avec quelque détail de ces plantes *(y)*. Il diftingue les champignons, proprement dits *(myces)*, *(* voy. *fynonimie des genres, n.° 2)*, en deux claffes, à raifon de leurs qualités innocentes ou malfaifantes. Il indique, d'après ceux qui l'avoient précédé, fur-tout d'après les Grecs, plufieurs marques auxquelles on reconnoît les champignons de mauvaife qualité, & dont on a déjà fait mention; mais il y ajoute le contaɔt de la rouille de fer & celui du linge pourri. Selon lui, ceux dont on doit redouter l'ufage, ont quelque chofe d'acerbe lorfqu'on les goûte; ceux, au contraire, de bonne qualité, donnent un goût agréable aux fauces, mais nuifent par leur quantité; lorfque les uns & les autres incommodent, ils produifent un fentiment d'aftriɔtion ou refferrement à la gorge, ou un *cholera*. Outre les fecours indiqués par fes prédéceffeurs, & qu'il rappelle, Diofcoride recommande l'huile d'olive comme vomitif, le *pofca*, ou mélange d'eau & de vinaigre, ou plutôt d'eau & de vin, l'abfinthe, le vin d'abfinthe, l'ariftoloche, la racine de panais, &c. Ces préceptes, un peu vagues, fe trouvent enfuite répétés par Pline, & par prefque tous les Auteurs qui ont écrit après Diofcoride; ils ont fervi de bafe à la doɔtrine généralement reçue fur cet objet parmi les Médecins; en général, elle eft infuffifante, & peu fondée, à quelques égards.

Ce que Diofcoride a dit fur l'agaric blanc, d'ufage en Médecine, c'eft-à-dire, fur l'agaric du mélèze ou purgatif, eft un peu moins vague, & c'eft à cet Auteur qu'on eft redevable des premières notions qu'on a reçues fur cette fubftance & fur fon ufage.

Il en diftingue deux fortes, *l'agaric mâle* & *l'agaric femelle*. Selon lui, on préfère ce dernier pour l'ufage de la Médecine: il dit qu'il a fes vaiffeaux (fes tubes) droits; que le mâle eft rond & plus compaɔte dans toute fa fubftance; que l'un & l'autre font d'abord doux lorfqu'on les goûte, enfuite

---

(y) Diofcoridis materia medica, lib. II, cap. 139; lib. III, cap. 1; lib. V, cap. 78; & lib. VI, cap. 23. Mathiolo interp. Lugduni, *in-4.°* 1562.

amers, & qu'on les trouve dans cette partie de la Sarmatie, An. de J. C.
nommée *Agaria,* d'où dérive le nom d'*agaric.*   1.

Suivant cet Auteur *(z),* cet agaric purge à la dofe d'un Diofcoride.
ou de deux gros; il eft efficace dans les fièvres intermit-
tentes, dans la dyffenterie, la pâleur du teint, les difficultés
d'uriner, les hémorragies, l'épilepfie, les douleurs des articu-
lations; & il remédie encore aux effets des poifons, & en
général à toutes les affeétions internes. L'expérience a confirmé depuis, la plupart de ces propriétés : Diofcoride le
prefcrivoit prefque toujours avec l'hydromel ou l'oximel.

Cet Auteur fait encore mention d'un agaric noir & de
fes effets pernicieux; mais il n'en donne aucune defcription, & il eft vraifemblable que Diofcoride n'a prétendu
défigner ici, qu'un agaric détérioré & devenu noir par
vétufté, comme ils le deviennent prefque tous. Du refte,
il n'eft point étonnant que cet Auteur, qui avoit des notions
fi imparfaites fur l'agaric du mélèze, puifqu'il doute fi c'eft
une racine ou une fungofité d'un arbre, en ait fait deux
& trois efpèces; ceux qui font aujourd'hui les plus inftruits
fur cet objet, auroient de la peine à diftinguer l'agaric dans
fes divers états *(Note 8).*

Il réfulte du rapport de Diofcoride fur l'agaric blanc ou   I *
purgatif, que cet Auteur eft le premier, à notre connoiffance, qui ait clairement défigné une efpèce. L'agaric du
mélèze eft le feul en effet qui offre, quand on le goûte,
l'exemple d'une faveur douce, à laquelle fuccède une faveur

(z) Lib. III.

* Notez que le chiffre romain régnant en marge, comme on le voit
ici, fert à défigner le numéro correfpondant de la fynonimie des efpèces,
quoique marqué dans cette fynonimie en chiffres arabes; on l'a fait pour
éviter la confufion qui auroit pu naître de la reffemblance des chiffres dans
la feconde partie, où l'on eft obligé de renvoyer au n.º de la fynonimie
des efpèces, en même temps qu'à celui des planches, indiqué par des
chiffres romains. Ceux qu'on voit ici en marge, n'y font mis que pour
faciliter la recherche du difcours ou de la première mention qui a été faite
de telle ou telle efpèce, & pour fe reconnoître aux numéros.

An. de J. C.
1.

amère. Il eſt aſſez caractériſé d'ailleurs, pour former la première eſpèce de la ſynonimie. *(Voy. ſynonimie des eſpèces, n.° 1).*

II

Dioſcoride a fait encore mention d'une ſorte de truffe, qu'il définit une racine arrondie, qui ne pouſſe ni tiges ni feuilles ; qui eſt jaunâtre ; qu'on cueille au printemps, & qu'on mange crue ou cuite *(a)*. On ne voit pas que les Écrivains poſtérieurs à Dioſcoride, ni ſes Commentateurs, ſe ſoient beaucoup inquiétés de ſavoir de quelle eſpèce de truffe, cet Auteur avoit fait mention. Mathiole même, qui en indique trois ſortes, ne paroît pas avoir connu celle de Dioſcoride. Quoi qu'il en ſoit ; elle donne lieu à une autre eſpèce principale. *(Voy. ſynonimie des eſpèces, n.° 2. a).*

Cet Auteur a encore parlé de la manière de faire croître artificiellement les champignons *(Note 3).*

79.

Pline.

Pline s'eſt un peu plus étendu que Dioſcoride, ſur les différens genres de champignons, ſur leurs qualités, & ſur les moyens de remédier à leurs effets *(b) :* cet Auteur adopte d'ailleurs preſque tous les antidotes ou correctifs des champignons, indiqués par Dioſcoride.

Il les diſtingue tous, d'abord, en deux claſſes principales, en ceux que les Romains nommoient *boleti ,* & en ceux qu'ils comprenoient ſous le nom générique de *fungi.*

III

Par le mot *boletus ,* les Latins déſignoient généralement tous les champignons qui ſortent d'une enveloppe que Pline nomme *volva (Note 9) ,* & ſpécialement un champignon de ce genre, très-eſtimé & très-connu en Italie, dont Horace, Juvenal, Martial, Apicius & autres, ont fait mention & l'éloge ſous ce nom. Pline dit qu'il ſort de cette enveloppe blanche ou *volva ,* & qu'il reſſemble alors, c'eſt-à-dire, dans ſon *enfance,* pour me ſervir de ſon expreſ-ſion, à un jaune d'œuf encore dans ſa coque, laquelle s'ouvrant, lui livre paſſage & permet ſon développement,

---

(a) Dioſcorides , lib. II, cap. 139.

(b) Plinii ſecundi Hiſtor. naturalis, lib. XXII, cap. 22,23. Baſileæ , 1530. in-fol.

An. de J. C.
79.

Pline.

& que fa durée eft de fept jours. Ce Naturalifte regardoit comme fufpects ceux du même genre, qui ont leur chapiteau couvert comme de gouttes blanches, qu'il compare à des parcelles de *nitrum*, ceux qui ont un afpect défagréable, qui font d'un rouge pâle, fur-tout aux bords, & qui ont la peau ridée, la chair livide, &c.

On a beaucoup difputé, dans le fiècle dernier, pour favoir, fi le *boletus* des Romains eft ce que nous appelons *oronge*, ou nos petits moufferons. Sterbeeck, qui étoit de ce dernier fentiment, l'a foutenu avec beaucoup d'opiniâtreté dans fon *Theatrum fungorum* : on verra à fon article, ce qu'on en doit penfer. En attendant, on peut affurer que le mot *boletus* des Romains, s'eft confervé, avec fon ancienne fignification, dans quelques endroits de la France où ils s'établirent, & où l'oronge n'eft encore connue que fous le nom de *boulés*, qui eft évidemment le *boletus* des Latins, mais prononcé à leur manière, & un peu altéré, comme le font tous les mots qu'ils firent paffer dans la langue celtique. Ce champignon a toujours été très-recherché dans tous les pays, pour l'ufage des tables. Il peut être confidéré comme genre & comme efpèce principale. *(Voy. fynonimie des genres, n.° 6; & fynonimie des efpèces, n.° 3).*

Tous les autres champignons étoient compris fous le nom générique de *fungi*, dont Pline diftinge plufieurs fortes.

1.° Ceux dont la partie inférieure du chapiteau a des feuillets *(callus)* couleur de rofe, ou rouges; forte de champignons qu'il regarde, avec raifon, comme ceux dont l'ufage eft le plus fûr, difant : *tutiffimi qui rubent callo*, c'eft notre champignon ordinaire ou de couche. *(Voy. fynonimie des genres, n.° 5; & fynonimie des efpèces, n.° 4).* **IV**

2.° Ceux qui ont des tiges longues, leurs feuillets blancs, ainfi que le deffus du chapiteau, qu'il compare aux chapeaux que portoient autrefois les Prêtres flamines à Rome; difant : *mox candidi, velut apice flaminis, infignibus pediculis.* Ce font ces champignons feuilletés qu'on appelle en France, *coquemelles, coulemelles, fufeaux, clufeaux; cogomelos* en Efpagne; **V** *conochielle* en Italie, d'après leur reſſemblance, ſoit avec une coque, ſoit avec un fuſeau, ſoit avec une quenouille, une petite colonne, &c, & qui ſont très-bons à manger. Ils ont donné lieu à une diviſion chez les Botaniſtes modernes, & conſtituent ici un genre & une eſpèce principale, dans la ſynonimie. (Voy. *ſynonimie des genres, n.° 7; & ſynonimie des eſpèces, n.° 5).*

3.° Ceux qui, au lieu de lames ou feuillets, ſont garnis inférieurement de tubes, & que Pline nomme *ſuilli,* ſorte de champignons qui, ſelon cet Auteur, expoſent le plus ſouvent, aux mépriſes. Il avertit de ſe méfier de ceux qui croiſſent ſur-tout ſous le figuier, ſous la férule, & en général, ſous toutes les plantes qui portent des gommes (des réſines), de ceux qui croiſſent ſous le hêtre, le cyprès, le chêne *(robur)* & le pin *(Note 10).* Il ajoute qu'on ne peut d'ailleurs, répondre de leurs qualités, parce qu'ils ont tous une teinte livide ou brune. Il nous apprend qu'en Bithinie, on les enfile avec des joncs, pour les faire ſécher, & qu'on les vend enſuite en cet état. Selon lui, ils remédient aux fluxions rhumatiſmales, aux excroiſſances de l'anus, aux taches de rouſſeur, aux maladies des yeux, en étuvant les parties malades avec l'eau dans laquelle on les a fait tremper, laquelle eſt encore bonne pour les ulcères ſordides, pour les galles de la tête, les morſures d'animaux. Il conſeille de rejeter de l'uſage, ceux qui durciſſent en cuiſant ou qui ne cuiſent pas également avec le *nitrum :* il dit que le ſel, le vinaigre & les viandes avec leſquels on les fait bouillir, leur ſervent de correctifs. On lit chez cet Auteur, que les Romains faiſoient ſervir quelquefois ce mets dans leurs feſtins, avec tout l'appareil du luxe, c'eſt-à-dire, dans des vaiſſeaux d'argent, & avec des couteaux de ſuccin.

Ces ſortes de champignons qu'Apicius nomme *fungi farcti,* *(ſynon. des genres, n.° 8, & Note 4),* ſont ceux qu'on connoît en France, ſous les noms de *cepes* ou *potirons,* vraiſemblablement à cauſe de leur forme arrondie, ſemblable en quelque ſorte, à celle des potirons ou des bulbes d'oignon *(cepa)*. Ceux dont la tête eſt brune, portent ſpécialement le nom de *têtes noires*.

Le terme *ſuillus* dont Pline ſe ſert pour les déſigner, s'eſt conſervé, non-ſeulement en Italie, où, ſuivant Porta, on appelle ces ſortes de champignons *filli*, du côté de Naples; mais dans quelques endroits des provinces méridionales de la France, où ils ſont encore connus ſous les noms de *ſouillous, ſiallous, niſſoulous*, qui ſont évidemment le mot latin *ſuillus*, avec la véritable prononciation romaine. Quelques Botaniſtes l'ont conſervé de même, & l'ont employé dans le même ſens que Pline; & c'eſt ainſi que ce mot doit être pris dans les écrits de Céſalpin, de Porta, de Micheli & de Haller. Cette ſorte de champignons a donné lieu à pluſieurs genres chez les Botaniſtes, & en forme ici un principal. *(Voy. ſynonimie des genres, n.ᵉ 8)*.

Pline a fait encore mention des truffes, dont il diſtingue deux eſpèces, la blanche & la noire *(Voy. ſynonimie des eſpèces, n.ᵉ 2. b. c)*; d'une autre ſorte de champignons qu'il nomme *pezica (Note 6)*, & des morilles, ſous le nom de *ſpongia (lib. XIX, cap. 4)*, mais ſans deſcription. Cette dernière ſorte de champignons a donné encore lieu à pluſieurs genres *(Voy. ſynonimie des genres, n.º 9)*, & établit une eſpèce principale, qui eſt la morille ordinaire. *(Voy. ſynonimie des eſpèces, n.º 6)*.

Ce que Pline a dit ſur les truffes eſt remarquable, en ce qu'il aſſure qu'on peut les ſemer, en quelque ſorte, dans un pays, en arroſant les terres avec les eaux des ruiſſeaux qui ont traverſé d'autres terreins abondans en truffes. A cette occaſion, il rapporte, d'après Athénée, l'obſervation faite à Mythilène, dont les terres n'en produiſent qu'autant qu'elles ont reçu les eaux pluviales de Thiare, pays abondant en truffes. C'eſt Pline qui rapporte encore que le Préteur Licinius, pendant ſon ſéjour à Carthagène en Eſpagne, ayant porté la dent ſur une truffe, y ſentit de la réſiſtance, & y trouva un denier romain; ce qui, chez un peuple ſuperſtitieux, a pu paſſer pour un prodige, mais qui , aux yeux du Naturaliste philofophe , n'eſt pas plus étonnant que de voir un champignon traverſé de tiges de plantes , ou renfermant des pierres. Ces accidens s'expliquent par la manière ſubite dont ſe fait l'accroiſſement des champignons , en général , par une ſorte de projection ou de bourſouflement de ſubſtance , qui peut envelopper différens corps étrangers , comme on l'obſerve ſouvent , ſurtout dans cette racine qu'on appelle *pierre à champignons*, *(*Voy. *ſynonimie des genres, n.° 24)*. Pline en ſoutenant qu'il eſt de la nature de la terre de s'arrondir , ne regardoit les truffes que comme un vice de cette ſubſtance.

Quant à ce qu'il nomme *myſi, (* pour *myſon) &* *ceraunium*, productions ſouterraines , qu'il conſidère encore comme deux ſortes de truffes , dont l'une ſe trouve en Afrique , du côté de Tripoli dans la Cyrénaïque ; l'autre dans la Thrace : on ne peut pas déterminer au juſte , le genre de production dont il veut parler. Daleſchamp croit que le myſon des Grecs , mal rendu chez Pline , par celui de myſi , eſt une ſorte de truffe blanche très - recherchée des Africains , & qu'ils appellent , *terfez (* Voy. *ſynonimie des eſpèces, n.° 2. d. 1)*, ce qui s'accorde avec la réputation déjà établie , du temps de Pline , dont jouiſſoient les truffes blanches d'Afrique. Pour ce qui eſt du *ceraunium*, qu'on trouve dans la Thrace , on préſume que c'eſt une autre ſorte de truffe , à ſurface unie , dont Athénée a fait mention ; mais on n'a que des conjectures ſur la nature de ces productions. Le *myſi* de Pline ſurpaſſe , ſelon lui , les autres truffes par ſa douceur , par ſon odeur , & par la délicateſſe de ſon goût.

Cet Auteur , en parlant de l'agaric blanc ou purgatif , a avancé qu'on le trouve dans les Gaules , au haut des chênes , & que la lumière phoſphorique qu'il répand dans la nuit , ſert à le découvrir : *Galliarum glandiferæ* , dit - il , *magnæ arbores, agaricum ferunt. Eſt autem fungus candidus, odoratus, antidotis efficax, in ſummis arboribus naſcens, nocte relucens; ſignum hoc ejus quòd in tenebris decerpitur.* (Pl. lib. XVI. cap. 8).

Mathiole,

Mathiole, qui avoit parcouru les forêts d'Italie, de France
& d'Allemagne, dit qu'il n'a jamais rien vu de femblable,
& qu'on ne trouve cet agaric que fur le mélèze, où il
l'avoit cueilli plufieurs fois; d'où il conclut qu'on doit regarder le rapport de Pline, comme entièrement fabuleux.
Bellon cherche néanmoins à le juftifier, difant, qu'au lieu
de lire dans le texte, *arbores glandiferæ*, il faudroit lire,
arbores refiniferæ, & qu'alors le paffage eft exaĉt *(c)*.

Malgré ces témoignages, il y a un Auteur d'un certain
poids, Olaüs-Magnus, qui s'accorde, en quelque forte,
avec Pline : cet Auteur nous dit, dans fon *Hiftoire des
nations feptentrionales, lib. II, chap. XIV*, que ces peuples,
après le folftice d'hiver, ayant des nuits de vingt-quatre
heures, cherchent avec foin, non-feulement lès écorces
pourries de chêne qu'ils placent à certaines diftances pour
fe reconnoître & s'éclairer dans l'obfcurité, mais même des
troncs pourris, & l'agaric qu'on trouve au haut de ces
arbres, & qui a la propriété, dit-il, de luire pendant la
nuit comme le ver luifant *(d)*. Si le rapport d'Olaüs eft
exaĉt, on peut en conclure qu'on trouve dans le nord,
plus fréquemment qu'ailleurs, des agarics fur le chêne, qui
répandent, comme le bois fec & pourri, une lueur
phofphorique. Du refte, on trouve même en France de faux
agarics blancs qui croiffent fur le chêne & fur le faule,
fur-tout ceux qui font à fubftance blanche & friable, fujets
à devenir phofphoriques *(fynon. des efpèces, n.° 68;
& II.ᵉ partie, cepes-agaric à fubftance friable)*. Ainfi, le
rapport de Pline ne me paroît pas fi invraifemblable. Il
eft vrai que l'ufage interne de tous ces faux agarics blancs,

---

(c) Bellonius, de arboribus coniferis.

*(d) Cortices quercinos inquirunt putres, eofque collocant certo interftitio
itineris inftituti, ut eorum fplendore quò voluerint perficiant iter; nec folùm
hoc præftat cortex, fed & truncus putrefaĉtus, ac fungus ipfe agaricus appel-
latus, in fummitate arboris glandiferæ crefcens, cujus virtus & natura eft ut
noĉte reluceat, ficuti & vermes oleti.* (Hiftoria de gentibus feptentrionalibus,
Auĉtore Olao Magno, &c. *lib. II, cap. XIV*,

Tome I.   C

eſt dangereux, & c'eſt ſur ce point, particulièrement, que doit tomber l'erreur de Pline.

Ce que dit cet Auteur ſur les cauſes de la vénénoſité des champignons, d'après Dioſcoride, ou ſur la faculté qu'il attribue à certains arbres, de leur communiquer des qualités malfaiſantes, ne paroît pas encore mieux fondé ; & ſes aſſertions ſur les qualités de quelques eſpèces, ne s'accordent pas toujours avec celles des autres Auteurs ; il regarde, par exemple, comme ſuſpects ceux qui croiſſent ſur le figuier, tandis que Nicandre en a fait l'éloge ; il approuve l'uſage de ceux du chêne (quercus), qui, ſuivant la remarque de Porta, en produit une eſpèce d'un uſage pernicieux ; ce qui prouve que , quand on ſe borne à des notes auſſi vagues, on riſque toujours de ſe tromper. Il en eſt du chêne & du figuier comme du ſureau, qui, tandis qu'il ſert à la production de l'oreille de Judas, agaric qui paſſe avec raiſon pour être malfaiſant, produit des eſpèces délicieuſes & dont l'uſage eſt très-recherché ; d'où réſulte la néceſſité de les diſtinguer toutes, par-tout où elles croiſſent. Du reſte, tout ce que dit Pline ſur les champignons ou ſur leurs effets, eſt en général exact, curieux & intéreſſant ; mais il n'a pas été toujours bien interprété, ſur-tout par Céſalpin & par G. Bauhin, comme on le verra.

Galien a fait mention, d'une manière très-ſuccincte, des champignons *(e)* ; & quoique le père Gordon, dans ſes Annales, lui attribue l'honneur de les avoir fait connoître le premier en Italie, quoique l'Auteur des Nuits pariſiennes aſſure qu'on trouve dans ſes écrits vingt-ſix ſortes de champignons nuiſibles, je n'y ai rien vu qui puiſſe juſtifier l'une ou l'autre de ces aſſertions.

A l'exemple de Pline, il les diſtingue en trois principaux ordres ou genres, qu'il comprend, ſous les dénominations

____

(e) Galen. lib. de alimentor. facultatibus.

grecques, *myces*, *bolites*, *amanita*, qui répondent à celles de
fungus, *boletus*, *fuillus* des Latins, ou à ce que nous appelons
vulgairement *champignons*, *oronge*, *cepes* (*fynonimie des
genres*, *n.ᵒˢ 2. 6. 8*). Il se peut que ce Médecin ait introduit en Italie l'usage de quelques dénominations grecques,
telle que celle d'*amanita*, qu'on y retrouve en quelques
endroits, fur-tout aux environs de Naples, où, fuivant le
rapport de Porta, on y appelle encore indifféremment les
cepes, *ammoniti* ou *filli*. Quelques Botaniftes modernes ont
confervé même le mot *amanita* dans fa pureté primitive,
mais dans un fens différent, puifque Dillen, Haller &
Adanfon l'emploient pour le champignon feuilleté, auquel
ils ont donné le nom générique d'*amanita* (*fynonimie des
genres*, *n.ᵒˢ 36. 44. 90*).

Ce mot s'eft encore confervé en France, avec fon ancienne
fignification, mais non fans quelque altération, fur-tout
aux environs de Lyon, & en Languedoc, où on le retrouve
fous celui de *romanés* ou *roumanés*, que Champier de Lyon
rend, dans fon traité *de re cibariâ*, par celui de *romanita*,
qui eft évidemment le même que l'*amanita* des Grecs, &
qui fert à défigner les cepes, fur-tout ceux de couleur rouffe;
quoique, par abus du terme, on l'ait enfuite appliqué à tous
les champignons roux ou rouges, & fpécialement à l'oronge,
comme pour dire, *champignon romain* (*fynonimie des genres*,
n.ᵉ 8).

Galien ne donne aucune defcription des champignons
dont il fait mention, & qu'il fuppofe connus, mais il infifte
plus que les autres Auteurs fur leurs qualités. Relativement
à leur degré de bonté, il place l'oronge ou *bolites* au premier rang, le cepe ou *amanita* au fecond; & quant aux
autres, il dit que le plus fûr eft de ne pas même y toucher.
En général, cet Auteur n'approuve l'ufage d'aucune efpèce;
il dit même que celui de l'oronge n'eft pas toujours exempt
de danger; qu'il a vu un homme qui en fut très-incommodé
pour en avoir mangé en trop grande quantité, & qui
n'étoient pas affez cuits : ce fujet éprouva de l'oppreffion,

An. de J. C.
210.

Galien.
V I

de la difficulté de respirer, des foiblesses, une sueur froide, & ne se rétablit qu'après avoir pris une infusion d'hysope, de sarriette dans l'oximel avec un peu de *nitrum*, qui les lui fit rendre, déjà convertis en mucosité. Cette observation a été copiée par plusieurs Auteurs.

Galien regardoit, comme les autres Médecins de l'antiquité, les champignons en général comme un aliment froid, épais & visqueux; & il adopte, à l'égard de leurs correctifs ou antidotes, les secours indiqués par Dioscoride & Pline; mais il insiste plus qu'eux, par exemple, sur la vertu de la fiente de poule réduite en poudre, dont il dit s'être servi avec succès une fois, sous les yeux d'un Médecin des environs d'Alexandrie: cette poudre fit l'effet d'un vomitif. Il exalte encore beaucoup les vertus d'une substance saline qu'il nomme *aphronitrum (Note 1 1)*.

C'est Galien sur-tout qui nous a donné les vrais signes auxquels on reconnoît l'agaric blanc, de bonne qualité; il dit qu'il faut qu'il soit blanc, très-léger, d'abord doux lorsqu'on le goûte, ensuite amer, en laissant un goût d'âcreté & d'astriction légères à la bouche *(f)*. Cet Auteur n'a fait connoître d'ailleurs aucune espèce nouvelle, ou qu'il ait décrit d'une manière particulière.

Depuis Galien jusqu'au seizième siècle de l'Ere chrétienne, c'est-à-dire, dans un intervalle d'environ douze cents ans, on ne trouve presque rien qui ait rapport à notre objet; & à l'exception de quelques notes données par Paul d'Egine & par les Médecins arabes, pour distinguer les champignons de bonne qualité de ceux qui ne le sont pas, à peine est-il question de ces plantes. Il faut excepter néanmoins un passage de ce Tarentinus, dont on a déjà parlé & qu'on croit avoir vécu dans le cinquième siècle. Cet Auteur, a parlé vaguement des champignons qui croissent naturellement ou artificiellement au pied du peuplier noir, & qu'il nomme *ægiritæ (Note 3)*. Cette dénomination qui a été adoptée par

---

(f) Lib. I. de antidotis.

quelques Botaniftes, a fervi enfuite à défigner un ordre particulier de ces plante *(fynonimie des genres , n.° 10).*

Outre ce qu'a dit encore vaguement fur les champignons, Paul d'Égine , ce Médecin a fait mention d'une production du chêne, qu'il appelle *iska (g);* terme emprunté, à ce qu'il paroît, du latin *efca* (comme pour dire aliment du feu, parce qu'on s'en fert pour faire de l'amadou). Ce nom qu'on retrouve encore fous celui d'*efco*, dans les provinces méridionales de la France , où les Romains s'établirent, & dans toute l'Italie, fous celui d'*efca,* y fert à défigner tous les agarics fecs, propres à faire de l'amadou. Paul d'Égine dit que les Barbares de fon temps employoient l'iska pour cautérifer la région de l'eftomac; d'où il fuit que l'agaric de chêne ou aftringent étoit employé autrefois, dans le Levant, au même ufage que le font encore le moxa & les cylindres à feu, chez les Chinois & chez les Égyptiens. Du refte, Paul d'Égine ne défigne point l'efpèce qu'on employoit ; & l'*iska* de cet Auteur répond à ce que Cœlius Aurelianus appelle *fungi lignei ,* ou champignons ligneux *(fynonimie des genres, n.° 15).*

Voilà à peu-près où en étoient les connoiffances fur les champignons, du temps des bas Grecs ou Gréciftes. On ne voit pas que les Arabes aient ajouté beaucoup à la petite fomme de notions qu'on avoit à cet égard. On voit feulement dans les écrits d'Avicenne, qu'il eft fait mention d'une truffe blanche, qu'on trouve dans les fables de l'Arabie, *(fynonimie des efpèces , n.° 2. d) ;* & on affure que Rhafés, dans fon *Continens*, a parlé d'un champignon, dont l'odeur étoit capable de faire perdre la vie; ce qui ne peut s'entendre que de l'agaric du mélèze, dans fon état de fraîcheur. Tel étoit l'état des connoiffances, à cet égard, au feizième fiècle, lorfque cet objet commença à être traité dans plufieurs écrits fur la Botanique.

An. de J. C.
450.

Paul d'Égine.
V I
650.

(g) *Pauli Æginet.* lib. VI , cap. 49.

On aperçoit déjà, dans les Corollaires d'Hermolaüs *(h)*, noble Patricien de Venife, un des premiers Traducteurs de Diofcoride, & qui vivoit à la fin du quinzième fiècle, un commencement de divifion des champignons en plufieurs ordres ou familles. On commençoit, de fon temps, à les diftinguer, en cinq claffes, à raifon de leur forme ovale & en doigts, à raifon de leur texture fpongieufe, de leur furface comme dartreufe, & de leur difpofition fans tige : il les fait connoître par les dénominations, de *fungi ovati, digitelli, fpongioli, porriginofi, & pezicæ;* ce qui répond à ce qu'on nomme vulgairement vefces-de-loup, doigtiers *ou* barbes-de-chèvre, morilles, champignons teigneux *ou* dartreux, *&* champignons membraneux ; genres dont il y en avoit déjà trois établis par Théophrafte ou par Pline *(fynonimie des genres, n.*^{os} *3. 4. 9. 11. 12);* il y ajoute ceux qu'il a défignés fous le nom de *fungi prunuli, fpinuli, cardeoli,* qui naiffent au printemps, au pied du prunier, parmi les ronces & les chardons, & qui fe font remarquer par leur tête arrondie & par leur parfum ; ce font ceux qu'on connoît fous le nom de *moufferons (fynonimie des genres, n.*^{o} *13).* Indépendamment de ces genres, Hermolaüs a fait mention encore d'une autre forte de champignon, qu'il regarde comme particulier au châtaigner, & qu'il met fous le nom de *laciniæ,* lequel eft remarquable, felon lui, par fa grandeur, & dont un feul fuffit pour un repas : c'eft ce que Porta a fait connoître depuis, fous le nom de *gallinacia;* genre en effet très-remarquable par fes découpures, fon volume, fon poids, & par fes bonnes qualités, & qui a été obfervé depuis, en France, en Allemagne & ailleurs *(fynonimie des genres, n.*^{o} *14).*

Cet Auteur a indiqué affez clairement encore, deux fortes de champignons, ou plutôt d'agarics, qu'il caractérife feu-

---

(h) Hermolaï barbari, Patritii Veneti & Aquileienfis Patriarchæ in Diofcoridem Corallorior. libri V. Coloniæ, apud Joan, Solterum. 1530. *in-fol.* Cet Ouvrage pofthume parut, pour la première fois, à Venife, en 1526, vingt-trois ans après la mort de l'auteur.

lement par leur ufage, qui font ceux qui fervent à faire de l'amadou, & qu'il nomme *fungi igniarii*, & ceux qui fervent à décraffer la tête, *fungi quibus ftrigilium vice utitur tonftrinâ*, qu'on peut confidérer encore comme deux genres diftincts (*fynonimie des genres, n.*os *15. 16*).

Hermolaüs a fait mention, en outre, mais d'une manière vague, de la *truffe* ou *pierre à champignons*, très - connue en Italie, & qu'il dit qu'on appelle vulgairement, *pierre de lynx* (*lapis lyncurius f. lynceus*), à caufe de fon origine attribuée à l'urine congelée de cet animal ; d'ailleurs il ne la caractérife pas de manière à en donner une idée jufte.

Il réfulte de cet expofé, qu'Hermolaüs peut être regardé comme l'Auteur des premiers genres qui ont été créés fur les champignons, depuis la renaiffance des Lettres.

A fon exemple, le favant Botanifte françois, Jean Ruelle, fon fucceffeur & fon rival, dans l'interprétation de Diofcoride, donna dans fon principal ouvrage fur les plantes, publié en 1536 *(i)*, plufieurs genres ou familles de champignons, dont les quatre premiers ne font qu'une imitation de ceux d'Hermolaüs, & mis fous les mêmes noms (*fynonimie des genres, n.*os *3. 11. 12. 13*) *;* mais avec cette différence, que ceux que l'Auteur d'Italie avoit nommés *fungi fpongioli* (morilles), font donnés par le Botanifte françois, pour des champignons poreux ou *cepes*, & fous le nom de *fungi fpongiofi* (*fynonimie des genres, n.° 9*), & que ceux qui font mis fous le titre de *fungi ovati*, par Ruelle, ne font pas ceux qu'Hermolaüs avoit mis fous le même nom, mais des champignons en forme d'œufs, différens de ceux-ci, & qui forment un autre genre établi par l'Auteur françois, fous ce nom (*fynonimie des genres, n.° 17*).

Mais indépendamment de ces genres, Ruelle a fait connoître plufieurs divifions, qu'il dit que le peuple forme naturellement, & qu'il caractérife par des dénominations

An. de J. C.
1516.

Hermolaüs.
VI

1536.

Ruelle.

(i) De naturâ ftirpium libri tres, Joanne Ruellio autore. Parifiis, ex officinis Simonis Colinæi, 1536. *in-fol. p. 821.*

tirées de la reſſemblance des champignons avec d'autres objets, ou des lieux où ils croiſſent ; appelant, par exemple, *morilles (merulii* pour *metulii) (Note 12)*, ceux qui ont la forme d'une toupie ou d'une borne ; *fuſeaux (fuſei)*, ceux qui repréſentent en quelque ſorte un fuſeau garni de fil ; *champignons des prés* ou *des champs (campeſtres)*, ceux qui croiſſent dans les champs ou friches, & qui ont une tête ronde & fermée ; *veſces-de-loup (crepitus lupi)*, ceux qui n'ont point de tiges & dont la ſubſtance interne ſe réduit en pouſſière brune qui ſort ſous forme de fumée ; enfin, *champignons des arbres (arborei)*, ceux qui ſont attachés à leur tronc, de manière qu'on a beaucoup de peine à les arracher. *(ſynonimie des genres*, n.^{os} *9. 7. 5. 4. 18)*.

Cette manière de claſſer les champignons, ou plutôt cette méthode de Ruelle, qui ſemble même en attribuer l'honneur à d'autres, me paroît très-heureuſe, & renferme pluſieurs genres auſſi-bien caractériſés que la plupart de ceux qu'on a formés depuis, ſous d'autres noms, tels que ceux de *phallus*, de *lycoperdon*, d'*agaricus*, &c. qui ne ſont qu'une imitation des genres que le modeſte Ruelle avoit donnés, ſous les noms de *merulii, crepitus lupi, fungi arborei*.

Sur les cinq dernières diviſions ou genres indiqués par Ruelle, il y en avoit déjà quatre de formés, mais ſans être auſſi-bien caractériſés, qui ſont les champignons en forme de fuſeau, les champignons des près, les morilles & les lycoperdon *(ſynonimie des genres*, n.^{os} *4, 7, 8, 9)*. Le cinquième *(ſ. arborei)* eſt un genre nouveau, qui appartient à Ruelle *(ſynonimie des genres, n.° 18)*. D'ailleurs, on ne trouve aucune eſpèce caractériſée particulièrement par cet auteur.

Un des plus illuſtres Commentateurs de Dioſcoride, & de ce même temps, eſt Valerius Cordus, fils d'Ericius Cordus, Poëte & Médecin célèbre dans la Heſſe. Ce botaniſte que la mort enleva à Rome à l'âge de 29 ans, en 1544, & dont tous les autres ont regretté la perte, diſtingue

diſtingue, dans les ſavantes notes *(k)* ajoutées à Dioſcoride, les champignons, ainſi que l'auteur grec, en deux claſſes, à raiſon de leurs qualités innocentes ou malfaiſantes.

Parmi ceux de la première, il ne place qu'une ſorte de champignons, dont l'uſage eſt généralement reçu en Allemagne ; ce ſont les poivrés & laiteux *(fungi piperis ſapore & lacteo liquore manantes)* ; genre aſſez étendu, mais dont il ne marque aucune eſpèce particulière, & qu'on doit conſidérer, par conſéquent, comme un genre diſtinct & nouveau. *(ſynonimie des genres, n.° 19).*

Parmi les champignons d'un uſage dangereux, on trouve ceux qu'il met, ſous la dénomination générique de *boleti*, & qu'il regarde, en général, comme des champignons très-ſuſpects *(ſynonimie des genres , n.° 5)*. Il dit que les Saxons comprennent tous ceux-ci ſous le nom vulgaire de *ſiége à crapaud* ; qu'il y en a qui ſont roux & blancs, qu'on appelle *champignons à mouche, muſcarii*, à cauſe de l'uſage où l'on eſt en Allemagne, de faire périr les mouches avec du lait dans lequel on les a écraſés. Ceux-ci forment un autre genre particulier *(ſynonimie des genres , n.° 20)*.

Enfin cet auteur fait mention d'une autre ſorte de champignons ou truffes, d'uſage en médecine, qu'il met ſous le nom de *fungi ſeu boleti cervini*, & qu'on connoît, ſur-tout en Allemagne, ſous le nom de *truffe de cerf*, parce qu'on en attribue l'origine aux accidens du rut de cet animal ; erreur que Cordus tâche de détruire , diſant qu'il en a trouvé ſur les plus hautes montagnes & où les cerfs & les daims n'avoient jamais pu parvenir. Quant à la vertu chaude, ſtimulante ou aphrodiſiaque qu'on leur attribue, à raiſon de cette prétendue origine , Cordus la rejette encore, regardant ces productions comme de nature froide & malfaiſantes.

Il réſulte de cet expoſé, que V. Cordus a fait connoître

An. de J. C.
1540.

Valerius
Cordus.

VII

(k) Valerii Cordi Simeſuſii annotationes in Pedacii Dioſcoridis Anazarbei de materiâ medicâ, libros V, longè aliæ quàm antehac ſunt vulgatæ, &c. edente Conra. Geſnero. Argentorati, 1561, in-fol. lib. IV, cap. 83.

deux genres de champignons, & une espèce particulière qui est la *truffe de cerf (synonimie des espèces, n.° 7)*.

Tandis qu'on commençoit à s'instruire en Europe, J. Léon surnommé l'Africain, quoique natif de Grenade en Espagne, faisoit quelques observations botaniques en Afrique. Parmi ses remarques sur les productions de cette contrée, il y en a une qui a pour objet une plante souterraine, qu'on croit être une truffe, & le *myson* des Grecs. Cet auteur dit qu'elle est très-abondante dans les déserts de Numidie & aux environs de Sela; qu'on la trouve dans le sable qu'elle soulève un peu ; qu'elle est grosse comme une noix, & quelquefois de la grosseur d'une orange, & semblable à la truffe, mais avec une écorce unie & blanche. Il ajoute qu'elle est très-recherchée par les Arabes, qui la mangent avec autant de plaisir que le sucre; qu'ils la font cuire sous la braise & l'ajoutent au bouillon de viande, ou qu'ils la font bouillir dans l'eau ou le lait. Léon la donne pour une plante d'un goût délicat ; selon lui, elle est connue en Afrique, sous le nom de *terfez*. Les médecins lui donnent celui de *camha*, & la croient rafraîchissante *(1)*.

J. Bauhin la considère comme une truffe blanche particulière à l'Afrique & qui y est toujours recherchée. On la trouve sur-tout aux environs de Tripoli, où elle est encore connue sous le nom de *terfez*. Elle ressemble à une petite pomme de terre blanche, dont elle a l'extérieur, la consistance & la chair; mais elle prend un œil de chair lorsqu'on la coupe : elle ne porte ni tiges ni fleurs, & ne sauroit être réputée racine. Elle forme une variété remarquable parmi les truffes à surface unie *(synonimie des espèces, n.° 2, var. d. 1)*.

Quoiqu'on n'ait jamais bien su ce que Paracelse avoit voulu désigner par le nom de *nostock*, employé en plusieurs

---

(1) Historiale description de l'Afrique, &c. par Jean Léon l'Africain, premièrement en langue arabesque, puis en toscane, & à présent mise en françois. *En Anvers, 1556*, petit in-8.°.

endroits de fes écrits ; on eft convenu cependant, fur-tout depuis que M.^{rs} de l'Académie des Sciences s'en font occupés, de donner ce nom à une plante qu'on aperçoit fouvent en automne, dans les allées des jardins, qui reffemble à une gelée verte & tranfparente, & qui fe réduit à un très-petit volume lorfqu'elle eft sèche. On la connoît dans quelques provinces de France, fous le nom de *perce-terre* ou *perce-pierre* ; & d'après l'idée des alchimiftes, on lui attribue plufieurs propriétés qui paroiffent peu fondées ; on la croit propre, par exemple, à remédier à plufieurs affections de la peau.

Magnol paroît être le premier botanifte qui en ait fait mention, fous le titre de *mufcus fugax, membranaceus, pinguis ;* & Tournefort lui a donné enfuite celui de *nofloc ciniflonum*, dans fon *Hifloire des plantes des environs de Paris*. Cette plante eft très-commune en plufieurs endroits d'Allemagne, fur-tout fur les bords de la mer baltique. D'après les idées de Paracelfe, les alchimiftes lui ont donné des noms analogues à la haute opinion qu'on avoit de fes qualités ou de fon origine, & elle a été nommée *archée célefte, vitriol végétal, fleur ou feuille du ciel, crachat de lune, &c.* (*fynonimie des efpèces, n.° 8*). Elle a donné lieu, en botanique, à un genre particulier (*fynonimie des genres, n.° 56*). On eft étonné que Tournefort n'en ait pas fait mention dans fes *Élémens de botanique*. Suivant les chimiftes, l'eau qu'on en retire par une diftillation graduée, eft légèrement déterfive ; d'autres prétendent qu'elle eft un peu corrofive ; & on l'a crue propre à déterger les ulcères chancreux. Cette plante n'eft plus d'ufage.

On trouve dans les œuvres de Vidus Vidius *(m)*, médecin de Florence, dans le 16.e fiècle, & qui profeffa la médecine à Pife & en France, où il devint médecin de François Ier deux obfervations fur les effets de deux fortes de champignons, qu'il défigne fous le nom générique de *fungi porcini*, & *fliparioli*. Celui de la première forte, pris en grande

---

(m) *Vidi Vidii ars medicinalis*, lib. 9, pars 2.

An. de J. C.
1540.

Paracelfe.
VII

VIII

Vidus
Vidius.

An. de J. C.
1540.

Vidus
Vidius.
VIII

quantité, produifit deux heures après, de l'anxiété ou an-
goiffe infupportable à la région de l'eftomac, enfuite une
forte apoplexie, qui fut fuivie de la mort, le troifième jour.
Cet accident fut obfervé en feptembre, dans le Frioul.
L'autre accident caufé par les champignons dits *ftiparioli*, fut
obfervé à Pife, fur un jeune homme qui éprouva, peu de
temps après en avoir mangé, la même anxiété, des vomiffemens, un délire furieux dans certains momens, & gai dans
d'autres; mais il fut guéri avec l'oximel, la rhue & le creffon.
Quoique l'indication que donne cet auteur, des champignons
qui ont produit ces accidens, foit affez vague, elle fuffit
cependant pour faire connoître que ces plantes font du
genre de ceux que Micheli a nommés *fuilli* & *polypori* (*fynonimie des genres*, n.ᵒˢ *57* & *58*) ; & deux efpèces de mauvaife
qualité des numéros fuivans (*fynonimie des efpèces*, n.ᵒˢ
14, *44*, *192*, *194*). Les *ftiparioli* font ainfi nommés,
aux environs de Pife, parce qu'on les trouve parmi les
bruyères, du *ftipa* des Italiens, mot qui paroît corrompu, & le
même que *fcopa* balai de bruyère. L'efpèce marquée fous
le n.ᵒ *194* de la fynonimie, porte encore le nom de *fcopetino*, qui a la même fignification.

Il réfulte de l'obfervation de Vidus Vidius, que les accidens
dont il a fait mention, ont été produits par des champignons
poreux ou cepes & par des polypores de mauvaife qualité.
Du refte, ce médecin regardoit les évacuans comme le
principal fecours dans ce cas.

1552.
Jér. Bock.

Jérome Bock, de Heidelbach, dans le duché des Deux-
Ponts, botanifte plus connu fous le nom de *Tragus*, fuivit
à peu-près l'efprit de Diofcoride & de Cordus, dans la diftribution des champignons; il les diftribue également en
deux claffes, à raifon de leurs qualités innocentes ou mal-
faifantes, & les comprend tous fous treize genres *(n)*.

---

*(n) Hyeronimi Tragi de ftirpium, maximè earum quæ in Germaniâ nafcuntur,
ufitatis nomenclaturis, lib. III, de fungorum & tuberum generibus.
Argentorati, 1552, in-8.ᵒ*

Parmi ceux de la première, fe trouvent ceux que fon traducteur *(o)* a mis fous les noms de *tubera; amanitæ feu boleti; fungi orbiculati; fungi fplendidi & lutei; digitelli; fungi lacteum & dulcem fuccum manantes* BRODLING *dicti; fungi lepufculi* RODLING *dicti.* Ceux dont l'ufage eft pernicieux, au nombre de cinq, font défignés fous les titres de *fungi mufcarii; fungi lutei qui fub pinu nafcuntur; fungi ovati; fungi ad arbores; agaricon.*

1. Les *tubera* font les truffes noires ou truffes ordinaires *(fynonimie des efpèces, n.° 2).*

2. Les *amanitæ* ou *boleti*, font les champignons des prés ou champignons ordinaires *(fynonimie des efpèces, n.° 4).*

3. Les *fungi orbiculati*, font des champignons tout blancs, qui rendent un fuc laiteux & âcre qui pique la langue comme du poivre, par conféquent du genre de ceux que Cordus avoit déjà indiqués, mais qui forment ici une efpèce particulière *(fynonimie des efpèces, n.° 9).* Bock dit que le peuple d'Allemagne en fait ufage, en les faifant cuire avec du fel fur les charbons : on les trouve, felon lui, dans les endroits les plus fombres des bois.

4. Les *fungi fplendidi & lutei*, font des champignons qui fe font remarquer par leur couleur jaune : on les trouve de même dans les bois humides. Ce font ceux que Tabernæ Montanus, difciple de Bock, nomme *capreolini*, & qu'on connoît fpécialement en France, fous les noms de *girolles, girandoles, girandets, gerilles, chevrettes, chevrotines,* &c. parce qu'ils femblent contournés, ayant des bords finueux, frifés, & étant en forme de toupie, avec une tige mince & femblable, en quelque forte, à un pied de chèvre. Ils font plus connus, parmi les botaniftes modernes, fous le nom de *chanterelles*, depuis que J. Bauhin a écrit qu'on les nommoit ainfi, dans le Montbéliard, que Linné leur a donné le nom fpécifique de *cantharellus (agaricus)*, & que M. Adanfon,

An. de J. C.
1552.

Jér. Bock.
VIII

IX

X

(o) Notez que Bock a écrit en langue allemande : fon ouvrage a été traduit par Kiber; & c'eft cette verfion qu'on fuit ici.

d'après les idées de Vaillant, en a fait un genre, sous le nom de *chanterel* (*synonimie des genres*, n.° *21*, *43*). Ces champignons sont de deux sortes, les uns à nervures ramifiées, & les autres à feuillets. Bock dit que pour en faire usage, on a coutume de les faire bouillir, ensuite on les coupe par morceaux, & on les conserve dans le vinaigre avec du gingembre & du beurre. Ils donnent lieu à une espèce principale (*synonimie des espèces*, n.° *10*).

5. Les *digitelli*, qu'il compare, pour la forme, à la mousse des vieux arbres, & dont il y a plusieurs espèces ou variétés, sont ceux qu'on appelle *coralloïdes*, *barbes de chèvre*, *&c.* dont il a été déjà fait mention (*synonimie des genres*, n.° *11*).

6. Les *fungi lacteum & dulcem manantes succum*, sont des champignons de la grandeur des champignons ordinaires, mais rouges dessus, blancs dessous, & donnant, lorsqu'on les coupe, un lait doux & sucré. Bock dit qu'il y a des personnes qui les mangent cruds; ils établissent une autre espèce particulière (*synonimie*, n.° *11*).

XII

7. Les *fungi lepusculi*, sont des champignons ou agarics qu'on trouve, au mois d'août, au pied des chênes; leur couleur est plombée dessus, blanche dessous; suivant l'expression de l'auteur, ils représentent en quelque sorte les intestins d'un veau. C'est une espèce du genre de ceux que Hermolaüs avoit déjà nommés *laciniæ* (*synonimie des genres*, n.° *14*), & qui en forme ici une principale (*synonimie des espèces*, n.° *12. a*).

8. Quant à ceux qu'il dit qu'on trouve dans les taillis, & qui sont plus pâles que les champignons ordinaires auxquels ils ressemblent d'ailleurs; cela est trop vague pour pouvoir en déterminer le caractère ou l'espèce.

9. Les *fungi muscarii*, parmi ceux d'un usage pernicieux, ou le neuvième genre de Bock, sont ceux que Cordus avoit déjà indiqués sous le même nom (*synonimie des genres*, n.° *12*). Mais Bock en désigne plus spécialement un ordre composé de ceux qui sont rouges dessus, blancs dessous, qui établissent un autre genre & une espèce principale

(synonimie des genres, n.º 20 ; & synonimie des efpèces, n.º 13).

10. Les *fungi lutei fub pinu,* font de grands champignons jaunes qu'on trouve fous les pins, & dont les bêtes à cornes font avides ; mais elles en font beaucoup incommodées. On croit que Bock a voulu défigner par-là ces grands cepes poreux de couleur jaune ou de pain d'épice, dont Tournefort a donné une figure dans fes élémens. Ils établiffent un autre efpèce principale *(fynomimie n.º 14).*

11. Les *fungi ovati,* font les mêmes que ceux que Hermolaüs avoit défignés fous le même nom, c'eft-à-dire, les vefces de loup *(fynonimie des genres, n.º 4).*

12. Les *fungi ad arbores* font de trois fortes ; les uns croiffent au pied des arbres, *ægiritæ (fynonimie des genres, n.º 10) ;* les autres à leur tronc, *arborei (fynonimie des genres, n.º 18) ;* les autres de même, mais fervent d'amadou, *igniarii (fynon. des genres, n.º 15).* La réunion de ces trois genres en forme un autre qui eft le *n.º 22.* Parmi les efpèces comprifes fous le titre d'*arborei,* l'auteur en indique une qui croît fur le fureau, & qu'à caufe de fa forme & de fa reffemblance avec l'oreille de l'homme, on appelle *oreille de Judas ;* elle établit une efpèce particulière *(fynonimie des efpèces, n.º 15).*

13. L'*agaricon* eft l'agaric du meléze, fur lequel l'auteur ne dit rien de neuf *(fynonimie, n.º 1.er).*

Selon Bock, l'oreille de Judas eft propre à appaifer l'inflammation des tumeurs, fi on l'applique deffus, macérée dans l'eau rofe ou le vin ; & la pouffière des lycoperdons eft employée, en Allemagne, pour deffécher les vieux ulcères.

Bock eut deux difciples, Adam Lonicer & Tabernæ Montanus, qui fuivirent les idées de leur maître.

Mathiole, de Sienne en Italie, un peu poftérieur à Ruelle dans fes travaux, puifque c'eft la verfion de cet auteur qu'il a fuivie dans fa traduction de Diofeoride *(p),* auroit pu

An. de J. C.
1552.

Jér. Bock.
XIV

XV

Adam
Lonicer.
Tabernæ
Montanus.

1562.
Mathiole.

(p) *Petri Andr. Mathioli, Senenfis medici, commentarii, dénuo aucti in fex libros Pedacii Diofcoridis anaz. de medicâ materiâ.* Lugduni apud Gabr. Coterum, 1562, *in-4.º*

nous donner beaucoup de lumières fur les champignons.
Habitant de la Tofcane, pays très-fécond en productions de
ce genre, il étoit à portée de faire beaucoup d'obfervations ;
mais il s'eft contenté d'en indiquer plufieurs, fans en décrire
pour ainfi dire aucune. La feule efpèce qu'il marque avec
un peu de détail, & dont on doit lui faire hommage, eft
cet agaric tendre de couleur d'or, qui croît fur le melèze,
de même que l'agaric blanc, & dont l'ufage, comme aliment,
eft très-recherché. Mathiole dit que celui-ci n'a aucune
amertume, qu'il eft très-agréable au goût, & qu'il y en a
qui pèfent jufqu'à trente livres ; il forme une efpèce particulière *(fynonimie des efpèces, n.° 16)*.

Tout ce que cet auteur a dit d'ailleurs fur les champignons,
eft en général fenfé, inftructif & intéreffant ; mais il a traité
cet objet, plutôt en médecin qu'en botanifte. Il dit qu'on
reconnoît aifément leur vénénofité, au changement de couleur qu'ils éprouvent lorfqu'on les coupe ; qu'il faut toujours
les ouvrir avant de les manger, & que lorfqu'ils changent
de couleur, qu'ils deviennent verts, bleus, &c ; il faudroit être
ftupide pour en faire ufage. C'eft fur-tout dans fon commen-
taire fur le chapitre 23 du VI.ᵉᵐᵉ livre de Diofcoride, que
ce judicieux auteur fait connoître le véritable traitement qu'il
convient d'employer lorfqu'il s'agit de fecourir ceux qui
éprouvent les mauvais effets des champignons. Selon lui, le
point principal & le premier, confifte à faire rendre promptement les champignons par toutes fortes de moyens, foit en
excitant le vomiffement avec de l'huile, d'après le confeil
de Diofcoride, ou avec le fuc de raifort, &c ; foit en donnant des lavemens âcres pour vider les inteftins. Il recommande enfuite la thériaque & le mithridate délayés dans du
fort vinaigre ou dans l'oximel, ou dans l'eau-de-vie, comme
les plus puiffans fecours qu'il y ait.

Mathiole a parlé encore des truffes avec quelque détail ;
il en diftingue de trois fortes, la truffe noire, la truffe
blanche, comme avoit fait Pline, & la petite truffe ou truffe
pâle ou rouffe. Les deux premières ne diffèrent entr'elles
que

que par leur chair ou pulpe qui eſt tannée ou obſcure dans
la noire, & blanche dans l'autre. La petite truffe eſt de couleur preſque rouſſe, a la ſurface liſſe, & elle eſt inſipide au
goût; elle eſt de la grandeur à peu-près d'une noix. Mathiole
a donné la figure des deux premières, ou plutôt de la truffe
noire, dans l'édition citée, *p. 328.* Ces trois ſortes de truffes
qu'on trouve en Italie, doivent être diſtinguées, quoique
leur diſtinction n'exiſte pas dans toutes les éditions de cet
ouvrage. *(ſynonimie des eſpèces, n.° 2. b. c. d. 2.).*

Dans l'édition de Veniſe, de *1565 (q)*, l'auteur fit quelques additions touchant les champignons. C'eſt-là où l'on
trouve, *page 142*, que pour en avoir de bons, il ſuffit
d'arroſer la ſouche du peuplier blanc, avec de l'eau chaude
chargée de levain ; ils paroiſſent, quatre jours après. On y
voit encore, & avec ſurpriſe, ſous le nom de *ſatyrium crytro-
nium, p. 884,* la figure d'un bulbe de champignon, que Mathiole donne pour la racine de ce *ſatyrium* de Dioſcoride ; ce
qui eſt une mépriſe à laquelle une fraude donna lieu, comme
Pona le fait remarquer dans la Deſcription des plantes de
Monte baldo (r), près de Vérone, où l'on trouve celle-ci
(ſynonimie des eſpèces, n.° 17).

Mathiole a encore fait mention, avec détail, de la truffe
de cerf & de ſes uſages en médecine, ſous le nom de *fungus
cervinus*, dans ſes lettres imprimées à Prague, *en 1561 (ſ).*
Il dit que cette truffe eſt brunâtre à l'extérieur, blanchâtre
en dedans, qu'elle a une odeur forte, qu'elle eſt ſemblable
à une truffe, & qu'en Bohème où elle eſt commune, on la
vend comme anti-hyſtérique & aphrodiſiaque *(ſynonimie des
eſpèces, n.° 7).*

Adrien Junius, médecin hollandois, paroît être le premier qui obſerva, vers le milieu de ce ſiècle, dans les

An. de J. C.
1562.

Mathiole.
XVI

1564.
Adrien
Junius.

(q) *Petr. Andr. Mathiol. Senenſis, &c.* Venetiis, 1565, *in-fol.*

(r) *Joan. Pona ad Cluſium. Deſcriptio plantar. Montis baldi. apud Cluſium hiſt. rar. plantar.*

(ſ) *Petr. And. Mathiol. Epiſtolar. medicinal. lib. V.* Pragæ, 1561, *in-fol.*

Tome I.   E

An. de J. C.
1564.

Adrien
Junius.

XVII

sables d'une des îles que forme le Rhin, vers son embou-
chure, une espèce de champignon dont la singularité le frappa,
& qu'il crut devoir célébrer en vers latins. C'est ce qui donna
lieu au poëme qu'il fit paroître à Delf, en 1564 *(t)*.

C'est, en effet, une plante très-remarquable par sa forme,
par sa structure interne & par le degré de fétidité auquel elle
parvient, en très-peu de temps. Cet auteur lui donna le nom
de *phallus*, à cause de sa ressemblance avec la partie sexuelle
de l'homme que les Grecs nomment *phallos* : ce nom s'est
conservé parmi les botanistes. Le peuple en Hollande nomme
cette plante, dans son langage, *les œufs du diable.*

Dans son origine, cette production est ronde, & tient à la
terre par une racine cylindrique, en forme de queue de rat,
& quelquefois avec quelques ramifications. Ce globe, qui
est très-lourd, & qui va au fond de l'eau, est plein d'une
matière visqueuse, très-froide & qui imprime un sentiment de
glace, lorsqu'on la tient dans la main. Il sort bientôt de ce
corps, mis même hors de terre, une tige surmontée d'un
chapiteau qui la couvre, en manière de casque, & qui est
ouvert à son sommet. Cette tige, qui a quelquefois jusqu'à
neuf pouces de hauteur, est caverneuse & spongieuse. La tête
ou partie qui couvre le sommet, est ordinairement d'une
substance différente & sillonnée, ou creusée en bossage comme
une tête de morille ordinaire. L'enveloppe ou bourse de
laquelle ce champignon sort, est épaisse, blanchâtre, & reste,
à la base, découpée en lambeaux. Tout le corps de la plante
exhale un odeur insupportable, & finit par se résoudre en
liqueur putride. On la trouve en Hollande, sur-tout au
printemps, dans les terreins sablonneux. On l'a observée depuis en France, en Italie, en Allemagne & ailleurs. On en a
trouvé des espèces qui ne sont pas ouvertes à leur sommet ;
elle a fourni aux botanistes modernes l'occasion d'un genre,

---

*(t) Adriani Junii medici Phallus, ex fungorum genere. In Hollandiæ
Delphis. 1564. in-4.° cum icon.*

fous le nom de *phallus(n.° 38);* elle offre ici une efpèce principale & remarquable *(fynonimie des efpèces, n.° 17).*

Il paroît que, vers le milieu de ce fiècle, on s'occupoit
beaucoup des truffes, en Italie, fi l'on en juge du moins par
les efforts qu'on faifoit d'une part, pour en connoître les
différences, & par le foin qu'on prenoit, de l'autre, pour tirer
parti de leurs qualités. Alphonfe Cicarelli, médecin de cette
contrée, publia dans ce temps un traité fur ces plantes *(u),*
dans lequel il avoue qu'après avoir cru, pendant quelque
temps, qu'il y en avoit plufieurs efpèces, des noires, des
blanches, des grifes & de petites noires, il eft obligé de n'en
admettre qu'une feule qui eft la noire. Il rapporte dans cet
écrit tout ce qui concerne leur choix, leur préparation.
On y lit que, fi on laiffe des œufs parmi les truffes, pendant
quelques heures, ces œufs s'imprègnent tellement de l'odeur
de ces plantes qu'ils ne font plus mangeables. Sa dernière
opinion fur les truffes paroît la moins fondée.

D'après ce qu'avoient dit Cardan & d'autres auteurs fur
les truffes, on étoit perfuadé qu'elles offrent un reftaurant
aphrodifiaque très-puiffant. C'eft dans la vue d'en extraire
fes vertus, que Léonard Fioravanti, chimifte & phyficien
de Boulogne, effaya d'en compofer, avec quelques autres in-
grédiens, un firop ou élixir dont il exalte beaucoup les
propriétés, fur-tout dans les foibleffes d'eftomac, & dans le
cas d'épuifement; il dit s'en être fervi avec fuccès, à la cour
d'Efpagne *(note 12).*

A peu-près vers le même temps, Léonard Botal, médecin
de Henri III roi de France, publia un avis ou differtation
fur les effets d'une efpèce de champignon qu'il décrit, &
auquel il donne, à raifon de fes effets, le nom de *fungus
ftrangulatorius (x).*

Un accident caufé par cette efpèce, fur une famille des
environs de Rouen, donna lieu à cet écrit qu'on trouve

An. de J. C.
1564.

Cicarelli.
XVII

1565.
Léonard
Fioravanti.

Botal.

(u) Alph. Cicarelli mœvenatis de tuberibus. Patavii, 1564, *in-8.°*
(x) Leonardi Botal fungus ftrangulatorius. Lugduni, 1565, *in-16.*

E ij

encore parmi fes œuvres *(y)*. Botal y dit qu'il vérifia le fait fur les lieux, & qu'il fe convainquit que c'eft un champignon feuilleté, blanc, dont le chapiteau fe creufe de manière à retenir l'eau de la pluie, lequel a un fuc laiteux & âcre, comme celui de tithymale. A cette defcription, il eft facile de reconnoître l'efpèce dont Botal veut parler *(fynonimie des efpèces, n.° 9)*; mais il n'eft pas auffi aifé d'admettre les qualités pernicicufes que cet auteur lui attribue. Il eft certain que ce champignon a un fuc quelquefois fort âcre, mais il ne s'enfuit pas qu'il foit auffi malfaifant que Botal le dit; & plufieurs raifons portent à croire qu'il a groffi les objets; ce qui étoit pardonnable dans un fyftème d'ignorance, mais peu propre à faire connoître la vérité. 1.° Aucun de ceux qui en avoient mangé n'en mourut, & ils furent tous fauvés par les feuls efforts de la nature. En fecond lieu, en fuppofant qu'ils aient éprouvé des accidens graves, on ne peut pas favoir s'il n'y en eut pas d'autre d'efpèce différente qui fut mêlé à ceux-ci, & qui produifit les vomiffemens, les foibleffes & le dévoiement dont l'auteur fait mention. En troifième lieu, l'expérience de tous les peuples d'Europe qui en font journellement ufage & fans accident, forme une préfomption très-forte en faveur de ce mets, & femble détruire en partie ce que Botal a avancé, ou du moins perfuader, ou que ce médecin a fonné le tocfin fur l'ufage des champignons en général, ce qui eft très-louable, ou qu'il a été trompé dans le rapport qu'on lui a fait. On fait aujourd'hui, à n'en pouvoir douter, que ce champignon, malgré fa faveur piquante, ne contient aucun principe nuifible, & que, lorfqu'on le fait cuire avec du fel, du poivre & du beurre, comme le confeillent Cordus & Bock, il n'incommode pas, fur-tout lorfqu'il eft bien cuit. On ne le donne pas à la vérité pour un aliment très-léger fur l'eftomac; mais il ne mérite pas non plus les reproches que Botal lui a faits.

____

(y) *Botalli opera,* Lugduni. 1660, *in-8.°* p. 71.

Le premier auteur un peu méthodique, & qui foit entré
dans quelques détails fur les champignons, eft Céfalpin, premier médecin du pape Clément VIII, botanifte très-diftingué
du même fiècle, & dont on a toujours admiré le génie.

Cet auteur *(z)* comprend tous les champignons fous quinze
claffes ou genres diftinéts, & fous les noms de *pezica ; boleti ;*
fuilli ; prunuli ; lyncurii ; prateoli ; turini ; familiolæ ; fcarogiæ ;
fungus marinus ; gallinacei ; ignis fylveftris ; linguæ ; digitelli ;
fungi igniarii.

Le *pezica* ou *vefcia* de Céfalpin, eft le nom d'un genre
qui étoit déjà formé, & auquel Tournefort & Linné ont
donné enfuite beaucoup d'extenfion, fous celui de *lyco-*
perdon. C'eft le même que celui que Ruelle avoit mis fous
le nom de *crepitus lupi*, & dont il avoit tracé le caractère.
Céfalpin étoit perfuadé que Pline, par le mot *pezica*, n'avoit
voulu défigner autre chofe que ces fortes de champignons
ou *vefces de loup*, qu'on appelle encore *puza*, en Italie *(note 6,*
& fynonimie des genres, n.° 4). Ce botanifte dit qu'aux environs de Pife, il y en a qui font quelquefois de la groffeur
de la tête d'un enfant, & qu'on mange frites dans l'huile.
Il étoit perfuadé que Théophrafte avoit défigné ce genre de
plante, fous le nom de *cranium (fynon. des genres, n.° 4).*

Par les mots *boletus* & *fuillus*, Céfalpin indique les mêmes
genres de champignons que Pline avoit décrits fous ces dénominations, c'eft-à-dire, l'oronge & les cepes *(fynonimie des*
genres, n.os 6, 8 ; & fynonimie des efpéces, n.° 3). Il décrit
l'oronge à peu-près comme Pline, & répète ce que Galien a
dit de fon ufage. Quant aux *fuilli*, qu'il nomme encore
porcini, il décrit fpécialement ceux dont le deffus du chapiteau eft de couleur prefque fauve, le deffous gris & l'intérieur blanc. Céfalpin dit qu'après leur avoir fait jeter leur
fuc dans l'eau bouillante, on les fait frire dans la poêle avec
de la farine & de l'huile, qu'alors ils n'incommodent jamais.
Il ajoute qu'on les garde pour l'ufage, marinés dans l'eau de

An. de J. C.
1583.
Céfalpin.
XVII

XVIII

____

(z) Andreæ Cæfalpini, libri XVI, de plantis. Florentiæ, 1583, *in-4.*

fel, ou féchés; qu'on ne diftingue dans ce genre, les bons d'avec les mauvais, que par le changement de couleur qu'ils éprouvent lorfqu'on les coupe. Il rappelle d'ailleurs ce qu'ont écrit Pline & Galien, au fujet des cepes, & dit que les meilleurs font ceux qu'on trouve au haut des montagnes, parmi les fougères & les bruyères. Il eft évident que Cé- falpin caractérife ici un cepe de bonne qualité, c'eft-à-dire, la variété rouffe qui donne lieu à l'efpèce principale *(fynonimie des efpèces, n.° 18. a)*.

XIX   Par le mot *prunuli*, Céfalpin défigne ces petits moufferons que Hermolaüs & Ruelle avoient défignés fous le même nom *(fynonimie des genres, n.° 14)*, qu'on trouve ordinai- rement fous le prunelier ou prunier fauvage, & fpécialement une efpèce à tête ronde, fort eftimée, qui croît au prin- temps, qui eft de couleur d'un gris cendré, d'une chair très- blanche & très-ferme. On en voit une très-bonne figure dans Boccone *(mufeo di fifica, page 303)*. Son parfum eft des plus agréables; Céfalpin dit qu'on les réferve pour la table des Grands; qu'on les fait cuire dans leur jus, avec un bouquet de marjolaine. C'eft le moufferon gris, d'Italie *(fynonimie des efpèces, n.° 19. a)*.

Par la dénomination de *lapis lyncurius*, Céfalpin veut dé- figner, ainfi que Hermolaüs, cette production fingulière, fi connue en Italie, fous le nom de *pierre à champignons*, & que les anciens croyoient provenir de l'urine coagulée du lynx, ainfi que le fuccin, auquel ils donnoient la même origine & le même nom *(a)*, c'eft-à-dire, celui de *pierre de lynx;* dénomination fous laquelle on comprenoit encore les pierres qu'on appelle *belemnites*.

Cette prétendue pierre dont il eft queftion ici, n'eft autre chofe qu'une racine tubéreufe, inégale, ayant des cavités & faifant corps avec la terre qui fe trouve dans fes interftices. Avantio, Boccone, Micheli & Batara en ont donné de très- bonnes figures; elle a été célébrée par plufieurs auteurs, fur-

---

(a) Mathiol. in Diofcorid. lib. I, cap. 93.

tout par Baptifte Fiéra, de Mantoue, dans fon poëme intitulé
Cœna, par Marc-Aurele Severin *(b)*, Porta, Mercatus, Kircher, Cardan, & enfin par Micheli, Séguier, Battara & autres;
mais elle n'eft pas affez caractérifée par Céfalpin, pour la
rapporter comme efpèce bien déterminée & principale. Cet
honneur eft dû à Marc-Aurele Severin, qui l'a décrite avec
foin. On ne peut la confidérer encore que comme un
genre indiqué par Céfalpin *(fynonimie des genres, n.º 24)*.

Sous le nom de *prateoli*, Céfalpin comprend les champignons ordinaires ou champignons des prés, déjà indiqués
par Pline *(fynonimie des genres, n.º 5; & fynon. des efpèces,
n.º 4)*. Mais cet auteur dit qu'il y en a qui croiffent fur
le fumier, & qui leur reffemblent; ceux-ci ont la tige plus
longue & leur ufage eft dangereux. Ce font ceux qu'on
appelle vulgairement parmi nous, *champignons de fumier* ou
champignons à crapaud; ils forment une efpèce particulière
(fynonimie des efpèces, n.º 20).

Par le mot *turini*, Céfalpin défigne ceux qui font un peu
plus grands que les champignons de prés, & qu'on trouve
fous les peupliers. Leur chapiteau eft lavé de rouge, &
leur tige eft blanche; on ne les mange point. Ce font ceux
qu'on appelle *rougeotes* en France, & dont l'ufage n'eft en
effet ni agréable, ni fûr. Ils forment une efpèce particulière
(fynonimie des efpèces, n.º 21).

Ceux que Céfalpin appelle *familiolæ*, font ces champignons qui croiffent en touffe ordinairement aux pieds des
arbres : ce genre, ou plutôt cet ordre de champignons eft
très-nombreux. Il y en a une efpèce, au rapport de Céfalpin, qui reffemble aux moufferons d'Italie, mais dont la
fubftance eft moins ferme & la tige plus longue, & que les
habitans de la campagne mangent dans leurs ragoûts. Cet
auteur n'en donne pas d'ailleurs d'autre defcription *(fynonimie des genres, n.º 24)*.

An de J. C.
1583.

Céfalpin.
XIX

XX

XXI

(b) Marc. Aurel. epiftola ad Mich. Rupert. Befler. in Cœna J. E. Fierx.
Patavii, 1649; & epiftolæ de lapide fungifero, & de lapide fungimappa,
Guelpherbyti, 1728.

Ceux qu'il nomme *fcarogiæ*, *canellæ*, font blancs, ont une tige longue, & un chapiteau qui s'étale en manière de parafol, leur pulpe eft blanche & bonne à manger ; ce font les *fufei* de Ruelle, ou *coquemelles* déjà indiqués par Pline, & dont il a été beaucoup queftion (*fynonimie des genres* , *n.° 7 ; & fynonimie des efpèces* , *n.° 5*). Les meilleures figures de cette forte de champignons, font celles qu'en ont donné Fabius Columna & Schaeffer.

On ne fait ce que Céfalpin a voulu défigner fous le titre de *fungus marinus*. Il eft douteux que ce foit un vrai champignon ; il eft plus naturel de croire que c'eft une production marine, analogue aux éponges ou aux androfaces. On trouve dans les écrits d'Aldrovande, de Sterberck, de Dodonée, de Barrelier, plufieurs plantes fous ce nom. Chez Aldrovande, c'eft un ortie de mer ; chez Sterberck, une éponge ; chez Dodonée, un phallus ; & chez Barrelier, des productions diverfes. Céfalpin dit feulement que celle-ci croît dans l'eau. Elle a été l'occafion des conjectures que cet auteur a formées fur l'exiftence des femences dans les champignons, ou de quelque chofe de femblable qui les reproduit.

Céfalpin a encore fait mention de la truffe blanche ou à pulpe blanche, qu'on trouve en Italie, & qu'il met fous le nom de *tuber albidum* (*fynonimie des efpèces* , *n.° 2. b*).

Sous le nom de *gallinacei*, cet auteur comprend ces champignons qu'on connoît en France fous ceux de *girolles*, *gerille*, *chanterelle*, *girandets*, *chevrètes*, *chevrotines*, &c. champignons jaunes dont les bords fe contournent quelquefois, & font comme frifés ou languetés, en manière de crêtes de coq, d'où eft venu leur nom de *gallinacei*. Les médecins allemands les ont défignés, comme on a vu, fous le nom générique de *capreolini* (*fynonimie des genres* , *n.° 21 ; & fynonimie des efpèces* , *n.° 10*). Les Italiens les défignent encore fous le nom de *gialletti*, à caufe de leur couleur jaune. Ces champignons ne font point malfaifans.

 Sous le nom de *fungi pannis laceris fimiles* , *feu ignis fylveftris*, Céfalpin comprend une forte de champignons mous, couleur

de

de feu, qu'on trouve principalement aux pieds des oliviers, & qui reſſemble, pour la forme, à des éponges ou des lambeaux d'étoffes. On les appelle vulgairement, en Italie, *fuoco ſilvatico*. Ces champignons ſont très-mal-faiſans ; on s'en ſert, ſuivant Céſalpin, après les avoir réduits en poudre, pour vieux ulcères.

Cette production qui, dans ſes différens états, offre des formes très-différentes, eſt ſuſceptible d'être caractériſée de pluſieurs manières, relativement à ſes formes. D'abord c'eſt un globe blanc, formé par une enveloppe qui couvre le champignon ; l'enveloppe rompue, c'eſt encore un globe, ou un ovale formé comme de branches rouges, ramifiées & réunies, qui s'ouvrent enfin & ſe déchirent. Dans cet état, elle peut être comparée à des lambeaux d'étoffes ; & c'eſt ainſi que M. de Réaumur a fait repréſenter cette production, dans les mémoires de l'Académie des ſciences, 1713, ſous le nom de *morille blanche* ; & c'eſt d'après le même état, que Céſalpin la décrit. Cette différence de forme eſt cauſe que G. Bauhin l'a miſe en deux endroits & ſous deux titres différens, dans ſon *Pinax*, au n.° IX, *p. 372*, ſous le titre de *fungus pannis laceris ſimilis, igneus ;* & au n.° XLIII, *p. 375*, ſous celui de *fungus rotundus, cancellatus, &c. (ſynonimie des eſpèces, n.° 22)*. Cette production a été obſervée depuis en Italie, & les auteurs poſtérieurs en ont fait un genre & diſtingué pluſieurs eſpèces, ſous les noms de *fungus cancellatus*, de *crepitus lupi efflorescens*, de *clatrhus*. Elle établit ici un genre & une eſpèce principale, qui eſt la rouge *(ſynonimie des genres, n.° 26 ; & ſynonimie des eſpèces, n.° 22. a.)*.

Les champignons mis par Céſalpin, ſous le titre de *linguæ*, ſont ces agarics tendres, couleur de chair ou de ſang, qui ſortent ordinairement des troncs des chênes & des châtaigners, & qui d'abord ont preſque toujours la forme & la couleur d'une langue de bœuf, ſur-tout lorſqu'ils viennent au pied de ces arbres. Les Romains nommoient cette eſpèce, *lingua bovina*, nom qui s'eſt conſervé, en France, dans les endroits où ils établirent des colonies, où on l'appelle encore du

Tome I. F.

même nom , mais prononcé à la manière des Latins , &
comme s'il étoit écrit *lingua boüina*. L'ufage de cette forte
d'agaric n'eft point mal-faifant. Les meilleures figures font
dans Schaeffer , fous le titre de *boletus hepaticus*. Quoique
Céfalpin en ait fait un genre , on n'en connoît encore qu'une
efpèce qui eft rouge ou couleur de chair *(fynonimie des genres,
n.° 27 ; & fynonimie des efpèces, n.° 23)*.

Les champignons que Céfalpin a défignés, ainfi que Hermolaüs , Ruelle, & Bock, fous les noms de *digitelli, maninæ* ,
parce qu'ils font découpés à peu-près comme les doigts de
la main , font ceux qu'on appelle, en France , *mainottes*,
doigtiers, barbes de chèvre, mouffes, gallinoles , &c. & dont il
a été queftion *(fynonimie des genres, n.° 11)*. Les meilleures
figures font dans l'Éclufe, Barrelier, Sterbeeck, Schaeffer.
Céfalpin ne les donne pas pour mal-faifans, & en général
ils ne le font point. Ce genre, que les botaniftes modernes
ont mis fous le nom de *clavaire* & de *coralloïde*, contient un
très-grand nombre d'efpeces & de deux ordres différens,
comme on le verra *(fynonimie des efpèces, n.° 45)*.

Enfin , ceux qu'on trouve fous la dénomination générique
de *fungi igniarii*, & dont le nom vulgaire eft *efca*, en Italie
(voy. l'article de Paul d'Égine) , font des agarics de chêne,
dont Céfalpin diftingue deux efpèces, de fubftance également
ligneufe, douce au toucher, dont l'une a la forme d'un fabot
de cheval, & fert à faire de l'amadou, en le faifant d'abord
bouillir dans le vinaigre pour le ramollir , & le battant enfuite à coups de marteau ; & l'autre a la partie inférieure fillonnée par de grandes excavations, & fert, comme Hermolaüs l'avoit remarqué, à décraffer la tête. Ces deux fortes
d'agarics ainfi caractérifés, établiffent deux efpèces princi-
cipales, qui font les deux genres que Hermolaüs en avoit
fait *(fynonimie des genres, n.° 15, 16 ; & fynonimie des efpèces,
n.° 24, 25)*. Les meilleures figures de ces deux fortes d'agarics, font celles qu'en ont donné Tournefort & Schaeffer.

On voit par cet expofé, que Céfalpin eft un des premiers
auteurs qui aient mis un certain ordre dans la diftribution

des champignons. L'obſervation a prouvé depuis, que cet auteur eſt exact ſoit dans ſes deſcriptions, ſoit dans ſes aſſertions, ſur les qualités de ces plantes. Il ne m'a pas paru auſſi heureux dans la concordance des noms ou ſynonimie, & dans l'interprétation de quelques paſſages de Pline, de Galien & d'Hermolaüs. Il met en doute, par exemple, ſi l'agaric tendre, qu'il nomme *linguæ*, eſt le même que les champignons dont Pline a dit, *tutiſſimi qui rubent callo*, tandis que Pline dit poſitivement que ce ſont des *fungi* (*ſynonimie des eſpèces, n.° 4*). Il croit encore que ceux qu'il appelle *digitelli* ou *manotæ*, ſont les mêmes que ceux dont Pline compare le chapeau à celui dont ſe ſervoient les prêtres Flamines, les mêmes que ceux que Galien nomme *amanita*, enfin les mêmes que ceux que Hermolaüs nomme *laciniæ* ; trois erreurs dont la dernière a été copiée par G. Bauhin, & a donné lieu, chez cet auteur, à un n.° inutile, qui eſt le XXX, *pag. 372* du *Pinax* ; & cela faute d'avoir fait attention au paſſage d'Hermolaüs qui, après avoir diſtingué ceux qu'il nomme *digitelli, ſpongioli, prunuli,* &c, parle d'une eſpèce de champignon qui n'appartient à aucun de ces genres, lequel croît au pied des châtaigners, & dont un ſeul ſuffit pour un repas *(ſynonimie des genres, n.° 14 ; & ſynonimie des eſpèces, n.° 12)*.

Il y a une choſe remarquable chez Céſalpin, c'eſt que cet auteur n'a point fait mention des morilles ; ce qui ſembleroit prouver que ce genre de champignon ne ſe trouve pas abondamment en Italie.

J. B. Porta de Naples, contemporain de Céſalpin, a donné dans l'ouvrage qui a pour titre *Villa (c)*, l'énumération de pluſieurs eſpèces de champignons bons à manger, & dont la plupart ſont très-curieux & forment de nouvelles eſpèces.

Il les diſtingue d'abord en deux claſſes, en ceux qui croiſſent ſpontanément, & en ceux qu'on fait venir par

An. de J. C.
1583.

Céſalpin.
XXV

1584.
J. B. Porta.

(a) *Villæ Jo. Bapt. Porta, Neapolitani, libri XII.* Francofurti, 1592, *in-4.°*

An. de J. C.
1584.

J. B. Porta.

art *(vel naturæ, vel artis opus)*. Il commence par ceux qui font naturels ; & conformément à l'efprit de Diofcoride & d'autres, il les diftribue en deux autres claffes, à raifon de leurs qualités mal-faifantes ou innocentes.

Pour caractérifer ceux de la première, il fe contente de rappeler les fignes généraux qui annoncent leurs mauvaifes qualités indiquées par les anciens, & n'en décrit aucune efpèce.

Il divife ceux de la feconde claffe, c'eft-à-dire, les champignons de bonne qualité, en ceux *qui croiffent en automne*, & en *ceux qui viennent au printemps*.

Ceux d'automne font encore foudivifés en trois ordres ou genres, relativement au lieu où ils croiffent, dans les prés ou friches *(fungi pratenfes)* ; fur les arbres, ou à leur racine, *(qui circa arbores vel arboribus nafcuntur)* ; & fur des pierres, *(è faxis nafcentes)*.

Ceux des prés font mis fous les noms de *boleti*, *fuilli* & *ammonitæ*, *tutiffimi qui rubent callo*, *conocchielle*, *gallinaccia*, *gallinella*, *piperitis*, *richione*, *gallucci*.

Le *boletus* de Porta, eft la même efpèce que Pline avoit indiquée fous ce nom, c'eft-à-dire, l'*oronge*, qu'on appelle à Naples, *ovolo*, à caufe de fa reffemblance avec un œuf lorfqu'il commence à naître *(fynonimie des efpèces, n.° 3)*. L'Auteur rappelle à fon fujet, tout ce qu'a dit Pline fur ce champignon, & ne dit rien d'ailleurs de particulier.

Les *fuilli* ou *ammonitæ*, qu'on appelle encore, à Naples, *filli & ammoniti*, font les *cepes* ou champignons poreux, dont Porta indique une efpèce, qui eft celle dont la tête eft brune ou couleur de fuie deffus, verdâtre deffous, de la groffeur quelquefois de la tête d'un homme, avec une tige très-forte & plus groffe que dans toute autre efpèce du même genre. C'eft la variété du *cepe* ou *potiron*, qu'on appelle fpécialement *tête noire (fynonimie des efpèces, n.° 18-var. b)*; il dit qu'ils jettent beaucoup d'écume, lorfqu'on les fait cuire, mais que cela ne doit point effrayer. On les trouve dans les bois.

Ceux qu'il nomme, d'après Pline, *tutiſſimi qui rubent callo*, ſont les champignons ordinaires, à feuillets couleur de roſe ou rouges, & ſur leſquels il ne dit rien *(ſynonimie des eſpèces, n.° 4)*.

Les *conocchielles*, ainſi nommés à cauſe de leur reſſemblance avec une quenouille, *conocchia*, ſont ceux dont Pline comparoit le ſommet au chapeau des prêtres Flamines, & que Ruelle avoit indiqué ſous le nom de *fuſeaux (fuſei)*, & qu'on appelle aſſez généralement *coquemelle* ou *coulemelle (ſynonimie des eſpèces, n.° 5)*. Porta dit qu'ils plaiſent même à ceux qui ont le goût le plus difficile ; & en effet, ils ſont très-délicats.

Le *gallinacia* eſt une eſpèce très-remarquable par ſa grandeur, quelquefois telle, qu'à peine un homme peut l'embraſſer avec les deux bras, & par ſon poids qui va juſqu'à ſoixante livres. Porta dit qu'on ne ſait à quoi le comparer, qu'il vient fort haut, & qu'il reſſemble à des mains ouvertes ou à des branches de chêne ; qu'il eſt d'une chair blanche & ferme, & qu'un ſeul ſuffit pour un repas ; ce qui s'accorde aſſez avec ce que Hermolaüs a dit des champignons qu'il nomme *laciniæ (ſynonimie des genres, n.° 15)*, & qui paroît ſuffiſant pour former une variété dans l'eſpèce principale, qui eſt celle que Bock a nommée *lepuſculi (ſynonimie des eſpèces, n.° 12. variet. a. b.-)*.

Le *gallinella* eſt une ſorte de champignon beaucoup plus petite, qui reſſemble à des porreaux naiſſans ou à des éponges, ſuivant Porta, & qui a environ quatre travers de doigt de hauteur ; il n'en donne pas d'ailleurs d'autre deſcription, mais on ſait qu'il veut parler d'un *coralloïde* ou *barbe de chèvre*, qu'on appelle même dans quelques endroits de la France, *poule* & *gallinole*, ainſi nommé à cauſe de ſes ſommités, dans quelques eſpèces, couleur de roſe, & ſemblables en quelque ſorte à de petites crêtes de coq *(ſynonimie des genres n.° 23)*.

Le *piperitis* de Porta, qu'on appelle vulgairement, en Italie, *peperella*, eſt un champignon blanc qui pique la langue comme du poivre, & donne de la chaleur à la gorge. Ce champignon eſt très-connu *(ſynonimie des eſpèces, n.° 9. b.)*.

An. de J. C.
1584.

J. B. Porta.
XXV

XXV

Le *richione*, comme pour dire le roi des champignons, est une espèce superieure aux autres par son parfum, sa délicatesse & l'étendue de son chapiteau qu'on a peine à contenir avec les deux mains ouvertes. Il est blanc, si agréable au goût & si léger sur l'estomac, suivant Porta, qu'on peut le manger crud, & le donner même aux malades sans inconvénient. Mais cet auteur ne dit point s'il est feuilleté ou poreux, ni à quel genre il appartient. Il est vraisemblable néanmoins que c'est le même que celui dont l'auteur du *Diction. géographiq. & portatif d'Italie*, a fait mention, qui a environ un pied d'étendue, & qu'on trouve dans la campagne de Rome, aux environs d'Albano : cet auteur ajoute qu'un droit seigneurial oblige les habitans, dès qu'ils en aperçoivent un, de le garder jour & nuit jusqu'à sa parfaite maturité, & de l'apporter à leur seigneur lorsqu'il est développé ; mais toutes ces notions sont bien vagues, & on ne peut en déterminer l'espèce. Le champignon avec lequel il paroît avoir le plus de rapport, est celui dont on voit la figure au cabinet des estampes du Roi, mis sous le titre de *fungus phalloïdes sericeus totus albus*, qui est bulbeux, blanc & sortant d'une enveloppe *(synonimie, n.° 244)*. Il a encore quelque rapport avec celui de Lobel *(synonimie, n.° 28)*.

XXVI

Le *gallucci* est une autre espèce de coralloïde, ou barbe de chèvre, d'un beau blanc net ; elle n'a pas une forme ronde ; elle est divisée en deux ou trois portions réunies à un seul pied ; c'est comme un groupe de petites crètes de coq, d'où Porta croit que dérive son nom, & qui forme comme une houppe à poudrer. Cette espèce a une odeur de safran ; elle en forme une principale dans la synonimie *(synonimie des espèces, n.° 26)*.

Les champignons du second genre, c'est-à-dire, ceux qui naissent aux arbres, sont très-vaguement indiqués par Porta ; & d'après ce qu'avoient dit les anciens, il fait observer seulement, contre le sentiment de Pline, que le chêne *(quercus)* en produit d'un usage mal-faisant, & que la meilleure espèce

de toutes, eſt celle qui croît au pied du ſureau, & qu'on
mange en hiver.

Quant aux champignons du troiſième genre, qui naiſſent
des pierres, Porta veut parler de la pierre ou truffe à champignons, ſi connue en Italie, & dont il a déjà été queſtion
à l'article d'Hermolaüs, & à celui de Céſalpin *(p. 23, 38)*.
Porta dit ſeulement, que lorſque ces champignons commencent à pouſſer, ils reſſemblent aux premières pouſſes ou ſions
d'aſperges, & que les pierres matrices de cette plante qu'on
voit à Naples, viennent du Mont-Véſuve; celles d'Abella &
Sorento, des montagnes voiſines; & celles de la Pouille, du
mont Saint-Ange. Mais une choſe très-particulière que Porta
dit avoir obſervée, au ſujet de ce champignon, & qu'il rapporte dans un autre ouvrage *(d)*, c'eſt qu'il le regarde comme
un excellent lithontriptique, diſant que ſi on le prend ſéché
à l'ombre, & réduit en poudre avec de l'urine ancienne, il
nettoie ſi bien les reins, qu'on n'eſt jamais ſujet au gravier;
ce qu'il aſſure avoir expérimenté pluſieurs fois, non ſans
ſurpriſe & admiration.

Les champignons de la ſeconde diviſion, c'eſt-à-dire ceux
qui naiſſent au printemps, ſont ceux que Porta nomme *ſpongiolæ, monacelle, virni, prignoli, ſpinuli, & cardueles*.

Les *ſpongiolæ* ſont les morilles, champignons de ſubſtance
charnue, qui croiſſent au mois de mars, nommées *ſpongiolæ*,
à cauſe de leur reſſemblance avec des éponges *(ſynonimie
des genres, n.° 9; & ſynonimie des eſpèces, n.° 6)*. Il y en a
qui pèſent juſqu'à trois livres.

Les *monacelle*, comme pour dire *petites religicuſes*, ſont
une autre ſorte de morille, de couleur noire, & compoſées
comme de ſix feuillets membraneux & ronds attachés au haut
de la tige; cette eſpèce n'eſt pas auſſi délicate que la précédente. Elle a été obſervée depuis & forme une eſpèce particulière *(ſynonimie des eſpèces, n.° 27)*.

Les *virni, prignoli, ſpinuli, cardueles* ſont les petits mouſ-

_____

(d) Portæ Phytognomonicon, lib. VI., cap. 6.

An. de J. C.
1584.

J. B. Porta.
XXVI

XXVII

An. de J. C.
1584.

J. B. Porta.
XXVII

ferons dont il a déja été queftion *(fynonimie des genres, n.°*
13 ; & fynonimie des efpèces, n.° 19. a.). Porta dit qu'on les
trouve au printemps, dans les bois & dans les terres grifâtres.

Quant aux champignons de la feconde claffe, c'eft-à-dire,
qu'on fait venir par art, & qu'on nomme *ægiritæ (fynonimie
des genres, n.° 11)*, Porta ne fait que répéter ce que Diofcoride & Tarentinus avoient dit à ce fujet *(Note 3)*.

On voit clairement par cet expofé, qu'indépendamment
des trois efpèces nouvelles de champignons, que Porta fait
connoître, il eft auteur d'une méthode fur ces plantes, dans
laquelle on trouve trois divifions de champignons, relativement aux corps fur lefquels ils croiffent, & qu'on peut regarder
comme trois genres, dont l'un avoit été indiqué par Tarentinus, Ruelle & Bock *(fynonimie des genres, n.°* 10, 18, 22 *)*;
un autre par Céfalpin *(fynonimie des genres, n.° 24) ;* & le
troifième, fous le titre de *fungi pratenfes,* lui appartient, quelque vicieux qu'il foit d'ailleurs *(fynonimie des genres, n.° 28)*,
puifqu'on y trouve toute forte de champignons.

Quant à la claffe des champignons *artificiels*, il eft évident
qu'en la confidérant comme un genre, il ne lui appartient
pas *(fynonimie des genres, n.° 10)*.

Porta a fait encore mention des truffes, dont il diftingue
deux fortes, la *noire* & la *blanche* ; il dit que la blanche a
fon écorce ou l'extérieur liffe, & qu'elle eft infipide au goût ;
il ajoute qu'on prétend qu'un terrein qui ne peut plus fournir de truffes noires, en produit de ces blanches. Cette truffe
blanche de Porta, eft la petite truffe pâle *(fynonimie des
efpèces, n.° 2. var. d. 2)*.

Du refte, Porta étoit perfuadé que les champignons fe
reproduifent de femences, & il parle de œs femences & de
leur pofition, de la manière la plus claire, dans un autre
ouvrage *(e)*, difant qu'il en avoit ramaffé qui étoit petite &
noire, & qu'on la trouve cachée dans certains champignons,
fur les étuis ou fillons (intervalle entre les feuillets) qui

---

(e) Portæ Phytognomonicon, lib. VI, cap. 2.

s'étendent

s'étendent depuis la tige jufqu'à la circonférence. Il dit que
c'eſt ainſi que la femence, dans les champignons qui naiſſent
de la pierre fongifère, entretient ſa fécondité en tombant
deſſus.

Indépendamment de ce qu'on vient d'expoſer, on trouve
dans ſon *Villa*, tout ce qui étoit connu de ſon temps, ſoit
ſur la manière de faire croître artificiellement les champignons, ſoit ſur celle de les apprêter pour l'uſage des tables.
On y trouve, de plus, une critique ſaine de pluſieurs aſſertions de Pline, ſur-tout des connoiſſances plus ſûres, & une
érudition beaucoup plus étendue que dans tous les autres
auteurs; & en général, ſon travail ſur les champignons eſt
précieux : l'Écluſe l'a jugé digne d'être ajouté à ſon *Hiſtoire
des plantes rares*. Mais en lui accordant ce qui lui eſt dû, on
doit faire mention des défauts qu'on a cru reconnoître à cet
ouvrage.

On voit qu'il eſt l'auteur d'une ſorte de méthode pour
la diſtribution des champignons, dont la première diviſion
en champignons *naturels & artificiels* paroît ſouverainement
inutile, puiſque ce ſont les mêmes. La ſeconde diviſion en
champignons de bonne & de mauvaiſe qualité, eſt encore
vicieuſe, en ce qu'elle éloigne les eſpèces analogues ou très-
voiſines, puiſque dans le même ordre de champignons, il
peut y en avoir d'un uſage ſuſpect & d'autres de bonne
qualité. L'oronge, qui ſe trouve dans une famille très-ſuſ-
pecte, en eſt la preuve. La négligence de Porta, ſur les
eſpèces mal-faiſantes, eſt encore un autre défaut majeur dans
ſon ouvrage.

La troiſième diviſion des champignons relativement aux
ſaiſons, quoiqu'elle ait ſon avantage, ne peut être encore
d'un grand ſecours, puiſqu'il y a des eſpèces qui croiſſent
également au printemps & en automne. La ſoudiviſion de
ces derniers en trois genres, relativement aux lieux où
ils croiſſent, eſt encore vicieuſe, en ce qu'on obſerve les
mêmes eſpèces qui croiſſent également par terre & ſur
les arbres.

Tome 1. G

An. de J. C.
1590.

J. B. Porta,
XXVII

An. de J. C.
1590.

Solenander.
XXVII

On ne feroit pas mention de Solenander, fi cet auteur n'avoit pas indiqué dans fes *Confultations (f)*, un champignon ou agaric qui croît fur la racine du chêne, à la manière des hypociftes, & qu'il nomme, pour cette raifon, *hypodris*. Entr'autres propriétés qu'il lui attribue, il lui reconnoît celle d'appaifer les douleurs de goutte, étant appliqué fur les parties malades. Pour cela, on le coupe par tranches, & on le met avec du fel dans un pot couvert qu'on enterre; c'eft de la faumure qui en réfulte, dont on fe fert pour frotter les parties douloureufes. Cet hypodris de Solenander, eft cet agaric rouge & d'un tiffu tendre que Céfalpin a fait connoître fous le nom de *linguæ (fynonimie des efpèces, n.° 23)*, dont la fubftance eft très-vifqueufe, & qu'on appelle encore *glu de chêne*. Cet agaric d'ailleurs eft bon à manger lorfqu'il eft frais, & ne fauroit nuire ni intérieurement ni extérieurement.

Les plus grands efforts en botanique furent faits vers la fin du XVIeme fiécle. L'Éclufe *(Clufius)*, Pena, Lobel, Dodonée, Dalefchamp, qui devoient avoir pour fucceffeurs Fabius Columna, Ferrante Imperato, les Bauhin, furent ceux qui s'acquirent le plus de réputation dans cette fcience. Mais Dodonée, Lobel & l'Éclufe, contemporains & amis, fe diftinguèrent fur-tout par leurs travaux dans la partie des champignons. Leur libraire commun, Jean Loë, d'Anvers, fourniffoit à chacun les gravures néceffaires à leurs écrits, & bien fouvent les mêmes. Cette identité de figures forme un obftacle, quelquefois invincible, pour connoître le véritable auteur de la découverte de certaines plantes. Il paroît cependant que Lobel eft celui qui eut le plus de part à celle des champignons.

Lobel.

Sur le petit nombre des mêmes efpèces ainfi repréfentées dans les écrits de ces trois auteurs, & qu'on voit, foit dans l'herbier de Lobel, foit dans le recueil des plantes, de

---

(f) R. Solenandri Confilior. medicinalium fectiones quinque. Francofurti. 1596, *in-fol.*

cet auteur *(g)*, on y diftingue d'abord, parmi ceux de bonne qualité, les champignons ordinaires, fous le nom de *fungi vulgares edules (fynonimie, n.° 4)* ; ceux qu'il nomme *finuofi nemorum fungi*, qui font ces champignons jaunes, frifés & comme contournés, qu'on appelle *girolles, (fynonimie, n.° 1 0)*; un grand champignon, quelquefois tout blanc & quelquefois couvert d'écailles brunes, avec une tige nue, longue, dont la bafe eft noire & compofée de deux ou trois tubercules, & des feuillets blancs ou bruns, mis fous le nom de *amplus nemorum fungus*. Ce champignon, dont le chapiteau eft plat & quelquefois de la grandeur d'une affiette, paroît particulier à la Flandre où Sterbeeck dit l'avoir obfervé depuis. Il diffère principalement de ceux du n.° 5 de la fynonimie, en ce que fa tige eft fans collet. Il fournit une efpèce particulière *(fynonimie, n.° 28)*.

Parmi celles qu'il a données pour fufpectes, on y voit un champignon ou agaric qui tient à un tronc d'arbre, & qui reffemble, par fes finuofités, à *l'oreille-de-judas ;* voilà pourquoi il le nomme *arborum fungus auriculæ judæ facie*. Il en diftingue deux efpèces de même forme, l'une cartilagineufe & unie, qui eft une variété de l'oreille-de-judas *(fynonimie des efpèces, n.° 1 5, var. 2)* ; une autre poreufe & fervant à faire de l'amadou, qu'il a vu vendre fouvent à Anvers, & qu'on prépare, felon lui, en le faifant bouillir plufieurs fois dans une leffive, & le battant enfuite à coups de marteau; ce que l'Éclufe certifie encore dans une note ajoutée à cet endroit. C'eft cette efpèce qui eft poreufe & plate, que Sterbeeck a obfervée plufieurs fois depuis en Flandre, & qu'il a fait repréfenter fous le titre de *lignofus aureus querci fungus, planche XXVII, fig. B.* Elle fournit une autre efpèce particulière *(fynonimie, n.° 29)*.

On en voit encore deux autres qui viennent en touffe, & dont l'une a des chapiteaux couleur de buis, & en forme

An. de J. C.
1590.

Lobel.
XXVII

XXVIII

XXIX

XXX

______

(g) *Matthiæ de Lobel, plantar. feu ftirpium icones fol. obl.* Antuerpiæ. 1581.

An. de J. C.
1590.

Lobel.
XXX

de bonnet *(fungus parvus lethalis galericulatus)* ; & l'autre, couleur de fafran ou jaune, qui croît également au pied des arbres *(fungi alii clypeiformes perniciofi)* , ainfi nommé, parce que leurs bords fe relèvent & lui donnent, en quelque forte, la forme d'un bouclier. Cette dernière eft cette efpèce, de couleur d'or, de fafran ou de feu, qu'on trouve fi communément au pied des chênes. Ces deux efpèces analogues en établiffent une principale *(fynonimie, n.º 30)*.

On voit encore dans l'herbier de Lobel un phallus qui eft le même que celui d'Adrien Junius, mais moins grand *(fynonimie, n.º 17)*.

Lobel fait encore mention de la truffe du cerf, dont il donne une très-bonne figure fous le nom de *tubera cervina* *(fynonimie, n.º 7)*, production que Thalius obfervoit en même temps dans les Ardennes. Suivant Lobel, on la trouve à fleur de terre, elle eft de couleur grife, de forme arrondie, à écorce dure, & renfermant une pulpe bleuâtre.

Dodonée.
XXXI

Dodonée a parlé d'une manière très-fuccincte des champignons *(h)*. Parmi le petit nombre d'efpèces dont il fait mention, il défigne très-clairement la vefce-de-loup ordinaire, fous le nom de *fungus orbicularis*, & qu'il définit un champignon en globe, blanc, adhérent à la terre, fans tige & fans ouverture d'abord, & dont la fubftance interne, moelleufe & humide, fe convertit, dans la maturité de la plante, en une pouffière fubtile qui s'échappe comme une fumée. C'eft la vefce-de-loup commune *(fynonimie des efpèces, n.º 31)*.

XXXII

Il en indique une autre efpèce qui eft noire, dont l'écorce eft plus ferme & qui, au lieu d'être ronde, repréfente en quelque forte un mortier ; fa pouffière eft noire : il la met fous le nom de *fungus femiorbicularis niger*. Elle forme une autre efpèce particulière *(fynonimie, n.º 32)*.

Cet Auteur dit qu'on fe fert de la pouffière des lycoperdons, comme d'un defficatif puiffant pour les vieux ulcères.

***

(h) Remb. Dodonæi Mechlinienfis, medici Cæfarei, ftirpium hiftoriæ Pemptades fex, feu libri XXX. Antuerpiæ. 1616. in-fol.

Il nomme le *phallus* d'Adrien Junius, *fungus marinus;* il croit, comme Céfalpin, que Pline a voulu défigner les vefces-de-loup par le mot *pezïca.* Il donne le nom de *fungi autumnales* à ceux que Lobel avoit nommés *fungi vulgares edules,* c'eft-à-dire, aux champignons ordinaires ou champignons de couche, repréfentés chez ces deux auteurs par la même planche *(fynonimie des efpèces, n.° 4).*

Dodonée paroît s'être trompé fur la vraie fignification du mot *boletus,* en comprenant fous ce nom les champignons à feuillets rouges, & le faifant dire à Pline ; ce qui n'eft point. Cette erreur vient de Kiber, traducteur de Bock. Mais Dodonée nous a laiffé d'affez bonnes figures de la morille ordi-naire, qu'il nomme *fungi præcoces,* de la truffe, de l'agaric, du melèze, & du *phallus* de Hollande ou d'Adrien Junius. On peut le regarder comme le premier botanifte qui ait décrit la morille blanche ordinaire, comparant fes cavités à celles des rayons de miel, & difant qu'elle eft longue ou ovale, d'un blanc fale, avec une tige très-blanche *(fynonimie des efpèces, n.° 6. a).*

L'Éclufe, plus connu fous le nom de *Clufius,* natif d'Arras, eft peut-être de tous les auteurs, celui dont le travail fur les champignons mérite le plus d'éloges. Ce botanifte, pendant fon féjour à Vienne en Autriche, ayant eu occafion de faire de fréquentes herborifations en Hongrie, y obferva avec beaucoup d'attention les champignons qui y croiffent, & en fit un traité particulier qu'on trouve à la fuite de fon *Hiftoire des plantes rares,* depuis la *p. 263,* jufqu'à la *p. 288 (i).*

Ce traité très-méthodique, & qui eft un des mieux faits qu'on connoiffe, a fervi de bafe & de guide à Gafpard Bau-hin pour établir fa nomenclature & fa fynonimie fur les champignons, dans le *Pinax.* L'Éclufe auroit pu donner à ce traité beaucoup plus d'étendue, ayant fait deffiner avec foin un grand nombre d'efpèces obfervées; mais il ne jugea

____

(i) *Caroli Clufii Atrebatis,* &*c. rariorum plantarum hiftoria.* Antuerpiæ, 1601, *in-fol.*

pas à propos de le faire , pour ne pas trop multiplier le nombre des figures. Sa collection de deſſins ayant tombé , après ſa mort , entre les mains d'un prêtre flamand , Van Sterbeeck , grand amateur de champignons & botaniſte éclairé, devint le canevas de l'ouvrage que ce prêtre a publié depuis ſur cet objet , ſous le titre de *theatrum fungorum ;* ouvrage dans lequel il éclaircit beaucoup de paſſages de l'Éclufe. Ainſi on peut regarder l'Éclufe ou Cluſius , comme le père , en quelque ſorte , des principaux écrits ſur cette matière. .

A l'exemple de Bock & de Porta , cet auteur diſtribue tous les champignons en deux claſſes, en ceux qui ſont bons à manger *(fungi eſculenti)* , & en ceux dont l'uſage eſt dangereux *(fungi pernicioſi) ;* la première lui fournit vingt-un genres.

Preſque tous ces genres renferment pluſieurs eſpèces analogues entr'elles par quelque caractère commun, mais qui diffèrent, ſoit par la couleur , ſoit par la grandeur , & quelquefois par la forme. La plupart de ces eſpèces ne ſeroient à la rigueur, que des variétés pour les botaniſtes modernes ; mais comme il eſt impoſſible de fixer les limites qui conſtituent une eſpèce plutôt qu'une variété, & qu'à cet égard les titres ſont arbitraires, pourvu qu'on s'entende, & que les caractères diſtinctifs de la plante ſoient bien tracés, l'objet eſt toujours rempli. Or c'eſt-là le principal mérite du traité de l'Éclufe, ſur les champignons. Sterbeeck a donné beaucoup de figures qui manquent à ſon ouvrage.

Champignons bons à manger.

Fungi eſculenti. ·

(L'Auteur commence par ceux qui viennent au printemps.)

Le premier genre de l'Éclufe contient les morilles ordinaires *(ſynonimie des genres, n.° 9)* , dont il diſtingue quatre eſpèces. La première, qui eſt la plus petite & qui n'eſt pas plus grande que le pouce, eſt de couleur blanche avec une teinte brune ou couleur de fuie. Sterbeeck en a donné la figure, *planche x.* La feconde, qui n'eft guère plus grande, reffemble à une racine d'ariftoloche ronde, ridée & de couleur rouffe mêlée de brun. La troifième eft ronde, mais plus grande, ayant jufqu'à trois pouces d'étendue en tout fens, & de même couleur que la première ; & la quatrième reffemble à celle-ci, mais avec cette différence que la forme eft plus alongée & comme pyramidale. Toutes ces efpèces, ou variétés fe trouvent repréfentées à la *planche x* du traité de Sterbeeck. L'Éclufe a donné celle de la troifième, *p. 264 (fynonimie des efpèces, n.° 6. variétés a. b. c. d).*

Le fecond genre eft un champignon d'un goût très-délicat, qui croît, au mois d'avril, dans la petite île de Fanot en Hongrie. Son chapiteau fe termine en pointe, & il reffemble à ceux du feizième genre des champignons pernicieux du même auteur. Je crois que c'eft ce champignon tout blanc, colleté, haut monté, à chapiteau conique, qu'on trouve fréquemment en Lorraine, dans les prairies, & qui eft très-bon à manger. Sterbeeck, fans le favoir, paroît avoir fuppléé à ce qui manque dans l'Éclufe, en en donnant la figure, *planche I, fig. E,* fous le nom de *petit chapeau.* Il forme une efpèce particulière *(fynonimie des efpèces, n.° 33).*

Le troifième eft encore un champignon du printemps, que l'Éclufe a rendu célèbre, & qu'on appelle, en Allemagne, *champignon Saint-George,* parce qu'il paroît ordinairement vers le temps confacré à ce faint, c'eft-à-dire, vers la fin d'avril. C'eft un petit moufferon blanc dont le chapiteau, prefque orbiculaire & un peu bombé, a à peine deux pouces d'étendue, & dont la partie inférieure concave eft légèrement fillonnée comme par de petites veines, feuillets, ou nervures, avec une tige groffe & courte, blanche, lavée de roux tendre. Ce moufferon vient dans les paturages.

L'Éclufe en donne une figure, *page 264,* & Sterbeeck deux autres qui paroiffent meilleures, *pl. I, fig. G.* On voit que c'eft une variété conftante du moufferon ordinaire, dont l'efpèce eft déjà marquée, c'eft-à-dire, le moufferon

An. de J. C.
1600.

L'Éclufe.
XXXII

XXXIII

An. de J. C.
1600.

L'Éclufe.
XXXIV

blanc , qui croît en effet au printemps , fur la peloufe &
parmi les mouffes *(fynonimie des efpèces, n.° 19. b)*.

Le quatrième genre eft un champignon qu'on trouve ordinairement fous les pruniers, dont la tête a la forme d'une
borne ou d'un bonnet, d'un blanc mêlé de brun , & dont il
diftingue trois efpèces , la petite, la moyenne & la grande,
toutes à furface gerfée. C'eft ce qu'on appelle, en France, le
champignon mafqué ou *mafcarille*, parce que fa tête brune &
quelquefois entr'ouverte par des gerfures, fe trouve avoir, à
peu-près, la forme d'un mafque. L'Éclufe en a donné des
figures, *p. 265*. Il fert à établir une efpèce principale dans
la fynonimie *(fynonimie des efpèces, n.° 34)*.

XXXV

Le cinquième genre eft cet agaric poreux, à chair tendre,
qu'on trouve fur les troncs coupés de l'orme, du peuplier
blanc, &c. qui eft écailleux & comme tigré deffus & d'un
roux-brun ordinairement, blanc deffous. On lui donne vulgairement le nom d'*oreille*. L'auteur en diftingue trois efpèces
qui ne diffèrent entr'elles que par la forme & la couleur :
les unes étant anguleufes, d'autres arrondies ; & il en donne
la figure, *p, 265*. Sterbeeck a nommé cette efpèce *oreille
de Malchus*, qui en établit une principale *(fynonimie des efpèces,
n.° 35)*.

XXXVI

Le fixième eft le champignon du peuplier, dont le caractère eft d'être creufé en nombril & de croître prefque fans
tige fur les troncs coupés de cet arbre & d'autres, comme
hêtre, noyer, orme, chêne, &c. & d'avoir des feuillets blancs
(fynonimie des genres, n.° 10). C'eft ce qu'on nomme vulgairement *peuplière*. L'auteur en donne la figure, *p. 266* ; &
cette efpèce en établit une particulière *(fynonimie des genres,
n.° 10 ; & fynonimie des efpèces, n.° 36)*.

Le feptième genre eft le champignon ordinaire dont il donne
une mauvaife figure, *p, 267 (fynonimie des efpèces, n.° 4)*.

Le huitième genre contient trois efpèces, dont la première
eft , de fon propre aveu *(k)*, le champignon ordinaire.

_____

(k) Voy. Notes de l'Éclufe ajoutées à l'écrit de Lobel. *Hift. pl. rar. p. ccxcij.*

Cependant

Cependant il y a quelques remarques à faire fur celui-ci dont Sterbeeck donne la figure, *pl. 1, fig. F, E*, d'après le recueil de fes deffins. Ce champignon eft colleté de même, blanc, avec des feuillets d'un roux-jaune & écartés, ce qui forme une variété très-diftincte du champignon ordinaire *(fynonimie des efpéces, n° 4. a. 3)*. Sterbeeck fait obferver qu'il n'eft point amer, & l'Éclufe dit qu'il eft très-recherché.

La feconde efpèce eft la variété du champignon poivré, à feuillets roux, ou couleur de chair tendre *(fynonimie des efpèces, n.° 9. a. 2)*. L'auteur en donne deux figures, *p. 267*, qui produifent leur effet.

La troifième efpèce eft un champignon de même nature que le précédent, c'eft-à-dire, amer ou âcre & laiteux, de couleur blanchâtre, mais zoné de bandes rouffes, & comme moiré; fa tige eft courte & blanche. Les Hongrois le nomment le champignon du hêtre roux ou poivré roux. Il n'eft pas fi recherché que les précédens. Sterbeeck en donne une très-bonne figure, *pl. VIII, fig. D*, tirée du recueil de l'Éclufe. Il forme une variété remarquable dans l'efpèce principale *(fynonimie des efpèces, n.° 9. a. var. 3)*.

Le neuvième genre de l'Éclufe contient quatre efpèces. La première, felon lui, a beaucoup de rapport avec fon fecond genre; la feconde eft anguleufe & fe rapproche beaucoup de la première de fon cinquième genre; la troifième a du rapport avec la feconde de fon huitième genre; la quatrième ne diffère de la troifième du même genre, que par la grandeur, mais eft rouffe au lieu d'être rouge. On n'aperçoit pas ici la clarté ordinaire qui exifte chez cet auteur, puifqu'il compare la première efpèce, quant à la forme, la couleur & la grandeur, à un champignon qu'il avoue n'avoir jamais vu, c'eft-à-dire, celui de fon fecond genre; mais on voit évidemment qu'il veut parler de fon troifième genre, ou moufferon Saint-George, puifque fon fecond genre eft un champignon pyramidal. D'ailleurs, Sterbeeck a éclairci un peu ce paffage, en donnant une affez bonne figure de ce petit champignon, qui n'a pas plus de deux pouces d'étendue, à feuillets rouffelets, fous le

An. de J. C.
1600.

L'Éclufe.
XXXVI

nom de *fungi albicantes*, *pl. v*, *fig. A*, *pag.* 66, lequel ne peut être confidéré que comme variété des champignons ordinaires (*fynonimie des efpèces*, *n.° 4. a. 4*).

Il n'en eſt pas de même de la feconde efpèce, qu'il compare, pour la forme, à fon cinquième genre, c'eſt-à-dire, qui ne forme que la moitié d'un champignon ordinaire, & qui, au lieu d'avoir des pores ou tubes inférieurement, a des feuillets très-épais, partant d'un centre commun. Ce champignon eſt blanc par-deſſus, avec quelques taches jaunes, peut-être accidentelles; fes feuillets, fuivant Sterbeeck, qui en donne une très-bonne figure, *pl. VIII*, *fig. EE*, fous le nom de *femifungus*, font d'un roux foncé. Ce champignon eſt très-bon à manger; il eſt bien en chair; les Italiens le connoiſſent fous le nom de *mammola*, *orcella*, *fardinella*, & paroiſſent en faire le plus grand cas. Il eſt très-aiſé de le diſtinguer des autres, puiſqu'il ne forme que la moitié d'un champignon. Il donne lieu à une efpèce particulière & principale (*fynonimie des efpèces*, *n.° 37*).

La troiſième efpèce eſt confidérée par l'Éclufe même comme une variété, en quelque forte, de la feconde efpèce de fon huitième genre, mais plus brune (*fynonimie des efpèces*, *n.° 9*).

Quant à la quatrième; elle eſt différente des autres, fuivant Sterbeeck: celle-ci a un fond de couleur de buis, mais fes bords, qui font rayés, font d'un rouge tendre ou pâle; le centre eſt d'un roux plus foncé; elle eſt nuancée en-deſſus, & circulairement par ces deux dernières couleurs qui font fixes. Sterbeeck compare cette efpèce aux dames de buis du trictrac, dont elle a l'épaiſſeur. Sa chair eſt sèche, ferme, blanche; le chapiteau s'étend juſqu'à quatre pouces; la tige eſt blanche, lavée de gris, plus forte à fa bafe, de deux pouces & demi de longueur, & groſſe comme le doigt; les feuillets font d'un blanc tendre. Sterbeeck en donne la figure, *pl. v*, *fig. B*. Elle ne forme qu'une variété de la rougeote (*fynonimie des efpèces*, *n.° 21*, *var. c*).

  Le dixième genre eſt celui qui comprend les champignons

que les Allemands nomment, dans leur langue, *champignons du cerf*, foit parce qu'on a obfervé que cet animal les mange, foit à caufe de leurs qualités chaudes, foit enfin parce qu'on les regarde encore comme un effet des accidens du rut de cet animal ; trois opinions qui ont régné en Allemagne. L'Éclufe en diftingue deux efpèces, l'une qui a la furface foyeufe ou peluchée, & qui eft couleur de chair ou cramoifi clair ; l'autre qui eft liffe, unie, d'un roux foncé avec des feuillets bruns. Cet auteur a fait repréfenter la première, *p. 268*, dont on voit le chapiteau creufé en nombril : c'eft le champignon qu'on appelle, en France, le *mouton*, parce qu'il eft peluché. Il eft ordinairement âcre & laiteux ; il donne lieu à une efpèce particulière & remarquable *(fynonimie des efpèces, n.° 38)*. Quant à l'autre efpèce, c'eft encore un champignon du même genre, mais à furface unie, & de couleur rouffe & brune, & qu'on doit confidérer comme une variété du premier : celui-ci vient ordinairement deux à deux, & Sterbeeck en a donné, d'après le recueil des deffins, deux figures, *pl. VII, fig. CC*, fous le nom de *fungus gemellus (fynonimie des efpèces, n.° 38, var. d)*.

Il y a une chofe remarquable chez l'Éclufe, au fujet de quelques efpèces de ces trois derniers genres ; c'eft qu'il n'y a pas un mot dans le difcours qui annonce que ces champignons foient âcres & laiteux, excepté l'épithète d'*amarus* donnée à ceux du huitième genre ; tandis qu'on ne fauroit douter, foit par les mots allemands & hongrois *(voros keferew gomba pfifterling,)* foit par leur ufage, que la plupart ne foient des champignons âcres ou poivrés. Mais l'Éclufe a dit, quelque part, qu'il n'avoit jamais goûté aux champignons.

Le onzième genre eft celui que cet auteur nomme *pied-de-chèvre (pes caprinus)*, à caufe d'une forte de reffemblance de ce champignon dont la tige eft courte & unie à la partie inférieure, avec le pied de cet animal. Ce champignon a un chapiteau qui n'eft jamais bien circulaire, & qui fe trouve quelquefois fendu & découpé fur les bords, ce qui le rend très-inégal, & juftifie un peu fa dénomination ; il eft brun

deſſus, & blanc deſſous. Il forme encore une eſpèce particulière *(ſynonimie des eſpèces, n.° 39)*.

Le douzième genre eſt celui que l'Écluſe appelle champignon du chevreau *(capreoli fungus)*, & qu'on nomme dans
quelques endroits, en France, *chevrette, chevrotine.* C'eſt un
de ceux que les médecins d'Allemagne nomment *capreolini*
(ſynonimie des genres, n.° 21). Celui-ci eſt jaune comme les
autres, mais avec des feuillets droits, bien rayonnés, au
lieu de nervures ramifiées. Sterbeeck en donne la figure,
planche IV, fig. C, ſous le nom de *fungus croceus magnus ;*
c'eſt la grande girolle ſafranée, qui forme une variété dans
l'eſpèce principale *(ſynonimie des eſpèces, n.° 10, var. b)*.

Le treizième genre contient cinq eſpèces, dont la première
eſt celle qu'on appelle, en Allemagne, *champignon des dames ;*
c'eſt un grand champignon feuilleté, à chapiteau plat, de
couleur vert-tendre, avec des feuillets courts & blanchâtres,
ſuivant l'Écluſe, mais rouſſiſſans ou jauniſſans, ſuivant Sterbeeck, qui dit de plus que la tige eſt de même couleur,
mêlée de gris. Cette tige a un pouce environ d'épaiſſeur ſur
quatre de hauteur ; ſa chair eſt très-blanche. On l'appelle en
France, *verdet* ou *verdauge*, à ce qu'il paroît ſur-tout en
Guienne & en Béarn. Sterbeeck en a donné la figure, *pl. V,*
fig. C, ſous le nom de *fungus magnus viridis.* Elle fournit une
eſpèce principale *(ſynonimie des eſpèces, n.° 40)*.

La ſeconde eſt celle dont le deſſus eſt mêlé de vert, de
bleu & de brun ; elle eſt un peu bombée, mais ſon centre
eſt ſenſiblement creuſé en nombril ; ſes feuillets ſont blancs
un peu bruniſſans ; ſa tige eſt courte & de la groſſeur du pouce.
L'Écluſe en donne la figure, *page 270.* Celle-ci ne paroît
former qu'une variété de la précédente *(ſynonimie des eſpèces,*
n.° 40. a).

La troiſième eſpèce eſt de couleur pourpre plus ou moins
foncé, avec des feuillets purpurins ſur les bords & bruniſſans :
Sterbeeck dit qu'ils ſont d'un rouge pâle. Ce champignon a
une chair blanche & ferme. Il croît dans les bois, vers les mois
de juin & juillet ; lorſque le chapiteau eſt bien développé,

Il n'eft pas parfaitement circulaire, il eft comme en lobes ou portions languetées. Sterbeeck en a donné la figure, *pl. VI, fig. DD,* copiée fidèlement du livre enluminé de l'Éclufe. Ce champignon eft très-bon à manger. Il forme une efpèce particulière *(fynonimie des efpèces, n.° 41).*

Les quatrième & cinquième efpèces font encore des champignons feuilletés, dont le deffus dans l'un (la quatrième efpèce) eft, fuivant l'Éclufe, d'un fond jaune lavé de brun, & fuivant Sterbeeck, d'une vraie couleur d'argile ou plombée, avec des feuillets bruns, doux au toucher, & d'une chair très-blanche ; & l'autre (la cinquième) eft de la même couleur, & plus rude au toucher. L'Éclufe donne la quatrième fous le nom de *fungus niger,* & la cinquième fous le nom de *fungus afper,* faifant obferver qu'elles ont quelque chofe de rude & de velu au toucher. Sterbeeck a donné des figures de ces deux efpèces dans fon *Theatrum fungorum, pl. IX, fig. C, D ;* celle de la première fous le titre de *fungus argillaceus umbilicofus,* parce qu'elle eft creufée au centre en manière de nombril ; celle de l'autre fous celui de *fungus afper,* comme l'Éclufe, obfervant que ce titre fe trouve dans le livre enluminé, au haut de la planche. Ces deux champignons, dont le dernier n'eft qu'une variété du précédent, établiffent une efpèce principale & particulière *(fynonimie des efpèces, n.° 42).* Ces champignons ne font pas communs en France. La quatrième efpèce a comme deux zones ou cercles concentriques bruns.

Le quatorzième genre eft celui que l'Éclufe nomme, d'après les Hongrois & les Allemands, oreille-de-lièvre, *auricula leporina, fungus leporinus,* parce qu'il en prend à peu-près la forme par la manière dont le chapiteau fe contourne ; car d'abord il eft en boule comme celui d'un moufferon naiffant, enfuite il fe relève pour prendre une forme irrégulière. L'auteur en marque deux efpèces, la pâle, qui eft petite, & la fafranée. Il donne la figure de la feconde, *page 270,* & Sterbeeck celle de la première, *pl. IV, fig. A,* fous le nom de *fungus croceus parvus.* Toutes ces figures font bien médiocres ; elles font fi peu leur effet, qu'on ne fait pas fi la

An. de J· C.
1600.

L'Éclufe.
XLI

XLII

partie inférieure eft fillonnée par des feuillets ou par des nervures ramifiées. Ce font des girolles, dont la pâle eft plus petite que l'autre, & bombée ; l'autre eft creufée en-deffus, & comme languetée aux bords, plus jaune & d'une couleur plus égale *(fynonimie des efpèces, n.° 10. a. 1, 2)*.

Le quinzième genre contient deux efpèces différentes ; l'une de couleur brune ou d'un blanc fale, l'autre rouge. Ce font l'une & l'autre des champignons mouchetés ou dartreux, par conféquent du genre de ceux que Hermolaüs & Ruelle défignoient fous le nom générique de *fungi porriginofi*, & Cordus fous celui de *mufcarii (fynonimie des genres, n.° 12)*. Les Hongrois, fuivant l'Éclufe, leur donnent, dans leur langage, un nom qui répond à celui de *fuilli* ou de *porcini* des Latins, quoique ce ne foient pas les mêmes, puifque ceux dont il eft queftion ici font feuilletés, comme l'Eclufe en fait lui-même la remarque. L'Éclufe a donné la figure de l'efpèce rouge ou feconde, *page 271 ;* & Sterbeeck celle de l'efpèce grife ou première, dans fa *planche VIII, fig. AA.*

L'efpèce grife ou brune en établit une principale *(fynonimie des efpèces, n.° 43)*. Il n'y auroit point de fûreté à en faire ufage, malgré qu'elle fe trouve ici parmi celles de bonne qualité ; ce qu'on aura occafion de faire remarquer encore.

Quant à l'efpèce rouge, elle eft plus particulièrement du genre des *fungi mufcarii* rouges de Bock *(fynonimie des genres, n.° 20)*. L'Éclufe obferve que le deffus eft pourpre ou rouge foncé mêlé de pourpre avec des taches (pellicules) blanches ; que le centre du chapiteau eft couleur de fafran, & que le deffous, compofé de feuillets minces, eft d'un blanc mêlé de brun. Il ajoute que, quoiqu'on ne doive point approuver l'ufage de l'une ou l'autre de ces efpèces, on trouve néanmoins des gens qui en mangent.

L'efpèce rouge eft celle qui reffemble le plus à ce que nous appelons, en France, *fauffe oronge*, ce qui a fait dire à beaucoup d'auteurs qu'on en faifoit ufage fans danger dans quelques parties de l'Europe. Mais on doit prendre garde que fi la figure de l'Éclufe eft exacte, comme on doit le préfumer, malgré la grande reſſemblance qu'il y a entre ces deux eſpèces, on remarque des différences frappantes. Celle dont parle l'Écluſe eſt comme ondée & épaiſſe ſur les bords, qui ſont roulés en-deſſous. La fauſſe oronge n'eſt point faite ainſi ; d'ailleurs celle de l'Écluſe n'a ni voile ni collet, ſon bulbe eſt très-petit, & en général elle eſt moins grande ; en outre le deſſous du chapiteau eſt lavé de brun, tandis que celui de la fauſſe oronge eſt parfaitement blanc. Elle forme la première variété de l'eſpèce principale *(ſynonimie des eſpèces, n.° 13. var. a. 3).*

Le ſeizième genre contient trois eſpèces de champignons poreux, c'eſt-à-dire, à partie inférieure du chapiteau tubuleuſe, ou cepes, que l'Écluſe donne pour bons à manger, mais dont il paroît qu'il n'y a que la troiſième dont l'uſage ſoit ſûr ; la première & la ſeconde étant d'un effet très-douteux. Le caractère de ce genre, ſuivant l'Écluſe, conſiſte dans une tige dont la baſe eſt très-renflée & ſoutient un chapiteau dont la partie inférieure, au lieu d'avoir des feuillets, eſt criblée de petits trous ou pores. Il dit qu'on les appelle, en France, *materaʒ (ſynonimie des genres, n.° 8).*

Des trois cepes indiqués ici, le premier eſt blanc, lavé de brun, à pores ou tuyaux blancs, & à tige de diverſes couleurs, bleue, verte, &c. Il pourroit être conſidéré, à la rigueur, comme une variété des cepes à tubes gris, indiqués par Céſalpin *(ſynonimie des eſpèces, n.° 18)* ; mais cela n'eſt point aſſez clair. Sterbeeck en a donné la figure, *pl. III, fig. BB.*

An. de J. C.
1600.
L'Écluſe.
XLIII

La ſeconde eſpèce eſt un autre cepe d'un jaune rougeâtre ou rouſſâtre, dont la partie inférieure eſt de la même couleur, & que les Hongrois appellent champignon rouge, ſorte de cepes ſujets inférieurement à ſe teindre en rouge, qu'on appelle, dans nos campagnes, *pain-de-loup*, & dont on doit toujours redouter l'uſage. L'auteur donne la figure de cette eſpèce, *p. 271*, qui en forme une particulière *(ſynonimie des eſpèces, n.° 44).*

XLIV

Quant à la troiſième, c'eſt un autre cepe dont le chapiteau a

la partie fupérieure brune ou couleur de fuie, ou de biftre, &
qui rouffit enfuite un peu ; & l'inférieure eft blanche avec une
tige blanchâtre. Cette efpèce n'eft pas très-forte ; elle forme
une nuance de ceux que Céfalpin a indiqués *(fynonimie,
n.° 18, var. b. 1)* ; c'eft une des plus communes. Sterbeeck en
a donné la figure, *pl. III, fig. AA*. Elle eft très-bonne à
manger.

L'Éclufe rapporte ici la manière dont les habitans de Hongrie préparent ces fortes de champignons. Après les avoir
coupés par morceaux & lavés, ils les font fécher au four &
les font cuire enfuite dans l'eau. Ils font bouillir des rôties
de pain dans cette eau ou bouillon ; ils paffent le tout à travers
un tamis, de manière à lui donner une confiftance de purée
ou de bouillie ; ils y ajoutent les champignons déjà cuits, &
en font un ragoût avec du vinaigre, du poivre, du gingembre
& des clous de girofle. Le pauvre peuple les mange avec
une forte de bouillie faite de grains de panis ou millet, le
tout affaifonné de poivre.

Le dix-feptième genre de l'Éclufe eft un champignon mis
fous les titres de *fungus dominorum* & *fungus cæfareus*, comme
pour dire le meilleur des champignons, ou celui des rois
ou des Céfars ; il en donne quatre figures, *p. 272 & 273*,
& dit qu'il croît dans les bois, fous les chênes, & deux fois
l'année, vers le temps de la moiffon, & avant les vendanges.
L'Éclufe le décrit avec foin : felon lui, au fortir de terre,
ce champignon a la forme d'un œuf, ainfi que fa blancheur ;
l'enveloppe blanche qui le couvre, & que Pline appelle *volva*,
fe déchire le lendemain ou le fur-lendemain à la partie fupérieure ; fa tête, de couleur jaune, paroît alors, groffit & prend
la forme d'un champignon, tandis que l'enveloppe s'efface
peu-à-peu ; lorfqu'il y eft encore contenu, il peut avoir trois
pouces de longueur fur deux de largeur. Après la difparition
de l'enveloppe, le champignon s'étale, & prend une forme
circulaire, avec un diamètre de quatre pouces environ ; le
deffus eft d'une belle couleur d'or ou fafran, le deffous jaune
avec des feuillets nombreux qui s'étendent depuis la tige

jufqu'aux

jufqu'aux bords ; la tige eft à peu-près de la groffeur du doigt,
& jaune ; lorfqu'il a tout-à-fait grandi, il fe fend & fe divife
en trois ou quatre portions ; fa belle couleur d'or s'affoiblit
à la fin, ainfi que celle du deffous, qui eft alors feulement
pâle.

À cette defcription, faite d'après nature, on ne peut pas méconnoître l'oronge ou *boletus* des Romains. L'Éclufe en étoit fi perfuadé, qu'il dit : « Il n'eft pas douteux que ce champignon ne foit celui qui a été fi célébré par les anciens, « & dont les Grands faifoient leurs délices ; car fi l'on compare « ce qu'a écrit Pline, fur ce champignon, avec ce que nous « obfervons fur cette efpèce, on trouve que c'eft la même » *(1)*. Les figures qu'en a donné l'Éclufe, & dont Sterbeeck en a copié deux, font très-mauvaifes, & donnent, à peine, une idée de ce champignon.

D'ailleurs, cet auteur n'a prefque rien laiffé à defirer fur ce champignon ; il nous dit encore de quelle manière on le prépare en Hongrie. On préfère les jeunes, qui font d'un goût plus délicat. Après les avoir épluchés, on les fait bouillir dans l'eau ; on les coupe en petits morceaux, qu'on met dans de la crême avec un peu de perfil de montagne *(felinum montanum)* & du poivre ; ou bien on leur ôte la tige, & on les fait cuire fur la braife avec un jaune d'œuf, ou dans la poële avec du beurre & des œufs. On les fait encore fécher, & on les mange ou cuits comme des œufs, ou comme les cepes. Cet auteur fait remarquer que l'oronge teint en jaune les fauces où on la met, comme le fafran. Ce champignon eft très-connu, mais on ne le trouve pas par-tout *(fynonimie des efpèces, n.º 3)*.

Le dix-huitième genre ne contient qu'une efpèce, qui eft un champignon que l'Éclufe donne pour le plus haut qu'il ait vu, puifqu'il a huit à neuf pouces de hauteur, avec un

---

(1) Non dubium autem eft quin hic fungus fit ille veteribus adeò celebratus boletus, à principibus viris fic in deliciis habitus. Nam fi conferantur quæ de boleto fcripfit Plinius cum hujus hiftoriâ, fimilis effe deprehendetur.

Tome I. I

chapiteau dont le diamètre a prefque la même étendue: Il eft blanc avec des taches brunes, & porté fur une tige marbrée, au haut de laquelle eft un collet, qu'il appelle *corolle;* fuivant l'Éclufe, fes feuillets font blancs & ondés. Il dit que les Hongrois dans leur langage l'appellent, mais improprement, *pied-de-chevreau.* Il en donne la figure, *p. 274;* cette figure eft mauvaife & infidèle, fur-tout en ce qui concerne les feuillets, qu'on n'y aperçoit pas. Celle qu'en a donné Sterbeeck, *pl. VII, fig. A,* eft beaucoup plus exacte fur ce point, c'eft-à-dire, mieux gravée, puifqu'elles ont été faites l'une & l'autre fur le même deffin; mais aucune n'eft fatisfaifante, ce champignon ayant été deffiné prefque paffé & flétri, & les feuillets étant devenus finueux : les écailles ou élevures du chapiteau font encore mal rendues. C'eft un champignon très-connu; c'eft la *coulemelle* des Bourguignons, l'*éclufeau* des Poitevins (*fynonimie des efpèces, n.º 5*).

Le dix-neuvième genre contient les coralloïdes, c'eft-à-dire, ce qu'on appelle vulgairement, en France, *barbes de bique, de bouc* ou *de chèvre,* que l'Éclufe met auffi fous le nom de *barba caprina* (*fynonimie des genres, n.º 23*), & dont il diftingue trois efpèces. Il donne la figure de la première, *p. 274,* & Sterbeeck celle des autres, *pl. XI; p. 96.* La première efpèce eft creufe, a un corps épais de deux pouces environ, de couleur biftre mêlée de pâle, avec des tiges jaunes lavées de couleur de fafran; la feconde eft blanche avec un fommet couleur de rofe, & reffemble à un chou-fleur; la troifième eft d'un gris pâle, & sèche. Ces trois efpèces ne doivent être confidérées que comme des variétés d'une efpèce particulière de coralloïde qui eft creufe (*fynon. des efpèces, n.º 45. a. 1. 2*).

Le vingtième genre renferme des champignons qu'on trouve ordinairement fous les fapins, & dont l'auteur indique trois efpèces, une qui eft rouge, avec une apparence de rudeffe formant le nombril, & prefque femblable à la première de fon dixième genre, c'eft-à-dire, au champignon du cerf (*fynonimie des efpèces, n.º 38*), & les deux autres de couleur

mélangée de gris, de pâle, de brun, avec des feuillets pourpres ou bruniſſans; leſquelles ne paroiſſent former qu'une eſpèce principale qu'il a indiqué le premier *(ſynonimie des eſpèces, n.° 46)*. Il donne la figure de la troiſième, *p. 275*, & Sterbeeck celle des trois, *pl. VI, fig. E, F, G.*

Le vingt-unième genre eſt ce champignon ou agaric ſi remarquable par ſa grandeur & par ſon poids, dont il a été déjà queſtion à l'article de J. B. Porta. L'Écluſe conjecture que c'eſt le même que celui que des Barbares, au rapport de Diodore Caſſius, apportèrent à Trajan, lors de ſon expédition contre Décebale, roi de Dace, & ſur lequel on avoit gravé une inſcription latine. Il dit qu'il croît aux pieds des chênes, en automne, & que c'eſt le plus grand champignon qu'il ait vu. Sa tige, de l'épaiſſeur d'un pouce & demi & plus, & haute d'un demi-pied, ſoutient le corps du champignon, qui s'étend en longueur & en largeur, de deux pieds & plus, compoſé comme de feuilles larges découpées, couchées les unes ſur les autres, & dont quelques-unes reſſemblent à des feuilles de chêne. Sa couleur eſt entre-mêlée de brun, de roux, de blanc & de noir. Il le regarde comme le même que celui que Porta a mis ſous le nom de *gallinaccia.* Les Hongrois prétendent que ſa grandeur eſt quelquefois monſtrueuſe, & capable de remplir une voiture à deux chevaux; qu'on en trouve de ſemblables ſur les confins de la Hongrie, du côté de la Croatie. Sterbeeck en a donné une très-bonne figure, *pl. XXVIII, fig. A,* ſous le nom de *florum faſciculus.* Ses conjectures ſur ſon uſage, le regardant preſque comme d'un uſage ſuſpect, ne ſont pas fondées. L'Écluſe ne l'avoit pas donné comme tel; il diſoit ſeulement qu'il étoit venteux, ſans être mal-ſain. Cette production, qu'on trouve en France, n'eſt pas auſſi monſtrueuſe qu'elle peut l'être en Hongrie; ſon poids ordinaire eſt de trente livres, & il y en a, comme dit l'Écluſe, pour un repas de trois ou quatre perſonnes. Il forme une variété de l'eſpèce principale déjà indiquée *(ſynonimie des eſpèces, n.° 12. b).*

Tels ſont les champignons que l'Écluſe a donnés pour bons à manger, mais ſur la foi des autres, comme il le dit lui-même.

I ij

An. de J. C.
1600.
————
L'Éclufe.
XLVI

On pourroit croire qu'à peine y touchoit-il, puifqu'il ne fait prefque jamais mention de leur faveur, ni en général de leur couleur interne, ni de leur fuc. Auffi cet auteur rapporte, avec la candeur qui lui étoit ordinaire, le propos que lui tenoit fouvent un feigneur de Hongrie, Balthazar de Buttyan, qui le plaifantoit fur ce qu'il avoit voulu écrire fur un ordre de plantes ou mets dont il n'avoit jamais feulement voulu goûter. C'eft auffi la raifon pour laquelle on ne peut pas toujours compter fur les qualités que cet auteur affigne aux champignons, comme on l'a déjà fait remarquer.

Fungi perniciofi.

LES genres que l'Éclufe comprend fous le titre de champignons pernicieux *(fungi perniciofi),* font au nombre de vingt-fix. Il commence par ceux qui croiffent au printemps.

Le premier eft ce champignon cartilagineux qu'on appelle *oreille-de-judas,* à caufe de fa forme d'oreille d'homme, efpèce qui croît fur le tronc du fureau dans le temps de la première pouffe des feuilles. La figure qu'en a donné l'Éclufe, *p. 276,* quoiqu'elle produife à peu-près fon effet, eft très-mauvaife. Cet auteur dit qu'on le conferve en Hongrie pour s'en fervir en gargarifme dans les maux de gorge, avec le vinaigre dans lequel on l'a fait macérer. La figure qu'en donne Sterbeeck, *pl. XXVII, fig. H,* eft meilleure *(fynonimie des efpèces, n.° 15).*

Le fecond genre eft un champignon feuilleté qui croît de même au printemps, en touffe & fans tige apparente au pied du prunier ; il a jufqu'à trois ou quatre pouces d'étendue & plus, & il eft d'un blanc fale ou pâle mêlé de brun. L'Éclufe fait remarquer que les uns font de forme circulaire, les autres anguleux. Sterbeeck en a donné la figure, *pl. XXVII, fig. A, p. 245,* fous le nom de *fungi umbilicofi prunorum plures fimul.* On voit qu'ils font creux & difpofés en forme de cuillers ou de nombrils, & ne peuvent être confidérés que comme une variété du n.° 36 *(fynonimie des efpèces, n.° 36. d).*

Le troifième genre eft celui qui vient fur le fumier, &

dont Céfalpin avoit déjà fait mention ; c'eſt un champignon blanc, comme farineux, monté ſur une tige mince & longue, avec des feuillets bruns, & qu'on connoît, en France, ſous le nom de *champignon du fumier, champignon à crapaud.* L'Écluſe lui conſerve le nom de *ganejou,* qui eſt celui des Hongrois. Sterbeeck en donne pluſieurs figures, *pl. XXIV, fig. AA, BB,* ſous le nom de *lapis molaris,* de *fungus bombaceus perniciofus* *(ſynonimie des eſpèces, n.º 20. a).*

Le quatrième genre eſt celui qui croît encore au printemps, ſur les troncs des vieux ſaules, en manière d'agaric ou de lichen ; il eſt poreux & mélangé de diverſes couleurs, de blanc, de rouge, de brun, &c ; cet agaric panaché eſt rare. Sterbeeck en a donné deux figures, *pl. XXVI, fig. AA,* & le décrit, *p. 240,* ſous le nom de *fungus depictus.* Il eſt d'une forme irrégulière & conſtitue une eſpèce particulière *(ſynonimie des eſpèces, n.º 47).*

Le cinquième eſt encore une ſorte d'agaric, un peu analogue au précédent par la couleur, & qu'on trouve ordinairement ſur le tronc des vieux ceriſiers qui périſſent. C'eſt comme un amas de coquilles pétoncles, partant d'un centre commun, & couchées les unes ſur les autres ; chacune de ces portions ou coquilles a des bandes concentriques ou circulaires de diverſes couleurs, diſpoſées à peu-près comme celles de l'iris, qui la coupent tranſverſalement. La couleur de la baſe eſt d'un blanc pâle juſqu'à un pouce, enſuite c'eſt une bande de couleur aurore, ſuivie d'une couleur flave ; enſuite une autre bande aurore où le rouge domine, à laquelle ſuccède la couleur flave ou roux-tendre, qui eſt ſuivie d'un autre zone d'un rouge foncé qui occupe les bords. L'intérieur des coquilles ou partie concave, eſt pâle ou de couleur flave.

Quoique cette eſpèce, ſuivant l'Écluſe, ſoit d'un uſage dangereux pour les hommes, les payſans de Hongrie s'en ſervent pour remédier aux maladies de leurs beſtiaux, en mêlant de cet agaric en poudre avec du ſel dans leur fourrage. La figure qu'en a donné l'Écluſe, *p. 227,* eſt très-médiocre ; Sterbeeck en a donné une meilleure, *pl. XV, fig. D.* Cet agaric forme une efpèce particulière & principale *(fynonimie des efpèces, n.° 48. a)*.

Le fixième genre eft un champignon feuilleté dont le chapiteau a environ deux pouces d'étendue, de couleur rougeâtre ou brun deffus & deffous, porté fur une tige mince de deux pouces de haut. On le trouve fur la fin de mai, fous les coudriers & les bouleaux. Sterbeeck en a donné la figure, *pl. xvi, fig. G*, fous le nom de *fungi corylorum;* il eft comme zoné deffus. Il forme avec le huitième genre de l'Éclufe une efpèce particulière *(fynonimie des efpèces, n.° 49)*.

Le feptième genre eft un autre champignon feuilleté que les Hongrois & les Allemands défignent, dans leur langue, par un mot qui répond à *champignon ventre de crapaud*, parce que celui-ci eft marqué ordinairement de taches femblables, en quelque forte, à celles du ventre de cet animal. L'Éclufe en diftingue trois efpèces, qu'on trouve vers la Pentecôte, & dont l'une, en forme de bonnet, a fon chapiteau d'un blanc brun ou fuligineux, avec fon centre jaune ; & les deux autres font d'un blanc fale lavé de brun, & comme mouchetées ou grivelées, c'eft-à-dire, dartreufes, avec des feuillets blancs & bruns. La première efpèce, qui eft très-différente des autres, & dont Sterbeeck a donné la figure, *pl. xvi, fig. E*, forme une variété du champignon déjà indiquée par Céfalpin, c'eft-à-dire, du champignon du fumier *(fynonimie des efpèces, n.° 20. c)*. Les deux autres efpèces, qui font bulbeufes & dartreufes, & dont Sterbeeck a donné la figure, *pl. xix, fig. F, G*, ne font que des variétés d'un autre champignon déjà indiqué *(fynonimie des efpèces, n.° 43. a. 3)*.

Le huitième genre eft encore un champignon feuilleté qu'on trouve fur les troncs du bouleau vers la Pentecôte, qui eft de couleur blanche ou bife, avec des taches rouffes & des feuillets un peu bruns. Sterbeeck en donne la figure, *pl. xvi, lettre H*. C'eft une variété du fixième genre de l'Éclufe *(fynonimie des efpèces, n.° 49. b)*.

Le neuvième genre eft un champignon feuilleté de même, qui croît vers le folftice d'été, dans les bois. Il eft épais avec

une tige courte ; il eſt d'un roux foncé ou brun par-deſſus,
avec des feuillets rouffiffans & une tige blanche d'environ
un pouce d'épaiffeur ; le chapiteau a trois ou quatre pouces
& plus d'étendue. Sterbeeck en a donné la figure, *pl. XVIII,
fig. E*, ſous le nom de *fungus mutabilis tumens*, parce qu'il eſt
d'abord taché de jaune & de rouge, enſuite de brun. Il établit
une eſpèce principale *(ſynonimie des eſpèces, n.° 50)*.

Le dixième genre eſt encore un champignon feuilleté qu'on
trouve en été & en automne dans les bois ; il eſt petit, jaune
par-tout, & prend la forme d'un entonnoir, lorſque ſes bords
ſe relèvent ; il a de petites taches par-deſſus. L'Écluſe en
donne cinq figures, *p. 279*, qui le repréſentent dans tous ſes
états. Sterbeeck a cru devoir en donner encore deux autres, le
repréſentant naiſſant, ſous le titre de *fungus geminus, pl. XVII,
fig. D*, & développé ſous celui de tête-de-pavot, *caput papaveris,
pl. XXIV, fig. F*. Ce champignon a donné lieu à pluſieurs
mépriſes chez les botaniſtes, comme on le verra. C'eſt une
ſorte de mouſſeron d'un roux-clair, qui d'abord reſſemble à
un vrai mouſſeron par ſa tête arrondie, & qui finit par ſe
développer en forme d'entonnoir. Il établit une autre eſpèce
particulière *(ſynonimie, n.° 51)*.

Le onzième genre eſt un champignon blanc, bulbeux &
feuilleté, que l'Écluſe, d'après les Hongrois, appelle *oronge
des ſots* ou *des fous, ſtultorum boletus*, parce que, d'une part, il
reſſemble dans ſa naiſſance à l'oronge ordinaire, & que, d'une
autre, il eſt capable de troubler la tête, lorſqu'on en fait uſage.
On le trouve dans les bois, vers le même temps que le précédent ; il diffère de l'oronge véritable par ſa couleur, puiſqu'il
eſt tout blanc, & en ce que ſa tige eſt beaucoup plus longue.
Il ſort de même d'une bourſe ou valve blanche ; ſa tige eſt
nue, mince & cylindrique, d'égal diamètre. Sterbeeck en a
donné une aſſez mauvaiſe figure, *pl. XX, fig. D*. Ce champignon établit une eſpèce nouvelle *(ſynonimie, n.° 52)*.

Le douzième genre eſt un autre champignon feuilleté, dont
il a déjà été queſtion. Il eſt de pluſieurs ſortes, toutes fort
connues en Allemagne, à cauſe de la propriété qu'elles ont

An. de J. C.
1600.

L'Écluſe.
L

LI

LII

de faire périr les mouches, & qu'on appelle, pour cette raifon, *fungus mufcarius*. L'Éclufe en marque cinq efpèces, dont trois qui font rouges & dartreufes, appartiennent évidemment aux champignons purpurins *(fynonimie des genres, n.° 20)*, & les deux autres ne leur appartiennent pas, n'étant pas dartreux, mais feulement tachetées ou mouchetées: Ils font, de plus, d'une couleur différente ; mais l'Éclufe les a rapprochés, à raifon de l'ufage que l'on en fait & du nom de *tue-mouches* qu'ils portent, en Allemagne. Ils ont cela de commun d'être onctueux ou vifqueux au toucher, & d'avoir des feuillets plombés, gris ou noirs. L'Éclufe dit qu'à Francforc-fur-le-Mein, on y vend au marché ces champignons, pour les mettre dans les appartemens où il y a beaucoup de mouches, ce qui les fait périr quand ces infectes s'y attachent.

Sur les cinq efpèces qu'il diftingue, la première qui eft petite, eft de deux fortes, l'une grifâtre ou cendrée, l'autre d'un blanc mêlé de jaune & de rouge, avec des feuillets plombés. Sterbeeck en donne la figure, *pl. xx, fig. B ;* celle-ci n'a pas plus de deux pouces de hauteur. Elle rentre comme variété dans le n.° des efpèces mouchetées *(fynonimie, n.° 49)*. La feconde efpèce eft plus forte ; elle eft de couleur rouge, avec des feuillets noirs. Sterbeeck en donne la figure, *pl. xxi, fig. G,* fous le nom de *fungus purpureus maculatus ftriis nigris.* Elle rentre encore comme variété dans le n.° des efpèces grivelées ou mouchetées *(fynonimie, n.° 49. b. 1).* Les trois dernières efpèces font les vrais *mufcarii* des auteurs, c'eft-à-dire, ceux dont le chapeau eft couvert de pellicules. La première, qui eft la troifième efpèce de l'Éclufe, eft d'un beau rouge de carmin ou de feu, & femblable au fruit de l'*arum*, & couvert de pellicules blanches, rayée à fes bords, avec des feuillets gris écartés les uns des autres. Sterbeeck en donne la figure, *pl. xxii, fig. B, CC,* fous le titre de *fungus mufcarius miniatus.* La quatrième efpèce eft la plus belle ; elle reffemble à la précédente par fa couleur rouge & fes pellicules blanches, mais elle eft comme veinée deffus avec des feuillets noirs ; la tige eft blanche & comme rayée ou fillonnée.

fillonnée. L'Écluſe en donne une figure, *p. 280*, & Sterbeeck une autre, mais moins bonne, *pl. XXII, fig. A*, ſous le titre de *mel muſcarium venenoſum.* Ces trois dernières eſpèces ſont très-communes en Allemagne, & rares en France. Cette quatrième eſt une variété de l'eſpèce principale *(ſynonimie des eſpèces, n.° 13, var. b. 2)*. La cinquième eſpèce de l'Écluſe eſt d'une couleur rouſſe mêlée de gris & de brun, & ſemblable à celle des tuiles uſées par le temps; elle a des feuillets noirs. Ce champignon eſt grand & de forme conique; Sterbeeck en donne la figure, *pl. XXII, fig. D, E*, ſous le nom de *fungus muſcarius ſubrufus, pediculo craſſo (ſynonimie des eſpèces, n.° 13, var. b. 3)*.

Le treizième genre eſt encore un champignon feuilleté, blanc, à feuillets rouges & à tige mince & alongée. Les Allemands l'appellent, dans leur langue, *ſiége à grenouilles*, parce qu'on a cru obſerver que ces animaux ſe placent volontiers deſſus. Sterbeeck a donné la figure de ce champignon, *pl. XVI, fig. B*, & le décrit avec ſoin, *p. 172.* C'eſt un petit champignon mince, blanchâtre, à bords languetés & à feuillets rouges & fort écartés; la tige eſt plus forte du haut que du bas. Il forme une eſpece particulière *(ſynonimie des eſpèces, n.° 53)*.

Le quatorzième genre eſt encore un champignon feuilleté, dont l'Écluſe marque deux eſpèces, l'une & l'autre blanches, lavées de brun plus ou moins foncé ou fuligineux. L'une a le centre du chapiteau roux avec des feuillets de même couleur, une tige d'un pouce de long & de la groſſeur du doigt; le chapiteau a la forme d'un bonnet. Celle-ci croît ordinairement au nombre de deux; Sterbeeck en a donné la figure, *pl. XIX, fig. C,* & en outre une autre figure, *pl. VIII, fig. AA.* L'Écluſe dit que les Allemands, dans leur langue, donnent à ces deux eſpèces un nom qui répond à celui de *porcini* des Latins. Ces champignons ſont épais, ſur-tout la dernière eſpèce. Ils forment une eſpèce principale dans la ſynonimie *(ſynonimie des eſpèces, n.° 54)*.

Le quinzième genre eſt un champignon bulbeux & feuilleté, gris ou brunâtre, à ſurface viſqueuſe. Les Hongrois, dans leur

Tome I. K

An. de J. C.
1600.

L'Écluſe.
LII

LIII

LIV

langue, l'appellent champignon vifqueux, *fungus unguinofus.*
L'Éclufe en marque deux efpèces, la grife & la noire; la
première eft dartreufe; la feconde reffemble plutôt à un morceau de bois noirâtre, qu'à un champignon. L'Éclufe donne
une affez bonne figure de la première efpèce, *p. 281,* qui
a été copiée par Sterbeeck, *pl. XVIII, fig. G,* fous le nom
de *fungus bulbofo, feu pallidus & maculatus;* lequel donne
celle de la feconde en deux endroits, à la même planche,
fig. H, fous le nom de *fungus perunctus niger,* & *pl. XXVI,*
fig. F, fous celui de *fungus fordidus tuberans.* Ce font des champignons vifqueux & bulbeux qui rentrent comme variétés
dans le n.º 43 (*fynonimie des efpèces, n.º 43, var. a. c*).

Le feizième genre eft encore un champignon feuilleté,
mais remarquable par la forme de fon chapiteau, formé
d'abord en œuf, enfuite femblable à une fleur à plufieurs
pétales, & qui finit par fe réduire en liqueur noire & fétide.
L'Éclufe en diftingue trois efpèces, fous le nom de *fungi fer-*
pentini; ce font ceux que Ruelle avoit nommés *fungi ovati*
(*fynonimie des genres, n.º 17*). L'Éclufe donne des figures de
la troifième efpèce, *p. 282,* & Sterbeeck celle des autres,
aux *planches XX, XXI, XXII,* fous les noms de *fungus comatus,*
fungus verriculofus, fungus columbalis, fungus rufus, laferus fœtens.
Ce font des efpèces que l'Éclufe a fait connoître diftincte-
ment le premier. Elles font analogues au n.º 20 de la fynonimie des efpèces; mais elles en diffèrent par la forme de
leur chapiteau toujours ovale dans les commencemens, &
toujours divifé en manière de fleurs à plufieurs pétales, à la
fin, & fe réduifant enfin en liqueur noire. Elles forment une
efpèce principale (*fynonimie des efpèces, n.º 55*).

Le dix-feptième genre eft encore un champignon feuilleté:
on trouve celui-ci dans les champs. L'Éclufe en marque
deux efpèces, l'une d'une grandeur moyenne, d'un roux-brun
foncé, avec un peu de jaune au centre, & des feuillets noirs
ou bruns, croiffant ordinairement deux à deux. Sterbeeck
en a donné la figure d'après le recueil des deffins coloriés de
l'Éclufe, *pl. XXI, fig. F,* fous le nom de *fungus maternus rufus*

perniciofus. L'autre efpèce eft de couleur livide, avec cette par- An. de J. C.
ticularité qu'elle a comme des veines blanchâtres qui rampent 1600.
fur la furface de fon chapiteau ; fa fubftance eft entièrement
noire, ainfi que fes feuillets. L'Éclufe en a donné la figure, L'Éclufe.
p. 282, ainfi que Sterbeeck, *pl. XX, fig. G,* fous le nom de LVII
fungus lacertus, parce qu'il trouva un lézard auprès. Ces deux
champignons, comme on voit, ne fe reffemblent en aucune
manière ; l'un eft d'un roux foncé, l'autre noir ; le premier
paroît fe creufer en forme d'entonnoir, l'autre refte bombé.
Ils forment deux efpèces diftinctes *(fynonimie des efpèces,*
n.os 56, 57).

Le dix-huitième genre eft encore un champignon feuilleté, LVIII
plus petit que les précédens, d'un pouce environ d'étendue,
qui croît dans les bois, qui eft roux deffus, blanc deffous,
avec des feuillets un peu bruns, & qui a la forme d'un bonnet
de matelot, porté fur une tige alongée ; fa forme eft, à peu-
près, celle d'un chapeau rabattu. Sterbeeck en donne la figure
dans fa *xxi.e planche, fig. CCC,* fous le nom de *fungus vac-*
cinus, ou champignon à vaches, parce qu'on obferve que ces
animaux le recherchent. Il forme une efpèce particulière
(fynonimie des efpèces, n.o 58).

Les dix-neuvième & vingtième genres de l'Éclufe renferment plufieurs efpèces, qui font toutes, à l'exception de
la dernière, des champignons poreux & de qualité fufpecte,
que les Hongrois comprennent fous le nom générique de
varganya, mais dont l'Éclufe a cru devoir faire deux genres
diftincts, dont l'un, le dix-neuvième, comprend huit efpèces,
fept qu'il donne pour mal-faifantes & une pour douteufe ; &
l'autre, quatre. Toutes ces efpèces, à l'exception de la dernière du vingtième genre, ont la partie inférieure de leur
chapiteau tubuleufe ; mais elles diffèrent entr'elles par leur
forme, leur couleur & groffeur, les unes étant grifes, d'autres
rougeâtres, d'autres jaunes.

La première du dix-neuvième genre eft portée fur une tige
mince ; fon chapiteau, peu étendu, eft mêlé de couleurs
roulfe, flave & brune. L'Éclufe dit que le deffous eft feuilleté ;

K ij

ce qui ne s'accorde ni avec la figure qui le repréſente ſans feuillets, ni avec ce qu'il dit à la fin du vingtième genre, qu'il n'y a aucune eſpèce du dix-neuvième qui ſoit feuilletée. Mais Sterbeeck a levé la difficulté, en donnant d'après le recueil des deſſins de l'Écluſe, la vraie figure de ce champignon, *pl. xx, fig. MM,* lequel eſt poreux & a ſa partie tubuleuſe bleuâtre. Le rouge domine la couleur du deſſus, & on ne peut le conſidérer que comme variété des cepes rouges *(ſynonimie des eſpèces, n.° 44, var. a. 2.).*

La ſeconde eſpèce du même genre eſt plus grande ; ſon chapiteau eſt comme tacheté de roux, de brun, avec des tubes gris extérieurement, jaunes à l'intérieur. Elle forme encore une variété d'une eſpèce connue *(ſynonimie des eſpèces, n.° 14. b. 1).* Sterbeeck en donne la figure, *pl. xxi, fig. AA.*

La troiſième eſpèce reſſemble, pour la forme, à ceux du quatrième genre, bon, de l'Écluſe, & s'élève en manière de borne ou de mamelle. Celle-ci eſt griſe, & ſa couleur s'éclaircit à meſure qu'elle croît ; elle a une chair blanche & ferme & des tubes gris. Elle forme une eſpèce particulière *(ſynonimie des eſpèces, n.° 59).* Sterbeeck en donne la figure, *pl. xix, fig. BB.*

La quatrième eſpèce eſt d'un brun rouſſâtre deſſus, jaune deſſous ; la ſurface eſt ſujette à s'entr'ouvrir par des ſciſſures. Sterbeeck en donne la figure, *pl. xvii, fig. L.* Elle n'eſt qu'une variété des cepes jaunes *(ſynonimie, n.° 14. b. 1).*

La cinquième reſſemble d'abord à une truffe ; elle eſt brune deſſous, lavée de rouge & de jaune deſſus, change de couleur & devient bleue lorſqu'on la coupe. Sterbeeck en donne la figure, *pl. xvii, fig. GG.* Elle forme une variété du n.° 44 *(ſynonimie des eſpèces, n.° 44. a. 2).* L'Écluſe en donne auſſi la figure, *p. 284.*

La ſixième eſt une des plus remarquables, en ce qu'elle reſſemble à la racine du cyclamen ou pain-de-pourceau, ce qui la caractériſe aſſez. Sterbeeck en a donné deux figures qui paroiſſent exactes, *pl. xviii, fig. BB ;* ſa partie tubuleuſe

An. de J. C.
1600.

L'Écluſe.
LIX

eſt de couleur d'ocre jaune. C'eſt une variété des cepes jaunes *(ſynonime , n.° 14)*.

La ſeptième eſt la plus grande ; le deſſus eſt rougeâtre, le deſſous roux, l'intérieur bleuâtre. Elle appartient eſſentiel-lement à l'eſpèce principale *(ſynonimie, n.° 44. a. 2)* ; Sterbeeck donne la figure, *pl. XVII, fig. NN.*

La huitième du même genre, qui eſt l'eſpèce douteuſe, a une tige longue & en fuſeau, blanche, marquée de points ou lignes brunes ; ſon chapiteau eſt de couleur de brique ou de marron ; ſa partie tubuleuſe griſe. Cette eſpèce eſt très-commune aux environs de Paris ; lorſqu'elle ne change pas de couleur, étant coupée, ſon uſage n'eſt point à craindre ; mais elle eſt molle & humide. Sterbeeck en donne la figure, *pl. XV, fig. AA.* Elle ne peut être conſidérée que comme une variété des cepes roux *(ſynonimie des eſpèces, n.° 18, var. b)*.

Sur les quatre eſpèces du vingtième genre, il y en a trois qui ſont poreuſes ou tubuleuſes. L'Écluſe donne, *p. 284*, une très-bonne figure de la première, qui eſt de couleur griſe, s'élevant en forme de borne, comme la troiſième du genre précédent, dont elle n'eſt qu'une variété *(ſynonimie des eſpèces, n.° 59. b)*. Sterbeeck en donne auſſi la figure, *pl. XVII, fig. H,* qui eſt une foible copie de celle de l'Ecluſe.

La ſeconde eſpèce a une tige plus longue, & reſſemble, quant à la forme, à l'eſpèce douteuſe du dix-neuvième genre ; elle eſt griſâtre deſſus, & de couleur d'ocre à ſa partie tubu-leuſe. Sterbeeck en donne la figure, *pl. XVII, fig. I.* Elle rentre comme eſpèce analogue parmi les cepes à tubes jaunes *(ſynonimie des eſpèces, n.° 14, var. c)*.

La troiſième a, à peu-près, la forme de la précédente, c'eſt-à-dire, une tige renflée un peu du bas & prolongée en fuſeau ; elle eſt de couleur roux-foncé deſſus, & de couleur d'ocre à ſa partie tubuleuſe. Sterbeeck en donne la figure, *pl. XVIII, fig. C.* Elle n'eſt, comme on voit, qu'une variété de la précédente *(ſynonimie des eſpèces, n.° 14, var. c)*.

La quatrième & dernière eſpèce du vingtième genre, qui eſt feuilletée, a le deſſus de ſon chapiteau mélangé de brun

& de roux, avec des feuillets bruns & une tige blanche. C'eſt celle que Sterbeeck a appelée depuis, *but noir, ſcopus niger*, pour la diſtinguer de celle qu'il appelle *but blanc*, & à cauſe de ſa couleur de roux-foncé ; il en donne la figure, *pl. XIX, fig. H.* Mais elle ne peut être conſidérée que comme variété des cendrés bruns (*ſynonimie des eſpèces, n.° 54).*

Le vingt-unième genre de l'Écluſe eſt un champignon feuilleté qui croît ſous les ſapins, dont la ſubſtance, ſur-tout celle de la tige, eſt rouge ; il a comme des bandes concentriques à ſon chapiteau rougeâtre, & des feuillets roux ; il eſt rude au toucher & peluché. Il reſſemble aux premières eſpèces du dixième genre, ainſi que du vingtième des bons à manger. Sterbeeck en donne la figure, *pl. XXIII, fig. AA,* ſous le nom de *fungus hirſutus ruber perniciofus.* Il n'eſt, à la rigueur, qu'une variété de ceux qu'on vient de citer ; c'eſt celui dont la chair devient rougeâtre lorſqu'on la coupe, & qu'on doit bien diſtinguer de ceux qui ont un ſuc laiteux & qui ne changent pas de couleur *(ſynonimie des eſpèces, n.° 38. b).*

Le vingt-deuxième genre de l'Écluſe eſt un champignon d'automne, qui eſt feuilleté de même, mais qui croît en touffe ou en famille, & du genre de ceux que Céſalpin appelle *familiolæ (ſynonimie des genres, n.° 25),* & dont le caractère, ſuivant l'Écluſe, eſt d'avoir des têtes ou chapiteaux, en général hémiſphériques, de couleur rouſſe ou de ſoufre, & des feuillets bruns, verdâtres ou olivâtres. L'Écluſe en marque ſix eſpèces, & il donne la figure de la cinquième, *p. 285.* Sterbeeck a donné celles de la première, deuxième, troiſième, cinquième, ſixième, à la *planche XIV,* ſous le titre de *nodi aurei, fig. M ;* & à la *pl. XXV, fig. C, D, F, H,* ſous les titres de *fungi faſciculoſi,* & de *ſtultorum cuculli faſciculus.*

Toutes ces eſpèces, de couleur flave ou rouſſe, à chapiteau en forme de calotte ou de bonnet, à feuillets bruns ou bruniſſans, & à tiges cylindriques de la groſſeur, à peuprès, d'une plume à écrire, peuvent ſe rapporter aux deux

An. de J. C.
1600.

L'Éclufe.
LX

principales indiquées par Lobel ; c'eft-à-dire, les cinq premières, à têtes hémifphériques, au n.° 30 de la fynonimie ;
& la fixième, à têtes rougeâtres en forme de petites ma-
melles ou de poires, & à tiges renflées, forme une efpèce
particulière. C'eft le *ftultorum cuculli fafciculus* de Sterbeeck
(fynonimie des efpèces, n.° 60). Il n'y a que la feconde efpèce
dont les chapiteaux fe creufent un peu en nombril, qui, à
la rigueur, pourroit former une efpèce particulière, mais
qu'on fait rentrer, ainfi que la précédente, parmi des efpèces
analogues, pour éviter la multiplication & la confufion *(fynonimie, n.° 30)*.

Le vingt-troifième genre de l'Éclufe contient des champignons de différente efpèce, au nombre de fix. Les deux
premières font feuilletées & de couleur rouge ; l'une croît
fur le bois humide & pourri, au bord des marais ; il eft petit ;
fon chapiteau, régulièrement circulaire & de couleur de fang,
a un pouce d'étendue ; fes feuillets font bruns. Ce champignon eft très-agréable à la vue ; Sterbeeck en donne la figure,
pl. XXII, fig. HH. Il eft affez diftinct pour former une efpèce
particulière & principale *(fynonimie des efpèces, n.° 61)*.

LXI

L'autre eft de couleur de brique ou roux deffus & deffous,
mais d'une couleur plus tendre deffous ; il croît quelquefois
avec un autre petit. Il eft en tout plus grand que le précédent ; fa tige eft renflée du bas & en forme de fufeau ; on
en voit également la figure dans Sterbeeck, *pl. XXI, fig. BB,*
fous le nom de *fungus fœcundus colore lateritio perniciofus ;* &
il ne forme, à la rigueur, qu'une variété des moirés rouges
des fapins *(fynonimie des efpèces, n.° 46)*.

La troifième efpèce eft également feuilletée, mais de couleur blanche, lavée de roux & de brun, avec une groffe
tige d'un pouce d'épaiffeur, portant des marques de l'impreffion des bords du chapiteau, qui la ferroient tout autour.
L'Éclufe en donne, *page 286,* une figure qui a été copiée
par Sterbeeck & J. Bauhin, avec cet accident, qui ne paroît
point ordinaire ; & cette efpèce n'eft qu'une variété blanchâtre de ces champignons âcres, à feuillets blancs & d'égale

An. deJ.C.
1600.

L'Éclufe.
LXII

longueur, & à chair dure & ferme, qui font très-communs *(fynonimie des efpèces, n.° 21).*

La quatrième efpèce eft encore feuilletée & de couleur blanchâtre ou grife, avec des feuillets bruns, un chapiteau inégalement circulaire, & une tige courte. Sterbeeck en donne la figure, *pl. xx, fig. AA,* fous le nom de *fungus inæqualis cineraceus,* &c. Il a des bords finueux & un chapiteau irrégulier & en forme d'entonnoir. Il forme une autre efpèce particulière *(fynonimie des efpèces, n.° 62).*

La cinquième efpèce eft d'un genre bien différent; c'eft un *phallus,* plante déjà indiquée par Adrien Junius; mais cette efpèce offre une particularité, c'eft que fon chapiteau n'eft point ouvert à fon fommet comme le phallus de Hollande. Dans l'origine, c'eft comme une truffe unie & fans racine, de couleur grife ou rouffe ; de ce corps qui eft ovale, s'élève une tige furmontée d'une calotte fillonnée ou finuée comme une morille. Cette tige, d'abord blanche, devient verdâtre ; elle a un pouce d'épaiffeur & la longueur du doigt ; le chapiteau eft vert d'abord, & devient enfuite noir. Toute la plante exhale une odeur fétide, & lorfqu'elle eft en maturité, elle fe réfout en liqueur. L'Éclufe en donne la figure, *p. 286,* & Sterbeeck une autre, *pl. xxx, fig. 1, 2, 3.* Elle forme une variété remarquable *(fynon. des efpèces, n.° 17. b).*

LXIII

La fixième & dernière efpèce eft encore d'un genre particulier & bien différent, que l'Éclufe donne fous le nom de *champignon anonyme,* & dont prefque tous les botaniftes, après lui, ont fait mention ou ont donné des figures. C'eft un très-petit champignon en forme de calice ou de creufet, qu'on trouve fur le bois pourri & principalement fur les bandes des banquettes des jardins, & qui porte dans l'intérieur de fa cavité, de petits corps en forme de lentille, attachés aux parois de la plante par un filament. Cette production a donné lieu, chez les naturaliftes, à des opinions bizarres *(note 14),* & chez les botaniftes, à la formation d'un genre, fous le nom de *cyathoïdes,* &c *(fynonimie des genres, n.° 69).* Les meilleures figures font celles qu'en ont donné

Mentzel,

Mentzel, Vaillant & Micheli. Jufqu'ici, elle ne forme qu'une efpèce principale *(fynonimie des efpèces, n.° 63)*.

Le vingt-quatrième genre de l'Éclufe contient fpécialement cette forte de champignons membraneux, analogues à l'oreille-de-judas & au noftoch, qui croiffent fur les branches d'arbres gâtées & humides. Cet auteur en marque trois efpèces, deux rouges & une jaune ; & c'eft encore le premier, à ce qu'il paroît, qui en ait fait mention. La première, qui peut avoir un pouce ou deux d'étendue, reffemble à l'oreille-de-judas, mais elle eft d'une belle couleur rouge, & croît fur le bois qui fe pourrit. Sterbeeck en a donné la figure, *pl. XXVI, fig. C,* fous le nom d'*auricula judæ colore coccineo.* L'Éclufe ne parle pas de fa confiftence, qui ne paroît pas forte.

La feconde efpèce ne diffère de celle-ci que par fa petíteffe, n'étant pas plus grande que l'ongle, & par fa couleur de cramoifi plus vif. Sterbeeck en donne la figure dans la même planche, *fig. D,* fous le nom de *parva concha marina colore coccineo.* Celle-ci a un pédicule noir & ligneux. Ces productions ont été obfervées depuis, fur-tout par Fabius Columna, qui les a données fous le nom de *pezica* de Pline ; & c'eft à l'article de Fabius Columna qu'on les remet *(fynonimie des efpèces, n.° 67)*.

La troifième efpèce diffère des deux premières, non par la nature du corps fur lequel elle croît, puifqu'on la trouve également fur les branches d'arbres, mais par fes finuofités, fa tranfparence & fa couleur d'or. Sterbeeck en a donné quatre figures, à la même *planche XXVI, fig. EEEE* *, fous le nom de *fungus membranaceus parvus aureus.* Vaillant en a donné depuis une autre fuperbe figure, fous le nom de *noftoch luteum mefenterii formâ*, pl. XIV. Cette efpèce, à la rigueur, en pourroit établir une particulière ; mais elle tient

---

* *Nota.* On a déjà fait remarquer que les lettres de renvoi ont été oubliées dans cette planche de Sterbeeck. Les figures des trois efpèces du vingt-quatrième genre de l'Éclufe, au nombre de huit, font à droite & doivent avoir les lettres *C, D, E,* pour répondre au difcours, *page 240 & fuiv.*

An. de J. C.
1600.

L'Éclufe.
LXIII

de trop près à celle des noſtochs pour l'en ſéparer *(ſynonimie
des eſpèces, n.° 8, var. b)*.

Le vingt-cinquième genre eſt encore une ſorte de champignon très-remarquable par ſa forme, à peu-près ſemblable à celle d'un bois de cerf, & par ſa couleur d'un blanc d'argent. Cette eſpèce croît de même ſur les branches d'arbres, & paſſe pour être d'un uſage dangereux. Sterbeeck en donne la figure, *pl. XXVII, fig. G*, ſous le nom de *cornu cervi calcinatum*, d'après celle que l'Écluſe en avoit donnée dans l'appendix de ſon ouvrage. Cette production établit encore une eſpèce particulière & principale *(ſynonimie, n.° 64)*.

Le vingt-ſixième genre eſt celui des lycoperdons ou veſces-de-loup, dont l'Écluſe diſtingue trois eſpèces; l'eſpèce ordinaire *(ſynonimie des eſpèces, n.° 31)*; une autre eſpèce qui eſt griſe, entr'ouverte à ſa ſurface, & de la groſſeur de la tête d'un enfant de quelques années. On en trouve qui ont exactement la forme de la tête, avec des traits qui reſſemblent à des ramifications de vaiſſeaux placés à la partie ſupérieure. Sterbeeck en donne la figure, *pl. XXVIII, fig. C*. Elle forme une variété diſtincte dans l'eſpèce principale *(ſynonimie des eſpèces, n.° 31, var. b)*.

La troiſième eſpèce de ce genre ne diffère pas beaucoup de la ſeconde; mais elle eſt moins grande. L'Écluſe en donne la figure, *p. 288;* elle rentre dans la précédente *(voy. ibid.)*. Tous ces lycoperdons ſont en globe régulier. L'Écluſe dit que les chirurgiens d'Allemagne s'en ſervent lorſqu'ils ont jeté leurs ſemences, pour arrêter le ſang, en les appliquant ſur le vaiſſeau ouvert, & qu'il en a vu pluſieurs fois qui étoient ſuſpendus dans leurs boutiques.

L'Écluſe a encore donné dans l'appendix ajouté à ſon ouvrage, la figure d'une bourſette ou clathrus, ſous le nom de *fungus coralloïdes cancellatus*, qu'on trouve copiée dans la XXXI.ᵉ planche de Sterbeeck, *fig. N, O*. Quoique Céſalpin l'eut indiquée, & d'une manière vague, l'Écluſe eſt le premier auteur qui en ait donné la figure avec une deſcription bien exacte. Celle que l'Écluſe a décrite eſt l'eſpèce rouge

(Jynonimie des espèces, n.° 22. a). On sait que les botanistes
modernes en ont fait un genre, sous le nom de *clathrus*
(synonimie des genres, n.° 26).

Tel est le travail de l'Écluse sur les champignons; & on
voit, par cet exposé, toute l'étendue du service qu'il a rendu
à la botanique sur cette partie. Il se trouve qu'il en a fait lui
seul autant que tous ses prédécesseurs ensemble, puisque sur
soixante-quatre espèces déjà indiquées, il en a fait connoître
trente-deux. Tout ce que cet auteur a avancé est, en général,
exact, précis, clair, instructif. Cet ouvrage eût été peut-être
sans défauts, si l'auteur eût fait une réunion plus naturelle
des espèces analogues, & s'il les eût classées, non d'après
les idées du peuple de Hongrie, ou d'après leurs qualités,
mais d'après leurs caractères tirés de leur structure. Malgré
cela, il est à regretter que l'Écluse n'ait pas fait pour la
France ce qu'il a fait pour la Hongrie; & c'est peut-être
encore de tous les ouvrages qui ont été entrepris sur les
champignons, celui qui renferme les notions les plus sûres,
les descriptions les plus exactes, & celui sur lequel on peut le
plus compter.

Tandis que l'Écluse faisoit, sur ses vieux jours, la clôture
des connoissances botaniques du XVI.ᵉ siècle, Ferrante Imperato, de Naples, & Fabius Columna, son compatriote &
son ami, faisoient leurs observations en Italie. On a vu les
genres & les espèces de champignons que Céfalpin & Porta
avoient fait connoître; ces nouveaux botanistes y ajoutèrent
quelques productions de ce genre qui avoient échappé à leurs
recherches.

Une des principales est celle que Ferrante Imperato, dans
son *Histoire naturelle (m)*, désigne sous le nom d'*orecchinole*,
p. 726, lib. XXVII. C'est un demi-champignon ou agaric

____

(m) Dell' Historia naturale di Ferrante Imperato Napolitano. In Napoli.
1599, *in-fol.*

On attribue cet ouvrage à Stelliola. Il est très-remarquable que Micheli
ait affecté de n'en faire nulle mention.

An. de J. C.
1600.

Ferrante
Imperato.
LXV

feuilleté, qui croît principalement fur les troncs du noyer. Borck, plus connu fous le nom d'Olaüs Borrichius, dit l'avoir obfervé de même fur les noyers, en traverfant le Dauphiné. Hoffmann l'a également vu depuis, dans la forêt d'Altdorf en Allemagne. On l'obferve affez fouvent en France, où on le connoît fous le nom d'oreille-de-noyer; il croît quelquefois tout au haut de cet arbre. Cet agaric eft feuilleté, d'une belle couleur de noifette, d'une fubftance blanche, tendre, & d'un goût agréable, lorfqu'il eft frais; il devient enfuite coriace, & alors il n'eft plus mangeable. Il y en a quelquefois plufieurs les uns fur les autres, & difpofés, à peu-près, comme des feuilles de rofe. Il forme une efpèce particulière & principale *(fynonimie des efpèces, n.° 65)*.

LXVI

Cet auteur fait encore mention d'un agaric de couleur d'ocre, fous le nom de *fungo villofo*. On le trouve fur le pommier; il eft de la grandeur des deux mains réunies enfemble, a deux fubftances filandreufes, dont l'inférieure eft couverte d'une mucofité & fe divife en plufieurs fibres droites, formant la moitié de l'épaiffeur de l'agaric, qui finit par devenir noir; & l'autre, compofée de tubes très-fins qui reffemblent à des fils droits, & qui, dans leur naiffance, font couverts d'une mucofité. Les femmes de Naples fe fervent de cet agaric pour teindre en noir. On peut le confidérer comme un agaric de fubftance ligneufe, & formant une efpèce nouvelle *(fynonimie des efpèces, n.° 66)*.

Ferrante Imperato parle encore des morilles *(fpongiola)*, des coralloïdes ordinaires ou barbes-de-chèvre *(fungo ramofo)*, des bourfettes *(fungo borfaro)* *(fynonimie, n.°^s 6, 45, 22)*, des vefces-de-loup, fous le nom de *veffichia fungo (fynonimie, n.° 31)*, d'une forte de champignons jaunâtres & poreux qui changent de couleur, fous celui de *fungo cambia colori*. Ce font ceux qui ont de grands pores qui forment comme un réfeau *(fynonimie, n.° 14)*; des champignons feuilletés, qui croiffent fur le bois *(fungi communi)*, mais dont l'efpèce n'eft pas affez caractérifée; de l'agaric ligneux qui fert à décraffer la tête, fous le nom de *fungo furfuraro (fynonimie, n.° 25)*;

& de la pierre ou truffe-à-champignon, fous deux titres, fous celui de *tartufi fungari*, *p. 724*, & fous celui de *fungo di pietra*, *p. 726*, & dont les champignons font, felon lui, couleur de paille, & qu'il donne pour excellens à manger *(fynonimie, n.° 74)*.

Mais ce que Ferrante Imperato dit fur les truffes, eft plus inftruétif & moins vague. Cet auteur en indique clairement de deux fortes, *p. 724*, la truffe blanche & la petite truffe pâle. La truffe blanche parvient quelquefois jufqu'à la grof-feur d'un melon; fon écorce eft noire, ridée & chagrinée; fa fubftance eft blanche comme du lait, & agréable au goût. C'eft la truffe blanche indiquée par Pline, Mathiole & Porta *(fynonimie des efpèces, n.° 2. b)*. La truffe pâle a fon écorce liffe, unie; elle eft beaucoup plus petite que l'autre, & infi-pide au goût *(fynonimie des efpèces, n.° 2. d)*.

Fabius Columna dit très-peu de chofe fur le même ordre de plantes *(n)*, mais il a fait connoître plus particulièrement que les autres une forte de champignon membraneux qu'on croit que Pline n'avoit, après Théophrafte, annoncé que vaguement fous le nom de *pezica (note 6)*. Ces fortes de productions ont beaucoup de rapport de forme & même de fubftance avec les morilles, & avec ceux des n.ºs 15, 63, de la fynonimie, & font vulgairement appelés *champignons-à-la-bague*, *oreilles*, *coccigrues*, fuivant qu'elles repréfentent un chaton de bague, un creufet, une oreille d'animal, &c. Il y en a qui ont la forme d'un fabot; d'autres celle d'un mortier, d'une faucière, d'une navette, &c. Fabius Columna a beaucoup étendu ce genre de plantes, & l'a appliqué non-feulement à ces champignons membraneux déjà claffés *(fyno-nimie des genres, n.° 3)*, mais à tous ceux qui n'ont pas de tiges, agarics & autres *(fynonimie des efpèces, n.° 29)*. Parmi les efpèces qu'il indique plus particulièrement fous ce nom,

An. de J. C.
1600.

Ferrante
Imperato.
LXVI

1606.

Fabius
Columna.

LXVII

(n) *Fabii Columnæ lyncei minùs cognitarum rariorumque noftro cœlo orientium ftirpium Ecphrafis*; Romæ, 1616, in-4.°

Au. de J. C.
1606.

Fabius
Columna.
LXVII

on en voit une repréfentée, *p. 336*, fous le titre de *fungi pezicæ*, qui eft anguleufe, en forme de fabot ou de lampe, & qui croît par terre. Elle eft d'une fubftance ferme, comme cartilagineufe & capable de retenir l'eau de la pluie, & d'en contenir trois ou quatre pouces. Étant cueillie, elle eft deux mois fans fe flétrir. L'efpèce qu'il décrit eft blanche extérieurement & d'une couleur pourprée dans fa cavité ; elle a quelques fibrilles pour racine ; on la trouve en automne, en hiver & au printemps, fur les bords des chemins & dans les terreins argilleux. Elle forme une efpèce particulière *(fynonimie des efpèces, n.° 67)*.

On voit une autre efpèce de ce genre, dans la même planche, qui a, à peu-près, la forme d'une hépatique des fontaines, mais qu'on ne peut confidérer que comme une variété de la précédente *(fynonimie des efpèces, n.° 67. aa. 3)*. Fabius Columna ne confidère pas, & avec raifon, ces plantes comme des productions mal-faifantes, mais il ignore l'ufage qu'on en fait. L'expérience a appris qu'elles étoient bonnes à manger, lorfqu'elles ont les caractères marqués ci-deffus.

Cet auteur a cru pouvoir mettre encore fous la dénomination générique de *pezica*, des agarics feuilletés, tendres, qui croiffent fur les racines du hêtre, & qui ne fe corrompent pas ; ce qui eft pour lui un figne infaillible de leur bonne qualité. Il donne ceux-ci pour tels, fur-tout d'après l'ufage qu'on en fait. Ils forment, à peu-près, la moitié d'un champignon fans tige. On ne peut les confidérer que comme une variété de l'agaric feuilleté, du noyer. *(fynonimie, n.° 65)*, quoique G. Bauhin faffe de cette efpèce un numéro particulier *(voy. C. Bauhin. Pin. n.° 6, p. 370)*.

Fabius Columna a encore donné une très-bonne figure d'un champignon qu'il a mis fous le nom de *fungus quercinus dipfacoïdes*, parce qu'il reffemble, en quelque forte, à une tige du chardon-à-foulon *(dipfacus)*, effet que produit fon collet femblable aux feuilles vaginales de cette plante. G. Bauhin a cru devoir en faire encore un numéro particulier, fous le titre de *fungus bulbofus, fufcus duplici pileolo*, &

plufieurs botaniftes ont penfé même que c’étoit une efpèce particulière, différente de l’efpèce fi connue *(fynonimie des efpéces, n.° 5)* ; Ray fur-tout a été de ce fentiment. Mais il n’y a qu’à jeter les yeux fur la figure qu’en a donné Fabius Columna, pour fe convaincre que c’eft le même, quoiqu’il exifte une variété de cette efpèce qui en diffère, à plufieurs égards, par la forme plus arrondie du chapiteau, plus ferme, plus petite & plus régulière. Mais ici il eft évident, par la figure qui eft très-exacte, & par la defcription, que c’eft la coulemelle ou couamelle ordinaire, à feuillets blancs.

Fabius Columna donne encore, dans la même planche, une très-bonne figure d’une bourfette rouge, fous le nom de *lupi crepitus vulgò vefcie,* & qu’il décrit avec foin. C’eft la même efpèce que Céfalpin & l’Éclufe avoient déjà fait con-noître *(fynonimie des efpèces, n.° 22)*; & à ce fujet, on doit remarquer que la dénomination de ce champignon, que G. Bauhin cite d’après Columna dans le *n.° 43, p. 375* du *Pinax,* n’eft point exacte.

Les principaux travaux fur la botanique ayant été faits dans le XVI.ᵉ fiècle, les botaniftes du XVII.ᵉ s’occupèrent principalement du foin de rédiger les obfervations de ceux qui les avoient précédés. Il s’agiffoit de débrouiller un chaos; ce fut-là le principal objet des travaux des Bauhin, de Jean & de Gafpard, que Tournefort appelle cette noble paire de frères, fur-tout de G. Bauhin, qui employa quarante années à perfectionner fon *Pinax,* ouvrage le plus utile qu’on ait entrepris en botanique, & qui étoit alors néceffaire.

Cet ouvrage *(o),* qui parut pour la première fois en 1623

An. de J. C.
1606.

Fabius
Columna.
LXVII

1623.

G. Bauhin.

(o) Cafpari Bauhini Pinax theatri botanici five index in Theophrafti, Diofcoridis, Plinii & botanicorum qui à feculo fcripferunt opera, plantarum circiter fex millium ab ipfis adhibitarum nomina cum earundem fynonimiis & differentiis metho. icè fecundum genera & fpecies proponens; opus XL annorum fummopere expetitum ad autoris autographum recenfetur; Bafileæ, 1671, in-4.°

N. B. On commence par le travail de G. Bauhin, quoiqu’il fut le cadet de fon frère d’une vingtaine d’années, & qu’il lui ait furvécu de plus de dix ans. Jean Bauhin mourut à Montbéliard en 1613, âge de foixante-douze

An. de J. C.
1623.

G. Bauhin.
LXVII

LXVIII

ou 1624, & auquel celui de l'Éclufe a fourni principalement les matériaux pour la partie des champignons, en renferme foixante-dix-huit genres, fous autant de numéros, lefquels contiennent plus ou moins d'efpèces, fans parler des truffes & de l'agaric du mélèze. Mais prefque tous ces genres formés fur le modèle de ceux de l'Éclufe, ne peuvent être confidérés, en général, que comme des efpèces, & les efpèces comme des variétés. G. Bauhin n'a d'ailleurs rien ajouté à ce que les auteurs avoient obfervé; il n'a fait que rapprocher leurs dénominations fous une phrafe générique, & le nombre des genres ainfi défignés, eft le réfultat de cette réunion. Le feul genre ou plutôt la feule efpèce qu'il ait ajoutée aux autres, mais fans defcription, eft le *faux agaric blanc*, qui croît, felon lui, fur d'autres arbres que fur le mélèze, & qu'il met fous la phrafe de *agarico fimilis fungus diverfarum arborum, p. 375.* Cet agaric blanc conftitue une efpèce particulière d'une ftructure bien différente de celle de l'agaric du mélèze (*fynonimie des efpèces, n.° 68*).

À l'exemple de l'Éclufe, il commence, pour la diftribution des champignons proprement dits, mis fous la dénomination générique de *fungi*, par ceux de bonne qualité, & finit par ceux de qualité fufpecte.

Les premiers font au nombre de trente-quatre, les autres montent à celui de quarante-quatre. Pour les trente-quatre premiers, l'Éclufe lui fournit vingt-un genres, & trente-quatre autres pour les derniers; les auteurs dont on a fait mention jufqu'ici, lui fourniffent les autres. Tous ces genres ou efpèces ont été rapportés dans ce qui précède. La feule efpèce dont il

---

ans; Gafpard Bauhin mourut à Bafle en 1624, âgé de foixante-quatre ans. Deux principales raifons autorifent cette antériorité, 1.° parce que le *Pinax* de G. Bauhin a paru bien long-temps avant l'*Hiftoire des plantes* de fon frère, & en fecond lieu, parce que ce même *Pinax* fe trouve cité & critiqué dans l'ouvrage de J. Bauhin; ce qui eft fait néanmoins pour furprendre, puifque J. Bauhin étoit mort dix ans avant la première publication de cet ouvrage. G. Bauhin lui auroit-il communiqué fon manufcrit ! la critique feroit-elle d'une autre main que de celle de J. Bauhin ! c'eft ce qu'on ignore.

n'a

n'a pas encore été queſtion dans cet ouvrage, en la ſuppoſant inconnue, eſt celle que **G. Bauhin** place au n.° XXXIV de ſa première diviſion, *page 372*, qui croît, ſelon l'auteur, aux environs de Babilone, & dont les Éthiopiens ſe nourriſſent & le mangent crud ; ce qui eſt d'une grande reſſource pour eux. Mais **J. Bauhin**, qui parle d'après l'auteur d'une Hiſtoire des Indes orientales, ne nous apprend rien d'ailleurs ſur le caractère de cette plante.

En ſuppoſant qu'il y ait eu quelques erreurs ſur les champignons, chez les auteurs qui ont précédé **G. Bauhin**, il eſt évident que n'ayant fait que les copier, il les a toutes conſervées. Mais indépendamment de celles qu'il peut avoir copiées, **J. Bauhin** ſon frère, ou l'éditeur de ſes œuvres, en relève d'autres, & lui fait pluſieurs reproches, dont quelques-uns paroiſſent fondés. Il lui reproche, par exemple, d'avoir réuni dans le même numéro, dans le X.ᵉ de la *page 370*, le huitième genre de l'Écluſe, qui eſt le champignon amer *(ſynonimie des eſpèces, n.° 9)*, avec le troiſième genre de **Bock** ; juſque-là ce reproche n'eſt pas fondé, puiſque c'eſt le même champignon : mais **J. Bauhin** a raiſon, ce me ſemble, ailleurs, lorſqu'il demande pourquoi **G. Bauhin** a ajouté à ce même numéro les *fungi nemorum* de Lobel, qui ſont évidemment très-différens. Il auroit pu demander encore pourquoi l'auteur, après avoir ainſi formé ſon n.° X, *p. 370*, avoit fait le n.° XXVII, *p. 371*, qui contient évidemment le troiſième genre de Bock, ſous le titre de *fungus albus acris (ſynonimie des eſpèces, n.° 9)*. **J. Bauhin** reproche encore à ſon frère d'avoir donné pour des champignons différens, celui que Ferrante Imperato appelle *fungus ramoſus*, & ceux qu'il met ſous les titres de *fungus digitatus major*, & *fungus digitatus minor*, qui ſont, en effet, le même, quoique mis ſous trois numéros, les XXIX, XXX, XXXI.

G. Bauhin paroît encore s'être trompé dans la ſynonimie de ſon vingtième genre, *p. 371*, où il met le champignon qui croît ſur les troncs d'arbres, ou fauſſe oreille-de-judas *(arborum fungus auriculæ judæ facie. Lob.) (ſynonimie, n.° 15. 2)*,

Tome I.   **M**

avec les *gallinacei* de Céfalpin, qui font évidemment des champignons différens *(fynonimie, n.° 10)*.

On peut lui reprocher, de plus, d'avoir pris la partie d'un champignon, que Pline nomme *volva*, pour la plante même, & d'avoir employé ce terme comme fynonime du *boletus* de Céfalpin, comme on le voit, n.° XXIII, *p. 371* du *Pinax (note 9)*; & d'avoir placé enfuite ce même *boletus*, qui eft l'oronge, à la *page 422*, n.° XVI, parmi les productions du chêne, fous la dénomination de *boleti quercûs (fynon. n.° 3)*; enfin, d'avoir mis une feule efpèce que Céfalpin avoit nommée *ignis fylveftris feu fungus pannis laceris fimilis*, fous deux titres & deux numéros différens & très-éloignés, d'abord *p. 372*, n.° IX, enfuite *p. 375*, n.° XLIII. Ainfi, en jugeant cet auteur avec un peu de rigueur, fans parler des petites négligences échappées dans les n.ᵒˢ VIII de la première, & XXIX, XXXI & XLIII de la dernière divifion, les foixante-dix-huit genres pourroient être facilement réduits à foixante environ; les 4ᵉ, 6ᵉ, 11ᵉ, 12ᵉ, 25ᵉ, 27ᵉ, 29ᵉ & 30ᵉ de la première divifion, & les 9ᵉ, 23ᵉ, 24ᵉ, 26ᵉ, 28ᵉ, 30ᵉ, 32ᵉ, 33ᵉ, &c. de la dernière, étant dans le cas d'être fupprimés, ou d'être fondus dans les autres.

À cela près, & qui eft peu de chofe dans un ouvrage auffi confidérable & auffi bien fait d'ailleurs qu'eft le *Pinax* de G. Bauhin, ce travail a l'avantage de réunir une concordance & une fynonimie très-claire fur les champignons; & on lui a cette obligation précieufe, c'eft qu'il a débrouillé le premier le chaos, & a donné, en quelque forte, la clé des auteurs.

Jean Bauhin, dans fon *Hiftoire des plantes (p)*, a fait l'énumération d'environ quatre-vingt-trois fortes de champignons. Cet auteur ne les a point diftribués, à raifon de leurs qualités, & n'a fuivi aucune méthode ; mais il s'eft attaché, plus que fon frère, à éclaircir ce qui lui paroiffoit obfcur ou douteux.

(p) Joannis Bauhini Hiftoria plantarum univerfalis, tribus tomis exhibita. Ebrioduni, 1650, *in-fol.*

An. de J. C.
1640.

J. Bauhin.
LXVIII.

Il n'a pas négligé non plus leurs qualités, la manière de les apprêter, de remédier à leurs effets ; il a l'avantage fur fon frère, d'avoir fait connoître plufieurs efpèces, & d'avoir donné, en quelques endroits, une critique faine des auteurs précédens. Cependant il ne fait, en général, que rédiger les obfervations des autres ; & fon ouvrage n'ayant paru que long-temps après fa mort, & l'édition ayant été très-mal foignée, on y trouve plufieurs méprifes & tranfpofitions de figures, qui vraifemblablement n'auroient pas eu lieu fi l'ouvrage eût été publié dès fon vivant.

Parmi les quatre-vingt-trois fortes de champignons qu'il indique, il y en a, à peu près, neuf qu'il a fait connoître ; la plupart font figurés dans cet ouvrage, ainfi que dans celui de Chabré, qui n'a fait que le copier ; mais toutes les figures données par J. Bauhin font, en général, bien médiocres, & pour la plus grande partie, copiées des écrits de l'Éclufe ou de Lobel. La manière libre & hardie avec laquelle J. Bauhin critique fon frère, & porte fon jugement fur la partie des champignons, en a impofé, à ce qu'il paroît, pendant quelque temps aux botaniftes du premier ordre, & en général, il eft plus cité que fon frère. Il donne, comme lui, le tableau des efpèces obfervées, avec la fynonimie & une phrafe, & il y joint fes propres obfervations.

Sur les quatre-vingt-trois fortes, mifes en autant de chapitres, il y en a foixante-neuf qui ne font qu'une répétition des genres indiqués par les auteurs qui l'avoient précédé, fur-tout par l'Éclufe. On en trouve douze qui offrent autant de genres ou efpèces nouvelles. Les plantes comprifes dans les deux derniers, fous les titres d'*arachidna* ou *aracoïdes*, & d'*oviton* ou d'*oviggon*, ne font pas des champignons ; ce font des racines qui portent des fruits, & dont Théophrafte avoit fait mention, *lib. xɪ*. Parmi les dix qui reftent, on diftingue :

ɪ.° Le petit moufferon blanc ordinaire, dont il donne une bonne figure, *fungi verni*, MOUCERON *dicti, odor ti & efculenti*, p. 823, chap. 2ɪ. C'eft le petit moufferon blanc, qui a la forme & le parfum du moufferon gris d'Italie, & à peu-près

An. de J. C.
1640.

J. Bauhin.
LXIX

la couleur du mousseron Saint-George. Il ne forme qu'une variété dans l'espèce principale *(synonimie des espèces, n.° 19, var. b).*

2.° & 3.° Deux autres sortes de mousserons blancs *, mais plus grands, moins arrondis & moins réguliers, l'un appelé *bisette,* dans le Montbéliard, & qui ressemble, pour la forme, au champignon ordinaire; l'autre, *colombettes, fungus albus dictus Montpelgardensibus & vicinis BISETTE,* chap. 7; & *fungus magnus totus albus, sine succo lacteo edulis, COLOMBETTES Montpelgardensibus,* chap. 8, p. 825 & 826. Celui-ci ressemble au poivré laiteux blanc, mais il n'en a ni le lait ni l'âcreté : l'auteur en donne la figure. Ces champignons sont très-bons à manger; on les trouve abondamment dans le Chenois, entre Champigny & Passevent dans le Montbéliard. Ils donnent lieu à une espèce principale *(synonimie, n.° 69).*

4.° Un champignon visqueux, blanchâtre, à tige un peu bulbeuse, *fungi albi venenati viscidi,* chap. 8, p. 826, dont l'auteur donne une figure qui paroît exacte. Il est d'un blanc sale ou brunissant, avec des pellicules blanchâtres. Ses effets, qui furent observés sur une femme qui en avoit fait usage, sont l'assoupissement, le vertige, l'abattement, la perte de la voix, la suffocation, la petitesse du pouls. L'émétique & les alexipharmarques, tels que la thériaque, y remédient : cette femme fut guérie de cette manière. Cette espèce, qui est du genre des champignons dartreux *(synonimie des genres, n.° 12),* rentre comme variété parmi les champignons tue-mouches gris *(synonimie des espèces, n.° 43. a. 4).*

LXX

5.° Une autre sorte de champignon dont aucun auteur, à ce qu'il paroît, n'avoit fait mention avant J. Bauhin. Celui-ci

---

* On donne, en général, le nom de *mousserons* à des champignons peu élevés, fermes, charnus, à chair ferme & blanche, à tige nue & courte, qu'on trouve en automne ou au printemps, parmi la mousse ou dans les pâturages. On donne encore ce nom à d'autres petits champignons d'un roux-tendre, à tige nue & alongée, qui ont du parfum, & qu'on trouve aux mêmes endroits, en automne seulement. On appelle ceux-ci *mousserons d'automne*; le peuple les nomme *mousserons godaille.*

ne diffère des champignons ordinaires que par la partie infé- An. de J. C.
1640.
rieure du chapiteau, qui, au lieu d'être garnie de feuillets
ou de pores, eſt hériſſée d'appendices ou pointes ſemblables à J. Bauhin.
LXX
celles d'une langue de bœuf. L'eſpèce obſervée par J. Bauhin,
eſt celle qui eſt couleur de ventre-de-biche, pâle & preſque
blanche, *fungus peuè candidus pronâ parte erinaceus*, chap. 14,
p. 828, qu'on connoît vulgairement ſous le nom de *chevro-*
tine. Ce champignon, dont J. Bauhin ignoroit les qualités,
eſt très-bon à manger, & un de ceux dont l'uſage eſt le plus
ſûr. Il a donné lieu, chez les botaniſtes, à un genre remarquable *(ſynonimie des genres, n.° 37)*, & forme ici une eſpèce
principale *(ſynonimie des eſpèces, n.° 70)*.

6.° Un champignon en touffe, tout blanc, qui croît au LXXI
pied des arbres ou ſur leur tronc, *fungi albi lucentes, ex uno*
principio plures, è radicibus arborum, chap. 34, page 835. La
ſurface de celui-ci eſt viſqueuſe, luiſante, ſes tiges alongées;
il eſt ſouvent attaqué par les inſeêtes. Il donne lieu à une
autre eſpèce particulière *(ſynonimie des eſpèces, n.° 71)*.

7.° Pluſieurs petits champignons à ſurface viſqueuſe, jaunes, LXXII
bleus, ou blancs, ſolitaires, en forme de petits chapeaux
ou en toupie, *fungi varii*, chap. 69, p. 846, & qui croiſſent
dans les pâturages. J. Bauhin en donne pluſieurs figures. Ils
donnent lieu à un genre & à une eſpèce particulière *(ſynonimie*
des genres, n.° 30 ; & ſynonimie des eſpèces, n.° 72).

8.° Un lycoperdon ou veſce-de-loup à tige un peu longue, LXXIII
fungus ovatus, chap. 76, p. 848, de couleur blanche & comme
hériſſée de pointes, trouvée en Alſace, & qui forme encore
une eſpèce principale *(ſynonimie, n.° 73)*.

9.° Une autre ſorte de lycoperdon à pluſieurs pieds réunis
en grappe, à ſurface unie, qu'on trouve ordinairement ſur
le fumier de cheval, *fungus ollularis vel botryoïdes fimarius*,
chap. 78, p. 848 ; eſpèce qui a été obſervée depuis par
Haller, & qui ne paroît devoir former qu'une variété dans
l'eſpèce principale *(ſynonimie des eſpèces, n.° 31. f)*.

Cet auteur a fait encore mention, indépendamment de
ce qu'il a rapporté ſur les champignons en général, d'après

An. de J. C.
1640.

J. Bauhin.
LXXIII

les autres, du grand cepe à tête noire ou couleur de biftre, à partie tubuleufe blanche, *fungus porofus, magnus, craffus,* chap. 29, p. 833, qui n'eft que la variété forte de l'efpèce obfervée par l'Eclufe *(fynonimie des efpèces, n.° 18, var. b. 2)*; du grand cepe jaune qu'on trouve fous les pins, *fungi lutei fub pinu habitantes, &c.* chap. 24, p. 832, déjà indiqué par Bock *(fynonimie, n.° 14)*, & de fes effets pernicieux fur une femme qui en avoit fait ufage. Elle fut fur le point de périr, par des évacuations énormes par haut & par bas, que ce champignon lui caufa ; mais elle en revint.

Cet auteur a encore fait mention, quoique vaguement, d'une production ligneufe qu'on trouve fur les arbres, fur le frêne fur-tout, & femblable à un agaric de forme arrondie, dont il dit que les enfans fe fervent comme d'une boule ; ainfi que d'une forte de coralloïde noir ou hypoxilon à branches, *fungus digitatus niger, veluti cornua exprimens,* chap. 40, p. 838, que les botaniftes poftérieurs ont fait beaucoup mieux connoître. Sur ces deux productions, voyez *fynonimie des efpèces, n.° 86, 88, 120.*

D'ailleurs, J. Bauhin a réuni fous les titres de *fungi phalloïdes* & de *cervi boletus,* chap. 61, 80, tout ce qu'on trouve de curieux fur les phallus & la truffe-de-cerf, dans les écrits de Lobel, de Mathiole, d'Adrien Junius, &c; mais il paroît avoir dit fur la truffe-de-cerf des chofes particulières. Suivant lui, cette production eft de la groffeur d'une noix, & quelquefois moindre. Sa furface eft inégale, granuleufe; fon corps d'une confiftance moyenne, entre la dureté & la molleffe. Son écorce eft grife, tirant un peu fur la couleur fauve ; elle couvre une autre écorce calleufe, de couleur pourpre foncé, qui a une faveur aftringente ou ftyptique lorfqu'elle eft fraîche, douceâtre lorfqu'elle eft sèche. Sa cavité intérieure eft occupée par une fubftance moelleufe, rare, d'un blanc purpurin. Il rappelle d'ailleurs toutes les vertus, fur-tout antihyftérique & aphrodifiaque, qu'on lui attribue & dont il doute avec raifon, regardant la truffe-de-cerf comme un corps capable de nuire *(fynonimie des efpèces, n.° 7)*.

J. Bauhin met la truffe qu'on appelle *terfez*, en Afrique, au nombre des truffes blanches, & en fait un genre particulier, *tuberis genus album*, terfez *dictum (fynonimie, n.° 2. d)*.

En général, cet auteur laiffe peu de chofes à defirer fur ces fortes de plantes. Ray en a enrichi fon hiftoire; mais, foit par la faute de J. Bauhin, foit par celle de l'éditeur de fes œuvres, cette partie eft en général mal foignée, & contient des fautes qu'on ne peut s'empêcher de relever; ce qui eft donné pour bon étant évidemment pernicieux. On voit, par exemple, fous le titre de *fungi abietini efculenti, &c*, chap. 19, p. 830, trois figures copiées de l'Éclufe, qui font les *ferpentini* de cet auteur *(fynonimie, n.° 55)*, c'eft-à-dire, des champignons d'un ufage dangereux, & qui devroient être placés au chapitre 43, p. 388, fous le titre de *fungi tres fœtidi, &c*, qui fert à les défigner. La figure qu'on trouve encore fous le titre de *fungi parvi lutei lethales, &c*, attribuée à Lobel, chap. 70, p. 847); celle qui eft fous celui de *fungi albi pileolo inverfo*, chap. 73, p. 847 ne font pas à leur place, ou ne répondent pas au titre; celle qui eft attribuée à Lobel, n'eft point chez cet auteur, & le titre qui en eft copié défigne de petits champignons en forme de bonnet; ceux-ci font en forme de verre ou de calice. L'autre figure appartient au chapitre 69, p. 846. La figure qu'on voit encore fous le titre de *fungus intybaceus*, chap. 45, p. 839, & qui eft une mauvaife copie d'une de celles de Lobel *(fynon. n.° 15)*, ne repréfente point le champignon que J. Bauhin a décrit fous ce nom. Il eft vrai que l'auteur ou l'éditeur s'en plaint; mais cela n'a pas empêché qu'on n'ait cru que le *fungus intybaceus* de J. Bauhin étoit un champignon particulier, différent de celui qui forme le vingt-unième genre de l'Éclufe, & que J. Bauhin lui-même n'ait fait la même faute *(fynon. n.° 12)*. D'ailleurs, cet auteur a confervé, comme fon frère, toutes les fautes ou négligences reprochées à l'Éclufe qu'ils ont aveuglément copié. Quoique J. Bauhin ait, en général, beaucoup foigné fa fynonimie, il n'a pas été exempt de plufieurs fautes reprochées à fon frère, & il a le défaut,

An. de J. C.
1640.

J. Bauhin.
LXXIII

comme lui, d'avoir beaucoup trop multiplié les espèces. Il paroît qu'il s'est trompé, *chap. 32, p. 834,* en prenant les champignons qui croiffent fous le peuplier, & que Céfalpin appelle *turini,* champignons rouges *(synonimie, n.° 21),* pour ceux qui croiffent fur la fouche de cet arbre, & que les anciens nommoient *ægiritæ (synonimie des genres, n.° 10 ; & synonimie des espèces, n.° 36).*

1642.

Marc-Aurele
Severin.

Quoiqu'à l'époque de 1642, il eût été déjà beaucoup question de la pierre ou truffe-à-champignons que Porta, Cardan, J. B. Fiera & autres, avoient célébrée, cette production n'étoit encore ni bien décrite, ni bien connue, & les idées fuperftitieufes fur fon origine fe foutenoient toujours. Mais, cette année, Marc-Aurele Severin, profeffeur d'anatomie & de chirurgie à Naples, homme très-célèbre par fes écrits fur la chirurgie, en donna une defcription exacte dans une lettre adreffée à Befler, premier médecin du prince de Nuremberg ; il y joignit une analyfe chimique faite par J. G. Volckmer, fon ami *(q).*

LXXIV

Selon lui, la forme la plus ordinaire de cette production ou truffe-racine de champignons, eft la cubique. Sa confiftance tient le mileu entre la molleffe & la dureté ; elle eft brune avec des taches grisâtres, & reffemble à du bois caffant & terreux ramolli, en ayant en quelque forte la faveur & l'apparence ; fa furface eft ridée & paroît fufceptible d'expanfion. Dans les circonftances favorables, c'eft-à-dire, la racine couverte de terre, avec chaleur & humidité, pouffe des champignons qui parvenus à leur maturité, fe defsèchent &

(q) Cl. V. Marci Aurelii Severini, &c. epiftolæ duæ, altera de lapide fungifero, altera de lapide fungi-mappâ, publici juris iterum factæ, &c. à Fr. E. Bruckmann, M. D. Guelpherbyti. 1728, in-4.° cum fig. æn.

Cette lettre, comme on voit, réimprimée par les foins de Bruckmann, en 1728, & publiée à Wolfenbutel, a été traduite en françois en 1778, & imprimée dans le fupplément du Journal de phyfique de cette année, *tome XIII.* Celle qui eft jointe à l'édition de Bruckmann, qui a pour titre, *de fungi-mappâ,* & qui eft du même auteur, a pour objet une production minérale, qui a, à peu-près, la forme d'un champignon, & dont on voit deux figures. Cette lettre avoit paru en 1644, en Italie.

fe

Se durciſſent au point qu'on ne peut en faire uſage. Dans le développement, le chapiteau a un pied & plus d'étendue. D'abord c'eſt comme une tige nue, cylindrique, de la longueur du doigt, qui tient à la racine par des fibres fines & capillaires entrelacées. Cette tige a à ſon ſommet une véſicule ſemblable à un bourgeon de vigne, & qui contient une eau aigrelette; elle prend la forme d'un nombril & s'étale en paraſol. Sa partie inférieure, ou chapiteau, eſt criblée de pores ou petites ouvertures de tubes qui s'étendent à une certaine diſtance ſous le chapiteau, qui eſt de couleur de noiſette; la partie qui tient à la racine eſt de couleur tannée, & la tige d'un jaune clair.

Par l'analyſe chimique, on obtient d'une livre de cette racine diſtillée à feu nu gradué, d'abord un peu de flegme inſipide, enſuite environ demi-livre d'eſprit ou liqueur jaune ſemblable à celle qu'on tire du gayac, qui monte en vapeurs, & qui eſt ſurnagée d'un peu d'huile ſemblable encore à celle du gayac. On trouve au fond de la cornue un charbon qui tache les doigts, & qui, par l'incinération, donne un ſel lixiviel très-âcre & comme acidule. Severin regarde l'eſprit ou ſecond produit comme vulnéraire, diſant avoir guéri avec cette ſeule liqueur une plaie à la lèvre inférieure en quatre jours. Il dit encore qu'un médecin de Calabre donnoit ce champignon en poudre dans la pleuréſie & la colique néphrétique. Ce champignon donne lieu à une eſpèce principale, qui eſt poreuſe *(ſynonimie, n.° 74)*.

En 1649, cette lettre de Severin fut ajoutée à la nouvelle édition du Poëme de J. B. Fiera, intitulé *Cæna*, que donna Charles Avantio, botaniſte diſtingué de Naples; elle parut cette année à Padoue avec beaucoup de notes & une figure de ce champignon & de ſa racine.

Tandis qu'Avantio, qui fut ſuivi de Boccone & de Barrelier, faiſoit ſes obſervations en Italie, ſur les champignons, Loëſel, profeſſeur de botanique à Koniſberg, G. & M. Hoffmann, Sterbeeck, Magnol, faiſoient les leurs en Allemagne, dans le

Tome I.   N

An. de J. C.
1654.

Loëfel.
LXXIV,

Brabant, & en France ; & déjà dès 1654, le fils de Loëfel publia, du vivant de fon père, le Catalogue des plantes de la Pruffe *(r)*. Les figures ne furent ajoutées à cet ouvrage qu'en 1703, où il parut à Konifberg, fous le titre de *Flora pruffica (f)*.

Parmi les plantes qui y font contenues, on trouve fous le mot *fungus*, l'énumération de foixante-dix fortes de champignons diftribués en deux claffes, à raifon de leurs qualités, en ceux qui font bons à manger *(fungi vefci)*, & en ceux qui ne le font pas *(fungi non vefci)*. L'ordre numérique eft d'ailleurs la feule méthode que l'auteur ait adoptée. Les uns font au nombre de vingt-huit, les autres à celui de quarante-deux.

Fungi vefci.

Parmi les vingt-huit efpèces de bonne qualité, on trouve d'abord la morille ordinaire *(fungus vefcus primus) (fynonimie, n.° 6)*, enfuite douze fortes de champignons âcres ou qui piquent la langue lorfqu'on les goûte, & dont la plupart ont un fuc laiteux, ou couleur de fafran, ou jaune. Il n'y a que le n.° VII qui n'a ni fuc ni âcreté ; tous les autres jufqu'au n.° XIV, font dans ce cas. Loëfel dit que le peuple, en Pruffe, les fait cuire avec des oignons & les mange, & qu'en Italie on les apprête avec de l'huile, du poivre & du fel.

LXXV

Sur les onze numéros qui contiennent autant d'efpèces âcres, on trouve d'abord, fous le titre de *capreolini (fynonimie des genres, n.° 21)*, un champignon feuilleté *(fungus vefcus 11)*, d'un roux-tendre ou blond, qui croît fous les pins & les fapins, dont les bords font fouvent relevés en-deffus, & qui a un fuc couleur de fafran & âcre. Loëfel eft le premier auteur, & le feul, à ce qu'il paroît, qui ait fait mention de

---

(r) *Catalogus plantarum in Boruffiâ fpontè nafcentium.* Regiomonti, 1654, *in-4.°*

(f) *Flora Pruffica, feu plantæ in regno Pruffiæ fpontè nafcentes.* Regiomonti, 1703, *in-4.°*

cette forte de champignons, qui forme une efpèce particulière *(fynonimie des efpèces, n.° 75).*

2.° Un autre champignon *(fungus vefcus III)* analogue, ou
girolle, jaune deffus, blanche deffous, à tige jaune & à nervures ramifiées, que l'auteur donne pour meilleure que la
précédente. Celle-ci a encore un fuc couleur de fafran &
âcre; fon chapiteau eft inégal, à fes bords fur-tout. Elle
forme une variété de l'efpèce principale *(fynonimie des efpèces,
n.° 10. a. 3).*

3.° Un champignon *(fungus vefcus IV)*, couleur de brique
deffus, avec un centre couleur de fafran, jaune deffous, non
peluché, à fuc âcre & laiteux & fouvent jaune, & à tige
épaiffe. Quoique cette efpèce foit analogue à celle du n.° 38
de la fynonimie, elle en forme néanmoins une particulière
& diftincte, qui n'avoit point été obfervée *(fynonimie des
efpèces, n.° 76).*

4.° Un autre champignon de même nature, c'eft-à-dire, à
fuc laiteux & âcre *(fungus vefcus V)*, dont il en diftingue trois
fortes, l'une d'un rouge brun deffus, blanc deffous, & à tige
un peu longue, qu'on mange crud, fans doute le même ou
une variété de celui que Bock a fait connoître *(fynonimie des
efpèces, n.° 11);* un autre blanc-bleuâtre deffus, blanc deffous;
& un autre couleur de brique, qui rentrent comme variétés
dans le n.° 76, dont ils ne diffèrent que par une nuance de
couleur dans le premier, & par une tige plus longue dans
l'autre *(fynonimie des efpèces, n.° 76).*

5.° Un autre champignon tout jaune ou flave *(fungus
vefcus VI)* & feuilleté, dont le chapiteau fe contourne; il
eft un peu âcre & d'une odeur agréable; c'eft celui que l'Éclufe
a fait connoître dans fon douzième genre des bons à manger,
ou girolle feuilletée *(fynonimie des efpèces, n.° 10. b).*

6.° Trois champignons feuilletés fous trois numéros *(fungi
vefci VIII, XII, XIII)*, à chapiteau brun, à feuillets blancs
& âcres, & dont un a le chapiteau rayé aux bords, avec un
fuc légèrement aigrelet, & qui établiffent une efpèce particulière *(fynonimie des efpèces, n.° 77).*

An. de J. C.
1654.

Loëfel.
LXXV

LXXVI

LXXVII

N ij

7.° Le champignon poivré blanc *(fungus vefcus IX) (fynonimie des efpèces, n.° 9. a)*, dont le fuc, qui eft laiteux & très-âcre, a une vertu lithontriptique, fuivant Loëfel, fi on le mêle avec le firop de guimauve, & celle d'enlever les verrues, fi on les en frotte.

8.° Un autre qui lui reffemble *(fungus vefcus X)*, mais qui eft fans fuc & âcre, & qui n'en eft qu'une variété *(fynonimie. n.° 9. b)*.

9.° Le champignon du cerf, ou champignon âcre & peluché *(fungus vefcus XI)*, déjà indiqué par l'Éclufe *(fynonimie des efpèces, n.° 38)*, & dont Loëfel diftingue trois fortes à bords roulés en-deffous, un roux foncé deffus, blanchâtre deffous, à lait très-âcre; un autre blanchâtre ou à laine blanche, un peu vifqueux, à lait âcre & jauniffant, & à odeur légère d'iris; & un troifième jaunâtre deffus, blanc deffous, à fuc également âcre & couleur de foufre, qui ne font que des variétés de l'efpèce principale *(fynonimie, n.° 38)*.

Quant aux champignons du n.° 7 *(fungus vefcus VII)*, bons à manger, qui n'ont pas de fuc, & qui ne font point âcres, l'auteur en diftingue cinq fortes ou variétés qui ont tous leurs feuillets blancs & une faveur douce, & dont les uns font d'un vert-tendre *(fynonimie des efpèces, n.° 40)* ou rouges, ou jaunes, ou bleus & blancs; champignons épais, de bon goût, que l'Éclufe a fait connoître, & qui rentrent comme variétés dans le même n.° 40 de la fynonimie.

Le n.° 14 *(fungus vefcus XIV)* de Loëfel, eft un champignon brun deffus, blanc deffous, à tige courte, mais dont le deffous change de couleur & devient d'un vert-jaune; fa fubftance eft ferme & blanche. Indépendamment de l'ufage intérieur qu'on en fait, Loëfel lui attribue la propriété de réfoudre les tumeurs fur lefquelles on l'applique, après l'avoir fait revenir dans l'eau. C'eft un champignon poreux qui ne forme qu'une variété de l'efpèce indiquée par Céfalpin *(fynonimie, n.° 18. c)*.

On trouve encore dans cette première divifion d'autres champignons qui ne font pas affez bien caractérifés pour en déterminer l'efpèce, l'auteur fouvent n'ayant pas dit s'ils font poreux ou feuilletés. Mais parmi les poreux, il y en a un couleur de fafran *(fungus vefcus XV)*, mis mal-à-propos ici parmi ceux de bonne qualité ; l'auteur annonçant qu'il fe corrompt en un jour, ce qui eft une preuve fuffifante de fa mauvaife qualité ; car un cepe de bonne qualité ne fe corrompt pas. Celui-ci forme une variété de l'efpèce obfer-vée par Bock *(fynonimie des efpèces, n.° 14)*. On y trouve encore la barbe-de-chèvre ordinaire à tige blanche, à rami-fications ou fommités jaunes *(fungus vefcus XIX) (fynonimie des efpèces, n.° 45)* ; deux champignons à chapiteaux ou coquilles, & à branches *(fungus vefcus XX , XXI)*, déjà obfervés par Porta & d'autres *(fynonimie des efpèces, n.° 12. b. d)* ; un autre champignon poreux *(fungus vefcus XXV)*, d'un roux-tendre, à chair blanche, & à tige qui jaunit, & qui a cela de parti-culier, c'eft qu'il eft garni à fa partie inférieure, qui eft blanche, d'un voile qui lui fert enfuite de collet, & que l'auteur appelle *hymen*. Ce champignon a été obfervé depuis par Buxbaum, Schaeffer & Haller, & forme une efpèce particulière *(fynonimie des efpèces, n.° 78)*.

Enfin, dans la même énumération, on en trouve un vert-brun deffus, jaune deffous, à tige longue *(fungus vefcus XXVII)*, qui a été obfervé depuis dans les mêmes lieux par Gleditfch, & qui forme une efpèce particulière *(fynonimie des efpèces, n.° 79)* ; les autres ne font pas affez caractérifés pour pouvoir en déterminer la vraie place.

Fungi non vefci.

PARMI les quarante-deux fortes de qualité fufpecte, ou qu'on ne mange pas, en Pruffe, on en trouve un, le premier *(fungus non vefcus 1)* à chapiteau brun & rude au toucher, dont la partie inférieure du chapiteau, qui eft d'un gris cendré, eft garnie d'appendices fines femblables, dit l'auteur, à du poil de chèvre, efpèce qui a été obfervée depuis dans le Brabant, par Sterbeeck. C'eft une forte de champignon

An. de J. C.
1654.

Loëſel.
LXXIX

dont la partie inférieure ſe ſépare facilement de la ſupérieure. Elle eſt du même genre que l'eſpèce principale obſervée par J. Bauhin, & rentre dans le même numéro *(ſynonimie des eſpèces, n.° 70. f).*

Le ſecond *(fungus non veſcus 11)* eſt le champignon tue-mouche rouge, à feuillets blancs, jauniſſant quelquefois *(ſynonimie des eſpèces, n.° 13. a. 2).* L'auteur rapporte les effets dangereux de cette eſpèce, ſur ſix perſonnes de Lithuanie qui en moururent. Les quatre ſuivans ſont des champignons feuillétés de diverſes couleurs, & dont le caractère n'a pas aſſez d'étendue pour les rapporter à aucune eſpèce principale.

Le ſeptième *(fungus non veſcus VII)* eſt le champignon en *œuf* ou *typhoïde,* qui ſe réduit en liqueur noire, & qui eſt très-bien décrit dans Loëſel *(ſynonimie des eſpèces, n.° 55).*

LXXX

Le huitième eſt un champignon feuilleté tout blanc, à tige renflée du bas, qui prend enſuite une couleur bleue ou d'azur. Ce champignon analogue au n.° 76 de la ſynonimie, a été obſervé depuis dans le Brabant, par Sterbeeck. Loëſel dit qu'il eſt utile, appliqué ſur les charbons peſtilentiels. Il forme une eſpèce particulière *(ſynonimie des eſpèces, n.° 80).*

Le neuvième eſt un champignon ou agaric, en forme de foie de bœuf & à ſuc ſanguinolent. C'eſt à tort que Loëſel le met ici parmi les champignons pernicieux *(ſynonimie des eſpèces, n.° 23).*

Le dixième & le onzième ne ſont pas aſſez bien décrits pour qu'on puiſſe en déterminer l'eſpèce.

Le douzième eſt la veſce-de-loup ordinaire. Loëſel dit en avoir vu une extraordinaire, dont le diamètre étoit d'une coudée & demie, & qu'on l'avoit aſſuré qu'il y en avoit de trois coudées. Cette veſce-de-loup a été obſervée depuis, ſur-tout en Italie, à Carraria, par Marſigli. Elle forme une variété remarquable dans l'eſpèce principale *(ſynonimie des eſpèces, n.° 31. a. 3).* Suivant Loëſel, on ſe ſert de la pouſſière ſéminale de cette plante pour les hémorrhoïdes, & en général pour toutes les hémorrhagies, pour les ulcères, & on la donne même aux beſtiaux dans la diarrhée.

Le treizième eſt le phallus de Lobel *(ſynonimie des eſpèces,* **An.. de J. C.**
n.° 17. a).   **1654.**

Le quatorzième eſt l'oreille-de-judas *(ſynonimie, n.° 15),*   **Loëſel.**
dont l'auteur exalte beaucoup les vertus, appliqué à l'exté-   **LXXX**
rieur.

Le quinzième & le ſeizième ſont des champignons dont
on ne peut encore déterminer l'eſpèce, vu le défaut de
deſcription.

Le dix-ſeptième eſt un champignon membraneux & chatonné, rouge deſſus & deſſous, & à tige mince, qui croît ſur
le bois. Il forme une variété diſtinĉte dans l'eſpèce principale
(ſynonimie des eſpèces, n.° 67. B. 1).

Le dix-huitième & les ſuivans juſqu'au vingt-huitième, ne
ſont point aſſez clairement indiqués pour pouvoir en déterminer le genre ou l'eſpèce.

Le vingt-huitième eſt la *truffe-de-cerf,* que l'auteur décrit
très-bien ; il dit qu'elle eſt blanchâtre & tachetée, ſans tige,
de deux pouces de diamètre, à pulpe d'abord blanche, enſuite
noire, & qui finit par ſe réduire en fumée ; elle croît à fleur de
terre comme la veſce-de-loup ; elle paſſe pour aphrodiſiaque ;
on la vend quatre florins la livre *(ſynonimie des eſpèces, n.° 7).*

Le vingt-neuvième eſt un agaric épineux ou à appendices,   **LXXXI**
tendre & tranſparent, de conſiſtance de forte gelée, & à tige ;
il croît en touffe ſur le bois de ſapin. Il eſt du même genre
que le n.° 73 ; mais il forme une eſpèce particulière *(ſynonimie
des genres, n.° 52 ; & ſynonimie des eſpèces, n.° 81).*

Le trentième eſt une ſorte d'agaric que Loëſel nomme   **LXXXII**
flos arborum fungo affinis, dont la ſubſtance eſt d'abord fluide
comme de la crême, laquelle devient enſuite d'un beau jaune,
& un peu ſpongieuſe. Cette production a été obſervée depuis
par Sterbeeck. Elle forme une eſpèce particulière qui a été
obſervée depuis *(ſynonimie des eſpèces, n.° 82).* M. de Haller
croit que c'eſt un agaric ſemblable à une réſine jaune, comme
le galbanum (voy. *Haller, Hiſt. ſtirp. Hel.* t. III, n.° 2251).

Le trente-unième eſt une veſce-de-loup d'un brun foncé,   **LXXXIII**
& couverte d'une écorce qui renferme une pouſſière ſéminale

An. de J. C.
1654.

Loëſel.
LXXXIV

d'un beau pourpre pâle. Ce lycoperdon ſanguin a été obſervé depuis. Il forme une eſpèce particulière *(ſynonimie des eſpèces, n.º 83)*.

Le trente-deuxième eſt un très-petit champignon, couleur de corail, qui croît ſur les arbres, à très-petites têtes arrondies, de la groſſeur de la graine de pavot, à tiges minces comme un fil, & qui renferme un liquide. Il paroît que c'eſt ce que Micheli a nommé depuis *lycogala*, comme pour dire, lait-de-loup, dont il a fait un genre ſous ce nom. Il forme ici une eſpèce particulière *(ſynonimie, n.º 84)*.

Le trente-troiſième eſt du même genre, mais il eſt plus grand que le précédent, & croît par terre. Il eſt de couleur de chair, & ne forme qu'une variété de la précédente *(ſynonimie, n.º 84, var. b)*.

Le trente-quatrième, que Loëſel nomme *fungus pyxioides coccineus*, eſt du même genre que ſon dix-ſeptième, c'eſt-à-dire, un champignon membraneux. Celui-ci croît ſur le coudrier principalement; il a une tige mince, il eſt rouge en-dedans, & blanchâtre au-dehors. Il eſt analogue à la variété à tige déjà marquée *(ſynonimie des eſpèces, n.º 67. B. 4)*.

Le trente-cinquième, qu'il nomme *fungus cucullatus*, parce que le chapiteau eſt ſans doute formé en capuchon, n'eſt pas aſſez bien indiqué pour qu'on puiſſe le rapporter à une eſpèce déterminée.

LXXXV

Le trente-ſixième, qu'il nomme *fungus farreus*, eſt une production paraſite, analogue aux veſces-de-loup; il eſt d'un roux-flave en-dehors, blanc intérieurement, & ſe réduit, en le preſſant un peu, en une pouſſière ſemblable à de la farine de froment; on s'en ſert pour ſécher & cicatriſer les ulcères. Cette production a été obſervée depuis par Marchand, de l'Académie des Sciences, qui l'a nommée *fleur-du tan ;* mais la pouſſière, dans celle dont parle Marchand, eſt brune. Elle fournit une eſpèce nouvelle *(ſynonimie des eſpèces, n.º 85. a)*.

Le trente-ſeptième eſt une ſorte d'agaric ſec, à tige centrale, que Loëſel nomme *fungus lignoſus pediculo longiore*. Il croît ſur les arbres; ſon centre eſt creuſé en entonnoir, &

ſes

ſes bords ſont un peu frangés. Il paroît que c'eſt le même
que Linné a nommé depuis, *boletus perennis;* mais ce n'eſt
point aſſez clair *(ſynonimie des eſpèces, n.° 192).*

Le trente-huitième eſt l'agaric labyrinthe *(ſynonimie, n.° 25).*
Il dit qu'on le rend mou & ſouple, en le faiſant bouillir avec
du nitre & du ſoufre.

Le trente-neuvième eſt un petit champignon laiteux, qui
croît ſur les poutres & qui paroît être du même genre que
ſon trente-deuxième *(ſynonimie, n.° 84).*

Le quarantième eſt un agaric formé en demi-orbe, d'un
jaune-brun ou rougeâtre deſſus, blanc deſſous & poreux. Il
le nomme encore *fungus arborum lignoſus.* Il paroît être une
eſpèce d'agaric à ſurface rougeâtre & comme vernie, & à
tige latérale, très-commune au pied des arbres; mais ce n'eſt
pas encore aſſez clair *(ſynonimie des eſpèces, n.° 299).*

Le quarante-unième, qu'il nomme *fungus pyxioides ſemi-
nifer,* & dont il a donné la figure, *pl. XVI,* eſt le même que
le champignon anonyme de l'Écluſe, ou fungoïde-à-lentilles
(ſynonimie des eſpèces, n.° 63).

Enfin, le quarante-deuxième dont il a donné également
la figure, & qu'il nomme *fungus digitatus alveariorum,* eſt une
autre production fongueuſe, en forme de doigt, qui croît ſur
les ruches à miel, & ſur laquelle Loëſel donne des détails
qu'on ne trouve point ailleurs. Il dit qu'on l'obſerve fréquemment en Pologne, où elle eſt connue ſous le nom de
keuka; elle eſt conſervée précieuſement par ceux qui ſoignent
les ruches, & regardée, en quelque ſorte, comme leur ſauve-
garde. Sa forme varie, mais elle ſe rapproche toujours de
celle des doigts de la main ou de pluſieurs cornes réunies.
Sa couleur eſt brune en-dehors, très-blanche en-dedans; ſa
ſurface ordinairement rude; ſa ſubſtance ſans ſaveur, mais
elle a une odeur d'iris de Florence. M. de Haller a mis
cette fongoſité parmi ſes *ſphæria (ſynonimie des genres, n.° 48).*
Loëſel dit qu'on en fait beaucoup de cas pour certaines maladies; qu'au rapport de ceux qui ont ſoin des ruches, étant
priſe en poudre, elle rend fécondes les femmes ſtériles,

Tome I.   Q

An. de J. C.
1654.

Loëſel.
LXXXV

LXXXVI

Loëfel.
LXXXVI

remédie à l'épilepfie des enfans, foulage dans les maux de gorge, mife dans une boiffon convenable; enfin, qu'elle eft un remède efficace dans la colique. Cette efpèce en forme une diftincte & remarquable *(fynonimie des efpèces, n.° 86)*.

L'ouvrage de Loëfel eût eu un mérite de plus à nos yeux, fi cet auteur eût ajouté moins de foi aux propriétés attribuées aux champignons, & s'il eût joint quelques planches de plus à fon ouvrage.

1662.

Maurice
Hoffmann.

En 1662, Maurice Hoffmann, habitant d'Altdorf en Allemagne, publia le catalogue des plantes qui croiffent aux environs de cette ville *(t)*. Dans leur nombre, on y trouve plufieurs champignons, dont la plupart avoient été déjà indiqués, fur-tout par Loëfel; mais on y en remarque d'autres dont les auteurs n'avoient point fait mention.

LXXXVII

De ce nombre eft une clavaire fimple, qu'il donne fous la phrafe de *fungi clavati ex gracili caule paulatim craffiores redditi, ad digiti minimi longitudinem ferè accedentes;* efpèce nouvelle dont les botaniftes modernes ont fait enfuite un genre particulier *(fynonimie des genres, n.° 41; & fynonimie des efpèces, n.° 87)*.

Cet auteur a encore indiqué plufieurs champignons à chapiteau, dont la furface inférieure eft hériffée d'appendices, dont les uns croiffent par terre, d'autres fur les arbres.

Parmi les premiers, il y en a un couleur de buis, grand comme la paume de la main, qui eft une variété de celui que J. Bauhin avoit déjà indiqué *(fynonimie des efpèces, n.° 70. c)*; un autre d'un gris obfcur, prefque de la grandeur d'un chapeau, & qui eft à furface écailleufe. L'auteur le donne fous le nom de *fungus erinaceus major atrocinereus, ad petafi ferè amplitudinem accedens, pronâ parte fquammatus (fynonimie, n.° 70, var. e)*.

Parmi ceux qui croiffent fur les arbres, on en trouve une efpèce de fubftance gélatineufe, que Loëfel avoit déjà

(t) Floræ Altdorfinæ deliciæ fylveftres, feu catalogus plantarum in agro Altdorfino fpontè nafcentium; Altdorf, 1662, in-4.°

obfervée, & que Hoffmann met fous la phrafe de *fungus crinaceus candidus fubflantia gelatinæ (fynonimie des efpèces, n.° 8 1)*. Ce champignon-agaric a été obfervé depuis, fur-tout en Suiffe.

On y trouve encore le champignon du noyer, dont Ferrante Imperato avoit fait mention. Il le met fous le titre de *fungus è trunco juglandis albicans (fynonimie, n.° 6 5)* ; un agaric fec & foyeux de plufieurs couleurs, imitant celles de l'iris, mis fous la phrafe très-expreffive de *fungus holofericus iridiformis quoad colorum alternatione variegatus*, & qui forme une des variétés sèches de l'efpèce principale, indiquée par l'Éclufe *(fynonimie des efpèces, n.° 48, var. b)* : cet agaric eft très-commun. On y trouve encore un coralloïde de couleur de feu & pâle, fous la phrafe de *fungus corraliformis ramis confertis fingularibus ab uno exortu exporrectis, colore miniato & ex albo pallefcente (fynonimie, n.° 45)* ; un noftoc jaune qui croît fur le genièvre & fur la fabine, fous la phrafe de *fungi juniperi & fabinæ martii feu fpongiolæ, &c. (fynonimie des efpèces, n.° 8, var. c)* ; un agaric dont le deffous eft violet, mais qui n'eft pas affez caractérifé pour en fixer l'efpèce. *(fynonimie, n.° 186)*.

Maurice Hoffmann a fait encore mention, un des premiers, fous le mot *mufcus*, d'une production que Ray, Boccone & d'autres ont enfuite obfervée de même, & qu'il défigne par une phrafe qui en eft la defcription : *mufcus palmatus farinaceus digiti altitudine, è caudicibus quercuum putrefcentibus caule nigro gracilique affurgens, &c*, & qui forme la principale efpèce des hypoxilons à branches ou ramifiés *(fynonimie, n.° 88. a)*.

Montalban ayant recueilli les manufcrits d'Ulyffe Aldro= vande, mort en 1605, publia à Boulogne, en 1668, fa *Dendrologie (u)*, dans laquelle l'auteur, entre les productions qui croiffent fur les arbres, a fait mention de quelques agarics, parmi lefquels on diftingue celui qui fert à décraffer la tête,

An. de J. C.
1662.

Maurice
Hoffmann.
LXXXVII

LXXXVIII

1668.

Ulyffe
Aldrovande.

(u) *Ulyffis Aldrovandi Dendrologia feu hifloria naturalis libri 11*; Bononiæ, 1668, *in-fol.*.

ou agaric-labyrinthe *(ſynonimie, n.° 25)*, & qu'il marque ſur le hêtre ; pluſieurs qui croiſſent aux pieds des arbres, un, entr'autres, qui paroît feuilleté & qu'on appelle *ragagni*, aux environs de Boulogne *(ſynonimie des eſpèces, n.° 65) ;* des coralloïdes qui étoient connus, ainſi qu'un fungoïde mis ſous la phraſe de *pezica cava albida, intùs coccinea*, & dont on voit la figure, *page 116.* C'eſt le même que celui de Columna *(ſyuonimie des eſpèces, n.° 67. A. aa).*

Depuis l'époque de 1662, juſqu'à celle de 1675, c'eſt-à-dire, depuis Maurice Hoffmann juſqu'à Sterbeeck, il ne paroît pas qu'il y ait eu beaucoup de lumière répandue ſur cette partie de la botanique ; c'eſt au contraire dans cet intervalle de temps qu'on y mit le plus d'obſcurité, ou du moins que les obſervations les moins exactes furent faites, parce qu'elles étoient dénaturées par l'amour du merveilleux. De ce genre, ſont preſque toutes celles qu'on trouve dans les premiers mémoires des Éphémérides des curieux de la nature d'Allemagne, dont le premier volume parut en 1670. Les Tranſactions philoſophiques ſe reſſentoient même un peu de cet eſprit, qui étoit celui du ſiècle. Cependant pluſieurs hommes de génie furent s'en garantir, & leurs recherches dans cette partie offrent la nature à peu-près telle qu'elle eſt. De ce nombre ſont, en Angleterre, Liſter & Hooke ; en Allemagne, Jacques Breyne, Camerarius, Welch.

Liſter ayant eu pour objet, dans l'un de ſes travaux, l'examen des ſucs des plantes, ſur leſquels il nous a laiſſé un ouvrage, fit des expériences ſur ceux de pluſieurs champignons, entr'autres, ſur celui du champignon poivré blanc *(ſynonimie des eſpèces, n.° 9)*, qu'on trouve conſignées dans les *Tranſactions philoſophiques, an. 1671, n.° 89.* Il réſulte de ſes expériences, que le ſuc laiteux de ce champignon eſt fort âcre & brûlant, qu'il n'eſt ni acide ni alkali, qu'il ſe coagule & ſe durcit, qu'il enflamme la gorge, & doit cauſer, ſelon lui, de la ſuffocation. Il avoue cependant que les habitans de Finlande le corrigent avec de la ſaumure, & en font uſage.

Lifter a examiné encore la pouffière féminale de certains champignons, & en a fait l'objet d'un mémoire configné dans le même ouvrage, *n.° 110*. Hooke examina de même, mais par le fecours des verres, différentes moififfures, ainfi que le noftoch & fon fuc ; mais leurs travaux à cet égard ont donné peu de lumières.

Parmi les productions extraordinaires dont il eft fait mention, foit dans le *Mifcellanea curiofa*, foit dans les Éphémérides des curieux de la nature, on voit d'abord la figure d'un champignon trouvé en 1661, fur un arbre dans la forêt d'Altdorf, & obfervé par Seger, qui le donne fous le titre de *fungus antropomorphos (x)*, à caufe de fa forme qui repréfente un groupe de figures humaines, fur lefquelles on diftingue clairement, d'après la figure, des bras, des têtes, des nez, des yeux, une bouche, &c. L'auteur de cette obfervation l'a rapportée avec les circonftances les plus capables de la rendre merveilleufe, & la figure a été copiée fans changement dans l'ouvrage de Sterbeeck, *pl. XXIX*. On en voit une autre de la même plante, & d'un autre auteur, mais plus naturelle, c'eft-à-dire, fans nez, fans bouche, fans yeux, dans le même ouvrage, fous le titre de *fungus monftrofus ac infolitæ figuræ repertus inter virgulta, &c. (y)*. Enfin, il y en a une troifième, qu'on trouve fous le titre de *fungus agnum pafchalem reprefentans (z)* ; mais cette production fi fingulière, qui repréfente tantôt des hommes, tantôt l'agneau pafchal, & que l'auteur de la feconde obfervation croit être du genre des *lycopodium*, parce qu'elle fe réduit en pouffière, n'eft autre chofe qu'une efpèce de lycoperdon ou vefce-de-loup, efpèce qui a été obfervée plufieurs fois depuis, & dont Battara & Schaëffer ont donné des figures exactes. Elle fort d'une bourfe ou enveloppe qui tient à la terre par une racine, &

An. de J. C.
1671.

Lifter.
LXXXVIII

Seger.
LXXXIX

(x) *Mifcellanea curiofa*, an. II, obf. 55, p. 112.
(y) *Ephem. nat. cur.* dec. I, an. IV, V, obf. 90, p. 78, 82.
(z) *Ibid.* dec. III, an. II, obf. 176, p. 311

qui s'efface entièrement lorsque la plante est développée ; elle est composée de trois parties principales, d'une supérieure ou tête en forme de petite poire ou de toupie portée sur une tige courte ; d'une seconde partie en forme de voûte, avec quatre prolongemens de forme conique, dont la pointe est en bas ; & d'une troisième qui est la base sur laquelle porte toute la plante, & qui est en forme de calice. Par conséquent, ce champignon est à jour. S'il s'en trouve plusieurs pieds ensemble, ils se réunissent par leur base ou par le milieu, & forment alors un groupe à peu-près semblable à celui dont Seger a donné la figure ; & lorsque l'amour du merveilleux trace le tableau, la partie supérieure, en forme de globe, représente la tête d'un homme ou d'un agneau ; sa tige, le cou ; la seconde partie, la poitrine ; les prolongemens, des cuisses, des jambes ou des bras ; & l'imagination, le reste du corps. Buxbaum, qui a trouvé ensuite cette plante, l'a nommée *lycoperdon vesicarium calice quadrifido majus*, & Battara, *geasteroïdes*. Elle est, en effet, fort singulière, & forme une espèce principale & remarquable *(synonimie des espèces, n.° 89)*.

La seconde curiosité de ce genre, est celle qu'a donné Berniz, sous le titre de *fungus monstrosus seu insolitæ figuræ in alveario natus (a)*. Cette espèce est un peu moins extraordinaire que la première ; elle ressemble à une gerbe ou réunion de plusieurs grosses tiges, dont deux extrémités latérales se courbent en manière de crosse d'Évêque ou de bec de corbin. Sterbeeck l'a encore copiée, *pl. XXIX*. On la trouve, comme on le voit par la phrase, sur les ruches à miel. Mais on se rappelle qu'elle avoit été déjà observée par Loësel, & c'est la même production qu'on appelle *keuka* en Pologne *(synonimie des espèces, n.° 86)*.

Les autres observations sur ces plantes, consignées dans les premiers volumes de ces Éphémérides, offrent des objets

---

(a) Ephem. nat. cur. dec. I, an. II, obs. 54.

plus naturels. Jacques Breyne, botaniſte célèbre de Dantzick,
en a donné pluſieurs, dont l'une a pour objet le champignon
qu'on appelle *fo-lim* à la Chine, c'eſt-à-dire, *lait-de-tigre*,
parce qu'on y croit qu'il vient du lait qui tombe de la tigreſſe
ſur le ſable, & qui s'y coagule ; une autre ſur un agaric en
forme de barbe de bouc ou de hériſſon ; une troiſième ſur
un autre agaric de chêne, employé comme aſtringent dans
les hémorrhagies ; & une quatrième ſur un autre agaric en
forme de cornes de daim. Le champignon qu'on appelle *lait-
de-tigre*, & donné ſous la phraſe de *fungus ſinenſis antidotalis
lac tigridis dictus (b)*, paroît être du même genre que la
truffe-à-champignon d'Italie, dont il a été fait mention *(ſynonimie des eſpèces, n.° 74)* ; du moins ſi l'on en juge par la
deſcription & par la figure, qui paroît être une copie de celle
qu'Avantio avoit donnée dans une édition du poëme de
J. B Fiera. On trouve cette plante dans les terreins ſablon-
neux de la Chine ; c'eſt comme une groſſe truffe, de laquelle
ſort un champignon à tige & à chapiteau. D'après ce que le
P. Kircher en avoit dit, dans ſon ouvrage intitulé *Magnes*,
où il le donne pour un puiſſant remède contre différens
maux, ſur-tout contre les fièvres ardentes, inflammatoires,
la petite-vérole, &c. *, aſſurant qu'à Vienne ce remède
avoit toujours réuſſi dans ces maladies, il étoit naturel de
faire des recherches ſur cette plante ; mais examinée de près,
elle a perdu beaucoup de ſes propriétés.

L'agaric en forme de barbe de bouc, & que Breyne a
donné ſous le titre de *fungus barbatus fœtidus*, n'a rien d'extraordinaire que l'odeur fétide dont l'auteur fait mention ici,
& qui étoit une ſuite de l'altération dans laquelle il l'avoit
trouvé. Mais cet agaric obſervé pluſieurs fois depuis, n'a point
naturellement cette odeur ; il eſt le plus ſouvent de forme
ronde & hériſſé d'appendices ſemblables, pour la forme, à

An. de J.C.
1673.

Jacques
Breyne.
LXXXIX.

XC

(b) *Ibid.* an. IV, V, obſ. 153, p. 195.
* Suivant le P. Kircher, on preſcrit ce remède comme la racine de
ginſem, en poudre, à la doſe de trois grains dans un verre d'eau. On
connoît qu'il agit efficacement lorſqu'il provoque les ſueurs.

An. de J. C.
1673.

Jacques
Breyne.
XCI

celles d'un hériſſon. C'eſt une production qu'on trouve ordinairement ſur les branches pourries du chêne, & qui forme une eſpèce principale *(ſynonimie des eſpèces, n.° 9 0)*.

Quant à l'agaric plat, aſtringent, mis par Breyne ſous la dénomination d'*agaricus coriaceus quercinus hæmatodes*, c'eſt, en effet, un agaric coriace, plat, ſemblable à un parchemin ou plutôt à une peau de gant blanc, qui croît ſur l'écorce du chêne & d'autres arbres, à peu-près comme la pulmonaire, dont elle a la forme ordinairement, quoiqu'elle varie à raiſon des obſtacles qu'il rencontre. C'eſt une eſpèce d'amadou naturel, blanc, dans lequel on n'aperçoit aucune partie organique, & dont la ſubſtance cotonneuſe eſt uniforme par-tout. Garidel dit l'avoir obſervé ſur le mélèze en Provence. Je l'ai vu ſur des poutres de ſapin, & je crois qu'il ſeroit très-propre, en effet, à être appliqué ſur les vaiſſeaux ouverts, & à en arrêter le ſang. Il forme une eſpèce particulière d'agaric *(ſynonimie des eſpèces, n.° 9 1)*.

La quatrième production miſe ſous le nom de *fungus cornu dorcadis facie*, eſt un agaric qui a la forme, à peu-près, des cornes du daim, c'eſt-à-dire, à deux branches partant d'un tronc commun, & en forme de croiſſant. Cette production eſt analogue à celle qu'avoit indiquée Loëſel *(ſynonimie des eſpèces, n.° 8 9. b)*.

Mais la production, parmi ces ſortes de plantes, qui paroît avoir occupé le plus ces auteurs, ou du moins qui revient le plus ſouvent dans cet ouvrage, eſt le petit fungoïde à corps lenticulaires que l'Écluſe avoit fait connoître, & qu'on trouve dans les Éphémérides, ſous les noms de *fungus diſcifer exilis*, de *fungus ſeminiferus*, de *fungi calici-formes ſeminiferi*, &c. *(ſynonimie des eſpèces, n.° 6 3)*, & dont Schroeck & Camerarius ſe ſont principalement occupés; ce dernier ayant eu pour réſultat de ſes expériences, que ces petits corps lenticulaires contenus dans l'intérieur de cette plante, étant ſemés, ne produiſent rien *(c)*.

(c) Ephem. nat. cur. dec. III, an. V, VI, n. 274.

On

On trouve encore dans les mêmes Éphémérides quelques particularités relatives aux champignons ou à leur emploi. On y voit, par exemple, que l'ufage interne de l'agaric de l'ofier mis en poudre avec du fucre, eft efficace contre la phthifie pulmonaire *(d)* ; obfervation hafardée & juftement démentie par une autre qui prouve que l'ufage de celui du faule, c'eft-à-dire, d'un agaric analogue *(fynonimie des efpéces, n.° 68)*, imprudemment donné par un médecin vétérinaire, à la dofe de trois pincées en poudre, caufa la mort à un homme qui avoit une difficulté de refpirer *(e)* ; cette obfervation eft de Scharf. On y voit encore que les noftocs jaunes *(fynonimie des efpéces, n.° 8. c)* qu'on trouve fur le genièvre, cueillis au mois de mai & réduits en liqueur dans un vaiffeau de verre expofé au foleil, font un fpécifique dans la paralyfie *(f)* ; autre obfervation qui paroît de même dénuée de fondement. On y voit de plus que les champignons nommés *capreolini*, rendent les urines rouges ; cette obfervation eft de Baffius *(g)*.

Ainfi, à l'égard des propriétés de ces plantes, on ne peut pas trop compter fur ce qu'on lit dans les anciens mémoires des Éphémérides. Il n'en eft pas de même des obfervations purement botaniques : parmi celles-ci, on en trouve une de Welch fur un champignon très-petit, à longue tige, tendre, qu'il nomme *fungillus mithridaticus*, & qu'il découvrit fur une plante de fon jardin qu'on avoit apportée des bords de la Mer noire, qui fait partie de l'ancien royaume de Pont ; voilà pourquoi il lui donne le nom de Mithridate, l'un de fes anciens rois. On voit la figure *(h)* de ce champignon, analogue à ceux que J. Bauhin comprend fous le titre de *fungi varii*, & Battara fous celui de champignons *hydrophores*, mais qui fournit une efpèce particulière *(fynonimie des efpèces, n.° 92)*.

An. de J. C.
1673.

Scharf.
XCI

Baffius.

Welch.
XCII

(d) *Ephem. nat. cur.* dec. II, an. V, obf. 121, p. 310.
(e) *Ibid.* dec. III, an. II, obf. 82, p. 95.
(f) *Ibid.* an. VI, fafc. 2.
(g) *Ibid.* an. IX, X, p. 106.
(h) *Ibid.* dec. I, an. III, obf. 34, p. 53 ; & dec. III, an. IV, obf. 116, p. 238, icon.

An. de J. C.
1673.

Welch.
XCII

On trouve dans les mêmes mémoires une obſervation de Schroeck ſur une production du coudrier, c'eſt-à-dire, ſur un champignon membraneux & à tige, qui croît ſur cet arbre, & déjà obſervé par Loëſel, que Schroeck met ſous le nom de *fungus corylinus floridus, ſeu flos muſci corylini (ſynonimie des eſpèces, n.° 67. B. 4).*

Sterbeeck cite encore Chrétien Kiſlingh, comme auteur d'une obſervation inſérée dans le même ouvrage, ſur un *phallus* obſervé en Bohème, qui paroît plus grand que celui de Hollande, & qu'il met ſous le titre de *fungus germanicus ſeu podagricus*, à cauſe des vertus qu'on lui attribue de remédier aux douleurs de goutte. C'eſt une variété de celui d'Adrien Junius, c'eſt-à-dire, de celui qui eſt ouvert à ſon ſommet *(ſynonimie des eſpèces, n.° 17. a).*

Enfin on y trouve les idées de J. Godeaert ſur les métamorphoſes qu'il croyoit naturelles à ces plantes, les regardant, en général, comme des nids d'inſectes de différente eſpèce, & les petits corps lenticulaires du champignon anonyme de l'Écluſe ou *pezica*, comme des œufs d'araignées ; idées qui furent rejetées peu après par Camerarius & Ray, & qu'on a cependant eſſayé de renouveler de nos jours, comme on le verra *(i) (Note 14).*

1674.

Boccone.

Dès l'époque de 1674, Boccone avoit déjà publié un ouvrage ſur les plantes rares qu'on trouve en Sicile, à Malte, &c. *(k).* Parmi celles que l'auteur donne pour champignons, il y en a une qui a acquis une grande célébrité par ſes vertus ; c'eſt celle que ce botaniſte a mis ſous le nom de *fungus typhoïdes coccineus melitenſis*, & dont il a donné la figure, *pl XLIII, p. 81* de ſon ouvrage. On la connoît généralement encore ſous le nom de *champignon de Malte*, & chez quelques botaniſtes, ſous celui de *champignon typhoïde*, à cauſe de ſa forme à peu-près ſemblable à celle de la maſſe-d'eau,

---

(i) *Ephem. nat. cur.* dec. II, an. II, obſ. 73. p. 64.
(k) *Icones & deſcriptiones rariorum plantar. Siciliæ, Melitæ, &c. è theatra Scheldoniano,* 1674, *in-4°.*

typha paluſtris. C'eſt une plante d'une belle couleur écarlate, de la forme, en effet, de la maſſe-d'eau, qui a des écailles qui finiſſent par s'écarter & laiſſent apercevoir, même ſans le ſecours de la loupe, des fleurs monopétales. On la trouve ſur la racine du lentiſque, & quelquefois ſur celle du myrte. Réduite en poudre, & donnée à la doſe d'un ſcrupule, dans du vin ou autre liqueur appropriée, elle fait l'effet d'un aſtringent & a été quelquefois utile dans la dyſſenterie. Cette qualité aſtringente dans un champignon, & qui n'eſt point ordinairement ſuivie d'accidens graves, étoit faite pour étonner ; auſſi lorſqu'on a examiné cette production de près, il s'eſt trouvé que ce n'étoit point un champignon, mais une plante de la nature des hypociſtes ou orobanches, qu'on fait être des plantes aſtringentes. C'eſt ce que Micheli a vérifié & démontré, en fixant d'une manière invariable le genre & le caractère de cette plante, à laquelle il a donné le nom de *cynomorion*, à cauſe de ſa forme *(1)* ; dénomination qui a été adoptée par Linné, qui la nomme *cynomorium coccineum*.

Mais indépendamment de ce prétendu champignon, Boccone, dans le même ouvrage, fait mention d'une ſorte de veſce-de-loup un peu analogue à la truffe-du-cerf, par ſon enveloppe qui eſt dure & coriace, mais qui en diffère beaucoup par ſa pulpe d'abord blanche, & dans ſa maturité bleuiſſant, avec des grains jaunes. Cet auteur l'a miſe ſous la phraſe de *fungus ſubcæruleâ pulpâ arillis flavis donatus*, tab. 1 2, p. 2 3. Elle eſt de la groſſeur d'une noix, ſoutenue par un prolongement qui lui ſert de tige. On la trouve en Sicile, au printemps & en automne. Elle eſt bonne à manger lorſqu'elle eſt fraîche. On la connoît ſous le nom de *catatumphuli*. A Meſſine, on ſe ſert de la décoction de ſon écorce pour teindre les étoffes en violet ou preſque pourpre. Elle fournit une eſpèce particulière, que Micheli rapporte au genre qu'il a formé ſous le titre de *lycoperdaſtrum (ſynonimie des genres, n.° 6 6 ; & ſynonimie des eſpèces, n.° 9 3)*.

<hr>

(1) Micheli nova genera plantar. p. 1 7.

An. de J. C.
1 674.

Boccone.
XCII

XCIII

An. de J. C.
1674.

Boccone.
XCIII

On voit dans la même planche de cet ouvrage de Boccone, la figure d'une autre efpèce de vefce-de-loup, petite, à écorce dure, liffe & femblable à celle d'une grenade qu'on trouve en Tofcane; il la met fous le nom de *fungus malicorii facie*; mais elle n'eft pas affez caractérifée pour en déterminer l'efpèce, & paroît être une variété de la précédente *(fynonimie, n.° 9 3)*.

1675.

Dodart.
XCIV

On trouve dans les anciens Mémoires de l'Académie des Sciences de Paris, la defcription d'une plante fongueufe que Dodart, membre de cette compagnie, fit connoître en 1675, & qu'il donna fous le nom de *plante nouvelle* ou de *médiaftine*, parce qu'il la trouva entre l'écorce & le bois des vieux charmes. C'eft comme un treillage noir avec de petits boutons aux extrémités de quelques branches de cette production fingulière. Elle a été obfervée depuis par Ray, par Micheli, & par Haller qui l'a mife parmi les efpèces du genre qu'il nomme *fphæria*. Micheli la place parmi les agarics, & M. Adanfon en a fait un genre fous le nom de *reticula*. On en voit la figure dans les anciens Mémoires de l'Académie, *tome X, planche IV, figure 3*; dans le Journal des Savans, *année 1675*, & dans Micheli, *planche LXVI, figure 3*. Elle fournit une efpèce fingulière & très-remarquable *(fynonimie des efpèces, n.° 94)*.

Sterbeeck.

Les chofes en étoient à ce point en 1675, lorfque Sterbeeck, prêtre & chanoine du Brabant hollandois, né avec le goût de la botanique & avec la paffion d'être utile (paffion qui n'eft pas toujours heureufe), effaya de faire connoître les plantes nuifibles de fon pays, & s'occupa fpécialement d'un travail confidérable fur les champignons. Il commença à s'y livrer dès l'année 1654, comme il nous l'apprend lui-même. Les bibliothèques de Leyde, d'Anvers, de Bruxelles, & celles de plufieurs particuliers, lui furent ouvertes, & en 1668 il publia, en langue hollandoife, un petit effai fur les champignons, qu'il joignit à un livre fur le jardinage, écrit dans la même langue, fous le titre de *Jardinier favant ou inftruit (m)*. Ce premier effai, qui fut très-goûté, l'encouragea, & fept années après il fut en état de produire fon grand ouvrage fur les champignons, lequel parut à Anvers en 1675, en langue flamande, fous le titre de *Theatrum fungorum.* *(n)*. L'auteur l'avoit commencé en latin ; mais il renonça à fon projet. Cet ouvrage fut réimprimé, ou plutôt fon titre fut renouvelé en 1682 & en 1712 ; car il n'y en a jamais eu qu'une édition, quoiqu'on voie des frontifpices fur lefquels on a marqué 2.ᵉ *édition (Note 15).*

An. de J. C.
1675.
——
Sterbeeck.
XCIV

Sterbeeck ayant pu fe fervir d'un recueil de deffins de champignons, avec leurs couleurs naturelles, fait par l'Éclufe, & que lui communiqua le docteur Syen, profeffeur de médecine à l'Univerfité de Leyde *, il eut plus de facilités qu'un autre pour écrire fur cette partie. Ces deffins faits, d'après nature, par l'Éclufe lui-même, étoient ceux des champignons dont cet auteur avoit donné des defcriptions fi exactes dans fon traité, & dont il n'avoit fait graver qu'une partie, pour ne pas trop les multiplier. Sterbeeck avoue que, fans ce fecours, il n'eût jamais entrepris fon ouvrage, qui a l'avantage d'offrir les figures de prefque tous les champignons dont l'Eclufe a fait mention, & en outre plufieurs qu'il a fait connoître. Comme l'ouvrage de Sterbeeck eft devenu rare, & qu'il eft, en général, peu connu, j'ai cru devoir en rendre un compte détaillé **. Cet auteur ignoroit les travaux, fur cette partie, de Loëfel, de Maurice Hoffmann & de Boccone, ou du moins ne les a point cités. Il paroît qu'il a connu d'ailleurs tous les autres.

L'ouvrage de Sterbeeck eft divifé en deux parties ; l'une, qui eft la plus étendue, a pour objet les champignons ;

(m) *Verflandegen hovenir.*
(n) *Theatrum fungorum oft het tonneel, &c. Francifcus Van-Sterbeeck priefter ;* Antwerpen, 1712, *in-4.ᵒ*
* Ce recueil eft aujourd'hui dans la bibliothèque de Leyde.
** Je me fuis fait aider dans ce travail par un médecin Hollandois fort inftruit, M. de Vely, qui a bien voulu fe prêter à mes vues, & qui a eu la bonté de traduire cet ouvrage. Je dois lui témoigner ici toute ma reconnoiffance.

l'autre, quelques plantes vénéneuſes qu'on trouve dans le Brabant.

La partie deſtinée aux champignons renferme ſoixante-douze planches plus ou moins chargées de figures, gravées ſur cuivre, & en général médiocres, mais dont il y en a pluſieurs très-bonnes & qui produiſent complétement leur effet.

Cet auteur y fait l'énumération de deux cents ſoixante-dix ſortes ou eſpèces de champignons, y compris les truffes. On y trouve d'abord quatre-vingt-dix-huit eſpèces données pour bonnes à manger, dix-ſept dont l'effet eſt douteux, & cent cinquante-cinq dont l'uſage eſt réputé pernicieux, diſtribuées, à peu-près, comme dans l'ouvrage de l'Écluſe, en deux principales claſſes, à raiſon de leurs qualités. Pour remédier au défaut inévitable d'une pareille diſtribution, qui éloigne les eſpèces analogues & en rapproche d'autres éloignées par leurs caractères, Sterbeeck a placé les planches de manière que la première des bons correſpond, pour la forme, la texture, & ſur-tout pour la couleur, à la première des mauvais, & ainſi de ſuite; mais ces planches correſpondantes n'ayant pas le même numéro, puiſqu'elles ſont de ſuite, & ſe trouvant d'ailleurs fort éloignées les unes des autres, il eſt arrivé que l'inconvénient que Sterbeeck vouloit éviter, n'a pu être ſauvé. En outre, on trouve des planches où il y a des champignons de différentes couleurs, comme dans la ſeconde, la cinquième, &c; ce qui étoit inévitable en réuniſſant pluſieurs eſpèces. L'auteur, dans cette réunion, a eu, en général, plus d'égard à la couleur qu'à tout autre moyen de rapprochement; de manière qu'on voit dans les mêmes planches, des champignons feuilletés, d'autres poreux, &c, défaut remarquable que Haller lui reproche avec raiſon.

Sterbeeck n'a rien négligé d'ailleurs pour rendre ſon ouvrage complet, inſtructif & intéreſſant. Avant d'entrer dans aucun détail ſur les champignons, il rappelle preſque tout ce que les anciens avoient dit touchant leur origine, les cauſes de leur vénénoſité, l'étymologie de leurs noms, &c.

Le moindre mot fournit à l'auteur une digreſſion ſouvent fort étendue ; il examine, par exemple, ce que les Latins avoient voulu déſigner par le mot *uncia ;* ſi c'eſt une once ou un pouce ? Il y a d'autres digreſſions de ce genre ſouvent très-longues ; la queſtion qu'il agite ſur le *boletus* des Romains, eſt de ce nombre. Il adopte ſouvent aveuglément la plupart des idées des anciens ſur les cauſes de la vénénoſité de ces plantes ; il paroît plus raiſonnable & moins crédule ſur celles de leur reproduction, pour laquelle il admet la néceſſité des ſemences ; ce qu'il regarde comme démontré dans les *phallus.* Sur ce que Caſaubon avoit aſſuré, dans ſes notes ſur Athénée, que pour avoir des champignons, il ſuffiſoit de répandre ſur un terrein convenable, comme dans un jardin, l'eau dans laquelle on en avoit fait bouillir ; & d'après la lecture du traité *de venenis* de Jacques Grevin, qui prétend qu'on en trouve aux environs de Paris, dont la ſurface eſt couverte d'une pouſſière ſéminale, laquelle étant ſemée, en produit de même genre, Sterbeeck tenta pluſieurs expériences, dont le réſultat eſt que, ſi l'eau dans laquelle on a fait bouillir des champignons de bonne qualité eſt employée froide & répandue ſur une bonne terre, telle que celle d'un jardin, il arrive quelquefois qu'elle ne produit rien ; que ſi, au contraire, on l'emploie chaude, on trouve quelquefois, deux ou trois jours après, des champignons, mais d'une eſpèce différente, & de mauvaiſe qualité. Selon lui, ſi l'on prend trois parties de fumier de cheval, une de bonne terre, deux de tan, & qu'on arroſe ce mélange avec l'eau dans laquelle on a fait bouillir des champignons, on en a toute l'année *(Note 16).* Cet auteur s'eſt convaincu par une autre expérience, qu'un champignon arraché de terre & remis en place ou tranſplanté, ne repouſſe plus & finit par ſe deſſécher ou ſe corrompre. Il dit avoir répété, mais ſans ſuccès, l'expérience de Tachius ſur les truffes, qui conſiſte à les faire bouillir pendant deux heures dans l'eau de pluie, & à répandre cette eau ſur une terre bien fumée.

Sterbeeck eſt entré dans des détails intéreſſans ſur les ſignes

An. de J. C.
1675.

Sterbeeck.
XCIV

qui annoncent les qualités de ces plantes. Suivant cet auteur, les champignons doivent être réputés bons à manger, lorsqu'ils ont une odeur agréable, une chair blanche, sèche, ferme, & qu'ils se conservent avec leur blancheur ; lorsqu'après avoir été cueillis ils restent au même point, & cessent de croître. On doit regarder, au contraire, comme très-suspects ceux dont l'odeur est désagréable, qui sont tachés à l'intérieur, qui ont une tige creuse, la chair molle & humide, leur surface visqueuse, le chapiteau plat, leurs feuillets noirs, ou bleus, ou tachetés quoique blancs ; ceux qui changent de couleur, qui viennent en une seule nuit, ou qui continuent de croître après qu'ils sont cueillis ; enfin ceux qui se trouvent dans quelqu'une des circonstances indiquées par les anciens, ou qui croissent sur des terreins ferrugineux. On doit encore se méfier des champignons séchés & qu'on ne peut faire revenir dans du lait. Mais il y a beaucoup d'exceptions à faire à toutes ces règles ; il y a, par exemple, des champignons qui continuent de croître, d'autres qui ont la tige creuse, leur surface visqueuse, & qui ne sont pas malfaisans *(voy. IIe partie)*.

Sterbeeck nous apprend que c'est aux Italiens qu'on est redevable, dans le Brabant, de la connoissance des champignons & de leurs qualités. L'époque de cette connoissance est de 1620, où plusieurs de cette nation vinrent s'y établir. Ces étrangers apprirent en même temps aux Brabançons différentes manières de les conserver & de les apprêter *(Note 17)*.

Sterbeeck paroît avoir négligé, en général, le soin de faire connoître les petits champignons. Presque tous ceux dont il fait mention sont d'une certaine grosseur & méritent la peine d'être cueillis.

Sur la quantité de deux cents soixante-dix dont il fait mention, il y en a, à peu-près, quarante espèces qu'il a fait connoître. Haller lui reproche encore, avec fondement, de n'avoir pas assez distingué les espèces des variétés.

L'auteur commence par les champignons de bonne qualité ; ils

ils font au nombre de quatre-vingt-dix-huit, & fe trouvent dans les quatorze premières planches.

An. de J. C.
1675.

Sterbeeck.
XCIV
Planche I.
p. 28—35.

Efpèces de bonne qualité.

Fungi pratenfes. Fig. **A. B. C. D. E. F. G. O.**

La première planche contient treize figures de champignons blancs, dont les huit premières font médiocrement bonnes, mifes fous le titre générique de *fungi pratenfes,* ou *pradelli* des Italiens *(fynonimie des genres, n.° 5)*, & fervant à repréfenter fix fortes ou efpèces de champignons des prés, qu'on peut réduire à trois diftinctes déjà connues & indiquées par l'Éclufe, favoir, 1.° le champignon ordinaire, à feuillets couleur de rofe, compris dans les huit premières figures *A. B. C. D. O.* & les figures *FF;* mais on doit, obferver, quoique Sterbeeck ne le dife pas, que celui qui eft fous la lettre *OO,* & qu'on appelle *boule-de-neige,* parmi nous, fe trouve plus communément dans les bois que dans les prés, & forme une variété affez diftincte & conftante que cet auteur a fait connoître feulement par figure *(fynonimie des efpèces, n.° 4. b).* Les champignons fous la lettre *FF* font encore une variété conftante de la même efpèce que l'Éclufe avoit indiquée pour la première de fon n.° 8 des bons à manger, & dont Sterbeeck donne ici la figure *(fynonimie des efpèces, n.° 4. a. 3).*

2.° Celui qu'il met fous le nom de *petit-chapeau-des-reli-gieufes, fig. E,* de forme conique, blanc deffus & deffous, & colleté, champignon que Sterbeeck a trouvé dans le Brabant, & dont la defcription & la figure s'accordent avec le fecond genre des bons de l'Éclufe, eft celui que cet auteur n'avoit point deffiné, ne l'ayant pas vu *(fynonimie des efpèces, n.° 33).*

3.° Le moufferon-Saint-George *(fynonimie des efpèces, n.° 19. b. 1)* que Sterbeeck a copié de l'Éclufe par deux figures *GG,* mais à l'une defquelles il a fait ajouter une tige haute & droite de fon invention, & qui le repréfente mal, ce qui eft contraire d'ailleurs à la defcription de l'Éclufe

Tome I.　　　　　　　　　　　　**Q**

An. de J. C.
1675.

Sterbeeck.
XCIV
Planche II.
n.° 1. p. 35-
44.

qui l'avoit bien obfervé & qui annonce une tige courte. Cela prouve que Sterbeeck ne le connoiſſoit que par la figure qu'en avoit donné l'Éclufe.

Boleti. Fig. A. B. C. D. E. F.

LA feconde planche de Sterbeeck eſt double, c'eſt à-dire, qu'il y a plufieurs champignons fous les mêmes lettres ; ceux qui font à la partie fupérieure de la planche, au nombre de ſept, & marqués par les lettres *A. B. C. D. E. F.* font comme féparés des autres par une ligne de démarcation. On peut les déſigner par ceux de la planche II. n.° 1, & les autres par ceux de la même, n.° 2.

Sterbeeck met les ſept premiers fous le nom générique de *boleti* ou *mouſſerons* ; & à ce ſujet, il entre dans une difcuſſion très-longue fur la vraie ſignification du mot *boletus*, qui déſigne, felon lui, non l'oronge, comme Pline, Céſalpin, Porta, l'Éclufe & autres l'ont cru, mais nos mouſſerons ; & pour le prouver, il eſt obligé de mettre à la torture quelques paſſages des auteurs, & enfin de faire le procès à Pline, qu'il regarde comme l'auteur de cette erreur ainſi que de bien d'autres, & qu'il traite de païen, &c. Ce qu'il y a de plus ſingulier dans cette difcuſſion, c'eſt que Sterbeeck, en examinant ſi le *boletus* des Romains déſigne l'oronge ou les mouſſerons, ne connoiſſoit ni l'oronge ni les vrais mouſſerons, qu'il n'avoit pas été à portée de voir dans le Brabant. Pour repréſenter l'un (les mouſſerons), mis ici fous le nom de *boleti*, il donne ſept figures *(pl. II. n.° 1)*, dont aucune ne leur reſſemble, quoique *D. E. F* en approchent ; mais par la defcription, on voit que ce ne font que des petits champignons grêles, minces, fur-tout ceux des deux figures à longue tige, *AA*, qu'il donne pour les vrais mouſſerons. Ces petits champignons ont leur chapiteau de l'épaiſſeur, comme Sterbeeck le dit, d'une cuiller d'étain, une furface luifante & de couleur de marron foncé, à feuillets d'abord blancs, enfuite jaunes & verts, & à tige creufe & grife ; ce qui eſt totalement oppofé à la nature des mouſſerons, cham-

pignons qui ont beaucoup de chair, une tige forte, ferme
& pleine. Tous ces prétendus moufferons, dont l'ufage même
ne feroit pas fûr, rentrent comme variétés parmi ceux que
J. Bauhin a donnés fous le titre de *fungi varii*, petits champignons vifqueux, à tige longue & à chapiteau régulièrement
hémifphérique *(fynonimie des genres, n.° 30 ; & fynonimie
des efpèces, n.° 72. b. 2)*.

On voit dans la même planche II. n.° 2, fept autres fortes
de champignons de diverfes couleurs, beaucoup plus grands,
mais diftingués, les uns feuilletés, les autres poreux, fous
les lettres & titres fuivans :

A. *Fungus fylveftris.*
B. *Fungus magnus limax.*
C.
D. *Vita polonienfis.*
E. *Os leporis, fungus amarus.*
F G. *Fungus ruber rugatus.*
H. *Umbella.*

Ces champignons donnés pour fept efpèces différentes,
croiffent à l'ombre, & fur-tout dans les bois ou dans les
avenues d'arbres.

L'efpèce *A* eft un champignon feuilleté, brun, qu'on trouve
dans les bois ; il eft ordinairement rongé par les limaces ;
fes feuillets font gris, épais ; ils deviennent jaunes ou d'un
vert de perroquet. La tige eft cylindrique, grife, quelquefois
brune, & un peu fillonnée & comme tachetée ; fa bafe a
comme trois tubercules bruns. Sterbeeck dit que cette efpèce
eft quelquefois très-grande ; qu'un curé de fon voifinage en
avoit cueilli une fois un du poids de dix-neuf onces, & qui
lui fervit pour plufieurs jours. La chair en eft blanche &
ferme, & les feuillets ont plus d'épaiffeur que la fubftance
du chapiteau. Les habitans de la campagne l'apportent au
marché, à Anvers ; il eft bon à manger.

Si l'on compare ce champignon avec celui dont Lobel a

An. de J. C.
1675.

Sterbeeck.
XCIV

Planche II.
n.° 2. p. 44-
50.

donné la figure fous le nom d'*amplus nemorum fungus*, les lieux où ils croiffent, l'ufage qu'on en fait, & fes variations, étant tantôt blanc, tantôt brun, comme le dit Lobel, la ftructure de fa tige nue a trois tubercules à fa bafe & à cannelures, le pays où Lobel & Sterbeeck faifoient leurs obfervations, c'eft-à-dire, en Fandre, on conviendra que c'eft le même champignon qu'on y trouve dans les bois, dont on y fait généralement ufage *(fynonimie des efpèces, n.º 28)*.

XCV

L'efpèce *B* que Sterbeeck nomme *grande limace*, ou *pilon-de-limaçon*, parce qu'il a la couleur & la vifcofité des grandes limaces rougeâtres, & à peu-près la forme d'un pilon, par fa tige renflée du bas, en forme de fufeau, eft un champignon feuilleté, brun, facile à reconnoître & à diftinguer par ces marques.

L'efpèce *C* ne diffère de la précédente que par fa petiteffe. D'ailleurs l'une & l'autre font bonnes à manger, & Sterbeeck affure en avoir fait ufage fans inconvénient. Il y a des provinces en France, où ce champignon eft connu fous le nom de *loche* ou *grande limace*. Ces champignons forment une efpèce particulière *(fynonimie des efpèces, n.º 95)*.

XCVI

L'efpèce *D* que Sterbeeck nomme *bonnet-à-la-polonoife*, parce qu'elle a, à peu-près, la forme d'un bonnet femblable à ceux des Polonois & des Arméniens, eft un petit champignon feuilleté, d'un gris-blanc ou blanc-fale deffus, à feuillets gris, à chair blanche & ferme, à tige courte, recourbée, & qui croît au nombre de deux ordinairement. Sterbeeck le dit encore bon à manger. Il eft affez clairement défigné pour former une efpèce diftincte & particulière *(fynonimie des efpèces, n.º 96)*.

L'efpèce *E* qu'il appelle *bouche-de-lièvre*, parce que fon chapiteau fe contourne en zigzags ou feftons fur les bords, & femble découpé, eft encore un champignon feuilleté, gris & âcre, que Sterbeeck croit être le même que le *champignon amer* de l'Éclufe, ou huitième genre des bons, mais qui eft fans lait; ce qui prouve que c'eft une variété du champignon poivré *(fynonimie des efpèces, n.º 9. b)*.

L'efpèce *FG*, que Sterbeeck donne pour la première du
feizième genre des bons de l'Éclufe, fous le nom de *fungus*
ruber rugatus, eft un champignon poreux ou tubuleux à la
partie inférieure, & qu'il a copié de l'Éclufe, quoique ce
titre ne s'accorde pas avec la defcription donnée par cet
auteur. C'eft une efpèce analogue à ceux qu'on trouve dans
la fynonimie *(voy. n.° 18, var. f)*.

L'efpèce *H* défignée fous le nom de *parafol (umbella)*,
parce qu'il en a la forme, & par le chapiteau lorfqu'il eft étalé,
& par la tige en fufeau, eft un grand champignon feuilleté,
blanc deffus & deffous, uni, fans écaille, fans collet, dont les
feuillets font minces & très-ferrés, blancs; la tige nue, cylindrique, forte & en forme de quille, de cinq à fix pouces de
haut. Ce champignon croît dans la Flandre, du côté d'Anvers,
fous les chênes & les trembles. Il eft d'une fubftance molle,
& il a cette propriété déjà obfervée par Loëfel, de prendre
une couleur bleue lorfqu'on le preffe *(fynonimie des efpèces,*
n.° 80); ce qui ne doit point effrayer pour l'ufage, au
rapport de cet auteur. Sterbeeck ajoute qu'on empêche ce
changement de couleur, en le mettant dans l'eau fraîche.

À la fuite de cette efpèce, on trouve, mais fans figure,
l'énumération de trois autres, qui font les efpèces 19, 20,
21 de Sterbeeck, & qu'il défigne fous la dénomination
générique de *champignons-des-trembles*, parce qu'on les trouve
fous ces arbres. Les deux premières font d'un rouge foncé,
à feuillets blancs, bulbeufes & colletées; c'eft la variété unie
de la fauffe oronge, qu'on trouve en effet fouvent fous les
trembles; (elle eft très-commune à Rambouillet) *(fynonimie*
des efpèces, n.° 13. a. 1); & la troifième ne diffère de la
précédente ou *parafol (fynonimie, u.° 80)*, que par fa couleur
brune, mais elle devient bleue, & n'en eft, comme on
voit, qu'une variété *(ibid.)*. Ces deux dernières font d'une
fubftance plus humide, plus molle que la première, & par
conféquent d'un ufage encore plus fufpect.

Quoiqu'on ne puiffe douter que ces trois dernières efpèces,
qui font des champignons bulbeux, ne foient mal-faifantes,

An. de J. C.
1675.

Sterbeeck.
XCVI

An de J. C.
1675.

Sterbeeck.
XCVI.

Sterbeeck cependant rapporte, à leur sujet, une particularité qui mérite d'être remarquée. Il dit que les habitans des quartiers Wallons, du côté de Namur, les corrigent en les faisant tremper d'abord dans l'eau de chaux ; après les avoir essuyées & lavées, on les met ensuite dans l'eau salée, & on les conserve ainsi dans des tonneaux qu'on apporte à Anvers *(note 18)*.

La planche III de Sterbeeck contient cinq espèces de champignons poreux ou cepes de couleur rousse ou grise, qu'on trouve sous les noms suivans :

Pl. III.
p. 52 — 59.

A. *Amanita.*

B. *Sagitta capitata, seu fungus albus caule ex cæruleo viridi mixto.*

D. *Fungus sphæricus parvus cineraceus.*

E. *Parvus limax.*

L'espèce *A*, mise sous son ancien nom grec, *amanita*, est un véritable cepe roux-brun, à surface visqueuse, à tubes jaunes *(synonimie des espèces, n.° 18. b)*. La seconde *B*, est le même champignon que celui qui est mis, dans la planche précédente, sous le nom de *fungus ruber rugatus*, & qui varie par la couleur de sa tige *(ibid. n.° 18)*. La troisième, ainsi que la quatrième, *D, E*, sont des champignons poreux ou cepes gris à chair blanche, sèche & ferme. C'est Sterbeeck qui a fait connoître ces derniers, qui sont plus petits que les autres & très-communs, à ce qu'il paroît, en Flandre. Ils rentrent comme variétés dans le n.° 18 *(synonimie, n.° 18. e. 1. 2)*. Les figures de cette planche, faites d'après nature, paroissent exactes.

On voit ici qu'il y a encore une manière de préparer les cepes, & d'en faire une sorte de soupe ou de potage, en les faisant dessécher sur le gril & les réduisant en poudre. On passe cette poudre à travers un tamis, comme de la farine, & on en fait une sauce un peu liquide, qu'on fait bouillir avec de l'huile ou du beurre, du vinaigre, du poivre, du gingembre & des clous de girofle.

La quatrième planche contient quatre efpèces de champignons feuilletés, jaunes, mis fous les lettres & noms fuivans :

> A. *Fungus croceus parvus.*
> B. *Auricula leporis lutea.*
> C. *Fungus croceus magnus.*
> DEFF. *Fungus ovinus feu ovoïdes.*

Ces quatre efpèces n'en forment que deux très-connues,
qui font les *girolles* & *l'oronge.* L'efpèce *A* eft la petite
girolle pâle & fafran *(fynonimie des efpèces, n.° 10. a. 2);*
l'efpèce *B* eft la girolle ordinaire ou couleur d'or *(ibid. a. 1);*
l'efpèce *C* eft la girolle à feuillets, tirée du douzième genre
de l'Éclufe, & mife fous le nom de *fungus croceus magnus
(ibid. b. 1).* Sterbeeck dit, à leur fujet, qu'il y a des perfonnes qui écrafent les plus mûrs de ces champignons pour
qu'il en naiffe d'autres. Ceux-ci fe confervent très-bien fecs,
& ne font pas fujets, en général, à être piqués de vers.
Quand on veut les manger, on les fait revenir dans du
lait tiède, où on les laiffe tremper deux ou trois heures;
ils n'en font que meilleurs. Du temps de Sterbeeck, on en
apportoit beaucoup d'Italie à Anvers, dans des caiffes, fous
le nom de *guallieti* ou *giallieti,* qui équivaut à celui de *galli-
nacci,* dont on fe fert encore en Italie. Sterbeeck les regarde
comme des meilleurs & des moins capables de nuire.

L'efpèce *DEFF*, mife fous le nom de *fungus ovinus* *, eft
l'oronge dont Sterbeeck donne quatre figures, on ne peut
pas plus mauvaifes, & dont aucune, à la rigueur, ne repréfente ce champignon. Il eût été plus fimple de copier celles
de l'Éclufe; d'ailleurs il n'ajoute rien à ce que cet auteur
avoit dit. On fait que Sterbeeck s'eft beaucoup tourmenté
au fujet de ce champignon; ne le connoiffant pas, il a été

---

* Cette dénomination de *fungus ovinus* paroîtra fans doute impropre à
ceux qui favent que Sterbeeck lui donne cette épithète, non pas pour dire
que c'eft un champignon des brebis, mais pour défigner un champignon en
œuf ou ovale, c'eft-à-dire, tel qu'il eft dans fa naiffance.

réduit à ne pouvoir rendre la nature, & à copier deux mauvaises figures de J. Bauhin *(synonimie des espèces, n.° 3)*.

Les espèces de la cinquième planche, au nombre de cinq, sont des champignons feuilletés, dont les deux premiers sont blanchâtres & roux, les autres verts ou verdoyans, ou mêlés de plusieurs couleurs. Ces espèces sont mises sous les noms suivans :

A. *Fungi albicantes.*

B. *Fungi ruffi.*

C. *Fungus magnus viridis.*

D. *Fungus magnus viridis umbilicatus.*

EE. *Fungus colore variegato seu punctatus.*

L'espèce *A* est un petit champignon blanchâtre, un peu teint de jaune, à feuillets roux, à chair blanche, sèche, ferme & compacte. C'est la première espèce du neuvième genre des bons de l'Écluse, qui rentre comme variété dans le n.° 4 de la synonimie, ou champignon ordinaire.

L'espèce *B*, qui est de couleur roux-tendre, ou de buis, avec des feuillets blancs, a encore une chair compacte & ferme, & d'assez bon goût; le chapiteau est rayé sur les bords. Sterbeeck dit qu'elle a l'épaisseur, la couleur & la forme, à peu-près, d'une dame de buis de trictrac, & qu'elle est fort bonne à manger. C'est la quatrième espèce du neuvième genre des bons de l'Écluse *(synonimie des espèces, n.° 21. c)*.

L'espèce *C* est celle qui est ordinairement d'un beau vert-tendre, & qu'on appelle en Allemagne *champignon-des-dames*, dont l'Écluse a fait beaucoup mention ; le dessus du chapiteau est comme moiré ; ses feuillets sont courts, d'un jaune-tendre, la chair très-ferme *(synonimie des espèces, n.° 40)*.

L'espèce *D* est celle qu'on appelle *gorge-de-pigeon*, variété de la précédente, à fond vert. La figure donnée par Sterbeeck paroît meilleure que celles de l'Écluse. *(synonimie des espèces, n.° 40. a)*.

L'espèce *EE* est celle qu'on appelle *bisotte*, qui est un peu piquante,

piquante, & qui forme une variété du n.° 2 1 ; fa couleur eſt
quelquefois mélangée de brun, de vert & de jaune, &c.
Cette eſpèce eſt fort commune en France. Les deux figures
qui la repréſentent ici font très-médiocres.

An. de J. C.
1675.
Sterbeeck.
XCVI

La ſixième planche contient ſept eſpèces de champignons
feuilletés, de couleur rouge, qu'on peut réduire à quatre,
& qui ſont mis ſous les noms ſuivans :

Fl. VI.
p. 70 — 76.

AA AB. *Ventilabrum extenſum dominarum.*

   BB. *Fungus tuberoſus* Cluſii *ſeptimum genus.*

   CC. *Fungus villoſus coccineus.*

DDD. *Fungus purpureus ſive ruber.*

   E. *Fungus abietinus.*

   F.

   G.

L'eſpèce *AA AB*, que Sterbeeck nomme l'*éventail-des-dames*,
à cauſe de la forme d'un éventail qu'il prend quelquefois,
eſt une variété du champignon ordinaire, comme l'auteur
en convient lui-même ; mais ce qu'il paroît avoir oublié,
c'eſt de dire que c'eſt la variété qu'on trouve ſur les troncs ou
au pied des arbres, qui prend cette forme. Elle eſt analogue
à la ſuivante *BB,* qui eſt le ſeptième genre de l'Écluſe, de
l'ouvrage duquel Sterbeeck l'a tirée, & qui repréſente un
champignon de couche naiſſant, ou qui n'eſt pas encore
développé *(ſynonimie des eſpèces, n.° 4).* Du reſte, Sterbeeck
prétend, mal-à-propos, que ce champignon, qu'il dit n'avoir
jamais vu en nature, a ſes feuillets blancs ; ce qui eſt contraire à l'aſſertion de l'Écluſe.

L'eſpèce *CC* eſt un champignon rouge & peluché, ou
champignon-du-cerf, dont il a été déjà queſtion pluſieurs fois,
& dont Sterbeeck donne deux excellentes figures, d'après la
plante même *(ſynonimie des eſpèces, n.° 38).* À l'occaſion de
cette eſpèce, il rapporte, pour la réfuter, l'opinion de ceux
qui lui attribuent une vertu aphrodiſiaque & une origine
ſingulière. Cependant, malgré ce que dit cet auteur, d'après

Tome I.   R

Cordus, cette vertu ſtimulante n'eſt pas invraiſemblable dans une plante âcre comme celle-ci. Les auteurs diſent que dans cette vue on la vendoit autrefois, en Allemagne, chez les pharmaciens.

Sterbeeck donne le nom générique de *fungi villoſi lanati*, aux champignons peluchés (*ſynonimie des genres, n.° 32*).

L'eſpèce *DDD* eſt un champignon de couleur pourpre, dont Sterbeeck donne trois excellentes figures tirées du recueil de deſſins de l'Écluſe, & qui donnent une idée juſte de ce champignon. Du reſte, Sterbeeck n'ajoute rien à ce qu'en avoit dit cet auteur (*ſynonimie des eſpèces, n.° 41*).

Les figures *E, F, G*, de cette planche, qui ſont données par Sterbeeck pour trois eſpèces différentes, quoiqu'il avoue dans ſon diſcours que les deux premières ne diffèrent entre elles que par leur grandeur, repréſentent les eſpèces du vingtième genre des bons de l'Écluſe, qui croiſſent ſous les ſapins, dont la ſurface eſt comme moirée par le mélange de diverſes couleurs, parmi leſquelles la rouge ou la rouſſe eſt la dominante, & dont les feuillets ſont rouges ou couleur de chair pâle. Ces champignons ſont tardifs en automne, ne ſe corrompent point, & reſſemblent à ce que nous appelons, en France, *moutons, rougeotes, prevats rouges ;* mais ils paroiſſent particuliers à la Hongrie (*ſynon. des eſpèces, n.° 46*).

Sterbeeck fait, à leur ſujet, une remarque qui peut être utile. Il obſerve que dans l'ouvrage de J. Bauhin, qui les nomme *fungi abietini eſculenti*, on a mis, pour les repréſenter, ceux qui appartiennent à ſon n.° 43, & qui ſont ceux qu'il nomme *fungi ſerpentini*, ou champignons d'un uſage pernicieux. Cette remarque eſt juſte & mérite attention.

La planche VII en offre de trois ſortes, de couleur blanchâtre ou brune, &c, qu'on trouve ſous les dénominations ſuivantes :

A. *Fungus coronatus ſeu marmoreus.*

B. *Menſa delphica ſeu rotunda.*

C. *Fungus gemellus.*

La première figure *A* de l'efpèce que Sterbeeck nomme
champignon couronné ou *marbré*, eft la même que celle que
l'Éclufe a fait repréfenter pour fon dix-huitième genre des
bons, mais un peu corrigée ici, quoique rendant le champignon dans un état de féchereffe & prefque flétri ; défaut
qu'avoit primitivement la figure de l'Éclufe. Celle de Sterbeeck repréfente mieux fes feuillets finueux, &, en effet,
tels qu'ils font lorfque ce champignon eft paffé : mais on eft
étonné de lire dans le difcours, que ce champignon donne
du lait quand on l'ouvre ; ce qui eft d'autant plus éloigné de
la vérité, que c'eft le champignon peut-être le plus fec dont
on ait connoiffance, propriété, fans doute, à laquelle on doit
l'avantage qu'on a de pouvoir le conferver fans altération
des années entières. Cela prouve qu'on ne peut pas toujours
compter fur les rapports de Sterbeeck, qui d'ailleurs donne
une fynonimie exacte de cette efpèce, très-connue par-tout
(fynonimie des efpèces, n.° 5).

L'efpèce *B*, que Sterbeeck nomme *la table ronde* ou *hollandoife*, eft une figure copiée de Lobel, la même efpèce que
celle dont il a été déjà fait mention, & que je crois que
Sterbeeck a déjà donné fous le nom de *fungus fylveftris*, à la
planche 11, n.° 2, fig. A, c'eft-à-dire, à cette figure où l'on
voit une limace qui l'attaque, fur le côté, & qui reffemble
à une corne *(voyez* nos conjectures à ce fujet, *page 124,
& fynonimie des efpèces, n.° 28)*. Sterbeeck dit qu'il n'a connu
ce champignon que fort tard ; que fon chapiteau eft plat &
grand comme une affiette, & qu'il n'a pas de feuillets, mais
une moelle épaiffe, avec des raies noires ; ce qui ne paroît
point naturel.

Quant aux deux figures *C, C*, qui repréfentent les champignons qu'il nomme les jumeaux *(fungus gemellus)*, & que
Sterbeeck donne pour la feconde efpèce du dixième genre
des bons de l'Éclufe, c'eft-à-dire, pour l'efpèce brune ou
de couleur roux-brun du *champignon-du-cerf*, qui croît
ordinairement au nombre de deux, il l'a tirée du recueil de
cet auteur ; & d'après fon rapport, on ne peut le confidérer

An. de J. C.
1675.

Sterbeeck.
XCVI

An. de J. C.
1675.

Sterbeeck.
XCVI

que comme une variété de ce champignon. Mais il y a une particularité assez curieuse, si elle est vraie ; c'est que les feuillets, suivant Sterbeeck, sont en quelque sorte élastiques & font l'effet de cordes à boyau qui tirent les bords du chapiteau en-dedans. Ce champignon a sa surface unie *(synonimie des espèces, n.° 38, var. d).*

La huitième planche offre sept sortes de champignons feuilletés, gris, rouges, marbrés, &c, qu'on peut réduire à trois, & qu'on trouve sous les noms suivans :

Pl. VIII.
p. 80 — 87.

　　A. *Fungus porcinus.*

　　B. *Fungus amarus* Cluf.

　　C. (Jaune & poivré.)

　　D. (Rouge & poivré.)

　E E. *Semifungus.*

　　F. *Fungus pallidus marmoreus.*

　G G. *Fungus quasi malus.*

L'espèce *A* est un champignon feuilleté, blanchâtre & tacheté, avec des feuillets bruns, que Sterbeeck donne pour le *fungus quercinus dipsacoïdes* de Fabius Columna, pour un des *suilli* ou *porcini* des anciens, & pour la seconde espèce du quinzième genre bon de l'Écluse : mais Sterbeeck me paroît ici dans une triple erreur. D'abord, celui qu'il a fait représenter sous le titre de *fungus porcinus (lettre A)*, est un champignon feuilleté, par conséquent hors de la classe des *suilli* des anciens, qui sont des champignons poreux *(synonimie des genres, n.° 8)* ; en-second lieu, celui-ci est sans collet, & Fabius Columna n'a donné l'épithète de *dipsacoïdes* à celui qu'il a fait graver sous ce nom, que parce que le collet, qui est très remarquable, représente en quelque sorte les feuilles vaginales du chardon-à-foulon *(dipsacus)*, & forme comme un double chapiteau, ce qui le fait nommer par G. Bauhin, *fungus fuscus..... duplici pileolo (synonimie des espèces, n.° 5)* ; en troisième lieu, la seconde espèce du quinzième genre, de bonne qualité, de l'Écluse, est de couleur

pourpre ou de feu, avec des pellicules blanches *(fynonimie ,*
n.° 13), & celle-ci eft blanchâtre, avec des taches brunes.
Mais on voit que c'eft par inadvertance qu'il a mis la feconde
efpèce du quinzième genre de l'Éclufe; c'eft la première
qu'il décrit avec foin & qu'il dit qu'on apporte au marché, à
Anvers, mêlée avec les champignons ordinaires. Il la donne,
par conféquent, comme l'Éclufe, pour bonne à manger;
ce qui ne me paroît pas prudent, vu l'affinité de cette
efpèce avec tous les champignons dartreux, en général de
qualité extrêmement fufpecte *(fynonimie des efpèces, n.° 43,*
var. a).

L'efpèce *B* eft ce champignon blanc ou gris-blanc fi connu,
qui répand un lait âcre lorfqu'on le coupe *(fynonimie des*
efpèces, n.° 9. a). Sterbeeck ne dit rien fur fes qualités, & la
figure qu'il en donne le repréfente fort mal; mais celle qu'il
a mife fous la lettre *C*, & qui eft la même efpèce, mais avec
une couleur moins blanche ou moins nette, le repréfente
un peu mieux *(ibid.)*.

L'efpèce *D* eft une variété remarquable de la même efpèce.
Celle-ci eft comme zonée par des bandes concentriques
rouffes, & fes feuillets font de la même teinte, mais plus
claire. Cette couleur eft caufe que les Hongrois le nomment
champignon du hêtre rouge, pour le diftinguer des autres du
même genre, qui font beaucoup plus blancs. Cette figure
copiée du recueil de l'Éclufe, me paroît très-bonne. Ces
trois efpèces, qui n'en font qu'une, fervent à repréfenter
les deux dernières du huitième genre, bon, de l'Éclufe
(fynonimie des efpèces, n.° 9. a. 1. 3).

L'efpèce *E* que Sterbeeck nomme *femifungus* ou *demi-*
champignon, eft celui que les Italiens appellent *mammola,*
comme pour dire, petite mamelle, expreffion métapho-
rique affez heureufe. C'eft Sterbeeck qui nous apprend que
fes feuillets font d'un roux-foncé, & que fa tige eft plate
& de la groffeur, à peu-près, du doigt. La figure qu'il en
donne paroît exacte *(fynonimie des efpèces, n.° 37)*.

L'efpèce *F* eft encore un champignon poivré, ou variété

An. de J. C.
1675.

Sterbeeck.
XCVI

An. de J. C.
1675.

Sterbecck.
XCVI.

de l'espèce *CD* de cette même planche, c'est-à-dire, du champignon taché de gris, de jaune, &c. Il est marbré dessus & dessous. Il est très-commun dans les bois. On l'appelle *prevat gris (synonimie, n.° 9. b)*.

L'espèce *GG*, suivant la description, est un champignon bulbeux & dartreux, c'est-à-dire, la première du quinzième genre des bons de l'Écluse, que Sterbeeck donne, avec raison, pour une espèce douteuse, ou mauvaise en apparence, & sous le titre de *fungus quasi malus*, ce qui est très-raisonnable : mais la figure ne répond pas à ces caractères ; elle paroît être une répétition de l'espèce *FF* sa voisine, dont l'auteur, sans s'en apercevoir, a fait un double emploi, & a donné quatre figures sous deux lettres & sous deux numéros différens. Il répète ici la synonimie qu'il avoit donnée au n.° *A* qui forme sa cinquante-unième espèce, & retombe dans les mêmes fautes qu'on a relevées plus haut ; ce qui me fait croire que Sterbeeck s'est troublé en rendant compte des champignons de cette planche. D'ailleurs, tout ce qu'il dit sur l'usage du champignon figure *GG*, doit être appliqué à cette figure *AA*, qui est en effet la première espèce du quinzième genre bon, de l'Écluse, mais qu'on n'apporte point au marché à Anvers, ou du moins dont on ne feroit point usage impunément ; & on doit savoir gré à Sterbeeck de sa prudence, qui dans cette confusion même est heureuse. Du reste, le champignon dont il est question ici, est le *bulbeux moucheté & gris (synonimie des espèces, n.° 43. a. 2)*.

La neuvième planche offre sept espèces de champignons feuilletés, de couleur livide ou plombée, sous les noms suivans :

Pl. IX.
n. 87—92.

A. *Fungus lividus lacerus.*

BB. (Les colombettes de J. Bauhin.)

C. *Fungus argillaceus umbilicosus.*

D. *Fungus asper* Clusii.

EFG. *Fungus pruneolus, galeatus & fungus nodosus.*

De ces sept espèces, qu'on peut réduire à quatre, la première, *A*, est copiée de l'Écluse ; c'est le champignon qui a été mis sous le nom de *pied-de-chèvre* (*synonimie, n.º 39*). Sterbeeck dit que sa chair est ferme, a quelquefois la consistance du cuir ; qu'elle est très blanche intérieurement & très-bonne à manger. Ce champignon a la surface brune ou plombée, les feuillets d'un gris de cendre ; sa tige, qui est de même couleur, devient fistuleuse : dans cet état on ne le mange point. La seconde, *BB*, est copiée de Jean Bauhin ; ce sont les *colombettes* (*synonimie, n.º 69*). La troisième & la quatrième, *CC, DD*, sont la quatrième & la cinquième espèces du treizième genre des bons de l'Écluse, dont Sterbeeck a donné des figures copiées du recueil de dessins coloriés de cet auteur, & dont on a déjà vu le détail (*synonimie des espèces, n.º 42*); ce sont ceux dont le chapiteau violet ou de couleur bise se creuse un peu en nombril. La cinquième, *EFG*, est encore copiée de l'Écluse ; c'est le champignon masqué (*synonimie, n.º 34*). Sterbeeck avoue qu'il n'a pas vu cette dernière sorte, quoiqu'il en fasse trois espèces, qui sont les n.ᵒˢ 63, 64, 65, les distinguant par les noms de *fungus pruneolus*, de *fungus galeatus*, & de *fungus nodosus*. Du reste, il ne fait que répéter, à ce sujet, ce qu'on trouve dans l'Écluse, & il auroit pu se dispenser de multiplier ainsi les êtres sans nécessité.

La planche x est pour les morilles. L'auteur emploie onze figures pour les représenter, & il en distingue neuf sortes, dont il fait autant d'espèces, qu'il indique par autant de numéros. Toutes ces figures, au nombre de dix, m'ont paru très-bonnes ; elles ont été faites d'après les dessins de l'Écluse ; elles désignent des champignons d'un genre très-connu (*synonimie des genres, n.º 10*), sous les noms suivans :

A. (*Fungi rugosi.*)
B. (*Merulii.*)
C. (*Spongiolæ.*)
D. *Melliarium.*

An. de J. C.
1675.

Sterbeeck.
XCVI

Planche x.
p. 92 — 96.

An. de J. C.
1675.

Sterbecck.
XCVI

EE. *Fungus rugofus tuberofus.*

F. *Favus niger.*

G. *Fungus fphærocephalus aureus.*

H. (Variété de la première.)

I. (Morille bleue.)

La figure A repréfente *la morille longue;* B, *la morille ronde;* C, *la petite morille brune;* D, *la pyramydale rouffe & brune,* qu'il compare aux rayons d'un gâteau de miel; E, *la truffeufe;* F, *la morille noire;* G, *la morille ronde & blonde;* H, une variété de la morille longue; & I, *la morille bleue.*

Toutes ces morilles, qu'il eft quelquefois utile de diftinguer, ne font, à la rigueur, que des variétés d'une même efpèce *(fynonimie, n.° 6);* elles ont toutes la même faveur & les mêmes qualités, mais on a toujours préféré les morilles brunes aux autres. Elles font toutes bonnes à manger & faines. On les fait fécher, ou bien on les conferve dans l'huile pour les avoir plus tendres. La dernière efpèce ou morille bleue eft très-remarquable, en ce qu'intérieurement elle eft de couleur indigo, & extérieurement lavée de jaune. Ces morilles fe trouvent décrites avec foin dans Sterbeeck, & font très-bien repréfentées; mais on n'y lit aucun détail fur leur préparation ou fur la manière de les conferver. Elles forment les variétés *longue* & *ronde,* qui font l'une & l'autre blanches ou blondes & brunes, & la variété bleue *(fynonimie des efpèces, n.° 6, var. a. b. c. d).*

La onzième planche eft deftinée pour les *coralloïdes* ou *mainottes,* ou *barbes-de-bique* ou *de-chèvre,* &c, dont l'auteur diftingue quatre efpèces; champignons d'un genre très-connu *(fynonimie des genres, n.° 11).* Les efpèces indiquées par Sterbeeck font fous les noms fuivans :

Pl. XI.
p. 96—96.

A. *Fungus corallinus nodofus.*

B. *Fungus corallinus afper.*

C. *Barba caprina minor.*

D. *Barba caprina major.*

Ces

Ces figures fervent à défigner les trois efpèces indiquées
par l'Écluſe dans fon dix-neuvième genre. On doit obſerver
qu'elles ſont creuſes & faites, à peu-près, comme un gant ;
ce qui forme, dans ce genre de champignons, une eſpèce
ou variété très-remarquable *(ſynonimie des eſpèces, n.° 45. a)*.

La première eſpèce de Sterbeeck, *fig. A*, eſt d'un fond
gris, mêlé de roſe & de jaune, fur-tout aux ſommités ; ce
qui lui donne une apparence de couleur lilas. L'eſpèce *B* eſt
toute jaune, ou plutôt couleur de buis, & devient blanche
& flaſque par vétuſté. L'epèce *C* eſt jaune auſſi avec des
ſommités d'un rouge tendre ou roſe, & ſes ſommités ſont
arrondies en manière de boutons. L'eſpèce *D* eſt d'une
couleur mêlée de roſe & de blanc.

Il en eſt, à peu-près, des mainottes comme des morilles ;
ces différentes eſpèces n'en conſtituent au plus qu'une. Elles
ſont toutes bonnes à manger, lorſqu'elles ne ſont pas altérées
par vétuſté ; ce qu'on connoît à leur couleur blanche & à
leur molleſſe. On peut diſtinguer trois variétés dans cette
forte, la griſe ou brune, la jaune, & celle qui eſt roſée
(ſynonimie des eſpèces, n.° 45. a. 1. 2. 3).

La douzième planche fert à repréſenter des agarics tendres
ou champignons qui croiſſent au pied ou fur l'écorce des
arbres. On les trouve ſous les dénominations ſuivantes :

> A. *Fungus caſearius.*
> B. *Fungus racemus feu fungi umbilicati.*
> CD. *Fungi caſtanei five rufi limbo inverſo.*

L'eſpèce *A*, qui eſt la plus curieuſe, & que Sterbeeck
nomme *fungus caſearius*, parce qu'elle reſſemble en quelque
forte à un fromage, par ſa couleur externe qui devient jaune,
& par l'odeur, eſt un agaric tendre qui croît principalement
fur le ſaule, & qui n'a pas de forme déterminée, ou qui en a
une bizarre. Sa ſubſtance interne eſt blanche ; on n'y aperçoit ni tubes, ni feuillets, ni pédicules, ni pores ; cependant
cet agaric devient poreux, ſelon Sterbeeck, ou ſe trouve

Tome I.   S

An de J. C.
1675.

Sterbeeck.
XCVI

Pl. XII,
p. 99—105.

An. de J. C.
1675.

Sterbeeck.
XCVI

percé de quelques ouvertures par vétufté ; ce que, par la lecture de fon ouvrage, on peut attribuer aux vers, comme à la nature de l'agaric. Il croît ordinairement fur les faules, & fon poids ordinaire, quand il eft frais, eft de vingt-quatre onces. On en trouve auffi fur les chênes, mais qui ne font pas auffi délicats que ceux du faule ; ceux ci pèfent jufqu'à une livre & demie ; la peau fine dont ils font couverts, s'en détache facilement. Ils finiffent par fe convertir en amadou ; lorfqu'ils font dans cet état, ils ne reviennent point dans l'eau à celui de molleffe ; alors on les convertit en bon amadou, en les faifant bouillir deux heures dans une eau lixivielle, & les battant à coups de marteau. Lorfqu'il eft frais, il eft blanc avec une teinte jaune à fa furface ; la pulpe eft blanche & bonne à manger. Il paroît que Loëfel a eu connoiffance de cet agaric, qu'il a mis fous la phrafe de *flos arborum fungo affinis (fynonimie des efpèces, n.° 82)*. Sterbeeck dit qu'il tient à l'arbre par un gros tubercule, & qu'il y découle comme une gomme ; qu'il l'a mangé & l'a trouvé bon. J'ai vu cet agaric fur les faules, mais il étoit blanc, d'une forme régulière, arrondi comme un fromage frais, qu'on appelle *fromage à la pie*, & n'avoit point d'odeur. On n'y aperçoit aucun veftige de parties organiques ; c'eft une maffe pulpeufe, couverte d'une pellicule *(voy. 2.ᵉ partie)*.

Les feconde & troifième efpèces de Sterbeeck, marquées dans la même planche, *B, CD,* font ces agarics ou champignons feuilletés, en forme de coquille ou de cuiller, qu'on trouve en touffe fur les fouches & troncs des peupliers, des châtaigners, &c, & qui font bons à manger ; leur couleur dépend principalement de celle de l'écorce de l'arbre qui fert à leur reproduction. Ceux du peuplier font blancs ; ceux du chêne & du tan font bruns, & ceux du châtaigner font roux : ce font ceux que les anciens défignoient fous le nom d'*agiritæ (fynonimie des genres, n.° 10)*. On ne peut les confidérer que comme des variétés de l'efpèce principale que l'Éclufe a fait connoître *(fynonimie des efpèces, n.° 36, var. a. c)*.

La treizième planche contient encore des agarics tendres

& poreux qui croiffent de même fur les troncs d'arbres, &
que Sterbeeck a mis fous les dénominations fuivantes :

A. *Auricula flammea Malchi.*

BC. *Mufcarium flammeum extenfum.*

D. *Fungus verus flammeus.*

Mais ces trois agarics tigrés, tirés des livres de l'Éclufe.
ne forment qu'une feule efpèce déjà indiquée par cet auteur
dans fon cinquième genre *(fynonimie des efpèces, n.° 35).* &
que Sterbeeck donne fous le nom d'*oreille-de-malchus ;* il lui
donne encore par-tout l'épithète de *flammeus,* à caufe de la
couleur rouffe & vive des écailles, ce qui le rend comme
tigré. Cet agaric a fa partie inférieure garnie de tubes ou
tuyaux d'abord blancs, & qui finiffent par prendre une teinte
rouffe. On le trouve fur le noyer, fur l'orme, fur le hêtre, &c.
& il ne conftitue qu'une efpèce *(fynonimie des efpèces, n.° 35),*
qui eft bonne à manger, fur-tout celle du peuplier & du
noyer ; celle de l'orme eft coriace.

La quatorzième planche n'eft qu'une continuation de la
précédente ; elle contient trois figures, qui font encore trois
variétés de la même efpèce, & que Sterbeeck donne encore
pour trois fortes particulières, qu'il met fous les noms
fuivans :

E. *Fungus magnus flammeus liliaceus.*

F. *Concha marina flammea.*

G. *Fungus flammeus trifoliaceus.*

Il leur donne ces différentes dénominations, à raifon de
leur forme & de leur reffemblance avec une fleur-de-lys,
avec une conque de mer, ou avec un trèfle ou feuille à trois
lobes ; mais ce ne font que des variétés de l'efpèce précédente.
Ces agarics diffèrent des agarics ordinaires par la confiftance
de leur chair, qui eft blanche & charnue, & par leurs pores
continus avec leur fubftance. Ils ne fe convertiffent pas en
amadou *(fynonimie des efpèces, n.° 35).*

S ij

An. de J. C.
1675.

Sterbeeck.
XCVI
Pl. XIII.
p. 105-109.

Pl. XIV.
p. 109-118.

An. de J. C.
1675.

Sterbeeck.
XCVI

Tous les champignons & agarics dont on vient de faire mention, font donnés pour bons à manger, par Sterbeeck. Il a réfervé la planche fuivante pour les efpèces douteufes, ou dont l'ufage n'eft pas fûr.

Efpèces douteufes.

CES efpèces font au nombre de fix, & mifes fous les lettres & noms fuivans :

Pl. xv.
p. 118-126.

A. *Fungus aurantius pediculo longo.*
B. *Auricula leporis alba.*
C. *Locellus.*
D. *Fungus ceraforum,* &c.
E. *Fungus intybaceus.*
F. G. H. I. K.

L'efpèce *A* eft un champignon poreux ou cepe, à chapiteau couleur de marron & à tubes gris, avec une tige en fufeau ; efpèce, en effet, d'un ufage douteux, & fujette à tromper, mais dont il ne réfulte aucun inconvénient, lorfqu'en la coupant fa chair ne change pas de couleur. C'eft celle que l'Éclufe donne à la fin de fon dix-neuvième genre pernicieux, pour l'efpèce douteufe, & qui entre comme variété parmi les cepes indiqués par Céfalpin *(fynonimie des efpèces, n.° 18, var. a. 5)*. La figure qu'en donne Sterbeeck eft exacte. Ce champignon eft très-commun, en automne, aux environs de Paris ; on le trouve fur-tout dans les bofquets formés de jeunes châtaigners.

L'efpèce *B, oreille-de-lièvre blanche,* donnée encore, avec raifon, pour douteufe par Sterbeeck, eft ce qu'on appelle *girolle blanche ;* elle a une faveur piquante, mais fans fuc. Elle forme une variété conftante & remarquable de l'efpèce principale des champignons poivrés blancs *(fynonimie des efpèces, n.° 9, var. b)*. Ce champignon eft encore très-bien repréfenté dans l'ouvrage de Sterbeeck.

L'eſpèce *C* qu'il appelle *bourſette (locellus)*, eſt une eſpèce analogue à celles du n.° 22 de la ſynonimie ; celle-ci eſt de forme ovale, compoſée de tiges ou barreaux entrelacés, gros comme un tuyau de plume à écrire ; ſa chair eſt d'abord blanche & caſſante, d'une odeur agréable & avec un ſuc douceâtre ; elle ſe conſerve trois ou quatre jours ſans s'altérer. Sterbeeck, qui l'a fait connoître le premier, la donne, avec raiſon, pour une eſpèce douteuſe. Elle forme une variété remarquable dans l'eſpèce principale *(ſynonimie, n.° 22. c)*.

L'eſpèce *D* eſt cet agaric remarquable qui croît ſur les ceriſiers, & qui forme le cinquième genre pernicieux de l'Écluſe. Sterbeeck en donne une très-bonne figure, le repréſentant ſur un tronc de ceriſier ; il ne le croit pas d'un uſage mal-faiſant, & il eſt douteux qu'il le ſoit en effet. Cette eſpèce eſt poreuſe & formée d'une ſeule ſubſtance *(ſynonimie, n.° 48. a)*.

L'eſpèce *E* eſt la *fauſſe oreille-de-judas*, copiée de Lobel, & que Sterbeeck donne mal-à-propos pour le *fungus intybaceus* de J. Bauhin, lequel eſt un agaric poreux *(ſynonimie, n.° 12. b)*. Celui qu'indique Sterbeeck eſt l'eſpèce cartilagineuſe de Lobel, & dont l'uſage eſt en effet très-douteux *(ſynonimie, n.° 15. 2)*.

Quant à la dernière, donnée ſous cinq figures, *F. G. H. I. K.* c'eſt un champignon à chapiteau conique & à feuillets couleur de roſe, mis ici ſans nom, & très-analogue à celui qu'il nomme *bonnet-à-la-polonaiſe*, dont il conſtitue une variété *(ſynonimie, n.° 96, var. b)*. Ces cinq figures ſont tirées du recueil des deſſins de l'Écluſe.

Les autres eſpèces données ſans figures & au nombre de neuf, ſont tirées des écrits de Porta & de J. Bauhin. Il donne dans les planches ſuivantes les eſpèces d'un uſage pernicieux.

Eſpèces d'un uſage dangereux.

LA ſeizième planche ou première de ces eſpèces, eſt celle qui correſpond, pour la forme & pour la couleur, à la

An. de J. C.
1675.

Sterbeeck.
XCVI
Pl. XVI.
p. 172-178.

première des espèces de bonne qualité, qu'il a mises sous le titre de *fungi pratenses*. Elle comprend neuf espèces de champignons feuilletés, mises sous les noms suivans :

A. *Fungus pratensis albus rugatus perniciosus.*
B. *Fungus magnus albus striis purpureis.*
C. *Scopus albus.*
D. *Fungus fallax albus limbo inverso.*
E. *Umbella parva perniciosa.*
F. *Fungus parvus colubrinus.*
G. *Fungus coryleus.*
H. *Fungi betularum*, &c. J. B.
I. *Fungus parvus tenax albus.*

XCVII

La première espèce, *fig. A*, est un champignon blanc, à surface luisante, visqueuse & humide, qui prend, en très-peu de temps, une odeur putride ; les bords de son chapiteau se relèvent & se recoquillent inégalement ; sa tige, qui est pleine, n'est ni cylindrique ni droite. C'est une espèce que Sterbeeck a fait connoître le premier, & dont l'usage n'est pas sûr. Elle donne lieu à une espèce principale *(synonimie des espèces, n.° 97)*.

La seconde, *fig. B*, est celle qu'il nomme *siége-à-crapaud*, différente, selon lui, de celle que l'Écluse a nommée *ranarum sedes*. Ce champignon a le dessus de son chapiteau blanc, les feuillets rouges & écartés. On le distingue facilement du champignon ordinaire, en ce qu'il est plus blanc, plus aplati, a moins de chair, des feuillets plus écartés, une tige plus mince & sans collet, garnie comme d'un bouton, qui n'est autre chose que son extrémité supérieure arrondie ou renflée. Cette description s'accorde très-bien avec celle de l'Écluse, & il se trouve que de fait c'est le même champignon *(synonimie, n.° 53)*.

XCVIII

La troisième espèce, *fig. C*, que Sterbeeck nomme *le but blanc (scopus albus)*, est un champignon blanc, marqué ou ou fali de taches d'un jaune-pâle, à furface un peu luifante, qui en vingt-quatre heures a pris fon accroiffement ; il eft très-peu en chair ; fa tige, d'abord pleine, finit par devenir creufe ; fes feuillets font très-blancs. Il forme une efpèce particulière *(fynonimie des efpèces, n.° 98)*.

An. de J. C.
1675.

Sterbeeck.
XCVIII

La quatrième efpèce, *fig. D*, eft encore un champignon tacheté de plufieurs couleurs, fur-tout de jaune, de rouge & de bleuâtre, avec des feuillets gris, épais, & une tige d'un blanc-fale, le tout d'une odeur défagréable ; fa chair eft blanche. Sterbeeck le nomme *le champignon trompeur*. Il rentre encore dans les variétés du même numéro *(fynonimie des efpèces, n.° 49, var. 2)*.

La cinquième efpèce, *fig. E*, eft un champignon qui, d'abord conique ou ovale, s'étale enfuite en manière de parafol ; voilà pourquoi l'auteur le nomme *le petit parafol dangereux ;* fes feuillets d'abord rougeâtres ou couleur de chair, deviennent bientôt noirs. C'eft la première efpèce du feptième genre des pernicieux de l'Éclufe, qui rentre par conféquent parmi les champignons noirciffans ou encriers folitaires *(fynonimie des efpèces, n.° 55, var. a)*.

La fixième efpèce, *fig. F*, ou *petit champignon-à-couleuvres*, eft une efpèce qui a beaucoup de rapport avec le champignon ordinaire, mais qui en diffère en ce que fes feuillets couleur de chair ou de rofe, font falis de jaune, & que le pied, qui paroît bulbeux, eft rougeâtre. Ce petit champignon, de forme très-régulière, que Sterbeeck prétend avoir été indiqué par Godeaert comme un nid à métamorphofes d'infectes, dont Sterbeeck en a fait repréfenter au bas de la figure, ne fournit qu'une variété de l'efpèce principale *(fynonimie des efpèces, n.° 4, var. f)*.

Les feptième & huitième efpèces, *G, H*, mifes fous les noms de *champignons des coudriers & des bouleaux*, font de petits champignons blancs ou bruniffans, tachés ordinairement de jaune ou de brun, avec des feuillets écartés les uns des autres. Ces champignons ont la furface humide & une mauvaife odeur ; ils font à pédicule mince, hauts d'environ

An. de J.C.
1675.

Sterbeeck.
XCVIII
XCIX

deux pouces. L'efpèce *G* eft le fixième genre pernicieux de l'Éclufe *(fynonimie des efpèces, n.° 49. a)*. L'efpèce *H* eft le huitième genre pernicieux du même auteur *(fynonimie, n.° 49, var. b)*.

La neuvième efpèce, *I*, eft un petit champignon feuilleté, blanc, à tige courte, pofée un peu fur le côté, au lieu d'être centrale ; le chapiteau fe contourne un peu. Ce champignon fe corrompt bientôt. Sa forme eft analogue à celle des girolles. C'eft une efpèce que Sterbeeck a fait connoître *(fynonimie des efpèces, n.° 99)*.

La planche XVII contient deux fortes de champignons, les uns feuilletés, les autres poreux, de couleur brune, rouffe ou rougeâtre, au nombre de douze, mis fous les nòms fuivans :

Pl. XVII.
P. 179-186.

  ABC. *Boleti dubii.*
   D. *Fungus geminus.*
   E.
   F. *Vitta bufonis cava.*
   G. *Caput bufonis.*
   H. *Fungi quafi boni.*
   I. *Fungus tertius bufonis.*
   K. *Bufonum pileus.*
   L. *Fungus ranarum parvus.*
   M. *Fungus ranarum major.*
   N. *Panis bufonis parvus.*
   O. *Panis porcinus & panis bufonum magnus.*

La première efpèce, *fig. ABC*, eft formée de petits champignons, qu'il a plu à Sterbeeck de regarder encore comme des moufferons, & qu'il appelle *boleti dubii*, parce qu'il confidère, avec raifon, leur ufage comme d'un effet douteux. Ils répondent à ceux de la *planche II* du même auteur, ou plutôt font les mêmes & doivent être compris

              fous

fous les mêmes numéros (*fynonimie des genres, n.° 30; &*
fynonimie des efpéces, n.° 72. b. 3).

An. de J. C.
1675.
Sterbeeck.
XCIX

Quant à l'efpèce qu'on trouve fous la lettre *D*, c'eft un
champignon feuilleté qui paroît n'être qu'une copie d'une des
figures du dixième genre pernicieux de l'Éclufe, & mis
encore ici pour de prétendus moufferons, fous le nom de
fungus geminus (fynonimie des efpèces, n.° 51); mais l'auteur
prétend qu'il a la chair & les feuillets verts ; ce qui n'eft
que l'effet d'une altération de fubftance dans ces petits cham‑
pignons, en maturité.

Les autres champignons de cette planche, depuis la lettre *E*
jufqu'à *O*, tous poreux & changeant de couleur lorfqu'on
les coupe, à tige plus ou moins renflée du bas, la plupart
à tuyaux jaunes ou verdâtres, ou olivâtres, font des efpèces
des dix-neuvième & vingtième genres pernicieux de l'Éclufe.
Ce font ceux qui ont une odeur de foie de foufre, & qu'on
appelle en général *pinaux*, *pains-de-loup*. Sterbeeck leur a
donné le nom de *tête*, de *bonnet*, de *pain*, &c. de crapaud
ou de grenouilles.

On fait que l'Éclufe a fait fept efpèces de fon dix-neuvième genre, & une douteufe ; que celle-ci a été regardée
comme une variété du cepe roux *(fynonimie, n.° 18. a. 5)*,
& que la première dont cet auteur a donné une figure fauffe,
a été rectifiée par Sterbeeck. Cet auteur donne ici, fous la
lettre *L*, la figure de la quatrième efpèce, dont le chapiteau
eft d'un jaune-brun, & la partie tubuleufe jaune & change de
couleur ; celle-ci ne peut être confidérée que comme une
variété de l'efpèce principale obfervée par Bock *(fynonimie
des efpèces, n.° 14. b. 1)*. Il y donne encore fous la lettre *GG*,
la figure de la cinquième efpèce du même genre, à chapiteau
brun, à tige teinte en rouge de fang, & à tubes bruns ;
variété des cepes rouges *(fynonimie des efpèces, n.° 44)*, ainfi
que celle de la feptième efpèce du même genre, *fig. N*, à
chapiteau pourpre foncé, & à tubes jaunâtres, autre variété
des cepes rouges *(fynonimie des efpèces, n°. 44. a. 2)*. L'efpèce *H*
eft la première du vingtième genre pernicieux de l'Éclufe;

An. de J. C.
1675.

Sterbeeck.
XCIX

l'efpèce *I* eft la feconde du même genre ; elles font l'une &
l'autre à tige en fufeau, à chapiteau brun & à tubes jaunes,
variété du n.° 14 *(fynonimie des efpèces, n.° 14, var. c)*. Quant
aux efpèces *E, M*, à chapiteau brun & à tubes jaunes, elles
rentrent dans le même n.° 14 *(ibid.)* ; & quant aux efpèces
F, K, O, à chapiteau rougeâtre, elles forment des variétés
du n.° 44 *(fynonimie des efpèces, n.° 44, var. b)*.

La dix-huitième planche contient huit efpèces de champignons bruns ou noirâtres, dont quatre poreux & quatre
feuilletés, mis fous les dénominations fuivantes :

Pl. XVIII.
p. 187-193.

A. *Fungus argillaris inquinatus.*
B. *Panis bufonis tertius.*
C. *Fungus nodofus niger.*
D. *Fungus anguineus magnus.*
E. *Fungus mutabilis tumens.*
F. *Fungus perniciofus brevi & craffo pediculo.*
G. *Fungus fphæricus parvus perniciofus.*
H. *Fungus perunctus niger.*

Les quatre premières efpèces *A, B, C, D* de cette planche,
font des cepes à pédicule renflé & changeant de couleur.
L'efpèce *AA*, à tige longue, à chapiteau grifâtre & moucheté,
& à tubes jaunes, n'eft qu'une variété, fi ce n'eft pas la
même, de l'efpèce *I* de la planche précédente, c'eft-à-dire,
la feconde efpèce du vingtième genre pernicieux de l'Éclufe
(fynonimie des efpèces, n.° 14, var. c). L'efpèce *B*, tirée du
recueil de l'Éclufe, fert à repréfenter la fixième efpèce de
fon dix-neuvième genre pernicieux, c'eft-à-dire, celle qui
reffemble à une racine de *cyclamen* ou *pain-de-pourceau*, à
chapiteau châtain-brun & à tubes de couleur d'ocre jaune
(fynonimie des efpèces, n.° 44. a. 2). L'efpèce *C* rend la troifième efpèce du vingtième genre pernicieux de l'Éclufe, à
couleur jaune-foncé deffus & deffous, & à odeur de foie de
foufre *(fynonimie, n.° 14, var. c)*. L'efpèce *D* eft un cepe

rougeâtre ou roux-brun deſſus, blanc deſſous, à tige blanchâtre. Sterbeeck a fait graver des ſerpens au pied, pour
juſtifier la dénomination de *fungus anguineus*, qu'il lui donne.
Il rappelle, à ce ſujet, l'hiſtoire qu'on lui a rapportée d'un
fait arrivé à Raconiggi en Savoie, où ce champignon eſt
très-commun dans les bois; il dit qu'on fouilla dans l'endroit
où on en avoit cueilli un très gros, & qu'on y trouva des
ſerpens; mais il eſt aiſé d'apprécier de pareilles obſervations,
données par l'amour du merveilleux. Du reſte, cette eſpèce
de cepe, qui eſt très-commune dans les bois des environs de
Paris, eſt remarquable par ſa grandeur, ſa forme régulière
& hémiſphérique, par ſa tige griſe taillée un peu en fuſeau,
& par ſa chair qui eſt blanche & ferme. Elle eſt aſſez caractériſée par ces traits pour une variété conſtante de l'eſpèce
principale *(ſynonimie des eſpèces, n.° 18. a. 2)*.

L'eſpèce *EEE*, qui eſt un champignon feuilleté que Sterbeeck appelle *champignon changeant*, à cauſe du changement
de couleur qu'il éprouve, même ſans être cueilli, eſt le
même que le neuvième genre des pernicieux de l'Écluſe.
Sterbeeck en donne trois figures tirées du recueil des deſſins
de cet auteur. On ſait qu'il forme une eſpèce particulière
(ſynonimie des eſpèces, n.° 50).

Le champignon mis ſous la lettre *F*, eſt encore une eſpèce
feuilletée, ayant à la partie ſupérieure du chapiteau la couleur
rouge & le luiſant de la cire d'Eſpagne, & le deſſous blanc.
Il eſt bulbeux & colleté, & on voit évidemment que c'eſt la
variété unie & naiſſante des champignons *tue-mouche* rouges
(ſynonimie des genres, n.° 20), à ſurface unie, dont l'auteur
a déjà fait mention, en parlant des champignons qu'il appelle
umbella, & qu'on trouve ſous les trembles *(ſynonimie des*
eſpèces, n.° 13, var. a. 1). C'eſt la variété à feuillets blancs.

Les eſpèces miſes ſous les lettres *G*, *H*, ſont des champignons bulbeux & dartreux gris, formant la première &
la ſeconde eſpèce du quinzième genre des pernicieux de
l'Écluſe. Les deux figures qui ſervent à les repréſenter ſont
copiées des écrits de cet auteur, & ne ſont pas meilleures

An. de J. C.
1675.

Sterbeeck.
XCIX

T ij

An. de J. C.
1675.

———

Sterbeeck.
XCIX

que les fiennes. Ces champignons paroiffent mal rendus. Sterbeeck en nomme un *fungus perunctus niger*, parce qu'il a la furface luifante & vifqueufe, comme graffe au toucher ; fes feuillets deviennent bleuâtres. Ils ont déjà formé une efpèce principale (*fynonimie des efpèces, n° 43 , var. c)*.

La dix-neuvième planche renferme dix efpèces de champignons gris, dont huit font feuilletés & deux poreux, c'eft-à-dire, la deuxième & la dernière. Sterbeeck les a mis fous les dénominations fuivantes :

Pl. XIX.
p. 193-200,

A. *Affa fœtida feu ftercus diaboli.*

B. *Fungus fciffus cineraceus nodofus.*

C. *Fungus latus orbicularis cineraceus perniciofus.*

D. *Fungus cineraceus denticularis.*

E. *Fungus geminus cineraceus perniciofus.*

F. *Venter bufonis.*

G. *Dorfum bufonis.*

H. *Scopus niger.*

I. *Pradellus fuliginofus quercinus.*

K. *Fungus obtufus perniciofus.*

La première, la fixième & la feptième efpèce, *fig. A, F, G* de cette planche, c'eft-à-dire, celles qu'on trouve fous les noms d'*affa fœtida*, de *venter* & *dorfum bufonis*, pour marquer l'odeur fétide de la première, & les taches femblables à celles du dos & du ventre d'un crapaud, les deux autres, font repréfentées par quatre figures qui produifent parfaitement leur effet. On voit clairement leur furface femée de pellicules blanches ou brunes qui la rendent comme dartreufe ou micacée. Celle de la figure *A* eft de couleur plombée ou bleuâtre ; fes feuillets font blancs, fa tige moelleufe d'abord, enfuite fiftuleufe. Elle forme une variété remarquable par fon odeur, fa couleur, fa bourfe ou valve bien marquée, de l'efpèce principale (*fynonimie des efpèces, n.° 43 , var. d. 1)*. Des deux autres qui font grifes ou cendrées, à pellicules

An. de J. C.
1675.

Sterbeeck.
XCIX

brunes, l'une, *fig. F*, fert à repréfenter la feconde efpèce du feptième genre pernicieux de l'Éclufe ; fes feuillets font blancs, fa tige bulbeufe & colletée : l'autre ne diffère pas de celle-ci, & forme encore une variété de la même efpèce *(fynonimie des efpèces, n.° 43, var. a. 3)*.

La feconde efpèce, marquée fous la lettre *B*, eft un champignon poreux, ou cepe de mauvaife qualité, gris, à furface entr'ouverte par des fciffures ; il eft un peu en forme de mamelle. C'eft la troifième efpèce du dix-neuvième genre pernicieux de l'Éclufe *(fynonimie des efpèces, n.° 59)*.

L'efpèce marquée fous la lettre *C*, qui eft la feconde du quatorzième genre des pernicieux de l'Éclufe, eft un champignon feuilleté, prefque bulbeux, bien en chair, gris & à feuillets bruns, qui forme avec l'efpèce *E*, qui eft moins grand & un peu en forme de mamelle, une efpèce particulière *(fynonimie des efpèces, n.° 54. a)*.

L'efpèce marquée fous la lettre *D*, eft encore un champignon feuilleté, bulbeux, d'un gris taché de jaune, à chair mince, mais à feuillets jaunes, que Sterbeeck a fait connoître le premier, fous le nom de *fungus cineraceus denticularis.* La defcription porte qu'il a des taches brunes, jaunes, & on voit évidemment que c'eft un champignon bulbeux & dartreux gris *(fynonimie des efpèces, n.° 43. a. 3)*.

L'efpèce *H*, mife ici fous le nom de *but noir (fcopus niger)*, eft la quatrième du vingtième genre des pernicieux de l'Éclufe. Sterbeeck la nomme *but noir*, à caufe de la différence frappante de couleur entre le chapiteau qui eft brun & prefque noir deffus & deffous, & la tige qui eft blanche. Elle ne peut être confidérée que comme une variété des efpèces *C, E (fynonimie des efpèces, n.° 54. b)*.

L'efpèce marquée fous la lettre *I*, & que Sterbeeck donne pour particulière, n'eft autre chofe que le champignon ordinaire, à feuillets couleur de rofe ou de corail, qui s'eft trouvé altéré ou bruni par vétufté, ou parce qu'il a crû à l'ombre & dans un endroit humide. C'eft la variété à feuillets couleur de corail, de l'efpèce principale *(fynonimie des efpèces, n.° 4. d)*.

An. de J. C.
1675.

Sterbeeck.
XCIX

Enfin, celle qui eſt ſous la lettre *K*, eſt une variété d'un champignon poreux, ou plutôt une eſpèce avortée qui n'a pas pris ſon accroiſſement, qui eſt devenue difforme par quelque obſtacle, & qui ne peut être rapportée à aucun numéro.

La vingtième planche contient des champignons de diverſes couleurs, au nombre de douze, & dont les dix premières eſpèces ſont feuilletées, la onzième, à appendices, & la douzième, poreuſe. Ces champignons ſe trouvent ſous les dénominations ſuivantes :

Pl. xx.
p. 201-208.

AA. *Fungus inæqualis cineraceus candicans pernicioſus.*

B. *Fungus ſubluteus fuſco & rubro maculatus.*

C. *Fungus coriaceus muſcatus & pernicioſus.*

D. *Fungus ſtultorum albus.*

E. *Pediculus longus, gracilis, excavatus.*

F. *Galerus brabanticus.*

G. *Fungus lacertus.*

H. *Fungus columbalis.*

I. *Fungus parvus geminus rufus fuſcus.*

K. *Rhombus.*

L. *Fungus luteus africanus pernicioſus.*

M. *Fungus pernicioſus quercetus.*

L'eſpèce *AA*, tirée du livre enluminé de l'Écluſe, eſt un champignon feuilleté, de couleur griſe, dont les bords ne ſont pas exactement circulaires; ils ſont un peu languettés. C'eſt la quatrième eſpèce du vingt-troiſième genre des pernicieux de l'Écluſe, qui a formé une eſpèce particulière, déjà indiquée à l'article de l'Écluſe *(ſynonimie des eſpèces, n.° 62)*. Celle-ci eſt bien en chair, & reſſemble un peu, pour la forme, aux champignons blancs & viſqueux *(ſynonimie des eſpèces, n.° 97)*.

L'eſpèce *B*, donnée ici pour la première du douzième genre des pernicieux de l'Écluſe, c'eſt-à-dire, pour un

An. de J. C.
1675.

Sterbeeck.
XCIX

champignon dartreux rouge, n'appartient cependant pas à
cet ordre de champignons, comme il eft aifé de s'en convaincre par la defcription & par l'infpection de la figure.
Celui-ci eft un champignon tacheté, à feuillets plombés, à
tige mince, creufé en nombril, & comme zoné ; il forme
une variété de ceux qui font bariolés ou grivelés *(fynonimie
des efpèces, n.° 49 , var. c)*.

L'efpèce *C* eft un champignon coriace, de couleur plombée ou vert-brun, rayé aux bords & moucheté, c'eft-à dire,
dartreux par des pellicules blanches, à tige mince, avec une
apparence de bulbe ; fes feuillets font de couleur plombée.
C'eft la variété plombée parmi les champignons bulbeux &
dartreux gris *(fynonimie des efpèces, n.° 43. d. 2)*.

L'efpèce *D* eft ce champignon blanc, bulbeux & à valve
entière, que l'Éclufe a déjà fait connoître fous le nom d'*oronge*,
des fots *(fynonimie des efpèces, n.° 52)*.

L'efpèce *EE* eft celle que l'Éclufe, fuivant Sterbeeck, a
nommée *fiége-à-grenouille*, c'eft-à-dire, fon treizième genre
pernicieux, dont on voit ici deux figures. Mais il fait obferver
que fes feuillets ne font pas rouges comme ceux de l'efpèce
de l'Éclufe. Je crois que Sterbeeck fe trompe fur l'efpèce ;
il a déjà donné la figure de ce champignon dans fa feizième
planche, fous le nom de *fungus magnus, albus, firiis purpureis*,
fig. *B* , & dont celui-ci, qui eft blanc, à tige haute, à feuillets
gris, ne peut être confidéré que comme une variété *(fynonimie
des efpèces, n.° 53, var. b)*.

L'efpèce *F*, mife fous le nom de *galerus brabanticus*, eft
un de ces champignons en œuf & à feuillets noirs, que
l'Éclufe a fait connoître dans fon feizième genre des champignons pernicieux. Les deux figures qu'on voit ici fervent
à repréfenter la feconde efpèce de ce genre *(fynonimie des
efpèces, n.° 55. a)*.

L'efpèce *G* eft le *champignon noir* de l'Éclufe, c'eft-à dire,
la feconde efpèce de fon dix-feptième genre pernicieux, que
Sterbeeck a copié de cet auteur. Celui-ci l'appelle *fungus
lacertus*, parce qu'il trouva un lézard auprès. Il croit que cet

An de J. C.
1675.

Sterbeeck.
XCIX

animal eft capable de communiquer des qualités mal-faifantes à cette efpèce, & que les veines blanchâtres qu’on aperçoit deffus, peuvent être l’effet de fa morfure. On peut s’être aperçu déjà que Sterbeeck eft un peu crédule *(fynonimie des efpèces, n.° 57).*

La figure *H H* fert à repréfenter la première efpèce du feizième genre pernicieux de l’Éclufe. Sterbeeck la nomme *fungus columlalis,* à caufe de la reffemblance de fes écailles avec les canons des jeunes pigeons qui n’ont pas encore de plumes. On voit à une de ces figures un veftige de collet à la tige. C’eft un des encriers folitaires ou champignons qui fe réduifent en encre *(fynonimie des efpèces, n.° 55. a).*

L’efpèce *I* eft un champignon feuilleté, roux-brun & laiteux, qui a la forme de celui qu’il a nommé *bonnet-à-la-p.lonoife, (fynonimie, n.° 96),* mais bien caractérifé pour former une efpèce diftincte; fa couleur & fon fuc laiteux ne permettant pas de les confondre; il eft analogue à ceux que Loëfel a fait connoître *(fynonimie des efpèces, n.° 76, var. b).*

L’efpèce *KK,* mife fous le nom de *rhombus,* eft encore un champignon bulbeux & dartreux, que Sterbeeck donne pour celui que J. Bauhin a fait connoître fous la phrafe de *fungi albi venenati vifcidi,* & dont il a été queftion. Celui-ci eft gris-cendré; les pellicules dont il eft couvert, font un bel effet; fon orbe eft très-régulier, d’où dérive fon nom de *rhombus.* Il forme une belle variété parmi les *tue-mouche* gris *(fynonimie des efpèces, n.° 43. a. 4).*

L’efpèce *LL,* eft un champignon jaune, remarquable par la ftructure de fa partie inférieure, hériffée d’appendices de la même couleur du refte du champignon, & que Sterbeeck compare au difque d’une fleur de camomille. Il dit qu’il eft d’une faveur déteftable. C’eft un champignon analogue à celui dont Loëfel a fait mention, mais un peu différent par la couleur & la texture de fes appendices. Voilà pourquoi Sterbeeck le nomme d’une manière à le faire paroître étrange, *fungus luteus, africanus, perniciofus.* Mais on ne peut le confidérer

que

que comme une variété de cette espèce *(synonimie, n.° 70,
var. f. 2)*.

L'espèce *MM* est un champignon poreux, c'est-à-dire,
la première du dix-neuvième genre pernicieux de l'Écluse.
Sterbeeck relève avec raison l'inexactitude de cet auteur,
d'avoir dit qu'il étoit feuilleté, tandis que la figure démontre
le contraire. Il est petit, de couleur rouge-brun, à pédicule
tortu. Il forme une variété dans une espèce déjà indiquée
(synonimie, n.° 44. a, 2).

La vingt-unième planche contient huit espèces de champignons feuilletés, à l'exception de la première qui est poreuse.
L'auteur les a compris sous les noms suivans :

A. *Fungus perniciosus quercetus niger.*
B. *Fungus fœcundus colore lateritio perniciosus.*
C. *Fungus vaccinus.*
D. *Fungus perniciosus inversus pustulatus.*
E. *Fungus rufus lacerus fœtens.*
F. *Fungus maternus rufus perniciosus.*
G. *Fungus purpureus maculatus striis nigris.*
H. *Fungus nodosus pediculo tornato.*

L'espèce *AA* est un champignon poreux, c'est-à-dire, la
seconde du dix-neuvième genre des pernicieux de l'Écluse ;
c'est un cepe dont le dessus du chapiteau est d'un brun-foncé
presque noir, la partie tubuleuse jaune, & qui rentre évidemment parmi les cepes à tubes jaunes *(synonimie des espèces,
n.° 14. b. 1)*.

L'espèce *B* est un champignon feuilleté ou la seconde du
vingt-troisième genre des pernicieux de l'Écluse, qui est
couleur de brique avec une chair grise & de mauvaise odeur
(synonimie des espèces, n.° 46, var. d).

L'espèce *CCC* est un champignon feuilleté qui forme le
dix-huitième genre des pernicieux de l'Écluse, ou champi-
gnon-à-vache, qui est en forme de chapeau rabattu & d'un

An. de J. C.
1675.

Sterbeeck.
XCIX

Pl. XXI.
p. 208-213.

An. de J. C.
1675.

Sterbeeck.
XCIX

roux-brun. Sterbeeck affure, contre l'affertion de l'Éclufe,
que les vaches ne touchent point à celui-ci *(fynonimie des
efpèces, n.° 58)*.

L'efpèce *D* eft un champignon feuilleté, bulbeux & moucheté ou dartreux, qui ne diffère point des autres efpèces
dartreufes qu'on trouve à la planche XIX de Sterbeeck.
Celui-ci eft brun, à pellicules blanches ; fon chapiteau eft
renverfé & forme en quelque forte l'entonnoir ; le collet
eft flottant fur la tige, dont la bafe, par l'idée du peintre,
reffemble à celle d'une colonne ; mais elle doit être bulbeufe
(fynonimie, n.° 43. b).

L'efpèce *E* eft encore une variété des champignons-à-
crapaud ou champignons encriers, folitaires, dont il a été
fait fi fouvent mention *(fynonimie des efpèces, n.° 55)*.

L'efpèce *F* eft encore un champignon feuilleté, c'eft-à-dire,
la première du dix-feptième genre des pernicieux de l'Éclufe,
& dont la figure a été extraite du livre enluminé de cet
auteur. Suivant Sterbeeck, il eft d'un roux-brun tirant fur le
noir ; les feuillets font d'un jaune-verdâtre *(fynonimie des
efpèces, n.° 56)*.

L'efpèce *G* eft un champignon feuilleté & vifqueux, à tige
nue, c'eft-à-dire, la feconde efpèce du douzième genre pernicieux, ou champignons-à-mouche, de l'Éclufe. C'eft celle
qui eft mêlée de pourpre, de roux, de blanc, & à feuillets
noirs, dont les mouches font fi avides. Elle ne forme qu'une
variété des efpèces à taches ou mouches *(fynonimie des efpèces,
n.° 49. b. 1)*.

L'efpèce *H* eft un champignon feuilleté, faydir la troifième du vingt-troifième genre des pernicieux de l'Éclufe,
copiée de fon ouvrage imprimé, & dont il a été fait mention en fon lieu ; c'eft celui qui femble tourné ou avoir des
cercles à fa tige, & que Sterbeeck nomme, pour cette
raifon, *fungus nodofus pediculo tornato*. Il eft entré comme
variété des efpèces à feuillets blancs & d'égale longueur
(fynonimie des efpèces, n.° 21. d).

La vingt-deuxième planche offre fept fortes de champignons

rouges, ou couleur de feu, ou roux, & tous feuilletés, excepté un, fous les dénominations fuivantes :

An. de J.-C.
1675.

Sterbeeck.
XCIX
Pl. XXII.
p. 214-218.

    A. *Mel mufcarum venenofum.*
BCC. *Fungus mufcarius miniatus.*
DEE. *Fungus mufcarius fubruffus pediculo craffo.*
    F. *Fungus umbilicofus ruber.*
    G. *Fungus geminus purpureus.*
    H. *Fungus parvus purpureus perniciofus.*
  IK. *Fungus comatus, coma fictitia rufa.*
    L. *Fungus verriculofus.*

Les trois efpèces *A*, *BCC*, *DEE*, font ces beaux champignons bulbeux & feuilletés, de couleur rouge ou de feu, qu'on appelle *fungi mufcarii*, & qui forment le douzième genre des pernicieux de l'Éclufe. L'efpèce *A* eft la quatrième du même genre & copiée du même auteur, à feuillets noirs *(fynonimie des efpèces, n.° 13, var. b. 3)*. L'efpèce *BCC* eft celle qui eft couleur de feu, rayée aux bords, avec des feuillets gris; c'eft une des variétés qui fe rapprochent le plus de celle qu'on obferve aux environs de Paris *(ibid. var. b. 2)*. L'efpèce *DEE* eft celle dont le chapiteau eft conique avec des feuillets bruns, & qui n'a prefque pas de chair; c'eft la cinquième du même genre (douzième) de l'Éclufe. Celle-ci a la furface unie & de couleur rouffe; elle eft différente des autres, & forme une variété qui pourroit, à la rigueur, fournir une efpèce particulière, mais qu'on laiffe rapprochée de celles-ci, pour ne pas trop les multiplier *(fynonimie des efpèces, n.° 13, var. b. 4)*.

La quatrième efpèce *F*, eft un champignon qui ne reffemble aux précédens que par fa couleur rouge ou de bois de Brefil; il eft de cette couleur deffus, blanc deffous; fon chapiteau eft un peu creufé en nombril, mais il n'eft point bulbeux comme les précédens, ni de la même famille. C'eft ce qu'on appelle en France, *rougeole*, champignon très-commun dans les bois *(fynonimie des efpèces, v.° 21 a. 1)*.

An. de J. C.
1675.

Sterbeeck.
C

L'efpèce marquée *G* eft un petit champignon poreux ou cepe de couleur pourpre deffus, blanc deffous, mais piqué de noir, avec un pédicule d'un vert-jaunâtre extérieurement, gris à l'intérieur. Cette efpèce vient ordinairement deux à deux, & il paroît qu'aucun auteur avant Sterbeeck n'en avoit fait mention. Il fournit une efpèce particulière *(fynonimie des efpèces, n.° 100)*.

L'efpèce *H*, donnée pour la première du vingt-troifième genre des pernicieux de l'Éclufe, à chapiteau rouge & à feuillets blancs, ainfi que le pédicule, eft un petit champignon rouge & feuilleté dont il eft fait mention fous le nom de *fang-des-marais (fynonimie des efpèces, n.° 61)*. Il paroît un peu creufé en nombril.

L'efpèce *IKL*, donnée pour la troifième du feizième genre des pernicieux de l'Éclufe, eft un de ces champignons ovoïdes ou encriers, dont Sterbeeck donne trois figures à peu-près femblables à celles de l'Éclufe. Sterbeeck nomme celle-ci *fungus comatus verriculofus, &c.* parce que ce champignon s'ouvre en long en plufieurs parties, & qu'alors il femble repréfenter une touffe de cheveux ou un ballet. Ce font les mêmes figures qui fe trouvent fi mal placées dans l'hiftoire des plantes de J. Bauhin *(fynonimie des efpèces, n.° 55)*.

La vingt-troifième planche offre huit ou neuf efpèces de champignons poreux, & d'autres feuilletés, de couleur rouge, rouffe ou fafran, que Sterbeeck donne fous les noms fuivans:

Pl. XXIII.
p. 219-224.

A A. *Fungus hirfutus marmoreus ruber perniciofus.*

B B. *Fungus parvus violaceus marmoreus perniciofus.*

  C. *Pradellus parvus, fulphureus, perniciofus.*

D. E. *Fungus croceus parvus.*

 F F. *Lapis bufonis.*

G H. *Fungus aquila cinereus tuberofus perniciofus.*

  I. *Fungus rotundus (fulphureus).*

  K. *Fungus ovatus fulphureus.*

L. M.

An. de J. C.
1675.

Sterbeeck.
C

L'espèce *AA*, est un champignon rouge & peluché, le même que le vingt-unième genre des pernicieux de l'Éclufe ; c'est une variété du *champignon-du-cerf*, champignon feuilleté dont il a été plusieurs fois question. Sterbeeck dit que sa pulpe est rouge, ainsi que son suc, qu'il ne se corrompt pas promptement, & que sa tige est fistuleuse & noire à l'intérieur. On voit comme des bandes concentriques à sa surface *(synonimie des espèces, n.° 38, var. c)*.

L'espèce *BB* est un champignon poreux ou cepe, de mauvaise qualité ; celui-ci a le dessus du chapiteau violet, mêlé de roux, avec une tache rousse au milieu, & des tubes jaunes. Il ne fournit qu'une variété d'une espèce très-connue *(synonimie des espèces, n.° 14. var. d)*.

Les espèces *C, D, E*, font de petits champignons feuilletés, couleur de safran ou de soufre, à feuillets safranés ou jaunes & gris, dont il paroît que personne n'a parlé avant Sterbeeck, mais qui ne fournissent que des variétés de l'espèce principale. L'espèce *C* est couleur de soufre & à pulpe blanche *(synonimie des espèces, n.° 10, var. b. 3)*. L'espèce *D* est couleur de safran & à pulpe jaune ; remarquez que Sterbeeck la donne fous le même nom que celle de la *planche IV, fig. A*, c'est-à-dire, fous celui de *fungus croceus parvus :* elles font bien différentes ; celle-ci n'a presque pas de chair, & sa tige est creuse *(synonimie, n.° 10, var. b. 4)*. L'espèce *E* est également petite, rousse & bombée, & se gâte promptement *(synon. des espèces, n.° 10, var. b. 5)*.

Les espèces *FF, GH*, font des champignons poreux, de couleur grise ou pâle dessus & dessous, à chair blanche d'abord, mais qui change bientôt de couleur par le contact de l'air lorsqu'on les coupe, & qui ne diffèrent des cepes bons à manger, que par cette circonstance & par leur couleur grise. Sterbeeck fait cette remarque très-à-propos, & renvoie à l'espèce *AA* de sa troisième planche pour les confronter. Ils fournissent une variété remarquable dans le numéro de l'espèce principale *(synonimie des espèces, n.° 18, var. f. 1, 2)*.

An. de J. C.
1675.

Sterbeeck.
CI

L'efpèce *I* eft un champignon feuilleté, bulbeux & collèté, à chapiteau couleur de foufre, & à feuillets blancs très-écartés ; il n'a qu'une peau couleur de foufre qui couvre les feuillets ; il a une odeur forte. Il fournit une efpèce particulière *(fynonimie des efpèces, n.º 101)*.

L'efpèce *K* eft un champignon feuilleté, en œuf, par-tout couleur de foufre ; il s'étale enfuite comme le précédent ; c'eft une variété de ceux à feuillets noirciffans, qui rentre évidemment comme efpèce analogue, fuivant Sterbeeck, parmi ces fortes de champignons *(fynonimie des efpèces, n.º 55, var. b. 3)*.

Les efpèces *L, M,* font de petits champignons dont l'un eft brun deffus, gris deffous, monté fur une tige mince de deux pouces de haut ; l'autre, *fig. M,* eft roux avec des feuillets blancs ; la chair du chapiteau eft blanche & fe conferve fans s'altérer. Sterbeeck les regarde comme des efpèces très-voifines. Ce font ces petits champignons à tige mince qu'on appelle *faux moufferons des bois,* & qu'on peut regarder comme des variétés de ceux que J. Bauhin a indiqués fous le titre de *fungi varii.* Leur chapiteau eft mince, aplati, & forme à peu-près la roue, lorfqu'il eft étalé *(fynonimie des efpèces, n.º 72. a. 4. 5)*.

La vingt-quatrième planche offre environ douze à treize efpèces de champignons feuilletés, dont la plupart viennent en touffe ou en famille, & qu'on trouve fous les noms fuivans :

Pl. *XXIV.*
p. 225-234.

A A A. *Lapis molaris.*

  B B. *Fungus bombaceus perniciofus.*

  C C. *Fungi clypeiformes,* Lobel.

    D. (Champignon-à-chenille.)

    E. *Fungus inquinatus.*

    F. *Caput papaveris.*

  G H. *Scyphus lethalis.*

    I. *Fungus digitalis.*

K. *Fungi macerati.*

L. *Fungus magnus luteus foliaceus perniciofus ; fungus foliaceus colore fanguineo & odore mofchi perniciofus.*

M. *Nodi aurei.*

N. *Fungi feminati.*

An. de J. C.
1675.
Sterbeeck.
CI

L'efpèce *AAA*, que Sterbeeck nomme la *pierre molaire*, à caufe de fa forme exactement circulaire & de fes bords rayés, ce qui lui donne l'apparence d'une meule, eft une variété du troifième genre pernicieux de l'Éclufe, c'eft-à-dire, l'efpèce rayée aux bords, qui a un bouton au centre. Ce champignon eft en pleine maturité du matin au foir, & croît fur le bois pourri. Ses feuillets noirciffent. Il n'a prefque pas de chair. Il y en a de gris, de bruns & de roux *(fynonimie des efpèces, n.º 20. var. d).*

L'efpèce *BB* eft encore un champignon feuilleté, qui eft couvert, en naiffant, d'une pouffière blanche ou grife, comme cotoneufe; Sterbeeck lui donne l'épithète de *bombaceus*, à caufe de ce coton ou duvet. Il a les feuillets noirs, & on le trouve dans les lieux où il y a des matières en putréfaction. C'eft le troifième genre pernicieux de l'Éclufe *(fynonimie des efpèces, n.º 20. a).*

La figure de l'efpèce *C* eft une mauvaife copie de celle de Lobel, fous le nom de *fungi clypeiformes*, qu'on avoit chez cet auteur. Sterbeeck en diftingue, avec raifon, de deux fortes, celles dont les têtes font couleur de foufre, & celles qui font couleur de feu *(fynonimie des efpèces, n.º 30. b. 1. 2).*

L'efpèce *D* eft un petit champignon feuilleté blanc, à feuillets jaunes & à pédicule creux & noir intérieurement, qui croît fur le bois pourri. Le deffous du chapiteau eft finement fillonné. Sterbeeck le nomme *champignon-à-chenilles*, parce qu'on en trouve ordinairement qui y filent leur coque, ou qui y font fufpendues. Mais ce champignon-à-chenilles n'eft qu'une copie d'une figure de champignon de J. Bauhin, que Sterbeeck avoue n'avoir pas vu *(fynonimie des efpèces, n.º 72. a. 2).*

L'efpèce *E*, que Sterbeeck dit que les François appellent *la crote*, eſt un champignon feuilleté, mince, d'un jaune-pâle ou ſale par-tout, & dont les bords ſe relèvent un peu pour former la ſoucoupe ou l'entonnoir. C'eſt encore une copie, mais avec ſes défauts, d'une autre figure tirée des écrits de J. Bauhin *(ſynonimie des eſpèces, n.° 72. a. 3)*.

L'efpèce *F*, que Sterbeeck nomme *téte-de-pavot*, eſt ce petit champignon gris ou jaune qui prend la forme d'un entonnoir lorſqu'il eſt étalé, & qui reſſemble, dans ſa naiſ-ſance, à un petit mouſſeron, mais dont la chair molle, l'odeur déſagréable annoncent aſſez ſes qualités. C'eſt encore une copie des deux dernières figures des cinq du genre dixième des pernicieux de l'Écluſe *(ſynonimie des eſpèces, n.° 51)*, que Sterbeeck s'eſt perſuadé n'être pas celles de ce champignon. Il fait à ce ſujet un reproche à l'Écluſe, qui n'eſt pas fondé. Il prétend que cet auteur a oublié de donner l'explication des cinq figures qu'il a placées, *p. 279*, pour le repréſenter, & ſemble faire entendre que les deux pre-mières ne ſont pas du même genre que les trois autres ; ce qu'il ſoutient d'ailleurs en en faiſant deux eſpèces, l'une qu'il place parmi ſes mouſſerons douteux, *pl. XVII, fig. D*, ſous le titre de *fungus geminus ;* & l'autre, *planche XXIV*, ſous celui de *caput papaveris*. Mais il eſt aiſé de voir que Sterbeeck ſe trompe, puiſque l'Écluſe le décrit très-bien, en diſant que d'abord il eſt très-petit, ayant à peine un pouce ; qu'il ſe développe après, & qu'ils naiſſent quel-quefois deux enſemble, &c. Du reſte Sterbeeck dit qu'ils changent bientôt de couleur ; qu'ils deviennent gris, noirs, &c. Il lui donne le nom de *tête-de-pavot*, parce qu'il reſſemble à la capſule qui renferme les ſemences du coquelicot *(papaver erraticum)*, lorſqu'il eſt développé *(ſynonimie des eſpèces, n°. 51)*.

L'efpèce *G* eſt un champignon qui forme l'entonnoir comme le précédent, & que Sterbeeck regarde, avec raiſon, comme une de ſes variétés ou eſpèces analogues. Il eſt jaune quelquefois avec des points griſâtres, & ſe corrompt très-promptement

promptement comme d'autres. C'eſt encore une copie d'une
figure donnée par J. Bauhin pour une de celles de Lobel.
Sterbeeck met le nom de *ſcyphus lethalis*, à cauſe de ſa
forme. C'eſt une variété du précédent *(ſynonimie des eſpèces,
n.° 51)*.

L'eſpèce *H*, de l'aveu de Sterbeeck, eſt la même que celle
qu'on trouve, *pl. XXII, lettre F*, & qui eſt une rougeote
(ſynonimie, n.° 21).

L'eſpèce *I* eſt ce champignon en famille, dont Lobel &
Dodonée ont déjà fait mention, & que Sterbeeck nomme
le *digital* ou *dé-à-coudre*, à cauſe de ſa forme *(ſynonimie des
eſpèces, n.° 30. a)*.

L'eſpèce *K* eſt un autre champignon feuilleté, en famille,
à tête rouſſe, à feuillets gris, qui rentre comme variété dans
le n.° 30 de la ſynonimie des eſpèces *(ibid. var. g. 2)*.

L'eſpèce *L* eſt encore un champignon en famille, mais
d'un genre ſingulier, en ce qu'il n'a à ſa partie inférieure
ni appendices, ni tubes, ni feuillets. Sterbeeck le nomme
fungus luteus foliaceus pernicioſus, parce que ſa tête reſſemble
à une feuille de plante ordinaire ; il en diſtingue deux ou
trois eſpèces, une à couleur de ſang, l'autre à odeur de
muſc, l'autre jaune. Ces champignons croiſſent ſur le chaume ;
leur tige eſt brune. Ils fourniſſent un nouveau genre de
champignon *(ſynonimie des genres, n.° 33)*, ainſi qu'une
eſpèce principale *(ſynonimie des eſpèces, n.° 102)*.

L'eſpèce *M*, que Sterbeeck nomme *nœuds dorés (nodi
aurei)*, eſt la première du vingt-deuxième genre des pernicieux de l'Écluſe. Ces champignons ſont d'une belle couleur
d'or ou flave tendre par-tout, avec des tiges piquées de
points noirs *(ſynonimie des eſpèces, n.° 30. var. c)*.

L'eſpèce *N* eſt celle que Sterbeeck nomme *champignons
ſemés*, à raiſon de leur nombre, de leur petiteſſe & de leur
origine ; ſuivant le rapport de l'auteur, ils naiſſent aux
endroits où l'on jette l'eau dans laquelle on a fait bouillir
les champignons ordinaires, & parce qu'on aperçoit, de plus,
à l'extrémité intérieure de leurs tiges, comme de la graine

Tome I.   X

An. de J. C.
1675.

Sterbeeck.
CI

CII

CIII

An. de J. C.
1675.

Sterbeeck.
CIII

de chenevis prête à pouffer lorfqu'elle eft en terre. Ces champignons font d'un brun-pâle, ont leurs feuillets & leurs pédicules blancs, ne fe corrompent pas, fe sèchent fans fe gâter, n'ont ni mauvais goût ni mauvaife odeur. Sterbeeck témoigne fon regret de les avoir placés parmi les pernicieux, difant que peut-être un jour on les mettra parmi ceux de bonne qualité. Ces champignons fourniffent une efpèce particulière *(fynonimie des efpèces, n.° 103)*.

N. B. On doit remarquer que les tiges de tous ces champignons en famille, naiffent toutes de terre, réunies à leur bafe & comme fur le même pied.

La vingt-cinquième planche de Sterbeeck renferme encore plufieurs champignons en touffe, blancs ou couleur de buis. On en compte huit fortes que cet auteur met fous les noms fuivans :

Pl. XXV.
p. 235-239.

A. *Fungi cani fafciculofi.*
B. *Fungi fafciculofi fufci.*
C. *Fungi fafciculofi colore carneo & luteo mixto.*
D. *Fungi fafciculofi rufi coloris.*
E. *Fungi buxei fafciculofi.*
F. *Fungi magni fafciculofi.*
G. *Fungi fafciculofi colore ftramineo.*
H. *Stultorum cuculli, fafciculus.*

CIV

L'efpèce *A* eft un champignon feuilleté, en touffes plus ou moins nombreufes naiffant du même pied, avec des chapiteaux blancs, lavés de gris, de forme pointue ou conique, qui n'ont pour fubftance que des feuillets épais bleuâtres, & qui deviennent noirs. Dans leur première naiffance, ils n'ont rien qui annonce qu'ils foient malfaifans; mais ils commencent à prendre une mauvaife odeur quand ils s'ouvrent, & fe réduifent en liqueur. C'eft une efpèce un peu analogue à celles des n.ᵒˢ 20 & 55; mais elle en diffère fur-tout par fa difpofition en nombre ou famille,

An. de J. C.
1675.

Sterbeeck.
C V

& fournit une autre espèce particulière *(synonimie des espèces, n.° 104).*

L'espèce *B* est un champignon poreux, en touffes de huit ou seize ensemble, naissant du même pied, d'un rouge-brun dessus, jaune-verdâtre dessous, à pulpe blanche, mais changeant subitement de couleur ; la tige est renflée du haut. Il forme une espèce particulière *(synonimie, n.° 105).*

Les espèces *C. D. E. F. G.* de cette planche sont celles du vingt-deuxième genre des pernicieux de l'Écluse. L'espèce *C* est la seconde : les chapiteaux sont en partie jaunes & en partie couleur de chair ; les tiges comme des tuyaux de chaume. L'espèce *D* est la troisième espèce du même genre de l'Écluse ; les Allemands la nomment en leur langue, *champignon de l'aubépine :* les têtes un peu relevées en pointe, sont d'un brun-rougeâtre ou roux-foncé, avec des feuillets de même couleur ; les tiges de la même teinte, mais plus légère. L'espèce *E* a ses chapiteaux d'un jaune-pâle ou de buis, avec des feuillets d'un bleu-foncé ; les têtes se fendent quelquefois. L'espèce *F,* qui forme la cinquième du même genre de l'Écluse, a ses têtes rousses avec des feuillets gris. L'espèce *G* est d'un beau jaune-d'or ou de paille par-tout, avec des tiges comme des tuyaux de plume à écrire, & un voile de même couleur, qui reste attaché au haut de la tige en manière de collet. Tous ces champignons rentrent comme espèces analogues ou comme variétés dans le n.° 30 de la synonimie des espèces *(ibid. var. d. e. g. 1. h. i).*

L'espèce *H* est encore un champignon feuilleté & en touffe, à chapiteau blanchâtre, mêlé de brun-rougeâtre, à feuillets noircissans, & à tige renflée au milieu, qui naissent au nombre de sept ou huit du même pied. Sterbeeck les nomme *stultorum cucullus,* comme pour dire *bonnet des fous.* Cette espèce a quelque rapport de forme avec la première figure *A,* mais elle est plus coriace : c'est la sixième du vingt-deuxième genre pernicieux de l'Écluse *(synonimie des espèces, n.° 60).*

La vingt-sixième planche contient principalement des

An. de J. C.
1675.

Sterbeeck.
C V

Pl. XXVI.
p. 240-243.

champignons membraneux ou cartilagineux, attachés aux troncs des arbres en forme d'oreilles, & d'agarics. Les lettres des figures de cette planche ont été oubliées, mais elles font dans le difcours. Ces champignons font fous les noms fuivans :

A. *Fungus depictus.*

B. *Fungi ceraforum fylveftrium.*

C. *Auricula judæ colore coccineo.*

D. *Parva concha marina colore coccineo.*

E. *Fungus membranaceus parvus aureus.*

F. *Fungus magnus fordidus tuberans.*

L'efpèce *A* de cette planche forme le quatrième genre des pernicieux de l'Éclufe, c'eft-à-dire, cette efpèce d'agaric de plufieurs couleurs, ou agaric panaché dont il a été déjà queftion *(fynonimie des efpèces, n.° 47)*. Sterbeeck affure en avoir tiré la figure de l'ouvrage enluminé de l'Éclufe.

L'efpèce *B* eft une efpèce de fungofité du cerifier, tirée encore du livre enluminé de l'Éclufe. Sterbeeck dit que, quand ils font frais, on les coupe comme des raves; mais que quand ils font vieux, ils deviennent ligneux, jaunes extérieurement avec des bandes ou bords rouges, intérieurement blancs; ils n'ont ni pédicule, ni têtes, ni pores, ni feuillets. On les trouve fur les vieux cerifiers fauvages; ils reffemblent au *fungus cafearius* dont ils ne font qu'une variété *(fynonimie des efpèces, n.° 82, var. b)*.

L'efpèce *C* eft la première efpèce du vingt-quatrième genre des pernicieux de l'Éclufe. Elle eft, fuivant Sterbeeck, comme un cartilage d'un beau rouge de carmin, ordinairement deux à deux, & en forme d'oreille ou de noftoc *(fynonimie des efpèces, n.° 67-A. aa. 1)*.

L'efpèce *D* eft la feconde efpèce du même genre de l'Éclufe : les plus grands font d'un pouce. Ce font des champignons membraneux ou morilles chatonnées, d'un beau rouge-cramoifi ou de fang, qui paroiffent de confiftance

frêle. Cette efpèce eſt encore tirée du livre enluminé de
l'Éclufe; elle croît fur les branches d'arbres, & n'eſt qu'une
variété de la précédente *(ibid.)*.

L'efpèce *E* eſt un peu différente de la précédente; c'eſt
la troifième du même genre (24) de l'Éclufe, & tirée
encore de fon livre; c'eſt une peau d'un beau jaune-d'or,
de deux pouces environ, à finuofités & fans pédicule : on
en voit ici quatre figures. On les trouve fur les branches
d'arbres coupés : Vaillant & Schaeffer en ont donné encore
de très-bonnes figures. Cette efpèce eſt mife à tort, par
Sterbeeck, au nombre des plantes malfaifantes; on a reconnu
que fon ufage n'eſt point dangereux : elle fournit la variété
jaune du noſtoc *(fynonimie des efpéces, n.° 8, b)*.

L'efpèce *F* eſt un champignon feuilleté, formant la
feconde efpèce du quinzième genre des pernicieux de
l'Éclufe. C'eſt un champignon irrégulier, d'un roux-brun ou
grisâtre, à furface inégale & boffelée, avec des feuillets gris
& fétides; le pédicule n'eſt pas au centre, mais un peu fur
le côté : il y en a qui font très-grands. C'eſt celui que
l'Éclufe compare à un morceau de bois noirâtre ; il eſt
élevé en forme de borne ou de bonnet. Cette figure eſt
encore tirée du recueil de l'Éclufe *(fynonimie des efpéces,*
n.° 43, var. c).

La vingt-feptième planche contient encore plufieurs
champignons ou agarics des arbres. Sterbeeck les place fous
les noms fuivans :

A. *Fungi umbilicofi prunorum plures fimul.*

B. *Fungus lignofus aureus, querci fungus.*

C. *Agaricus.*

D. *Falfus agaricus feu fungus albus faligneus, odore iridis.*

E. *Concha falignea marina.*

F. *Fungus faligneus ex rufo fufcus, caule tenui & expanfo.*

G. *Cornu cervi calcinatum.*

H. *Auricula judæ.*

An. de J. C.
1675.

Sterbeeck.
C V

Pl. XXVII,
p. 245-269.

An. de J. C.
1675.

Sterbeeck.
C V

I. *Fungus campanulatus lignosus.*
K. *Fungus mesentericus.*
L. *Fungus crispus lignosus.*

L'espèce *A* est celle du second genre des pernicieux de l'Écluse, copiée du livre enluminé de cet auteur. Ces champignons naissent quelquefois quinze ensemble ; ils sont feuilletés, de forme ordinairement circulaire & aplatie, & formant un peu le nombril ; ils sont mêlés de couleur grise, pâle, rousse & brune, ce qui leur donne un aspect désagréable. On les trouve quelquefois au pied des cognassiers, mais ordinairement ils croissent en touffe d'une quinzaine sous les pruniers. Ils fournissent une variété de l'espèce de même forme, qui croît sur la souche du peuplier *(synonimie des espèces, n.° 36, var. d)*.

L'espèce *B* est un agaric disposé comme par feuillage semblable à de grandes feuilles de chêne couchées les unes sur les autres, & qui croît au pied du tronc de cet arbre : cet agaric est de couleur d'or. Suivant Sterbeeck, il est sec, coriace & spongieux, propre à faire de l'amadou ; il est finement poreux, & ressemble, quant à la forme, à celui que J. Bauhin a nommé *fungus intybaceus,* & à la seconde espèce indiquée par Lobel, sous la phrase de *F. arbor. auriculæ judæ facie :* cet agaric n'est point propre à la nourriture. D'après les témoignages de Lobel, de l'Écluse & de Sterbeeck, c'est celui dont on fait ces larges bandes qu'on trouve dans le commerce sous les noms d'*amadou* & d'*agaric astringent,* qu'on apporte de la Flandre. On ne trouve pas cet agaric aux environs de Paris *(synonimie des espèces, n.° 29).*

L'espèce *C* est l'agaric du mélèze, mal rendu. L'auteur relève Valérius Cordus, qui dit que cet agaric croît sur les sapins. Je crois qu'ils ne l'avoient vu ni l'un ni l'autre. *(synonimie, n.° 1).*

L'espèce *D* est l'*agaric à odeur d'iris* ou *faux agaric blanc,* qu'on trouve sur les saules. Les figures qu'on voit à cette planche, sur un tronc de saule, sont bien médiocres, &

rendent fort mal cet agaric, qui eſt d'une forme peu régulière, ſouvent à pluſieurs étages, & couché à plat ſur le
tronc. Sterbeeck ne lui ſoupçonne pas des qualités ſuſpectes;
& Ludgvi, qui a parlé de l'uſage interne de cet agaric, dit
l'avoir donné, ſans accident, à la doſe de cinq à huit grains.
Cependant, il eſt très-probable que c'eſt le même qui a
donné lieu à l'obſervation de Scharf, ſur l'uſage dangereux
de cette plante *(de uſu fungi ſalignei lethali)*. *(Voy. Éphem.
nat. cur. Dec. III, an. 2, obſervat. 82; & ſynonimie des
eſpèces, n.° 68).*

L'eſpèce *E,* miſe ſous le titre de *conque marine du ſaule,*
eſt une production membraneuſe, analogue à celles des
n.ᶜˢ 15 & 67 de la ſynonimie, qui n'a ni pores ſenſibles ni
feuillets, & qui croît, en effet, en forme de conque ſur
cet arbre. Elle reſſemble à un cuir élaſtique ou plutôt à un
cartilage brun ou châtain à l'extérieur, blanc à l'intérieur.
Sterbeeck avertit que cette eſpèce eſt mal placée ici, & qu'elle
doit être miſe parmi celles de bonne qualité. Cet auteur
a raiſon, & quoique ce champignon ſoit coriace, il eſt certain
que ſon uſage n'incommode pas. Dans le diſcours, Sterbeeck
en marque une variété à côtes de melon. Cet agaric membraneux fournit une eſpèce principale que Sterbeeck a fait
connoître le premier *(ſynonimie, n.° 106).*

L'eſpèce *F* eſt un petit champignon châtain ou rougeâtre,
d'une odeur forte & déſagréable, n'ayant pas d'autre chair
que celle des feuillets; il croît de même ſur les troncs des
ſaules. C'eſt encore une eſpèce que Sterbeeck a fait connoître ; ſa tige eſt aplatie & creuſe, & ſon chapiteau en
forme de cône. Il a, comme on voit, aſſez de caractères diſtinctifs pour former une eſpèce particulière *(ſynonimie des
eſpèces, n.° 107).*

L'eſpèce *G* eſt cette production ſingulière qu'on trouve
ſur les arbres, & que Sterbeeck nomme *corne-de-cerf calcinée,*
qui eſt d'un blanc d'argent net, & qu'il compare à une
branche de peuplier : il y en a de très-grands, & au point
de ne pouvoir tenir dans un mouchoir. Celle qu'on voit

An. de J. C.
1675.

Sterbeeck.
CV

CVI

CVII

An. de J.C.
1675.

Sterbeeck.
CVII

CVIII

dans cette planche est faite d'après nature; c'est le 2 5.ᵉ genre des pernicieux de l'Écluse *(synonimie des espèces, n.° 64. a)*.

L'espèce *H* est la véritable *oreille-de-judas*, qui croît sur le sureau ; Sterbeeck l'a dit efficace contre la squinancie, en la faisant bouillir avec deux figues grasses dans environ un demi - setier de bière, qu'on emploie en gargarisme. La figure qu'il en a donnée est bien meilleure que celle de l'Écluse *(synonimie des espèces, n.° 1 5)*.

L'espèce *I* est un champignon à tige, sec & ligneux, qui ressemble, pour la forme, à une fleur de campanule, c'est-à-dire, qui est en cloche ou en forme de verre à boire. On croiroit d'abord que c'est un champignon à pointes ou *hydnum*, mais par la description on voit que c'est un polypore, qui est comme piqué à l'épingle, & dont la partie intérieure a des bandes concentriques de diverses couleurs, à fond rouge ; la partie extérieure est comme piquée de points bruns, ainsi que la petite tige qui le porte. C'est une sorte d'agaric qui croît sur les chênes parmi la mousse, il est de l'épaisseur d'une forte feuille de papier. Il établit une espèce particulière *(synonimie des espèces, n.° 1 o 8)*.

L'espèce *K* est une production analogue à la précédente, mais par feuilles découpées & couchées les unes sur les autres presque horizontalement, à peu-près comme l'*agaric-à-coquilles* du cerisier, dont celui-ci est une variété, mais de nature sèche & ligneuse. Sterbeeck la nomme *fungus mesentericus*, à cause d'une sorte de ressemblance avec les intestins attachés au mésentère, ce qui n'en donne pas une idée bien juste ; il est de la couleur du papier joseph, ou rougeâtre extérieurement, blanc à l'intérieur, & mince comme le précédent. C'est cette espèce si commune qu'on trouve sur les souches des chênes, & dont il y a un très-grand nombre de variétés; elles ont toutes des bandes circulaires de diverses couleurs, & produisent en général, un bel effet *(synonimie des espèces, n.° 48, b. 7)*.

L'espèce *L* est encore de même nature, & croissant sur les souches ou le bois ; celle-ci est d'un gris blanc *(ibid. b. 5)*.

Sterbeeck

Sterbeeck fait encore mention de plufieurs efpèces ou variétés du même ordre, qui ne font point figurées, l'une mife fous le titre *de fungus lignofus foliaceus;* une autre qui reffemble au frai de morue, & qu'il nomme *laites;* une autre à feuillet, qui eft l'agaric labyrinthe *(fynonimie, n.° 2 5.);* & une autre qui eft l'agaric ordinaire ou amadouvier, qui eft plat, rude & inégal à la partie inférieure, uni, doux & femblable à un cuir préparé, à la partie fupérieure : c'eft la cent vingt-neuvième efpèce de cet auteur *(fynonimie, n.° 24. b).*

La planche xxviii contient une production fongueufe & poreufe à feuillages en forme de bouquet, & plufieurs lycoperdons ou vefces-de-loup, fous les noms fuivans :

    A. *Florum fafciculus.*

BCDE. *Fungi crepitus lupi.*

L'efpèce *A,* tirée du livre colorié de l'Éclufe, eft ce polypore remarquable qui forme le vingt-unième genre des bons de cet auteur. Il repréfente par fes extrémités de grandeur inégale, en quelque forte un bouquet de fleurs ; ces extrémités reffemblent, les unes à des feuilles de chêne, d'autres à des coquilles, d'autres à des lobes d'oreilles, enfin, d'autres à des écailles de poiffon en étoile ; c'eft comme un groupe de coquilles difpofées horizontalement & de différentes forme & grandeur. Sterbeeck n'a pas connu fes qualités, lorfqu'il le donne pour une efpèce d'un ufage fufpeâ ; il eft reconnu qu'on en fait ufage & fans inconvénient, fur-tout en Italie, où on l'appelle *grifole (fynonimie, n.° 12. var. b).*

Les *fig. BCDE* repréfentent des lycoperdons de forme globuleufe, dont l'une *B,* extraite du même livre, fert à repréfenter un lycoperdon qui avoit deux pieds de diamètre fur deux pieds deux pouces de hauteur. Sterbeeck dit qu'on trouve en note, dans ce recueil, que cette efpèce fut trouvée en 1616, dans un jardin, à Utrecht *(o);* que fa fubftance

An. de J. C,
1675.
——
Sterbeeck.
CVII

Pl. xxviii.
p. 269-272.

_____

(*o*) Cette note n'eft point de l'Éclufe, qui étoit mort en 1609, & fert à prouver que d'autres mains ont ajouté quelques figures à ce recueil qu'on voit encore aujourd'hui dans la bibliothèque de Leyde.

Tome I.   Y

An. de J. C.
1675.

Sterbeeck.
CVIII

eſt blanche, ſpongieuſe & d'une odeur forte ; il rappelle l'uſage que les chirurgiens du Brabant en font pour arrêter les hémorragies , & cite Felix Plater , qui conſeille d'en mettre la pouſſière dans un nouet, qu'on applique ſur les hémorrhoïdes , lorſqu'elles fluent avec trop de force. Cette eſpèce avoit été indiquée par Loëſel (*ſynonimie des eſpèces , n.° 31. a. 3*).

Les figures *C D E* repréſentent la ſeconde & la troiſième eſpèce du vingt-ſixième genre des champignons pernicieux de l'Écluſe (*ibid. a. 2*).

La xxix.ᵉ planche eſt une continuation de la xxviii.ᵉ, & repréſente encore des lycoperdons ſous les titres ſuivans :

Pl. xxix.
p. 272-277.

F. *Pezica.*

G. *Semiplanus crepitus lupi.*

H. *Pilatius parvus crepitus lupi.*

A. *Fungus monſtroſus in alveario natus.*

B. *Fungus antropomorphos.*

L'eſpèce *F*, qu'il nomme *pezica*, comme Céſalpin, eſt un lycoperdon ou veſce-de-loup, qui forme la première eſpèce du vingt-ſixième genre pernicieux de l'Écluſe, c'eſt-à-dire , l'eſpèce la plus commune qui eſt ovale (*ſynonimie des eſpèces, n.° 31. b*).

La figure *G* eſt une copie de celle qu'on trouve dans les écrits de Dodonée , qui forme une eſpèce particulière (*ſynonimie, n.° 32*).

L'eſpèce *H* eſt encore une figure copiée de Fabius Columna, & que Sterbeeck, induit en erreur par G. Bauhin (*P. n.° 43, p. 375*), a pris pour un lycoperdon. Mais c'eſt une bourſette rouge encore dans ſon enveloppe (voyez *Fab. Columna* & *ſynonimie des eſpèces, n.° 22. a*); ce qui prouve d'ailleurs que Sterbeeck a été dans l'erreur, c'eſt qu'il donne dans un autre endroit la même plante ſous un autre nom (voy. *planche xxx, figure NO* de cet auteur).

Les eſpèces *A B* ſont ces monſtruoſités remarquables tirées

des Éphémérides des Curieux de la Nature, dont l'une eſt
à figure humaine, ſous le nom de *fungus antropomorphos*
*(*voyez *ſynonimie des eſpèces, n.ᵒˢ 86. 89).* Cet auteur en a
adopté tout le merveilleux.

La planche xxx repréſente des phallus, des bourſettes
(clathrus), & un petit champignon peluché & ſoyeux, ſous
les lettres & noms ſuivans :

ABCD. *Phallus* Adriani.

   EFG. *Fungus priapeius,* Lobel.

    HI. *Veretrum caninum,* Cluſii.

  KLM. *Phallus germanicus ſeu podagricus.*

    NO. *Fungus coralloïdes cancellatus.*

     P. *Fungus bombaceus indicus.*

Les phallus, au nombre de quatre, ſous les lettres *A-M,*
ſont des figures copiées des écrits d'Adrien Junius, de Lobel,
de l'Écluſe, de Killing ; car Sterbeeck ſemble avouer n'en
avoir pas vu. Ces figures ſont néanmoins toutes très-bonnes,
& ſemblent avoir été encore mieux ſoignées que leurs modèles. *HI* repréſente la cinquième eſpèce du vingt-troiſième
genre pernicieux, de l'Écluſe. Sterbeeck dit, que ces phallus
appliqués extérieurement, ſoulagent les douleurs de goutte ;
que les chats les aiment beaucoup, & que leur ſuc eſt doux,
quoique l'odeur en ſoit très-forte *(ſynonimie des eſpèces,*
n.ᵒ 17. a. b).

Les figures *NO* repréſentent une bourſette copiée de
l'Écluſe *(ſynonimie, n.ᵒ 22).*

La figure *P* ſert à repréſenter un petit champignon à tige,
blanc comme neige & très-ſoyeux, qui fut apporté de l'Inde
en Hollande ; ſa tige, qui eſt blanche, devient fiſtuleuſe en
ſéchant ; elle a un pouce de haut. Sterbeeck ignore d'ailleurs
le nom & l'uſage de cette plante, qui n'a pas aſſez de caractères diſtincts pour être rapportée aux eſpèces principales.
Dans le diſcours, il eſt fait mention de ſept à huit ſortes de

Y ij

An. de J. C.
1675.

Sterbeeck.
CVIII
Pl. XXXI.
p. 289-290.

champignons connus, fur-tout du pezica à corps lenticulaires, qu'il nomme *fungus feminalis* *(fynonimie, n.° 63)*.

La planche XXXIe repréfente un mucos à tige, mais groffi au microfcope, & dont les têtes s'ouvrent à la partie fupérieure *(fynonimie des efpèces, n.° 84)*.

Enfin, la XXXIIe planche fert à repréfenter la truffe ordinaire, la fauffe truffe du cerf, ou truffe vefce-de-loup, des gallinfectes & une production ligneufe du châtaignier, fous les noms fuivans :

Pl. XXXII.
pages 308
& fuiv.

AAA. *Tubera terreftria feu catabates.*
BBBB. *Tubera perniciofa terreftria.*
CCCC. *Tubera quercina.*
D. *Caftanites.*

Les figures *AAA* font d'affez mauvaifes copies de celles que Mathiole & Dodonée ont donné des truffes ordinaires. Je crois que celle qui eft en forme d'œuf, & qu'on voit au bas de la planche, eft faite d'imagination. Sterbeeck affure qu'on ne trouve point de truffes dans le Brabant. Il leur donne le nom de *catabates*, mot qu'il forme du grec, conformément aux idées des anciens fur leur origine, & comme pour dire, *enfans* ou *bruit du tonnerre*. Il dit, qu'en ayant reçu d'Italie, & mis plufieurs en terre, il s'aperçut qu'elles avoient pullulé; & qu'au bout d'un certain temps, il en trouva qui étoient entièrement vides; d'ailleurs, il n'a rien dit de particulier fur les truffes.

CIX

Les figures *BBBB* fervent à repréfenter, chez Sterbeeck, ce que les autres auteurs ont nommé *truffes-du-cerf*, dont il diftingue deux variétés; celles que Lobel, Mathiole, J. Bauhin, ont indiqué & décrit avec détail (ce font celles qui occupent la partie fupérieure de la planche) ; & une autre repréfentée par la figure qui occupe le milieu de la planche, & qui a des racines, mais ne formant qu'une efpèce, qu'il dit de la groffeur de fortes noix ou de petites pommes, qu'on trouve felon lui, en partie, hors de terre, & en partie fous terre,

An. de J. C.
1675.

Sterbeeck.
CIX

& réunies fix ou fept enfemble. Leur enveloppe extérieure eft d'un gris blanchâtre, mince, avec des éminences ou inégalités; fous cette première enveloppe, elles en ont une autre blanche, de l'épaiffeur d'une lame de couteau, dure, qui enveloppe une pulpe bleuâtre ou couleur d'indigo, d'abord compacte & ferme, enfuite liquide ou comme boueufe. L'auteur compare ces plantes aux peaux ou fachets dans lefquels on met du mercure, lorfqu'ils en font pleins. Selon lui, il y en a qui ont une pulpe plus blanche & comme une racine, c'eft la feconde variété; celles-ci ont une pulpe noire, compacte, lourde & terreufe, & toutes une odeur forte & de relan; on les trouve fréquemment dans le Brabant, à fleur de terre, fous les feuilles de chêne.

Il eft aifé de voir, par cette defcription & par les figures, que Sterbeeck n'a point indiqué la véritable truffe-de-cerf, quoiqu'il en ait eu l'intention, mais un lycoperdon fort commun, qu'on trouve fur-tout dans le bois de Boulogne, dont la fubftance interne en effet, compacte, bleuâtre & d'une odeur très-forte, ne fe vide pas par une déchirure à la partie fupérieure de la plante, comme dans les autres vefces-de-loup, mais par des trous qui fe font naturellement en divers points, comme on le voit dans une des figures données par Sterbeeck. Mais ces vefces-de-loup, lourdes, dures & fermes, ne viennent point fous terre, comme la truffe-de-cerf qu'on trouve dans la Bohème, dans les Ardennes, en Pruffe & en Suiffe. Sterbeeck avoue que la plante dont il donne la figure, eft la véritable truffe-de-cerf, ou qu'elle n'exifte pas, ou qu'elle eft très-rare; il étoit bien plus fimple de dire, qu'il ne l'avoit pas trouvée dans le Brabant, comme Mathiole, qui l'ayant trouvée en Bohème, étoit convenu qu'on ne la trouvoit point en Italie. Du refte, l'efpèce décrite & figurée par Sterbeeck, n'avoit point été indiquée avant lui, & en forme une particulière (*fynonimie des efpèces, n.° 109*).

Indépendamment de ces productions, Sterbeeck confidère encore, comme appartenant au même ordre de plantes, ou comme très-voifines, non-feulement certaines racines, telles que *le nux terreftris* de Dodonée, le *courcas*, le *manoli* de l'Éclufe, mais encore les gallinfectes des chênes, qu'on voit dans la même *planche*, *figure C*, fous le nom de *tubera quercina* ; enfin, il a cru devoir y mettre encore cette production ligneufe du châtaigner, dont Aldrovande a fait mention, qu'on trouve fous la lettre *D*, & fous le nom de *caftanites* ; mais on voit que cet auteur a été au-delà des bornes dans lefquelles il devoit fe contenir.

On peut juger, par cet expofé, de toute l'étendue de la tâche que Sterbeeck s'étoit impofée. On lui a l'obligation d'avoir donné des figures en général affez exactes de prefque tous les champignons dont il a fait mention, & fur-tout de ceux qui manquent au traité de l'Éclufe, ce qui fert à éclaircir & compléter l'excellent ouvrage de ce botanifte françois. On lui a de plus, celle d'avoir fait connoître très-diftinctement une quinzaine d'efpèces nouvelles ; mais on peut lui reprocher d'en avoir beaucoup trop multiplié le nombre : ce défaut eft fi fenfible, que la totalité de deux cents foixante-dix pourroit être réduite à peu-près à moitié. Cette multiplication d'efpèces, fans néceffité, eft fur-tout remarquable aux planches I, II, VI, VIII, IX, X, XIII & XIV, qui en offrent quarante-fept, dont il y en a à peine, feize diftinctes ; ainfi, le reproche qu'on lui fait & que lui avoit déjà fait Haller, eft très-fondé. On peut lui reprocher encore une crédulité exceffive, & l'amour du merveilleux porté beaucoup trop loin, quelques négligences en citant les auteurs, fur-tout Théophrafte, auquel il fait dire ce qu'on ne trouve point dans fes écrits ; des erreurs fur-tout fur l'oronge & les moufferons, qui pourroient devenir funeftes, fi fes idées étoient fuivies ; enfin, une diftribution très-vicieufe des champignons, puifque tous les genres s'y trouvent entaffés pêle-mêle & confondus, & que plufieurs efpèces de bonne qualité fe trouvent avec les mauvaifes, ou données pour telles, quoiqu'elles ne le foient pas.

Malgré ces défauts, c'eft encore le traité le plus curieux

& le plus étendu qui ait été fait fur cette matière, & qui a mérité les éloges de Dillen, un des plus grands botaniftes qui aient exifté, & quoique Haller l'ait traité d'auteur non lettré, on doit regretter encore que fon ouvrage plein d'érudition, ne foit pas écrit en une langue plus connue.

Tandis que les botaniftes s'occupoient du foin de faire connoître ces plantes, les obfervateurs les plus éclairés cherchoient à découvrir la caufe de leur reproduction ; elles devenoient fur-tout l'objet des recherches du favant & modefte Malpighi ; mais après les expériences les plus fines, & faites avec toute la fagacité dont il étoit capable, ce grand homme a la bonne foi de convenir qu'il ne fait pas comment les champignons fe reproduifent, malgré tous les efforts qu'il a faits pour parvenir à le découvrir. Il finit néanmoins par dire qu'il croit que les champignons fe reproduifent ou par des femences qui leur font propres, ou par une portion de leur fubftance qui fermente & s'élève en champignon *(p)*.

Dans le même temps que Sterbeeck faifoit fes obfervations dans le Brabant, Magnol, profeffeur de botanique à Montpellier, obfervoit les plantes des environs de cette ville. On trouve dans fon *Botanicon Monfpelienfe*, dont la première édition parut à Lyon, en 1676 *(q)*, fous le mot *fungus*, l'énumération de dix-huit efpèces de champignons. On y voit la morille, le champignon ordinaire fous le nom de *boulets* *(fynon. n.° 4)* ; le quatrième genre des bons de l'Éclufe, fous celui de *mafcarille (fynon. n.° 34)* ; la peuplière blanche, fous le nom de *pivoulado (fynon. n.° 36)* ; le grand moufferon blanc de J. Bauhin, fous le nom de *coucoumelle (fynon. n.° 69)*, fa couleur eft un peu livide & fa furface comme foyeufe ; mais il eft douteux que ce foit celui qu'indique J. Bauhin *(fynon. des efpèces, n.° 250)* ; le champignon amer ou poivré, c'eft-à-dire, une des efpèces du huitième genre de l'Éclufe

An. de J. C.
1675.
────────
Sterbeeck.
CIX

────────
Malpighi.

1676.
────────
Magnol.

(p) *Marc. Malpighi opera. Anatom. plantar. de plantis quæ in aliis vegetant*, pag. 52, 53. Londini, 1686, *in-fol.*
(q) *Botanicon Monfpelienfe authore Petro Magnol.* Lugduni, 1676, *in-8.°*

An. de J. C.
1676.

Magnol.
CIX

(*fynon. n.° 9. a*); il dit qu'il a une odeur forte, mais qu'on le mange : la girolle jaune, fous le nom de *gerille* (*fynon. n.° 10. a*) ; la rouge, fous le nom de *jhaune aiou (jaune d'œuf)* (*fynon. n.° 3*) : le champignon pourpre de l'Éclufe, fous la phrafe de *fungus fupernè faturatè ruber* (*fynon. n.° 41*) ; un cepe de diverfes couleurs, fous celle de *fungus variegatus fine ftri s* (*fynon. n.° 44. a. 1*) ; enfin, fix autres indiqués par l'Éclufe ou par J. Bauhin, parmi lefquels il y a un coralloïde blanc, un champignon poreux, gris deffus, jaune deffous (*fynon. n.° 14*) ; un en touffe tout jaune croiffant fur l'yeufe, mais vaguement indiqué ; & le petit fongoïde à lentilles (*fynon. n.° 63*). Dans les éditions poftérieures, il en a ajouté quelques autres, telles que la bourfette rouge (*fynon. n.° 22. a*) ; mais dans toutes, il a fait mention, d'une manière particulière, d'un champignon qui n'avoit été que vaguement indiqué par Hermolaüs, Ruelle & Céfalpin, fous le nom de *carduele* ou *cardueli* (*fynon. des genres, n.° 13*), & que Magnol a fait connoître plus particulièrement fous le nom de *fungus eryngii*, ou *brigoule*, pag. 103, n.° 12.

CX

Ce champignon, ainfi nommé par Magnol, parce qu'il a découvert qu'il ne prend naiffance que fur la racine pourrie du chardon-roland *(eryngium)*, ne fe trouve, par conféquent qu'aux endroits où croît cette plante, & lorfqu'elle eft dans un état de deftruction ; obfervation exacte & qui a été confirmée depuis, par tous les auteurs. Le champignon qui croît ainfi fur la racine du chardon-roland, & qu'avec un peu de dextérité on enleve avec la racine qui lui fert de matrice, & à laquelle il tient, a été célébré, à caufe de fa délicateffe & de fon goût, par Tournefort & Garidel. Il paroît même qu'il n'a pas été inconnu aux Romains, du moins fi l'on en juge par le nom provençal & languedocien, qui eft celui de *brigoule* ou *bouligoule*, mot qui paroît *latin*, & qui exprime en même temps fes bonnes qualités & fa forme primitive qui eft arrondie, puifque ce mot eft formé de *bolus* ou *boli* & de *gula*, comme pour dire petit bol de la gueule ou du palais, *boligulæ*, lequel, prononcé à la

manière

manière des Romains, forme le son de *bouligoulæ* ou *bou-ligoule*, qui a resté.

Magnol décrit avec soin ce champignon ou plutôt ce mousseron qui, lorsqu'il commence à pousser, a une tête arrondie, semblable à une petite boule ou mousseron, & qui dans son développement prend la forme d'une girolle, ou en quelque sorte d'une oreille d'animal ; voilà pourquoi on l'appelle encore dans quelques endroits de la France, sur-tout dans le Nivernois, *oreille-de-chardon.* Il est d'abord blanc, ensuite d'un gris rousselet ; enfin, il prend une teinte bistre ou couleur de suie par-dessus, mais avec une tige & des feuillets blancs. Ce champignon est bien en chair, très-délicat & d'un usage sûr. Micheli en a donné une figure, *planche LXXIII, fig. 2,* qui représente assez bien cette plante ; mais la figure de la racine qui la porte, & qu'il a fait représenter, est manquée, puisqu'elle a été dessinée dans un état de fraîcheur, tandis qu'elle est toujours morte, c'est-à-dire, à demi-pourrie, ou sensiblement altérée lorsque le champignon s'y forme. Il fournit une espèce particulière très-remarquable *(synonimie des espèces, n.° 110).*

Magnol a encore fait mention du noftoc sous la phrase de *muscus fugax membranaceus, pinguis,* & c'est le premier botaniste qui l'ait clairement désigné *(synonimie, n.° 8. a).*

Mentzel, premier médecin de l'électeur de Brandebourg, a donné, dans son *Pinax (r)* ou *Index* de plusieurs langues, une énumération un peu méthodique, sous le mot *fungus,* de presque tous les champignons qu'on avoit fait connoître avant lui.

Cet auteur les distribue tous en deux classes principales, à raison du lieu où ils croissent ; en souterrains, ou qui naissent sous terre *(subterranei),* & en ceux qui croissent dessus *(supraterranei).*

An. de J. C.
1682.

Magnol.
CX

Mentzel.

(r) *Pinax seu index nominum plantarum universalis, &c. cui accessit Pugillus rar. plant. cum fig. æneis, &c. Adornavit & perfecit opus Christ. Mentzelius, furstenvald.* Berolini, 1682, *in-fol.*

Tome I. Z

Ceux de la première font les truffes, qu'il place fous le mot *tuber*, auquel il renvoie.

Ceux de la feconde font fous-divifés en champignons des prés ou des friches *(fungi pratenfes)*, en champignons des bois *(f. fylvatici)*; en champignons des arbres *f. arborei)*; en champignons de mer *(f. maritimi)*, (les lythophites), & enfin, à raifon de leur fubftance, en champignons de pierre, felon lui *(lapidei)*. Tel eft le plan de la méthode de Mentzel, qui eft en partie une imitation de celle de J. B. Porta, & qui n'eft pas d'ailleurs rigoureufement obfervée dans la diftribution qu'il donne de ces plantes, commençant par ceux des bois, mêlant ceux de mer avec ceux des pierres, & faifant, pour ainfi dire, un monftre de méthode, où tout eft confondu; ceux des arbres ou agarics avec ceux qui croiffent par terre, les champignons feuilletés avec les poreux, les lycoperdons avec les morilles & les coralloïdes, & enfin, très-fouvent ceux de bonne qualité avec ceux qui font malfaifans, quoiqu'à l'exemple de l'Éclufe & de G. Bauhin, il commence par ceux de bonne qualité, & finiffe par ceux qui ne le font pas.

Mais quelque vicieufe que foit cette méthode, cela n'empêche pas que cet auteur n'ait fait des découvertes réelles dans cette partie, & qu'on trouve confignées principalement dans un autre index joint à celui-ci, qui a pour titre : *Pugillus rariorum plantarum*. La planche VI eft principalement deftinée à ces champignons donnés pour efpèces nouvelles.

Parmi ces plantes, au nombre de douze, il y a un phallus, qui ne diffère, à ce qu'il paroît, de ceux qui étoient connus, que par la groffeur, & qu'il met fous le titre de *fungus phallodes maximus, ftylo duplici (fynonimie, n.° 17. a)*; un lycoperdon, en forme de mortier ou de calice, dont il donne la figure, *planche VI*, fous le nom de *fungus magnus caliciformis*, mais qui avoit déjà été indiqué & figuré par Dodonée *(fynon. n.° 32)*; le petit fungoïde de l'Éclufe, fous le titre de *funguli caliciformes feminiferi*, dont il donne d'excellentes figures *(fynonimie, n.° 63)*. Les autres, fi l'on en excepte un coralloïde, qu'il nomme *crifta galli, pag. 125*, & une girolle jaune, *fungi auriculæ leporis forma, lutei. Pugil. (fynonimie, n.° 10. a)*, font des productions qu'il a fait connoître.

La première eft une forte de morille, unie, en forme de mitre, qu'il met fous la phrafe de *fungus autumnalis bifulcus, velut apex flaminis Plinii (Pugil. planche VI)*, d'après l'idée que Pline avoit voulu défigner cette efpèce, en parlant des champignons de forme femblable aux chapeaux des prêtres Flamines; mais certainement Pline ne penfoit pas aux morilles, fur-tout à celles dont parle notre auteur, lorfqu'il faifoit cette comparaifon *(fynonimie des genres, n.° 7; & fynon. des efpèces, n.° 5)*. Cette morille eft exactement en forme de mitre d'évêque, c'eft-à-dire, en deux parties, dont l'une eft ordinairement un peu plus élevée que l'autre; elle n'eft point particulière au Brandebourg; Rupp & Schaeffer l'ont obfervée depuis, ailleurs. L'efpèce la plus. commune eft brune; elle n'eft point à grandes cavités, ni finueufe comme les autres morilles; fa furface eft prefque unie, & fes deux lobes droits & coniques, le tout porté fur une tige blanche & creufe; elle eft très-bonne à manger, & fournit une efpèce particulière remarquable *(fynonimie des efpèces, n.° 111)*.

La feconde eft une autre morille à grandes finuofités, & qui repréfente en quelque forte celles des inteftins; il la nomme, pour cette raifon, *fungus porofus, communis, inteftinorum gyros referens (Pugil. planche VI)*. Elle diffère de la morille ordinaire, en ce qu'elle n'eft ni ronde ni pyramidale, mais irrégulièrement ovale, avec une tige conique; elle eft brune, avec une tige blanche; elle eft très-bonne à manger, & paroît particulière à la Marche de Brandebourg. Elle forme une autre efpèce particulière *(fynonimie, n.° 112)*.

Quant aux autres morilles de forme pyramidale, mifes fous la phrafe *fungus porofus pyramidalis & in metam faftigiatus quadruplex*, & dont il donne quatre figures, *planche VI*; elles ne diffèrent des morilles ordinaires que par la forme particulière de leurs finuofités, à côtes minces, difpofées régulièrement, & à grandes cavités ovales : ce font des morilles

An. de J. G.
1682.

Mentzel.
CXI

CXII

An. de J. C.
1682.

Mentzel.
CXIII

analogues à la morille ordinaire *(synonimie des espèces, n.° 6, var. c)*.

La troisième espèce de production de ce genre, est encore un champignon membraneux, en forme de lichen, petit, qu'on trouve dans les lieux marécageux, en octobre, & qui offre cette particularité singulière d'être phosphorique & de luire dans la nuit comme le ver luisant, lorsque le temps est serein. Cette production, à ce qu'il paroît, n'a pas été observée depuis. Mentzel la met, sans autre description, sous la phrase de *fungulus lichenosus, lampyridis instar nocte serenâ lucens, in paludosis, m. octobr. p. 127.* Elle fournit une espèce remarquable, mais sur laquelle on desire encore des détails *(synonimie des espèces, n.° 113)*.

La quatrième espèce qu'il a fait connoître, & qui est devenue très-célèbre parmi les botanistes, est une production du bois pourri, en forme de doigts, à écorce ou surface noire & granuleuse ; c'est celle qui a donné lieu, depuis Mentzel, à la formation d'un genre remarquable, sous les noms de *lichen agaricus* par Micheli, & de *sphæria* par Haller *(synonimie des genres, n.° 48)*. Mentzel la nomme *hypoxilon excrementum ligni putridi fungosum*, & en donne la figure, *pl. VI. Pugil.* Cette production est du même genre que celle que Loësel avoit observée *(synonimie des espèces, n.° 86)*.

CXIV

Mais la production la plus singulière, & qu'on a cru particulière à la Marche de Brandebourg, est une espèce de truffe qui a exactement la forme, la grosseur & la couleur, extérieurement, d'un testicule humain ou d'un rein. Sa consistance est à peu-près celle d'un lycoperdon, dans un état de fraîcheur ; mais sa chair est verdâtre & a une odeur très-forte : son écorce extérieure est à peu-près de l'épaisseur d'une lame de couteau, & on aperçoit à sa surface comme des ramifications. Mentzel la donne dans la même planche sous le nom de *tubera subterranea testiculorum formâ.* Son usage en seroit très-dangereux. Elle fournit une espèce particulière *(synonimie des espèces, n.° 114)*.

Mentzel a encore donné pour champignons une production

qu'il nomme *funguli incarnati coloris mufco innati* (*Pugill.* *tab. 6*) , que Vaillant, *p. 69* , & Schaeffer, *planche CCCVIII,* ont pris auffi pour des champignons, mais que Micheli a mis à fa vraie place, c'eft-à-dire, parmi les lichens de fon trente-cinquième ordre *(f)*.

Les chofes en étoient là, à l'égard des champignons & des méthodes connues, lorfque Ray, botanifte anglois, auteur infatigable, l'ami & le rival de Tournefort, publia en 1686 & 1688, les deux premiers volumes de fon *Hiftoire des plantes*, dont le troifième ne parut qu'en 1704. La première & la deuxième édition de fon *Synopfis methodica* ne parurent qu'en 1690 & en 1696 ; mais la troifième ne fut donnée au public que dix-neuf ou vingt ans après fa mort, c'eft-à-dire, en 1724, par Dillen. C'eft dans ces deux ouvrages que Ray a réuni à peu-près tout ce qui étoit connu fur les champignons. Merret, Doodi, Dale, Sherard, Robinfons, Tozzi & d'autres botaniftes de fon temps, lui firent part de leurs découvertes ; & on peut dire que c'eft Ray qui a donné le premier à cette partiè de la botanique cet air, pour ainfi dire, de fraîcheur & de nouveauté qu'elle a confervé depuis. C'eft encore Ray qui a jeté les premiers fondemens des méthodes établies fur la ftructure de ces plantes. C'eft fur-tout dans fon *Synopfis methodica* qu'il donne quelques caractères particuliers, au moyen defquels on peut reconnoître certains champignons, & toute la perfection de fon travail fur cette partie fe trouve réunie dans la troifième édition de cet ouvrage, publié par Dillen.

Ray, dans fon hiftoire, avoit divifé d'abord tous les champignons en trois principaux genres ou ordres, à raifon du lieu où ils croiffent, en *terreftres*, en *arborefcens*, & en *fouterreftres*. Les champignons terreftres y font fous-divifés en *terreftres feuilletés* & en *terreftres non feuilletés*. Dans chaque

An. de J. C.
1682.

Mentzel.
CXIV

1686.

Ray.

(f) *Lichen cruftaceus terreftris , crufta granulofa ex albo fubcinerea , receptaculis florum rotundis carneis pediculo infidentibus.* Micheli, nova plant. genera, p. 100.

An. de J. C.
1686.

Ray.
CXIV

section ou sous-division, il commence toujours par ceux de bonne qualité, & finit par ceux de qualité suspecte.

Dans la seconde édition du *Synopsis*, on les y trouve divisés en deux genres ou ordres principaux, en *champignons feuilletés*, & en *champignons non feuilletés ;* mais dans la troisième, tous les champignons y sont distribués en cinq sections, dont la première renferme *ceux dont le chapiteau est feuilleté ;* la seconde, *ceux qui ne le sont pas ;* la troisième, *ceux qui n'ont point de chapiteau ;* la quatrième, *ceux qui se réduisent en poussière ;* & la cinquième, *ceux qu'on trouve sous terre.* Les champignons de la troisième section, c'est-à-dire, ceux qui n'ont point de vrai chapiteau, y sont encore sous-divisés en trois ordres, en ceux qui sont *à surface unie & ployée en différens sens,* en ceux *à surface formant une cavité,* & en ceux qui ont *une surface horizontale & attachée latéralement aux arbres.*

Son Histoire des plantes comprend les champignons qu'on observe dans tous les pays, & le *Synopsis* ceux qu'on trouve en Angleterre ; Dillen y a ajouté ceux des environs de Giessen. Ces deux ouvrages offrent un total d'environ cent quatre-vingt-quatre sortes de champignons : sur ce nombre, il y a quatre-vingt-quatre espèces qui avoient été clairement indiquées par les auteurs précédens, & données pour telles par Ray ; douze observées en Italie, & communiquées par Tozzi, sans aucun détail. Les autres, au nombre de quatre-vingt-huit, sont ceux que Ray a donnés pour espèces nouvelles ; mais sur cette totalité, il y en a environ cinquante-six qui étoient déjà connus, c'est-à-dire ; mis sous d'autres noms, ou qu'on ne peut considérer que comme des variétés d'espèces déjà indiquées. Les trente-deux qui restent sont ceux que ce botaniste ou ses coopérateurs ont fait connoître.

Dans le premier ouvrage, on en trouve d'abord, parmi les espèces pernicieuses & feuilletées, trois qui viennent en touffe ou en famille, & dont on lui a fait l'honneur de la découverte ; l'un mis sous le nom de *fungi plures ex uno pede, è prunorum radicibus enati;* l'autre fous celui de *fungus mediæ magnitudinis pileolo è rufo flavicante, lamellis fubtùs fordide virentibus;* & le troifième fous le titre de *fungi minimi plurimi fimul nafcentes, turbinati, &c.* Les deux premiers font ces champignons en touffe, couleur d'or, ou de foufre, ou de feu, qui croiffent au pied des arbres, & qu'on trouve fi communément dans tous les bois, en automne; leurs feuillets font olivâtres ou verdâtres, leurs tiges droites, pour l'ordinaire de la groffeur d'un tuyau de plume à écrire; ils ont une odeur défagréable & fèchent fur pied. L'un & l'autre fe trouvent parfaitement décrits par Ray, qui a été enfuite copié ou cité par Dillen, Vaillant, & autres botaniftes; mais ces champignons étoient déjà connus *(fynonimie des efpèces, n.° 30. b. 1. 2).*

Le troifième, c'eft-à dire, celui qu'il met fous la phrafe de *fungi plurimi minimi, fimul nafcentes, turbinati, exteriùs cinerei aut fubfulvi. ftriis nigricantibus, tom. I, n. 35, p. 100,* eft un petit champignon qui croît de même en famille, de couleur grife ou fauve, & rayée, dont la tige eft mince comme un fil; il n'a qu'une peau & des feuillets; fes têtes font en forme de petits bonnets. Ce champignon eft un de ceux qui fe réduifent en liqueur noire; il fournit une efpèce particulière *(fynonimie des efpèces. n.° 115).*

On trouve encore, dans le même ouvrage, parmi les efpèces feuilletées & de grandeur moyenne, trois autres champignons; l'un de couleur fauve & de forme conique, à feuillets de couleur cendrée, & fans chair; un autre couleur de marron, à feuillets blancs & à tige tigrée, dont il paroît que les auteurs n'avoient fait nulle mention, & dont l'un eft mis fous le titre de *fungus fordidè fulvus, in acutum conum faftigiatus,* & l'autre fous celui de *fungus pileatus major fupernè coloris caftanei, lamellis candidis, caule maculato,* qui forment chacun une efpèce particulière *(fynonimie des efpèces, n.° 116, 117).*

Quant au troifième, celui-ci eft d'une faveur âcre, a une tige longue & des feuillets tous d'égale longueur; ce qui a

An. de J. C.
1686.

Ray.
CXIV

CXV

CXVI
CXVII

ſervi principalement de note à l'auteur, pour établir ſon caractère, comme on le voit dans le *faſciculus* de la ſeconde édition du *Synopſis :* mais ce dernier champignon étoit déjà connu, & ne peut être conſidéré que comme une variété d'une eſpèce principale *(ſynonimie des eſpèces, n.° 21, var. d).*

Parmi les eſpèces beaucoup plus petites, on en trouve un à ſurface comme farineuſe, avec des feuillets noirs, ſous la phraſe de *fungus minor tenerrimus farinâ reſperſus, &c.* qui rentre comme variété du *champignon-du-fumier (ſynonimie, n.° 20, var. b) ;* un autre très-petit, à longue tige & laiteux, ſous le titre de *fungus minimus & lacteſcens,* qu'on ne peut conſidérer encore que comme une autre variété de ceux que J. Bauhin avoit fait connoître ſous le titre de *fungi varii,* & dont il y en a qui ſont laiteux *(ſynonimie, n.° 72, var. b. 3) ;*

un autre à chapiteau hémiſphérique & viſqueux, mais dont la ſurface inférieure, c'eſt-à-dire celle des feuillets, eſt ſur un plan horizontal, ce qui lui ſert de caractère diſtinctif : on le trouve communément ſur le crotin de cheval ; ſa couleur extérieure eſt d'un blanc ſali de jaune, & luiſant ; il forme une eſpèce particulière très-diſtincte *(voy.* ſa phraſe & la *ſynonimie des eſpèces, n.° 118).* Heberden, dans une obſervation ſur les effets pernicieux des champignons, communiquée au Collége des médecins de Londres, dit que cette eſpèce cauſa la ſtupeur, une céphalalgie violente chez les adultes, & des convulſions chez les enfans. Le vitriol blanc, ſelon lui, fut d'un prompt ſecours dans ce cas, à la doſe d'un ſcrupule. La décoction des fleurs de camomille fut encore avantageuſe dans la même circonſtance *(Medicals obſervations).*

Ray, parmi les petites eſpèces, en indique encore une, couleur de ſouris, qui eſt mince, grêle, avec un chapiteau rayé des deux côtés, mis ſous le titre de *fungus puſillus, pileolo tenui, utrinque ſtriato, &c.* qui forme une autre eſpèce diſtincte *(ſynonimie des eſpèces, n.° 119).*

Parmi les champignons qu'il donne pour nouvellement obſervés, on en trouve encore une eſpèce à chapiteau

conique,

conique, & reſſemblant, en quelque ſorte, à un bonnet rabattu, dont les feuillets font un peu de ſaillie au-dehors, qu'il met ſous la phraſe de *fungus parvus, pediculo oblongo, firmo, lento, pileolo in medio faſtigiato, &c.* & qu'on trouve parmi les eſpèces analogues à celles qu'avoit obſervé J. Bauhin *(ſynonimie des eſpèces, n.° 72. d)*.

Ray s'eſt manifeſtement trompé dans ſon *Hiſtoire des plantes,* ou a été en contradiction avec lui-même, en plaçant parmi les champignons feuilletés, étrangers à l'Angleterre, l'eſpèce indiquée par Céſalpin, & qu'on connoît ſous le nom de *langue-de-bœuf,* puiſque cet agaric n'a point de feuillets, & qu'il eſt mis enſuite par Ray lui-même, en deux autres endroits de ſes écrits, comme indigène à l'Angleterre, ſous le titre de *fungus arboreus carnoſus, hepatis facie (Hiſtor. plant. tom. III; & Synopſis II, p. 340)*. Sur cette eſpèce *(*voyez *ſynonimie, n.° 23)*.

Il en eſt de même de l'eſpèce que Porta avoit indiquée ſous le nom de *gallinacia,* qu'on trouve encore dans le même ouvrage de Ray, parmi les champignons feuilletés, quoiqu'elle ſoit certainement poreuſe *(ſynonimie, n.° 12)*.

Parmi les champignons non feuilletés & terreſtres, indiqués dans cette *Hiſtoire des plantes,* on trouve d'abord un grand cepe de couleur fauve ou de rouille de fer deſſus, jaune ou vert-jaune deſſous, à pulpe blanche, de la grandeur à peu-près de la paume de la main, qu'il met ſous le titre de *fungus poroſus noſtras.* Il ne peut être conſidéré que comme la variété conſtante du cepe roux obſervé par Céſalpin, & dont celle-ci a les feuillets d'abord jaunes, enſuite verts, & qui eſt très-bonne à manger *(ſynonimie des eſpèces, n.° 18. a. 6. 7)*.

On voit enſuite deux clavaires, en forme de langue de ſerpent, dont Ray en a fait connoître une le premier, qui eſt noire, *fungus ophiogloſſoïdes niger* de cet auteur ; & l'autre jaune, *fungus luteus ad fungum ophiogloſſoïdem nigrum accedens, &c.* mais qui avoit été déjà obſervée. Elles rentrent comme variétés, ou comme eſpèces analogues dans le numéro de l'eſpèce principale des clavaires ſimples, obſervée par

An. de J. C.
1686.

Ray.
CXIX

A a

Maurice Hoffmann *(synonimie des espèces, n.° 87. c)*. Parmi les plantes du même ordre, on y trouve un hypoxilon à pointes ou fonmités aplaties, fous le titre de *fungus niger compressis apicibus albidis*, espèce analogue à celle que Breyne a fait connoître, & qui est à branches *(synonimie des espèces, n.° 88)*.

. Il paroît que Ray s'est encore trompé en plaçant parmi les champignons non feuilletés celui des pruniers, qui forme son n.° 5 , & qui a des feuillets.

Parmi les agarics ou champignons des arbres, donnés pour nouveaux, on en trouve deux, de couleur noire ; l'un qui croît fur le frêne, mis fous le titre de *fungus fraxineus niger , durus orbiculatus ;* l'autre qui croît fur le chêne, fous celui de *fungus quercinus niger.* Le premier est une tubérosité d'abord molle, & qui devient bientôt ligneufe, formée par couches, & à furface lisse, dont J. Bauhin avoit déjà fait mention, mais vaguement, & qui peut former une espèce particulière *(synonimie, n.° 120)*. Le fecond est en forme de croissant monté fur une tige ; fon contour, demi-circulaire, est d'environ un pouce ; le dessous est blanc & ridé ; toute la plante est d'abord blanche, enfuite noire : c'est un *fungoïde* de Dillen, qui forme encore une espèce particulière *(synonimie, n.° 121)*.

Ray place encore ici fort mal-à-propos parmi les agarics, le *fungus cancellatus* des auteurs, qui croît conftamment par terre *(synonimie, n.° 22) ;* mais les principales découvertes en ce genre, faites par cet auteur, & auxquelles Doody paroît avoir eu le plus de part, fe trouvent dans les fupplémens, fous le titre d'*Appendix* à fon Histoire des plantes, & dans la feconde édition du *Synopsis,* fur-tout dans le *fasciculus.*

. Parmi ces espèces découvertes, on voit 1.° un agaric feuilleté, fous le nom de *fungus arboreus, mollis, multiformis,* qui est blanc, lavé de brun, & qui prend différentes formes. Cet agaric a été obfervé depuis par Buxbaum & Schaeffer, qui en ont donné des figures exactes ; quoiqu'analogue à

celui du n.° 6 5 de la fynonimie, il fournit une efpèce principale très-diftincte : fa couleur & l'épaiffeur de fa chair font
très-différentes *(fynonimie des efpèces, n.° 122)*.

2.° Une efpèce qui ne diffère du champignon ordinaire
que par fa couleur qui eft blanche par-tout, mis fous le nom
de *fungus efculentus, pileo & lamellis albis.* Celui-ci eft très-bon
à manger, croît dans les pâturages aux environs de Londres,
& peut n'être confidéré que comme une variété du champignon ordinaire, qui, dans quelques circonftances, a fes
feuillets couleur de chair-pâle, d'autres fois d'un roux-tendre,
& peut-être dans des circonftances particulières, conftamment
blancs *(fynonimie, n.° 4. c)*.

3.° Un autre champignon feuilleté, brun & laiteux, fans
être âcre, à tige courte, découvert par Doody, ainfi que les
deux précédens, mis fous le titre de *fungus lactefcens non acris*
(fynonimie, n.° 72. b. 3).

4.° Plufieurs petits champignons feuilletés, à furface vifqueufe, de diverfes couleurs, & à faveur âcre, formant la
foucoupe, & mis fous le nom générique de *fungi pratenfes,*
minores, externè vifcidi, rubentes, albi & lutei, qui rentrent
comme variétés dans l'efpèce principale des petits champignons âcres & vifqueux *(fynonimie des efpèces, n.° 21.*
a. 3. d. 2. e).

5.° Un autre champignon feuilleté, de couleur fauve, à
furface sèche & cotonneufe, découvert par Dale & mis fous
le titre de *fungus fordidè fulvus, capitulo in conum faftigiato,*
pediculo longiffimo, ftriato ; fa tige eft torfe, ce qui la rend
comme rayée. On trouve ce champignon au bois de Boulogne, & il forme une efpèce particulière *(fynonimie des*
efpèces, n.° 123).

6.° Un autre champignon feuilleté, gris-de-fouris deffus,
blanc deffous, découvert par Doody & mis fous le nom de
fungus fuperficie murini coloris, &c. Il fournit une efpèce nouvelle *(fynonimie des efpèces, n.° 124)*.

7.° Un autre feuilleté blanc qui repréfente un œuf, obfervé
par le même Doody & par Merret, & mis fous le nom de

A a ij

An. de J. C.
1686.

Ray.
CXXII

CXXIII

CXXIV

fungus albus ovum referens, dont prefque tous les botaniftes avoient déjà fait mention *(fynonimie des efpèces, n.° 55)*.

8.° Un autre feuilleté, à chapiteau conique & à feuillets moitié rouges & moitié noirs, découvert par Dale *(voy. fafciculus)*, dont le caractère eft déduit de cette couleur des feuillets ; mais ce caractère eft foible & fujet à varier & à tromper, en ce que ce champignon dans fa maturité a les feuillets noirs, & dans l'origine, les feuillets d'un rouge tendre ; & c'eft le cas de ceux qui font en œuf. C'eft une efpèce analogue à celle du n.° 55 *(fynon. des efpèces, n.° 55. b)*.

9.° Un autre champignon feuilleté, de taille moyenne, couvert d'une mucofité verte, particularité qui a encore fervi à établir fon caractère ; mais ce caractère eft encore infidèle, comme Buxbaum l'a fait obferver, puifque cette couleur ne dépend pas de celle de la mucofité, mais de celle du champignon qui eft vert. Celui-ci, découvert encore par Doody, a été mis fous le nom de *fungus medius pileolo muco æruginei coloris obducto* ; il ne paroît fournir encore qu'une variété dans l'efpèce principale *(fynon. des efpèces, n.° 21, var. d)*.

10.° Un autre petit champignon feuilleté, à tige longue & d'un blanc de neige, qui croît fur les feuilles des arbres, découvert par Vernon, & mis fous *le* nom de *fungus parvus candidiffimus lamellatus, &c.* Il donne lieu à une efpèce nouvelle *(fynonimie des efpèces, n.° 125)*.

11.° Plufieurs autres très-petits champignons feuilletés gris, à tige longue, analogues au champignon de Mithridate *(fynonimie, n.° 92)*, mais plus grands, & que Ray a fait connoître *(fynonimie des efpèces, n.° 72, var. b. 2. 3)*.

12.° Plufieurs agarics feuilletés, en forme de coquille pétoncle, qui croiffent fur les arbres, fur l'aune fur-tout, découverts par Ray, Shérard, &c. & mis fous différentes phrafes *(t)*. Ils font analogues à ceux du n.° 65 de la

---

(t) *Fungus parvus lamellatus, pectunculi forma alno adnafcens.*
Fungus arboreus albus durus, lamellis inftar lapidis hæmatitis, &c.
Fungus arboreus holofericeus, &c.
Linguæ pilofæ. Raii hift. t. III. 26. n. 7.

fynonimie, mais moins grands, moins en chair, & font tous
de même nature, c'eft-à-dire, mous, feuilletés & attachés
latéralement aux arbres. Ils peuvent former une efpèce principale dans la fynonimie *(fynonimie des efpèces, n.° 126)*.

13.° Un grand champignon rouge ou couleur de chair,
mis fous la phrafe de *fungus magnus rubentis feu incarnati
coloris*, & qui paroît être une variété des *turini* de Céfalpin
(fynonimie, n.° 21. a. 1).

An. de J. C.
1686.

Ray.
CXXVI

Parmi les champignons qui ne font pas feuilletés, on
diftingue d'abord un agaric tendre & tigré qui croît fur le
noyer, l'orme, &c. obfervé en Angleterre par Doody, &
mis fous la phrafe de *fungus maximus, arboreus, porofus, pediculo limbo affixo*, avec une variété du même. Cet agaric eft
une efpèce analogue à ceux que l'Éclufe avoit déjà indiqués
(fynonimie des efpèces, n.° 35).

2.° Un autre champignon de même nature, ou agaric à
feuillage, obfervé encore en Angleterre par Doody, & mis
fous la phrafe de *fungus arboreus maximus porofus, diverfimodè
fe dividens & protrudens (fynon. des efpèces, n.° 12. var. b)*.

3.° Un autre agaric poreux, en forme de langue, à taches
pourprées, & comme vergeté, obfervé depuis en Italie par
Micheli, & mis par Ray fous la phrafe de *linguæ maculis
purpureis oblongis pictæ*. Il fournit une efpèce particulière
(fynonimie des efpèces, n.° 127).

CXXVII

4.° Un autre agaric poreux, léger, de fubftance friable
& très-blanc, difpofé en lobes couchés les uns fur les autres,
mis fous la phrafe de *fungus foraminofus, arboreus, lævis, albiffimus, p. 340.* Cet agaric fournit une efpèce particulière
(fynonimie, n.° 128).

CXXVIII

5.° Un autre agaric à furface foyeufe, à ouvertures longues
& rondes, mis fous la phrafe de *fungus arboreus holofericeus,
foraminulis longis & rotundis infculptus*. Il forme, fuivant la
remarque de l'auteur, une variété de l'agaric à plufieurs
couleurs *(fynonimie, n.° 48. b)*.

6.° Le *faux agaric blanc*, découvert par Doody fur les
troncs des faules, mis fous le titre de *fungus arboreus albidus*

maximus, feu agaricus fpurius ad falices. Doody, *in App. p. 335* (*fynonimie des efpèces, n.° 68*).

7.° Une fongofité qui tranffude du tronc des frênes, mife fous la phrafe de *fungus fpongiofus maximus, aqueus, è fraxinorum truncis exfudans*, mais qu'on ne peut confidérer que comme une fongofité analogue à celles que Loëfel & Sterbeeck avoient déjà obfervées (*fynon. des efpèces, n.° 82*).

CXXIX   8.° Un autre agaric des arbres, à lobes rouges de diverfes formes, découvert par Robinfon, & mis fous le nom de *fungus arboreus, lobis rubellis diverfimodè figuratis & punctatis. Hift. III.* Il fournit encore une efpèce particulière (*fynonimie des efpèces, n.° 129*).

9.° Plufieurs noftocs ou coccigrues des arbres, découverts fur-tout par Doody, & qu'on trouve comme variétés ou comme efpèces analogues placées parmi les champignons de cet ordre (*fynonimie des efpèces, n.° 67. A. ee. 1. 3. 4*).

CXXX   10.° Une forte de morille à feuillage, femblable à des feuilles de chêne découpées, & que Ray a mis fous la phrafe de *fungus pro capitulo lacinias aliquot laciniatas, folia querna imitantes, emittens.* Cette production a été obfervée depuis : Schaeffer en a donné une figure. Elle fournit une efpèce nouvelle (*fynonimie, n.° 130*).

CXXXI   11.° Une autre forte de morille analogue à celles qu'on trouve fous le n.° 27 de la fynonimie, que Doody a découverte en Angleterre, & mife fous la phrafe de *fungus terreftris pediculo ftriato & cavernofo, capitulo plicatili fubtùs plano, &c.* C'eft celle dont M. de Juffieu a donné depuis la defcription & la figure dans les Mémoires de l'Académie royale des Sciences, *année 1728*, fous le nom de *boleto-lichen vulgaris.* Elle donne lieu à une autre efpèce nouvelle (*fynonimie des efpèces, n.° 131*).

Parmi les maffes ou clavaires, on trouve encore 1.° une efpèce blanche, fous le nom de *fungus clavatus albicans*, qui a été obfervée depuis par Boccone, & qui forme une variété fixe de l'efpèce principale (*fynon. des efpèces, n.° 87. b*). 2.° Une autre petite clavaire, haute de deux ou trois travers de doigt,

à tige capillaire & d'un brun-pâle, femblable, pour la forme,
à la *maffe-d'eau*, découverte par Shérard, & mife fous la
phrafe de *fungus minimus clavatus.* Celle-ci diffère de la précédente, en ce que fa tête eft en forme de maffe-d'eau, au
lieu que les autres font en forme de pilon, groffiffant infen-
fiblement. Vaillant, qui en a découvert une à peu-près
femblable, la nomme *maffe-à-guerrier, clavaria militaris;* elle
donne lieu à une efpèce principale *(fynonimie des efpèces,
n.° 132).* 3.° Plufieurs coralloïdes, dont deux très-petits ont
été découverts par Dale & Shérard, qui rentrent comme
variétés dans le n.° 45 de la fynonimie *(ibid. b. 2);* & deux
hypoxilons ou clavaires noires, découverts par Doody, qui
font encore des variétés d'efpèces déjà obfervées : l'une eft
comparée au poivre d'Éthiopie, par Merret *(fynonimie des
efpèces, n.° 86. b);* l'autre eft à branches aplaties, à fommités
blanches *(fynonimie, n.° 88. a).*

Parmi les champignons membraneux concaves, en forme
d'écuelle ou de calice, &c. il y en a plufieurs couleur d'orange
& cramoifi, unis ou hériffés de poils, découverts par Ray,
Doody & Shérard, & qu'on trouve en grand nombre comme
variétés fous le n.° 67 de la fynonimie *(ibid. A. B).*

Parmi les petits champignons membraneux à femences ou
à petits corps lenticulaires, on en trouve deux découverts
par Doody, qui rentrent dans le n.° 63 de la fynonimie des
efpèces *(ibid. e. b).*

Parmi les *mucor* à tige, on en voit trois ou quatre qu'on
trouve parmi les productions de ce genre *(fynon. des efpèces,
n.° 84).*

Enfin, parmi les lycoperdons, on en trouve trois à longue
tige *(fynon. n.° 73. a. c. e);* un autre qu'il dit couronné & étoilé,
fous la phrafe de *fungus coronatus & infernè ftellatus,* qui ne
paroît être qu'une variété du fuivant, avec lequel il forme
une efpèce nouvelle : celui-ci eft plus clairement indiqué;
fon enveloppe eft toujours divifée en plufieurs parties couchées horizontalement & formant l'étoile, au milieu de
laquelle eft un globe qui s'ouvre à fon extrémité. Il eft mis

par Ray fous la phrafe de *fungus crepitus lupi dictus, coli inflar perforatus & flellatus.* Cette efpèce a été obfervée depuis par plufieurs auteurs, fur-tout par Boccone & Micheli, & ce dernier en a fait un genre fous le nom de *geafter,* comme pour dire *étoile de terre.* Elle fournit une efpèce principale *(fynon. des genres, n.º 67 ; & fynon. des efpèces, n.º 133).*

Mais indépendamment des champignons qu'on vient d'expofer, & de quelques autres qui ne font que des variétés des précédens, Ray a fait encore mention le premier de quatre ou cinq fortes de productions fongueufes, dont deux méritent à peine d'être dans la claffe des champignons, mais dont les deux autres, quoique très-petites & de peu de conféquence, paroiffent appartenir à cet ordre de plantes.

La première eft cette fongofité ou mucofité qui vient dans les caves, fur les cuves ou fur les tonneaux, comme en flocons de neige, & que Ray nomme *fungus niveus aqueus, lignis cellarum vinarium adhærens (Synop. II, n. 38),* & qui ne paroît être qu'un *mucor (fynonimie, n.º 84).*

La feconde eft une autre fongofité, ou plutôt un *byffus* qu'on trouve encore dans les caves, en forme de toiles ramifiées, & qui eft mis par Ray fous le nom de *fungus fpongiofus niger, reticulatus, doliolis vinofis adnafcens (Synopf. II, n. 37).*

La troifième eft un champignon membraneux particulier que Ray a fait connoître le premier, & qu'il compare, pour la forme, à la trompe de Fallope ; il le met fous le nom de *fungus tubæ fallopianæ æmulus,* efpèce ou genre dont les auteurs poftérieurs ont fait enfuite beaucoup mention, fur-tout Dillen, Vaillant, Micheli & Schaeffer. Elle fournit une efpèce nouvelle *(fyn. des genres, n.º 100 ; & fyn. des efpèces, n.º 134).*

La quatrième eft une autre forte de champignon ou de lycoperdon que Vernon a découvert, & dont Micheli a fait un genre particulier fous le nom de *clathroïdes.* M. Guettard a expliqué le mécanifme de fon développement, dans fes *Obfervations fur les plantes des environs d'Étampes, tome I, p. 16.* Ray l'a donné fous le nom de *fungus fontanus purpureus elegans (Synopf. II, p. 18, n. 28).* Cette petite plante, que
Micheli

Micheli a fait repréfenter groffie à la loupe ou au microfcope, & par conféquent prefque méconnoiffable, fournit une efpèce nouvelle *(fynonimie des efpèces, n.° 135)*.

An. de J.C. 1686.

Ray. CXXXV.

La cinquième eft cette production fongueufe fingulière, qui croît entre le bois & l'écorce des arbres, en forme de treillage, dont Dodart avoit fait mention dans les Mémoires de l'Académie des Sciences, fous le nom de *médiafline (fynonimie des efpèces, n.° 94)*; & qu'on retrouve dans Ray, donnée en deux endroits pour plante nouvelle, d'abord fous la phrafe de *fungus ramofiffimus niger compreffus, in cribrum veluti formatus (Hift. t. III. p. 21)*, & dans la feconde édition du *Synopfis*, fous celle de *fungus niger compreffus, varié divaricatus & implexus inter lignum & corticem (Synopf. II & III)*. Cette planche eft un *corallo-fungus* de Vaillant *(fynonimie, n.° 94)*.

On ne trouve plus, ni dans l'*Hiftoire*, ni dans la feconde édition du *Synopfis*, qu'il foit fait mention d'aucune autre efpèce nouvelle, à l'exception d'une fongofité blanche qui croît fur les feuilles de chêne, découverte par Vernon, & mife fous le nom de *fungus albus minimus, trilobatus fine pediculo, foliis quercinis adnafcens (Synopf. II, p. 18)*, mais qui n'eft qu'une variété du petit agaric à lobes rouges dont il a été déjà fait mention *(fynonimie des efpèces, n.° 129)*.

On trouve encore dans la troifième édition du *Synopfis*, donnée par Dillen, quelques autres efpèces dont il n'avoit pas été queftion dans les deux premières, ni dans les autres œuvres de Ray.

Parmi les champignons feuilletés, il y en a fix donnés pour efpèces nouvelles, & dont l'un, de la forme d'un œuf de pigeon, eft de couleur pourpre : Ray ne l'a jamais vu développé. Il eft mis fous la phrafe de *fungus minor campeftris, rotundus, lamellatus, infernè albus, fupernè purpureus*. Il ne paroît être qu'une variété du n.° 21 de la fynonimie *(ibid.)*.

Le fecond, de couleur violette ou livide, à feuillets blancs, mis au n.° 13 du *Synopfis*, eft encore une variété du même, c'eft-à-dire, celui qu'on appelle parmi nous *bifotte*,

An. de J. C.
1686.

Ray.
CXXXV

CXXXVI
CXXXVII

& rentre par conféquent dans le même numéro *(fynonimie des efpèces, n.° 21, var. b. 1)*.

Le troifième, découvert par Richardfon, mis fous le nom de *fungus hæmorrhoïdalis purpureus, minimus, vifcidus*, ou *champignon hémorrhoïdal*, à caufe de fa forme & de fa couleur femblables à celles d'un bouton hémorrhoïdal, eft un petit champignon pourpre-violet, à feuillets blancs, qui rentre encore comme variété dans le n.° 21 de la fynonimie des efpèces.

Les quatrième, cinquième & fixième, font de petits champignons qui viennent en touffe ou en famille, dont le premier & le fecond font couleur de buis ou jauniffans, & le troifième d'un blanc de lait par-tout : les tiges du premier font brunes & foyeufes, avec des feuillets d'un jaune-pâle ; celles du fecond qui eft à peu-près de la même couleur, font pourpres, ce qui fert à les diftinguer. Le troifième, qui eft le plus petit, a des têtes en forme de petits bonnets : Ray donne la figure de celui-ci, *planche X.* Ces trois champignons font défignés par des phrafes qui les caractérifent *(u)* ; les deux premiers peuvent être confidérés comme efpèces analogues ou variétés de la même, & en établir une nouvelle *(fynon. des efpèces, n.° 136)* ; le troifième, d'un blanc de lait par-tout, offre une touffe de petits champignons de forme agréable, & une efpèce nouvelle *(fynonimie des efpèces, n.° 137)*.

Parmi les champignons à chapiteau fans feuillets, & qui font montés fur des tiges, on en trouve quatre qui font des plus petits qu'il y ait, & dont l'un, de couleur obfcure, croît fur le crotin de cheval, l'autre fur la chair pourrie, le troifième fur le fabot de cheval, & le quatrième fur la fiente de chat. Ray a donné la figure, *page 13*, de celui qui vient fur la corne du pied de cheval, lorfqu'elle fe

---

(u) Fungus fafciculofus, pileo orbiculari lutefcente, pediculo fufco, tenerrimè villofo, lamellis ex flavo candicantibus.

Fungus fafciculofus, pileo orbiculari lutefcente, pediculo purpureo.

Fungi plures juxtà fe nafcentes, parvi, turbinati, candidi ubivis coloris.

corrompt. On a rapporté ces quatre efpèces comme variétés
parmi les *mucor* à tiges *(fynonimie des efpèces, n.° 84).*

Parmi ceux qui font en pointes ou à tiges nues ou coralloïdes, on en trouve deux, dont l'un a fon extrémité ter-
minée en forme de bec ou de crochet, mais qui n'eft point
un champignon ; c'eft un *puccinia* de Micheli. Celui-ci eft
mis fous la phrafe de *fungoïdes clavatum incurvum, in acutum
mucronem productum ;* l'autre fous celle de *fungoïdes humile
ex albo livefcens, apicibus tenuiffimè crenatis,* dont on voit la
figure dans le *Synopfis, planche 1, fig. 4.* C'eft comme un
grouppe de petites crêtes réunies fur une fongofité platte.
Celui-ci fournit une efpèce particulière *(fynonimie des efpèces,
n.° 138).*

On trouve après un coralloïde blanc, fous le nom de
*fungus ramofus candidiffimus ceranoïdes, feu digitatus minimus,
p. 16,* qui rentre comme variété dans le n.° 45 de la fynonimie des efpèces *(ibid. b. 2).*

Parmi les champignons membraneux, creux ou plats, on
en voit quatre, dont deux, rouge & jaune, ont été découverts
par Dillen, & les deux autres par Plukenet & Richardfon.
Des deux premiers, l'un eft à bords unis, l'autre à bords
velus ou ciliés. Ils forment des variétés ou efpèces analogues à celle du n.° 63 *(ibid. e).* Celui qui a été découvert
par Plukenet, croît fur le faule : l'auteur le compare aux
galettes ou pain azime des Juifs ; il le nomme, pour cette
raifon, *fungus collyricus, in putrefcente falice natus, pag. 19.*
Cette production, à ce qu'il paroît, n'a pas été obfervée
depuis, & n'eft pas affez caractérifée pour la rapporter à
aucune efpèce. L'autre, découvert par Richardfon, a la forme
d'un calice ; il eft de couleur noire, un peu épais, & croît
au printemps ; on le trouve fous la phrafe de *fungus minor
caliciformis, vernus, craffior, nigricans, p. 20.* C'eft une des
variétés du n.° 67 de la fynonimie *(ibid.).*

Parmi les agarics ou champignons des arbres, on en trouve
trois, dont l'un qui croît au pied de l'if, eft de trois couleurs, mis fous le titre d'*agaricus digitatus maximus ex luteo,*

An. de J. C.
1686.

Ray.
CXXXVII

CXXXVIII

CXXXIX

An. de J. C.
1686.
⸺
Ray.
CXXXIX

coccineo & nigro colore eleganter variegatus, p. 21, n.° 1, qui établit une efpèce nouvelle obfervée depuis par Schaeffer *(fynonimie des efpèces, n.° 139)* ; un autre jaune, feuilleté, qui croît fur les branches du coudrier, mis fous celui d'*agaricus parvus lamellatus, croceus, è corylorum ramulis dependens, p. 25,* & qu'on ne peut confidérer que comme une variété des agarics pétoncles *(fynonimie, n.° 126)* ; & le troifième, qui eft poreux & coriace, mis fous la phrafe d'*agaricus coriaceus, &c.* ne paroît être qu'un agaric amadou ordinaire, mais à plufieurs couches, & dont la partie tubuleufe eft très-apparente *(fynonimie, n.° 24).*

Parmi les lycoperdons & les truffes, on trouve deux efpèces données pour nouvelles, l'une eft un lycoperdon en forme de poire, qui n'a rien d'ailleurs de particulier *(fynonimie des efpèces, n.° 31)* ; l'autre eft une petite truffe de couleur pourpre, & de la groffeur au plus d'une noix, qu'on regarde comme particulière à l'Angleterre, & que Ray met fous la phrafe de *tubera minima, nucis magnitudine, coloris purpurei :* mais il paroît que cette truffe, dont le pourpre eft la couleur naturelle, lorfqu'elle commence à fe former, ne diffère de l'efpèce ordinaire, que par l'âge & la faifon ; & il n'eft pas à notre connoiffance qu'elle ait été obfervée depuis dans les mêmes lieux ni ailleurs *(fynonimie des efpèces, n.° 2. b*).*

Indépendamment de ces découvertes, Ray a indiqué, fous la phrafe de *fungus coccineus, minimus, capite fphærico, liquore flavefcente repleto (Synopf. II, p. 336)*, un mucor qui paroît être un *lycogala* de Micheli *(fynon. des efpèces, n.° 84. a. 1)* ; un noftoc ou agaric gélatineux qui croît fur la fabine, donné fous la phrafe de *fungus gelatinus dentatus, fabinæ adnafcens, fulvi coloris (ibid.)* déjà obfervé *(fynonimie, n.° 8, var. c)* ; deux grands agarics, l'un pourpre & ridé, à fubftance molle, *fungus arboreus purpureus, corrugatus (Append.)*, variété des agarics tendres en forme de langue *(fynonimie, n.° 23. a)* ; l'autre, de couleur d'or, fans pellicule, *fungus arboreus major, aureus, nullâ membrana tectus,* du même genre que le précédent, mais d'une efpèce différente *(fynon. n.° 16. 2)* ;

enfin, plufieurs coralloïdes & fongoïdes qu'on trouve rapportés à leur place *(fynon. n.ºs 45 & 67)*, & un *afpergillus*
fous la phrafe de *fungus lignofus niveus, ramofiffimus, mollis,*
mais qui fort de l'ordre des champignons.

Voilà, à peu-près, toutes les découvertes fur les champignons, faites par Ray, ou confignées dans fes Écrits, & on
voit qu'elles font très-étendues. Il y a encore quelques efpèces
qu'on trouve dans la troifième édition du *Synopfis*, mais dont
la découverte appartient à Dillen, éditeur de cette édition.
Celles dont on doit faire hommage à Ray, fe trouvent principalement depuis le n.° 115 de la fynonimie jufqu'au n.° 139
inclufivement ; elles font par conféquent au nombre de vingt-
trois efpèces principales & diftinctes, indépendamment d'environ cinquante autres, entrées comme analogues ou variétés
d'efpèces dans les divers numéros de la fynonimie ; d'où il
fuit que jufqu'ici, Ray eft l'auteur qui a le plus enrichi cette
partie de la botanique. D'ailleurs, on trouve dans fon *Hiftoire
des plantes* tout ce qu'avoit recueilli J. Bauhin fur les champignons, & la première efquiffe des caractères tirés de la
ftructure de ces plantes.

Boccone, qu'on a déjà vu à l'époque de 1674, fit beaucoup d'obfervations fur les champignons, & fes principales
découvertes à cet égard, fe trouvent confignées dans deux
ouvrages qui parurent à Venife en 1697, l'un fous le titre
de *Mufeo di fifica*, l'autre fous celui de *Mufeo di piante
rare (x)*. Des rapports d'état & de goût le lièrent avec
Barrelier, médecin de la Faculté de Paris, & ci-devant dans
l'ordre religieux comme lui, lequel, depuis l'époque de 1646
jufqu'à celle de 1672, parcourut la France, l'Italie & l'Efpagne, dans la vue de faire des découvertes en botanique, &
lui communiqua fes deffins & fes obfervations. Si le reproche
que fait à Boccone Antoine de Juffieu, éditeur des œuvres

An· de J. C.
1686.
— — —
Ray.
CXXXIX

1697.
— — —
Boccone.

(x) Mufeo di fifica, in-4.° 1697. Venetiis.
Mufeo di piante rare· Ibid.

de Barrelier, eft fondé, il fe trouve que la plupart des découvertes du botanifte italien font dûes aux travaux du botanifte françois ; cependant Boccone convient qu'il lui en doit plufieurs. Quoi qu'il en foit, les œuvres de Barrelier, mort en 1673, n'ayant paru que fort tard (en 1714), on a cru devoir le faire précéder par Boccone.

Cet auteur (Boccone) a principalement fait connoître plufieurs lycoperdons, des clavaires, des agarics en forme de hériffon, des champignons feuilletés & d'autres.

CXL   Parmi les champignons feuilletés, on trouve d'abord un grand champignon violet, mis fous le titre de *fungus boletus violaceus, exitialis (Mufeo di fifica, p. 301)* ; il eft bulbeux ; il croît en automne. Ce champignou a été obfervé depuis en Italie, en France & en Allemagne, & il ne paroît pas mériter l'épithète d'*exitialis* que Boccone lui a donnée ; du moins, on en trouve de femblables dont l'ufage n'eft point dangereux. Il fournit une efpèce principale *(fynonimie des efpèces, n.° 140)*.

CXLI   La feconde efpèce du même genre qu'il a clairement indiquée, eft celle qu'on appelle *le champignon androface*, à caufe de fa reffemblance avec la plante de ce nom. Boccone met celui-ci fous la phrafe de *fungus caule nigro, capillari, androfaces capitulo,* & dont il donne la figure dans fon *Mufée des plantes rares, p. 143, pl. CIV.* Ce petit champignon, plus curieux qu'utile, eft d'une forme très-régulière & très-agréable à la vue ; fa tige reffemble à celles du capillaire, fon petit chapiteau eft d'un gris-blanc & fans pulpe : on le trouve ordinairement fur le bois qui fe corrompt. Cette plante a été obfervée depuis en Italie, en France & en Allemagne. Elle fournit une efpèce particulière. *(fynonimie des efpèces, n.° 141)*.

Parmi les lycoperdons, on en trouve plufieurs dont Tournefort a enrichi fon ouvrage : l'un blanc, à facettes de diamant, fous le titre de *fungus niveus, adamantinus, in montibus faltrinis (Muf. I, tab. 306)*, mais qu'on ne peut confidérer, pour ne pas multiplier les efpèces, que comme une variété fixe de l'efpèce principale *(fynonimie des efpèces, n.° 31. a. 4)* ; un autre lycoperdon étoilé & couleur de chair, fous le nom de *fungus ſtellatus carnei coloris (Muſ. I, pl. CCCV, fig. 4)* , & que Ray avoit fait connoître *(ſynonimie , n.° 133) ;* un autre, comme à grains d'orge & blanc, fous le nom de *fungus globofus grandinatus, italicus (Muſ. I, pl. CCCIII, fig. 4),* qui eſt une variété de celui à facettes de diamant *(ſynonimie des efpèces, n.° 31 , var. a. 4) ;* un autre petit, couleur de fang, fous le nom de *fungus fanguineus, fphœricus (ibid. p. 304),* que Loëſel avoit déjà indiqué *(fynonimie des efpèces, n.° 83) :* cette efpèce a été obfervée depuis, fur-tout en Allemagne, par Rupp, Buxbaum, Dillen & autres; un autre à tige alon-gée & grife, dont la tête reſſemble à un chapiteau d'alembic, mis fous la phrafe de *fungus lupinus, cucurbitinus, cervice longa, fcabra, grifea (fynon. n.° 73. b)*. Les autres lycoperdons, ronds, ovales, ou en forme de dattes ou étoilés, appartiennent comme variétés ou efpèces analogues aux numéros de la fynonimie qu'on vient d'indiquer *(31 , 32)*.

Parmi les clavaires, on en trouve une blanche, en forme de pilon, que Boccone donne pour une efpèce de lycoper-don, parce qu'elle eſt creufe, & qu'il met fous la phrafe de *fungus clavatus albidus, piſtillaris, fpecies crepitus lupi. (ibid. pl. CCCVII)*, mais qu'on ne peut confidérer que comme une variété de la clavaire blanche que Ray avoit déjà indiquée, ou la même *(fynonimie des efpèces, n.° 87, var. b) ;* trois autres clavaires ou coralloïdes, l'une en forme de hériſſon, qui croît fur les arbres, mife fous le titre de *fungus erinaceus, albus, efculentus, in fylvis tufculanis (ibid. pl. CCCVII)*, mais qui ne diffère de celle que J. Breyne avoit fait connoître, que par fa forme plus ronde & parce qu'elle eſt indiquée fraîche *(fynon. des efpèces, n.° 90) ;* une autre qui n'eſt qu'une variété de celle-ci, mife fous le nom de *fungus fetaceus (ibid. pl. CCCIII, fig. 6) (fynonimie, ibid.) ;* une troiſième, blanche, femblable à celle que l'Éclufe avoit indiquée, ou plutôt la même, fous le nom de *fungus ramofus, abietinus, niveus (ibid. tab. 304) (fynonimie des efpèces, n.° 64) ;* enfin une

Boccone.
CXLI

quatrième, fous celui de *fungus mufcofus, albus, villis pallentibus, rufuformis (Muf. par. I, tab. 303)*, qui eft encore une variété du même *(fynonimie, n.° 64)*.

Parmi les agarics, on en trouve un à fubftance tendre & feuilleté, gris-blanc, mis fous la phrafe de *fungus palmatus, albo-gilvus, criftatus (ibid. tab. 302)*, qui eft une efpèce feuilletée analogue à celle du noyer *(fynon. n.°ˢ 65 & 122. b. 1)*; un autre tendre, mais poreux, fous la phrafe de *fungus jecorinus, præterlatus, fanguineus, &c. (ibid. 305)*, déjà indiqué par plufieurs auteurs *(fynonimie, n.° 23)*; un autre de même nature, mais à feuillages, fous le titre de *fungus foliatus major carnofior dendroïdes criftatus (ibid. tab. 302)*, mais qui eft le même que le *fungus intybaceus* de J. Bauhin *(fynonimie, n.° 12, var. b. 3)*; un autre qui n'eft qu'une variété du précédent, à lobes moins grands, fous le nom de *fungus ramofus criftatus anguftioribus lobis & crifpis (ibid. tab. 304, fig. 1)* *(fynonimie, ibid. var. 4.)*; un agaric iris, de fubftance sèche, de plufieurs couleurs, où celle de rofe domine, fous celui de *fungus lignofus rofeus variegatus (ibid. tab. 8, fig. 5)*, & qui n'eft qu'une des variétés fèches de celui que l'Éclufe avoit indiqué *(fynon. des efpèces, n.° 48. b. 2)*; & enfin l'agaric labyrinthe, qu'il met fous le nom de *fungus ligneus dædalideus, gilvus non repens, quercus cerri (ibid. tab. 305)* *(fynonimie, n. 25)*.

CLXII

On trouve encore parmi les productions de ce genre, un petit champignon à difque, en forme de godet, & piqué de points noirs qui rendent fa furface rude ; il eft mis fous la phrafe de *fungus minimus lignofus, difco punctato (Muf. di piant. rar. p. 149, pl. CVII)*. Les botaniftes ont fait l'honneur à Boccone de l'avoir indiqué le premier, quoiqu'il foit douteux que Ray ne l'ait point défigné par la phrafe de *fungus fcutellatus, niger, punctatus (Synopf. II, p. 20)*, & par celle de *fungus minimus infundibuliformis fupernè, punctis nigris notatus (Synopf. II, p. 17, n.° 25)*. Quoi qu'il en foit, Haller l'a mis parmi fes *fphæria*, & Linné parmi fes *pezica*, difant qu'on ne le trouve que fur le crotin de cheval. Il établit une efpèce nouvelle *(fynon. des genres, n.° 48 ; & fynon. des efpèces, n.° 142)*.

Parmi

Parmi les fongoïdes, Boccone en a noté un remarquable, en forme de mortier, de confiftance & de couleur de cire jaune, que Tournefort a eu tort de mettre parmi les lycoperdons, & qu'on trouve chez Boccone, fous la phrafe de *fungus tenuis ceræ flavæ fimilis, ventricofus, mortarium referens, romanus (Muf. 1, pl. ccc) (fynon. des efpèces, n.° 67. A. b b. 1)*.

Cet auteur donne encore la figure du fongoïde à corps lenticulaires, fous le nom de *fungus fpermaticus calyculatus (Muf. di fif. p. 301, fig. 1) (fynonimie, n.° 62)*.

L'ouvrage pofthume de Barrelier, dont Tournefort eut connoiffance, publié en 1714 *(y)* par Antoine de Juffieu, contient un grand nombre de plantes, parmi lefquelles il y en a environ dix-huit qui appartiennent à l'ordre des champignons, & qu'on trouve depuis les planches 1256 jufqu'à 1272, y compris les n.°s 1279 & 1280. Sur ce nombre, il y en a la moitié copiées des écrits de Lobel, de l'Éclufe, de Fabius Columna & de Boccone, ou du moins qui font les mêmes, quoiqu'il femble que celui qu'il nomme *fungus coralloïdes, cancellatus, flavefcens, n.° 1265*, foit différent de celui que Fabius Columna avoit nommé *lupi crepitus vulgò vefcia*, faifant entendre qu'il eft jaune ; mais cela eft très-douteux & n'a point été obfervé depuis. On ne connoît de cette efpèce que la rouge ; & celui que Barrelier donne eft une copie de celui de Fabius Columna *(fynonimie, n.° 22)*.

On y voit encore un phallus, fous le titre de *phallus phalloïdes gallus, n.° 1264*, qui, par l'épithète de *gallus*, fembleroit annoncer un phallus particulier à la France, qui eft celui à nombril fermé ; mais c'eft encore une copie de celui de l'Éclufe, & d'ailleurs, le phallus à nombril ouvert fe trouve également en France *(fynon. des efpèces, n.° 17)*.

Les autres plantes copiées, ou les mêmes que dans Boccone, font des coralloïdes & des agarics palmés, dont il a été fait

(y) Plantæ per Galliam, Hifpaniam & Italiam obfervatæ, iconibus æneis exhibitæ a R. P. Jacobo Barreliero Parifino, &c. opus pofthumum, accuratiffime Antonio de Juffieu, &c. Parifiis, 1714, in-fol.

Tome I.   C c

An. de J. C.
1697.
—————
Barrelier.
CXLII

mention. Quant à celles qu'on ne trouve pas chez les autres auteurs, & au nombre de neuf, on y voit six coralloïdes & trois agarics à feuillages ou ramifiés.

Parmi les coralloïdes à substance tendre, au nombre de quatre, il y en a un jaune sous le titre de *fungus coralloïdes luteus italicus (icon 1260) (synonimie, n.° 45, var. b. 1)*; un autre couleur de rose, *fungus corall. roseus italicus (icon 1259)*, qu'il a fait connoître *(synonimie, ibid. b. 5)*: un autre violet, qu'il a fait encore connoître sous le titre de *fungus ramosus crispus violaceus (icon 1261) (synonimie, ibid. b. 6)*; & un quatrième de couleur pourpre, sous la phrase de *fungus ramosus coralloïdes purpureus (icon 1262)*, qu'on trouve en France *(synonimie, ibid. b. 4)*.

Quant aux coralloïdes noirs qu'on trouve sous les phrases de *coralloïdes ramosa palmata (icon 1279)*, & *coralloïdes ramis longioribus prædita (icon 1280)*, ils sont du genre des hypoxilons à branches & en forme de corne de daim, que l'auteur a fait connoître *(synonimie des espèces, n.° 88, var. c)*. Pour ce qui est des coralloïdes gris & secs, qu'on voit *planche 1277*, ce sont des *musco-fungus* de Dillen.

Parmi les agarics ramifiés, il y en a deux remarquables, *pl. 1269 & 1270*, que Barrelier a fait connoître, dont l'un est d'un jaune tendre, & l'autre blanc, *fungus cespitosus ramosus umbellatus, major pallido-luteus, & minor albus*; ils sont en forme de buisson, à branches, terminées par de petits chapiteaux creusés en nombril, & formant un bel effet : ce sont des polypores de Micheli *(synonimie des espèces, n.° 12, var. c. 1. 2)*. On en voit un troisième, *pl. 1271*, sous le titre de *fungus ramosus cristatus medius*, également poreux, & qui ne diffère que par la grosseur de celui que Boccone avoit indiqué *(synonimie des espèces, n.° 12. b. 4)*

—————
Tournefort.

Voilà où en étoient les connoissances sur les champignons, lorsque Tournefort publia ses Élémens de botanique en 1697. Alors cette science, rendue plus facile par sa méthode que les botanistes du premier rang se sont fait gloire de suivre, prit

une forme nouvelle, & toutes les branches s'en reffentirent.
Il y a une claffe particulière pour les plantes *dont les parties
de la fruEtification ne font pas fenfibles*, qui eft la dix-feptième,
dans laquelle les champignons fe trouvent compris ; ils y
font foumis à des genres dont le caractère eft établi fur leur
ftructure ou leur forme, & qui font au nombre de fept,
fungus, *fungoïdes*, *boletus*, *agaricus*, *lycoperdon*, *coralloïdes*,
tubera.

Le *fungus* (champignon) eft défini un genre de plante à
tige, portant à fon extrémité un chapiteau dont la partie
convexe eft ordinairement unie, mais dont la partie concave
eft feuilletée ou poreufe *(fynonimie des genres, n.° 3 5)*.

Le *fungoïdes* (fongoïde) eft défini un genre de plante
approchant du champignon, mais creux & en forme de taffe
ou d'entonnoir *(fynonimie des genres, n.° 3)*.

Le *boletus* (morille) eft un genre de plante qui approche
du champignon, mais rempli de cavités ou en treillage *(fynon.
des genres, n.° 9.)*

L'*agaricus* (agaric) eft un genre de plante qui approche
des champignons, & qui croît fur les troncs d'arbres *(fynonimie des genres, n.° 1 8)*.

Le *lycoperdon* (vefce-de-loup) eft un genre de plante
approchant du champignon, & dont la fubftance d'abord
dure & charnue, fe réduit en pouffière *(fynonimie des genres,
n.° 4)*.

Le *coralloïdes* eft défini un genre de plante fongueufe,
approchant, pour la forme, de celle du corail *(fynonimie des
genres, n.° 2 3)*.

Les *tubera* (truffes) forment un autre genre dont le caractère dépend principalement de la forme arrondie des
efpèces, & du lieu où elles croiffent, c'eft-à-dire, fous terre,
(fynonimie des genres, n.° 1),

Tournefort comprend fous ces fept genres, cent foixante-
une efpèces, qu'il met fous des phrafes convenables. Ces
genres ont paru fi bien faits, que jufqu'à préfent les botaniftes
les ont confervés prefque tous. Il en réfulte une diftribution

An. de J. C.
1697.

Tournefort.
CXLII

méthodique des champignons établie principalement fur la confidération de leur forme, comme étant la chofe la plus frappante & la plus facile à faifir. Cette méthode pour les champignons, quoiqu'elle ne faffe que partie de celle que l'auteur a établie généralement pour toutes les plantes , a l'avantage d'être fimple, aifée, & d'avoir fervi de modèle à prefque toutes les autres ; elle eft une perfection ou plutôt une combinaifon heureufe des genres ou claffes de Théophrafte & de ceux de Ruelle. Mais fi la mort n'eût pas prévenu ce grand homme, je crois que le travail qu'il méditoit fur les champignons n'eût rien laiffé à defirer. Plus occupé de la philofophie de la chofe que des détails, Tournefort a laiffé peu de chofes fur les champignons, c'eft-à-dire, que les efpèces qu'il a fait connoître fe réduifent à un très-petit nombre, & c'eft principalement dans l'*Hiftoire des plantes des environs de Paris*, publiée en 1698, qu'on les trouve. Mais cet auteur avoit déjà fait mention dans les anciens Mémoires de l'Académie royale des Sciences de Paris, d'un agaric poreux trouvé en 1692, au mois de mai, fur une poutre d'une des falles de l'abbaye Saint-Germain-des-prés, & dont l'auteur rendit compte dans un Mémoire inféré parmi ceux de cette compagnie (voy. *anciens Mém. an. 1692*). Cette production fongueufe avoit comme un feuillage de couleur chamois, de différentes formes, une de fes furfaces étoit unie, l'autre poreufe. Elle eft très-analogue à l'agaric mis par Ray fous le nom de *fungus major arboreus, maximus, porofus, diverfimodè fe dividens & protrudens*, ainfi qu'à celui que Boccone a mis fous celui de *fungus foliatus carnofior dendroïdes criftatus, tab. 305 (fynonimie, n.° 12. b)*. A fon fujet, Tournefort fait très-bien entendre que le concours de deux circonftances, de la préfence d'une femence dans un corps humide qui fe corrompt, fuffit pour le développement d'une plante de cette nature. Cette production ne paroît être que la variété jaune d'une efpèce principale *(fynon. des efpèces, n.° 12, var. b. 3)*.

   Cet auteur fait mention, dans fon *Hiftoire des plantes des environs de Paris, p. 449*, d'un autre champignon poreux, fous le nom de *fungus porofus magnus, craffus, purpurafcens*, qu'on trouve à Saint-Germain & à Montmorency, & qu'il ne confidère que comme variété du cepe ordinaire *(fynonimie des efpèces, n.° 18. a. 3)*.

Il a encore donné une très-bonne figure, *planche 328*, d'un autre champignon poreux ou cepe qu'on trouve fous les pins, derrière le château du bois de Vincennes, & que les auteurs avoient déjà fait connoître fous le nom de *fungi lutei perniciofi fub pinu habitantes (fynonimie, n.° 14. a. 1)*.

Tournefort marque l'oronge au bois de Vincennes; mais je crois que cet auteur fe trompe : quelque recherche que j'aie faite ou fait faire dans ce bois, je n'ai jamais pu l'y découvrir.

Cet auteur a fait connoître une efpèce particulière de champignon feuilleté, de couleur d'orange ou aurore, & de forme conique, que J. Bauhin n'avoit que vaguement indiqué *(fynonimie, n.° 72. a. 3)*, & que Tournefort nomme *fungus aurantii coloris, capitulo in conum abeunte*, & dont il donne la figure dans fes Élémens de botanique, *planche 327, fig. A. B. C. D.* C'eft un champignon à furface vifqueufe, qui croît fur la peloufe, dans les endroits découverts des bois de Vincennes & de Boulogne. Il fournit une efpèce particulière & nouvelle *(fynonimie des efpèces, n.° 143)*.

On voit encore dans les Élémens de botanique, de très-bonnes figures du champignon poivré blanc, *planche 327, fig. F. G. H. (fynonimie, n.° 9)* & de l'agaric de chêne ou aftringent, *pl. 330, fig. A. B. (fynonimie, n.° 24)*; celle d'un petit lycoperdon à tige, mis fous le nom de *lycoperdon parifienfe minimum pediculo donatum, planche 331, fig. EF*, & qui rentre comme variété dans l'efpèce principale *(fynon. n.° 73. e)*; celle du lycoperdon étoilé, *planche 361, fig. G. H. (fynon. n.° 133)*; ainfi que celles d'un coralloïde & des truffes, *planches 332 & 333*.

Il paroît que Tournefort a beaucoup étendu le genre *coralloïdes*, en y comprenant des productions qui ne paroiffent pas appartenir à l'ordre des champignons, mais aux mouffes que Dillen appelle *mufco-fungus*, & que les autres botaniftes avoient placées parmi les *mousses ;* tel est celui qu'il nomme *coralloïdes cornua cervi referens, corniculis longioribus & corniculis brevioribus*, de substance sèche & de couleur grise, dont on voit la figure dans Barrelier, *planche 1277.* Quant à celui qui représente les cornes du daim, *cor. cornua damæ referens :* il en a été déjà fait mention (*synonimie des espèces, n.° 88*).

On peut lui reprocher encore d'avoir trop étendu le genre des lycoperdons, & d'y avoir compris deux espèces qui n'en sont pas, l'une sous le titre de *lycoperdon clavæ effigie (Inst. r. h. p. 564)*, l'autre sous celui de *lycoperdon mortarii formâ (ibid.).*

Cet auteur s'est un peu trompé en disant, dans son *Histoire des plantes, page 449*, que c'est le mousseron blanc indiqué par J. Bauhin sous ce nom, *p. 823*, qu'on élève sur couche aux environs de Paris. Il est vrai que lorsqu'il est tout petit, il ressemble au champignon de couche ; mais celui-ci est colleté & a les feuillets couleur de chair ou de rose, & le mousseron indiqué par J. Bauhin, n'est pas dans ce cas (*synonimie des espèces, n.°s 4 & 19)*. Du reste, Tournefort a prouvé ailleurs qu'il connoissoit très-bien le champignon de couche, qu'il nomme *fungus sativus equinus (synonimie, n.° 4)*, dans le détail intéressant qu'il a donné sur la manière de former une couche à champignons (voyez *Mémoires de l'Académie des Sciences, année 1707).*

Cet auteur a encore fait connoître un fongoïde roux, en forme de bassin, qu'on trouve dans la Grèce, & qu'il désigne dans son corollaire, sous le nom de *fungoïdes pelviforme molle & rufescens*, mais qui ne paroît être qu'une variété de celui qu'avoit indiqué Fabius Columna (*synon. n.° 67. A. aa. 2)*. Il a fait mention encore, dans son *Histoire des plantes des environs de Paris*, du nostoc, sous le nom de *nostoc ciniflonum ;* il est remarquable qu'on ne le trouve pas indiqué dans ses Élémens de botanique.

Du reste, quand Tournefort n'auroit fait que ses genres sur les champignons, & dont les noms seuls ont un mérite (c'eſt lui qui eſt l'auteur des termes *fungoïdes, coralloïdes, lycoperdon*), comme créateur & comme auteur méthodique, il en auroit fait encore plus que les autres.

Il ſemble que ſa méthode, qu'on ne déſignoit plus que ſous le titre de *méthode nouvelle*, impoſa la loi aux autres botaniſtes de mieux faire, & c'eſt de cette époque, en effet, que datent les meilleurs écrits ſur la botanique. Dillen, Micheli & autres, ſe firent une gloire de la ſuivre, & achevèrent ſur les champignons ce que Tournefort n'avoit qu'ébauché. Il ſemble que le goût de l'hiſtoire naturelle devint plus général, & qu'on étudia la Nature avec plus de ſoin. Le Père Plumier faiſoit des voyages fructueux en Amérique, ſous les auſpices de M. Fagon, premier médecin du Roi, & ami des talens; Tournefort fixoit l'attention de l'Académie des Sciences ſur la reproduction des champignons, objet ſur lequel on trouve un détail très-circonſtancié dans les Mémoires de l'Académie des Sciences, *année 1707.* Cette circonſtance donna lieu à une découverte qui ſans cela auroit peut-être échappé, ſur une ſorte de champignon que M. Méry dit avoir obſervé pluſieurs fois ſur les atteles ou fanons dont on ſe ſert dans l'appareil des fractures. Il en fut queſtion à l'Académie des Sciences, comme on le voit dans l'Hiſtoire, *année 1707,* & Nicolas Lémery en fait mention dans ſon *Dictionnaire* ou *Traité univerſel des drogues ſimples, p. 358, 2.ᵉ édit.* C'eſt une production, en effet, très-ſingulière, d'un blanc de neige, en forme de doigts réunis, qui croît ſur ce bois, qui eſt d'oſier pour l'ordinaire; elle eſt analogue à celle qu'avoit déjà obſervée Ray *(ſynonimie, n.º 139),* mais elle mérite une place particulière *(ſynonimie des eſpèces, n.º 144).*

Les obſervations devenoient auſſi plus exactes en Allemagne; ce qu'on avoit pris ci-devant pour de la graine de chou, étoit mis à ſa vraie place, & Camerarius eſt, je crois, le premier auteur qui a fait connoître la petite truffe qui s'attache aux feuilles de cette plante. Cette production, qui a été obſervée depuis avec ſoin, eſt en effet une truffe noire, de la groſſeur & de la forme de la graine de coriandre, qu'on

An. de J. C.
1698.

Tournefort.
CXLIII

CXLIV

Nicolas
Lémery.

Camerarius.

CXLV

An. de J. C.
1702.

trouve fous terre, fur les feuilles de chou. Elle établit une autre efpèce particulière *(fynonimie des efpèces, n.° 145)*.

J. Philippe
Breyne.
CXLV

Les champignons d'ufage en médecine, fixèrent encore l'attention, au commencement de ce fiècle, de J. Philippe Breyne, fils de Jacques Breyne, célèbre botanifte de Dantzick. Cet auteur fit paroître à Leyde, en 1702, une differtation *(z)* dans laquelle il traite de l'ufage de l'agaric du mélèze ou purgatif, de l'oreille-de-judas pour les maux de gorge, des lycoperdons dans les hémorrhagies, & de la truffe-du-cerf. On y voit que l'agaric du mélèze eft prefque tout réfineux ; que le noftoc jaune dont Sterbeeck & d'autres ont fait mention *(fynonimie, n.° 8. b)*, n'eft point d'un ufage dangereux, pris intérieurement. Cet auteur nous apprend encore que le recueil des deffins de champignons fait par l'Éclufe, exifte dans la bibliothèque de Leyde.

1705.

Plumier.

Quoique les champignons n'aient pas fait le principal objet des recherches du Père Plumier, cet auteur nous a fait connoître dans fon *Traité des fougères d'Amérique*, publié en 1705, de l'Imprimerie royale, quelques efpèces qu'on trouve aux Antilles & à Saint-Domingue. Il annonce, dans fon manufcrit, que ce travail fut commencé en 1689 & fini en 1697. On voit dans ce même manufcrit, les deffins coloriés de la plupart de ces champignons, & des détails quelquefois intéreffans fur ces plantes, qui ne font point dans l'ouvrage imprimé, & dont nous ferons ufage. On les trouve dans le manufcrit depuis la p. 189 jufqu'à la p. 193 inclufivement. Dans l'imprimé, les planches CLXVII & CLXVIII du premier volume font celles qui contiennent les champignons.

On trouve d'abord, dans la première, fous les lettres *AAA* & fous la phrafe de *fungus coccineus fquamofus & globofus*, trois figures d'un champignon poreux ou cepe, de couleur

---

(z) *J. Philip. Breynii, de fungis officinalibus differtatio.* Leydæ, 1702, *in-4.°*

écarlate,

An. de J. C.
1705.

Plumier.
CXLV

écarlate, dont une eſt fort mal rendue, celle qui repréſente la partie inférieure de ce champignon, qu'on croiroit écail-leuſe comme le deſſus, ce qui ne peut pas être ; mais celle qui en repréſente la coupe paroît très-exacte & en donne une idée juſte. C'eſt un cepe à tubes & pores jaunes, à chair blanche, à tige longue & d'égale groſſeur, jaune en-dehors, blanche en - dedans. L'auteur ſe tait ſur les qualités de ce beau champignon, qui ne paroît point malfaiſant, & qui ne diffère de ceux d'Europe, de la même eſpèce, que par ſes écailles *(ſynonimie des eſpèces, n.° 44, var. a. 3)*.

Le champignon qu'il met ſous la phraſe de *fungus ſtriatus, totus niveus, fig. B,* eſt un petit champignon feuilleté, ſem-blable à ceux d'Europe qui prennent dans leur développe-ment la forme d'un entonnoir, & qui eſt une eſpèce analogue à ceux que l'Écluſe avoit obſervés en Hongrie *(ſynonimie des eſpèces, n.° 51, var. 4)*.

Celui qu'on trouve ſous le titre de *fungus crenatus tenuiſ-ſimus ac niveus, fig. C* eſt un autre petit champignon feuilleté, tout blanc, mince, effilé, déjà obſervé en Europe *(ſynonimie des eſpeces, n.° 125)*.

Celui qui eſt ſous le titre de *fungus aureus laciniatus, fig. D,* eſt encore un champignon feuilleté, de forme conique & de couleur d'or, qui paroît être le même que celui que Tournefort a fait connoître, mais un peu plus fort *(ſynoni-mie, n.° 143)*.

Celui qui eſt ſous le titre de *fungoïdes reticulatum flabelli-forme, fig. E,* eſt un fongoïde, en forme d'éventail, uni d'un côté, & en réſeau de l'autre ; l'auteur le marque à Saint-Domingue ; & il paroît qu'aucun autre n'en avoit fait men-tion avant lui *(ſynonimie des eſpèces, n.° 67. A. ff)*.

Celui qu'on trouve ſous la phraſe de *boletus phalloïdes pileatus ſeu pileolo villoſo, fig. F,* eſt une oronge blanche ou champignon à valve, à ſurface ſoyeuſe & à chair qui paroît roſée, par conſéquent d'un uſage très-ſuſpect. C'eſt une eſpèce analogue à celle que l'Écluſe a marquée en Hongrie, ſous le nom d'*oronge des jots (ſynon. des eſpèces, n.° 52. a)*.

Tome I. D d

An. de J. C.
1705.

Plumier.
CXLV

Celui qu'il nomme *boletus phalloïdes, rugofus, pediculo fiftulofo, fig. G*, eft un phallus à tête fermée, femblable à celui que Barrelier nomme *phallus de France ;* il devient verdâtre *(fynonimie des efpèces, n.° 17. b).*

Celui qu'on trouve fous le titre de *boletus cancellatus totus purpureus, fig. H*, eft un clathrus ou bourfette en treillage, femblable à celle d'Europe & de la même couleur, mais qui paroît plus grande *(fynonimie des efpèces, n.° 22. a).*

Celui qu'on voit fous le nom de *lycoperdon coronatum, fig. I*, eft une vefce-de-loup étoilée, qui ne diffère pas de celles qu'on trouve en Europe, & que Ray & Boccone y avoient obfervé *(fynonimie des efpèces, n.° 133).*

Mais l'efpèce qu'il met fous le titre de *tubera candida mollia, fig. K*, eft une truffe blanche qu'on ne trouve point en Europe, & qui paroît être la même que celle qu'on obferve en Afrique *(fynonimie des efpèces, n.° 2. d. 1).* Le P. Plumier la dit très-bonne à manger & ayant le goût des champignons ordinaires. On la trouve fur-tout à la Dominique, en novembre & décembre ; elle a la forme, la groffeur & l'irrégularité de nos truffes noires : mais la furface de celle d'Amérique eft unie, douce au toucher, très-blanche & beaucoup plus molle ; l'intérieur eft blanc & granuleux. L'ouvrage manufcrit en contient plufieurs figures qui paroiffent très-exactes & la repréfentent mieux que celles de l'imprimé.

La planche CLXVIII offre plufieurs fungoïdes, des agarics & des coralloïdes. Celui qui eft fous la phrafe de *fungoïdes cyathif rme candidum intùs villofum, fig. A*, eft un fongoïde en forme de verre à boire, blanc, foyeux ou velu en-dedans, qui ne diffère d'un autre, *fig. B*, que par fa couleur pourpre ; fongoïdes creux, à parois minces, dont Micheli a fait depuis un genre fous le nom de *fungoïdafter :* ceux-ci paroiffent particuliers à l'Amérique *(fynonimie des genres, n.° 100 ; & fynonimie des efpèces, n.° 134. b).*

Celui qu'on voit fous le titre de *fungoïdes coccineum, oris pilofis, cyathi formâ, fig. C*, eft un autre fongoïde, mais d'une fubftance plus épaiffe, plus ferme, en forme de godet ou de

foucoupe portée fur une tige pleine; il eft de couleur écarlate ou plutôt de corail en-dedans, jaune en-dehors, &
croît fur le bois. Le Père Plumier dit dans fon manufcrit,
que les Caraïbes des îles Saint-Vincent & Saint-Domingue,
l'appellent *mabouia areca*, c'eft-à-dire, *oreille-du-diable*. Il
forme une variété remarquable dans l'efpèce principale *(fynonimie des efpèces, n.° 67. B. 8)*.

Il y a encore deux fongoïdes, dans la même planche,
dont l'un eft en forme d'entonnoir & de couleur pourpre,
fungoïdes rugatum, infundibuliforme & purpureum, fig. D; &
l'autre de même couleur, mais velu & en forme d'écuelle,
fungoïdes alterum fcutellatum, foris purpureum & villofum, fig. E,
qui paroiffent encore particuliers à l'Amérique *(fynonimie des
efpèces, n.° 67. A. ee. ff)*.

Parmi ceux que l'auteur met fous le nom d'agaric, il y
en a un jaune, en forme de coquilles pétoncles, traverfées
par une branche d'arbre, *agaricus luteus, clypeiformis & tranf-
fixus, fig. F*, qui reffemble à nos petits agarics feuilletés de
l'aune *(fynonimie, n.° 126)*; un autre rofé & blanc, avec
une forte de tige & des expanfions ou lobes à la partie fupérieure, feuilleté, & qui paroît particulier à l'Amérique,
agaricus rofeo-niveus, ftriis aureis, rugofus, fig. G, efpèce analogue à l'agaric multiforme d'Europe *(fynonimie des efpèces,
n.° 122. b)*; un troifième femblable à un feuillage de chou
crêpé, & qui fe rapproche beaucoup des fongoïdes obfervés
par Ray, ou *elvela* des modernes, que l'auteur nomme
agaricus niveus, braffícam crifpam referens, fig. H, & qui fait
un bel effet *(fynonimie des efpèces, n.° 130)*; un quatrième
qui mérite plutôt le nom d'agaric, & qui ne paroît différer
de ceux d'Europe obfervés par Céfalpin, que par de larges
écailles à la furface fupérieure : l'auteur le dit fillonné en
long & en travers, ce qui convient à notre agaric labyrinthe
(fynonimie des efpèces, n.° 25). On le trouve fous le titre
d'*agaricus ampliffimis fquamis, fig. 1)*.

Celui qu'on trouve fous la phrafe de *coralloïdes fufca &
laciniata, fig. K*, eft plutôt un fongoïde en forme d'entonnoir,

D d ij

An. de J. C.
1705.

Plumier.
CXLV

analogue à ceux déjà notés *(fynonimie , n.° 67. A. ff)*, & particulier encore à l'Amérique ; mais celui qu'il nomme *coralloïdes ramofiffima purpurafcens, fig. 1*, eft un coralloïde femblable à ceux d'Europe (*fynonimie, n.° 45. b. 4*).

Quant aux productions qu'il nomme *tubera tefticulorum forma, majora & minora, fig. M, N*, ce font des clavaires des modernes, dont l'une, la grande, a une furface liffe & eft vide au centre, croiffant deux à deux, en forme de fufeau, de couleur marron, & appartient aux clavaires fimples *(fynon. des efpèces, n.° 87. b. cc)*; l'autre, de même forme, mais plus petite, eft noire, à furface rude, & fe trouve évidemment un de ces hypoxilons dont Haller a fait le genre *fphæria*, ayant des cellules à fa furface qui contiennent une liqueur ou pouffière noire *(fynon. des efpèces, n.° 86. b)*. Le Père Plumier dit dans fon manufcrit, que cette efpèce croît fur la racine du champignon oronge, figuré à la planche CLXVII.

Il paroît que dans les commencemens de ce fiècle, le myftère de la reproduction des truffes & des champignons, qui avoit inutilement fixé l'attention de Malpighi, attira celle de plufieurs favans. Plufieurs naturaliftes avoient déjà admis ou fuppofé des femences ; Tancrède Robinfon, fuivant le témoignage de Derham, les avoit déjà découvertes dans les coralloïdes & fur les lames des champignons feuilletés : cette idée qui fe fortifioit en Angleterre, commençoit à germer en France, & Geoffroy, de l'Académie des Sciences, dans l'examen des truffes, crut y reconnoître des cellules, des femences & comme des vaiffeaux qui aboutiffent à l'écorce, & par lefquels fe fait la communication de ces femences de l'intérieur à l'extérieur de la truffe. On lit dans un de fes Mémoires, publié parmi ceux de l'Académie, *année 1711*, fes idées fur la truffe ; la blanche, felon lui, ne diffère de la truffe noire que parce qu'elle n'eft pas encore au point de maturité.

Mais la génération des champignons fixa encore plus particulièrement l'attention des favans d'Italie, & devint l'objet d'un travail considérable entrepris par Marfigli, noble de Bologne. Dans ce fuperbe ouvrage qui parut à Rome en 1714 *(a)*, & adreffé à Lancifi, premier médecin du pape Clément XI, l'auteur n'admet, pour la génération de ces plantes, ni la préfence ni l'exiftence des femences, mais la néceffité d'une fermentation putride, dont le développement du champignon eft le réfultat. Lancifi, dans une réponfe faite la même année à Marfigli, admet & appuie fon fentiment *(b)*; il prétend que les petits corps, en forme de femence, qu'on aperçoit fur les lames de certains champignons, ne font autre chofe que des œufs d'infeêtes, & effaie de faire revivre en quelque forte le fyftème de Godeaërt. L'auteur fait mention & l'éloge, dans fa differtation, d'un fuperbe ouvrage manufcrit fur les champignons, en trois volumes, qui étoit alors dans la bibliothèque de Clément XI, & qui eft plein de figures de ces plantes, avec leurs couleurs naturelles; il l'attribue à deux favans diftingués, Cefius (Fred. Cefi), autrefois célèbre à Rome par fon favoir, & à Heckius, médecin-botanifte, du XVII.ᵉ fiècle *.

L'année fuivante, Garidel, l'ami, le compatriote & l'élève de Tournefort, publia fur les plantes qui croiffent aux environs d'Aix & dans plufieurs endroits de la Provence, un ouvrage confidérable *(c)*, dans lequel on trouve, fous le mot *fungus*,

An. de J. C.
1714.
———
Marfigli.
CXLV

1715.
———
Garidel.

(a) *De generatione fungorum epiftola ad Lancifium.* Romæ, 1714, *in-fol.*
(b) *Differtatio de ortu, vegetatione ac texturâ fungorum.* Ibid.
* Cet ouvrage, fur lequel on vient d'avoir des renfeignemens récens, eft aujourd'hui dans la bibliothèque du palais Albani, à Rome; il eft en 3 vol. *in folio*, contenant chacun environ 200 planches de figures de champignons avec leurs couleurs naturelles, & chaque planche en contient deux ou trois diférens; leur nom latin eft écrit au bas, à la main & en beaux caraêtères, d'après la phrafe que Frederico Cefi, affocié de l'Académie *de Lincei*, ou quelqu'autre, avoit écrite fur chacune de ces planches, au crayon ou à l'encre. À la tête de chaque volume, eft un index alphabétique des noms des champignons; il n'y a ni frontifpice, ni notes. *De Rome, le 20 août 1785.)*
C'eft aux bontés de M. l'Abbé de Saint-Leger, dont le favoir & le zéle pour les progrès des fciences font connus, qu'on eft redevable de ces renfeignemens.
(c) Hiftoire des plantes qui croiffent autour d'Aix & dans plufieurs endroits de la Provence, par Jofeph Garidel. *Aix, 1715,* in-fol.

l'énumération de vingt-deux espèces de champignons, dont
il y en a vingt-un qui avoient été indiqués par les auteurs,
& dont il rapporte les phrases. Le vingt-deuxième, dont il a
donné connoissance, est un champignon couleur de chair,
qui croît principalement sous les pins, & qu'on appelle, pour
cette raison, *pinedo* en Provence. Quoiqu'il ait une odeur
désagréable, on le mange & il n'incommode pas. Le chapiteau est à peu-près de la grandeur de la paume de la main ;
ses bords sont reployés en haut, de manière qu'il forme
l'entonnoir ; sa tige a un pouce d'épaisseur sur quatre de longueur : le centre du chapiteau est ouvert. Il le donne sous
la phrase de *fungus infundibuli figuram referens, colore carneo,*
& paroît devoir former une espèce particulière *(synonimie*

des espèces, n.° 146).

On trouve encore sous les mots *agaricus* & *tubera*, quelques
détails intéressans sur les agarics & les truffes. On y lit, par
exemple, que l'agaric observé en Allemagne par Breyne, sur
les chênes *(synonimie des espèces, n.° 91)*, qui ressemble à une
peau de gant par sa blancheur & sa douceur, croît également sur le mélèze, dans l'interstice du bois. Il le met sous
la phrase *agaricus coriaceus laricinus, hœmatodes, gallo-provincialis.* C'est sous le même mot *agaricus,* qu'on trouve clairement indiqué l'usage de l'agaric astringent, qu'on appelle
esquo en Provence, pour arrêter le sang dans les hémorrhagies, en l'appliquant sur la plaie du vaisseau ouvert, *p. 12
(synonimie des genres, n.° 15 ; & synonimie des espèces, n.° 24).*

Ce qu'on lit sur les truffes, qu'on appelle *rabassos* en
Provence, sur leur recherche, sur les vers blancs qu'on y
trouve, & sur les moucherons qui en sortent en été, n'est
pas moins intéressant. Garidel assure qu'on trouve dans cette
province l'espèce de truffe que Mentzel a donnée sous le nom
de *tubera testiculorum forma,* & qu'on y appelle *rabassos besounos
(synonimie des espèces, n.° 114).*

Du reste, cet auteur nous confirme que le champignon
agaric qu'on appelle *barbo* en Provence, peut être mangé
sans danger *(synonimie des espèces, n.° 12. b).*

Rupp, botaniſte allemand, d'un mérite diſtingué, publia en 1718, ſous le titre de *Flora Jenenſis (d)*, le catalogue des plantes qui croiſſent aux environs d'Iène; l'auteur y ſuit, pour les champignons, la méthode de Tournefort. Cet ouvrage, dont Haller a donné une nouvelle édition en 1745, offre principalement ſous les mots *fungus* & *boletus*, l'énumération d'un grand nombre de champignons, dont il y a pluſieurs eſpèces curieuſes. Il note entr'autres, ſous le titre de *boletus mitram pontificis referens*, trois eſpèces ou variétés de morille, dont une eſt blanche, l'autre brune, & l'autre noire; ce ſont ces ſortes de morilles, en forme de mitre, dont Mentzel avoit déjà fait mention *(ſynonimie, n.° 111)*, mais parmi leſquelles il y en a une particulière que Rupp a miſe ſous la phraſe de *boletus pediculo & capitulo donatus nondùm deſcriptus*, morille à chapiteau & à tige, dont Micheli a enſuite fait un genre ſous le nom de *phallo-boletus (ſynon. des genres, n.° 59)*, & qui donne lieu ici à une eſpèce nouvelle *(ſynon n.° 147)*: celle-ci diffère des autres morilles, en ce que le chapiteau, en forme d'entonnoir ou de pyramide, eſt détaché de la tige; d'ailleurs, elle eſt de très-bonne qualité & propre à l'uſage des tables.

On remarque, dans le même ouvrage, pluſieurs eſpèces de champignons à ſurface inférieure hériſſée de pointes *(ſynonimie des genres, n.° 37)*, dont l'un eſt blanc, un autre brun, & un troiſième jaune *(ſynonimie des eſpèces, n.° 70)*; l'auteur fait obſerver que le grand brun ou obſcur, mis ſous la phraſe de *fungus echinatus maximus, umbraculo ampliſſimo obſcuro & nigricante (ſynon. ibid. var. e)*, n'eſt pas d'uſage. Maurice Hoffmann les avoit indiqués.

Parmi les champignons feuilletés, il marque aux environs d'Iène, la *rougeolè à lait doux (ſynonimie, n.° 11)* & pluſieurs autres déjà connus; mais il y en a deux, l'un que l'Écluſe avoit donné pour être d'un genre pernicieux, mais que Rupp

---

(d) Henrici Bernhardi Rupp Flora Jenenſis. Jenæ, 1718, 1725 & 1745, in-8.°

An de J. C.
1718.

Rupp.
CXLVI

CXLVII

An. de J. C.
1718.

Rupp.
CXLVII

dit bon à manger, qui eſt celui qui a un ſuc couleur de ſang
(*ſynonimie, n.° 38, var. c*); & l'autre qui reſſemble au champignon ordinaire, & qu'il dit d'un uſage ſuſpeđ, paſſage
obſcur que Haller même n'a point éclairci.

Parmi les lycoperdons, il marque le petit ſanguin, déjà
obſervé (*ſynonimie, n.° 83*), & parmi les truffes, celle du
cerf, dont il dit que l'intérieur, qui a une odeur forte, ſe
remplit d'une poudre blanche; ce qui eſt contraire aux obſervations des autres auteurs. Il marque encore pluſieurs coralloïdes, & un hypoxilon qui s'ouvre par des ſciſſures, *agaricus
clavatus nigerrimus, fiſſuris dehiſcens* (*ſynon. n.° 86*); un fongoïde
de Tournefort, noir inférieurement, blanc ſupérieurement
(*ſynonimie, n.° 67. A*); une clavaire de couleur roux tendre,
qui prend la forme d'une figue & quelquefois celle d'un
pilon, avec des plis, ſous le titre d'*agaricus clavatus, flaveſcens
coriaceæ ſubſtantiæ;* ſa chair eſt ferme & blanche. Cette eſpèce
a été obſervée depuis; elle n'eſt point d'un uſage malfaiſant,
& forme une variété remarquable dans l'eſpèce principale
(*ſynonimie, n.° 87, var. bb*).

1719.

Dillen.

Dillen, plus connu ſous le nom de Dillenius, botaniſte
profond, & qu'on a ſurnommé le Lynx de la Nature, fit dans
ſon Catalogue des plantes des environs de Gieſſen dans la
Heſſe *(c)*, quelques changemens aux genres établis par Tournefort. Cet auteur définit le champignon *un genre de plante
ſtérile* (c'eſt-à-dire, ſans fleurs & ſans ſemences) *naiſſant d'une
fermentation putride, mais capable de conſerver ſon caraĉtère
ſpécifique;* il diſtribue tous les champignons en deux claſſes
ou ordres principaux, *en champignons à chapiteau porté ſur une
tige, & en champignons ſans chapiteau.*

Ceux du premier ordre ont leur chapiteau réſultant, en
général, d'une double ſubſtance, l'une ſupérieure, ordinairement charnue, homogène, l'autre inférieure, formée de

---

*(e) Catalogus plantarum ſpontè circà Giſſam naſcentium, cùm appendice
pro ſupplendis inſtitutionibus Rei herbariæ Joſ. Pitt. Tournefort. Francofurti
ad Mœnum, 1719, in-8.°*

feuillets

feuillets ou lames, ou à leur place, de plufieurs ouvertures, ou de pores, ou d'appendices, pour l'ordinaire d'une couleur différente de celle de la partie fupérieure & de la tige. Ils font de quatre fortes ; feuilletés, ou garnis d'appendices en forme de pointes, ou à grandes cavités, ou à petits pores.

Ceux du fecond ordre, favoir les champignons fans chapiteau, font de deux fortes principales ; ou à tige, ou fans tige.

Ceux qui en ont une, font fimples ou ramifiés, c'eft-à-dire, à branches : les uns & les autres croiffent par terre ou fur les arbres.

Ceux qui n'ont point de tige font de trois fortes, à raifon de leur forme plane ou horizontale, concave, ou en globe.

Ceux de forme horizontale font feuilletés ou poreux, ou hériffés de poils ou pointes, ou à furface liffe, ou à tubercules.

Ceux de forme concave font membraneux, c'eft-à-dire, coriaces ou durs, & en forme de calice.

Ceux qui font en globe croiffent par terre, ou fur les arbres, ou fous terre.

Telle eft la diftribution que fait Dillen des champignons ; quant à celle qui confifte à les placer, à raifon de leurs qualités, quoiqu'elle ne lui ait pas paru trop philofophique, il l'employe néanmoins pour les champignons feuilletés.

Il les comprend tous, fans exception, fous dix genres, dont le caractère eft principalement déduit de la forme & de la ftructure de la plante, & qu'il met fous les noms fuivans : *amanita, boletus, erinaceus, morchella, phallus, fungoïdes, agaricus, peziza, bovifta, tubera.*

L'*amanita* (champignon feuilleté) eft défini par Dillen un genre de champignon à tige & à chapiteau tantôt plat, tantôt convexe, tantôt conique, feuilleté à la partie inférieure, & dont la couleur eft quelquefois la même & quelquefois différente de la fupérieure. C'eft Dillen qui a formé ce genre (*fynonimie des genres, n.° 36*).

Le *boletus* (champignon poreux ou cepe) diffère, fuivant

<table><tr><td>*Tome I.*</td><td>E e</td></tr></table>

An. de J. C.
1719.

Dillen.
CXLVII

An. de J. C.
1719.
———
Dillen.
CXLVII

Dillen, de l'*amanita*, en ce qu'au lieu de feuillets la partie inférieure est criblée de trous ou pores. Ce genre étoit formé du temps de Pline *(synonimie des genres, n.° 8)*.

L'*erinaceus* (champignon hérissé) diffère des deux précédens, en ce qu'au lieu de feuillets ou de pores, la partie inférieure du chapiteau se trouve hérissée de pointes ou appendices semblables à celle de la langue & du palais du bœuf. C'est Dillen qui a formé ce genre *(synon. des genres, n.° 37)*.

Le *morchella* (morille) diffère des genres précédens, en ce que sa tête ou partie supérieure est par-tout sillonnée ou creusée par des cavités, & résulte d'une substance uniforme. C'est Dillen qui a bien caractérisé ce genre; c'est le *boletus* de Tournefort *(synonimie des genres, n.° 9)*.

Le *phallus* a une tête également uniforme qui ne s'aplatit pas comme un vrai chapiteau, & qui a la forme de la partie sexuelle de l'homme. C'est Dillen qui a encore formé ce genre *(synonimie des genres, n.° 38)*.

Le *fungoïdes* est un genre de champignon à tige, mais sans tête ou chapiteau, d'une substance uniforme ou homogène dont il y a des espèces ramifiées, d'autres sans branches, qui croissent par terre & sur les arbres *(synon. des genres, n.ᵃ I F)*.

L'*agaricus* (agaric) est un genre de champignon qui croît presque toujours sur les arbres latéralement & horizontalement, qui est très-souvent difforme & d'une substance dure, ligneuse, sans tige & sans chapiteau. Ce genre n'est encore qu'une fraction de celui de Tournefort, & ne contient, comme on voit, sous le même nom que les agarics de forme horizontale *(synonimie des genres, n.° 39)*. Dillen trouve que Tournefort l'a trop étendu, & que lui-même lui donne encore beaucoup d'extension. Il dit qu'il auroit pu distinguer les agarics à raison de leurs feuillets, de leurs pores ou de leur état uni, &c. mais qu'il ne l'a pas fait de peur de trop innover. Il se trouve néanmoins que de fait il les a distingués de cette manière *(voyez Catalog. plant. Giff.)*.

Le *peziza* ou *pezica* (champignon membraneux & creux) est un genre de fongosité le plus souvent sans tige, mais

An. de J. C.
1719.

Dillen.
CXLVII

fouvent fans chapiteau ; d'une fubftance homogène, membraneux, concave, capable de retenir l'eau de la pluie,
tendre pour l'ordinaire, quelquefois un peu dur comme
dans le peziza à corps lenticulaires. C'eft le *fungoïdes* de
Tournefort *(fynonimie des genres, n.° 3)*.

Le *bovifta* (vefce-de-loup) eft un genre de plante pour
l'ordinaire fans tige, & qui a le plus fouvent pour chapiteau une tête globuleufe qui s'ouvre en maturité & répand
une pouffière brune. Dillen a étendu ce genre, qui eft le
lycoperdon de Tournefort, jufqu'aux agarics de forme arrondie
(fynonimie des genres, n.° 40).

Les *tubera* (truffes) font des corps ronds, d'une fubftance
ferme & compacte, uniforme, qui viennent fous terre &
qui font bons à manger. C'eft le même genre que celui de
Tournefort & mis fous le même nom *(fynon. des genres, n.° 1)*.

Tels font les genres établis par Dillen ; le premier, c'eft-
à-dire le champignon feuilleté *(amanita)*, contient un grand
nombre d'efpèces. Outre leur divifion générale en celles de
bonne qualité & en celles de qualité fufpecte, elles font encore
diftinguées, à raifon de la couleur des feuillets, de la nature de
leur peau & de leur chair ; ceux qui ont les feuillets rouges,
la peau & la chair moins fines & moins délicates, font mis
en tête fous le nom générique d'*amanita campeftris ;* ceux qui
ont leurs feuillets blancs, la peau plus fine, la chair plus
délicate, viennent après, fous le nom d'*amanita kremlinga.*

On voit, par cette diftribution, que Dillen eft le premier
auteur, après Tournefort, qui ait introduit dans cette partie
de la botanique un ordre vraiment méthodique, c'eft-à-dire,
des divifions fondées fur des caractères déduits de la forme
ou de la ftructure de la plante, & qui ait formé des genres
folidement établis. Auffi, ces genres auxquels ceux de Tournefort avoient fervi de modèle, en ont-ils fervi à leur tour
à ceux de Linné & d'autres.

Parmi les plantes de cet ordre qu'on obferve aux environs
de Gieffen, & contenues dans le Catalogue dont on rend
compte, on y trouve d'abord quatre-vingt-quatorze efpèces

ou variétés de champignons feuilletés, dont il y en a vingt-une bonnes à manger, & foixante-treize fufpectes.

Parmi les efpèces de bonne qualité, on n'en trouve qu'une que Dillen a fait connoître, qui eft un champignon feuilleté, d'un jaune-pâle, qui donne un lait aqueux, mis fous la phrafe d'*amanita pallidè lutea lacte aquofo non acri turgens*. Dillen dit que celui-ci croît au mois de juillet dans les bois ; il forme une variété dans l'efpèce principale, qui eft à lait doux *(fynonimie, n.° 11, var. c)*. Les autres efpèces étoient toutes connues ; mais on eft étonné d'y trouver un grand champignon feuilleté, d'un rouge-brun, fous le titre d'*ama-nita punicea feu è fufco purpurea fine lacteo fucco, craffa & magna*, donné pour fynonime de celui que Sterbeeck avoit nommé *fungus ánguineus*, & figuré *planche XVIII, fig. D.* qui eft un cepe, lequel n'eft donné ni pour feuilleté, ni pour bon à manger ; & en fuppofant qu'il fût feuilleté, comme la figure pourroit le donner à croire, ce grand rouge que Dillen indique feroit d'un ufage très-fupect *(fynonimie des efpèces, n.° 18. a. 2)*.

Parmi les efpèces feuilletées, d'un ufage dangereux, au nombre de foixante-treize, il y en a environ cinquante-quatre données pour efpèces nouvelles : fur ces cinquante-quatre, il y en a un, *p. 181*, fous la phrafe d'*amanita dura è fufco rubens quercina*, qui eft un champignon couleur de marron foncé, dont le pied eft renflé vers le milieu, & qui a une odeur de chêne moifi. Cette efpèce eft très-commune dans les bois ; elle eft un peu analogue aux champignons des numéros 46 & 56 de la fynonimie, mais elle peut fournir une efpèce particulière *(fynonimie des efpèces, n.° 148)*.

On en trouve encore plufieurs qui ne font défignés que vaguement par la couleur ou par la forme, comme de couleur de citron, dont un a les feuillets blancs, qui paroiffent appartenir au n.° 72 de la fynonimie *(ibid.)* ; un petit qui croît fur les lichens, & qui eft vraifemblablement de la nature des petits hydrophores *(fynonimie, n.° 92)* ; un jaune en cône obtus *(fynonimie, n.° 143)* ; un autre qui

croît fur les arbres, & couleur de fafran, qui peut être rapporté à divers numéros ; un petit d'un jaune-brun ; un verdoyant ; un autre petit à chapiteau & feuillets blanchâtres,
& à tige rouffe ; un autre en cône, d'un blanc lavé de brun,
avec des feuillets couverts d'une toile ; plufieurs d'un blanc
livide, d'autres bruns, &c. donnés pour nouveaux, mais dont
plufieurs ne paroiffent que des variétés d'efpèces connues,
ou dont on ne fauroit déterminer le caractère. La feule
efpèce qu'on devine, à travers cette obfcurité, eft ce champignon roux-brun qui croît en touffe au pied des arbres, dont
le chapiteau eft marqué comme de points noirs , & qu'on
pourroit appeler *tête-de-Médufe*, à caufe de fa forme & de
fes qualités. Dillen le met fous la phrafe d'*amanita fafciculofa
pileis rufo-fufcis, lamellis & pediculis albentibus, maculis feu
eminentiis nigricantibus diftincta, p. 187.* Il donne lieu à une
efpèce nouvelle (*fynonimie des efpèces, n.° 149*).

Parmi ces champignons en touffe, donnés pour efpèces
nouvelles, il y en a plufieurs qui étoient connus (*fynonimie
des efpèces, n.°* 30, 71. 115), & d'autres répétés ou qui ne
paroiffent pas différer fpécifiquement entr'eux : tels font
ceux de couleur livide, dont l'un eft à chapiteau creufé en
nombril, & mis fous le titre d'*amanita fafciculofa alta, pileis
fublividis umbilicatis, p. 187 :* un autre fous celui d'*amanita
orbicularis verna paluftris, ex livido fufca pileo leviter umbilicato,
ibid.* un autre fous celui d'*amanita fafciculofa ex fufco violacei
coloris ;* un autre fous celui d'*amanita fafciculofa fublivida
pediculo molli, bulbiformi ;* un autre fous celui d'*amanita fafciculofa fublivida orbiculari pileo, lamellis ex livido fufcis, pediculis
magis candidis.* Il réfulte de cet expofé, qu'il y a ici cinq
fortes de champignons de couleur livide ou violette, dont
deux font creufés en nombril, & les autres non. Celle qui
n'eft pas en touffe eft une variété d'une efpèce connue (*fynon.
n.° 21*) ; l'autre pourroit être prife pour efpèce particulière,
fur-tout fi l'auteur eût indiqué la couleur des feuillets & de
la tige. Quant aux autres joints à celui-ci, il me femble
qu'ils peuvent être compris fous une efpèce principale

An. de J. C.
1719.

Dil'en.
CXLVIII

CXLIX

CL

(ſynon. des eſpèces, n.° 150. a). Il y a encore une truffe de couleur livide, ſous la phraſe d'*amanita faſciculoſa viſcida arborea, mollis, ſublivida*, qui rentre comme variété dans le même numéro *(ibid. b)*. Quant à celui qui croît dans les pâturages, & qu'il met ſous le nom d'*amanita conica viſcida lutea*, il eſt évident que c'eſt le même ou une variété foible de celui que Tournefort avoit fait connoître *(ſynon. n.° 143)*.

Il en eſt à peu-près des champignons poreux comme des champignons feuilletés; on les trouve tous ſans figures & preſque tous ſans deſcription détaillée.

Parmi les eſpèces indiquées comme nouvelles, il y en a deux qu'on peut regarder comme telles; l'une eſt un cepe à verrues, brunâtre, qui paroît néanmoins avoir été indiqué par Boccone ſous le nom de *fungus verrucoſus atro-fuſcus*, mais que Dillen déſigne plus clairement ſous celui de *boletus verrucoſus ex fuſco ſordidè niger, p. 189.* Il forme le n.° 151 de la ſynonimie des eſpèces *(ibid.)*.

L'autre eſt brun deſſus, blanc deſſous, croît ſur les arbres, & on le trouve ſous le nom de *boletus arboreus ſupernè fuſcus, infernè albus;* mais on ne peut conſidérer celui-ci que comme une variété de l'eſpèce ordinaire à chapiteau brun, & à tubes gris ou blancs *(ſynonimie des eſpèces, n.° 18. e)*: les autres eſpèces rentrent toutes comme variétés ou comme eſpèces analogues & connues, dans les n.°ˢ 18 & 44 de la ſynonimie des eſpèces *(ibid.)*.

Ceux qu'il place ſous le nom générique de *fungoïdes*, ne ſont pas non plus tous clairement indiqués. Parmi ceux-ci il y a deux clavaires données pour eſpèces nouvelles, une grande & une petite, *fungoïdes clavatum majus & minus*, qui croiſſent par terre *(ſynon. n.° 87)*; & une autre de couleur pourpre & tranſparente, en forme de croiſſant, qui vient ſur les chênes, & que l'auteur met ſous le nom de *fungoïdes quercinum peltatum pellucidum, purpuraſcens*. Elle paroît très-analogue à celle que Ray avoit déſignée ſous le titre de *fungus arboreus niger (ſynon. n.° 121)*, dont celle-ci diffère néanmoins par ſa ſubſtance & ſa couleur *(ibid.)*.

Parmi les champignons des arbres ou agarics, on en trouve
plufieurs parmi les feuilletés, en forme de coquilles pétoncles,
blancs & gris, qui avoient été déjà indiqués par Ray *(fynon.
des efpèces, n.° 126)*; & un autre coriace & blanc, mis fous
le nom d'*agaricus quernus lamellatus, coriaceus, albus*, mais
qui paroît un jeu de l'agaric labyrinthe, ce qu'on obferve
fouvent *(fynonimie, n.° 25)*.

Parmi les agarics poreux, il y en a une efpèce que l'auteur
a fait connoître, qui eft couleur d'orange, & qu'on trouve
fur les chênes au mois de juillet : il la met fous le nom
d'*agaricus porofus, coloris faturi aurantii;* mais elle ne me paroît
pouvoir former encore qu'une variété de l'efpèce principale,
c'eft-à-dire, de l'agaric-amadou ordinaire. Celui du hêtre,
par exemple, eft à peu-près de cette couleur *(fynonimie des
efpèces, n.° 24)*. Les autres font ceux qu'on trouve fous les
n.^{es} 24 & 47 de la fynonimie *(voy. ibid.)*. On y voit encore
le faux agaric blanc, fous le nom d'*agaricus officinali fimilis
ad quercus*, que Dillen dit avoir obfervé fur les chênes ; ce
qui pourroit fervir à juftifier le rapport de Pline fur l'agaric
blanc croiffant fur ces arbres *(fynonimie des efpèces, n.° 68)*.
Parmi ceux qui ont leur furface unie, on en trouve un
finueux, de fubftance gélatineufe, analogue aux noftocs & à
ceux déjà obfervés par l'Éclufe *(fynon. des efpèces, n.° 8. a. b)* ;
un autre à bandes qui vient fur le charme, mais qui n'eft
pas affez clairement défigné ; plufieurs veloutés ou foyeux,
fur-tout parmi les agarics-iris *(fynonimie, n.° 48)* ; enfin
parmi ceux qu'il nomme tuberculeux, un très-noir & rude
au toucher, qu'il compare au cuir d'Efpagne, & qu'il
met fous la phrafe d'*agaricus nigerrimus tuberculis inflar corii
hifpanici exafperatus*, mais qui ne paroît être qu'un agaric
détérioré & devenu noir, comme ils le deviennent pour la
plupart lorfqu'ils fe gâtent, ainfi que les champignons. Voilà
pourquoi on n'a pas cru devoir mettre au rang des efpèces
déterminées, le champignon qu'on trouve, *p. 187*, fous le
nom d'*amanita nigra coniformis*.

Parmi les *peziza* ou *pezica*, on en trouve plufieurs en

An. de J. C.
1719.

Dillen.
CLI

forme d'écuelle ou de chaton de bague, bruns & rouges ; mais il y a une espèce particulière dont il paroît qu'aucun auteur n'avoit fait mention avant Dillen, & qu'il a mis sous la phrase de *peziza arborum minima arthrodico acetabulo leviter exarata, brevi petiolo, metam inversam seu turbinem referens, coloris obsoleté flavi, p. 1 9 5,* ainsi désigné, parce qu'il ressemble à la cavité des os qui s'articulent, comme on dit en terme d'anatomie, par *arthrodie,* c'est-à-dire, par des cavités superficielles & inégales. Il rentre comme variété dans le n.° 67 de la synonimie des espèces *(ibid.).*

Parmi les champignons en globe ou *bovista,* on ne trouve rien de curieux que le lycoperdon sanguin, déjà observé par Loësel & Boccone *(synonimie, n.° 8 3)*, & mis ici sous le nom de *bovista miniata pisi majoris magnitudine.*

Dillen fait observer que, d'après la lecture de Sterbeeck, il a fait attention que la truffe-du-cerf vient sur terre, & que ce pourroit bien être le *lycoperdon verrucosum sphæricum* de Tournefort, espèce déjà indiquée par Boccone *(synonimie des espèces, n.° 1 0 9).*

Il dit encore avoir vu l'espèce indiquée par Breyne, & qu'on pourroit nommer selon lui, *fungus igniarius cylindraceus (synonimie, n.° 9 1).*

D'après ce détail, on voit que le principal mérite du travail de Dillen consiste dans la distribution méthodique des champignons. Il paroît néanmoins avoir un peu négligé cet ordre, en plaçant parmi les *bovista* l'agaric astringent, de forme arrondie, qu'il nomme *bovista igniaria (synon. des espèces, n.° 24);* & le hérisson, qu'il nomme *bovista erinacea (synonimie des espèces, n.° 9 0).* Mais il est aisé de voir que d'après le caractère tracé de ces genres, l'agaric astringent ni le hérisson ne sont pas à leur place ; l'un devroit être parmi les *agaricus,* l'autre parmi les *fungoïdes* de cet auteur.

Indépendamment des connoissances que Dillen nous a transmises sur les champignons, cet auteur a donné les signes qui peuvent servir à faire connoître ceux de bonne ou de mauvaise qualité ; signes qu'il avoit tirés principalement de

l'ouvrage

l'ouvrage de Sterbeeck, de la lecture duquel il étoit nourri, & dont il faifoit grand cas.

Il répète la plupart des chofes qu'on trouve dans cet auteur ; il a obfervé de plus que les champignons de bonne qualité proviennent, dans leur principe, d'un corps blanc & ferme, de confiftance plus rapprochée & comme mieux travaillée que celle qui donne naiffance à ceux de mauvaife qualité ; celle de ces derniers eft plus fluide, plus tenue, plus fujette à la corruption. Il penfoit, en outre, que les premiers proviennent des végétaux falubres, & les autres des végétaux nuifibles ; d'ailleurs, il n'admet ni fleurs ni femences dans ces plantes, pour leur reproduction.

Si l'on juge de la nature, du nombre & des qualités des champignons de la Heffe, par l'ouvrage de Dillen, on trouve que les champignons feuilletés y font les plus communs, fur-tout ceux qui croiffent en touffe au pied des arbres, ainfi que les agarics. On n'y trouve ni phallus, ni clathrus, ni moufferons, & il paroît encore qu'il y a très-peu d'efpèces de champignons bulbeux. L'auteur fait mention de l'oronge.

On trouve dans un Journal allemand, imprimé à Breflaw, feptembre 1719 *(Sammlung von nater)*, fait par Kanold, médecin de cette ville, qu'on fait ufage, en Siléfie, de deux fortes de champignons déjà connus, du champignon bulbeux & violet, indiqué par Boccone *(fynonimie, n.° 140)*, & d'un champignon vert indiqué par l'Éclufe *(fynonimie, n.° 40)*.

En 1720, Fr. Ern. Bruckmann publia un petit traité fur les truffes *(f)*, dans lequel on ne trouve rien de neuf. Il croit que le *dudaïm* des Hébreux eft la truffe. L'auteur penfe encore que la femence de la truffe réfide dans les grains noirs de fon écorce.

Buxbaum, botanifte diftingué, de l'Académie de Saint-Péterfbourg, dans fon Énumération des plantes des environs

An. de J. C.
1719.

Dillen.
CLI

Kanold.

1720.

Bruckmann.

1721.

Buxbaum.

(f) Fr. *Ernefti Bruckmanii med. cult fpecimen botanicum exhibens fungos fubterraneos vulgò tubera terræ dictos.* Helmftadii, 1720.

de Halles, publiée en 1721 *(g)*, fait mention de plusieurs champignons dont on lui attribue la découverte.

On y en voit deux poreux, l'un à tubes jaunes, qui est bon à manger & qui rentre comme variété dans le n.º 18 de la synonimie *(ibid.)* ; l'autre en forme d'éventail ou de fouet, mis sous le nom d'*agaricus porosus flabellum referens*, de couleur fauve dessus, blanc dessous, qui croît sur les arbres, & qui paroît se rapprocher de celui que Tournefort avoit observé sur une poutre de l'abbaye Saint-Germain, variété du n.º 35 ; 2.º deux champignons bulbeux & feuilletés, tue-mouches, l'un brun, l'autre couleur d'ocre *(synon. n.ºˢ 13, 43)* ; 3.º un petit champignon à appendices, couleur de buis, à tige longue, qui ressemble à une petite curette ou cure-oreille, sous le nom de *fungus erinaceus parvus, auriscalpium referens, buxei coloris, &c.* & qu'on trouve ordinairement sur les pommes de pin, observé depuis par Schæffer, & qui rentre comme espèce analogue dans le n.º 70 de la synonimie des espèces ; c'est celui que Linné a nommé *hydnum auriscalpium ;* 4.º un très-petit champignon en forme de boule velue & couleur de chair, ou mucosité, qui croît sur les arbres, mis sous le nom de *lycoperdon spurium arboreum barbatum, p. 204*, déjà observé par Loësel *(synon. n.º 84) ;* 5.º la clavaire en forme de figue, sous le nom de *fungus clavatus ficum referens*, déjà observée par Rupp aux environs d'Iène, & rapportée à l'espèce principale *(synonimie des espèces, n.º 87) ;* 6.º un très-petit coralloïde blanc, déjà observé en Angleterre par Shérard, & rapporté comme variété du n.º 45 de la synonimie ; 7.º enfin le lycoperdon sanguin, déjà observé par Boccone *(synonimie des espèces, n.º 83)*, que Buxbaum a trouvé sur les arbres.

En 1727, Marchand, de l'Académie des Sciences, fit voir à cette Compagnie une production fongueuse qui avoit crû sur le tan, qu'il appelle *fleur-de-tan*, & qu'il met sous la

---

(g) *Enumeratio plantarum circà Hallam nascentium,* 1721, *in-8.º*

phrafe de *fpongia fugax, mollis, flava & amœna.* Cette mucofité eft une variété de celle qui avoit été déjà obfervée par Loëfel, & fe trouve fous le n.° 85 de la fynonimie *(ibid.).* C'eft celle que Linné a nommée depuis *mucor fcepticus.* Elle eft décrite avec foin dans les Mémoires de l'Académie, *année 1727.*

Les chofes en étoient à ce point, lorfque l'ouvrage de Vaillant, botanifte françois, de l'Académie royale des Sciences, contemporain de Dillen & démonftrateur des plantes au Jardin du Roi, parut. Cet auteur, qui mourut en 1722, s'étoit livré avec une ardeur infatigable à la recherche des plantes qui croiffent aux environs de Paris. Il y obferva un grand nombre de champignons, qu'il tâcha de mettre en ordre & dont on voit l'énumération dans fon *Botanicon Parifienfe,* imprimé d'abord *in-8.°* à Leyde en 1723 *(h),* enfuite dans la même ville & à Amfterdam en 1727, *in-folio,* & publié par Boërhaave *(i).* Cet ouvrage eft enrichi de plus de trois cents figures deffinées par le célèbre Aubriet, peintre du Cabinet du Roi. Tout y eft repréfenté avec un foin infini, & on peut dire qu'on n'a encore rien vu de fi parfait en ce genre; les champignons fur-tout y font rendus d'une manière fupérieure.

On a beaucoup regretté que Vaillant n'ait pas pu mettre la dernière main à fon ouvrage. La partie qui concerne les champignons, comme Boërhaave l'obferve dans fa préface, étoit en très-mauvais ordre : les articles étoient éparpillés fur des morceaux de papiers numérotés; & malgré les foins que cet illuftre éditeur fe donna, ainfi que Shérard fon ami, qui étoit alors auprès de lui, on eut encore beaucoup de peine à mettre de l'ordre dans cette partie; ce qui s'aperçoit

An. de J. C.
1727.

Marchand.
CLI

Vaillant.

(h) C'eft ce qu'on appelle le petit *Botanicon* de Vaillant, qui a été réimprimé à Paris, *in-12.*

(i) *Botanicon Parifienfe,* ou *Dénombrement par ordre alphabétique des plantes qui fe trouvent aux environs de Paris, &c.* par feu M. Sébaftien Vaillant, de l'Académie des Sciences, &c. *À Leyde & à Amfterdam,* chez Verbeck & Lakeman, *1727, in-folio.*

An. de J. C.
1727.

Vaillant.
CLI

par la tranfpofition des numéros, par quelques defcriptions qui ne répondent point aux titres, & par le double emploi de quelques autres.

Vaillant comprend tous les champignons fous huit genres & fous les titres fuivans, mis par ordre alphabétique : *agaricus, boletus, clavaria, corallo-fungus, fungus, fungoïdes, lycoperdon, tubera,* qui doivent être pris dans le fens de ceux de même nom, de Tournefort, & qui n'en diffèrent que par le genre *clavaria* que Vaillant a formé, & par le changement de nom de *coralloïdes* de Tournefort en celui de *corallo-fungus (fynon. des genres, n.ᵒˢ 18, 9, 41, 23, 2, 3, 4, 1).* On trouve encore le *nofloc* fous la lettre *N*, fans que l'auteur ait paru vouloir en faire un genre de champignon. Mais c'eft fous le mot *fungus, p. 58 & fuiv.* qu'on voit le plan & le développement d'une méthode particulière qui n'a pour objet que les *champignons* proprement dits, c'eft-à-dire, les plantes de cette nature qui ont une tige furmontée d'un chapiteau un peu régulier *(fynonimie des genres, n.ᵒ 2).*

Cet auteur les divife en fix familles, eu égard à la ftructure de la partie inférieure du chapiteau.

1.ᵒ *En ceux qui ont des chapeaux fans doublure* (fynonimie des genres, n.ᵒ 42).

2.ᵒ *En ceux dont les chapeaux font doublés de petites houppes ou papilles* (fynonimie des genres, n.ᵒ 37).

3.ᵒ *En ceux qui les ont doublés de longues pointes femblables aux piquans du hériffon* (fynonimie des genres, n.ᵒ 37).

4.ᵒ *En ceux qui les ont doublés de tuyaux* (fynonimie des genres, n.ᵒ 8).

5.ᵒ *En ceux qui les ont doublés de nervures rameufes* (fynon. des genres, n.ᵒ 43).

6.ᵒ *En ceux qui font feuilletés* (fynon. des genres, n.ᵒ 44).

Cette dernière famille, à raifon du grand nombre d'efpèces, eft fous-divifée en trois fections ou claffes, dont la première renferme les champignons feuilletés, *à pédicule plein & nu;* la feconde, ceux qui ont *des pédicules nus & creux;* & la troifième, ceux qui ont *des pédicules avec des anneaux ou collets.*

On voit, par cet expofé, que Vaillant eft le premier auteur qui ait fenti la néceffité de former des claffes ou des familles dans un ordre de plantes très-nombreufes, & qui en ait déduit les caractères d'après la difpofition ou la ftructure, foit de la totalité de la plante, foit de quelqu'une de fes parties. Indépendamment du genre *clavaria* qu'il a formé, c'eft lui qui a donné l'idée des genres 42, 43, 44 de la fynonimie.

Les champignons compris fous toutes ces familles ou genres, au nombre d'environ cent foixante-une efpèces ou variétés, fe trouvent prefque tous décrits avec beaucoup de foin, fur-tout ceux que l'auteur a fait connoître le premier. On y trouve quatre-vingt-neuf fortes de champignons feuilletés, treize champignons poreux, un champignon à chapiteau uni, un autre à chapiteau doublé de pointes, fept fortes d'agarics, quatre morilles, trois clavaires ou maffes, neuf *corallo-fungus*, dix *fungoïdes*, fix noftocs, dix-fept lycoperdons & une truffe. Mais fi l'on vouloit réduire ce nombre à fa jufte valeur, ce dénombrement pourroit ne pas paroître exact, puifqu'on y trouve un phallus qui n'eft pas encore développé, mis parmi les lycoperdons fous le n.° 15, *p. 123*, de cet auteur; plufieurs numéros répétés & des plantes qui ne font pas, à la rigueur, des champignons. Malgré cela, perfonne avant ou depuis Vaillant, n'a fait connoître d'une manière auffi étendue & auffi fatisfaifante, les champignons des environs de Paris.

Première famille.

Dans la première famille, celle des champignons à chapiteau uni, on n'en trouve qu'un que Vaillant a fait connoître le premier fous la dénomination de *fungus gelatinus flavus*. L'auteur en donne trois figures, *planche XIII;* c'eft un petit champignon jaune & luifant, d'un pouce de haut, qui n'a ni pores, ni feuillets, ni éminences, dont le corps eft tout gélatineux, & dont le chapiteau eft ordinairement un peu anguleux, mais très-régulier. Vaillant dit qu'il a la

An. de J. C.
1727.

Vaillant.
CLI

CLII

confiſtance d'une gelée de viande fort cuite, lorſqu'on le goûte. Ce champignon a été obſervé depuis par Micheli. Il forme le n.º 152 de la ſynonimie des eſpèces *(voy. ibid.).*

Seconde famille.

Vaillant n'a point trouvé d'eſpèce de la ſeconde famille, c'eſt-à-dire, de celle dont les chapiteaux ſont garnis de papilles, aux environs de Paris. Cette famille rentre dans la ſuivante.

Troiſième famille.

Dans la troiſième famille, c'eſt-à-dire, celle des champignons à pointes ſous le chapiteau, on ne trouve qu'une ſeule eſpèce couleur ventre-de-biche, qui étoit connue, & qu'il met ſous le nom de *fungus erinaceus (ſynon. des eſpèces, n.º 70).*

Quatrième famille.

Dans la quatrième famille, c'eſt-à-dire, celle des champignons doublés de tuyaux ou cepes, il y en a onze eſpèces, marquées ſous neuf numéros, *p. 58, 59,* dont ceux de la première & de la ſeconde ſont des cepes à tubes blanchâtres, qui avoient été indiqués par J. Bauhin & par Tournefort, qui rentrent dans le n.º 18 de la ſynonimie *(voy. ibid.).* La troiſième avoit également été obſervée par Sterbeeck, qui en a donné la figure *(pl. XV, lettre A)*; c'eſt un champignon très-commun aux environs de Paris. Vaillant compare ſa couleur à celle d'une orange deſſéchée, & le nomme *fungus poroſus magnus, craſſus, tuberculis minimis exaſperatus, colore pomi aurantii exſiccati;* il ſe tait ſur ſes qualités. Ce champignon qui avoit été déjà obſervé par l'Écluſe, forme une variété d'eſpèce principale *(ſynonimie des eſpèces, n.º 44, var. a. 2).* Le quatrième, avec ſes deux variétés, ainſi que le ſeptième, dont Tournefort a donné la figure, & que Vaillant met ſous le nom de *fungus poroſus,* ſont les mêmes ou des variétés de la même eſpèce de cepe à tuyaux jaunes, de mauvaiſe qualité *(ſynon. n.º 14. b. 1).* Ces deux champignons

An. de J. C.
1727.

Vaillant.
CLII

poreux que Vaillant marque comme variétés de fon quatrième, au Cabinet des eftampes du Roi, & que j'y ai vus, l'un
mis fous la phrafe de *fungus porofus, maximus, craffus, luteus,
lacer, pediculo longiffimo virefcente,* dont il donne la figure,
pl. XIV ; l'autre fous celle de *fungus porofus noftras brachiatus,
maximus,* font des champignons qui s'écartent de l'état ordinaire ou naturel, & qui ne méritent attention que par leur
ftructure difforme : le premier n'eft furprenant que par la
groffeur de fa tige & le contour de fon chapiteau ; l'autre,
qui femble avoir des bras, n'a été défigné par le mot
brachiatus, que parce que la tige très-renflée tient au chapiteau par des prolongemens de fubftance qui font en forme
de piliers ; c'eft un monftre par excès de fubftance, dans le
règne végétal.

Le n.° 5, mis fous la phrafe de *fungus porofus medius
fordidè purpurafcens,* eft celui qu'on appelle plus particulièrement *pain-de-loup ;* il a été obfervé par l'Éclufe *(fynonimie,
n.° 44. a. 1).* Mais le fixième, à furface tuberculeufe, ou plutôt
couvert comme de verrues, entre comme variété parmi les
cepes à verrues *(fynonimie, n.° 151. b).* Le n.° 8 de Vaillant
eft un champignon poreux, gris ou d'un blanc fale deffus
& deffous, peluché ou velouté, & dont la chair change de
couleur ; c'eft la variété peluchée de l'efpèce grife *(fynonimie,
n.° 18, var. f. 3).* Il le met fous la phrafe de *fungus porofus
pediculo ovali, pileoli fuperficie fordidiffimè albâ, p. 60.* Celui
qui fuit fans numéro, à furface couleur de fafran & à
tubes rougeâtres, à pédicule renflé, eft le même que celui
que l'Éclufe avoit obfervé *(fynonimie, n.° 44. a. 1).* Celui qui
vient après, *fungus porofus pediculo ovali, pileoli fuperficie
caftaneâ,* par conféquent couleur de châtain-clair, avec des
tubes blancs, eft une variété de la troifième efpèce *(fynon.
n.° 18, var. a. 2).* Le n.° 9, *fungus porofus fufcus pediculo
tumente,* eft fans defcription ; Vaillant dit feulement qu'on le
trouve dans le bois du château de la Chaffe.

Il y a lieu d'être furpris que Vaillant, dans cette énumération, ait marqué fi peu d'efpèces de champignons poreux

aux environs de Paris , & qu'il ait oublié de faire mention des plus remarquables & des plus beaux *(voy. 2.ᵉ Partie).*

Cinquième famille.

Dans la cinquième famille , c'eſt-à-dire, dans celle des *champignons à nervures ramifiées*, on en trouve trois figurés *pl. XI. fig. 9, 10, 11, 12, 13, 14, 15 :* le premier eſt mis ſous la phraſe connue de *fungus angulofus, &c. fig. 14, 15 (ſynonimie, n.° 10)*; le ſecond ſous celle de *fungus minimus flavefcens infundibuli formâ* de G. Bauhin, *fig. 9, 10 ;* & le troiſième ſous celle de *fungus pileolo per maturitatem inſtar agarici intybacei laciniato.*

Ces champignons ſont ſupérieurement rendus , ſur-tout le premier, qui eſt la girolle ordinaire *(ſynonimie des eſpèces, n.° 10. a. 1).*

Quant au ſecond, il eſt évident que Vaillant s'eſt trompé ſur l'eſpèce, & que celui qu'il met ſous la phraſe de *fungus minimus flavefcens, &c.* de G. Bauhin, ne reſſemble à celui que cet auteur a indiqué d'après l'Écluſe, ni par la forme, ni par la couleur. Celui de l'Écluſe eſt un champignon jaune qui reſſemble d'abord à un mouſſeron, comme on le voit dans les cinq figures que cet auteur en a données, *p. 279,* & qui ſe développe enſuite pour former l'entonnoir, ſans avoir des nervures ramifiées *(ſynonimie des eſpèces, n.° 51).* Celui de Vaillant, au contraire, a un chapiteau qui n'eſt ni arrondi dans ſa naiſſance, ni jaune, ni en entonnoir dans ſa maturité, ni à feuillets droits, &c. il vient en famille, a de petites têtes ſur de groſſes tiges ; il doit former, ſelon nous , une eſpèce particulière ; c'eſt une petite girolle châtain *(ſynonimie des eſpèces, n.° 153).* Le troiſième n'eſt qu'une variété de celle-ci ou l'eſpèce griſe *(fig. 11, 12, 13);* celle-ci, ſuivant la remarque de Vaillant, a une fleur à ſes nervures comme les prunes. Ces deux derniers champignons ſont trop petits, & n'ont ni aſſez de chair ni aſſez de goût pour inviter à en faire uſage *(ſynonimie, n.° 153).*

Sixième

Sixième famille.

Dans la fixième famille, c'eft-à-dire, dans celle des *champi-gnons feuilletés*, on en trouve quatre-vingt-neuf fortes dont la diftribution forme la principale partie du travail de Vaillant fur cet objet. Il les divife, comme on a vu, en plufieurs claffes, à raifon de la difpofition particulière de leurs tiges pleines & nues, ou nues & creufes, ou colletées; ce qui a donné l'idée d'autres claffes ou genres femblables *(fynonimie des genres, n.ᵒˢ 45, 46, 47)*.

PREMIÈRE CLASSE.

Champignons feuilletés, à pédicule plein & nu,
pag. 61 — 70.

Ceux qui font des plus grands.

Les fix premières efpèces de cette claffe font les champi-gnons les plus ordinaires; ce font ceux des prés, avec les phrafes des auteurs *(fynonimie des efpèces, n.ᵒ 4)*; le mouferon blanc indiqué par J. Bauhin *(fynonimie, n.ᵒ 19)*; le poivré laiteux *(fynonimie, n.ᵒ 9)*. Mais la cinquième efpèce, mife ici par inadvertance fous le nom de *fungi lutei perniciofi fub pinu habitantes*, eft un champignon poreux que Vaillant avoit déjà nommé deux pages plus haut, *fungus porofus, p. 59, n.ᵒ 7*, c'eft-à-dire, le même que Tournefort a fait graver dans fes Œuvres, & dont il a déjà été queftion *(fynonimie des efpèces, n.ᵒ 14)*; ce qui prouve déjà de la négligence de la part de l'auteur ou de l'éditeur. Ces champignons ne font pas décrits, & n'offrent rien de particulier.

Les cinq efpèces fuivantes, mifes fous les n.ᵒˢ 7, 8, 9, 10, 11, *p. 61 & 62*, font beaucoup mieux claffées & bien décrites; ce font des champignons feuilletés âcres, dont les quatre premiers font laiteux.

Le premier, n.ᵒ 7, eft mis fous le titre de *fungus lignofus fafciatus*, ainfi nommé parce qu'il eft ferme & qu'il a des

Tome I. G g

bandes concentriques très-marquées. L'auteur en donne la figure, *planche XII, fig. 7*. Il est roux ou couleur de chair, & a ses bords frangés & cotonneux. Ce champignon n'a pas été rigoureusement bien représenté dans cette planche, parce qu'on n'a pas rendu l'état soyeux ou cotonneux qu'il a toujours. Il a donné lieu à une méprise singulière qu'on trouve dans le *Species plantar.* de Linné, où il est donné sous cette phrase pour synonime du *boletus perennis*, qui est un agaric sec, poreux & ligneux, tandis que celui-ci est un champignon feuilleté, laiteux & âcre ; mais on voit que c'est une inadvertance : Linné n'étoit pas fait pour se tromper sur le genre. Du reste, ce champignon ne peut être considéré que comme une variété de l'espèce principale observée par l'Écluse (*synonimie, n.° 38. b*).

Le n.° 8 (*fungus lacteus maximus infundibuli formâ*) n'est qu'une variété ou plutôt le même que son sixième, mis sous le titre de *fungus albus acris* des auteurs ; c'est celle qui a des feuillets un peu *purpurins*, comme dit Vaillant. Ce champignon est presque toujours dans ce cas, lorsqu'il croît dans les lieux découverts ou sous de très-grands arbres, comme les trembles, dans les avenues : à l'ombre de bois, ses feuillets sont toujours blancs ; mais c'est la même espèce (*synonimie, n.° 9. a. 2*).

Le n.° 9 (*fungus lactescens prægnantissimus*) est une espèce du même genre, couleur de bois ou grise, à feuillets roux, laiteux & âcre, & formant un peu le nombril, à tige taillée en cheville, dont la pointe est en bas ; c'est une espèce que Vaillant a fait connoître, qui est analogue à ceux du n.° 76 de la synonimie, mais qui est assez distincte & assez caractérisée pour former une espèce particulière (*synon. n.° 154*).

Le n.° 10 (*fungus lactescens piperatus rufus*) est, de l'aveu même de Vaillant, une variété du précédent, mais de couleur roussie ou de chair bronzée, laiteux & âcre de même. Elle est analogue au n.° 76 de la synonimie, mais tient encore de plus près à l'espèce précédente (*synonimie, n.° 154*).

Le n.° 11 (*fungus piperatus non lactescens*) est un champignon

un peu brun, avec des feuillets blancs, & tous d'égale longueur. Ce champignon ne diffère que par la couleur de
ceux qui font rouges & fi communs dans les bois. Il forme
une variété *(fynonimie des efpèces, n.° 21, var. b. 1)*.

Les efpèces fuivantes font d'un tout autre ordre; elles ne
font ni laiteufes ni âcres, en général.

La première, qui forme le n.° 12, *p. 62*, eft mife fous
le titre de *fungus noftras pediculo brevi, in pileolum didymum
abeunte*, phrafe tirée du Cabinet des eftampes du Roi, &
qui y fert à défigner un petit champignon gris dont le chapiteau eft à peu-près en forme de huit-de-chiffre. C'eft en
vain qu'on chercheroit chez Vaillant la defcription du champignon mis fous ce titre. Celui qu'on trouve décrit à fa
place, eft un champignon couleur de marron ou châtain-
clair, poli, luifant, qui a fes bords roulés en-deffous &
peluchés; fes feuillets font couleur d'ocre clair, & la chair eft
de la même couleur & d'une faveur aigre. Cette defcription,
qui n'appartient pas au champignon défigné par le titre, fe
trouve répétée prefque mot à mot, *page 68, n.° 50*, mais
fous la phrafe qui lui convient, qui eft *fungus colore caftaneo,
margine per maturitatem introrfum convoluto*; ce qui s'accorde
avec le titre. L'auteur ajoute ici, que la figure qu'on voit
dans Chabré, fous celui de *fungi fylveftres efculenti*, le
repréfente affez bien : d'où il fuit que le même champignon,
celui qui reffemble à la figure donnée par Chabré, c'eft-à-
dire, par J. Bauhin, & tirée de l'Éclufe, fe trouve décrit
deux fois & fous deux titres différens chez Vaillant; & que
celui qui auroit dû être décrit, *page 62*, c'eft-à-dire, celui
du Cabinet du Roi, dont le chapiteau eft en deux portions
égales & comme double ou jumeau, comme l'épithète de
didymum l'annonce, ne l'eft pas. Il eft probable que l'éditeur
des œuvres de Vaillant ayant trouvé deux titres & deux
defcriptions, les a placés comme il a pu. Ainfi, pour le
rectifier, il faut fupprimer cette defcription & ce titre de la
page 62. Du refte, ce champignon didyme ou jumeau paroît
un jeu de la Nature; c'eft un petit champignon à chapiteau

G g ij

An. de J. C.
1727.

Vaillant.
CLIV

An. de J. C.
1727.

Vaillant.

CLIV

gris & à feuillets blancs, qu'on trouve fréquemment aux
environs de Paris. Quant à l'autre, celui qui eſt peluché &
couleur de chair ou châtain-clair, il paroît encore une dégé-
néreſcence de celui qui eſt laiteux & âcre, & qu'on appelle
le mouton, ou *champignon-du-cerf (ſynonimie, n.° 38)*. Il arrive
quelquefois qu'étant ſurchargé d'humidité, il n'eſt qu'aigre,
ſans être âcre, & ſon ſuc n'eſt pas même laiteux ; celui-ci
eſt la variété à chair jaunâtre *(ſynonimie, n.° 38, var. e)*.

CLV

　　Le n.° 13 *(fungus albidus infundibuli formâ paluſtris)* eſt
un petit champignon fort mince, d'un blanc un peu ſale,
& par-tout de la même couleur, à feuillets un peu croiſés
ou ramagés ſur les bords, creuſé en entonnoir ; il n'a pas
de mauvais goût ; ſon pédicule eſt plein. Il paroît qu'aucun
auteur n'en avoit fait mention avant Vaillant, & qu'il peut
établir une eſpèce particulière *(ſynon. des eſpèces, n.° 155)*.

CLVI

　　Le n.° 14 *(fungus glutine flavo limacino reſplendens)* eſt un
champignon roux, glaireux ou pleureux, couvert à ſa partie
inférieure d'une toile aranéeuſe. Il eſt haut de deux ou trois
pouces, & ſon chapiteau en a autant de diamètre ; ſa tige
eſt mince, pleine, égale, gercée ou plutôt écailleuſe ; ſa chair
eſt mollaſſe. Il paroît que perſonne n'en avoit fait mention
avant Vaillant ; il fournit encore une eſpèce nouvelle *(ſynon.*
des eſpèces, n.° 156).

CLVII

　　Le n.° 15 *(fungus griſeus, holoſericeus, pileolo crenelato)* eſt
donné pour un grand champignon gris, qui forme le godet
ou la ſoucoupe, à bords unis, avec des feuillets écartés,
couleur de chair & comme friſés, à tige blanche, égale, de
deux ou trois pouces de haut, ſur près d'un pouce d'épaiſſeur. Cette deſcription ne répond pas au titre, qui annonce
un champignon d'un gris de ſoie ou plutôt ſoyeux ou ſatiné,
avec un chapiteau rayé. Cela donne lieu de croire que ce
titre a encore été mal placé & mis au lieu d'un autre. Le
n.° 18 de la même page, intitulé *fungus gilvus margine*
tenuiſſimo, eſt gris, a ſes bords rayés, comme on va le voir,
& paroît être celui que la première phraſe déſigne. Quoi qu'il
en ſoit, il paroît qu'aucun botaniſte n'avoit fait mention ni

de l'un ni de l'autre, avant Vaillant. Le fatiné à feuillets
couleur de chair, dont il eſt queſtion ici, fournit une eſpèce
nouvelle *(ſynonimie des eſpèces, n.° 1 57)* ; celui qui a ſes bords
rayés va en fournir une autre.

Le n.° 16 *(fungus pileolo ſtraminei coloris)* eſt un petit
champignon couleur de paille ou d'ocre clair en-deſſus, à
ſommet roux, avec des feuillets un peu écartés, couleur de
régliſſe ou de citron. Sa ſubſtance eſt ferme & sèche ; il ſent
la cave au bois : c'eſt une eſpèce de faux mouſſeron ; le
pédicule eſt ordinairement plein. Vaillant a encore fait connoître le premier cette eſpèce, qui forme le n.° 158 de la
ſynonimie *(voy. ibid.)*.

Le n.° 17 *(fungus mediæ magnitudinis, totus albus)* eſt
encore un petit champignon tout blanc, que Vaillant a fait
connoître, & qu'il a parfaitement bien décrit. Il eſt d'un
blanc de neige ou de lait, d'une ſubſtance humide, & luiſant ;
il eſt d'abord de forme conique, avec un chapiteau un peu
bombé ; il s'aplatit enſuite & forme le plateau, & figure
très-bien avec ſa tige un cône renverſé. On le trouve ſur la
peloufe, à la pièce des Suiſſes, à Verſailles.

On peut faire ſur ce champignon la même remarque qu'on
a déjà faite ſur d'autres, c'eſt que la deſcription ne répond
pas au titre ou phraſe ſous laquelle elle ſe trouve : le titre
annonce un champignon de taille moyenne ; la deſcription,
un petit champignon, & elle eſt exacte. Ce champignon n'a
jamais plus de deux pouces de haut, & le diamètre du chapiteau n'en a pas plus d'un. On le trouve encore abondamment
dans le parc de Sceaux, ſur la peloufe, & toujours dans
des endroits à découvert. Vaillant ne le donne pas pour un
champignon d'un uſage dangereux. Il forme le n.° 159 de
la ſynonimie des eſpèces.

Le n.° 18 *(fungus gilvus margine tenuiſſimo)* eſt un champignon gris, bulbeux, ſortant d'une bourſe ou enveloppe
blanche, n'ayant preſque pas de chair, à feuillets blancs, à
tige taillée en quille, de quatre ou cinq pouces de haut. Le
champignon qui eſt décrit ici, eſt une eſpèce d'oronge d'un

An. de J. C.
1727.
Vaillant.
CLVII
CLVIII
CLIX
CLX

An. de J. C.
1727.

Vaillant.
CLX

gris fatiné ; fes bords font rayés par la faillie des feuillets placés deffous : c'eft celui qui devroit être mis fous la phrafe du n.º 15 de la même page 63 de cet auteur. On le trouve communément dans le parc de Meudon. Il fournit une efpèce particulière *(fynonimie des efpèces, n.º 160).*

Le n.º 19 *(fungus pileolo conico maculato)* eft encore une autre forte que Vaillant a fait connoître : c'eft un petit champignon dont le fond eft blanc, mais à petites élevures couleur de tan qui le rendent comme tigré ; il eft en petit ce que la coulemelle eft en grand, mais avec cette différence qu'il n'a pas de collet fenfible, & qu'il eft plus tendre, plus aqueux. Vaillant l'a trouvé dans les bofquets de Verfailles ; il fe tait fur fes qualités. Il rentre comme variété fous le n.º 5 de la fynonimie des efpèces, fous le nom de *coulemelle d'eau* (voy. ibid. var. b. 1).

Le n.º 20 *(fungus totus per maturitatem coloris aurantii)* eft un petit champignon roux ou faux moufferon, mameloné, à feuillets blancs, d'un à deux pouces de haut, à tige d'une ligne d'épaiffeur, cylindrique, d'un roux vif, cotonneufe ou foyeufe. C'eft le faux moufferon qui de roux-pâle devient roux-orangé ; il a un foible goût de champignon ; il eft très-commun aux environs de Paris. Il fournit une variété du faux moufferon des bois, dont on a fait mention *(fynonimie des efpèces, n.º 158, var. b).*

Le n.º 21 *(fungus margine per maturitatem fursùm repando)* eft un champignon de couleur blanc-fale, mêlé de roux ou de pourpre, avec des feuillets de la même couleur ; fa tige eft nue, pleine ; fa chair blanchâtre. Il fournit une variété de l'efpèce obfervée par l'Éclufe *(fynon. des efpèces, n.ª 46, var. c).*

CLXI

Les n.ᵒˢ 22 & 23 *(fungus latè fufco colore ; & fungus latè fufco colore, pediculo breviore)* font de petits champignons mamelonés, bruns & d'un velouté luifant & fec, que Vaillant appelle *velu cati,* & luftré ; l'un à feuillets gris, l'autre à feuillets blancs : leur tige eft blanche, mais lavée de la couleur du deffus. On ne peut mieux les comparer qu'à la couleur des chats chartreux. Je ne crois pas que perfonne les eût obfervés avant Vaillant ; cet auteur fe tait fur leurs qualités, qui font fufpectes. Ces deux champignons, qui ne font que des variétés l'un de l'autre, fourniffent une efpèce particulière *(fynonimie des efpèces, n.° 161)*.

An de J. C.
1727.

Vaillant.
CLXI

Ceux qui font des plus petits.

Les n.ºs 24, 25, 26, 27, font des champignons qui croiffent en touffe, dont on a déjà parlé, & qui ne font défignés que d'après les phrafes de G. Bauhin & de Tournefort, fans defcription *(fynonimie des efpèces, n.ºs 30, 71)*.

Le n.° 28 *(fungus colore lacteo)* eft un petit champignon d'un blanc de lait, femblable à un moule de bouton, de moins d'un pouce de diamètre, & d'environ un pouce & demi de haut. Il vient fur les friches ; fon pédicule eft plein & fa fubftance ferme. Il ne fournit qu'une variété de l'efpèce blanche que cet auteur a fait connoître *(fynon. n.° 159. a)*.

Le n.° 29 *(fungus piperatus non lactefcens coloris brafilici)* eft la rougeote. Vaillant en compare la couleur à celle des œufs de Pâques qu'on teint en rouge avec le bois de Brefil *(fynonimie, n.° 21. a. 1)*.

Le n.° 30 *(fungus parvus pediculo, oblongo galericulatus ftriis lividis aut nigris)* eft un petit champignon du nombre de ceux qu'on appelle communément *champignons de fumier* ou *à crapaud*. Il en eft de même du n.° 31 de Vaillant, mis fous la phrafe de *fungus pileolo, albo centro rufefcente*, qui n'a prefque que la peau & des feuillets couleur de chair *(fynonimie des efpèces, n.° 20. a. c)*.

Le n.° 32 *fungus capite hemifphærico pallidè lutefcente)* eft un petit champignon d'un blanc jaunâtre, à tête hémifphérique, à feuillets noircifians, variété d'efpèce déjà obfervée par J. Bauhin & Ray *(fynonimie des efpèces, n.° 72. b. 5)*.

Le n.° 33 *(fungus capitulo conico pallidè cineritio, centro fufco)* eft encore un petit champignon feuilleté, gris, en forme d'éteignoir & à feuillets blancs, déjà obfervé par Ray *(fynonimie des efpèces, n.° 119. b)*.

An. de J. C.
1727.

Vaillant.
CLXI

Le n.º 34 *(fungus totus albus)* eſt un champignon tout blanc, ſemblable au champignon ordinaire, mais ſans collet; il eſt d'une chair blanche, sèche, ferme; il pique un peu la langue. Vaillant l'a trouvé dans les boſquets de Verſailles, en ſeptembre. Ce champignon ne peut former qu'une variété du mouſſeron blanc obſervé par J. Bauhin *(ſynonimie des eſpèces, n.º 6 9, var. d).*

CLXII

Le n.º 3 5 *(fungus totus griſeus)* eſt un champignon de trois à quatre pouces de haut, gris par-tout, même intérieurement; ſon chapiteau eſt hémiſphérique, d'un gris de perle, poli & comme ſatiné, qui a juſqu'à trois pouces de diamètre, la tige juſqu'à neuf lignes, preſque égale dans ſa longueur. Il en naît quelquefois pluſieurs enſemble; il eſt un peu amer & piquant. C'eſt une eſpèce que Vaillant a fait connoître, & qui en forme une particulière *(ſynon. des eſpèces, n.º 1 6 2).*

Le n.º 3 6 *(fungus multiplex ſordidè carneus)* eſt un champignon qui, d'après le titre, vient en famille, & qui eſt partout couleur de chair-pâle, haut de deux pouces environ, avec une tige pleine, coriace, tortue & quelquefois aplatie, d'une ligne de diamètre. Le chapiteau eſt taillé en forme de chapeau pliſſé aux bords, & n'a que demi-ligne d'épaiſſeur. Ce champignon, qu'on trouve dans les taillis, ne paroît être qu'une variété de l'eſpèce obſervée par Dillen *(ſynonimie des eſpèces, n.º 1 4 8).*

CLXIII

Le n.º 37 *(fungus noſtras multiplex, pileolo lato mammoſo)* eſt un champignon mamelonné, gris-orangé, qui croît en famille au pied des arbres, monté ſur une tige cylindrique haute de trois à quatre pouces, couleur de bois. Son chapiteau a environ deux pouces de diamètre; il eſt mamelonné au centre & en forme de bonnet de bedeau; ſon mamelon eſt orangé; le reſte couleur de bois, ainſi que ſes feuillets: l'épaiſſeur du chapiteau eſt d'environ une ligne. Cette eſpèce eſt analogue à celle que Sterbeeck avoit nommée *le capuchon des ſots (ſtultorum cucullus) (ſynon. n.º 4 6);* mais elle fournit une eſpèce particulière *(ſynonimie, n.º 1 6 3).*

Le n.º 3 8 *(fungus parvus coccineus)* eſt un petit champignon
d'un

d'un pouce ou d'un pouce & demi de haut, d'un rouge de corail ou d'écarlate par-tout extérieurement; il eſt inſipide au goût. L'Écluſe avoit déjà fait connoître ce champignon *(ſynonimie des eſpèces, n.° 61)*.

Le n.° *39 (fungus minimus totus niger umbilicatus)* eſt un petit champignon noir, d'un pouce de haut environ, & de même diamètre, à peu-près en forme de nombril. Ce champignon eſt aqueux & nauſéabond lorſqu'on le goûte. C'eſt Vaillant qui l'a fait connoître le premier; il dit qu'il a un goût déplaiſant & fait ſoulever l'eſtomac. C'eſt celui qu'on appelle *œil-de-corneille*, & qui ſert à empoiſonner les rats. Il fournit une eſpèce particulière *(ſynon. des eſpèces, n.° 164)*.

Le n.° *40 (fungus minor totus rufus, pl. XIII, fig. 10, 11, 12)* eſt un petit mouſſeron roux dehors & dedans, à pédicule plein; il eſt un peu moins grand que le mouſſeron qu'on appelle *godaille*, & plus régulier, & paroît creuſé au centre, ou mamelonné. Il forme une variété ou eſpèce analogue du faux mouſſeron des bois, indiqué par le même auteur *(ſynon. n.° 158, var. d)*.

Le n.° *41 (fungus minor citrino colore, pedunculo flaveſcente, pl. XII, fig. 12, 13, 14)* eſt encore un petit mouſſeron qui a moins de corps que le précédent; il eſt jaune-citron deſſus, avec des feuillets couleur de chair. On ne peut le conſidérer que comme une variété du n.° 20 du même auteur, & ſurtout de l'eſpèce précédente *(ſynon. des eſpèces, n.° 158. e)*.

Le n.° *42 (fungus minor, pilei ſuperficie flocculis fuſcis villoſa, pl. XIII, fig. 4, 5, 6)* eſt un petit champignon à pédicule plein, à chapiteau ovale ou légèrement conique, peluché d'une peluche brune plus foncée au centre qu'aux bords, à feuillets blonds & à pédicule blanc ſale au haut, brun en-bas; c'eſt un de ceux qu'on nomme en Italie, ſuivant Lanciſi, *floriſperſi*. Il fournit une eſpèce particulière *(ſynonimie des eſpèces, n.° 165)*.

Le n.° *43 (fungus minor amethiſtinus)* eſt un petit champignon en forme de paraſol, d'un pouce à un pouce & demi de diamètre, couleur de chair violette ou violet ſale, haut

An. de J. C.
1727.

Vaillant.
CLXIII

CLXIV

CLXV

CLXVI

d'environ deux pouces, n'ayant, pour ainfi dire, que la peau, à feuillets violets vifs & couleur de la fleur de pulfa-tille, à tige d'une ligne ou deux, renflée un peu du bas, mais cylindrique & pleine. C'eft Vaillant qui a fait connoître cette efpèce, qui en fournit une particulière *(fynon. n.° 166)*.

Le n.° 44 manque.

Le n.° 45 *(fungus major violaceus)* eft un champignon violet & drapé, femblable à de la bafane ou cuir de mouton teint en violet foncé, d'environ trois pouces de diamètre, avec des feuillets d'un violet foncé; la chair, qui eft mollaffe, eft d'un blanc lavé de violet; la tige, de trois ou quatre pouces de long fur un demi-pouce de diamètre, eft pleine, bulbeufe, & monte en quille ou fufeau : la chair n'a pas de mauvais goût. On le trouve dans le petit parc de Ver-failles & aux environs de Paris, mais il eft rare : c'eft le grand champignon bulbeux & violet, obfervé par Boccone *(fynonimie, n.° 140. a)*. On le voit peint au Cabinet des Eftampes du Roi.

Le n.° 46 *(fungus dilutè carneus vel incarnatus)* eft un petit champignon d'environ deux pouces de haut, avec un chapeau d'un pouce ou deux de diamètre, conique d'abord & mamelonné, couleur de chair ou carné, à feuillets blancs, un peu teints de cette couleur; à pédicule blanc, droit, un peu renflé du bas, fiftuleux. Sa fubftance eft tendre & caf-fante, mais blanche. Vaillant l'a fait connoître le premier. Il eft très-commun aux environs de Paris; il fournit le n.° 167 de la fynonimie *(voy. ibid.)*.

Le n.° 47 *(fungus albus magnus, pileolo lato pronâ parte fordidè cæruleo)* eft un champignon d'un violet pâle & fale, de trois à quatre pouces de haut, & d'un diamètre de quatre à cinq pouces, à feuillets, à chair & à pédicule blancs. La chair du chapiteau eft épaiffe de quatre ou cinq lignes au centre, & va en diminuant vers les bords. La tige a un pouce de diamètre; elle eft pleine d'une fubftance moelleufe comme un bâton de fureau. Vaillant, qui l'a fait connoître le pre-mier, le marque à Clagny. Il fournit une efpèce nouvelle, qui est le grand violet-pâle à chair blanche *(synonimie des espèces, n.° 168)*.

Les n.°' 48 & 49 *(fungus aurantii coloris capitulo in conum abeunte, & fungus aureus capitulo in conum abeunte)* sont le même, c'est-à-dire, celui qui a été indiqué par Tournefort, & qui est couleur aurore *(synonimie des espèces, n.° 143)*. Vaillant le décrit avec détail, *p. 68*, & le marque à la vallée Renaud : il dit qu'il est fade & aqueux, & qu'il semble qu'on mâche de la gelée ; ce qui est vrai.

Le n.° 50 *(fungus colore castaneo, margine per maturitatem introrsum convoluto)* est le même que celui qui a été décrit au n.° 12, *p. 62*, de notre auteur. *(*Voyez ce qu'on en a dit, *p. 235*, & *synonimie des espèces, n.° 38, var. e)*.

Le n.° 51 *(fungi plures ex uno pede, è prunorum radicibus enati)*, d'après Ray, est ce champignon qui vient en touffe au pied des arbres vifs ou sur leurs souches. La couleur des chapiteaux, roux-foncé au centre, s'éclaircit vers les bords, qui sont couleur de soufre pâle. Les plus grands ont un pouce & demi de diamètre ; ils sont taillés en demi-globe : leur chair est aussi de la même couleur ; les feuillets sont couleur de soufre pâle sur la tranche, & couleur de soufre gris dans leur plat. Toute la plante est d'une substance ferme, désagréable à l'odorat, & d'une saveur amère. Ce champignon qui avoit été indiqué d'abord par Lobel & décrit par Ray, est le plus commun qu'il y ait dans les bois des environs de Paris. Vaillant donne pour synonime à la phrase de Ray, celle qu'on trouve au Cabinet du Roi, *fungus multiplex parvus, luteus, pileolo molliter convexo CIMEL. REG. (synonimie des espèces, n.° 30. b. 1)*.

Les n.°' 52, 53 & 54 *[fungus minimus pediculo pileolo conico (52) ; fungus clypeatus in medio protuberans (53) ; fungus capitulo mammoso centro papillari (54)]*, sont trois petits champignons à chapeau conique ou mamelonné, dont le 52 est blanc cendré, avec des feuillets gris, & forme une des variétés de ces petits champignons que J. Bauhin avoit désignés sous le nom de *fungi varii (synonimie, n.° 72, var. d)*.

H h ij

An. de J. C.
1727.

Vaillant.
CLXVIII

CLXIX

An. de J. C.
1727.

Vaillant.
CLXIX

Le n.º 53, qui eſt couleur de paille, ſujet à s'entr'ouvrir, à tige & à feuillets blanchâtres d'abord, enſuite cendrés, & d'une ſubſtance tendre & aqueuſe, forme une eſpèce particulière. Ce champignon a ordinairement deux pouces de haut ſur preſque autant de diamètre à ſon chapiteau ; ſa tige eſt pleine. Il fournit une eſpèce particulière que Vaillant a fait connoître (*ſynonimie des eſpèces, n.º 169. a*).

Le premier n.º 54 (car il y en a deux), qui eſt mamelonné comme le précédent, mais gris ou blanchâtre, & comme pliſſé, avec des feuillets gris & qui rouſſiſſent, en eſt une variété (*ſynonimie des eſpèces, n.º 169. b*).

Le deuxième n.º 54 (*funguli incarnati coloris, minuti, muſco innati* de Mentzel) n'eſt point un champignon, comme Micheli l'a fait voir, *page 100* de ſon *Nova genera plantar.* (*Voy.* l'article de Mentzel.)

Le n.º 55 (*fungus epipterigios*) eſt un petit champignon châtain-clair & blanc, à feuillets blancs & à tige jaune, qui naît ſur les feuilles pourries de la fougère ordinaire ; il eſt viſqueux, un peu rayé & de forme conique. Il ne peut être conſidéré que comme une variété du n.º 119 de la ſynonimie des eſpèces, & il eſt analogue à ceux des n.ºˢ 72, 92 & 170 (voy. *ibid.*).

Les n.ºˢ 56 & 57 (*fungus colore homogeneo pallido, pileolo & pediculo glutine obductis ; — fungus colore homogeneo griſeo, pediculo glutine obducto*) ſont de petits champignons mamelonnés & en bouclier, gris & viſqueux, analogues à ceux des n.ºˢ 162 & 169 de la ſynonimie, mais qui ſe rapprochent beaucoup plus, par leur état viſqueux, de l'eſpèce principale (*ſynonimie des eſpèces, n.º 156. b. 1. 2*).

CLXX

Le premier n.º 58 (car il y en a encore deux ici), *fungus pediculo croceo ſplendoris participe, pl. XI, fig. 16, 17, 18,* eſt un fort petit champignon couleur de tabac d'Eſpagne, qu'on trouve dans les prairies, analogue à ceux qui ont la forme de petits chapeaux plats, dont J. Bauhin a fait mention ſous le titre de *fungi varii* (*ſynonimie, n.º 72*), mais qui forme une eſpèce diſtincte (*ſynon. des eſpèces, n.º 170. a*).

An. de J. C.
1727.

Vaillant.
CLXX

‘ Le deuxième n.° 58 *(fungus pileolo caudicante lamellis paucis, pediculo fufco fplendente, pl. XI, fig. 21, 22, 23)* eſt d'un blanc ſale, qui n'a que des feuillets : c'eſt le même que le champignon androſace de Boccone *(fynonimie des eſpèces, n.° 141).*

Le n.° 59 manque.

Le n.° 60 *(fungus capite expanſo viſcoſus)* eſt un champignon viſqueux ou glaireux, blanc ſale ou gris, de deux à trois pouces d'étendue, à feuillets très-grands & blancs, à tige haute de deux ou trois pouces, dont la racine eſt en navet & d'un pouce de long ; le centre eſt un peu élevé en mamelon. Il ne diffère des n.°ˢ 56 & 57 de Vaillant, que par ſa racine en navet & par ſes feuillets très-blancs. Il rentre par conſéquent comme variété dans le numéro de cette eſpèce *(fynonimie des eſpèces, n.° 156. b. 3).*

Le n.° 61 *(fungus cono primùm obtuſo, poſteà plano, pileolo & pediculo glutine obducto)* eſt encore une variété du n.° 57 de Vaillant, c'eſt-à-dire, de la même eſpèce *(fynonimie des eſpèces, n.° 156).* Vaillant dit qu'il a une variété verte, à feuillets couleur de ſoufre. Ce ſont de très-petits champignons gris & glaireux, qui n'ont point de chair.

Le n.° 62 *(fungus fimi equini, capitulo pileum romanum referente)* eſt un autre petit champignon qui croît ſur le crotin de cheval, & qui eſt en forme de bonnet de nuit, de couleur cendrée tirant ſur le roux, haut de deux à trois pouces, à feuillets gris, avec une tige pleine ou un peu fiſtuleuſe. Il avoit été déjà obſervé par Ray en Angleterre, & on le trouve fréquemment aux environs de Paris ; il eſt d'ailleurs très-remarquable par ſa forme & par ſa tige grêle *(fynonimie des eſpèces, n.° 118).*

Le n.° 63 *(fungus parvus lamellatus pedlunculi formá alno adnaſcens. Raii, pl. X, fig. 7)* eſt un petit agaric pétoncleĺ, feuilleté, obſervé par Ray & déjà rapporté *(fynonimie des eſpèces, n.° 126. a).*

Le n.° 64 *(fungus minimus aurantius mamillaris, pl. XI, fig. 18, 19, 20),* qui eſt déplacé & qu'on trouve décrit,

An. de J. C.
1727.

Vaillant.
CLXX

p. 76, eſt un très-petit champignon de couleur jaune-orangé, qui repréſente avec ſa tige un clou d'épingle d'un jaune-orangé, avec un petit mamelon au centre; il n'a que la peau : c'eſt celui que Linné appelle *agaricus clavus*. Il me paroît être le même, mais naiſſant, que le premier n.° 58 de Vaillant, *p. 69*; ce botaniſte l'a trouvé ſur les couches du Jardin du Roi (*ſynonimie, n.° 170. b*).

Tels ſont les champignons feuilletés qui forment la première claſſe de Vaillant, c'eſt-à-dire, ceux à pédicule plein. On doit s'être aperçu que, par le défaut d'ordre, il y en a pluſieurs qui ne ſont pas à leur place; qu'il y a en outre un petit agaric, le n.° 63 de la page 70, qui ne doit pas y être; de grands champignons mêlés avec des petits, dans la même ſous-diviſion; le même numéro répété, d'autres qui ne ſont pas remplis; des titres qui annoncent des champignons dont la deſcription n'y eſt pas ou ne s'accorde pas avec ceux-ci : défauts ſenſibles, & dont la plupart auroient pu être ſauvés par l'éditeur.

La claſſe qui ſuit, ſe reſſent de la même négligence; elle comprend les champignons feuilletés, à pédicule nu & creux, ou fiſtuleux.

DEUXIÈME CLASSE.

Champignons feuilletés, à pédicule nu & creux,
pag. 70 — 73.

Le n.° 1.er (*fungus capitulo mammoſo*) eſt un petit champignon gris qui n'a que la peau, un peu conique, tendre & aqueux, haut de deux ou trois pouces; il eſt rayé depuis le ſommet juſqu'aux bords. Il eſt analogue au n.° 119 de la ſynonimie, mais tient plus particulièrement au n.° 169 (*ſynonimie des eſpèces, n.° 169. d*).

Le n.° 2 (*fungus noſtras multiplex pediculo fiſtuloſo*) eſt un champignon qui vient en famille, en forme de bonnet de nuit, & couleur de noiſette, rayé dans toute ſa longueur, à feuillets blancs, enfuite noirciffans ; c'eft cette efpèce fi commune qui finit par fe réduire en liqueur noire, déjà obfervée par Ray. Celui dont parle Vaillant, eft très-commun fur les fouches des arbres. *(fynonimie des efpèces, n.° 155. a. 2)*.

Le n.° 3 *(fungus mediæ magnitudinis pileolo fupernè è rufo flavicante, lamellis fubtùs fordidè virentibus* de Ray) eft la variété fi commune du *fungi plures, &c.* du même auteur *(fynonimie des efpèces, n.° 30. b. 2)*, & dont les têtes font couleur de feu, avec des feuillets olivâtres. Ce champignon, qui vient en touffe de trois, quatre ou cinq, au pied des chênes, a été très-bien décrit par Ray & Vaillant *(fynonimie, ibid.)*.

Le n.° 4 *(fungus parvus pediculo oblongo pileolo hemifpherico, ex albido fubluteus,* Raii, *Synopf. p. 13)* eft ce petit champignon gris-jaune, à chapiteau hémifphérique, à tige un peu longue, qu'on trouve ordinairement fur le crotin, & déjà rapporté par Vaillant dans la première claffe, *p. 65, n.° 32,* fous le titre de *fungus capite hemifpherico pallidè lutefcente,* plante déjà obfervée par J. Bauhin. Celui-ci eft la variété à feuillets gris *(fynonimie des efpèces, n.° 72. b. 5)*.

Le n.° 5 *(fungi plures ex uno pede, &c.)* de Ray *(fynonimie, n.° 30)*, décrit ici, *p. 71,* offre un exemple frappant de la négligence de l'éditeur de l'ouvrage de Vaillant, puifque le titre & la defcription étoient déjà rapportés, *p. 68, n.° 51 ;* ainfi, c'eft une répétition de numéros.

Le n.° 6 *(fungus minimus albus umbilicatus ftriatus)* eft un très-petit champignon taillé en boffette de bride, rayé légèrement, d'un blanc de lait par-tout, un peu luifant & n'ayant qu'une peau ; ce petit champignon a un demi-pouce de haut ; il eft tendre. Il avoit été déjà obfervé en Angleterre par Vernon *(fynonimie des efpèces, n.° 125)*.

Le n.° 7 *(fungus multiplex obtufè conicus colore grifeo murino, pl. XII, fig. 1, 2)* eft un petit champignon qui croît en famille, de couleur gris-de-fouris, en forme de cloche ou de cône obtus, à feuillets blancs teints en gris, d'une fubftance

An. de J. C.
1727.

Vaillant.
CLXX

affez ferme, à tige grife & fiftuleufe. Vaillant en donne une très-bonne figure ; c'eft une efpèce qui, réunie aux n.ºs 13 & 14 de cet auteur, en établit une principale *(fynonimie des efpèces, n.° 173. a)*.

Le n.° 8 *(fungus glutinofus colore aurantio, pl. XII, fig. 8. 9)* eft un champignon à furface vifqueufe, qui croît en touffe fur les couches & fur les troncs des faules ; il eft d'un roux-orangé, à feuillets rouffiffans ; fon goût eft un peu fucré ; d'ailleurs, il a la faveur & la confiftance du champignon ordinaire ; les tiges ont environ deux pouces de haut fur deux ou trois lignes de diamètre, rouffes & un peu peluchées vers le bas. C'eft une efpèce que Vaillant a fait connoître *(fynonimie des efpèces, n.° 171)*.

Le n.° 9 *(fungus typhoïdes)*, décrit avec détail, eft le champignon typhoïde, c'eft-à-dire, en forme de maffe d'eau *(typha)*, dont il a été plufieurs fois queftion *(fynonimie des efpèces, n.° 55. b)*.

Le n.° 10 *(fungus multiplex ovatus cinereus minor)*, analogue au précédent, en diffère principalement en ce qu'il vient en touffe, c'eft-à-dire, en famille : c'eft une efpèce dont il paroît que Vaillant a parlé le premier. Ce champignon eft gris-cendré, avec des feuillets bruns qui fe réduifent bientôt en liqueur noire comme ceux du précédent ; il eft en forme d'œuf, d'abord. Il fournit une variété dans l'efpèce principale *(fynonimie des efpèces, n.° 115. a. 2)*.

Le n.° 11 *(fungus minor teuerrimus, &c. farinâ refperfus, &c. de Ray)* eft encore un champignon analogue aux deux précédens, par fa fubftance tendre & fe réduifant en liqueur noire ; il eft comme farineux par-deffus, par des flocons blancs ou duvet qui le couvrent. Il forme une variété du *champignon du fumier* ou *à crapaud (fynon. des efpèces, n.° 20)*.

Le n.° 12 *(fungus foliaceus vel lamellatus, infundibuli formâ, fufco lividus, pl. XIV, fig. 1, 2, 3)* eft une efpèce brune qui prend la forme d'un entonnoir ; les feuillets & le pédicule font bruns-clairs. Ce champignon, haut de deux pouces environ, n'a prefque pas de chair ; il paroît que c'eft Vaillant

qui

qui l'a fait connoître le premier. Il donne lieu à une efpèce particulière *(fynonimie des efpèces, n.° 172)*.

An. de J. C.
1727.

Vaillant.
CLXXIII

Les n.ᵒˢ 13 & 14 *(fungus multiplex campaniformis colore fufco; — fungus multiplex campaniformis colore caftaneo, pl. XII, fig. 5, 6, 3, 4)* font de petits champignons en forme de cloche & en famille, bruns & châtains, des variétés du n.° 7 du même auteur, dont ils ne diffèrent que par la couleur. Les figures en font très-bonnes. Ces trois efpèces en établiffent une principale que Vaillant a fait connoître *(fynonimie des efpèces, n.° 173)*.

Le n.° 15 *(fungus capitulo mammofo rufefcente)* eft un champignon taillé en mamelle, d'un blanc fali de roux, & plus foncé au centre ; il eft en touffe, à feuillets bruns, à voile aranéeux. Ce champignon eft analogue à la fixième efpèce du vingt-deuxième genre des pernicieux de l'Éclufe, mais il fe rapproche encore plus des encriers *(fynonimie des efpèces, n.° 115. b)*.

Le n.° 16 *(fungus multiplex ovatus cinereus, planche XII, fig. 10, 11)* eft très-bien repréfenté dans cette planche de Vaillant; il ne diffère de l'efpèce mife fous le titre de *fungus multiplex ovatus cinereus minor, n.° 10, page 71*, que par fa taille beaucoup plus grande ; il eft également en forme d'œuf. Cette efpèce fe réduit en encre *(fynonimie des efpèces, n.° 115. a. 3)*.

TROISIÈME CLASSE.

Champignons feuilletés, à pédicules avec des anneaux,
pag. 74 — 75.

Le n.° 1.ᵉʳ *(fungus pileolo lato, longiffimo, pediculo variegato* de G. Bauhin) eft ce champignon fi connu & fi remarquable par fa hauteur, fon anneau ou collet très-apparent, fa tige tigrée, & comme bulbeufe, & fon chapiteau à écailles *(fynonimie des efpèces, n.° 5)*.

Le n.° 2 *(fungus pileolo lato, micis furfuraceis afperfo)* eft

Tome I.   I i un champignon colleté, bulbeux & dartreux, roufsâtre, avec des dartres ou pellicules tirant fur cette couleur, à feuillets blancs, à tige en fufeau, blanche, lavée de couleur de chair. Cette efpèce, déjà obfervée par l'Éclufe, & dont Sterbeeck a donné d'affez bonnes figures, *planche XIX*, fous le nom de *venter & dorfum bufonis, fig. F, G*, ne forme au plus qu'une variété de cette efpèce principale (*fynonimie des efpèces, n.° 43. a. 3*).

CLXXIV

Le n.° 3 (*fungus phalloïdes annulatus fordidè virefcens & patulus, pl. XIV, fig. 5, lett. a*) eft un champignon bulbeux & colleté que Vaillant a indiqué, à ce qu'il paroît, le premier; il eft très-bien repréfenté dans la figure qu'il en a donnée, quoiqu'un peu petit. Il cite le Cabinet des Eftampes du Roi, où il eft peint d'après nature, & fous le même titre. C'eft un champignon très-commun dans tous les bois des environs de Paris, fur-tout dans ceux de Boulogne & de Vincennes; il eft vert, lavé de jaune deffus, & fort d'une enveloppe blanche; les feuillets font blancs, ainfi que le collet & le pédicule qui font quelquefois teints de cette couleur jaune-verte. C'eft un des plus dangereux champignons qu'il y ait. Vaillant dit qu'il s'en trouve dont le deffus du chapiteau eft blanc. Il fournit une efpèce particulière (*fynonimie, n.° 174*).

Le n.° 4 (*fungus phalloïdes*) eft encore un champignon bulbeux, mais dartreux, à feuillets blancs. La defcription de celui-ci eft plus conforme au titre du n.° 2 de cette claffe : voilà ce qui me fait croire que ces numéros ont été tranfpofés. Quoi qu'il en foit, ce champignon eft d'un brun-olivâtre deffus, ainfi qu'à la tige; les portions de fon enveloppe ou valve font très-apparentes au bas de la tige. Il rentre comme variété dans le n.° 43 des champignons tue-mouches blanchâtres & bruns (*fynonimie, n.° 43. a. 3*). Les doutes de Vaillant fur le *fungus dipfacoïdes* de Fabius Columna, ne me paroiffent pas fondés (*fynonimie, n.° 5*).

Le n.° 5 (*fungus pediculo in bulbiformam excrefcente* de G. Bauhin) n'eft point décrit par Vaillant; il dit feulement

qu'il y en a un de cette forte couleur de noifette, avec des
verrues blanches *(fynonimie, n.° 43. c)*.

Le n.° 6 *(fungus pileolo lato puniceo, laĉleum & dulcem fuccum
fundens* de **G.** Bauhin*)* eft encore un champignon bulbeux
& dartreux, qui ne reffemble à celui que G. Bauhin indique
par cette phrafe, que par fa couleur rouge. Il femble que
Vaillant, dans la vue de faire accorder fa defcription avec
ce titre, parle d'une eau roufsàtre & douce ; mais je crois
qu'il s'eft mépris fur l'efpèce, & qu'il a confondu le champignon rouge ou fauffe-oronge *(fynon. n.° 13)*, champignon
très-commun dans tous les bois des environs de Paris, & d'un
ufage très-dangereux, avec le rouge à lait dont a parlé Bock
(fynonimie, n.° 11), & qui eft fi bon à manger qu'on le
mange crud. Celui-ci a un fuc laiteux, l'autre n'eft que
humide ; il n'a point en outre de collet ; celui qui eft décrit
par Vaillant, a une fraife qui fe rabat fur la tige & lui fert
de collet : l'un eft dartreux, l'autre ne l'eft pas. Du refte,
le champignon décrit ici, & qui eft commun dans tous
les bois, ne paroît pas avoir été indiqué par les auteurs ;
c'eft celui qui a fes feuillets & fon pédicule blancs, avec un
chapiteau d'abord couleur de feu, enfuite aurore ou jaune,
fans être rayé anx bords ; fes feuillets font très-blancs. C'eft
le plus beau champignon qu'on trouve dans nos bois ; il a
jufqu'à fept pouces de hauteur *(fynon. des efpèces, n.° 13. a. 5)*.

Le n.° 7 *(fungus campeftris albus fupernè, infernè rubens* de
J. Bauhin*)* eft un champignon qui, fuivant Vaillant, eft d'un
blanc de lait extérieurement, en forme de boule d'abord,
par la continuité de la peau qui couvre les feuillets en manière de timpan ; fes feuillets font couleur de chair ; fa faveur
& fon odeur font très-agréables. On le trouve dans les
paliffades de charmilles. Ce champignon, qui eft très-commun dans les bois des environs de Paris, & qu'on y appelle
boule-de-neige, eft la variété du champignon ordinaire, qu'on
trouve à l'ombre des bois ; elle avoit été déjà indiquée par
Sterbeeck parmi fes *fungi pratenfes, tab. 2, fig. O O.* Ce
champignon eft très-bien repréfenté dans Schæffer, fous le

An. de J. C.
1727.

Vaillant.
CLXXIV

An. de J. C.
1727.

Vaillant.
CLXXIV

nom d'*agaricus arvenſis*, pl. *C C C X*, *C C C X I* (*ſynonimie des
eſpèces*, *n.° 4. b*).

Le n.° 8 (*fungus totus albus edulis*) eſt un champignon
tout blanc que Vaillant a trouvé dans la prairie du Jardin
du Roi, en octobre, & qui ne diffère du champignon ordinaire que par ſa couleur blanche par-tout; il eſt colleté & a
l'odeur & la ſaveur du champignon de couche. Il arrive
quelquefois que les feuillets ne ſont pas ſenſiblement couleur de roſe dans le champignon ordinaire, & alors il paroît
tout blanc; ce n'eſt qu'un jeu de la Nature (*ſynonimie*, *n.° 4,
var. c*).

CLXXV

Le n.° 9 (*fungus colore candido, tuberculis flavo-fuſcis elegan-
tiſſimè variegato*) eſt un champignon bulbeux que Vaillant a
fait connoître, à éminences rouſſes-brunes taillées en facettes
de diamant ſur un fond blanc, ce qui produit un bel effet;
ſes feuillets, ſon voile ou collet & ſon pédicule ſont très-
blancs. Il peut fournir par ces particularités une eſpèce particulière (*ſynonimie des eſpèces*, *n.° 175*). Il eſt analogue à
ceux du n.° 43 de la ſynonimie.

CLXXVI

Le n.° 10 (*fungus centro mammoſo rufo, circulo ſordidè albo
circumdato*) eſt un petit champignon en forme de mamelle,
qui vient en touffe, au mois de juin, au pied des arbres;
qui n'a pas plus de deux pouces de haut ſur un de diamètre,
& qui a un centre roux entouré comme d'un cercle blanchâtre; le reſte eſt châtain. Ses feuillets ſont gris, ſa tige
cylindrique & un peu fiſtuleuſe; les feuillets ſont couverts
d'un voile qui ſe convertit en anneau. Ce champignon eſt
d'une conſiſtance ferme; ſa chair eſt blanche, ſon odeur
déſagréable. Il peut former une eſpèce nouvelle (*ſynonimie
des eſpèces*, *n.° 176*).

Telle eſt l'énumération de toutes les eſpèces contenues
ſous le mot *fungus* chez Vaillant: les autres genres de champignons ſe trouvent par ordre alphabétique, ſous les mots
agaricus, *boletus*, *fungoïdes*, *lycoperdon*, *noſtoc*, *tubera*, pris
dans le ſens de Tournefort; & ſous ceux de *clavaria* & de
corallo-fungus, deux genres que Vaillant a formés du *coralloïdes*

de Tournefort, & qui ont été fuivis depuis par la plupart
des botaniftes ; l'un renferme les clavaires fimples *(clavaria)*,
l'autre les clavaires ramifiées ou en forme de corail *(corallo-fungus)* *(fynonimie des genres, n.° 23, 41)*.

Parmi fix ou fept agarics, indiqués par Vaillant, *page 3*,
fous le nom d'*agaricus*, il y en a deux donnés pour efpèces
nouvelles, avec figures, fous les noms d'*agaric de Saint-Cloud*,
pl. 1, fig. 1, 2, 3; & d'*agaricus fufcus fericeus, ibid. fig. 4*,
qui font fupérieurement rendus. Il les nomme *agarics de
Saint-Cloud*, parce que c'eft dans le parc de Saint-Cloud où
ils ont été trouvés, fur des fouches d'arbres. Quoique ces
agarics foient donnés par Vaillant pour trois fortes différentes, & qu'ils aient donné lieu en outre à l'établiffement
d'un genre particulier chez un grand botanifte, je crois que
ce n'eft, à la rigueur, que la même efpèce, c'eft-à-dire, la
variété feuilletée de l'*agaric-iris* ou de l'*agaric-labyrinthe*,
dont le deffus eft dans quelques-uns d'un velouté foyeux, &
le deffous blanc, à pores ou à feuillets. Ici, par un jeu de
la Nature, le deffous, qui eft feuilleté, fe trouve à la partie
fupérieure, c'eft-à-dire, l'agaric ne préfente qu'une furface,
qui dans une autre pofition feroit double. Cette variété eft
très-commune *(fynonimie, n.ᵒˢ 25, 48)*.

La figure mife fous le n.° 3 & fous le nom d'*agaricus de
Saint-Cloud nigerrimus*, eft le même vu en-deffous, mais altéré
par vétufté & devenu noir, comme cela arrive à tous les
agarics & à la plupart des champignons lorfqu'ils fe gâtent.
Quant à celui qui eft mis fous la figure 4, & fous le nom
d'*agaricus fericeus fufcus*, c'eft encore une variété grife du
même qui commençoit à s'altérer & à devenir brune *(ibid)*.

Parmi les quatre ou cinq efpèces de morilles, mifes fous le
nom de *boletus*, fans defcription & fans figures, on ne trouve
rien de nouveau. La morille blanche ou rouffe y eft défignée
fous la phrafe de *boletus noftras flavefcens pediculo craffiffimo,
pileolo foliato;* & le *phallus* qui croît aux environs de Paris,
fous le nom de *boletus phalloïdes*, qui eft le même que celui
que Tournefort avoit indiqué *(fynonimie des efpèces, n.° 17)*.

An. de J. C.
1727.

Vaillant.
CLXXVI
Agaricus.

Boletus.

An. de J. C.
1727.

Vaillant.
CLXXVI
Clavaria.

Parmi les trois clavaires ou maſſes dont Vaillant a donné les figures, *pl. VII, fig. 3, 4, 5,* il y en a une miſe ſous le nom de *clavaria militaris crocea, fig. 4,* qu'il a fait connoître : elle a la forme exactement d'une petite maſſue ou de la maſſe-d'eau *(typha paluſtris)* ; ſa tige eſt rouſſe, & ſa tête couleur de ſafran & chagrinée. Elle entre comme variété dans le n.° *132. a. 2.* de la ſynonimie. La ſeconde eſt une clavaire blanche & creuſe, ordinairement en forme de pilon ; elle eſt miſe ſous le nom de *clavaria alba, piſtilli forma, fig. 5,* déjà indiquée par Boccone *(ſynon. des eſpèces, n.° 87. b).* La troiſième, qui eſt noire & en forme de langue de ſerpent, *figure 3,* indiquée déjà par Ray, ſe trouve ici ſous le nom de *clavaria ophiogloſſoïdes nigra.* Vaillant la marque ſur le chemin de Sèves à Verſailles, par Montreuil ; il dit qu'elle eſt noire en-dehors, & d'un blanc ſale en-dedans *(ſynonimie des eſpèces, n.° 87. c).*

Corallo-
fungus.

Le genre *corallo-fungus,* ou coralloïde de Tournefort, eſt en forme de corail ; il offre neuf eſpèces : il y en a trois que Vaillant a fait connoître ; le coralloïde blanc-d'argent, dont il donne la figure, *pl. VIII, fig. 2,* qu'il marque à la pièce des Suiſſes, à Verſailles, ſous le nom de *corallo-fungus candidiſſimus ;* celui-ci n'a que deux ou trois branches *(ſynon. n.° 45. b. 2. a).*

CLXXVII

Celui qui eſt couleur de ſafran, & mis ſous le nom de *corallo-fungus croceus ornithopoïdes, pl. VIII, fig. 3,* à cauſe de ſa forme en pied-d'oiſeau, a une tige très-mince à ſa partie inférieure, qui groſſit juſqu'au ſommet, où elle s'épanouit en manière de ſerre ou griffe-d'oiſeau. Il fournit dans ce genre une eſpèce particulière *(ſynon. des eſpèces, n.° 177).*

Celui qui eſt mis ſous le titre de *corallo-fungus argenteus, omenti formâ,* parce qu'il ſemble repréſenter un épiploon, eſt une production de couleur blanche qui croît en manière de toile ramifiée & membraneuſe, ſur les vieilles portes ou cloiſons des caves, & dont Vaillant a donné une ſuperbe figure, *pl. VIII, fig. 1.* Cette plante ne paroît point appartenir à la claſſe des champignons, & tient plutôt aux byſſus qu'aux champignons, quoique M. Adanſon en ait ſait un genre particulier, parmi ces plantes, ſous le nom de *kordera* *(ſynonimie des genres, n.° 144. f)*. Vaillant doute, ſans fondement, ſi c'eſt le *fungus ramoſus candidus* de G. Bauhin, qui eſt un coralloïde ordinaire *(ſynonimie, n.° 45. a. 1)*.

Quant au n.° 9 ou neuvième eſpèce, miſe ſous la phraſe de *corallo-fungus niger compreſſus, varié divaricatus & implexus inter lignum & corticem;* c'eſt une fongoſité ou tubéroſité que Dodart & Ray avoient déjà obſervé *(ſynonimie, n.° 94)*.

Parmi les fongoïdes (ce mot pris dans le ſens de Tournefort), au nombre de dix, on en trouve d'abord deux petits à corps lenticulaires, dont l'un eſt rayé en-dedans & velu au-dehors, & dont il donne la figure, *planche XI, fig. 4, 5*, qui le repréſente très-bien *(ſynonimie des eſpèces, n.° 63. c)*; enſuite deux autres, dont l'un eſt mis ſous la phraſe de *fungoïdes nigricans majus cornucopiæ formâ, pl. XIII, fig. 2, 3*. Celui-ci a de deux à quatre pouces de haut, eſt brun ou noir-cendré en-dehors, creux, un peu coriace, de l'épaiſſeur du parchemin & de la forme d'une corne d'abondance : Ray avoit obſervé cette eſpèce *(ſynon. des eſpèces, n.° 134. a)*. L'autre, mis ſous la phraſe de *fungoïdes fuſcum, acetabuli formâ, externè ramificatum ſeu fungoïdes maximum pyxidatum, pl. XIII, fig. 1*, a la forme d'un ciboire ou d'un mortier ; il eſt de couleur brune, a une demi-ligne d'épaiſſeur & la ſubſtance de champignon : ſon diamètre eſt d'environ un pouce ; mais la figure qui le repréſente & qui eſt d'ailleurs ſupérieurement rendue, le fait beaucoup plus grand. On le trouve dans les boſquets de Verſailles. Ce fongoïde me paroît conſtituer une eſpèce analogue à celles du n.° 67, c'eſt-à-dire, aux fongoïdes d'une certaine épaiſſeur, de conſiſtance un peu ferme & en forme de mortier *(ſynonimie des eſpèces, n.° 67. A. bb. 2)*.

Le n.° 5 *(fungoïdes maximum & multiplex aurantii coloris ad baſim rugoſum)* eſt un fongoïde couleur d'orange, comme pliſſé à ſa baſe, & qui a environ deux pouces de diamètre à ſon ouverture. Il ne paroît pas être une eſpèce différente

An. de J. C.
1727.

Vaillant.
CLXXVII

Fungoïdes.

An. de J. C.
1727.

Vaillant.
CLXXVII

du fongoïde couleur de cire jaune & en forme de mortier *(synonimie des espèces, n.° 67. A. bb. 1)*.

Le n.° 6 *(fungoïdes glandis cupulam referens, margine dentato, pl. XI, fig. 1, 2, 3)* est un petit fongoïde qui représente exactement un calice ou cupule de gland, avec des bords frangés ; il est comme transparent & un peu chagriné : Vaillant le marque dans les bosquets de Versailles, en automne. Il est compris parmi les petits fongoïdes, dits *coccigrues (synonimie des espèces, n.° 67. B. ff. 5)*.

Les n.ᵒˢ 7, 8, indiqués d'après Ray & avec ses phrases, sont ces petits fongoïdes en chaton de bague, rouges & jaunes, qu'on trouve comme variétés du même numéro *(synonimie, n.° 67. A. ee. 1. 4)*.

Le n.° 9 *(fungoïdes auriculam judæ referens, intùs rufescens, extùs candicans & quasi farinosum, pl. XI, fig. 8)* est une espèce très-analogue à l'oreille-de-judas, & aux nostocs ; celui-ci est tendre, presque transparent, & on le trouve par terre : il a un goût de morille. On peut le placer parmi les premiers *(synonimie des espèces, n.° 15, var. 3)*.

On ne sait ce que Vaillant a voulu indiquer par le dixième fongoïde, sous la phrase de *fungoïdes qui crepitùs lupi, flavescens, clavatus & fistulosus*, à moins qu'il n'ait voulu parler, d'après Boccone, d'une des clavaires rousses qui sont creuses, & que le botaniste d'Italie plaçoit parmi les lycoperdons. Vaillant n'en donne ni description ni figure ; mais il renvoie au Cabinet du Roi.

Lycoperdon.

Sous le mot *lycoperdon* (pris dans le sens de Tournefort), on en trouve dix-sept indiqués par Vaillant, parmi lesquels il y en a six qu'il paroît que cet auteur a fait connoître, ou du moins donnés pour espèces nouvelles, qui sont les n.ᵒˢ 4, 5, 11, 13, 14 & 17, & un septième formant le n.° 15, qui n'est point un lycoperdon, mais un phallus encore en boule *(syn. n.° 17)*. On en voit d'excellentes figures, *pl. XII & XVI*.

Le n.° 4, mis sous trois phrases *(lycoperdon è flavo virescens squammatum ; — lycoperdon nostras è flavo rufescens pundulis fuscis aspersum ; — lycoperdon sphæricum, verrucosum, pediculo donatum,*

donatum, pl. XVI, fig. 7, offre encore un exemple de la négligence de l'éditeur des Œuvres de Vaillant, qui a fait un
double emploi de la première phrase, qui n'appartient point
à ce lycoperdon, lequel n'est ni vert ni écailleux, mais au
suivant. Celui-ci est une vesce-de-loup ronde, de couleur
roussâtre, couverte de petits grains bruns, dont l'écorce
ferme & coriace, a une ligne d'épaisseur; il a une racine un
peu forte & longue qui lui sert de tige. On peut le confidérer comme une variété de l'espèce donnée par Sterbeeck
pour une truffe-de-cerf *(synonimie, n.° 109. b)*. Vaillant avertit
que ce lycoperdon est mortel, lorsqu'on le mange.

Le n.° 5 *(lycoperdon nostras è flavo virescens, squamis fuscis
distinctum, pl. XVI, fig. 8)* est un lycoperdon analogue au
précédent, mais avec des élevures beaucoup plus grandes,
en forme de verrues; il a une écorce ferme, coriace, de
l'épaisseur d'une ligne : il est d'abord d'un blanc jaunâtre &
verdâtre, ferme, lourd, porté également sur une racine. On
ne peut le confidérer que comme une variété du précédent
(synonimie, n.° 109. b).

Le n.° 11 *(lycoperdon pediculo donatum ex calice assurgens)*
est une petite vesce-de-loup dont la tète semble fortir d'un
calice. Vaillant la marque fur la butte de Montbauron ; mais
elle n'est décrite ni figurée chez cet auteur, & il y a beaucoup d'apparence que c'est une variété ou la même que le
lycoperdon étoilé *(synonimie des espèces, n.° 133)*.

Le n.° 13 *(lycoperdon cepæ facie, pl. XVI, fig. 5, 6)* est
encore une vesce-de-loup très-analogue aux précédentes,
fur-tout à la fausse truffe-de-cerf, dont cette espèce est une
variété ; Vaillant la compare à une bulbe d'oignon, pour la
forme. Toutes ces espèces font des vesces-de-loup à coque,
c'est-à-dire, à enveloppe dure & ferme, qui renferme une
substance pulpeuse, noirâtre ou bleue, & qui n'éclatent pas
ordinairement, mais qui se fendent ou s'ouvrent par de
petites ouvertures ; elles ont une odeur très-forte. Celle-ci
forme une variété de la fausse truffe-de-cerf *(synonimie des
espèces, n.° 109. a)*.

Tome I.   K k

An. de J. C.
1727.

Vaillant.
CLXXVII

An. de J. C.
1727.

Vaillant.
CLXXVII

Le n.° 14 *(lycoperdon piriforme verrucosum, pl. XVI, fig. 4)* est une vesce-de-loup un peu en forme de poire, de couleur ventre-de-biche, molle, légère, agréable à la vue, couverte de verrues qui font un bel effet. On ne peut la considérer que comme une variété fixe de l'espèce ordinaire *(synonimie, n.° 31, var. d)*.

Le n.° 17 *(lycoperdon aurantii coloris ad basim rugosum, planche XVI, fig. 9, 10)* est une belle espèce de lycoperdon couleur d'orange ; elle est molle & s'ouvre à la partie supérieure ; sa surface est unie, & elle n'a qu'une peau qui se déchire. Malgré sa couleur, on ne peut la considérer que comme une autre variété de l'espèce ordinaire *(synonimie des espèces, n.° 31, var. e)*. Vaillant a donné, *pl. XII, fig. 16*, la figure du petit lycoperdon à verrues, indiqué par Tournefort, sous le titre de *lycoperdon minimum verrucosum (synon. n.° 73. e)*.

Nostoc.

Parmi les six espèces de nostocs indiquées par Vaillant, toutes sont sans description. On trouve d'abord le nostoc ordinaire, *nostoc ciniflonum (synonimie, n.° 8. a)*; 2.° un nostoc blanc qui croît sur le bois qui se pourrit, *nostoc ligno putrido adnascens candicans (ibid. d)*; 3.° un autre noir, *nostoc nigricans arboribus innascens (ibid. e)*; 4.° un autre jaune ou flave, qui croît également sur les arbres, & qui est la troisième espèce du vingt-quatrième genre pernicieux de l'Écluse, mis sous la phrase de *nostoc flavicans arboribus innascens (ibid. b)*; 5.° un autre petit, brun, qui croît sur la mousse, dont Ray a fait mention, sous la phrase de *nostoc qui lichen terrestris minimus fuscus Raii, hist. 3. p. 43 (ibid. f)*; 6.° enfin un autre cramoisi & à grains, que Vaillant a trouvé sur le saule, *nostoc granulosus coccineus, arboribus innascens (ibid. g)*; & qui se rapportent tous au même numéro de la synonimie, comme on voit *(n.° 8)*. Mais ce qui étonne, c'est qu'on ne trouve pas dans le discours de Vaillant, la description, ni même la phrase de ce nostoc jaune & si bien représenté à la *planche XIV, fig. 4*, de cet auteur, & qu'on nomme ailleurs (dans l'explication de cette planche), *nostoc luteum mesenterii formâ*, qui est le même que celui dont Sterbeeck a donné quatre figures à

la *planche XXVI*, pour repréfenter la troifième efpèce du vingt-
quatrième genre des champignons pernicieux de l'Éclufe,
dont il vient d'être fait mention plus haut, fous le titre de
nofloc flavicans arboribus innafcens (fynonimie, n.° 8. b).

Quant aux truffes, on n'en trouve que le nom chez Vaillant.

Telles font les découvertes de Vaillant, dans la partie qui
concerne les champignons ; il m'a paru que jufqu'à lui, aucun
botanifte n'en avoit fait autant , n'avoit mieux décrit ces
objets, & ne les avoit préfentés avec autant d'ordre & de
méthode. D'ailleurs, cet auteur n'a confidéré cette partie qu'en
botanifte ; & malgré les négligences qu'on trouve dans fon
Botanicon Parifien,e, c'eft encore l'ouvrage qui fatisfait le plus
fur cet objet, & il y a lieu de regretter qu'il n'ait pu le foigner lui-même. Les efpèces principales que cet auteur a fait
connoître, fe trouvent depuis le n.° 152 de la fynonimie,
jufqu'au n.° 177 inclufivement.

Parmi les Mémoires de l'Académie des Sciences, *année
'1728*, on en trouve deux d'Antoine de Juffieu, dont l'un
a pour objet la defcription d'un champignon qu'il nomme
boleto-lichen vulgaris, dont il a été déjà fait mention *(fynon.
des efpèces, n.° 131. a)* : & l'autre, de prouver la néceffité de
former, pour la perfection de la nouvelle méthode de botanique (celle de Tournefort), une nouvelle claffe qui com-
prît les lichens & les champignons, fous le titre de *plantes
fongueufes*, plantes différentes par leur port, &c. de toutes
les autres. Il y donne, en même temps, la defcription d'un
petit champignon à odeur d'ail.

L'auteur de ces Mémoires remarque qu'il n'y a fur cette
partie aucun travail vraiment fatisfaifant, & laiffe apercevoir les reffources qu'il avoit pour y fuppléer ; il y annonce
qu'il pofsède les deffins & les defcriptions de plus de cinq
cents champignons ; qu'on a fous les yeux ceux qui font
peints fur vélin au Cabinet des Eftampes du Roi ; que tous
les jours il en fait recueillir & deffiner : enfin, qu'un travail
bien fait & vraiment méthodique manque fur cet objet ,

An. de J. C.
1727.

Vaillant.
CLXXVII
Tubera.

1728.
Juffieu.

K k ij

& qu'il avoit deffein de l'entreprendre. Il expofe, dans le fecond Mémoire, le plan de la claffe nouvelle qu'il méditoit de former.

Il fonde l'analogie, qu'il dit exifter entre les lichens & les champignons, fur la nature de leur fubftance, fur la non-exiftence des parties qui appartiennent aux autres plantes, comme feuilles, racines, &c. fur la propriété qu'ont les lichens & les champignons de croître fur des arbres; d'avoir dans leur premier état ou celui de fraîcheur, une fubftance uniforme, molle, & caffante lorfqu'ils font fecs; d'être auffi prompts à croître qu'à dépérir, & de reprendre, étant fecs, leur ancienne forme & leur volume naturel lorfqu'on les imbibe de quelque liquide.

Suivant fon plan, cette claffe doit être divifée en deux fections, l'une pour les lichens, l'autre pour les champignons.

Le caractère effentiel des lichens confifte, felon lui, dans la propriété qu'ils ont d'avoir une forme aplatie, en manière de feuillage étendu fur la terre, ou fur des pierres, ou fur des troncs d'arbres; corps auxquels ils adhèrent par de petits poils ou filamens fort courts fortant des nervures du revers de ce feuillage, ou par une forte d'empatement qui tient lieu de racines.

Le caractère des champignons eft de n'avoir nulle forme de feuilles, d'être d'une fubftance plus charnue, & de repré-fenter le plus fouvent un parafol ou un globe.

Les champignons font fufceptibles d'être diftribués en deux principales divifions, l'une pour ceux qui n'ont que des racines, & l'autre pour ceux qui ont des graines & des fleurs.

Les genres qu'on peut établir dans la première, font le *champignon ordinaire*, le *champignon poreux* le *hériffé*, la *morille*, le *fongoïde*, la *vefce-de-loup*, les *agarics*, les *corallo-fungus* & les *truffes ;* ceux qu'on peut former dans la feconde, font le *typhoïde (k)* & l'*hypoxilon.*

***

(k) Par champignon *typhoïde*, M. de Juffieu entend parler du champignon

Comme la démonſtration dés fondemens de cette méthode exigeoit le ſecours des figures, qui n'étoient pas prêtes lorſque l'auteur fit la lecture de ſon Mémoire à l'Académie, il ſe borna à donner, en attendant, la deſcription d'un petit champignon à odeur d'ail, qu'il avoit trouvé dans le bois de Pontchartrain, & qu'il nomme *fungus minor allii odore.*

Il dit qu'il naît ſur les feuilles de chêne à moitié pourries, auxquelles il tient par un empatement blanchâtre & barbu, épais d'une ligne & demie ; que ſon pédicule a deux à trois pouces de haut, ſur une ligne de diamètre ; qu'il eſt rougeâtre, fibreux, ſolide, un peu arrondi à ſa baſe, aplati du haut ; que ſon chapiteau forme comme un paraſol très-mince de douze à treize lignes de diamètre ; que ſa couleur eſt d'un blanc terne comme de la corne ; que ſes bords finiſſent par ſe gaudronner & ſe pliſſer, qu'il eſt rayé, & que ſes feuillets ſont minces, blanchâtres. Ce champignon naît en octobre, ſe ſoutient ſur pied juſqu'à la fin de décembre, & conſerve, dans l'état de ſéchereſſe, toute l'odeur qu'il avoit étant frais ; cette odeur eſt très-ſenſible, mais n'a pas, lorſqu'on le mâche, le piquant & le feu que laiſſe l'ail dans la bouche. Ce champignon forme une eſpèce particulière *(ſynon. des eſpéces, n.° 178).*

Buxbaum, qui voyageoit dans le Nord & dans le Levant, après avoir fait l'énumération des plantes des environs de Halles *(voyez ſon article à l'époque de 1721)*, publia, ſur celles qui étoient moins connues, un ouvrage diſtribué en cinq centuries, dont la première parut à Saint-Péterſbourg, en 1728 *(l)*, & dans laquelle il fait mention de quelques champignons qui n'avoient pas encore été obſervés.

On y en trouve un figuré, en forme de hériſſon, qui croît ſur les châtaigners, mais peu différent de ceux qu'avoient

An. de J. C.
1728.

Juſſieu.
CLXXVII

CLXXVIII

Buxbaum.

---

de Malte, nommé *fungus typhoïdes* par Lanciſi & Boccone, dans lequel, en effet, il y a des fleurs ; mais Micheli a démontré que cette plante n'eſt point un champignon *(voyez l'article de Boccone, année 1674, p. 115).*

(l) Plantarum minùs cognitarum centuriæ V. Petropoli, ex typographiâ **Academiæ**, *in-4.°* 1728, 1729, 1733, 1740.

obfervés Jacques Breyne & Boccone , & qu'il met fous le titre d'*agaricus barbatus flavefcens, tab. 58 , fig. 1* ; il eft d'une fubftance molle, paroît avoir des piquans plus fins que les autres, mais ne peut même former une variété de l'efpèce indiquée *(fynon. n.° 90. 1)*. On y trouve encore la figure & l'indication de deux petits champignons, l'un à furface inférieure, hériffée d'appendices, l'autre feuilleté, & qui croiffent fur les pommes de fapin. L'un eft mis fous le nom de *fungus erinaceus par us, in conis abietinis nafcens, tab. 57, fig. 1* ; c'eft un petit champignon épineux, dont le pédicule porte le chapiteau un peu fur le côté, femblable à celui dont il avoit fait mention dans l'énumération des plantes de Halles *(fynonimie des efpèces, n.° 70 g)*. L'autre eft un petit champignon feuilleté blanc, qui croît également fur le même fruit, & qui eft mis fous le titre de *fungus parvus albus, ex conis abietis dejeftis nafcens. tab. 57, fig 2*, & qu'on ne peut confidérer que comme une variété d'une efpèce déjà indiquée par Ray *(fynonimie des efpèces, n.° 125)*. Enfin, il y eft fait mention

d'un grand lycoperdon de couleur jaune, à groffe & longue tige, & à racines, dont la pulpe eft à grains, qui vient en groupe ; c'eft une efpèce de vefce-de-loup particulière dont Micheli a fait enfuite un genre fous le nom de *lycoperdoïdes*. Buxbaum la met fous la phrafe de *lycoperdon magnum globofum pulpâ granulatâ, radice craffâ, p. 37, tab. 56*. Elle eft analogue à la vefce-de-loup à pepins jaunes, obfervée par Boccone *(fynonimie, n.° 93)*, mais elle en diffère beaucoup par fa forme. Elle conftitue une efpèce particulière *(fynonimie des efpèces, n.° 179)*.

Les découvertes fur les champignons en étoient à ce point, lorfque Micheli, profeffeur de botanique à Florence, publia en 1729 fes nouveaux genres *(m)* de plantes, fuivant la méthode de Tournefort ; ouvrage qui étonne autant par fon étendue,

---

(m) *Nova plantarum genera juxta Tournefortii methodum difpofita, &c. auctore Petro Anton. Michelio, flor. ejufd. r. c. botanico. Florentiæ, 1729, in-fol.*

le favoir profond & l'ordre qui y règnent, que par l'exactitude & les découvertes de l'auteur. Doué de la plus grande
fagacité, en relation avec les botaniftes les plus diftingués
de l'Europe, muni d'un recueil de deffins de champignons
fait par Breyne, & que lui avoit communiqué Shérard ; en
poffeffion, de plus, d'un ouvrage manufcrit de Baldi fur les
champignons *(note 19)*; placé dans la capitale & au centre de
la Tofcane, pays le plus fécond qu'on connoiffe en champignons de toute efpèce ; d'ailleurs, aidé, encouragé, Micheli
ne pouvoit manquer de nous donner beaucoup de lumières
fur cet objet : auffi, fon travail fur cette partie eft-il le plus
complet & le plus profond qu'on connoiffe.

Micheli étoit perfuadé, comme Baldi, que non-feulement
les plantes de la feizième & dix-feptième claffes de Tournefort contiennent des fleurs & des femences, mais qu'il n'y a
aucune plante dans la Nature qui en foit dépourvue. D'après
cette idée, il croit que la bafe la plus folide d'une méthode
à établir fur les champignons, eft celle qui eft fondée
fur la difpofition de ces parties, & il n'a rien négligé pour
les mettre en évidence. Il étoit néceffaire de faire beaucoup
d'obfervations, un grand nombre d'expériences fines & délicates, pour conftater leur exiftence & leur pofition ; Micheli
nous apprend de quelle manière il parvenoit à les découvrir.

Il fe fervoit de deux ou trois moyens ; il coupoit en
plufieurs portions le réceptacle où on les foupçonne ; il le
comprimoit pour mettre les parties qu'il contient à découvert ; il les humectoit, s'il étoit néceffaire, & les portoit dans
cet état fur l'objectif d'un microfcope. C'eft ainfi qu'il dit
avoir vu les fleurs des lichens, les femences contenues dans
les capfules de la truffe, celles qu'on trouve dans les corps
lenticulaires du petit fongoïde qui en contient, & qu'il confidère comme fes fruits, &c.

Non-feulement Micheli dit avoir obfervé ces parties,
mais il nous affure les avoir femées ; & la reproduction de
ces plantes a prouvé que ce qui n'avoit été jufqu'alors que
conjecture, devoit prendre un caractère de vérité. Il a femé

An. de J. C.
1729.

Micheli.
CLXXIX

An. de J. C.
1729.

Micheli.
CLXXIX

de la graine ou pouſſière des champignons feuilletés, des
mucor, des mucoſités, des fongoïdes, & a ſuivi les progreſſions
de leur naiſſance & de leur développement. Si la plupart de
ſes expériences, répétées enſuite, n'ont pas toutes offert les
mêmes réſultats, c'eſt que vraiſemblablement le concours des
circonſtances n'a pas été le même ; mais pluſieurs ont été
répétées avec ſuccès (voy. *note 20*), & je crois qu'il n'y
a aucun botaniſte aujourd'hui qui doute de la réalité de la
découverte de Micheli : il ſe peut cependant qu'il ait trop
accordé à l'idée que certains champignons contiennent des
fleurs, c'eſt-à-dire, des anthères ou des étamines, dont
l'exiſtence ne paroît pas encore ſuffiſamment prouvée, ou du
moins n'eſt point admiſe par tous les botaniſtes (voy. *Haller,*
Hiſt. ſtirp. Helvet.).

Micheli a encore découvert ſur les lames de certains champignons feuilletés, des corps diaphanes dont l'exiſtence a été
confirmée par les obſervations de Gleditch, inférées dans les
Mémoires de l'Académie de Berlin. Je me ſuis convaincu
que ces corps diaphanes exiſtent en effet ſur pluſieurs champignons feuilletés, ſur-tout ſur ceux d'un tiſſu frêle & aqueux,
& dont la ſubſtance finit par ſe réduire en liqueur noire.

D'après les preuves acquiſes par Micheli de la préſence des
parties de la fructification dans les lichens, les mouſſes & les
champignons, c'eſt ſur-tout de leur poſition dans ces dernières
plantes, qu'il en déduit ſes caractères claſſiques & génériques ;
& on voit par-là que cet auteur, en ſuivant le ſyſtême de
Tournefort, a fondé ſes caractères ſur l'exiſtence d'un ordre
de parties dont l'abſence avoit ſervi à établir ceux du botaniſte françois (*voyez* XVII.ᵉ claſſe de Tournefort).

Parmi les plantes qu'il ajoute à la XVI.ᵉ claſſe de Tournefort, on ne trouve qu'un genre qui, par ſa nature, ſemble
tenir le milieu entre les lichens & les agarics, & que Micheli
ne place point parmi les champignons ou plantes charnues ;
il le nomme *lichen-agaricus*, p. *103*. Ce genre ſe trouve dans
la ſection ou diſtribution des plantes *dont le caractère eſt,*
ſuivant Micheli, *d'être le plus ſouvent cruſtacées, d'une ſubſtance*
coriace

An. de J. C.
1729.

Micheli.
CLXXIX

*coriace ou farineufe, ou gélatineufe, ou dartreufe, à fleurs apétales,
nues, féparées de la femence, p. 73.*

Mais les genres de champignons établis par Micheli, font ajoutés à la x v i i.ᶜ claffe de Tournefort, & font contenus dans quatre principales fections ou diftributions.

Ceux de la première (qui eft la feconde de Micheli, *page 117)* font définis *des plantes dont le caractère eft d'être des plus fimples, pour l'ordinaire charnues, anomales ou irrégulières, à fleurs apétales, à un feul filament diftinct de la femence;* ils font au nombre de trois, fous les noms d'*agaricum*, de *ceratofpermum* & de *linckia.*

Ceux de la feconde diftribution, *page 126*, font définis *des plantes dont le caractère eft, de même, d'être des plus fimples, charnues, régulières, à fleurs apétales, à un feul filament diftinct des femences;* ils font au nombre de huit, fous les noms fuivans : *fuillus, polyporus, erinaceus, fungus, fungoïdafter, phallus, phallo-boletus, boletus.*

Ceux de la troifième diftribution, *page 204*, font définis *des plantes dont le caractère eft d'être également des plus fimples, pour l'ordinaire fans chapiteau, ayant leurs femences répandues à leur fuperficie;* ce font ceux que Micheli nomme *fungoïdes, clavaria, coralloïdes.*

L'auteur ajoute de petites plantes filamenteufes ou à petits corps réunis, qu'on ne regarde pas comme des champignons, tels que le *byffus,* le *botrytis,* l'*afpergillus,* le *puccinia.*

Ceux de la quatrième diftribution, *page 213,* font définis *des plantes dont le caractère eft d'être encore des plus fimples, & d'avoir leurs femences renfermées à l'intérieur;* ils font au nombre de treize, & fous les noms fuivans : *clathrus, clathroïdes, clathroïdaftrum, mucor, lycogala, mucilago, lycoperdon, lycoperdoïdes, lycoperdaftrum, geafter, carpobolus, tuber, cyathoïdes.*

Telle eft la diftribution générale des champignons, en cinq principales divifions, qu'on peut confidérer comme autant de claffes formant un tableau ordonné, dont le fyftème mérite le nom de méthode. Cette méthode a été fuivie par les botaniftes les plus diftingués & les plus profonds; mais comme

Tome I. L l

elle exige le fecours du microfcope, pour qu'on puiffe en faifir les caractères, foit qu'on n'ait pas voulu, foit qu'on n'ait pas pu découvrir les parties que Micheli avoit aperçues, il eft arrivé qu'elle a été négligée par d'autres, qui s'en font tenus à ce qu'il y a de plus apparent & de plus fenfible dans ces plantes.

D'ailleurs, on ne peut fe diffimuler qu'il n'y ait un défaut dans cette méthode ; c'eft que les premières diftributions font fondées fur un ordre de parties (des fleurs apétales, à un feul filament) qui ne fervent pas de bafe aux deux dernières, où il n'eft queftion que de la pofition des femences. Ainfi, en ôtant le *lichen-agaricus*, on trouve que les quatre diftributions admettent, l'une, des plantes charnues, irrégulières ; l'autre, des plantes de même nature, mais régulières ; la troifième, des plantes fimples, avec des femences à leur fuperficie ; & la quatrième, des plantes de même nature, avec des femences renfermées à l'intérieur.

Quant aux genres formés fous ces diftributions, & au nombre de vingt-huit, dont Micheli en a formé dix-huit, leurs caractères font principalement déduits de la confidération des formes ou de la ftructure de la plante, & fouvent de la difpofition particulière des parties de la fructification, fur-tout de celle des femences.

Genres formés dans la XVI.ᵉ claffe de Tournefort.

Le *lichen-agaricus* (hypoxilon, lithophite terreftre) eft défini, par Micheli, un genre *de plante à fleurs apétales, à peu-près rondes, en filamens ou à nœuds ftériles, nues* (c'eft-à-dire, fans corolle, fans piftil, fans étamines, fans calice), *& fixées à une maffe gélatineufe renfermée dans une cavité fphérique ou cylindrique, placée deffus ou deffous une furface ferme, d'une fubftance qui tient plus des agarics que des lichens.* Ce genre eft très-remarquable *(fynonimie des genres, n.º 48)*.

Il eft divifé en trois ordres de plantes ; en celles qui ont des tiges droites, fimples ou en branches ; en celles qui font femblables à des tubérofités ou cruftacées ; & en celles qui ont des tiges fimples, fans être cruftacées.

Le premier ordre contient les plantes que les auteurs avoient défignées fous le nom d'*hypoxilon* *(fynon. des efpèces, n.° 86)*. L'auteur y ajoute le *clavaria militaris crocea* de Vaillant *(fynonimie des efpèces, n.° 132)*.

Celles du fecond ordre font ces productions à furface rude ou dure, & à fubftance ligneufe, qu'on appelle *noix-de-frêne*, déjà obfervées par J. Bauhin & Ray, mais qui ne paroiffent appartenir à l'ordre des champignons que dans leur état de fraîcheur *(fynonimie des efpèces, n.° 120)*. Micheli en marque une efpèce qui repréfente, en quelque forte, un rognon de bœuf ; il la met fous la phrafe de *lichen-agaricus cruftaceus craffus, bovinum renem veluti repræfentans, niger & quafi deuftus, p. 104, n.° 3, tab. 54, ord. 2, fig. 1 ;* elle croît fur les racines pourries du laurier. Elle forme une efpèce particulière *(fynonimie des efpèces, n.° 180)*.

Celles du troifième ordre ne font que des variétés d'efpèces déjà indiquées ou analogues *(fynonimie des efpèces, n.°s 86, 88, 132, 142 ;* & les plus remarquables ont été copiées des autres auteurs.

Genres dans la XVII.ᵉ claffe de Tournefort.

L'*agaricum* (agaric) (ce mot pris dans le même fens que l'*agaricus* de Tournefort) *(fynonimie des genres, n.° 18)* eft défini *un genre de plantes dont le caractère fe tire principalement de la forme des efpèces,* diftribuées en huit ordres, à raifon de leur ftructure particulière, & dont les unes font à deux fubftances facilement féparables, d'autres à une feule fubftance ; les unes à tubes, d'autres à appendices, d'autres à feuillets, d'autres à furface unie.

Parmi les agarics du premier ordre ou *à deux fubftances facilement féparables, dont l'inférieure, qui eft tubuleufe & à tubes cylindriques, contient des femences ovales, placées à la marge de ces tubes,* on ne trouve qu'une efpèce, qui eft celle dont

An. de J. C.
1729.

Micheli.
CLXXIX.

CLXXX

Agaricum,
p. 117.

An de J. C.
1729.

Micheli.
CLXXX

Céfalpin avoit déjà fait mention *(fynon. des efpèces, n.° 23)*, & que Micheli donne fous la phrafe d'*agaricum efculentum*, *caftaneæ adnafcens, latiffimum, hepatis facie, fupernè ex rubro ferrugineum, internè fanguineum, fubtùs ochroleucum, page 117, tab. 60.* Micheli ne le marque que fur les châtaigners, & dit qu'on l'apporte quelquefois au marché de Florence ; on voit qu'il le donne pour bon à manger. Ce premier ordre étoit en quelque forte formé par Céfalpin, fans être caractérifé *(fynonimie des genres, n.° 27)*.

Parmi les agarics du fecond ordre, c'eft-à-dire, parmi ceux qui font *à fubftance fimple, dont la partie inférieure, tubuleufe, eft à tubes cylindriques & égaux, plus ou moins profonds, contenant leurs femences dans leur intérieur,* on en trouve dixneuf efpèces ou variétés, parmi lefquelles on voit d'abord l'agaric amadou ordinaire *(fynonimie, n.° 24)*, & d'autres agarics analogues qui croiffent fur différentes efpèces d'arbres, dont aucun n'eft bon à manger, & que les Italiens défignent, en général, fous le nom d'*efca* ou de *lingua*, en ajoutant l'épithète *cattiva* lorfqu'ils ne font pas bons à manger. Ils ne forment que des variétés de l'efpèce principale. On y trouve enfuite celui qu'on nomme, en Italie, *grifole*, qu'on porte au marché, & qui eft le même que celui dont l'Éclufe, J. Bauhin, &c. ont fait mention, & que Sterbeeck a fait repréfenter, *pl. XXVIII, lett. A (fynon. n.° 12, var. b. 2)* ; c'eft le feul dans tout cet ordre qui foit bon à manger, ou dont on faffe ufage intérieurement. Les autres font de vrais agarics, parmi lefquels on trouve celui que les Italiens nomment *pellicia di re*, à caufe de fes bandes de couleur pourpre, agaric déjà obfervé par Ray *(fynon. des efpèces, n.° 127)*.

Parmi les agarics du troifième ordre, c'eft-à-dire, parmi ceux *à fubftance fimple dont la partie inférieure diverfement ouverte ou perforée contient les femences à fes ouvertures,* on trouve d'abord l'agaric du mélèze, *agaricum five fungus laricis,* dont Micheli donne la figure, *pl. LXI (fynon. des efpèces, n.° 1)* ; un grand agaric roux deffus, blanc deffous, de fubftance tendre, à plufieurs lobes ou chapiteaux, qui croît fur les

fapins, qui eſt bon à manger, & qui ne paroît être qu'une
variété de ceux dont Boccone & Barrelier ont fait mention
(*ſynonimie des eſpèces, n.° 12, var. b. 3*); l'agaric labyrinthe
(*ſynonimie des eſpèces, n.° 25*); un agaric jaune, velu deſſus,
un peu rude deſſous, qui croît ſur les mûriers, qui eſt encore
bon à manger, & qui ſert auſſi pour la teinture : il doute ſi
c'eſt celui que Ferrante Imperato avoit déjà obſervé, mais il
cite J. Bauhin (*ſynon. des eſpèces, n.° 66*); un autre agaric blanc
& tendre, en forme d'éventail & en groupe, qu'on appelle
l'*éventail (fungo ventaglio)*, qui eſt bon à manger. Micheli en
donne la figure, *pl. LXI, fig. 2;* il donne lieu à une eſpèce
particulière (*ſynonimie des eſpèces, n.° 181*). Les autres, au
nombre de dix-neuf, qui croiſſent ſur les chênes, ſur l'olivier, &c. & qui ſont de différentes couleurs & formes, mis
pour la plupart ſous le titre de *lingua cattiva*, ſont des eſpèces
analogues aux précédentes, ou plutôt, pour la plupart, des
variétés qui n'offrent rien de remarquable, à l'exception du
n.° 23, *page 121*, qui croît ſur les os du cheval (*ſynonimie,
n.°s 24, 25, 66, 181*). Cet ordre a donné l'idée d'un autre
genre (*ſynonimie des genres, n.° 49*).

Parmi les agarics du quatrième ordre, c'eſt-à-dire, parmi
ceux qui ſont *à pluſieurs lames tubuleuſes poſées l'une ſur l'autre
inférieurement, & contenant les ſemences dans leur intérieur*, on
n'en trouve qu'une qui croît ſur le chêne vert, & dont
Micheli donne la figure, *pl. LXII ;* il reſte pluſieurs années
ſur l'arbre ſans s'altérer ; il eſt de couleur griſe ; il ne paroît
fournir qu'une eſpèce analogue aux précédentes, quoique
Micheli en ait fait un ordre particulier, & quoique d'après
lui un botaniſte moderne en ait fait un genre. Ces lames ou
étages, au nombre de ſept, repréſentés dans la figure, ne
me paroiſſent pas devoir former un caractère particulier ; ils
marquent ſeulement le nombre d'années qu'a l'agaric, chaque
ſaiſon lui en fourniſſant une couche nouvelle qui ſe place
deſſus ou deſſous la dernière, comme cela arrive à tous les
agarics. Ainſi, on ne peut le conſidérer que comme la variété
ronde de l'agaric aſtringent ordinaire (*ſynonimie des eſpèces,*

An. de J. C.
1729.

Micheli.
CLXXX

CLXXXI

An. de J. C.
1729.

Micheli.
CLXXXI

n.° 2 5). Cet ordre a donné lieu à un nouveau genre *(synon. des genres, n.° 5 0).*

Parmi les agarics du cinquième ordre, c'est-à-dire, *à substance également simple, par-tout spongieuse ou poreuse,* au nombre de trois, il y en a deux blancs & un noir, qui croissent au pied des plantes qu'ils embrassent. Ces sortes d'agarics ressemblent à des éponges ou à de la mie de pain, par leurs ouvertures ou pores. Ils établissent une espèce principale *(synonimie des espèces, n.° 1 8 2).* Cet ordre a encore donné lieu à un nouveau genre *(synon. des genres, n.° 5 1).*

Parmi les agarics du sixième ordre, c'est-à-dire, *ceux qui sont à dents ou à appendices dessus ou dessous, auxquels adhèrent les semences,* on en trouve d'abord une espèce en forme de hérisson, déjà observée *(synonimie, n.° 9 0),* & dont on voit la figure, *planche LXIV, fig. 1;* 2.° celui dont Boccone a fait mention, & dont les dents imitent en quelque sorte celles d'un rateau, espèce dont Micheli donne encore la figure, *planche LXIV, figure 2 :* celui-ci est bon à manger. Cet auteur dit qu'il est rare aux environs de Florence, & qu'il y croît sur les chênes verts & sur les mûriers, mais qu'il croît abondamment aux montagnes de l'Apennin, sur les hêtres & les sapins. Il est un peu différent de celui que Sterbeeck nomme *corne de cerf calcinée,* auquel il est analogue & dont il forme une variété *(synonimie, n.° 6 4 b).* 3.° Un grand hérisson couleur de chevreuil, encore bon à manger; celui-ci a ses pointes droites & semblables à celles du porc-épic : c'est celui qu'on trouve fréquemment dans le nord de l'Europe, & qui ne diffère pas de celui dont on a parlé plus haut *(synonimie, n.° 9 0).* Les autres sont des agarics à deux surfaces horizontales, dont l'inférieure est revêtue de semblables prolongemens en forme de dents ou de piquans, & qui ne sont d'aucun usage; ils croissent presque tous sur les arbres ou à leur pied, & ils établissent une espèce particulière d'agarics à substance sèche & ligneuse *(synonimie. n.° 1 8 3).* Ces sortes d'agarics ont encore donné lieu à un nouveau genre chez les botanistes *(synon. des genres, n.° 5 2).*

CLXXXII

CLXXXIII

Parmi les agarics du septième ordre, c'est-à-dire, parmi *ceux dont la surface inférieure est revêtue de feuillets ou lames sur lesquels les semences adhèrent*, on trouve ceux qui sont en forme de coquilles pétoncles ou de langues, déjà notés par Ray & Ferrante Imperato *(synonimie, n.°⁵ 65, 126)*; mais en outre, un qui vient en touffe au pied des arbres, qui est brun dessus, blanc dessous, dont l'usage est très-recherché en Italie, où il est connu sous différens noms, sur-tout sous ceux de *ragagni, gelone, cardela, cerrena*; on le trouve sur-tout en hiver; il est analogue à celui qui croît au pied du peuplier, & dont il forme une variété *(synon. des espèces, n.° 36, var. b)*; un autre de couleur fauve, finement écailleux & à feuillets pourpres, qui croît au pied des peupliers; Micheli en donne la figure, *planche LXV, fig. 3*; il ne forme qu'une variété dans l'espèce principale *(synonimie, n.° 126. f)*; un autre tout blanc & écailleux, qui croît au pied des chênes, & qui est très-bon à manger, *agaricum squamosum, esculentum, non hirsutum totum album, p. 123, n.° 10*, qui rentre encore dans l'espèce principale *(synoni ie, n.° 126. a)*; un autre qu'on trouve au pied de l'abricotier, qui est blanc de même, mais plus charnu, plus arrondi, & qui est encore bon à manger, qui rentre de même comme variété dans l'espèce principale *(synonimie, n.° 126. a)*; un autre en forme de demi-entonnoir, croissant par terre, *agaricum infundibulum dimidiatum imitans, &c. p. 123, n.° 16, tab. 65. fig. 2*, qui forme une espèce particulière *(synon. n.° 184)*; un autre agaric à feuillets rouges, déjà observé par Ray, & figuré *pl. LXV, fig 4 (synon. n.° 126. g)*; un autre tendre, tout blanc & soyeux, à feuillets cartilagineux, & dont l'usage est réputé pernicieux en Toscane, où on le nomme *lingua di noce cattiva, p. 123, n.° 15*, qui rentre encore dans le même numéro *(synonimie n.° 126. b)*; deux autres en forme de cuiller ou de spatule, l'un jaune, l'autre de couleur fauve, dont Micheli donne la figure, *pl. LXV, fig 5. 6*, qui ne font encore que des variétés de la même espèce *(synonimie, n.° 126. h)*.

Mais parmi ces agarics feuilletés, celui qui paroît mériter

An. de J. C.
1729.

Micheli.
CLXXXIII

CLXXXIV

CLXX

le plus d'attention, eſt le champignon qui ſe forme ſur les os de la baleine, comme Michel-Ange Tilly l'a obſervé. Cet agaric ou champignon eſt de couleur fauve, d'une ſubſtance adipeuſe, a une odeur forte, *agaricum ſquamoſum adipoſum, fœtidum, fulvum.* Tilly l'a fait repréſenter dans ſon *Hortus Piſanus, pl. III.* Il conſtitue une eſpèce particulière *(ſynonimie, n.° 185).*

Parmi les agarics du huitième ordre, c'eſt-à-dire, à ſurface unie, au nombre de vingt-quatre, on trouve d'abord l'oreille-de-judas *(ſynonimie, n.° 15)* & pluſieurs productions membraneuſes ou gélatineuſes analogues, en forme d'oreille, de lichens ou à ſinuoſités *(ſynonimie, n.° 8)*; pluſieurs agarics unis, dont deux ſoyeux ou veloutés, l'un de ſubſtance gélatineuſe, l'autre membraneux, avec la forme à peu-près des agarics ordinaires, *agaricum ſquamoſum & lichenoſum, ſubſtantiâ gelatinoſâ, &c. tab. LXVI, fig. 4,* & *agaricum alpinum ſquamoſum, &c. tab. LXVI, fig. 2,* qui forment chacun une eſpèce particulière *(ſynonimie, n.°ˢ 186, 187).* Les onze ſuivans, en forme de lichens, ne ſont, à la rigueur, que des variétés de ceux-ci. Quant au n.° 20, qui eſt la production nommée par Dodart, la *médiaſtine,* & dont Micheli donne la figure, *planche LXVI, fig. 3,* cet auteur n'ajoute rien à ce qui étoit connu *(ſynonimie, n.° 94).* Les trois derniers agarics, en réſeau comme celui-ci, n'en paroiſſent être que des variétés *(ſynonimie, ibid.).* Du reſte, cet ordre de champignons a donné lieu, chez les botaniſtes, à un genre particulier *(ſynon. des genres, n.° 54),* & on voit que leur caractère eſt fondé ſur une ſtructure particulière.

Le genre mis ſous le nom de *ceratoſpermum* (comme pour dire, ſemences en forme de croiſſans), eſt défini *un genre de plante différent de l'agaric par la forme des ſemences en manière de croiſſans;* ce ſont de petites productions creuſes & membraneuſes, dont les ſemences contenues dans leur cavité, ont, en effet, la forme d'une aigrette ou de croiſſans. Les trois eſpèces marquées en établiſſent une principale *(ſynon. des eſpèces, n.° 188; & ſynonimie des genres, n.° 55).*

Le

Le genre mis fous le nom de *linckia* (nom formé en l'honneur de Linckius, naturaliste & pharmacien de Léipfick), eft défini un *genre de plante qui tient le milieu entre l'*agaricum *& le* ceratofpermum *, & dont les femences font difpofées en manière de chapelet ;* il contient les noftocs des auteurs dont Micheli marque deux efpèces *(fynonimie des efpèces, n.° 8 ; & fynonimie des genres, n.° 56).*

Le genre mis fous le nom ancien de *fuillus (fynonimie des genres, n. 8)*, champignon tubuleux ou cepe, eft défini un *genre de plante compofé de deux parties, d'un chapiteau pour l'ordinaire hémifphérique, convexe fupérieurement, concave inférieurement, avec une tige centrale, & repréfentant un parafol ; lequel eft compofé de deux fubftances, l'une fupérieure, l'autre inférieure, facilement féparable de la partie fupérieure, & formée de tubes cylyndriques, à la bouche defquels adhèrent des fleurs apétales, ftériles, nues, réfultant d'un feul filament, & dans l'intérieur defquels adhèrent les femences.* Ce genre contient les champignons que nous appelons *cepes*, & que les Italiens nomment vulgairement *porcino, porcina, porcinello, pinezzo, pinarello, ceppatello, &c.* d'après leur ufage, leur forme, ou le lieu où ils croiffent.

Micheli les diftribue, à raifon de leurs couleurs, & n'en marque que vingt-cinq efpèces, *p. 127, 129.* Sur ce nombre, il y en a quatre qui, de l'aveu de l'auteur, étoient déjà connus *(fynonimie, n.° 14, 18, 44)*. Sur les vingt-un qui reftent, il y en a un épais, d'une couleur jaune-pâle, égale, bon à manger, *fuillus efculentus, craffus, totus pallidus*, qui croît parmi les bruyères, qui ne paroît qu'une variété des cepes gris *(fynonimie, n.° 18. g)* : un autre tout blanc, à tubes gris ou pâles, & à tige renflée, qu'on trouve aux mêmes terreins & qui eft encore bon à manger ; celui-ci forme une efpèce diftincte *(fynonimie, n.° 189)* : un autre couleur de foufre deffus, de couleur agate deffous, avec une furface entr'ouverte & comme hériffée, & une tige renflée, qui forme une autre efpèce particulière *(fynonimie, n.° 190); il* eft de même bon à manger : un autre rougeâtre deffus , jaune - clair

An. de J. C.
1729.

Micheli.
CLXXXVIII
Linckia.

Suillus.

CLXXXIX

CXC

Tome I.   M m

deffous, encore bon à manger, & que les payfans apportent au marché de Florence ; c'eft le cepe à tubes jaunes *(fynon. n.° 18. a. 7)* : un quatrième couleur de rouille-de-fer, ou rougeâtre deffus, blanc deffous, à tige fillonnée & blanche, qu'on mange encore, & qui n'eft qu'une variété du cepe ordinaire *(ibid. a. 4);* on le trouve fous les pins : un cinquième de couleur fauve ou doré deffus, gris deffous, qui eft encore une variété du même *(ibid. a. 1):* un autre de la même couleur deffus, à tubes blancs d'abord, enfuite verdiffans, qui eft le cepe indiqué par Céfalpin, fuivant Micheli *(ibid. a. 6) :* un

autre de couleur fauve deffus, jaune-citron deffous, avec une tige de même couleur ; celui-ci eft encore bon à manger. Micheli en donne la figure, *planche LXVIII, fig. 1 ;* il fournit encore une efpèce particulière *(fynon. des efpèces, n.° 191).*

Le n.° 10 de Micheli, *page 128,* eft encore un cepe de couleur fauve deffus & jaune deffous, bon à manger, & qui eft évidemment une variété du précédent ; les Italiens le nomment *leccino (fynonimie, n.° 191).*

Les n.ºs 11 & 12 de la même page, de couleur fauve de même deffus, mais à tubes d'un jaune-fale ou de couleur d'ocre, étoient connus *(fynonimie, n.° 14. b. 1).*

Le n.° 13, qui eft gros, épais, de couleur brune deffus, d'abord blanc deffous, enfuite vert, avec une tige renflée, & qu'on apporte au marché de Florence, paroît être celui que Porta avoit indiqué, c'eft-à-dire, le *cepe tête noire, à tubes verts (fynonimie, n.° 18. c).*

Le n.° 14 eft brun deffus, couleur d'ocre deffous, à tige renflée, & avec cette particularité qu'elle s'enfonce dans la terre en manière de navet ; Micheli en donne la figure, *planche LXIX, fig. 3 ;* il eft d'un ufage fufpect : malgré cette particularité, on ne peut le rapporter qu'à l'efpèce principale *(fynonimie, n.° 14. b. 2).*

Le n.° 15 eft brun deffus, & gris-de-fouris deffous, à tige foyeufe ; il eft encore bon à manger, & forme une variété dans l'efpèce principale *(fynonimie, n.° 18, var. e).*

Le n.° 16 eft couleur d'orange ou de rouille-de-fer, à

tige blanche & longue, marquée de points rouges. Les Italiens le nomment *albarello,* parce qu'il croît ordinairement fous le peuplier blanc ; on le trouve auſſi fous les châtaigners ; il eſt bon à manger : c'eſt une variété d'une eſpèce très-connue *(ſynonimie, n.° 18, var. a. 5).*

Les ſuivans, n.ᵒˢ 17, 18, 19, 21, *page 129,* à ſurface viſqueuſe, de couleur fauve ou brune, & à tubes jaunes, ont cela de particulier, que leur tige blanche eſt piquée de points rouges ; ce ne font que des variétés du même, lequel rentre parmi celles de l'eſpèce principale *(ſynonimie, n.° 18, var. a. 8).* Ils font tous les quatre bons à manger.

Les n.ᵒˢ 20 & 22, de couleur fauve obſcure deſſus, & à tubes jaunes, mais à pulpe rougeâtre ou changeante, & à tige rougeâtre ou en réſeau, ne paroiſſent être que des variétés des cepes pernicieux à tubes jaunes *(ſynon. n.° 14).*

Le n.° 23 eſt encore de couleur fauve deſſus, légèrement peluché, jaune deſſous, avec une tige de couleur fauve & un peu rougiſſante ; Micheli le donne encore pour bon à manger : il n'eſt qu'une variété des cepes roux à tubes jaunes *(ſynonimie, n.° 18, var. a. 7).*

Le n.° 24 eſt de couleur pourpre deſſus, fauve doré deſſous, avec une tige renflée & rougeâtre. Cette eſpèce avoit été déjà indiquée par l'Écluſe pour un cepe d'un uſage pernicieux *(ſynonimie, n.° 44).*

Enfin, le dernier, n.° 25, eſt un cepe de couleur brune ou obſcure deſſus, jaune deſſous, avec une tige qui tient de ces deux couleurs, dont le haut eſt cannelé. Cette eſpèce, qui eſt encore une variété des cepes bruns à tubes jaunes *(ſynonimie, n.° 18, var. c),* n'eſt donnée par Micheli, ni pour bonne, ni pour mauvaiſe ; les Italiens la nomment *pinarello.*

Le genre que Micheli nomme *polyporus* (polypore), eſt défini *un genre de plante ou de champignon ſemblable au précécédent, quant à la diſpoſition & à la nature des fleurs ou parties de la fructification ; mais dont il diffère en ce qu'il n'eſt formé que d'une ſubſtance uniforme, & qu'au lieu d'avoir des tubes réguliers & détachés, il n'a que des ouvertures plus ou moins*

An. de J. C.
1729.

Micheli.
CXCI

Polyporus.

An. de J. C.
1729.

Micheli.

CXCI

*profondes, semblables à des pores ouverts, comme ceux d'un crible,
page 129.* C'est Micheli qui a formé ce genre (*synonimie des
genres, n.° 58*) : on voit qu'il ne diffère pas des agarics des
ordres 2 & 3 du même auteur.

Ce genre contient quatorze espèces, dont aucune n'est
marquée comme d'un usage pernicieux. En effet, ce sont des
champignons pour la plupart secs, ligneux ; & ceux qui ont
une pulpe ou chair, sont en général très-bons à manger.

CXCII

Le premier est un petit champignon de ce genre, blanc,
coriace, qui croît sur les arbres, & dont Micheli donne la
figure, *planche LXX, fig. 7 ;* il le met sous la phrase de
polyporus exiguus, coriaceus, albus, lignis adnascens. Il paroît
qu'aucun auteur n'en avoit fait mention avant lui. Il constitue
une espèce particulière qui a été observée depuis, & que
Linné a mis sous le titre de *boletus perennis (synonimie des
espèces, n.° 192).*

CXCIII

Le second est un autre polypore gris, beaucoup plus grand,
dont la surface se gerce & lui donne l'apparence d'un treillage ; il a une tige longue & velue ; on ne dit rien de ses
qualités : Micheli en donne la figure, *planche LXXI, fig. 2 ;*
les Italiens le nomment *coltricione.* Il donne lieu à une autre
espèce particulière (*synonimie des espèces, n.° 193).*

Les quatre suivans, n.°ˢ 3, 4, 5, 6, *page 130,* tous de
couleur fauve, en forme d'entonnoir ou de nombril, sont
analogues aux agarics du n.° 48 de la synonimie ; ils sont
secs & ligneux, & rentrent comme variétés dans l'espèce
principale observée par Sterbeeck (*synonimie, n.° 108).*

CXCIV

Le n.° 7 est un polypore brun dessus, avec une tige de
même couleur, blanc dessous ; celui-ci est très-bon à manger :
on le trouve parmi les bruyères, & les Italiens le nomment,
pour cette raison, *scopetino (à scopâ, ballet de bruyère) ;*
Micheli en donne la figure, *pl. LXX, fig. 3.* Il établit encore
une autre espèce particulière (*synon. des espèces, n.° 194).*

CXCV

Le n.° 8 est de couleur fauve foncé dessus, jaune-vert
dessous, avec une tige courte, & qu'on trouve sur la racine
de l'aune ; Micheli en donne la figure, *planche LXX, fig. 1.*

Il eſt charnu ; il donne lieu encore à une eſpèce principale *(ſynonimie, n.° 195)*.

Le n.° 9 eſt un petit polypore roux, dont les bords ſont comme ciliés ou velus, & dont la partie inférieure eſt entr'ouverte & ſillonnée ; ce qui paroît un effet de la vétuſté ou de la ſéchereſſe de la plante. Micheli en donne la figure, *planche LXX, fig. 5 ;* mais c'eſt une variété du premier *(ſynonimie, n.° 192)*.

Le n.° 10, *page 131,* eſt d'un gris-obſcur ou noir, avec une tige de même couleur, & le deſſous blanc ; il eſt très-bon à manger ; c'eſt celui que les Italiens nomment *le corbeau* ou *le charbonnier (fungo corvo, carbonajo)*. Micheli en donne la figure, *pl. LXX, fig. 2.* Il n'eſt qu'une variété de l'eſpèce brune *(ſynonimie des eſpèces, n.° 194. b)*.

Les deux qui ſuivent, n.ᵒˢ 11, 12, ſont des polypores à branches, dont Barrelier a donné la figure, *pl. MCCLXIX, MCCLXX,* & qui entrent dans le n.° 12 de la ſynonimie, parmi les eſpèces analogues de ce numéro *(ſynon. n.° 12. c. 1. 2)*.

Le n.° 13 eſt ce polypore ſi remarquable & ſi connu en Italie, à racine vivace & tubéreuſe, qu'on appelle *pierre-à-champignons (ſynon. n.° 74)*. Micheli dit que tous les mois, à peu-près, il pouſſe de cette racine comme des bourgeons ſemblables aux petites cornes d'un veau, & dont la pointe s'arrondit & forme le champignon. Cela explique le paſſage de Porta, qui, en parlant de ce champignon, paroît avoir induit G. Bauhin en erreur, en diſant : *naſcuntur aliquando non pileati ſed turiones ut aſparagi & in ramos diviſi (* voy. Porta, *in Villa, p. 767)*. Micheli en donne une très-bonne figure, *planche LXXI, fig. 1 ;* il dit qu'on trouve de ces racines qui pèſent juſqu'à cent livres ; il reconnoît deux ſortes de champignons de cette eſpèce, l'une poreuſe, qui eſt la plus ordinaire, & une autre feuilletée *(ſynon. n.ᵒˢ 74 & 213)*.

Enfin, le dernier eſt un polypore ſec & ligneux, en groupe, un peu creuſé en forme d'entonnoir, & à bandes concentriques, qui entre comme variété parmi ceux du n.° 108 *(ſynonimie des eſpèces, n.° 108. d)*.

Le genre mis fous le nom d'*erinaceus* (champignon épineux, chevrotine), eft défini *un genre de plante analogue au précédent, mais dont la partie inférieure eft hériffée d'appendices ou éminences auxquelles adhèrent les femences, page 132.* On voit qu'il ne diffère pas de l'ordre huitième des agarics du même auteur. C'eft Dillen qui a formé ce genre, & fous le le même nom *(fynonimie des genres, n.° 37)*; il contient dix efpèces. Les Italiens défignent, en général, ces fortes de champignons par les mots *fteccherino* ou *dentino*, comme pour dire, champignons à pointes ou à dents.

Le premier eft un champignon de ce genre, tout blanc, épais, bien en chair & bon à manger, dont Micheli donne la figure, *pl. LXXII, fig. 2)*; il eft peu différent de celui que J. Bauhin avoit fait connoître *(fynon. des efpèces, n.° 70. b)*.

Le n.° 2, mis fous le titre d'*erinaceus efculentus, pallidé luteus*, avec figure, *pl. LXXII, fig. 3*, eft l'efpèce ordinaire, couleur de buis *(fynonimie, n.° 70. c)*; Micheli la donne encore, avec raifon, pour une efpèce bonne à manger.

Les n.°ˢ 3, 6, 7, 10, *page 132, 133*, de fubftance sèche & ligneufe, les uns de couleur fauve, les autres noirâtres ou plombés, & creufés en forme de cloche ou d'entonnoir, dont Micheli donne la figure, *planche LXXII, fig. 4, 5, 6*, établiffent une efpèce particulière, analogue à celles des n.°ˢ 48 & 108 de la fynonimie, étant à bandes concentriques, à fubftance mince, &c. *(fynon. des efpèces, n.° 196)*.

Le n.° 4, *erinaceus Alpinus minor, difcoïdes, fulvo-ferrugineus, pl. LXXII, fig. 7*, eft de couleur fauve ou de rouille-de-fer, à bandes concentriques & en forme d'entonnoir, fans être creux, mais qui rentre comme analogue dans l'efpèce précédente *(fynonimie, n.° 196)*.

Le n.° 5, *planche LXXII, fig. 8*, eft en forme de curette, & avoit été déjà obfervé par Buxbaum *(fynonimie des efpèces, n.° 70, var. g)*; il eft petit, à tige longue : Buxbaum le marque fur les pommes de fapin.

Le n.° 8 eft grand, couleur de rouille brune, ou un peu obfcur deffus, à appendices grifes & à tige renflée ; il paffe

pour être d'un ufage dangereux : Micheli en donne la figure,
planche LXXII, fig. 1 (fynonimie, n.° 70. f. 3).

Le n.° 9 eft tiré du livre de Breyne, qu'il cite ; c'eft celui
qui eft brun & écailleux, à grand chapeau, déjà obfervé par
Maurice Hoffmann *(fynonimie, n.° 70 , var. e).*

Le genre mis fous le nom de *fungus* (champignon feuilleté),
eft défini, *page 133, un genre de plante à chapiteau, femblable
à un des trois précédens, mais dont la partie inférieure eft découpée
en lames ou feuillets plus ou moins épais, fur la tranche defquels
adhèrent, en général, des fleurs réfultantes d'un feul filament, tandis
que les femences font pofées fur l'une ou l'autre de ces furfaces.*
Ce genre, comme on voit, ne diffère pas des agarics du
feptième ordre ; Dillen l'avoit déjà formé, d'après les divifions
de Ray, fous le nom d'*amanita (fynon. des genres, n.° 36).*

Ce genre contient un très-grand nombre d'efpèces ou de
variétés ; Micheli en marque fix cents vingt-cinq ; & ce
nombre confidérable l'ayant obligé d'avoir recours à des divifions & fous-divifions, c'eft-à-dire, à des fections particulières
d'efpèces analogues, cet auteur a fuivi, pour leur diftribution,
la marche ou méthode fynoptique, comme la plus commode
& la plus propre à faciliter la recherche des efpèces. Avant
d'expofer cette méthode artificielle, qui eft très-ingénieufe
& qui appartient à cet auteur, il convient d'examiner toutes
les facilités qu'il a eues pour fes diftributions, & que lui a
fourni fa nation.

La multiplicité des champignons feuilletés a mis non-feulement les botaniftes, mais les peuples, obligés fouvent d'en
faire ufage pour leur nourriture, dans le cas de former naturellement des claffes ou des familles pour fe reconnoître,
comme on l'a vu à l'article de Ruelle. Celui de Tofcane
où ce genre de productions abonde, s'eft vu plus que tout
autre dans cette néceffité, & il en a formé naturellement
plufieurs, dont on trouve les noms chez Micheli.

Ces claffes ou familles, la plupart très-naturelles, font
formées fur-tout d'après la confidération des qualités ou de
la forme particulière de ces plantes, & elles fe trouvent

An. de J. C.
1729.

Micheli.
CXCVI

Fungus.

facilitées par le génie de la langue italienne qui, à la faveur de ses diminutifs, peut exprimer facilement la grandeur relative & graduée des objets, & marquer jufqu'à quatre gradations, & quelquefois même différentes nuances des couleurs ; avantage que les autres langues n'ont pas. Voici une idée de ces familles, & des reffources de cette langue.

Le peuple de Tofcane donne d'abord le nom générique de *fongo*, ou *fungo*, ou *fongho*, ou *fonjo*, à tous les champignons en général, & en particulier aux champignons feuilletés ; il fait enfuite de ce mot ceux de *funghino*, de *funghetto* ou de *fungherello*, à raifon de la petiteffe plus ou moins confidérable de la plante : il en fait à peu-près de même du mot *fungaja* (terme qui fert à exprimer des champignons moins réguliers ou de peu de valeur), des mots *verdone*, *giallo*, *&c.* dont il forme *funghanina*, *verdino* ou *verdachino*, *giallino*, *giallerello*, *&c.* Mais indépendamment de l'avantage qu'il a de pouvoir exprimer facilement les différens degrés de groffeur des objets, ce même peuple diftingue encore les champignons, à raifon de leurs qualités, de leur reffemblance avec d'autres corps, de leur forme, du lieu où ils croiffent, &c.

Ainfi, il donne les noms génériques de *peveracia*, de *pepino*, dont les diminutifs font *peverino*, *peperino*, *peperone*, aux champignons qui piquent la langue comme du poivre.

Celui de *capello*, dont les diminutifs font *cappellone*, *capelloncino*, à ceux qui ont la forme d'un chapeau.

Celui de *lumacho*, dont les diminutifs font *lumachone*, *lumachino*, à ceux qui ont leur furface vifqueufe, comme les limaces.

Celui de *bubbola*, avec fes diminutifs *bubboletta*, *bubbolina*, *&c.* à ceux qui ont une racine bulbeufe.

Celui de *lattajuolo*, à ceux qui donnent un fuc laiteux lorfqu'on les coupe.

Celui de *grumato* ou *grumatello*, à ceux de forme arrondie en manière de pomme de choux ou de motte de terre.

Celui de *roffola*, aux champignons rouges ou d'un roux foncé.

Celui

An. de J. C.
1729.

Micheli.
CXCVI

Celui de *fanghacia* ou *fanghino*, à ceux qui croiffent dans les endroits fangeux ou boueux.

Celui de *bozzollo*, à ceux qui font comme foufflés ou bombés, fans avoir beaucoup de fubftance.

Celui de *foderello* ou *foderino*, à ceux qui font fecs & fermes.

Celui de *rigatino*, à ceux qui font rayés.

Celui de *tignofa*, à ceux qui ont leur furface comme dartreufe ou couverte de croûtes.

Celui de *barbato* & *barbuto*, à ceux qui ont des foies à leur chapiteau, ou un crochet à leurs racines, comme en manière de barbe.

Celui de *cocolla* ou *vovolo*, à ceux qui en naiffant reffemblent à une coque de chenille ou à un œuf.

Celui de *fcopetino* ou *ftipariolo*, à ceux qui viennent parmi les bruyères, plante dont on fait des balais *(fcopæ)*, *ftipa* ou *fcopa*.

Celui de *bulletone*, *bulletoncino*, à ceux dont le chapiteau reffemble à une petite boule.

Celui d'*imbuto*, avec fon diminutif *imbutino*, à ceux qui fe creufent en manière d'entonnoir.

Celui de *gambarello*, à ceux qui ont de longues tiges.

Celui de *famiglia* ou *famigliola*, à ceux qui croiffent en touffe ou en famille.

Celui de *pratajolo*, à ceux qui croiffent dans les prés ou pâturages.

Celui de *pifciacane*, à ceux qui fe réduifent en liqueur noire.

Celui de *brizzato*, *brizzatino*, à ceux qui font comme marbrés ou tigrés.

Celui de *fubero* ou *fuberello*, à ceux dont la furface eft douce au toucher comme du liége.

Celui de *collarone* ou *anellone*, à ceux qui ont un collet ou anneau très-marqué.

Celui de *graffello*, à ceux qui font épais & bien en chair.

Celui de *corniola* ou *corgnola*, à ceux qui reffemblent au fruit du cornouiller.

Tome I.   N u

An. de J. C.
1729.

Micheli.
CXCVI

Celui de *corvo* ou *carbonajo*, à ceux dont la couleur noire reſſemble à celle du charbon ou du corbeau.

Ceux de *gallinacia*, *gallinacio*, *galluci*, *gallinella*, *&c.* à ceux dont les ſommités reſſemblent à des crêtes de coq.

Ceux de *ſcoppereccio* ou *ſtianterecc.o*, à ceux qui s'entr'ouvrent & éclatent.

Celui de *ſpignitojo*, à ceux qui ſortent de terre en forme de flèche ou d'éteignoir.

Celui de *tigratino*, à ceux qui ſont tigrés.

Celui de *dilegine*, aux champignons tendres & frêles, à tige mince, qui ſe réduiſent en eau.

Ceux de *fongo di concio*, à des champignons de peu de valeur ou ſuſpects.

Ceux de *canapone*, *canapino*, *ſtopone*, *peloſo*, à ceux qui ont leur chapiteau peluché ou comme couvert de poils ou de filaſſe.

Celui de *pellicione*, à ceux dont la peau s'enlève par petites écailles fines.

Celui de *floriſperſi*, ſuivant Lanciſi, à ceux qui ont comme des flocons ſemblables à des étamines de fleurs à leur chapiteau.

Celui de *ramolaccio* ou *loppajola*, à ceux qui ont une odeur de raifort.

Ceux de *berreta di prete*, aux champignons dont le chapiteau a la forme d'un bonnet carré.

Relativement au lieu ou aux arbres ſur leſquels ils croiſſent, on leur donne des noms analogues.

Celui de *ſtopparino*, à ceux qui viennent parmi le chaume.

Celui d'*oſſerino*, à ceux qui croiſſent ſur les os des animaux.

Celui d'*alpigiano*, à ceux qui croiſſent ſur les Alpes.

Celui de *prugnuolo*, à ceux qui croiſſent ſous le prunier ſauvage; & ce nom eſt ſur-tout conſacré aux mouſſerons, ainſi que ceux de *carduele*, de *ſpinuli*, pour déſigner ceux qui viennent parmi les ronces & les chardons.

On donne encore ceux de *pinuzzo*, *pinarello*, *pinaccio*, aux champignons qui croiſſent ſous les pins.

An. de J. C.
1729.

Micheli.
CXCVI

C'eft au moyen de ces dénominations génériques, la plupart très-heureuſes, que le peuple, en Italie, a formé naturellement pluſieurs genres ou familles, & une ſorte de méthode qui claſſe ſes idées ; il ne fait ſouvent qu'ajouter au nom générique une épithète convenable, & il déſigne ainſi toujours l'objet qu'il a en vue.

Micheli, aidé de cette connoiſſance & de ſon génie, diviſe tous les champignons feuilletés, d'abord en deux ſections principales ; en *champignons ſimples* & en *champignons en faiſceau* ou *en touffe* (*fungi ſimplices*) (*fungi ceſpitoſi*).

Par champignons feuilletés ſimples, il entend ceux qui ſont ſolitaires, c'eſt-à-dire, portés chacun ſur une racine & iſolés ; & par champignons feuilletés en faiſceau, ceux qui ſont réunis en touffe, & pluſieurs ſur un ſeul pied.

SECTION PREMIÈRE.

Champignons ſimples.

Les champignons ſimples ſont *à branches* ou *ſans branches* (*fungi ramoſi, fungi non ramoſi*).

Ceux qui ont des branches, ont leur tige nue, leur chapiteau uni ; on n'en connoît qu'une eſpèce, *page 141.*

Ceux qui ſont ſans branches, c'eſt-à-dire, les champignons feuilletés ſimples ordinaires, naiſſent nus, ou ſortent d'une bourſe ou enveloppe (*volvâ non erumpentes, volvâ erumpentes*).

Ceux qui naiſſent nus, ont leur pédicule ſans anneau, ou bien avec un anneau (*pediculo non anulato, pediculo anulato*).

Ceux dont le pédicule eſt ſans anneau, ont leur chapiteau uni, ou bien rayé.

Ceux qui ont leur chapiteau uni, ſont laiteux ou non laiteux, & pour l'ordinaire âcres (*lactefcentes, non lactefcentes*).

Ceux qui ſont laiteux, ſont d'une, de deux ou de trois couleurs ; on les trouve *p. 141 — 143.*

Ceux qui ne ſont point laiteux, ſont âcres ou non âcres (*acres vel non acres*).

N n ij

An. de J. C.
1729.

Micheli.
CXCVI

Ceux qui font âcres, font d'une, de deux ou de trois couleurs.

Ceux qui ne font point âcres, font d'une, de deux, de trois ou de quatre couleurs.

Les champignons fimples qui naiffent nus, & dont la tige porte un anneau ou collet, ont cet anneau permanent ou non permanent *(anulo permanente, non permanente)*.

Ceux qui l'ont permanent, l'ont adhérent au pédicule, ou non adhérent *(pediculo adhærente, non adhærente)*.

Ceux qui l'ont adhérent, font d'une, de deux ou de trois couleurs, *p. 170—175*.

Ceux qui ne l'ont point adhérent, font d'une ou de deux couleurs, *p. 176, 177*.

Les champignons colletés, mais dont le collet ou anneau eft non permanent, ont leur chapiteau uni ou rayé *(pileolo non ftriato, pileolo ftriato)*.

Ceux qui l'ont uni, font d'une, de deux ou de trois couleurs, *p. 178—180*.

Ceux qui l'ont rayé, font de deux couleurs, *page 181*.

Les champignons feuilletés fimples qui fortent d'une enveloppe, c'eft-à-dire, qui ne font point nus en naiffant, ont cette enveloppe grande & apparente *(volvâ amplâ & fpeciofâ)*; ou petite & reftant à la furface fupérieure du chapiteau *(volvâ parvâ & non fpeciofâ)*.

Ceux qui l'ont grande & apparente, ont une tige nue ou avec un anneau

Ceux qui l'ont nue, ont leur chapiteau uni ou rayé,

Ceux qui l'ont uni, font d'une, de deux ou de trois couleurs, *p. 181, 182*.

Ceux qui l'ont rayé, font rayés aux bords, & d'une, de deux ou de trois couleurs, *p. 183, 184*.

Les champignons à petite enveloppe ou à fragmens qui reftent fur la furface du chapiteau, ont ces fragmens folides *(in fragmenta folida)*, ou difperfés & comme micacés *(in floccofas micas)*.

Ceux dont l'enveloppe eft à fragmens folides, ont un pédicule nu ou avec un anneau.

An. de J. C.
1729.

Micheli.
CXCVI

Ceux à pédicule nu, ont leur chapiteau uni, & font d'une ou de deux couleurs, *page 186.*

Ceux à pédicule colleté, ont leur chapiteau uni ou rayé.

Ceux qui l'ont uni, font d'une ou de deux couleurs, *page 187.*

Ceux qui l'ont rayé, ne l'ont ainfi qu'aux bords, & fe trouvent de deux couleurs, *page 188.*

Les champignons dont l'enveloppe eft à fragmens micacés, ont ces petits fragmens à leur tige & au chapiteau en même temps, ou bien au chapiteau feulement.

Ceux qui les ont au chapiteau & au pédicule, ont leur tige nue & la furface du chapiteau unie, & font de deux couleurs, *page 189.*

Ceux qui les ont au chapiteau feulement, ont encore leur tige nue & leur chapiteau rayé aux bords; ils font de deux & de quatre couleurs, *page 189.*

SECTION DEUXIÈME.

Les champignons de la deuxième feftion, c'eft-à-dire, les champignons en touffe *(fungi cefpitofi)*, font comme ceux de la première, ou en branches, c'eft-à-dire, ramifiés, ou fans branches.

Ceux qui font en branches, ont des tiges nues, des chapiteaux unis, & font de deux couleurs, *page 190.*

Ceux qui font fans branches, ont leur tige nue ou avec un anneau.

Ceux qui l'ont nue, ont leur chapiteau uni ou rayé.

Ceux qui l'ont uni, font d'une, de deux ou de trois couleurs, *p. 190, 191, 194.*

Ceux qui l'ont rayé, ont leurs raies, ou depuis le fommet jufqu'aux bords, ou depuis le milieu jufqu'aux bords.

Les premiers font d'une, de deux ou de trois couleurs, *page 195.*

Les feconds font également d'une, de deux ou de trois couleurs, *page 196.*

Les champignons en touffe, sans branches & à tige avec anneau, ont cet anneau permanent ou non permanent.

Ceux qui l'ont permanent, ont leur chapiteau uni ou rayé.

Ceux qui l'ont uni, sont d'une, de deux, de trois ou de quatre couleurs, *pages 197, 198.*

Ceux qui l'ont rayé, l'ont rayé par-tout ou aux bords.

Les premiers sont de trois couleurs, *page 198.*

Les seconds sont de même, *page 199.*

Ceux qui ont leur anneau non permanent, ont leur chapiteau uni, & sont d'une, de deux ou de trois couleurs, *pages 199, 200.*

Telle est la distribution des espèces & la marche synoptique que Micheli a suivie. Cet auteur a donné un tableau, *p. 140,* au moyen duquel on aperçoit, d'un coup-d'œil, ces différentes divisions, & il est rare qu'on n'arrive pas, avec beaucoup de facilité, à l'espèce qu'on cherche. On verra plus loin les avantages & les inconvéniens de cette méthode de Micheli, dont quelques botanistes postérieurs ont su tirer parti, sans faire mention de l'auteur.

Si l'on compare le travail de Micheli avec les connoissances qu'il a prises chez sa nation, il se trouve que dans la distribution des champignons feuilletés, cet auteur a suivi l'esprit du peuple, sur-tout dans les divisions qui comprennent les champignons *poivrés ou âcres,* les champignons *à suc laiteux,* les champignons *à surface visqueuse,* ceux qui l'ont *dartreuse,* ceux qui sont *fortement colletés, en forme d'œuf* ou de *coque de chenille, &c.*

Du reste, cet auteur n'a pas dissimulé que les divisions fondées sur l'unité ou la pluralité des champignons sur un même pied, sur l'existence ou la non-existence du collet ou anneau, sur celle des fragmens de leur valve ou bourse attachés au chapiteau, & sur leurs couleurs, ne soient, en général, peu solides, parce qu'on sait que la même espèce de champignon peut venir en touffe, & être quelquefois solitaire; que le collet s'efface dans les uns & dans certaines circonſtances, tandis qu'il peut être permanent dans d'autres individus de même eſpèce ; que les fragmens de la bourſe qu'on trouve ſur le chapiteau de certains, peuvent auſſi être enlevés par un accident quelconque ; que les couleurs ſont ſujettes à des variations & au changement ; mais on eſt étonné que Micheli ait mis en oppoſition des champignons en touffe ou en faiſceau *(fungi ceſpitoſi)* avec ceux qu'il appelle ſimples *(fungi ſimplices)*. Il me ſemble qu'il étoit plus naturel d'oppoſer au ſimple ce qui eſt compoſé ; & on ne voit pas que la diſpoſition de certaines eſpèces d'avoir pluſieurs individus réunis enſemble, conſtitue un caractère oppoſé à celui de la ſimplicité. À ces défauts près, cette méthode ſynoptique a beaucoup d'avantages, & malgré ce qu'on vient de dire, elle facilite ſingulièrement la recherche des eſpèces, & il eſt rare qu'on ne les trouve pas promptement chez Micheli.

Sur les ſix cents vingt-cinq eſpèces de champignons feuilletés qu'il a indiquées, il y en a environ trois cents qu'il a fait connoître, mais dont la plupart ne ſont, à la rigueur, que des variétés. En voici le détail.

SECTION PREMIÈRE.

PREMIÈRE DIVISION.

Champignons feuilletés ſimples, à branches.

PARMI ceux de cette diviſion, on n'en trouve qu'une eſpèce, qui eſt blanche, & dont le chapiteau eſt en forme de tube ou de cornet alongé ; elle eſt à trois branches & paroît charnue : Micheli la met ſous la phraſe de *fungus ramoſus, parvus, albus, pileis in tubum veluti contractis, p. 141, tab. 79, fig. 3;* elle conſtitue une eſpèce particulière & remarquable *(ſynonimie, n.° 197)*.

An. de J. C.
1729.

Micheli.
CXCVI

CXCVII

Deuxième Division.

Champignons laiteux, âcres & non âcres, pag. 141—143.

Blancs, briquetés, roux, jaunes, &c. page 141.

Parmi les champignons de la deuxième divifion, c'eft-à-
dire, parmi ceux qui font fimples & laiteux, ou à fuc âcre
& non âcre, au nombre de vingt-quatre, on en trouve trois
blancs, deux couleur de brique, fix de couleur rouffe ou
fauve, deux couleur de rouille ou rougeâtres, & les autres
de deux ou de trois couleurs, c'eft-à-dire, gris, jaunes ou
pourpres, & blancs. Les trois premiers, blancs & à fuc laiteux & âcres, ne forment que l'efpèce déjà connue *(fynonimie
n.° 9)*. Des deux couleur de brique, & à fuc couleur de
fafran, il y en a un dont la couleur change, donné pour
dangereux *(fynonimie, n.° 38. c)* ; l'autre dont la couleur eft
ftable, marqué pour bon à manger, qui entre comme variété
dans l'efpèce indiquée par Loëfel *(fynonimie, n.° 76)*. Sur
les fix laiteux, de couleur rouffe, & dont deux ont un lait
doux, il y en a trois, les n.ᵒˢ 1, 2, 5, en forme d'entonnoir, qui font des variétés de l'efpèce indiquée par Vaillant
(fynonimie, n.° 154). Les n.ᵒˢ 3, 4, à lait doux, font encore
d'autres variétés de l'efpèce indiquée par Bock *(fynonimie,
n.° 11)* ; & le dernier, qui eft à bandes ou zoné, rentre
encore comme variété dans le numéro de l'efpèce obfervée
par Loëfel *(fynonimie, n.° 76)*. Celui qu'on appelle le laiteux
d'été, *lattajuolo d'eftate,* fur les qualités duquel on ne dit rien
non plus, eft de couleur d'or, a un lait doux, & ne fe trouve
qu'en juillet ; il eft velouté & forme une efpèce analogue à
celui qui eft couleur de rouille-de-fer, à fuc doux ; il
rentre encore comme variété dans le numéro des rougeoles
à lait doux indiqué par Bock *(fynonimie, n.° 11. d)*. Celui
 qui eft rougeâtre & bulbeux, à lait âcre, eft un champignon que Micheli a fait connoître, & qui donne lieu à
une efpèce particulière *(fynonimie, n.° 198)*. Parmi les huit
autres

autres pâles, gris ou cendrés, à feuillets & à pédicule blancs, également âcres, & qui font des variétés de l'efpèce indiquée par Vaillant *(fynonimie, n.° 154. a. 2. b)*. Il y en a un dont le chapiteau s'élève en pointe ou cône aigu, & dont Micheli a donné la figure, *planche LXX, fig. 1*, qui forme une efpèce particulière, dont les qualités pernicieufes ont été obfervées depuis *(fynonimie, n.° 199)*. Les deux derniers, dont l'un eft de couleur pourpre ou lie-de-vin deffus, blanc deffous, & l'autre couleur de brique & zoné, mais fans être peluché, rentrent comme variétés dans le numéro de l'efpèce obfervée par Loëfel *(fynonimie, n.° 76)*. Parmi ceux qui reftent de cette divifion, il y en a un, *p. 143*, à chapiteau de couleur brune, à feuillets blancs & à lait âcre, qui forme encore une efpèce particulière *(fynonimie, n.° 200)*.

Champignons fimples, âcres, non laiteux, p. 143—144.

Parmi les champignons âcres, mais fans fuc laiteux ou autre, on en trouve un blanc, qui fe contourne comme les girolles, donné pour bon à manger, & que Sterbeeck avoit déjà indiqué comme douteux *(fynonimie, n.° 9, var. b)*; deux girolles ordinaires, dont l'une feuilletée & couleur de fafran *(fynonimie, n.° 10, var. b)*, & l'autre à nervures ramifiées & couleur de jaune d'œuf *(fynonimie, ibid. a)*; un champignon de couleur baie, en nombril, à tige & à feuillets blancs, variété de la girolle blanche *(fynonimie, n.° 9. b. 3)*; trois autres, dont l'un a l'odeur & la faveur du raifort, & les deux autres celles de l'ail. Celui qui a l'odeur du raifort, eft petit, blanc deffus, gris deffous; il établit une efpèce particulière *(fynonimie, n.° 201)*. Des deux qui ont une odeur d'ail, l'un eft petit, de couleur baie, & le même que celui qu'avoit indiqué A. Juffieu *(fynonimie, n.° 178. a)*; l'autre eft gris deffus & deffous, avec une tige brune & fort longue, qui forme une efpèce analogue dans le même numéro *(fynon. n.° 178. b. 2.)*: Micheli parle, d'après Breyne, d'un troifième, de couleur grife, qui a la même odeur *(ibid. a)*,

Tome I. O o

& il donne la figure des trois, *planche LXXVII, fig. 2,* &
planche LXXVIII, fig. 4, 5. Celui qui termine cette fous-
divifion, eft un grand champignon roux, à feuillets gris,
qui a encore l'odeur & la faveur du raifort, & qui rentre
comme variété rouffe ou efpèce analogue, dans le numéro
de l'efpèce principale *(fynonimie, n.° 201, var. a. 2).*

Les champignons qui fuivent font également fimples, mais
fans âcreté.

Champignons fimples, nus, unis, ni laiteux, ni âcres,
pag. 145 & fuivantes.

Blancs.

Parmi les champignons feuilletés fimples, fans âcreté,
fans fuc, & à furface unie, au nombre de deux cents foixante-
dix, on en trouve d'abord trente-cinq qui font tout blancs,
& dont il y en a fept bons à manger. Parmi ceux-ci, il y en
a un à tige courte, qui eft celui que J. Bauhin avoit donné
fous le nom de *colombettes,* & qu'on nomme en Italie, *fungo
jozzolo,* comme pour dire, *champignon du palais,* ou qu'on
mange *(fynonimie, n.° 69. b);* un autre, *p. 145,* n.° 1, à tige
courte & tout blanc, qui n'en eft qu'une variété *(fynon. ibid.);*
un autre, qui eft le n.° 3, blanc & vifqueux, à chapiteau
plat, avec des feuillets comme crépus, & qu'on appelle
mugnajo, comme pour dire, *le meûnier* ou *l'enfariné,* & qui
forme une efpèce particulière *(fynon. des efpèces, n.° 202);*
un quatrième, n.° 8, tout blanc, qui a l'odeur de farine de
froment frais moulue, qualité commune à plufieurs, fur-
tout aux moufferons; celui-ci eft analogue aux précédens
(fynonimie, n.° 69. e), ainfi que celui qu'on appelle *le jaloux,*
fungo gelofo, n.° 10, petit champignon vifqueux qui croît
au pied de l'orme; le petit chapeau blanc, *cappellone bianco,*
n.° 11, à tige mince & courte, à chapiteau un peu en nombril; & le n.° 17, tous champignons blancs, ne paroiffent
être que des variétés ou des efpèces analogues à la principale
(fynonimie, n.° 69. f). Parmi les autres blancs de cette fous-

'divifion, qui font petits ou vifqueux, & réputés d'un ufage
fufpeft, on en diftingue un, n.° 6, dont le chapiteau eft
divifé en plufieurs portions, & un autre, n.° 9, d'un blanc de
neige, dont le chapiteau eft crépu & repréfente en quelque
forte les anfractuofités du cerveau, *fungus niveus, perelegans,
pileolo fubrotundo, cerebri inftar crifpato, pediculo breviore,
page 145*, qui forme une efpèce particulière *(fynonimie des
efpèces, n.° 203).*

Les n.ᵒˢ 4, 12, 13, 31, 32, de la même fous-divifion,
tous en forme d'entonnoir & blancs, & dont le 31 eft figuré
pl. LXXIII, fig. 6, forment encore une efpèce principale
(fynonimie, n.° 204).

Les n.ᵒˢ 23, 24, 25, 29, 34, 35, à chapiteau hémifphérique, à tige longue, la plupart vifqueux, petits & parafites,
ne paroiffent former que des variétés des principales efpèces
indiquées par J. Bauhin & Ray *(fynonimie, n.ᵒˢ 72, 125)* :
il y en a un, le n.° 24, à tige en navet, & un autre, n.° 25,
qui croît fur la racine du chiendent ; celui-ci eft figuré
pl. LXXIV, fig. 3. Le n.° 27 eft régulièrement anguleux,
mais reffemble d'ailleurs au champignon androfacé, dont il
forme une variété *(fynonimie, n.° 141)*. Le n.° 30, à longue
tige & à chapiteau en bonnet, figuré *planche LXXIII, fig. 5*,
eft une petite efpèce analogue au champignon de mithridate
de Welfch *(fynonimie, n.° 92)*. Le n.° 22, en forme d'éteignoir & peluché, eft le champignon du fumier ou à crapaud
(fynon. n.° 20) ; & les n.ᵒˢ 26, 28, d'un blanc de lait ou de
cire, en forme d'éteignoir également, mais d'une fubftance
sèche, établiffent une efpèce particulière *(fynon. n.° 205).*

Gris, page 147.

Parmi les champignons tout gris, de la même divifion,
au nombre de fept, il n'y en a qu'un qui foit réputé bon à
manger,. & qu'on vend au marché de Florence, fous le nom
de *bigiolone* ; il eft d'un gris foncé ou couleur de fouris par-
tout, à groffe tige, avec une odeur de farine de froment :
il conftitue une efpèce principale *(fynonimie, n.° 206)*. Les

An. de J. C.
1729.

Michell.
CCIII

CCIV

CCV

CCVI

quatre autres, gris-de-perle ou de souris, rentrent comme variétés dans les espèces grises indiquées par Ray & Vaillant *(synonimie, n.ᵒˢ 118, 155, 161, 162).*

Jaunes, page 147.

Parmi ceux de couleur jaune, ou d'or, ou de paille, ou de safran, au nombre de dix, il n'y en a que deux, n.ᵒˢ 1 & 4, d'usage; l'un qu'on appelle *tirignozzo*, couleur de paille, à chapiteau bombé, & à feuillets très-serrés & étroits, qui ne paroît devoir former qu'une espèce analogue à celle de Vaillant *(synonimie, n.ᵒ 158. f);* l'autre jaune-d'or, & d'une substance molle *(grassello giallo) (ibid.).* Quant aux autres, petits, & dont l'un croît sur les feuilles pourries de la verge-d'or, ce sont des espèces analogues à celles qu'on trouve sous les numéros suivans: *(syn. n.ᵒˢ 72. a. 3, 101, 158, 228. c. 1).*

Bais, page 148.

L'espèce de couleur baie, à chapiteau peluché & à mamelon, rentre dans celle de Vaillant *(synonimie, n.ᵒ 169. e).*

Roux, ibid.

Parmi ceux qui sont roux, au nombre de huit, il y en a deux, n.ᵒˢ 1, 3, qui sont d'usage; l'un est charnu, épais, d'un roux-pâle, à tige épaisse & à feuillets très-étroits, à surface sèche, & forme une espèce particulière *(synonimie, n.ᵒ 207);* l'autre est un mousseron de couleur isabelle, parfumé, un peu ferme ou coriace, à feuillets écartés, qui n'est qu'une variété rousse des mousserons *(synon. n.ᵒ 19. c. 3).* Les six autres, d'un roux plus ou moins foncé, & dont un a l'odeur de la fleur du genêt, n'offrent rien de particulier, & peuvent être regardés comme des variétés de l'espèce principale observée par le même auteur *(synonimie, n.ᵒ 207. a).*

Fauves, ibid.

Parmi ceux de couleur fauve, au nombre de six, on n'en trouve aucun qui soit d'usage; ce sont de très-petits champignons, dont l'un croît sur les os du bélier, & c'est le plus

fingulier, qui offre un autre exemple de la reproduction des
champignons fur les os des animaux. D'ailleurs, ils peuvent
être rapportés aux *fungi varii* de J. Bauhin *(fyn. n.° 72. a. 5. 2)*.

Bruns, page 149.

CCVII

Parmi ceux qui font tout bruns ou de couleur obfcure,
au nombre de huit, il n'y en a qu'un, qui eft le n.° 2 , qui
foit d'ufage ; c'eft un petit champignon dont la couleur brune
tire fur l'olivâtre, creufé en manière de foucoupe, avec un
léger parfum ; on le trouve dans les champs au mois de
novembre ; il établit une efpèce particulière *(fynon. n.° 208)*.
Les n.°ˢ 4 & 8 , font des variétés de celui-ci, ainfi que le
dernier, qu'on nomme, en Italie, *fugherello*, parce qu'il a
une furface douce comme du liége *(fynon. ibid.)*. Le n.° 5
eft une variété ou la même efpèce que Vaillant a indiquée
(fynonimie, n.° 172). Les autres font de deux fortes, ou à
chapiteau hémifphérique, n.°ˢ 1 , 7, ou à chapiteau en forme
de mamelle, n.°ˢ 3, 6. Ils établiffent chacun une efpèce
particulière *(fynonimie des efpèces, n.°ˢ 209, 210)*.

CCVIII

CCIX

CCX

Champignons feuilletés fimples, ni laiteux, ni âcres.

Violets, page 149.

Parmi les champignons violets, au nombre de neuf, il n'y
en a qu'un dont on faffe ufage à Florence ; c'eft le grand
champignon violet, à tige bulbeufe, & dont Micheli donne
la figure, *planche LXXIV, fig. 1 :* c'eft celui qu'on appelle, en
Italie, *grumato paonazzo,* ou *fungo vedovo (fynonimie des efpèces,
n.° 140. a)*. Les autres, de couleur plus ou moins violette,
ou pourprée, ne font point d'ufage & ne forment que des
variétés d'efpèces déjà connues *(fynon. n.°ˢ 140. b. c. 166. b)*.

Verts, page 150.

Parmi les champignons de cet ordre, & verts par-tout, on
n'en trouve qu'un, qui eft petit, vifqueux & en forme d'éteignoir ; il eft mis au nombre de ceux dont l'ufage n'eft pas
fûr, & fournit une efpèce diftincte *(fynonimie, n.° 211)*.

CCXI

Rouges écarlate.

Parmi les champignons de couleur rouge, on n'en trouve qu'une efpèce à chapiteau hémifphérique, dont l'auteur laiffe ignorer les qualités, & qui eft analogue à celui que l'Éclufe a fait connoître *(fynonimie, n.° 61)*.

Gris & blancs, page 150 & fuiv.

Mais parmi ceux de deux couleurs, c'eft-à-dire, gris ou gris-bruns, ou plombés deffus, blancs deffous, au nombre de vingt, il y en a la moitié dont on fait ufage en Italie ; les meilleurs même, c'eft-à-dire, les moufferons, fe trouvent dans cette divifion. On y voit d'abord, n.° 2, le fameux moufferon d'Italie *(prugnuolo cenerino)*, qui eft gris, avec une odeur très-fuave de moufferon ou de farine fraîche *(fynonimie, n.° 19. a)* ; un autre, n.° 3, d'un gris-obfcur, encore recherché pour l'ufage, & qu'on apporte au marché de Florence, analogue au précédent *(ibid)*. Le n.° 4 eft celui qu'on appelle, en Italie, *calcatreprola*, qui eft également bon à manger, & de couleur grife, variété des précédens. Le n.° 5 eft de la même couleur, mais plus plombé, à tige blanche & courte, à feuillets d'abord blancs, enfuite gris, qui forme une variété d'une efpèce déjà indiquée par Ray *(fynonimie, n.° 124)*. Il en eft de même du n.° 6. Le n.° 7 eft celui que Magnol avoit déjà fait connoître, & que les Italiens nomment *ciciolo ;* Micheli en donne la figure, *pl. LXXIII, fig. 2*, mais on a déjà fait remarquer, à l'article de Magnol, *p. 177*, que cette figure n'eft point exacte : ce champignon tire fur la couleur biftre *(fynonimie des efpèces, n.° 110)*. Le n.° 8 de Micheli, qu'on nomme, en Italie, *corniola*, comme pour dire *cornouille*, eft encore gris deffus, blanc deffous, ainfi que les n.ᵒˢ 9, 10, 11, 12, qui y portent les noms de *bigione, ligiolino*, comme pour dire, *de couleur bife* ou *gris-obfcur*, & qui, à la rigueur, peuvent être confidérés comme des variétés du gris-blanc indiqué par Ray *(fynon. des efpèces, n.° 124. b)*. Tous ces champignons, ou plutôt

moufferons, font d'un goût très-délicat & fort recherchés en
Italie. Les n.ºs 9 & 12 de cette divifion, font un peu peluchés
ou filamenteux. Parmi ceux d'ufage & de la même couleur,
il y a encore le n.° 16, que les Italiens appellent *berlingozzino*
de' prati, comme pour dire, *macaron des prés*, foit à caufe de
fa forme ou de fon goût ; c'eft un petit champignon creufé
en manière de nombril, un peu ondé fur les bords, à feuillets
minces & blancs, & à tige grife, qui rentre encore dans le
n.° 124 *(voy. ibid.)*. Parmi ceux de la même divifion, & qui
ne font point d'ufage, au nombre de neuf, n.ºs 1, 6, 13, 14,
15, 17, 18, 19, 20, il y a le n.° 14, dont le chapiteau,
qui eft filamenteux, fe fend jufqu'au centre, & dont la tige
eft renflée du haut & du bas, & le n.° 19, qui eft blanchâtre
avec des taches ; celui-ci eft analogue à ceux que l'Éclufe
avoit déjà fait connoître *(fynonimie, n.° 49)*. Les autres ne
paroiffent devoir former que des variétés du gris-blanc indiqué par Ray *(fynonimie, n.° 124. b)*.

Jaunes & blancs, page 152.

Parmi ceux qui ont le chapiteau jaune & les feuillets
blancs, au nombre de huit, petits, en général vifqueux, il
n'y en a aucun dont on faffe ufage en Italie ; il y en a quatre,
n.ºs 1, 2, 3, 8, qui font des variétés ou les mêmes que ceux
que J. Bauhin avoit indiqués *(fynon. n.° 72. a. 6)*; les quatre
autres, n.ºs 4, 5, 6, 7, de forme conique, appartiennent
à l'efpèce principale indiquée par Tournefort *(fynonimie,*
n.° 143).

Verts & blancs, ibid.

Parmi ceux qui ont leur chapiteau vert ou jaune-vert, &
leurs feuillets blancs, au nombre de quatre, on en trouve
deux donnés pour bons à manger, l'un jaune-vert deffus, à
tige & à feuillets blancs ; celui-ci, comme on voit, eft fimple,
fans collet, ne fort point d'une bourfe, n'eft point bulbeux,
& n'eft pas d'un ufage dangereux, au lieu que celui qui
offre ces derniers caractères, l'eft beaucoup *(fynon. n.° 174)* :
celui que Micheli indique ici, donne lieu à une efpèce

An. de J. C.
1729.

Micheli.
CCXI

CCXII

An. de J. C.
1729.

Micheli.
CCXII

particulière *(synonimie, n.° 212)*. L'autre, n.° 1, qui eſt **vert** deſſus, blanc deſſous, le *verdone* des Italiens, paroît être le même que celui qu'on appelle *le champignon des dames*, en Allemagne, & dont Sterbeeck a donné la figure, *pl. v, fig. e (synonimie, n.° 40)*. Les deux autres, de la même couleur, & dont l'un a la ſurface viſqueuſe, ſont cenſés d'un uſage dangereux, & rentrent comme eſpèces analogues ou variétés diſtinctes dans l'eſpèce principale *(synonimie des eſpèces, n.° 212)*.

Bais & blancs, pag. 152 & 153.

CCXIII

Parmi les champignons bais, à feuillets blancs, au nombre de quatre, on n'en trouve qu'un remarquable, qui eſt le n.° 4, donné pour bon à manger, qui eſt la *truffe* ou *pierre-à-champignons* feuilletés, laquelle en donne, comme l'autre *(synon. n.° 74)*, tous les mois, d'été principalement, & qui ne diffère de la première, qu'en ce que les champignons de celle-ci ſont feuilletés, & ceux de l'autre, poreux. Du reſte, les uns & les autres ſont également bons à manger. Cette différence de ſtructure du chapiteau établit une autre eſpèce principale *(synon. n.° 213)*. Les autres champignons de cette diviſion, n.°[os] 1, 2, 3, à chapiteau de même couleur, à tige & à feuillets blancs, & dont un a une racine en navet, rentrent dans l'eſpèce principale indiquée par Ray *(synonimie, n.° 123. b)*.

Roux ou rouſſelets & blancs, page 153.

Parmi ceux dont le deſſous eſt roux ou rouſſelet, **avec** des feuillets blancs, & au nombre de ſix, champignons ou mouſſerons en général de très-bonne qualité, il n'y en a qu'un ou deux dont il paroît qu'on ne fait pas d'uſage en Italie; l'un eſt le n.° 3, qui croît ſous les hêtres *(cappellone di faggeta)*; l'autre eſt celui qu'on y nomme *mouſſeron de mer (prugnuolo di maremma) (synonimie, n.° 19. c. 2)*. Les autres ſont les vrais mouſſerons à tête ronde & de couleur de noiſette, qui ont une odeur ſuave que Micheli compare encore à celle de la farine frais moulue de froment *(syonimie, n.° 19. c. 1)*.

De

De couleur fauve ou de rouille-de-fer, & blancs, p. 1 5 3 , 1 5 4.

An. de J. C.
1729.
Micheli.
CCXIII

Parmi ceux de couleur fauve deffus, en général blancs deffous, au nombre de huit, on n'en trouve aucun dont on faffe ufage en Italie, & il y en a un indiqué pour être malfaifant, fous le nom de *roffola cattiva,* n.° 2 *(fynonimie des efpèces, n.° 72. a. 5).* Le n.° 1 eft nommé *bigerella,* à caufe de la couleur blanche de la tige, qui tranche fur celle du chapiteau, qui eft fauve. Le n.° 2 eft velouté, a une racine en navet. Le n.° 3, qu'on appelle *fanghino,* a le chapiteau comme rayonné. Tous ces petits champignons rentrent comme variétés dans l'efpèce principale indiquée par Ray *(fynonimie, n.° 123. b).*

De couleur biftre & blancs, pag. 1 5 4 & 1 5 5.

Parmi ceux qui font bruns ou de couleur biftre deffus, blancs deffous, champignons en général de bonne qualité, au nombre de quatorze, il y en a huit qui font d'ufage en Italie ; ce font les plus gros & les plus en chair. Sur ces huit, qui font les premiers, il y en a un grand mamelonné, n.° 1, à tige bulbeufe & à chapiteau qui fe fend, qui établit une efpèce particulière *(fynonimie, n.° 214)* ; un autre, n.° 2, à forte tige blanche, taillée en poire, avec des feuillets blancs & une furface de couleur brune, qui établit une autre efpèce *(fynonimie, n.° 215)* ; un troifième, n.° 3, de même couleur brune deffus, blanc deffous, avec une tige portée fur une racine en crochet ; le chapiteau de celui-ci eft ondé ; les Italiens le nomment *fungo greco ;* il établit une autre efpèce particulière *(fynonimie, n.° 216)* ; un autre, n.° 4, à furface vifqueufe, & de même couleur, avec une odeur fuave de bon champignon, qui rentre comme efpèce analogue parmi les glaireux *(fynon. n.° 156. c)* ; un autre, n.° 5, appelé encore *bigerella,* variété d'une efpèce principale *(fynon. n.° 124. b)* ; un autre, n.° 6, appelé en Tofcane, *champignon de mars ou le dormeur (fungo dormiente),* & dont Micheli a donné la figure, *pl. LXXIV, fig. 9,* porté fur une groffe tige, & qui ne paroît

CCXIV

CCXV

CCXVI

Tome I. P p

An. de J. C.
1729.

Micheli.

CCXVII

qu'une variété du n.° 2 de cet auteur, ou le même *(ſynon. n.° 215)*, ainſi que le n.° 7, également bon à manger, & de la même couleur *(ibid.)*. Le n.° 8, nommé *le paſſionné*, ou plutôt celui pour lequel on ſe paſſionne *(fungo appaſſionnato)*, a une tige cilyndrique & longue, un chapiteau en hémiſphère régulier, une chair ferme comme les précédens, mais établit une autre eſpèce particulière *(ſynonimie des eſpèces, n.° 217)*.

Les ſuivans de la même diviſion, ſont réputés d'un uſage

CCXVIII

ſuſpect, ou du moins on n'en fait pas uſage en Italie. Le n.° 9 y eſt appelé le *champignon-couleuvre (fungo ſerpentino)*, à cauſe de ſa tige comme grivelée ou tachetée de blanc & de brun ; le chapiteau, qui eſt convexe, a ſon centre brun, le reſte blanc, ainſi que les feuillets ; il établit encore une eſpèce particulière *(ſynonimie, n.° 218)*. Les n.ᵒˢ 10, 11, 12, à tige longue de même, à peau éraillée & comme filamen-teuſe, ne paroiſſent que des variétés du *champignon du fumier (ſynonimie, n.° 20. a. 2)*. Le n.° 13, qui eſt moucheté, ou plutôt tacheté, rentre dans le numéro de l'eſpèce principale obſervée par l'Écluſe *(ſynonimie, n.° 40. a)* ; & le n.° 14, qui eſt blanc, petit, à tige grêle, à chapiteau en demi-cercle, croiſſant ſur le bois pourri, rentre dans le numéro de l'eſpèce principale *(ſynonimie des eſpèces, n.° 125)*.

Blancs & noirs, page 155.

Les champignons de cette diviſion, à chapiteau blanchâtre, de forme conique ou ovale, & à feuillets noirs, ſont ceux qui ſe réduiſent bientôt en liqueur noire : on les connoît en Italie ſous le nom générique de *piſciacane* ou *piſſe-chien*. Il n'eſt queſtion ici que de ceux qui ſont ſolitaires, & qui rentrent dans le numéro de l'eſpèce principale obſervée par l'Écluſe *(ſynonimie, n.° 55)*.

Roux ou rouges & blancs, & bleus & blancs, page 155.

Parmi les champignons de cette diviſion, au nombre de ſeize, il y en a neuf dont on fait uſage en Italie ; ce ſont ceux principalement dont le chapiteau eſt lavé d'une couleur

vineufe, rouge ou pourpre, avec des feuillets blancs, & qu'on
y connoît généralement fous le nom de *roffola*, mot qui
répond, à peu-près, à celui de *rougeote*, qui fert à défigner
les champignons de même couleur. Micheli défigne ici fpécialement ceux qui n'ont point d'âcreté lorfqu'on les goûte,
différens de ceux que Céfalpin avoit déjà vaguement indiqués
fous le nom générique de *turini*, & qu'il donne pour fufpects
(fynonimie, n.° 21. a). Ceux de bonne qualité, n.°ˢ 1, 3, 4,
5, 6, 7, 8, 9, 10, 11, 12, qui ne diffèrent entr'eux que
par de légères différences, font tous, excepté un, d'un tiffu
ferme, avec une chair blanche fans âcreté. Ces champignons
paroiffent particuliers à l'Italie & au Piémont ; ils conftituent
une efpèce principale *(fynonimie des efpèces, n.° 219)*. Mais
il y en a un, le n.° 5, qu'on appelle *lardajolo* en Tofcane,
qui n'eft point particulier à l'Italie ; on le trouve aux environs
de Paris, & Schæffer le marque aux environs de Ratifbonne
(fynonimie n.° 219. b).

   Le n.° 2 de la même divifion, *pifciacane di bofco*, n'eft
point à fa place chez Micheli ; c'eft un encrier à feuillets
rouges d'abord, & qui deviennent noirs *(fynon. des efpèces,
n.° 55. c)*. Le n.° 10, *fanghino brizzato, page 156*, ne paroît
différer des rougeotes que par le lieu où il croît, c'eft-à-dire,
dans les endroits fangeux, ce qui peut altérer fa couleur *(ibid.)*.

   Les n.°ˢ 13 & 16, *page 156*, font remarquables, fur-tout
le dernier, par leurs taches couleur de vin qu'ils ont au
chapiteau, qui eft conique, & par leurs feuillets pourpres.
On voit au Cabinet des Eftampes du Roi, celui qui eft tigré
par des taches couleur de fang. Ces champignons donnent
lieu à une efpèce principale *(fynonimie, n.° 220)*.

   Les n.°ˢ 14 & 15, bleus deffus, avec des feuillets blancs,
rentrent dans l'efpèce déjà obfervée par Ray & Vaillant
(fynonimie, n.° 168).

Gris ou gris-foncé & roux, ou couleur de chair bruniffans,
pag. 156 & fuiv.

   Les champignons de ces divifions, gris-cendrés ou gris

P p ij

An. de J. C.
1729.

Micheli.
CCXIX

CCXX

An. de J. C.
1729.

Micheli.
CCXX

foncés deſſus, à feuillets couleur de chair ou bruniſſans, ou olivâtres, au nombre de quatorze, ſont tous, à l'exception d'un ſeul, de ſubſtance tendre & aqueuſe; la plupart naiſſent ſur le fumier & ne ſont point d'uſage; on les connoît en Italie ſous les noms génériques de *fongo di concio*, ou *piſcia-cane*, & ils appartiennent aux deux eſpèces principales déjà indiquées *(ſynonimie des eſpèces, n.*os* 21, 55)*. Celui qui eſt

CCXXI

d'une ſubſtance ferme, bon à manger, gris-de-perle deſſus, avec des feuillets roux & un chapiteau dont les bords ſe relèvent, connu ſous le nom de *peverino*, forme une eſpèce particulière *(ſynonimie des eſpèces, n.° 221)*. Celui qui eſt gris par-tout, n.° 3, *page 157*, & peluché, rentre comme variété dans le n.° 161 de la ſynonimie *(ibid. a)*. Celui qu'on nomme en Italie *fanghino ſtiantereccio*, *page 157*, dont le chapiteau ſe fend juſqu'au centre, avec des feuillets olivâtres, eſt le même ou une variété de celui que l'Écluſe a fait connoître *(ſynonimie, n.° 55. a)*.

Jaunes & gris, page 157.

Parmi ceux qui ont le chapiteau jaune & les feuillets gris, au nombre de deux, il y en a un petit en forme de clou, nommé *fongo chiodo*, qui rentre comme variété dans l'eſpèce que Vaillant a fait connoître *(ſynonimie, n.° 171. c)*; un autre

CCXXII

de forme particulière, c'eſt-à-dire, en bonnet quarré, avec des feuillets gris & une tige torſe, & qu'on appelle en Italie, *beretta di prete*, ou *bonnet-de-prêtre*, qui établit une autre eſpèce particulière *(ſynonimie, n.° 222)*.

Roux & pourprés, page 158.

Parmi les champignons feuilletés ſimples, de couleur rouſſe ou vineuſe deſſus, avec des feuillets pourpres ou roux, au nombre de trois, il y en a un d'uſage en Toſcane, qu'on y nomme *grumato zucchettino*; il a la tige taillée en poire, ſon chapiteau d'un pourpre vineux, & les feuillets roux; il ne paroît pas différer du champignon pourpre obſervé par l'Écluſe *(ſynonimie, n.° 41)*. Les deux autres, à chapiteau roux & à feuillets pourpres, & dont l'ufage eft fufpect, petits champignons qu'on défigne en Tofcane par ce terme de mépris, *pattoncino*, ne paroiſſent être que ceux que les Allemands nomment vulgairement *ſiége-à-grenouille (ſynonimie des eſpèces, n.° 53. a)*.

An de J. C.
1729.

Micheli.
CCXXII

De couleur fauve, & jaunes, page 158.

Parmi ceux qui font de couleur fauve, à feuillets jaunes ou couleur de buis, au nombre de deux, il y en a un, n.° 1, dont Micheli donne la figure, *planche LXXIV, fig. 2*; celui-ci a une chair de la même couleur des feuillets; il eft peluché & a une tige fiftuleufe; il paroît avoir des qualités fufpectes. Il établit une efpèce particulière *(ſynonimie, n.° 223)*, dont le n.° 2, qui croît fur l'aune & qui eft à peu-près de la même couleur, ne paroît qu'une variété *(ſynonimie, ibid. b)*.

CCXXIII

Fauves & violets, ou pourpre-clair.

Ceux de cette divifion, à chapiteau de couleur fauve, à feuillets pourpre-clair ou violets, qui ne font pas non plus d'ufage, font de petits champignons qui ne paroiſſent que des efpèces analogues à celle que Vaillant a fait connoître *(ſynon. n.° 166. c)*.

Blancs & bruns, ibid.

Ceux de cette divifion, à chapiteau blanchâtre, de fubftance tendre, & qui fe fend ou s'ouvre en plufieurs endroits dans fa longueur, à feuillets bruns, appartiennent encore à l'efpèce principale des encriers *(ſynonimie, n.° 55. a)*.

Les champignons des trois divifions fuivantes, *p. 158 & 159*, à chapiteau brun & comme écailleux, & à feuillets pourpre-fale, rofés ou noirciſſans, font autant de variétés du champignon du fumier, imitant un peu le champignon de couche *(ſynonimie, n.° 20. a 3)*.

C'eft ici fur-tout où l'on s'aperçoit que Micheli a un peu trop multiplié les efpèces de champignons, & qu'il a quelquefois réuni les mêmes, comme il en a fait la remarque, n.° 4, fur-tout ceux qui croiſſent fur le fumier, dont les feuillets font d'une couleur changeante, en général d'abord couleur de chair ou gris, enfuite bruns, enfin noirs; ce qui oblige, quand on n'a égard qu'à la couleur, de les placer en plufieurs endroits, à raifon de ce changement.

Jaunes & bruns, page 159.

CCXXIV   On en trouve quatre de ceux-ci, *page 159*, qui diffèrent des jaunes *(fynonimie, n.° 223)*, en ce qu'ils ont leurs feuillets bruns ou des taches brunes répandues fur la couleur jaune, & qui, à raifon de cette particularité frappante & conftante, établiffent une efpèce particulière *(fynonimie, n.° 224)*.

Écarlate & jaunes, ibid.

CCXXV   Les deux fuivans, dont un eft tiré du livre de Breyne, ont leur chapiteau d'un beau rouge-écarlate, & les feuillets jaunes ou couleur d'or; ils donnent lieu à une efpèce parti-culière *(fynonimie, n.° 225)*.

CCXXVI   Celui de la divifion fuivante, *page 159*, a au contraire le chapiteau jaune-fafran, & les feuillets, ainfi que le pédi-cule, rouges; il donne lieu à une autre efpèce *(fynonimie, n.° 226)*. Ces champignons ne font point d'ufage.

Tous ceux qui fuivent, *pag. 159—166*, font de trois couleurs : le premier, *planche CLIX*, eft en forme d'éteignoir, à tige blanche, à feuillets gris & à chapiteau bai-brun; il n'eft encore qu'une variété du champignon du fumier *(fynonimie, n.° 20. a)* : les deux fuivans, jaunes deffus, à feuillets gris & à tige blanche, rentrent comme variétés dans le numéro de l'efpèce principale *(fynonimie, n.° 224. a)*.

Blancs, gris, & couleur de chair, page 160.

Les champignons de cette divifion, au nombre de huit, *p. 160*, dont le deffus eft gris ou blanchâtre, & les feuillets rofes ou couleur de chair, ont, pour la plupart, une odeur fuave; leur parfum, en Italie, reffemble, dans beaucoup d'efpèces, à l'odeur de la farine de froment. Sur ces huit, analogues à ceux des pages 150 & 151 de Micheli, & dont ils ne diffèrent que par la couleur rosée des feuillets, il y en a quatre qu'on mange, sur lesquels deux, n.ᵒˢ 1 & 4, ont l'odeur de farine, & dont on recherche singulièrement l'usage en Italie. Les Italiens désignent en général ceux de cette division qui sont de bonne qualité, sous le nom de *grumato*. On trouve ces champignons en France, où ils ont la même odeur ; ils forment des variétés fixes de l'espèce principale *(synonimie, n.ᵒ 206. b)*.

An. de J. C. 1729.

Micheli. CCXXVI

Blancs, gris & roux, page 160.

Les champignons de cette sous-division se rapprochent beaucoup des précédens, sur-tout le n.ᵒ 1, qui est gris, à feuillets roux & à odeur de farine de froment, & bon à manger *(synon. n.ᵒ 226)* ; les autres, au nombre de quatre, qui sont petits, peuvent être considérés comme des espèces analogues du même numéro *(ibid.)*.

Blancs, gris, bruns & fauves, pag. 161 & suiv.

Parmi les dix-neuf suivans, à chapiteau gris ou brun, à feuillets fauves, bruns ou noirs, en forme de cloche, d'éteignoir, &c. & parmi lesquels on en trouve plusieurs cotonneux, il n'y en a qu'un, n.ᵒ 4, de couleur fauve, à racine en crochet, qui soit d'usage. C'est parmi ceux-ci qu'on trouve celui qu'on appelle en Italie, *girasole, p. 161, n.ᵒ 8*, comme pour dire, qui tourne vers le soleil ; c'est un petit champignon blanc, dont le centre du chapiteau est noir, avec des bandes circulaires de couleur fauve, & une tige creuse & cylindrique ; il forme une espèce particulière *(synonimie, n.ᵒ 227)*. La plupart de ceux de la même division, à feuillets brunissans, se réduisent en encre, & sont analogues à ceux des pages 158, 159 ; on les trouve sous le nom générique de *pisciacane (synonimie des espèces, n.ᵒˢ 20, 55)*. Le plus petit de tous ces champignons se trouve ici ; c'est celui qui croît sur le jonc qui se gâte, *page 162, n.ᵒ 2 :* Micheli en donne la figure, *planche LXXX, fig. 9 ;* il est de couleur fauve ou roux, avec des feuillets blancs & une tige brune

CCXXVII

CCXXVIII

femblable à un crin ou un cheveu ; il forme une efpèce principale *(fynonimie, n.° 228)*.

Blancs, jaunes ou pâles, & bruns, page 162.

Parmi les champignons de cette fous-divifion, au nombre de quatre, & dont le deffus eft mêlé de jaune ou de pâle, & de brun, avec des feuillets blancs, on en trouve deux, n.°ˢ 2 & 3, qui font d'ufage ; celui qu'on appelle *corgnola,* la *cornouille jaune ;* & l'autre, *giallone fchizzato,* le *jaune éclabouffé :* ce font des champignons marbrés de jaune & de brun, à feuillets & à pédicule blancs ; ils font analogues, pour la difpofition des couleurs, à ceux des n.°ˢ 46 & 49 de la fynonimie, mais ils établiffent une efpèce particulière *(fynonimie des efpèces, n.° 229)*.

Le n.° 4, qu'on appelle *tigratino di tre colore,* ou *tigré de trois couleurs,* eft une variété des précédens *(ibid.)*. Quant au n.° 1, en forme d'éteignoir, à fommité brune, & tacheté, il rentre comme variété dans le n.° 119 de la fynonimie *(ibid.)*.

Blancs, jaunes & noirs, page 162.

Les trois de cette divifion, font des champignons jaunes en-deffus, avec des feuillets blancs piqués de brun, ou bruns ; il y en a un, n.° 2, qui eft d'ufage ; c'eft celui qui a le chapiteau grand, d'un jaune-fale, la tige courte & les feuillets blancs & piquetés de noir ; il fournit une efpèce nouvelle *(fynonimie, n.° 230)* : le n.° 1 eft une variété de celui-ci, & le n.° 3 en eft une de ceux qui fe réduifent en encre ; il eft jaune & de forme conique *(pifciacane giallo) (fynonimie, n.° 55)*.

Micheli place, à la page 163, plufieurs champignons dont la couleur eft très-variable, qui font pâles, gris, jaunes, &c. & dont un feul eft d'ufage ; c'eft un petit champignon en forme d'éteignoir, n.° 1, dont le fommet eft brun, le refte blanc, à feuillets blancs & très-ferrés, & à tige d'un pourpre bleuâtre & bulbeufe ; il forme une efpèce particulière *(fynon. n.° 231)*. On y trouve encore celui que les Italiens nomment

dormentone,

dormentone, en forme d'éteignoir, brun, à feuillets pourpres, & qui rentre dans le n.° 55 de la synonimie, parmi les encriers ; celui qu'ils nomment *vedovino di tre colore*, ou *petit veuf de trois couleurs*, n.° 3 , *p. 163*, terme figuré pour exprimer un champignon teint en noir, avec une tige violette, couleurs ordinaires du deuil. Ce champignon n'est point d'usage, non plus que le précédent ; mais il fournit une espèce particulière *(synonimie, n.° 232)*.

Les deux gris, à feuillets blancs, de la même page, rentrent dans le n.° 124 de la synonimie *(ibid.)* ; & les deux gris-obscur, à feuillets couleur de chair, dans le n.° 166 *(ibid.)* : ceux-là ne sont point d'usage.

Le dernier de cette page, conique & de couleur aurore, appartient au n.° 143 de la synonimie *(ibid.)*.

Champignons de diverses couleurs, pages 164 & 165.

Parmi les champignons des pages 164, 165 & 166, tous petits & de diverses couleurs, il n'y en a pas un seul qui soit d'usage : ils sont tous de trois ou quatre couleurs jusqu'au commencement de la division suivante, *page 166 ;* les uns gris, rouillés & bruns ; les autres jaunes, rouges & noirs ; les autres roux, bruns & noirs ; les autres fauves, pourpres & noirs ; les autres jaunes & mêlés de ces couleurs ; enfin, les autres blancs, rougissans, bruns & soufrés ou blancs, gris-pâles & rouges, &c. Sur ceux-ci, on en trouve quatre, *p. 164, 165*, & les deux de la page 166, en forme d'éteignoir, qui se divisent & se réduisent en encre, & qui rentrent dans le numéro de l'espèce observée par l'Écluse *(synonimie, n.° 55)* : les quatre premiers de la page 165, rougeâtres ou safranés dessus, blancs dessous, rentrent dans le numéro de l'espèce observée par Césalpin, c'est-à-dire, parmi les rougeotes *(synonimie, n.° 21)*. Des deux qui suivent, l'un, n.° 2, est visqueux & de couleur d'ocre, & avoit été déjà observé par Vaillant *(synonimie, n.° 156)* ; l'autre, qui croît au pied de l'aune, paroît encore une variété de ceux que Césalpin a

Tome I.   Q q

Ar. de J. C.
1729.

Micheli.
CCXXXII
CCXXXIII

marqués fous le nom de *turini* (*fynonimie, n.° 21*). On y en
voit encore un péluché, en forme de bonnet, qui paroît une
variété de l'efpèce obfervée par Vaillant ; un autre particulier, *page 164*, dont Micheli donne la figure, *pl. LXXIX,
fig. 2*, qui eft à trois lobes & comme en forme de coquille
de limaçon, de couleur fauve, à feuillets noirs & à tige
d'un violet-pourpre : celui-ci fournit une efpèce particulière
(*fynonimie, n.° 233*). Les autres, gris-obfcur ou jaunâtres,
rentrent dans les n.ºs 206, 217, 230 de la fynonimie.

*Champignons fimples à chapiteau, la plupart rayés depuis
le centre jufqu'aux extrémités*, p. 166—169.

Blancs, gris & de diverfes couleurs, p. 166 & fuiv.

Parmi les champignons fimples ou folitaires, & rayés
ordinairement depuis le fommet du chapiteau jufqu'aux
bords, on n'en trouve aucun fur les trente-fix contenus depuis
la page 166 jufqu'à la fin de la page 169, qui foit d'ufage ;
ce font tous de petits champignons, en général d'un tiffu
tendre & fans chair, que les Italiens comprennent fous le
nom générique de *rigatino :* mais il y en a deux remarquables, l'un par fa tige, l'autre par fon odeur & fa couleur.
Le premier, n.° 2, *page 166*, dont Micheli donne la figure,
planche LXXIX, fig. 6, eft un petit champignon blanc &
farineux, dont les feuillets finiffent par devenir noirs, &
dont la bafe du pédicule eft en étoile. Je crois que cette
étoile n'eft formée que par les débris de l'enveloppe de
laquelle fort le champignon, & qui fe partage en plufieurs
portions qui repréfentent une étoile ; il ne peut être confidéré que comme une variété de l'efpèce indiquée par l'Éclufe
(*fynon. n.° 55*). L'autre, parmi les *verts & couleur de chair*,

CCXXXIV

p. 168, eft celui qui a la couleur & l'odeur des cantharides,
dont Micheli donne la figure, *pl. LXXV, fig. 5 ;* fes feuillets
font couleur de chair, & fa tige fiftuleufe ; fes cannelures
s'étendent depuis le fommet jufqu'aux bords : quoique
analogue par fa couleur à celui du n.° 211 de la fynonimie,

An. de J. C.
1729.

Micheli.
CCXXXIV

qui eſt vert-doré, il en diffère par ces caractères, & établit une eſpèce particulière *(ſynonimie, n.° 234)*. Tous les autres champignons petits, grêles & rayés, gris, blancs, roux, &c. ne ſont que des variétés d'eſpèces déjà connues *(ſynonimie, n.°ˢ 20, 55, 119)*.

Champignons ſimples, à chapiteau rayé depuis le milieu juſqu'aux bords, p. 169 & 170.

Les champignons de cette diviſion n'offrent rien de remarquable ; il n'y en a aucun qui ſoit d'uſage. Ce ſont encore des champignons frêles & tendres, petits & qui ſe réduiſent la plupart en liqueur noire ; ils ſont rayés depuis le milieu environ du chapiteau juſqu'aux bords. Ce ne ſont encore que des variétés d'eſpèces connues *(ſynon. n.°ˢ 20, 119)*.

Champignons ſimples, ſans cannelures, à pédicule avec anneau perſiſtant & adhérent, p. 170 — 177.

Les champignons de cette ſous-diviſion, tous colletés & au nombre de ſoixante-quatorze, ſont preſque tous d'uſage ; leur chapiteau eſt uni ; ils ne ſortent point d'une enveloppe. Il eſt encore important d'obſerver que leur collet ne s'efface point. Tous les pays en fourniſſent de cette ſorte ; mais la Toſcane paroît en produire plus que tout autre.

Blancs, p. 170 & 171.

Parmi les blancs, qui ſont les dix premiers de cette ſous-diviſion, p. 170, 171, il y en a cinq qui ſont d'uſage ; la plupart croiſſent dans les pâturages. On y trouve celui du fumier, n.° 1, indiqué par Céſalpin *(ſynonimie, n.° 20)* ; celui qui a été indiqué par Vaillant, n.°ˢ 1, 7, & qui n'a été conſidéré que comme une eſpèce analogue au champignon ordinaire *(ſynon. n.° 4. c)* ; un autre à chapiteau viſqueux, n.° 4, qui paroît analogue à celui que Sterbeeck a indiqué *(ſynon. n.° 98)*, & qui avec les ſuivans, n.°ˢ 8, 9, forment une eſpèce particulière *(ſynonimie, n.° 235)*. Le n.° 10 dont

CCXXXV.

Micheli donne la figure, *pl. LXXVIII, fig. 7*, eſt la petite coulemelle d'eau *(ſynonimie, n.º 5, var. b. 2)*.

CCXXXV

Jaunes ou ſafran, page 171.

CCXXXVI Parmi les champignons colletés jaunes ou couleur de ſafran, au nombre de trois, il y en a un, n.º 1, qui eſt parfumé & d'uſage; il croît au pied des chênes verts, & eſt bon à manger; il a la tige longue : on l'appelle *leccino giallo*. Il y en a deux autres, n.ºˢ 2, 3, petits, l'un jaune, l'autre couleur de ſafran, qui ne paroiſſent pas différer du précédent, mais qui ne ſont point d'uſage; ils établiſſent une autre eſpèce diſtincte & particulière *(ſynonimie, n.º 236)*. On doit bien prendre garde qu'il y en a un jaune qui croît ſur le chêne vert, qui eſt d'un uſage dangereux. Celui qu'on mange eſt colleté & bien conformé; l'autre ne l'eſt pas.

Pourpres, page 171.

CCXXXVII Parmi les champignons colletés pourpres, on en trouve un pourpre ou couleur d'agate, à tige courte & bulbeuſe, & à chapiteau écailleux, qui eſt bon à manger; quoique analogue, par la couleur, à celui du n.º 41 de la ſynonimie, il établit une autre eſpèce particulière *(ſynonimie, n.º 237)*.

Gris & blancs, page 172.

Parmi les champignons colletés qui ſont gris ou cendrés, ou couleur de cerf, & à feuillets blancs, au nombre de ſix, *page 172*, il y en a cinq qui ſont d'uſage; celui qui ne l'eſt pas, a la couleur du deſſus gris-fauve ou couleur de cerf; les autres ſont bons à manger. Le n.º 7 de la même ſous-diviſion, qui eſt blanc deſſus, viſqueux & à feuillets gris-de-ſouris, eſt celui qu'on appelle, en Italie, *granajuolo*, ainſi nommé parce qu'il a ſouvent de la terre ou des feuilles collées au chapiteau; celui-ci eſt encore d'uſage. Les ſix premiers, quoiqu'analogues pour la couleur & les

CCXXXVIII qualités, à ceux du n.º 206 de la ſynonimie, établiſſent encore une efpèce particulière & diftincte *(fynon. n.° 238)* ; & le n.° 7 en établit une autre *(fynonimie, n.° 239)*.

An. de J. C.
1729.

Micheli.
CCXXXIX

Jaunes & blancs, page 172.

Des deux qui fuivent dans cette divifion, l'un a le chapiteau jaune & les feuillets blancs; l'autre, les feuillets jaunes & le chapiteau blanc; ils ne font pas d'ufage : l'un, n.° 1, peut être regardé comme une variété du champignon ordinaire *(fynonimie, n.° 4)*; l'autre, n.° 2, en eft une du n.° 236 de la fynonimie.

Roux & blancs, pages 172 & 173.

Les champignons colletés de cette divifion, à chapiteau roux, à feuillets, à collet & à pédicule blancs, au nombre de dix, *pages 172 & 173*, font tous bons à manger, & prefque tous bulbeux, c'eft-à-dire, à tige renflée à la bafe ; c'eft pour cette raifon que les Italiens leur donnent, en général, le nom de *bubbola*. Ils font analogues à ceux du n.° 5 de la fynonimie, mais établiffent une efpèce particulière *(fynonimie, n.° 240)*.

Celui de la divifion fuivante, *page 173*, qui eft blanc, tacheté de fauve, à feuillets de même couleur, n'eft point d'ufage ; il forme une variété de l'efpèce obfervée par l'Éclufe *(fynonimie, n.° 49)*.

[CCXL

Bruns & blancs, pages 173 & 174.

Parmi les champignons colletés, bruns ou de couleur obfcure, ou d'un blanc lavé ou tacheté de brun, à feuillets, anneau & pédicule blancs, au nombre de fept, il y a les cinq premiers ou les plus grands qui font d'ufage. Parmi ceux-ci, il y en a un très-grand, à centre en mamelon, un autre couvert d'éminences en forme d'épines. Ce font les mêmes & des variétés du n.° 5 de la fynonimie, & qu'on appelle encore en Italie, *bubbolo* & *collarone*, à caufe de leur tige bulbeufe & de leur collet très-apparent *(fynonimie, n.° 5)*. Des deux, n.°ˢ 6 & 7, qui ne font pas d'ufage, l'un a le

An. de J. C.
1729.

Micheli.
CCXL

chapiteau boffelé ou fillonné d'excavations, & n'eft qu'une variété des précédens ; l'autre eft conique & vient fur le fumier ; il appartient à une autre efpèce *(fynonimie, n.º 20)*.

Celui de la divifion fuivante, à chapiteau & à tige rouge, tendre & à feuillets blancs, eft une variété du n.º 240 de la fynonimie *(voy. ibid.)* ; il n'eft pas d'ufage.

Blancs & purpurins, pages 174 & 175.

Parmi les champignons colletés blancs, à feuillets purpu-rins, ou couleur de rofe ou de chair, & à tige & collets blancs, au nombre de dix, il y en a neuf dont on fait ufage. On fait que ce font ceux dont l'ufage eft le plus fûr, fuivant Pline : *tutiffimi qui rubent callo ;* & de la meilleure nature, fuivant Horace : *pratenfibus optima fungis natura.* Ce font nos champignons des prés ou de couche, qu'on défigne en Italie fous le nom de *pratajolo (fynonimie, n.º 4)*. Parmi ces neuf efpèces de bonne qualité, il y en a deux remarquables qui paroiffent particuliers à l'Italie ; ce font ceux dont la racine eft rampante ou farmenteufe. Micheli donne la figure de l'un & de l'autre, *planche LXXV, fig. 1 & 3.* On trouve l'un près des rofeaux, au bord des rivières ; l'autre dans les jardins de Florence. Ils ont l'un & l'autre la furface du chapiteau finement écailleufe & comme peluchée, & la tige arrondie & épaiffe ; les racines font blanches. Ils ne peuvent être confidérés que comme une variété remarquable de l'efpèce principale *(fynonimie, n.º 4, var. e. 1. 2)*.

Celui qui n'eft pas d'ufage, n.º 10, *page 175*, eft petit, d'un blanc net, avec des feuillets couleur de rofe ou de chair.

Celui de la divifion fuivante, *page 175*, lavé de pourpre & comme foyeux, à feuilles & tige pourpres, & bon à manger, eft une variété des précédens, quoiqu'analogue à celui du n.º 236 de la fynonimie ; on l'appelle en Italie, *pratajolo falvatico roffo (fynonimie, n.º 4)*.

Parmi les champignons de deux couleurs des fous-divifions fuivantes, & au nombre de quatre, dont deux font encore bons à manger, il y en a deux couleur d'ocre ou de paille, à feuillets livides, & deux gris ou bruns, à feuillets noirciſſans; les jaunes, dont celui couleur de paille eſt d'uſage, forment des variétés d'un autre obſervé par le même auteur *(ſynon. n.° 236)*. Sur les deux gris-bruns, l'un, celui qui eſt d'uſage, peut être conſidéré encore comme une variété du n.° 54 de la ſynonimie, obſervé par l'Écluſe; l'autre, à chapiteau conique, rentre parmi les encriers *(ſynon. n.° 55)*.

An. de J. C.
1729.
Micheli.
CCXL

De trois & quatre couleurs, pag. 175 — 177.

Ceux de la même diviſion, de trois & de quatre couleurs, au nombre de dix-ſept, ſont gris, jaunes ou fauves deſſus, en général à feuillets pourprés ou gris, & à pédicule blanc ou pourpré : ſur ce nombre, il y en a treize qui ſont bons à manger. Parmi ceux-ci, il y en a cinq, n.° 1, *page 175*, & n.°ˢ 5, 1, 2, 1, *page 176*, compris en général ſous le nom de *bubbola*, qui ne ſont évidemment que des variétés de ce champignon, ſi connu ſous le nom de *couamelle*, & dont on voit la figure, *planche LXXVIII, fig. 6*, qui eſt la petite couamelle-d'eau, bonne à manger *(ſynonimie, n.° 5. b)*. Sur les huit autres, il y en a quatre, n.°ˢ 2, 4, *page 175*, & n.°ˢ 1, 2, *page 176*, mis ſous le nom de *pratajolo*, qui ne diffèrent du champignon ordinaire que par des nuances dans la couleur. On y en trouve encore un, *page 175*, n.° 4, à racine rampante, qui croît parmi les roſeaux, *pratajolo ſalvatico de canneti (ſynonimie, n.° 4, var. c. 2)*. Sur les quatre autres, *page 176*, n.°ˢ 2, 1, & *page 177*, n.°ˢ 1, 1, il y en a un d'un jaune-pâle deſſus, à feuillets purpurins, qui eſt petit & qui n'eſt qu'une autre variété du champignon ordinaire *(ſynonimie, n.° 4)*; un autre roux deſſus, à feuillets pâles, qui en eſt encore une variété *(ibid.)*. Quant aux autres de la page 177, dont l'un eſt de trois couleurs, comme hériſſé & jauniſſant deſſus, bruniſſant deſſous, l'autre de quatre couleurs, jaune & taché de rouille, à feuillets purpurins & à pédicule brun & bulbeux, ce ſont encore des variétés de l'eſpèce principale *(ſynonimie, n.° 4. f)*.

Les trois qui font indiqués pour être d'un ufage pernicieux, ou cenfés tels, font d'abord, celui que les Italiens
appellent *pratajolo falvatico*, ou *furino minore*, *p. 175*, n.º *3*,
qu'on trouve fréquemment dans les jardins en automne, qui
eft de deux nuances de gris, d'un gris ordinaire & gris-
cendré, ou mêlé de blanc & de brun deffus, d'un pourpre-
clair ou violet deffous, & à tige courte & blanche, qui ne
forme qu'une variété de l'efpèce principale *(fynonimie, n.º 4,
var. d)*; 2.º un autre qui eft couleur de rouille & tacheté
de brun, à feuillets blancs, &c. à tige renflée du bas, & en
forme d'éteignoir, *p. 177*, n.º 1, qui paffe pour pernicieux,
ainfi que le précédent, & que l'Italien nomme *bubbolina cattiva*,
qu'on confidère comme variété d'une autre efpèce *(fynonimie,
n.º 5. c)*; & le troifième, qui eft un très-petit champignon
d'un roux-brun & à feuillets blancs, comme peluché &
écailleux, dont Micheli donne la figure, *planche LXXVIII,
fig. 8*, & fur les qualités duquel il ne dit rien, mais qui
n'annonce rien de pernicieux : c'eft encore une petite cou-
lemelle-d'eau *(fynonimie, n.º 5. b. 2)*.

Champignons à pédicule colleté, à collet permanent, mais non adhérent, page 177.

D'une feule couleur, blancs.

Micheli admet ici, parmi les champignons de cette divifion, d'après Pontedera, le champignon blanc à double
chapiteau, fous le nom de *fungus collinus, candidus, duplici
pileolo, dipfacoïdes*, & ajoute qu'il ne l'a jamais vu. Je crois
que ce champignon, tel qu'on l'a défigné, c'eft-à-dire, avec
deux chapiteaux, n'exifte pas : je fais qu'il y en a un dont
le chapiteau fe coupe quelquefois en deux parties égales,
lorfque le voile qui couvroit les feuillets eft plus fort que
la fubftance du chapiteau, & le force de fe fendre en deux ;
mais malgré l'apparence d'un double chapiteau, il eft aifé
de s'apercevoir qu'il n'y en a qu'un. Ce champignon dont
parle Micheli d'après Pontedera, ne paroît point différent

de

de celui dont Fabius Columna a donné la figure fous le
même nom *(fynonimie, n.° 5)*.

De deux couleurs, blanchâtres ou grifâtres & blancs, page 177.

Les champignons de cette divifion, à deux couleurs,
blancs, blanchâtres ou grifâtres, ou bruns deffus, blancs
deffous, au nombre de cinq, font tous bons à manger.
Micheli, fur la foi de Ray, d'une feule efpèce, n.°s 1, 2,
page 177, en fait encore deux ici, l'une du *fungus pileolo
lato pediculo longiffimo, variegato* de G. Bauhin *(fynonimie
des efpèces, n.° 5)*; l'autre du *fungus quercinus dipfaccïdes* de
Columna; mais il ajoute qu'il n'a pas vu le premier, ce qui
prouve que Micheli ne fe trompe que lorfqu'il parle d'après
les autres; car c'eft le même champignon, qui ne peut pas
être plus fidèlement rendu qu'il l'eft dans la planche de
Fabius Columna; car la figure qu'en donne l'Éclufe, & que
Micheli cite, eft mauvaife; elle repréfente le même champignon, mais paffé *(fynonimie, n.° 5)*.

L'autre, n.° 3, eft encore un champignon de cette forte,
très-grand, à tige renflée ou bulbeufe, à chapiteau mamelonné & foyeux, à longue tige & à grand collet, dont il
donne la figure, *planche LXXXI, fig. 1 :* celui-ci eft encore
bon à manger, & pourroit être celui que Céfalpin appelle
fcarogiæ, canellæ, c'eft-à-dire, une variété particulière de
l'efpèce principale *(fynonimie, n.° 5)*; les Italiens le nomment
bubbola maggiore. Les deux fuivans, n.°s 4 & 5, à chapiteau
brun-clair ou obfcur, font encore des variétés du même que
Micheli a extraordinairement multipliées *(fynonimie, n.° 5)*.

*Champignons à pédicule colleté, mais dcnt le collet eft
fugace & s'attache ou aux bords du chapiteau, ou en
partie à la tige, à chapiteau uni.*

D'une feule couleur, pages 178 & 179.

Parmi les champignons de cet ordre, d'une feule couleur,
au nombre de dix, on en trouve de blancs, de gris, de

Tome I.   R r

violets, de fauves, de jaunes-pâles. Parmi les blancs, il y en a quatre en forme d'œuf ou coniques obtus, qu'on connoît en Italie sous le nom de *bozzolo*, qui sont ceux que l'Écluse a indiqués *(synonimie, n.° 55)*; un tout gris, *page 178*, un peu creusé en nombril, & qui est bon à manger, qui paroît être le même que celui que Vaillant a indiqué *(synonimie, n.° 162)*; un autre bulbeux & violet *(ibid.)*, qui ne diffère pas essentiellement de celui que Boccone avoit indiqué *(synon. n.° 140)*; un autre petit, de couleur fauve, à tige longue, *planche LXXV, fig. 4*, qui peut fournir une espèce particulière *(synonimie, n.° 241)*; deux jaunes-pâles, qui, ont l'odeur & la saveur du raifort, *page 179*, dont un est figuré *planche LXXV, fig. 2*, & qui rentrent comme variétés dans le numéro de l'espèce principale *(synonimie, n.° 201)*.

De deux couleurs, pages 179 & 180.

Parmi les champignons du même ordre & de deux couleurs, au nombre de douze, on en voit d'abord un à chapiteau blanc & à feuillets gris, qui ne paroît pas différer de ceux du n.° 238 *(ibid.)*; ensuite cinq de deux couleurs, fauve & blanche, dont un, n.° 3, *page 279*, est donné pour bon à manger; c'est celui qui est blanc dessus, avec des feuillets de couleur fauve & une forte tige : il rentre comme variété parmi les champignons ordinaires *(synonimie, n.° 4)*. Les autres, à l'exception du n.° 4, sont des variétés de l'espèce observée par Ray *(synonimie, n.° 116)*. Le n.° 4 est une variété d'une autre espèce indiquée par Vaillant *(synonimie, n.° 156)*; celui de Micheli a des bandes circulaires à la tige.

Celui de la division suivante, de couleur de marron, & à feuillets blancs, avoit été déjà observé par Ray *(synonimie, n.° 117)*.

Le suivant, *page 180*, d'un brun-pourpreux, à feuillets blancs, rentre dans le n.° 240 de la synonimie *(ibid)*.

Celui qui le suit, qui est un encrier, blanc & noir, en forme de capuchon, appartient à l'espèce principale *(synon. n.° 55)*.

Les deux fuivans, de couleur jaune, à feuillets fauves, &
dont l'un, qu'on appelle *grumato giallo*, eſt reçu pour l'uſage,
forment une variété de l'eſpèce jaune obſervée par cet auteur
(ſynonimie, n.° 236).

Le dernier de cette diviſion, viſqueux & jaune-clair, à
feuillets noirciſſans, & à tige cylindrique & bulbeuſe, peut
former une eſpèce particulière *(ſynonimie, n.° 242)*.

Parmi ceux de trois couleurs, au nombre de huit, *p. 180,
181*, dont le collet eſt à peine marqué, & dont aucun n'eſt
d'uſage, il n'y en a qu'un de remarquable, qu'on appelle
guglia, l'aiguille, *page 181*, dont le chapiteau, de forme
conique & roſe & blanc, a ſix pouces de longueur, avec
une tige blanche très-haute; il ne forme qu'une variété
remarquable dans l'eſpèce principale *(ſynonimie, n.° 55)*:
ſes feuillets ſont noirciſſans & ſe réduiſent en encre.

Celui qui le ſuit appartient au même numéro de la ſynonimie *(ibid.)*.

Les trois viſqueux, à feuillets fauves, violets & jaunes,
appartiennent à l'eſpèce principale indiquée par Vaillant
(ſynonimie, n.° 156); le brun & blanc, au n.° 217 de la
ſynonimie; & le roux, à feuillets roſe, au n.° 4 *(ſynonimie,
ibid.)*.

Champignons légèrement colletés, à chapiteau rayé entièrement, page 181.

On ne trouve qu'un champignon de cette diviſion, qui
eſt gris-blanc & peluché, en forme d'œuf, dont Micheli
donne la figure, *pl. LXXX, fig. 3*, qui n'eſt qu'une variété
de l'eſpèce obſervée par l'Écluſe *(ſynonimie, n.° 55)*. Cette
variété croît ſur le fumier.

Champignons à grande bourſe apparente, reſtant long-temps à la racine, à tige nue & à chapiteau uni, p. 181—183.

De diverſes couleurs.

Parmi les champignons à bourſe ou à enveloppe, à

CCXLII chapiteau uni & à tige nue, au nombre de treize, Micheli
n'en marque que quatre dont on faſſe uſage ; ce ſont ces
champignons à *valve*, ſorte d'*oronges*, dont l'uſage eſt en
général très-ſuſpect.

CCXLIII Parmi ceux d'une couleur, on n'en trouve que deux,
page 181, l'un petit, d'un jaune-pâle, à tige courte, & l'autre
couleur de daim & extrêmement petit. Ils peuvent établir,
pour ces ſortes de champignons, une eſpèce principale
(ſynonimie, n.º 243).

CCXLIV Parmi ceux de deux couleurs, *page 182*, on en trouve
d'abord un grand blanc, à feuillets couleur de chair, dont
Micheli donne la figure, *planche LXXVI, fig. 1 :* celui-ci
croît ſur les arbres ; il a un chapiteau ſoyeux & une tige
blanche & forte ; il eſt bon à manger ; il établit une eſpèce
particulière *(ſynonimie, n.º 244)* ; enſuite trois autres, dont
deux petits & de la même couleur, variétés du même *(ſynon.*

CCXLV *n.º 244)*, & dont on ne fait point uſage ; un autre jaune
deſſus, blanc deſſous, à tige longue & blanche, & bon à
manger ; il fournit une autre eſpèce *(ſynonimie, n.º 245)* ;
un autre vert-luiſant deſſus, blanc deſſous, eſpèce analogue
à celle qu'a obſervé Vaillant *(ſynonimie, n.º 174)* ; un autre
petit, à chapiteau brun, preſque noir & écailleux, à feuillets

CCXLVI & pédicule blancs ; il établit une autre eſpèce principale
(ſynonimie, n.º 246) ; un autre gris, à centre brun, qui ne
paroît qu'une variété du précédent *(ibid)*.

CCXLVII Parmi ceux de trois couleurs, & au nombre de trois,
pages 182, 183, il y en a un gris deſſus, roux deſſous, à
tige blanche & bulbeuſe, qui a l'odeur & la ſaveur du raifort,
& qu'on appelle en Italie *loppajola ;* cette eſpèce eſt bonne
à manger ; quoiqu'analogue par ſes qualités à celles du
n.º 201 de la ſynonimie, elle en fournit une autre particulière *(ſynonimie, n.º 247)*. Celui qui ſuit, *page 183*, de
couleur gris-argentin & luiſant, & à feuillets couleur de
chair, qui eſt encore bon à manger, & qu'on trouve ſur le
fumier, ne forme qu'une variété de l'eſpèce qui croît ſur

CCXLVIII les arbres *(ſynonimie, n.º 244)*. Le troiſième & dernier de

An. de J. C.
1729.

Micheli.
CCXLVIII

cette divifion, à chapiteau un peu conique, couleur gris-de-fouris, à feuillets blancs rouffiffans, fournit encore une efpèce particulière, dont les effets mortels ont été obfervés par un médecin de Turin *(fynonimie, n.° 248)*.

Champignons à bourfe, à tige fans anneau, à chapiteau rayé aux bords, pag. 183 — 184.

Ces fortes de champignons, au nombre de douze, ne s'éloignent pas en général de la couleur blanche, ou grife, ou brune, avec des feuillets blancs.

Parmi ceux d'une couleur, il y en a deux blancs, l'un en cône obtus, l'autre voûté, également rayés aux bords, & dont l'un, celui qui eft conique, eft, fuivant Micheli, bon à manger. Ils forment une efpèce qui avoit été déjà obfervée par l'Éclufe, qui la nomme *ftultorum boletus (fynon. n.° 52)*.

Parmi ceux de deux couleurs, il y en a un couleur d'or-pâle, à feuillets & à pédicule blancs, qui croît en France, & qui n'eft à la rigueur qu'une variété d'une autre efpèce de même couleur *(fynonimie, n.° 245)*; deux autres gris deffus, blancs deffous, & dont l'un eft donné pour bon à manger, qui croiffent encore en France, & qui ont été obfervés par Vaillant *(fynonimie, n.° 160)*; un autre roux deffus & blanc deffous, dont Micheli donne la figure, *planche LXXVI, fig. 2*, qui établit une autre efpèce *(fynon. n.° 249)*; deux autres, *page 184*, de couleur fauve & à feuillets blancs, qui n'en font que des variétés *(fynonimie, n.° 249)*; un autre à chapiteau brun, à feuillets blancs, qui eft une variété d'une autre efpèce déjà indiquée *(fynon. n.° 246)*.

CCXLIX

Parmi les champignons de la même divifion, & de trois couleurs, *page 184,* il y en a trois de couleur grife-obfcure, & à feuillets blancs ou rouffiffans, & dont un, celui qui a les feuillets gris-blancs, eft bon à manger; ils ne font que des variétés de l'efpèce brune *(fynonimie, n.° 246)*.

Champignons à bourse, à chapiteau uni & à tige colletée,
pages 184, 185.

Sur ces champignons ou oronges, au nombre de neuf,
il y en a quatre dont on fait ufage.

Parmi ceux d'une feule couleur, on en diftingue un grand,
tout blanc, qu'on appelle *farinaccio,* ou *le farineux, p. 184,*
parce que le collet fe réduit en parcelles comme farineufes;
il a une tige épaiffe, une odeur forte; les gens de la campagne l'apportent au marché de Florence. Il eft fuivi d'un
autre, n.° 2, de même couleur, mais moins grand, & qui
n'eft pas d'ufage. Ils conftituent une efpèce particulière
(fynonimie, n.° 250). Le fuivant, *p. 185,* eft tout couleur
de chair, lavé de pourpre, qu'on peut rapporter à la petite
efpèce qui n'eft point d'ufage *(fynonimie, n.° 243).*

Parmi ceux de deux couleurs, on en voit deux couleur
de paille deffus, blancs deffous, dont un, n.° 2, à tige
haute, eft marqué pour bon à manger : on l'appelle, en
Italie, *bubbolina di gambo alto;* mais ils ne forment que des
variétés d'une efpèce déjà obfervée *(fynonimie, n.° 245);*
un autre petit, gris deffus, blanc deffous, dont Micheli
donne la figure, *planche LXXVI, fig. 3,* qui n'eft qu'une
variété d'une autre efpèce *(fynonimie, n.° 246);* un autre
blanc, à tige tachetée de pourpre, qui eft bon à manger, &
que Micheli met fous la phrafe de *fungus efculentus, è volva*
erumpens, albus, pediculo palmari, cylindrico & anulato, macu-
lis fubpurpureis notato, page 185; malgré cette particularité,
il ne me paroît pas devoir être féparé de l'oronge blanche
(fynon. n.° 250); & un autre de couleur fauve, en forme
d'éteignoir, & qui n'eft point d'ufage *(fynonimie, n.° 243).*

Parmi ceux de trois couleurs, on en trouve un à chapiteau
mêlé de gris & de couleur de foufre, quelquefois tout gris,
à tige & feuillets blancs, & qui eft encore bon à manger
(fynonimie, n.° 246).

Champignons à bourse, colletés, à chapiteau rayé,
pages 185, 186.

An. de J. C.
1729.

Micheli.
CCL

Parmi ceux-ci, au nombre de cinq, on en trouve trois bons à manger. C'eſt dans cette diviſion que ſe trouve la véritable oronge.

Parmi ceux d'une ſeule couleur, & blancs, on en voit trois, dont deux, n.ºs 1 , 3 , *pages 185, 186*, ſont bons à manger ; l'un s'appelle *cocolla bianca, buona, maggiore*, l'autre *vovolo buono, bianco :* on nomme celui qui n'eſt pas d'uſage, *vovolo ſalvatico.* Ce ſont des oronges toutes blanches, rayées aux bords, variétés de la grande eſpèce *(ſynon. n.° 250)*.

Parmi ceux de deux couleurs, on en trouve un doré 'deſſus & jaune-pâle deſſous, qui eſt la véritable oronge, *page 186*, ſous le nom des auteurs, & dont Micheli donne la figure, *planche LXXVII, fig. 1 ;* il dit qu'on le trouve au printemps & en automne, & qu'on l'apporte au marché, à foiſon ; on l'y appelle *vovolo ordinario (ſynonimie, n.° 3) ;* un autre rouge, preſque couleur de laque, également rayé aux bords, à tige & feuillets blancs, qui paſſe, avec raiſon, pour dangereux, & qu'on appelle, en Italie, *vovolo malefico roſſo.* Cette eſpèce eſt très-connue *(ſynonimie, n.° 13. a. 2)*.

Champignons unis, ſans collet, à bourſe & à fragmens
reſtant ſur le chapiteau, page 186.

Parmi ceux-ci, au nombre de quatre, il n'y en a aucun qui ſoit d'uſage : ce ſont ceux qu'en Italie on comprend ſous le nom générique de *tignoſa, champignons teigneux (ſynonimie des genres, n.° 13)*.

Parmi ceux d'une couleur, & tout blancs, on n'en trouve qu'une eſpèce analogue à celles du n.° 43 de la ſynonimie '(ibid.). Micheli en donne la figure, *planche LXXX, fig. 4.*

Parmi ceux de deux couleurs, gris ou plombés & blancs, on y trouve celui que J. Bauhin avoit indiqué, & dont il a marqué les effets ; il eſt viſqueux *(ſynonimie, n.° 43. a. 4).* Le ſuivant, gris-obſcur & blanc, en eſt encore une variété (*ſynonimie, n.° 43*).

On y en voit encore un de la même ſorte, pourpre-ſale ou couleur de rouille brune, à feuillets blancs, donné avec raiſon pour très-ſuſpect, ſous le nom de *tignoſa cattiva, roſſa &* *bianca ſenz'anello*, ſorte de fauſſe oronge (*ſynon. n.° 13. a. 4*).

De même, mais colletés, pages 187, 188.

Ces champignons diffèrent des précédens, en ce qu'ils ſont colletés ; ſur le nombre de dix-huit, il y en a dix dont on fait uſage.

Parmi ceux d'une ſeule couleur, *page 187*, on en trouve quatre tout blancs, & tous bons à manger ; ils établiſſent une eſpèce particulière & principale (*ſynonimie. n.° 251*) : on les déſigne, en Italie, ſous les noms de *tignoſa & bubbola bianca*.

Parmi ceux de deux couleurs, c'eſt-à-dire, gris, à feuillets blancs, *page 187*, il y en a quatre, dont deux ſont d'uſage. On diſtingue ceux-ci des deux douteux ou ſuſpects, en ce que l'un, n.° 3, qui eſt petit, a un collet très-étroit ; on le nomme *tignoſa grigia minore* ; & que l'autre, lavé de couleur de cerf, a une tige à élevures écailleuſes & comme en crochet. Des deux autres ſuſpects, n.°ˢ 1, 2, gris deſſus, blancs deſſous, l'un, n.° 1, eſt viſqueux au toucher, l'autre a la tige en quille ou en fuſeau ; Micheli donne la figure de celui-ci, *pl. LXXVIII, fig. 1*. Ils ne peuvent être conſidérés que comme des variétés de l'eſpèce dartreuſe griſe (*ſynonimie, n.° 43*). Le ſuivant, de couleur bai-brune & blanche, eſt de même (*ibid.*).

Les ſept ſuivans, *p. 187, 188*, roux, rouges ou pourpres deſſus, à feuillets blancs, appartiennent à une autre eſpèce. Parmi ceux-ci, Micheli en marque deux bons à manger, ce qui mérite beaucoup d'attention ; ce ſont ceux qu'on appelle parmi nous, *fauſſes oronges*. Le n.° 1 eſt celui qui eſt d'abord couleur de feu, enſuite doré, ſi commun dans les bois, & qui n'eſt point rayé aux bords ; il a été indiqué par Vaillant ſous un mauvais titre (*ſynonimie, n.° 13. a. 5*) : c'eſt celui

qui

qui expoſe le plus ſouvent aux méprifes, en le prenant pour l'oronge ; on l'appelle en Italie, *vovolo ſalvatico, maléfico roſſo.*
Le n.º 2, rouge deſſus, blanc deſſous, a une tige à ſubſtance rouge & ſujette à éclater vers ſa bafe ; il n'eſt pas d'uſage.
Les n.ᵒˢ 3 & 4, qu'on mange, ſuivant Micheli, ſont rouges deſſus, blancs deſſous, à tige blanche, colletée & bulbeuſe : je crois qu'il n'y auroit point de ſûreté à s'y fier. Le n.º 5, de couleur vineuſe ſale ou lie-de-vin deſſus, blanc deſſous, n'eſt point d'uſage. Des deux ſuivans, de couleur pourpre, & blancs deſſous, l'un, n.º 2, eſt d'uſage ; la tige de celui-ci eſt quelquefois lavée de pourpre. Tous ceux-ci rentrent comme variétés de l'eſpèce principale, dans le n.º 13 de la ſynonimie *(ibid).*

· Les deux derniers de cette diviſion, de couleur bife deſſus, blancs deſſous, & dont l'un eſt d'uſage, appartiennent au numéro des eſpèces grifes *(ſynonimie, n.º 43).*

De même, mais rayés aux bords, pages 188, 189.

Parmi ceux-ci, au nombre de cinq, il y en a trois dont on fait uſage ; ils ne différent des précédens, que parce qu'ils ſont rayés aux bords. Ils ſont tous de deux couleurs : le premier eſt doré deſſus, blanc deſſous, rayé aux bords ; Micheli en donne la figure, *planche LXXVIII, fig. 2 ;* il ne diffère pas de la fauſſe-oronge ordinaire *(ſynonimie, n.º 13) ;* il n'eſt pas donné non plus pour bon à manger. Parmi les gris ou de couleur bife ou blonde & blancs de la même diviſion, il y en a un, *page 188,* gris & blanc, marqué pour bon à manger ; un autre bai & blanc, marqué de même pour bon à manger, *page 188,* & qu'on appelle, en Italie, *tignoſa bionda ;* & parmi ceux de couleur bife deſſus, blancs deſſous, il y en a encore un marqué pour l'uſage, *page 189,* n.º 1, ſous le nom de *tignoſa bigia rigata.* Ces quatre dernières eſpèces rentrent comme variétés dans le numéro de l'eſpèce grife *(ſynonimie, n.º 43).*

Micheli fait une diviſion particulière, *page 189,* pour un champignon couleur de rouille deſſus, gris deſſous, dont la

An. de J. C.
1729.

Micheli.
CCLI

bourſe en parcelles ſe transforme en collet & ſe diſſipe. Micheli en donne la figure, *planche LXXXI, fig. 3,* qui ne paroît qu'une variété de l'eſpèce obſervée par Vaillant (*ſynonimie, n.° 165*).

Champignons à valve briſée & à chapiteau rayé, à tige ſans anneau, page 189.

Les champignons de cette diviſion, au nombre de deux, ſe font remarquer par leurs canelures & leur coiffe, qui finit par former comme une étoile au ſommet du chapiteau. L'auteur n'en marque que deux eſpèces, dont il donne la figure, *planche LXXX, fig. 2, 5 :* l'une à racine un peu en crochet, de couleur plombée, & qui ſe réduit bientôt en liqueur noire ; l'autre, à peu-près de même couleur & coliquative de même, mais qui a une racine en alêne, plongeant profondément dans la terre, & une enveloppe qui ſe partage partie en fragmens, partie en étoile : les Italiens nomment celui-ci *fungo leſina, di pollina.* Malgré ces particularités, ces champignons ne forment que des variétés de l'eſpèce principale des encriers en forme d'œuf (*ſynonimie, n.° 55*).

DEUXIÈME SECTION.

Champignons en touffe ou en famille (fungi ceſpitoſi ſeu faſciculoſi), pag. 190—200.

Ces champignons ſont ceux, comme on a vu, qui croiſſent en plus ou moins grand nombre ſur le même pied, & qu'on trouve diſtribués depuis la page 190 juſqu'à la page 200, au nombre de cent quatre-vingt-quinze. Micheli avertit que dans leur diſtribution, il n'a eu égard, pour les diviſions, ni à leur ſaveur, ni à leur enveloppe ou bourſe.

Champignons en touffe, à branches, page 190.

Parmi ceux-ci, on ne trouve qu'une eſpèce griſe, à feuillets & à tige ou branches blancs : Micheli en donne la figure, *pl. LXXIX, fig. 1.* Cette efpèce eft très-analogue à celles du n.° 12 de la fynonimie ; mais elle en fournit une particulière, qui eft la feuilletée ; elle eft bonne à manger *(fynon. n.° 252).*

Champignons en touffe, fans branches, fans anneau, fans canelures, pag. 190—194.

Parmi les champignons de cet ordre, au nombre de quarante-neuf, il y en a neuf ou dix efpèces dont on fait ufage ; on y remarque, comme dans les autres, beaucoup de nuances dans les couleurs.

Parmi ceux d'une couleur & blancs, au nombre de fix, il y en a deux efpèces données pour bonnes à manger ; l'une qui croît au pied du fureau & du peuplier noir, l'autre au pied de ce dernier arbre ; elles font creufées l'une & l'autre en manière d'entonnoir. Celle du peuplier, n.° 1, *page 190,* a un parfum agréable ; elle eft blanchâtre deffus, entièrement blanche deffous, à tige courte & lanugineufe ; on la trouve en décembre. Celle du fureau, n.° 3, eft également blanche, & vient au printemps, en été & en automne ; fon chapiteau fe divife en plufieurs portions, fa fubftance eft mince, fa furface comme éraillée, & fa tige ou racine plus ou moins longue. Celle-ci établit une efpèce particulière *(fynonimie, n.° 253) :* l'autre avoit été déjà obfervée *(fynonimie n.° 36).* Les autres, également blancs, & dont un, n.° 4, eft vifqueux, font le même & des variétés de l'efpèce indiquée par J. Bauhin *(fynonimie, n.° 71).*

Parmi les champignons gris de cet ordre, Micheli n'en indique qu'une efpèce qui croît au pied du hêtre, & qui n'eft point d'ufage ; fes bords fe relèvent & forment la foucoupe : c'eft une efpèce qui paroît analogue à celle qu'a obfervé Ray *(fynonimie, n.° 115).*

Parmi ceux qui font tout roux, au nombre de trois, il n'y en a qu'une efpèce, n.° 1, *page 190,* qui foit d'ufage ; c'eft celle dont les feuillets d'abord blancs, deviennent enfuite de la couleur du chapiteau, & dont la tige eft en pointe vers la terre : on l'appelle, en Italie, *famiglia di gambe fecche ;*

S f ij

An. de J. C.
1729.

Micheli.
CCLII

CCLIII

An. de J. C.
1729.

Micheli.

Micheli doute ſi c'eſt le *ſtultorum cucullus* de Sterbeeck *(ſynonimie, n.° 46)*. Les deux qui ſuivent ſont des variétés de l'eſpèce principale *(ſynonimie, n.° 60)*.

CCLIII   Parmi ceux de couleur fauve, au nombre de deux, il n'y en a aucun qui ſoit d'uſage. Ce ſont encore des variétés de l'eſpèce indiquée par Lobel *(ſynonimie, n.° 30)*.

Il n'y a qu'une eſpèce de couleur bai-brune qui n'eſt point d'uſage : celle-ci a le chapiteau écailleux, les feuillets blancs ; elle ne me paroît pas aſſez caractériſée pour former une eſpèce particulière.

CCLIV   Parmi ceux qui ſont tout jaunes, au nombre de trois, il y a une eſpèce qu'on regarde, avec raiſon, comme dangereuſe ; c'eſt celle qui croît ſur l'olivier, & qu'on appelle *fungo olivo, dorato malefico :* elle eſt de couleur d'or foncé ; ſa tige eſt en pointe vers la racine. Il finit par devenir de couleur olivâtre comme l'olive. Micheli rapporte une obſervation, *page 200,* qui prouve le danger de ſon uſage. Il fournit une eſpèce particulière *(ſynon. n.° 254)*. Les n.ᵒˢ 1, 2, ſont des eſpèces analogues à celle que Vaillant a indiquée *(ſynon. n.° 172)*.

CCLV   Parmi ceux de deux couleurs, jaunes & blancs, au nombre de deux, *page 191,* il y a une eſpèce, n.° 1, qui eſt d'uſage ; c'eſt celle qui croît ſur les troncs des peupliers morts. Celle-ci eſt d'un parfum très-agréable ; elle a le centre de ſon chapiteau de couleur jaune ſur un fond blanc : elle a quelqu'analogie de couleur avec celle de Vaillant *(ſynon. n.° 163 & 172)*, mais elle établit une eſpèce particulière *(ſynon. n.° 255)*. Le n.° 2, jaune & viſqueux, ſe rapproche de celui que Vaillant a obſervé, mais eſt une variété du n.° 1 *(ſynon. n.° 255)*.

Sur trois gris & blancs, il n'y en a aucun qui ſoit d'uſage ; ils rentrent comme variétés dans le numéro de l'eſpèce indiquée par Ray *(ſynonimie, n.° 115)*.

CCLVI   L'eſpèce blanche, piquée de taches pourpres, *page 192,* eſt réputée, par les habitans de la campagne, bonne à manger ; elle eſt en forme d'éteignoir, & ſes taches la rendent tigrée ; ſa tige eſt longue & taillée en quille. Elle fournit une autre eſpèce particulière *(ſynonimie, n.° 256)*.

An. de J. C.
1729.

Micheli.

Sur quatre efpèces bifes ou grifes, à feuillets blancs, *page 192*, il n'y a que celle qui vient au pied de l'orme, n.° 1, qui foit bonne à manger : celle-ci a le deffus du chapiteau d'un brun-obfcur, avec des feuillets & un pédicule blancs ; on l'appelle, en Italie, *olmarino buono ;* elle forme une efpèce particulière *(fynon. n.° 257).* Le n.° 2, qu'on appelle *carbonajo,* ainfi nommé à caufe de fa couleur brune & prefque noire, a fes feuillets blancs & fa tige renflée *(fynon. n.° 257).* Le n.° 3, de fubftance tendre & de forme conique, fe réduifant en encre, eft une variété de l'efpèce encrière indiquée par Vaillant *(fynonimie, n.° 115. a. 2).* Le n.° 4, gris & blanc deffous, à tige fur le côté, eft une variété du n.° 1 *(fynonimie, n.° 257).*

CCLVII

L'efpèce d'un roux-foncé ou bai-brun, creufée en nombril & foyeufe, à feuillets gris-de-cendre & fendus, à tige un peu renflée, eft bonne à manger ; elle diffère peu de la feconde efpèce du vingt-deuxième genre pernicieux de l'Éclufe, mais forme une efpèce particulière *(fynonimie, n.° 258).*

CCLVIII

Sur les trois efpèces grifes ou brunes qui fuivent, il y en a deux, n.° 1, 2, à feuillets gris, qui font des variétés de la précédente *(fynonimie, n.° 258);* la troifième en eft une autre de celle indiquée par Vaillant *(fynonimie, n.° 172).*

L'efpèce qui eft d'un gris-de-cendre ou blanchâtre, à feuillets & à pédicule roux, eft encore très-bonne à manger ; c'eft celle qu'on appelle, en Italie, *orcella, mammola, fardinella,* qui croît en feptembre dans les champs : Battara en a donné une bonne figure ; elle eft un peu en forme de fpatule. Cette efpèce, qui eft fort recherchée, avoit déjà été obfervée par l'Éclufe *(fynonimie, n.° 37).*

Sur les dix-huit efpèces reftantes, de deux ou de trois couleurs, de cette divifion, indiquées *p. 193, 194,* & qui croiffent fur-tout au pied des chênes, des figuiers, &c. il n'y en a que deux qui foient d'ufage & qu'on apporte au marché de Florence : les deux premières, *p. 193,* de couleur rouffe ou fauve, à feuillets prefque de la même couleur, rentrent dans le numéro de l'efpèce indiquée par Lobel *(fynonimie,*

An. de J. C.
1729.

Micheli.
CCLIX

n.° 30); celle qui ſuit, de couleur brune, en cloche, & ſe réduiſant en encre, eſt encore une variété de l'eſpèce indiquée par Ray *(ſynonimie, n.° 115)*; la ſuivante, de couleur roſe & à tige jaune, *planche LXXVIII, fig. 3*, de forme ovale, fournit une eſpèce particulière *(ſynonimie, n.° 259)*; celle

CCLX

qui ſuit, à chapiteau & à tige jaunes, à feuillets verts, en fournit une autre *(ſynonimie, n.° 260)*; celle qui eſt en forme d'éteignoir & qui ſe fend, de couleur preſque noire, à feuillets jaunes, rentre dans le n.° des encriers en famille *(ſynonimie, n.° 115)*; les cinq ſuivantes, de couleur jaune-doré, & dont l'une croît au pied du figuier, vers Pâques *(funghi paſchali di fico)*, rentrent comme variétés dans le numéro de l'eſpèce principale *(ſynonimie, n.° 30)*. Aucun de ces champignons n'eſt d'uſage.

Parmi ceux de trois couleurs, il y en a une eſpèce bonne à manger; c'eſt celle qui a un parfum agréable, qui eſt de couleur fauve foncé ou bai-brune deſſus, blanche deſſous, à

CCLXI

tige longue & brune; on l'appelle, en Italie, *famiglia buona odoroſa*; elle eſt un peu analogue à celle qui eſt creuſée en nombril *(ſynon. n.° 258)*, mais elle forme une eſpèce particulière *(ſynon. n.° 261)*. L'eſpèce qui ſuit, d'un roux-gris, à feuillets pourpres-livides, eſt une variété de celles obſervées

CCLXII

par l'Écluſe *(ſynonimie, n.° 30)*. Les deux eſpèces ſuivantes, de couleur biſe à feuillets gris, à tige blanche, & dont on en apporte une au marché de Florence, ſous les noms de *ſoderino* & de *piazzajolo*, forment une autre eſpèce particulière *(ſynonimie, n.° 262)*. Le ſuivant, de couleur rouſſe & griſe, à feuillets blancs, rentre dans le n.° 257 de la ſynonimie; & les deux derniers, en forme d'éteignoirs, à feuillets pourpres ou noirs, parmi les encriers en famille *(ſynonimie, n.° 115)*.

Champignons en touffe, rayés depuis le ſommet juſqu'aux bards, pages 195 & 196.

Ces champignons ne diffèrent des précédens que parce

qu'ils font rayés ; ils font au nombre de onze, & il n'y en a aucun qui foit d'ufage.

Parmi ceux d'une couleur & gris, on en trouve deux, *page 195*, qui font de l'efpèce indiquée par Ray *(fynonimie, n.° 115)*; deux autres de couleur bife, également rayés, & qui ne diffèrent des précédens que par un ton de couleur plus foncée *(fynonimie, n.° 115)*.

Parmi ceux de deux couleurs, on en trouve un qui reffemble au champignon androface à bourlet en effieu, dont Micheli donne la figure, *planche LXXIX, fig. 7*, qui fournit une autre efpèce particulière *(fynonimie, n.° 263)*. Le fuivant, qui eft blanc & à tige noire, *planche LXXIV, fig. 5*, eft fait de même, & ne diffère pas du précédent *(fynon. n.° 263)*.

Parmi ceux de trois couleurs, il y en a deux à chapiteau ovale, bruns, dont l'un, *planche LXXIV, fig. 4*, dure peu & rentre évidemment dans le numéro de l'efpèce obfervée par Vaillant *(fynonimie, n.° 115. a. 2)*, ainfi que l'autre *(ibid.)*; trois autres roux-fauve ou couleur de buis, à feuillets très-bruns, qui font ceux que Lobel & Dodonée avoient déjà indiqués *(fynonimie, n.° 30)*. Aucun de ces champignons n'eft d'ufage.

Champignons en touffe, à chapiteau rayé aux bords feulement,
pages 196, 197.

Parmi ceux de cet ordre & d'une couleur, c'eft-à-dire, gris, on en trouve une efpèce qui eft une variété de celle de Ray *(fynonimie, n.° 115)*.

Parmi ceux de deux couleurs, il y en a un blanc, à tige jaune, qui forme une autre variété de l'efpèce indiquée par J. Bauhin *(fynonimie, n.° 71)*; un autre lavé de pourpre partout, à chapiteau en forme de bonnet, & comme hériffé, qui forme une autre efpèce particulière *(fynon. n.° 264)*.

Celui qui fuit, gris & blanc, paroît une variété de celui de l'orme *(fynonimie, n.° 257)*. La touffe fuivante, de couleur bife, à feuillets gris, *planche LXXV, fig. 9*, ne paroît encore

An. de J. C.
1729.

Micheli.
CCLXII

CCLXIII

CCLXIV

qu'une variété d'efpèce déjà indiquée par Micheli *(fynonimie, n.° 262)*. Les deux derniers, en forme d'éteignoir & à feuillets blancs ou pourpres, ne font encore que des variétés de l'efpèce d'encriers en famille *(fynonimie, n.° 115)*.

Champignons en touffe, unis, à tige colletée & à collet permanent, pages 197, 198.

Parmi les champignons de cet ordre, au nombre de quatorze, il y en a huit ou neuf bons à manger, c'eft-à-dire, un plus grand nombre d'efpèces que parmi ceux qui ne font pas colletés, comme c'eft l'ordinaire pour les champignons en général.

CCLXV   Parmi ceux d'une couleur, on en trouve deux roux, *page 197*, dont un a la tige bulbeufe, *pl. LXXX, fig. 6*; celui qui le précède, n.° 1, eft bon à manger; quoique analogues aux efpèces du n.° 30 de la fynonimie, ils en établiffent une autre particulière *(fynonimie, n.° 265)*; trois

CCLXVI   jaunes ou de couleur d'or, tous trois bons à manger, & qui forment une autre efpèce principale *(fynonimie, n.° 266)*; ils croiffent au pied des chênes *(famiglia gialla buona)*.

Parmi ceux de deux ou de trois couleurs, il y en a un gris

CCLXVII   deffus & écailleux, blanc deffous, analogue à celui de l'orme *(fynon. n.° 257)*, mais qui en diffère par fon collet, & qui forme une autre efpèce particulière encore bonne à manger

CCLXVIII   *(fynonimie, n.° 267)*; un autre petit, de couleur fauve, à feuillets blancs, analogue aux roux *(fynonimie, n.° 265)*, mais formant encore une efpèce particulière qui n'eft pas d'ufage *(fynonimie, n.° 268)*; un autre couleur de miel, à feuillets blancs, qui eft une variété du précédent *(fynonimie, n.° 268)*; un autre, *page 198*, de couleur flave lavée un peu de brun, à feuillets blancs, qui eft une variété, encore

CCLXIX   d'ufage, de la dernière *(fynonimie, n.° 268)*; un autre gris deffus & à feuillets pourpres, très-analogue au champignon ordinaire *(fynonimie, n.° 4)*, mais formant une efpèce particulière : on l'appelle, en Italie, *famiglia di pratajoli*; il eft d'ufage *(fynonimie, n.° 269)*.

Des

Des deux qui reftent, l'un roux deffus, fauve deffous, à
tige blanche, l'autre de couleur fauve deffus, blanc deffous,
famiglia buona, bianca e leonata, l'un n'eft qu'une variété du
n.° 265 de la fynonimie; l'autre, qui eft d'ufage, celle qui
eft couleur de lion & blanche, eft une autre variété du
n.° 268 de la fynonimie *(ibid.).*

An. de J. C.
1729.

Micheli.
CCLXiX

Parmi ceux de quatre couleurs, on en trouve deux qui
croiffent au pied de l'érable & du peuplier, à chapiteau de
couleur d'abord obfcure ou bife, enfuite fauve, enfin blanchâtre, ridé ou finueux comme la pulmonaire de chêne,
à feuillets couleur de cerf ou fauves; l'un avec des feuillets
très-étroits, & à grand collet; l'autre, avec des feuillets
très-larges d'un demi-pouce d'étendue, & à collet très-étroit.
Micheli ajoute que ces deux derniers diffèrent des autres
champignons feuilletés, en ce que leurs feuillets fe détachent
facilement de la fubftance du chapiteau, comme dans les
champignons poreux. Ils croiffent au printemps & en automne, & font apportés au marché à Florence. On les
appelle *piopino* ou *alberino*, parce qu'on les trouve encore
au pied du peuplier noir & du peuplier blanc. Ils forment
une efpèce particulière & principale *(fynonimie des efpèces,
n.° 270).*

CCLXX

Champignons en touffe, à chapiteau rayé par-tout, & colletés,
page 198.

On n'en voit qu'une efpèce dont Micheli donne la figure,
planche LXXXI, fig. 4 ; elle eft d'un fauve brun, avec des
feuillets blancs, & n'eft point d'ufage *(fynonimie, n.° 268).*

Champignons rayés aux bords feulement, & colletés, p. 199.

Il n'y a encore qu'une efpèce de cet ordre, qui eft bonne
à manger, d'un brun flave deffus, blanche deffous, à tige
brune & renflée au bas, *planche LXXXVIII, fig. 2 ;* elle ne
forme de même qu'une autre variété d'une efpèce principale
(fynonimie, n.° 268).

Tome I.   T t

Champignons en touffe , unis , à collet qui s'efface ,
pages 199, 200.

Parmi les espèces de cet ordre, au nombre de onze, de diverses couleurs, il n'y en a qu'une qui soit d'usage.

Parmi celles d'une seule couleur, on distingue d'abord celles qui sont jaunes ou de couleur d'or, au nombre de trois, & dont une est figurée, *planche LXXX, fig. 7 ;* elles diffèrent de celles dont on a parlé, & dont elles ne forment que des variétés, en ce qu'elles sont moins en chair & ont un collet à peine sensible dans la plupart *(synon. n.° 266).*

Parmi celles de deux couleurs, il y en a une de couleur bise ou obscure dessus, blanche dessous, qu'on appelle *femenzini,* analogue à celle des n.°ˢ 257 & 267 de la synonimie, mais qui paroît avoir été déjà indiquée à peu-près sous le même nom par Sterbeeck *(synonimie des espèces, n.° 103).* Celle qui suit, rousse & blanche, rentre dans le n.° 268 de la synonimie, ainsi que les trois suivantes, qui sont rousses, à feuillets gris & à tiges blanches *(ibid.).* Les deux suivans, *page 200,* de couleur pâle ou obscure, à feuillets blancs, rentrent dans le n.° 267 de la synonimie. Enfin, le troisième & dernier est le champignon ovoïde & gris dont Vaillant a donné la figure, *pl. XII, fig. 10, 11 (synon. n.° 115. a. 3).*

R É S U M É.

IL résulte de ce tableau, que sur six cents vingt-cinq champignons feuilletés indiqués par Micheli, il y en a environ cent soixante-quatorze dont on fait usage dans la Toscane; lesquels, ajoutés aux agarics, aux cepes & aux champignons épineux d'usage, forment déjà un total de deux cents huit sortes bonnes à manger. Sur la totalité des champignons feuilletés, on en trouve soixante-seize tout blancs; trente-cinq jaune-dorés ou couleur de paille; seize gris; treize de couleur fauve, de belette ou de lion; vingt-un roux; sept rouges ou couleur de brique; huit couleur de

fuie, de biſtre ou de terre d'ombre; treize violets ou bleus;
un vert; vingt-neuf dont le deſſus eſt blanc ou blanc-ſale,
ou preſque gris, & les feuillets couleur de chair ou rouges;
ſoixante-neuf dont le deſſus eſt gris-obſcur ou brun, & le
deſſous blanc; vingt-un dont le deſſus eſt rouge & les
feuillets blancs; ſix dont le deſſus eſt vert & le deſſous
blanc ou couleur de chair; vingt-cinq de trois couleurs;
quatre de quatre couleurs, & les autres dont les couleurs
ſont mélangées ou compoſées de celles-ci.

D'où il ſuit que le blanc & le gris ſont, pour les champignons, les couleurs dominantes en Italie; que le jaune
vient après, & que le vert eſt la couleur la plus rare.

Quant à leur ſtructure, ils offrent, en Italie, des particularités qu'on ne remarque pas communément ailleurs. On
en trouve de poreux & de feuilletés, à racine tubéreuſe &
vivace; d'autres dont la racine eſt en navet ou en pointe
pivotant dans la terre, ce qui n'eſt point particulier à l'Italie;
mais d'autres à racine rampante & ſarmenteuſe; ce qui n'a
point encore été obſervé ailleurs.

Quant aux qualités apparentes & ſenſibles, on en trouve
vingt-ſix à vingt-ſept ſortes qui ſont âcres, & dont dix-neuf
donnent un lait également âcre; cinq à liqueur laiteuſe,
mais douce; près de ſoixante-dix qui ſe réduiſent promptement en liqueur noire & fétide; dix à odeur de farine de
froment; cinq à odeur de raifort; trois à odeur d'ail, &
quatre cents cinquante-un ſuſpects, ou ſur les qualités deſquels
l'auteur ne dit rien. Mais Micheli fait remarquer ſagement,
au ſujet de leurs qualités, qu'il s'en eſt rapporté, à cet
égard, au témoignage des habitans de la campagne, & qu'il
ne décide rien poſitivement là-deſſus; que tous les jours on
en vend au marché de Florence qui paſſent pour être d'un
uſage pernicieux, & qui ne cauſent aucun accident; d'où
on pourroit preſque conclure qu'il y a beaucoup moins
d'eſpèces d'un uſage dangereux en Italie, qu'il n'en a marqué.
Du reſte, cet auteur avertit qu'il ne faut pas toujours ſe fier
à l'apparence, & qu'on ſe trompe quelquefois, comme cela

An. de J. C.
1729.

Micheli.
CCLXX

T t ij

arriva à fon deſſinateur, qui, trompé par l'odeur, la féche-
reſſe & la couleur de ceux qui croiſſent ſur l'olivier,
& qu'on appelle *olivi* en Italie, en mangea & en fut très-
incommodé, ainſi que ſa famille.

On voit dans l'ouvrage de Micheli, que les champignons
feuilletés qu'on mange dans la Toſcane, ſont pris indiſtinc-
tement de toutes les diviſions ; qu'on y fait uſage également
de ceux qui ſont âcres, des rouges, des violets, des bruns,
de certains verts, des gris principalement, & ſpécialement
de ceux qui ſentent la farine de froment, qui y ſont les
plus eſtimés après l'oronge ; qu'on y recherche encore, pour
l'uſage, ceux dont les feuillets ſont couleur de roſe, de
chair ou de corail ; & parmi ceux-ci, ceux qui ont un collet,
une racine rampante ou ſarmenteuſe. On voit encore qu'indépendamment de l'oronge, on y fait uſage de pluſieurs
champignons bulbeux ; que quelques eſpèces données par
les auteurs comme dangereuſes, telles que le grand champignon bulbeux & violet *(ſynonimie, n.º 140)*, ſont marquées
pour bonnes par Micheli ; &, à cet égard, cet auteur
mérite plus de confiance que tout autre, ayant été plus à
portée que qui que ce ſoit, d'en connoître un grand nombre,
& ayant claſſé & diſtingué avec ſoin les différentes eſpèces de
champignons ; mais on peut lui reprocher d'avoir trop multiplié le nombre des eſpèces de *fungus*, qui, à la rigueur,
pourroient être réduites à cent. Du reſte, aucun botaniſte,
comme on vient de le voir, n'en a fait connoître autant que
lui, puiſque ſans compter celles qui étoient connues, on a
pu en former ſoixante-douze diſtinctes *(ſynonimie des eſpèces,*
n.º 198 —270).

Le *fungoïdaſter* eſt un genre de champignon que Micheli
définit, *page 200, un genre de plante à chapiteau comme le*
fungus, mais dont il diffère par l'une & l'autre de ſes ſurfaces,
qui ſont minces ; & ayant ſes ſemences, dans les uns, à la partie
ſupérieure, dans d'autres, à la partie inférieure du même chapi-
teau. Vaillant a donné l'idée de ce genre par ſa première
famille de champignons unis *(ſynonimie des genres, n.º 42)*.

Parmi les champignons compris fous le nom de *fungoïdafter,* *pages 200, 201,* au nombre de quatorze, on n'en trouve aucun dont on faffe ufage en Italie. Micheli en marque dix efpèces, *ibid.* & dont plufieurs font figurées *pl. LXXXII.*

Parmi ceux qui ont leurs femences à la partie fupérieure du chapiteau, au nombre de quatre, on y voit d'abord un fungoïde à tête ronde, qui croît fur les champignons ordinaires qui fe gâtent, *fungo di fungo morto,* qui établit une efpèce particulière *(fynonimie, n.° 271);* fes femences comme étoilées, le font paroître hériffé; celui qu'il indique d'après Vaillant, *n.° 2, page 201 (fynonimie, n.° 152),* *fungherello di gelatina;* un autre petit, à difque & à tige, qui croît fur les feuilles mortes, *funghini di foglie, n.° 3,* *planche LXXXII, fig. 3,* qui forme encore une efpèce particulière *(fynon. n.° 272);* un quatrième, couleur de chair, fort petit, *planche LXXXII, fig. 4, funghetti, incarnati di legni morti,* qu'on peut regarder comme une variété du premier *(fynonimie, n.° 271).*

Parmi ceux qui ont leurs femences à la partie inférieure, au nombre de fix, on en voit un, *planche LXXXII, fig. 5,* qui eft en touffe, *trombetta di morto maggiore a cefpi,* qui eft en effet en forme de trompette, mais qui n'eft qu'une variété de l'efpèce indiquée par Ray *(fynonimie, n.° 134);* deux autres d'après Vaillant & Breyne, qui ne font encore que des variétés du même *(ibid.).* Les trois autres gris ou de couleur brune, *planche LXXXII, fig. 7, 8,* ne font encore que des variétés du même *(fynonimie, n.° 134).*

Le *phallus* de Micheli, *page 201,* eft défini *un genre de* *plante à chapiteau, fortant d'une valve ou bourfe, compofé de* *deux membranes, entre lefquelles eft une humeur mucilagineufe;* *à tige fpongieufe & creufe, qui porte un chapiteau en forme de* *bonnet fillonné & creufé en manière de rayons de miel, ouvert dans* *les uns, fermé dans d'autres, & dans tous, couvert d'une croûte* *qui fe réduit en liqueur fétide, dans laquelle font renfermées les* *femences.* C'eft Dillen qui a formé ce genre *(fynonimie des* *genres, n.° 38).*

An. de J. C.
1729.

Micheli.
CCLXX

CCLXXI

CCLXXII

Phallus.

An de J. C.
1729.

Micheli.
CCLXXII

L'auteur diſtingue les phallus en deux ordres, en ceux qui ſont ouverts & ceux qui ſont fermés ; celui qui eſt ouvert au ſommet, paroît le plus ordinaire en Italie, où il eſt connu ſous le nom de *lumacone* ou d'*invoglia* *(ſynonimie, n.° 17)*. Il ne dit rien de nouveau à leur ſujet. On ſait que ces plantes ne ſont point d'uſage.

Phallo-boletus.

Le *phallo-boletus, page 202,* eſt défini *un genre de plante à chapiteau, qui tient le milieu entre le* phallus *& le* boletus, *différant du premier, en ce qu'il n'a ni valve ni croûte calleuſe couvrant le chapiteau, & que ſes ſemences ſont diſperſées ſur ſa ſurface ; & du* boletus, *en ce que la partie inférieure du chapiteau ne touche point à la tige & ſe trouve ouverte depuis les bords juſqu'à la partie du ſommet qui eſt attachée à la tige.* C'eſt Micheli qui a formé ce genre *(ſynonimie des genres, n.° 59)*.

Parmi ces eſpèces, au nombre de trois, & toutes d'uſage, il y en a une de couleur biſe ou brune, *pl. LXXXIV, fig. 1 ;* une autre rouſſe, *ibid. fig. 2,* & une de couleur fauve, *ibid. fig. 3 :* on les trouve au printemps ; on les connoît en Italie ſous le nom de *ſpugnuolo* ou *ſpugniolo*. Rupp paroît avoir indiqué le premier cette ſorte de plante, dont celles-ci ne ſont que des variétés *(ſynonimie, n.° 147)*.

Boletus.

Le *boletus, page 203,* eſt défini *un genre de plante, qui ne diffère du* phallo-boletus, *qu'en ce que le chapiteau tient à la tige par la partie inférieure.* C'eſt Tournefort qui a ainſi nommé ce genre, *des morilles (ſynonimie des genres, n.° 9) ;* il ne contient aucune eſpèce nouvelle *(ſynonimie, n.° 6)*.

Fungoïdes.

Le *fungoïdes* eſt défini, *page 204, un genre de plante dont le caractère ou ſignature dépend principalement de la forme des eſpèces ; les unes repréſentant un verre à boire, d'autres une poire renverſée, d'autres un entonnoir, d'autres une écuelle, une coupe, &c. les unes ayant une tige, les autres en manquant, mais toutes ayant dans leur intérieur ou cavité, des ſemences fines, rondes ou ovales, qui ſont lancées au-dehors en manière de fumée ou d'étincelles.* Ce genre étoit déjà formé *(ſynonimie des genres, n.° 3)*.

Il y en a de quatre ſortes : *fungoïdes en forme de champignon ; fungoïdes planes ou creux avec tige ; fungoïdes en forme d'écuelle*

& sans tige ; & fungoïdes en forme de toupie ou de poire ren-
versée, ou de creuset.

Les fungoïdes en forme de champignon, au nombre de
neuf, font des productions analogues aux morilles, que Porta,
Mentzel & Ray avoient déjà fait connoître *(synonimie des*
espèces, n.ᵒˢ 27, 111, 131), & dont la plupart font d'usage;
on les appelle en Italie, *fungo monacella, pasta sciringa.* Micheli
en marque trois ou quatre que les auteurs n'avoient point
indiqués; un grand, n.ᵒ 1, *page 204,* comme à trois pointes,
jaune, à bords réfléchis & à tige fistuleuse, suivi d'un autre,
indiqué par Breyne sous le nom de *boletus autumnalis,* &
qui est également jaune, mais qui ne paroissent former que
la variété rousse ou jaune de l'espèce indiquée par Mentzel
(synonimie, n.ᵒ 111) ; & d'autres noirs, bruns ou gris dessus,
blancs dessous, n.ᵒˢ 4, 5, 7, 8, 9, qui ne font que des
variétés du n.ᵒ 27 de la synonimie, dont un est figuré
planche LXXXVI, fig. 9, mais dont un autre, n.ᵒ 5, paroît
avoir quelque chose de particulier & n'être pas d'usage ; c'est
celui qu'on appelle en Toscane, *fungo canino,* ou *fungo mona-*
cella fetido, qui a le dessus brun, la tige rayée ou sillonnée
en long & creuse *(synonimie, n.ᵒ 27).*

Parmi les fungoïdes creux ou plats, & à tige, au nombre
de quinze, *page 205,* on y trouve celui que Vaillant avoit
indiqué *(synonimie, n.ᵒ 67. B. 5),* qui est en forme de ciboire,
n.ᵒ 3 ; un autre grand, verdâtre, de substance coriace, qu'on
appelle en Toscane, *ciotolone,* espèce analogue à celles du
même numéro *(synonimie, n.ᵒ 67. B) ;* trois autres en forme
de trompette ou d'entonnoir, n.ᵒˢ 2, 4, 5, mais dont l'un,
n.ᵒ 5, qui est en touffe & de couleur fauve, a une racine
tubéreuse & vivace, *planche LXXXVI, fig. 10 :* Micheli dit
qu'il a eu, plusieurs années, cette racine dans le jardin de
Florence, de laquelle il poussoit des tiges chaque année, &
qu'il s'en forme de semblables des semences qui tombent à
terre. Cette espèce en fournit une principale & nouvelle,
dont les n.ᵒˢ 2, 4, 10, 11, 12, 13, 14 & 15 de cet auteur,
ne font que des variétés *(synonimie, n.ᵒ 273).*

An. de J. C.
1729.

Micheli.
CCLXXII

CCLXXIII

Le n.º 6, *planche LXXXVI, fig. 5*, en forme de coupe, de couleur rouge, avec une tige longue & blanche, *piſſide ſcarlatina*, forme encore une eſpèce particulière (*ſynonimie, n.º 274*).

Le n.º 7, en forme de ſoucoupe, *fungo ſottocoppa, planche LXXXVI, fig. 6*, avec un bout de tige, & de couleur fauve, ne paroît qu'une variété du n.º 67 de la ſynonimie (*ibidem*).

Le n.º 8, en boule & à tige longue, rayé en côtes de melon, *planche LXXXVI, fig. 3*, ne paroît devoir former qu'une variété d'une autre eſpèce d'un genre différent (*ſynon. n.º 271*).

Le n.º 9, *planche LXXXVI, fig. 11*, à tige longue & en coupe, de couleur griſe en-dehors, noir en-dedans, n'eſt qu'une variété du n.º 6 (*ſynonimie, n.º 274*). Les ſuivans, en forme de tuyau de pipe ou d'entonnoir, *planche LXXXVI, fig. 12, 13, 14, 15*, rentrent, comme on a dit, dans le numéro de l'eſpèce principale (*ſynonimie, n.º 273*).

Parmi les fungoïdes en forme d'écuelle & de lentille, & ſans tige, *pages 206, 207*, au nombre de vingt-neuf, on y trouve ceux que Fabius Columna, Boccone & Ray avoient obſervés, & qui ſont entrés dans le numéro de l'eſpèce principale (*ſynon. n.º 67. A*). En Toſcane, on nomme en général ces ſortes de productions, *ſcodelle, ſcodelline, ſcodellaccia*, & dont on voit des exemples, *planche LXXXVI, fig. 17, 18*.

Ceux qui ſont en forme de lentilles, n.ºˢ 22, 26, forment une autre eſpèce particulière (*ſynonimie, n.º 275*); les autres rentrent dans le n.º 67 de la ſynonimie.

Parmi les fungoïdes en forme de toupie ou de creuſet, au nombre de neuf, il y en a deux, n.ºˢ 1, 7, remarquables par leur grandeur & leur forme, *planche LXXXVI, fig. 1, 2*; l'un en forme de poire, à bords couronnés, l'autre en creuſet, mais qui rentrent, ainſi que les autres, comme variétés dans le numéro de l'eſpèce principale (*ſynonimie, n.º 67. A*).

Le *clavaria* de Micheli eſt défini, *page 208*, un genre de plante à ſubſtance charnue, ſans branches, ſemblable en quelque

ſorte

Jorte à la maſſue d'Hercule, ordinairement pleine, rarement creuſe, à ſurface unie, couverte de ſemences extrêmement fines. C'eſt Vaillant qui a formé ce genre ſous le même nom *(ſynonimie des genres, n.° 41).*

Parmi les eſpèces, les unes ſolitaires, les autres en touffe, au nombre de dix-ſept, & qu'on connoît en Toſcane ſous les noms génériques de *mazza d'Ercole,* de *ditola* & de *canelli,* on en voit d'abord quatre ou cinq très-grandes, l'une jaune, *pl. LXXXVII, fig. 1;* l'autre blanche, indiquée par Boccone; une autre ridée, rouſſe-brune, *pl. LXXXVII, fig. 2;* une autre de couleur d'or & à ſommet aplati, *planche LXXXVII, fig. 3;* & une cinquième d'un jaune-pâle, qui ſont toutes des variétés de l'eſpèce principale indiquée par Maurice Hoffmann *(ſynonimie, n.° 87).* Il en eſt de même des ſuivantes, n.°ˢ 6, 7, 8, 9, 10, 11, 12, 13, dont la plupart ſont figurées *planche LXXXVII,* & qui avoient été obſervées par Ray, mais dont pluſieurs ont été indiquées par Micheli. On y voit ſur-tout celles qui ſont noires & en forme de langue de ſerpent; les autres ſont en forme de pilon ou de maſſue *(ſynonimie, n.° 87).*

Celles qui ſont en touffe, mais de la même forme, & qu'on appelle proprement *ditola,* dont on voit la figure, *planche LXXXVII, fig. 10, 11, 12 & 13,* & qui ſont toutes ou jaunes ou blanches, conſtituent une eſpèce principale *(ſynonimie, n.° 276).*

Le *coralloïdes* eſt un genre de plante de ſubſtance charnue, ramifiée ou à branches comme le corail, à ſurface liſſe, contenant des ſemences très-fines. C'eſt Tournefort qui a formé ce genre, déjà indiqué ſous le même nom *(ſynon. des genres, n.°ˢ 11, 23).*

Parmi les eſpèces, au nombre de dix-ſept, & qu'on connoît, en Italie, encore ſous le nom de *ditola,* il y en a cinq ou ſix qui avoient été indiquées par les botaniſtes, avant Micheli; ce ſont ſur-tout les blanches, les jaunes & les pourprées: il y en a une couleur de feu, *planche LXXXVIII, fig. 2, ditola corallina;* de rouſſes & de griſes; une autre bleue, n.° 15; & enfin une autre très-petite & violette,

An. de J. C.
1729.

Micheli.
CCLXXVI
Byffus.
Botrytis.
Afpergillus.
Puccinia.

Clathrus.

Clathroïdes.

n.° 17 ; mais toutes ces efpèces rentrent ou comme analogues, ou comme variétés de l'efpèce principale *(fynonimie des efpèces, n.° 45. b).*

Les quatre genres qui fuivent, fous les noms de *byffus, botrytis, afpergillus, puccinia,* font des plantes filamenteufes, ou de petites plantules qu'on n'aperçoit bien qu'avec un microfcope, & qui n'ont pas de plus le caractère des champignons, comme on peut s'en convaincre, foit par l'examen de ces plantes, foit en jetant les yeux fur les *planches LXXXIX, XC, XCI & XCII,* qui les repréfentent.

Il n'en eft pas de même du *clathrus,* que Micheli définit *page 213, un genre de plante prefque ronde & comme en toupie, en treillage ou en filet, & creux comme une bourfe, qui, avant de fortir de fon enveloppe, contient une maffe compofée en partie de matière muqueufe pure, & en partie de matière grife, femblable à de la farine un peu humectée & foulée, pleine de femences très-fines, & qui fe réduit en liqueur fétide lorfque la plante fort de fa bourfe & fe développe.* C'eft Micheli qui a ainfi caractérifé & formé ce genre *(fynonimie des genres, n.° 26).*

Micheli en marque trois efpèces, *page 214 ;* une rouge, une autre blanche, & une autre rouffe ou flave, & cite les auteurs qui en ont fait mention *(fynon. des efpèces, n.° 22) :* on les nomme, en Italie, *fuoco falvatico,* feu fauvage.

Le *clathroïdes, p. 214,* eft un genre de plante qui, avant de fortir de fon enveloppe, eft ronde ou en toupie, & qui en étant dehors, eft elliptique, non creufe comme le clathrus, mais remplie en manière de réfeau, dans l'intervalle des mailles de laquelle font des femences rondes. C'eft Micheli qui a formé ce genre *(fynonimie des genres, n.° 60).*

Ces petites plantes dont Micheli marque trois efpèces, deux de couleur pourpre, dont il donne la figure vues au microfcope & dans l'état naturel, *planche XCIV, fig. 1, 2,* & une de couleur flave, avoient été déjà obfervées, à ce qu'il paroît, par Ray *(fynonimie des efpèces, n.° 135),* & celles-ci n'en font que des variétés ; en Italie on les défigne fous le nom de *fungo filongrana.*

An. de J. C.
1729.

Micheli.
CCLXXVI
Clathroïdaſtrum.

Le *clathroïdaſtrum, p. 214, eſt un genre de plante différent du précédent, non-ſeulement par ſon enveloppe ou valve très-peu apparente, & qui ſe diſſipe, mais en ce que la plante eſt traverſée dans toute ſa longueur.* C'eſt encore Micheli qui a formé ce genre *(ſynonimie des genres, n.° 61).*

Les deux eſpèces de couleur brune qu'on voit *pl. XCIV, fig. 1, 2,* de grandeur naturelle & groſſies au microſcope, ne diffèrent pas aſſez de celles du genre précédent pour en être ſéparées *(ſynonimie des eſpèces, n.° 135).*

Le *mucor, p. 215, eſt un genre de plante de forme arrondie, dont quelques eſpèces ont une tige & repréſentent une éginglc avec ſa tête; d'autres n'en ont point, toutes s'ouvrant ſans ordre & ayant une cavité dans laquelle ſont logées des ſemences rondes & très-fines, attachées à un placenta.* C'eſt encore Micheli qui a formé ce genre *(ſynonimie des genres, n.° 62).*

Il en diſtingue de deux ſortes, les mucors à tige & les mucors ſans tige; ce ſont ces mucoſités ou moiſiſſures qu'on trouve ſur le bois & ſur les fruits. Loëſel, Sterbeeck, Malpighi, Robert Hooke avoient fait mention de ces petites plantes *(ſynonimie des eſpèces, n.° 84).*

Le *lycogala* de Micheli, *page 215,* eſt défini *un genre de plante de forme ronde ou preſque ronde ou en rein, recouverte d'une écorce ſingulière, en réſeau intérieurement, & remplie d'une humeur épaiſſe qui coule goutte à goute lorſqu'on bleſſe la plante, & dans laquelle ſont contenues les ſemences.* C'eſt encore Micheli qui a formé ce genre *(ſynonimie des genres, n.° 63);* il lui donne le nom de *lycogala,* comme pour dire, *lait-de-loup.*

Il en diſtingue cinq eſpèces, *page 216,* mais ces plantes ne diffèrent pas eſſentiellement du genre précédent; ce ſont de petites véſicules de la grandeur, pour l'ordinaire, d'un grain de millet; elles rentrent dans le numéro de l'eſpèce principale *(ſynonimie des eſpèces, n.° 84).*

Le *mucilago* (mucoſité) eſt défini, *page 216, un genre de plante qui d'abord reſſemble à du mucilage, & qui eſt couvert d'une écorce qui, en ſe ſéchant, ſe réduit en écailles furfureuſes,*

Mucor.

Lycogala.

Mucilago.

U u ij

An. de J. C.
1729.

Micheli.
CCLXXVI

& dont la subſtance, dans quelques eſpèces, eſt entre-coupée de petites membranes fines, & contient dans toutes des ſemences liées entr'elles par des filamens, comme à des placentas. C'eſt encore Micheli qui a formé cc genre *(ſynon. des genres, n.ᵉ 64).*

Micheli en marque neuf eſpèces; Loëſel, à ce qu'il paroît, eſt le premier qui ait fait mention de ces plantes *(ſynonimie des eſpèces, n.° 85).*

Lycoperdon.

Le *lycoperdon* eſt défini, *p. 217, un genre de plante ronde, preſque ronde ou en poire, à tige ou ſans tige, ordinairement munie de trois écorces, dont la première ſe ſépare évidemment de la ſeconde; celle-là ſe ſépare évidemment, dans quelques eſpèces, de la troiſième; & celle-ci tient à la pulpe, plus ou moins ſpongieuſe, compoſée de deux ſubſtances, dont l'une, qui eſt la ſupérieure, ſe réduit dans ſa maturité, en partie en ſemences fines, & en partie en filamens, & l'autre reſte long-temps attachée au fond, mais dont l'une ſe diſſipe en forme de fumée par la partie ſupérieure de la plante.* Ce genre ainſi nommé par Tournefort, étoit formé par les anciens botaniſtes *(ſynonimie des genres, n.° 4).*

Micheli diſtingue les eſpèces en deux claſſes, en celles qui ont une tige, & en celles qui n'en ont pas. Parmi celles de la première diviſion, au nombre de douze, & qu'on peut conſidérer comme des variétés du n.° 73 de la ſynonimie, il y a les quatre premières, & dont deux ſont figurées *planche XCVII, fig. 1, 2,* qu'on vend au marché de Florence pour bonnes à manger; il y en a une, n.° 1, toute hériſſée de pointes, & l'autre, n.° 4, comme lanugineuſe, & dont M. Adanſon a fait un genre particulier, qui quitte ſa première écorce : les autres ſont réputées d'un uſage ſuſpect *(ſynonimie, n.° 73).* On y trouve auſſi le plus petit des lycoperdons, *planche XCVII, fig. 8,* qui croît ſur l'ongle du pied de cheval *(ibid.).*

Parmi les eſpèces de la ſeconde diviſion, au nombre de dix-ſept, & qui ne ſont que des variétés du n.° 31 de la ſynonimie, il y en a onze dont on fait uſage dans la Toſcane : on voit la figure de deux de celles-ci, *pl. XCVII, fig. 4, 5 (fynonimie, n.° 31)*; l'une eſt comme velue, l'autre toute hériſſée de pointes.

An. de J. C.
1729.

Le *lycoperdoïdes, page 219*, eſt défini *un genre de plante différent du lycoperdon, en ce qu'il n'a qu'une écorce & une ſubſtance uniforme, compoſée de cellules dures qui recèlent chacune comme un pepin ou maſſe, & qui a des ſemences qui ſe tiennent entr'elles par des filamens.* C'eſt Micheli qui a formé ce genre *(ſynonimie, n.° 65)*.

L'auteur en diſtingue trois eſpèces ; elles ſont analogues à celle que Boccone avoit indiquées *(ſynonimie, n.° 93)*, mais elles ſont plus viſiblement des variétés de celle que Buxbaum avoit indiquée *(ſynonimie, n.° 179)*.

Le *lycoperdaſtrum* eſt défini, *page 219, un genre de plante différent du lycoperdon, en ce que l'écorce ſe diviſe ſupérieurement en pluſieurs parties, & par ſa ſubſtance compoſée de cellules molles & lanugineuſes, qui contient les ſemences réunies en maſſe, leſquelles étant lancées, ces cellules ſe réuniſſent en boule.* C'eſt encore Micheli qui a formé ce genre *(ſynonimie des genres, n.° 66)*.

Micheli en diſtingue huit eſpèces, dont la première, à pulpe bleuâtre, s'appelle en Italie, *veſcia tartufo*, & la dixième (pour la huitième) eſt la truffe-du-cerf ; elles rentrent dans les n.°ˢ 7, 93, 109 de la ſynonimie.

Le *geaſter* eſt défini, p. 220, *un genre de plante globuleuſe, qui a deux écorces, dont la première ſe diviſe en pluſieurs portions juſqu'à la baſe & en manière d'étoile, & l'autre s'ouvre au ſommet; & dont la ſubſtance à laquelle adhère la ſeconde écorce, eſt diſtribuée en cellules lanugineuſes & contenant des ſemences tenant à des filamens, & dont une partie ſe diſſipe par l'ouverture ſupérieure, & l'autre reſte dans l'intérieur.* C'eſt encore Micheli qui a formé ce genre *(ſynonimie des genres, n.° 67)*; il le nomme *geaſter*, comme pour dire, *étoile de terre*.

Micheli en marque cinq eſpèces, dont aucune n'eſt d'uſage, & dont il donne la figure *planche c.* Ce genre de plante avoit été déjà obſervé, comme on ſait, par Ray, Boccone

Micheli.
CCLXXVI
Lycoperdoïdes.

Lycoperdaſtrum

Geaſter.

An. de J. C.
1729.

Micheli.
CCLXXVI
Carpobolus.

& Tournefort. Micheli n'a rien ajouté d'ailleurs à leurs découvertes *(synonimie des espèces, n.° 133).*

Le *carpobolus* de Micheli est défini, *page 221, un genre de plante qui, tandis qu'elle est dans sa valve ou enveloppe, est ronde, & qui, dans son explosion ou ouverture, prend celle d'une cloche renversée; & au centre de laquelle adhère un fruit en globe couvert d'une membrane mince & rempli de semences très-fines nageant dans un liquide, lequel étant dissipé, ce fruit est lancé au-dehors comme une bombe qui sort d'un mortier.* C'est encore Micheli qui a formé ce genre *(synonimie des genres, n.° 68);* il lui a donné le nom de *carpobolus,* terme tiré du grec, comme pour dire, *qui lance son fruit.*

L'auteur qui a suivi avec le microscope & dans le silence de la nuit les mouvemens de cette plante, dit que le bruit qu'elle fait dans cette explosion ressemble à celui d'une chiquenaude; il en distingue deux espèces, l'une de couleur d'or, à valve blanche, à fruit brun & à semences blanchâtres, & une autre; elles établissent une espèce particulière & principale *(synonimie, n.° 277).*

CCLXXVII

Tuber.

Le *tuber* est défini, *page 221, un genre de plante qui croît sous terre, privé de racine, de tige, de feuilles, de forme presque ronde, à écorce inégale, rude & comme à pointes de diamans, à substance calleuse, entre-coupée de fentes ou anfractuosités semblables à celles d'une noix-muscade, à capsules molles comme une vessie, presque rondes, renfermant tantôt trois, tantôt quatre semences rondes ou presque rondes & verruqueuses.* Ce genre étoit déjà formé *(synonimie des genres, n.° 1).*

Micheli distingue deux espèces de ce genre ainsi caractérisé, la truffe noire, *tuber brumale, pulpâ obscura, odora,* & la truffe blanche, *tuber æstivum pulpâ subobscura, minùs sapida ac odora (synon. des espèces, n.° 2. b).* L'auteur dit que celle-ci est celle qu'on trouve en Toscane, *tartufo nostrale,* & que la noire vient des montagnes de Norcia *(tartufo nero di Norcia),* dans le duché de Spolette.

Cyathoïdes.

Le *cyathoïdes* est défini, *page 222, un genre de plante en forme de verre ou de creuset, ou d'écuelle, à substance mince &*

An. de J. C.
1729.

Micheli.
CCLXXV.I

coriace, d'abord couverte d'une pellicule mince, & dont la cavité est remplie de fruits en forme de lentilles, attachés par un filament ou cordon ombilical aux parois de la plante, lesquels fruits sont remplis d'une masse calleuse ou d'une glu tenace mêlée à des semences ovales, très-fines & très-peu sensibles. C'est Micheli qui a formé ce genre *(synonimie des genres, n.° 69).*

Il en distingue cinq espèces, dont il donne des figures, *planche CII,* qui rentrent dans le numéro de l'espèce principale *(synonimie des espèces, n.° 63),* & qui n'offrent rien de particulier; c'est le petit champignon anonyme de l'Écluse à corps lenticulaire. Micheli a nommé ce genre *cyathoïdes,* à cause de la forme de verre que la plante prend.

RÉSUMÉ GÉNÉRAL DE L'OUVRAGE DE MICHELI.

TEL est le tableau des découvertes de Micheli sur les champignons; il résulte de cette exposition, que sur une totalité de mille sept espèces de productions de cette nature, données par cet auteur, il y en a environ deux cents vingt-neuf dont l'usage est reçu, & peut-être la moitié de ce nombre dont on n'a jamais fait l'essai.

Si l'on examine l'ouvrage de Micheli, on trouve qu'il n'y a rien de plus profond ni de plus étendu en ce genre; & si l'on considère la quantité prodigieuse d'espèces que cet auteur avoit à classer, l'ordre, la clarté, l'exactitude & la précision qui règnent dans cet Écrit, les difficultés qu'il y avoit à vaincre pour son exécution, on sera forcé de convenir qu'il n'est peut-être pas au pouvoir de l'homme de faire mieux.

Mais ces sortes de travaux, si satisfaisans pour les Savans, deviennent souvent d'une foible ressource pour le public, en ce qu'un ouvrage trop profond n'est pas à la portée de tous, & que la clef de certains systèmes est difficile à connoître. Tel est le cas de la méthode de Micheli, fondée en général sur un ordre & une disposition de parties qui échappent à la vue.

Malgré cet inconvénient, il n'y a pas d'ouvrage sur cette

matière qui foit plus exact ni plus riche en découvertes; auffi a-t-il fait en botanique une révolution dont on fe reffent encore, & il eft bien douteux que, quoique cet auteur ait été déjà imité, on puiffe le furpaffer.

On lui a reproché, je crois, avec fondement, d'avoir trop multiplié le nombre des efpèces du genre *fungus;* cependant, comme la Tofcane en contient plus que les autres pays, il étoit naturel qu'il en défignât un plus grand nombre que ceux qui n'habitoient pas celui-ci. On n'aime pas encore chez Micheli cette affectation, que rien ne paroît excufer, de ne jamais citer Ferrante Imperato, de Naples. Mais le reproche que lui a fait Cocchi, de le traiter d'homme non lettré, *hortulanus, illiteratus,* ne paroît pas fondé, à moins de fuppofer que Micheli ait eu recours à d'autres mains pour fon ouvrage, ce qui n'eft pas vraifemblable.

À peine l'ouvrage de Micheli paroiffoit-il, que Ch. Henri Erndt, médecin à Varfovie, fit connoître les plantes qu'on trouve aux environs de cette ville, dans fon *Viridarium Warfavienfe,* ajouté à fon principal ouvrage *(n)*: on y voit, fous le mot *fungus,* l'énumération de plufieurs champignons, & parmi ceux dont on fait ufage en Pologne, il marque la morille, le moufferon-Saint-George, la girolle jaune à feuillets, le cepe brun ou tête noire, à tubes blancs, enfuite verts; la rougeole à lait doux, indiquée par Bock; le poivré blanc & à lait, un coralloïde, un champignon pourpre, la girolle jaune à feuillets & à fuc couleur de fafran; le champignon coulemelle, le champignon brun de Sterbeeck, & le champignon de couche *(fynonimie des efpèces, n.*os *4, 5, 6, 9, 10, 11, 18, 19, 21, 28, 45.* On voit qu'il n'eft queftion ici ni de l'oronge, ni des moufferons ordinaires.

Parmi ceux dont l'ufage n'eft pas reçu, on y trouve ce champignon fous-épineux, à grand chapiteau, dont Maurice Hoffmann avoit fait mention *(fynonimie, n.° 70. e);* plufieurs

____

(n) Warfavia phyficè illuftrata auct. Ch. Henrico Erndtelio. Drefdæ, 1730, *in-4.*

champignons

champignons tue-mouche, l'un rouge & blanc, à tige rouge
& peluchée ; un autre roux, à feuillets noirs ; un autre
violet *(synon. n.° 13)*, & un autre brun *(synon. n.° 43)* :
on y trouve aussi l'exemple d'un lycoperdon ou vesce-de-
loup monstrueuse par sa grosseur, & qu'il compare, pour la
grandeur, à la tête d'un bœuf *(synonimie, n.° 31. a. 3)* ; il
y est encore question des *peziza* à corps lenticulaires *(synon.
n.° 63. a)*.

An. de J. C.
1730.
———
Erndt.
CCLXXVII

Tandis que Micheli observoit les plantes d'Italie, Buxbaum,
dont on a déjà parlé, observoit celles de la Russie, de la
Tartarie, de l'Orient, sur-tout celles des environs de Constan-
tinople : il avoit déjà fait connoître celles des environs de
Halles, en 1721. En 1733, il publia sa quatrième centurie
(la première & la seconde avoient paru en 1728, la troisième en 1729), qui contient environ cinquante-quatre
sortes de champignons, lesquels sont indiqués sans ordre &
sans méthode.

1733.
———
Buxbaum.

On y voit d'abord un grand champignon blanc, qui prend
la forme d'un entonnoir, mis sous le titre de *fungus infundibulum referens, maximus, albus, planche I, n.° 1*, qui ne paroît
être autre que celui que Sterbeeck avoit nommé *oreille-de-
lièvre blanche (synonimie, n.° 9)* ; un autre de même forme &
visqueux, mais qui n'est qu'une variété de celui-ci *(ibid.)* :
deux autres de même forme, mais noirâtres, dont l'un croît
dans les lieux humides, l'autre dans les pâturages, & qu'on
peut rapporter à celui que Vaillant avoit déjà observé *(synon.
n.° 172)* ; un grand champignon jaune, à feuillets livides,
dont il donne la figure, *fungus major subluteus, lamellis
luridis, Cent. IV, tab. 4, fig. 5*, qui est le même que celui
que Micheli avoit observé *(synon. n.° 224)* ; cinq autres de
couleur baie-brune *(spadicei)*, qui n'ont rien de remarquable,
à l'exception d'un seul dont le pédicule ne se trouve pas
au centre du chapiteau, mais sur le côté ; c'est celui qui est
mis sous le nom de *fungus spadiceus arvensis, pl. VIII, fig. 10*,
& qui forme une espèce particulière *(synonimie, n.° 278)* ;

CCLXXVIII

Tome I.   X x

An. de J. C.
1730.

Buxbaum.
CCLXXVIII

un de couleur améthyſte *(ſynonimie, n.° 166)*; & deux bleus, un grand & un petit *(ſynonimie, n.° 72)* ; d'autres blanchâtres ou bruns, petits & de différentes formes *(ibid.)*, & dont un analogue au champignon de Mithridate *(ſynon. n.° 92)*, croît ſur les tonneaux; un autre, couleur de fleurs de pêcher & peluché, à lait âcre, ſous le nom de *fungus umbilicatus laĉte acri turgens, oris villoſis (ſynonimie, n.° 38)*. L'auteur dit que les Ruſſes recueillent celui-ci & le conſervent dans le ſel ; qu'ils le mangent enſuite avec de l'huile & du vinaigre pendant le carême. Il en marque encore de bruns ou livides, à lait âcre, ſous les noms de *fungus lividus,* & *fungus fuſcus laĉte acri turgens*, champignons déjà notés par Loëſel *(ſynon. n.° 77)* ; un autre d'un tiſſu tendre, couleur gris-de-ſouris deſſus, à feuillets blancs, ſous le nom de *fungus major tener, murini coloris, lamellis albis, tab. 18, p. 26*, déjà indiqué par Ray *(ſynon. n.° 124)* ; un autre petit, à longue tige, à tête en forme de chapeau de matelot, ſous le nom de *fungus minor, capitulo pileum nauticum referente, pediculo longiore, tab. 21, p. 29*, que Linnœus a mis depuis ſous le nom d'*agaricus mammoſus (ſynon. des eſpèces, n.° 58)* ; un autre blanc, en touffe, qui eſt ſec & coriace, ſous le nom de *fungus multiplex, albus, coriaceus, tab. 20, p. 28*, qui entre comme variété dans le numéro de l'eſpèce obſervée par J. Bauhin *(ſynon. n.° 71)* ; un autre pourpre-violet ou livide, à pied bulbeux, dont les feuillets forment un vide & un bourlet autour du pédicule, ſous la phraſe de *fungus lividus pediculo bulboſo, tab. 22, p. 31*, mais qui ne peut être conſidéré que comme une variété de celui qui avoit été obſervé par Boccone *(ſynonimie, n.° 140)*; Buxbaum ne le donne pas pour ſuſpeĉt ; un autre violet, moins bulbeux & dont on redoute l'uſage, ſous le nom de *fungus lividus alter, pediculo minus bulboſo, tab. 23, p. 32*, mais qui n'eſt qu'une variété du même *(ibid.)*.

À cette occaſion, Buxbaum dit qu'on ſe trompe, ſi l'on croit qu'il y a des ſignes certains pour diſtinguer les bons des mauvais champignons; qu'il n'y a que l'expérience qui puiſſe inſtruire là-deſſus : il ajoute que les Ruſſes en rejettent plusieurs que les Allemands mangent avec délices; qu'il y en a beaucoup qu'on pourroit manger sans inconvénient, & qu'il n'est pas vrai que tous ceux de mauvaise qualité se corrompent promptement. Je crois que sur ce dernier point Buxbaum a raison.

Cet auteur fait mention de quinze autres champignons indiqués par les botanistes, & dont il donne la figure : on y voit le *champignon du fumier*, indiqué par Césalpin *(synon. n.° 20)*; l'*agaric multiforme* de Ray *(ibid. n.° 122)*; le *champignon typhoïde (synonimie, n.° 55)*, & plusieurs autres petits, dont la plupart sont tirés des écrits des autres auteurs, & qui n'offrent rien de particulier : on en voit un, entr'autres, qui est une espèce de *girolle blanche*, que l'auteur donne pour pernicieux, & qu'il met sous le nom de *fungus albus perniciosus, instar fungi lutei* chanterelle *dicti, se contorquens, tab. 32, p. 48 (synonimie, n.°ˢ 9, 99)*; un autre grand, de couleur d'or, donné encore pour pernicieux, *pl. XXXIII, p. 49*, analogue à ceux des n.°ˢ 222, 230 de la synonimie; enfin, quatre autres qui étoient déjà indiqués par les auteurs qu'il cite, & qui n'offrent rien de particulier.

En 1735, Linné réduisit, dans son *Systema Naturæ*, sous le titre de *fungi*, les genres de Micheli au nombre de dix, ou plutôt imita ceux de Dillen, en adoptant le même nombre. Ces genres se trouvent compris parmi les plantes de sa vingt-quatrième classe ou cryptogamie *(o)*, sous les noms suivans : *agaricus, boletus, hydnum, phallus, clathrus, elvela, peziza, clavaria, lycoperdon, mucor*; leurs caractères sont principalement déduits de leur forme extérieure ou structure apparente.

L'*agaricus* de Linné est *tout champignon horizontal, feuilleté à la partie inférieure*. Ce genre comprend non-seulement les champignons proprement dits, mais les agarics feuilletés, & ne diffère point de la première division des champignons,

---

(o) Plantes dont les parties sexuelles ou de la fructification sont cachées, comme pour dire, *mariage clandestin*.

donnée par Ray, dans son *Synopsis*, sous le titre de *fungi lamellati, terrestres & arborei* (synonimie des genres, n.° *70*).

Le *boletus* est *tout champignon horizontal, poreux à la partie inférieure.* Ce genre comprend de même tous les champignons & agarics poreux ; c'est encore une imitation de la seconde division des champignons, donnée par Ray, dans son *Synopsis*, sous le titre de *fungi lamellis carentes, terrestres & arbor.i,* mais moins étendue, & plus que le *boletus* de Dillen, qui ne comprend point les agarics (synonimie des genres, n.° *71*).

L'*hydnum* est *tout champignon horizontal, épineux ou à éminences à la partie inférieure;* c'est l'*erinaceus* de Dillen & de Micheli, mais plus étendu, & comprend tous les champignons & agarics épineux (synonimie des genres, n.° *72*).

Le *phallus* est *tout champignon conique dont la partie supérieure ou la tête est en réseau (p).* Ce genre formé sous le même nom par Dillen, est plus étendu que celui de cet auteur, en ce qu'il comprend les morilles ou *morchella* de Dillen, & ne diffère du *boletus* de Tournefort, qu'en ce qu'il ne comprend pas les boursettes ou *clathrus* dont Linné a fait le genre suivant (synonimie des genres, n.° *73*).

Le *clathrus* est *tout champignon à peu-près rond & en tr.illage (q);* il comprend ce qu'on appelle *boursette* ou *morille à jour:* c'est Micheli qui l'a formé sous le même nom; mais celui de Linné en diffère, en ce qu'il comprend deux autres genres de cet auteur (synonimie des genres, n.° *74*).

L'*elvela* est *tout champignon en forme de toupie, à surface unie (r);* il comprend ces espèces de morille en forme de

---

(*p*) Ce caractère a été un peu changé dans le *Genera plantarum* de cet auteur, qui y distingue ce genre, en disant que c'est un champignon uni dessous, à réseau calleux dessus.

(*q*) Linné l'a étendu depuis dans son *Species plantarum,* & y a compris les *clathroïdes* & *clathroïdastrum* de Micheli.

(*r*) La définition de ce genre a été un peu changée en 1764 dans le *Genera plantarum* de cet auteur, où l'on voit que c'est tout champignon à surface unie dessus & dessous, & qui comprend les *fungoïdaster,* les *fungoïdes* de Micheli, & un fungoïde de Vaillant.

mitre, obfervées par Mentzel & Rupp. C'eft Linné qui a
formé ce genre *(fynonimie des genres, n.° 75)*.

Le *peziza* eft *tout champignon en forme de cloche ou de calice,
rempli de petits corps lenticulaires (f)*. Ce genre dont Dillen
a fourni le nom, a été formé tel qu'il eft ici, par Micheli,
fous le nom de *cyathoïdes (fynonimie des genres, n.° 69)*.

Le *clavaria* de Linné eft *tout champignon perpendiculaire,
à furface unie;* il comprend ce qu'on appelle *clavaires, maffes,
coralloïdes, hypoxilons, &c.* C'eft Vaillant qui en a fourni le
nom, & Dillen, plus rigoureufement que Tournefort, le
genre, fous celui de *fungoïdes (fynonimie des genres, n.° 11)*.

Le *lycoperdon* eft *tout champignon à peu-près rond, rempli
de femences farineufes (t);* il comprend tous les lycoperdons
de Tournefort & les truffes. C'eft Linné qui a formé ce
genre *(fynonimie des genres, n.° 76)*.

Le *mucor* eft *tout champignon à véficules à peu-près rondes (u);*
il comprend toutes les moififfures, c'eft-à-dire, le *mucor*, le
mucilago, le *licogala* de Micheli, &c. C'eft Linné qui l'a
formé *(fynonimie des genres, n.° 77)*.

Mais indépendamment de ces dix genres, on en trouve
un dans la même claffe (la cryptogamie), parmi les *algues*,
qui eft le *tremella*, dont le caractère eft *d'être un corps gélatineux dont les parties de la fructification font à peine fenfibles (x)*.
Ce genre renferme deux fortes de plantes que les autres

(f) Ce genre étoit encore ainfi établi en 1764, dans le *Genera plantarum;*
mais il fut changé, la même année, dans le *Species plantarum*, & il comprend
non-feulement le *peziza* à corps lenticulaire, mais plufieurs fungoïdes de
Tournefort, de Vaillant & de Micheli, c'eft-à-dire, qu'il l'a laiffé à peu-
près tel que Dillen l'avoit établi, fous le même nom *peziza*. Il comprend
de plus le *fungus minimus, lignofus, difco punctato* de Boccone, qui eft un
fphæria de Haller; les fungoïdes en forme de trompette, de Vaillant, &c.

(t) L'auteur a ajouté depuis, dans le *Genera plantarum*, que ce
champignon s'ouvre à fon fommet.

(u) L'auteur a ajouté depuis, que ce genre eft un compofé de véficules,
dans lefquelles on trouve des femences en grand nombre fixées à des
réceptacles en forme de croix.

(x) Dans le *Genera plantarum*, il eft défini un fubftance pellucide,
uniforme, membraneufe, gélatineufe & en manière de feuilles.

An. de J. C.
1735.

Linné.
CCLXXVIII

botaniftes avoient mifes au rang des champignons, qui font l'oreille-de-judas & le nofloc, que Linné en a ôtées; mais cet auteur a remis une de ces plantes (l'oreille-de-judas) parmi les *peziza*, dans la feconde édition du *Syftema Naturæ*.

Ces genres, fi fouvent retouchés, ont quelques défauts qui fautent, pour ainfi dire, aux yeux; le lycoperdon, par exemple, qui paroît le plus heureufement établi, ne convient pas, d'après la définition qui eft dans le *Genera plantarum*, à toutes les efpèces, dont il y en a qui ne s'ouvrent pas à leur fommet, non plus que la truffe qui n'a point de fommet. Les champignons en forme de hériffons font-ils des *hydnum* ou des *clavaria* de Linné ? Le *peziza lentifera*, corps fermé dans l'origine & qui jette fon fruit, de forme prefque ronde, eft plutôt un lycoperdon de Linné qu'un peziza, tel qu'il eft établi dans le *Species*. Micheli, ce me femble, avoit mieux claffé cette fingulière plante. Un agaric uni, tels que ceux du huitième ordre de Micheli, doit-il être un *elvela*, & placé à côté de cette morille en forme de mitre dont a parlé Mentzel? Le mot *helvela*, qui, chez Cicéron, fignifie l'*oronge;* celui d'*agaricus*, confacré aux agarics, devoient-ils être donnés, le premier à des efpèces de morilles, l'autre à des champignons terreftres ? Quel amour du changement !

1740.

Buxbaum.

Buxbaum, dans fa cinquième centurie publiée en 1740, a fait mention de quelques efpèces particulières de champignons, entr'autres, d'un cepe ou champignon poreux, colleté, déjà indiqué par Loëfel *(fynonimie, n.° 78); il eft couleur de biftre deffus, jaune deffous; de trois fortes d'agarics feuilletés & en forme de coquilles pétoncles, l'un à feuillets jaunes, l'autre à feuillets violets, & le troifième tout blanc, fous les phrafes d'*agaricus hirfutus, nigricans, lamellis luteis, tab. 6, fig. 1; d'agaricus imbricatus, hirfutus, lamellis violaceis, tab. 7, fig. 1 : & d'agaricus lamellatus minimus albus, tab. 7, fig. 3*, qui rentrent tous comme variétés dans le numéro de l'efpèce principale *(fynonimie des efpèces, n.° 126)*.

On y voit encore un fungoïde brun, à long pédicule, qui

eft une variété de celui qui a été indiqué par Vaillant *(fynonimie, n.° 67. B)*, & dont on trouve des détails dans les Mémoires de l'Académie de Péterfbourg, *tome IV, tab. 29, fig. 3 ;* un grand *lycoperdon* à étoile & à couronne, fous le nom de *lycoperdon veficarium calice quadrifido majus, tab. 28, cent. V*, qui eft le même que l'*antropomorphos* de Seger *(fynonimie, n.° 88)*.

Voilà à peu-près toutes les découvertes de Buxbaum. On a reproché à cet auteur un peu de légèreté dans fes affertions; & en effet, on en trouve quelques-unes de hafardées. Les deffins des champignons qu'il a donnés, font, en général, très-peu foignés, & le tout eft préfenté fans méthode.

En 1741, il fut beaucoup queftion, dans les journaux d'Allemagne, d'une production fongueufe qu'on trouve fur les feuilles de choux; Gleichen fur-tout s'en occupa d'une manière particulière, & en a donné depuis la figure dans fes *Nouveautés du Règne végétal*, imprimées à Nuremberg en 1764 *(y)*. Cette production, qu'on avoit prife pour de la graine de chou, examinée au microfcope, ne lui parut pas différente de la truffe : fi on la sème, elle ne lève pas ; ce font comme de petites truffes noires & ridées, fermes, groffes à peu-près comme la graine de coriandre, & rondes, qui s'attachent aux tiges & aux feuilles des choux qu'on enterre en hiver. Les botaniftes la connoiffent fous le nom de *fungus brafficæ putrefcentis ;* Bergius, dans les Mémoires de l'Académie de Suède, *année 1765*, l'a mife parmi les *lycoperdons*, fous la phrafe de *lycoperdon globofo-difforme parafiticum, læviufculum, feffile ;* enfin, M. de Haller l'a confidérée comme une efpèce de truffe, & l'a nommée *lycoperd n fubterraneum, rugofum, congeftum ; Hift. flirp. n.° 2178.* Cette production avoit déjà fixé l'attention de Camerarius *(fynon. des efpèces, n.° 145)*. Fr. Ern. Bruckmann a fait encore mention de cette truffe en 1741, *de fungis brafficæ qui pro femine habentur.*

An. de J. C.
1740.

Buxbaum.
CCLXXVIII

1741.

Gleichen.

(y) Das neyefte, &c. Comment. litt. Norimb. 1741.

Le même Bruckmann, dont il a été fait mention *(an. 1720),* a donné, dans l'édition de fes œuvres publiées en 1742 *(z),* plufieurs obfervations fur les champignons, fur-tout fur les phallus : il rapporte, dans fa x.⁰ lettre fur ce genre de plante *(de terreftri cole),* que dans un canton d'Allemagne, les habitans s'en fervent pour mettre leurs vaches en rut, lorf-qu'elles ne veulent pas fe laiffer approcher du taureau, & que fitôt qu'on leur en a donné, elles font fortement en chaleur : cela prouve que le phallus n'eft pas d'un ufage mortel pour les animaux. Il dit que fon fuc eft douceâtre, & que les mouches le fucent. Cet auteur y donne la figure d'un phallus qu'on trouve dans la quatrième édition des Obfervations de Tulpius, fous le nom de *coles terreftris cum colcis,* & qui frappe par fa reffemblance avec la partie fexuelle & complette de l'homme, mais qui ne paroît qu'un phallus déformé ou comme avorté & hors de la Nature *(fynonimie, n.° 17. c).* On y trouve encore des obfervations fur la truffe-du-cerf & autres.

En 1742, Haller, dans fon *Énumération des plantes de la Suiffe (a),* donna une diftribution méthodique des champi-gnons ; il conferva la plupart des genres établis par Dillen ou par Micheli, fur-tout par ce dernier, avec les noms que ces auteurs leur avoient donnés, mais il en forma quelques nouveaux, qu'on trouve fous les noms fuivans : *embolus, fphærocephalos, merulius, agarico-merulius, agaricus, agarico-polyporus, agarico-fuillus, agarico-fungus, echin-agaricus.* Les autres, à l'exception du *peziza,* au nombre de feize, appar-tiennent à Micheli. Haller a changé depuis la plupart de ces genres, ainfi que leurs noms, dans fon *Hiftoire des plantes de la Suiffe,* publiée en 1768, & les a réduits au nombre de vingt-deux : il en fera queftion à cette époque.

L'*embolus* de Haller eft un *petit champignon très-mou qui a*

____

(z) *Fr. Ernefti Bruckmann philof. & med. doctoris, &c. centuria epiftolar. itinerar.* Wolfenbuttelæ, 1742, 4 vol. *in-4.°*

(a) *Enumeratio ftirpium Helvetiæ indigenarum.* Gottingæ, 1742, *in-fol.*

une

une tige & une tête, qui fe réduit en poufficre noire, & qui n'a point d'écorce fenfible, en quoi il diffère du *mucor* de Micheli *(fynonimie des genres, n.° 78)*.

Le *fphærocephalos* eft un *petit champignon à tête fphérique, monté fur une tige, & dont la fubftance eft formée d'une toile celluleufe, entre-mêlée de filamens;* il eft analogue aux *clathroïdes* & *clathroïdaftrum* de Micheli. Ce genre a été fondu depuis dans le *trichia* du même auteur, qui en a donné plufieurs excellentes figures dans fon nouvel ouvrage fur les plantes de la Suiffe *(fynonimie des genres, n.° 79)*.

Le *merulius* eft un *genre de champignon qui, au lieu de feuillets ou de pores, a des nervures à la partie inférieure du chapiteau.* Micheli avoit preffenti ce genre, que Linné n'a pas ofé établir non plus. M. Adanfon en a fait un fous le nom de *chanterel.* C'eft Vaillant qui en a donné l'idée, en formant une claffe particulière de ces fortes de champignons *(fynonimie des genres, n.° 43)*.

L'*agarico-merulius* de Haller contient les *agarics qui ont la partie inférieure du chapiteau difpofée de même que les champignons du genre précédent.* Ce genre a été fondu avec le précédent dans le nouvel ouvrage de Haller, qui l'avoit formé *(fynonimie des genres, n.° 80)*.

. L'*agaricus* de Haller eft *tout agaric qui a la furface unie, c'eft-à-dire, fans pores, fans éminences, fans feuillets;* il renferme plufieurs efpèces du huitième ordre des agarics de Micheli. Haller a donné depuis le nom d'*agaricum* au même genre *(fynonimie des genres, n.° 54)*.

L'*agarico-polyporus*, l'*agarico-fuillus*, l'*agarico-fungus*, l'*echin-agaricus*, font des agarics dont la partie inférieure du chapiteau eft *poreufe fimplement,* ou *tubuleufe,* ou *feuilletée,* ou *épineufe,* c'eft-à-dire, qui renferment les agarics des premier, deuxième, fixième & feptième ordres de l'*agaricum* de Micheli. Ces derniers genres ont été fondus depuis dans ceux que Haller a donnés fous les noms de *polyporus,* d'*echinus* & d'*amanita,* dans fon *Hiftoire des plantes de la Suiffe (fynon. des genres, n.°s 27, 49, 52, 53)*.

Tome I.   Y y

An. de J. C.
1742.

Haller.
CCLXXVIII

Fabrice.
CCLXXVIII

En 1743, Ph. Conr. Fabricius, ou Fabrice, profeſſeur de médecine à Helmſtad, publia ſous le titre de *Primitiæ Floræ Butiſbacenſis* (*b*), le catalogue des plantes qui croiſſent aux environs de Butzbach, dans la Vétéravie, parmi leſquelles il y a beaucoup de *peziza*, deux ſur-tout qui à peine avoient été obſervés : l'un eſt un petit peziza d'un blanc de neige, *peziza parvula candida*, &c. page *28* (ſynonimie, n.° *67*) ; l'autre eſt une forte de noſtoc, de couleur pourpre foible, qui croît ſur les poutres, *agaricus gelatinoſus, membranaceus, ſinuoſus, obſoletè purpuraſcens*, p. *245* (ſynonimie, n.° *8*) : il y fait mention encore du noſtoc jaune *(ibid.).*

1744.

Seyfſert.

En 1744, Seyffert publia à Iene un ouvrage (*c*) ſur les champignons, dans lequel il cherche à établir une nouvelle diviſion & de nouveaux genres différens de ceux de Linné ; mais en général, il n'a fait que changer les noms de ceux que Haller avoit établis. On y trouve que le noſtoc jaune des arbres dont l'Écluſe a parlé, & dont Sterbeeck & Vaillant ont donné des figures *(ſynonimie, n.° 8)*, eſt d'uſage comme aliment, ainſi que le grand champignon violet *(ſynonimie des eſpèces, n.° 140).*

1745.

Haller.

En 1745, Haller publia à Iene une nouvelle édition du *Flora Ienenſis* de Rupp, dont on a déjà parlé à l'époque de 1718 *(d)* ; cette nouvelle édition, dans ce qui concerne la partie des champignons, eſt plutôt l'ouvrage de Haller que celui de Rupp, non-ſeulement par l'uſage que Haller fait de ſes genres, mais par ſes propres obſervations ajoutées à cet ouvrage, & qu'il a eu ſoin de placer par-tout entre deux parenthèſes. Il dit, dans ſa préface, qu'en 1742 il ſe rendit à Iene, où il parcourut tous les lieux où Rupp avoit fait ſes découvertes.

(*b*) *Primitiæ Floræ Butiſbacenſis.* Wezlar, 1743, *in-8.*

(*c*) Erdman Chriſtian Seyffert, *de Fungis.* Ienæ, 1744, *in-4.*

(*d*) *Alberti Haller Flora Ienenſis Henr. Bern. Ruppii, ex poſthumis auctoris ſchedis & propriis obſervationibus aucta & emendata : acceſ. icones.* Ienæ, 1745, *in-8.*

An. de J. C.
1745.

Haller.
CCLXXVIII

Parmi les plantules mifes fous les noms de *mucilago*, de *lycogala*, de *mucor*, d'*embolus*, de *fphærocephalos*, de *clathroïd s* & de *clathroïdaftrum*, on y trouve plufieurs *mucilago*, p. *354*, parmi lefquels eft la fleur-du-tan, déjà obfervée par Marchand *(fynonimie, n.° 85)*; deux *lycogala, page 354,* un jaune & un blanc *(fynonimie n.° 84)*; trois *mucor (ibid.)*; deux *embolus* noirs *(ibid.)*, & fix *fphærocephalos, page 355 (fynon. ibid.)*; un *clathroïdaftrum* de couleur pourpre paffé, & cinq *clathroïdes, p. 355,* pourpres ou jaunes, dans lefquels l'auteur dit avoir aperçu un mouvement élaftique *(fynonimie, n.° 135).*

Parmi les plantes du même ordre, mais plus fortes, quatre clavaires, *p. 356, 357,* dont il paroît que Rupp n'avoit pas fait mention; trois jaunes ou rouffes, & une noire, déjà obfervées par Ray ou Micheli *(fynon. n.° 87)*; fix coralloïdes de couleur flave ou jaune, & violets, *p. 357 (fynon. n.° 45)*; une autre plante analogue aux coralloïdes, *page 358,* que Haller confidéroit alors comme un genre nouveau, mais qu'il a placé depuis parmi les clavaires à branches ou coralloïdes *(voy. Hift. ftirp. Helv. n.° 2195)*; celui-ci eft creux & couvert d'une laine blanche *(fynon. n.° 45. a. 4)*; un grand nombre (vingt) de peziza, *pag. 358 — 360,* de diverfes couleurs *(fynonimie, n.° 67).* Parmi ces *peziza*, il y en a qui croiffent fur le bois, d'autres par terre, les uns à tige, d'autres fans tige; il y en a fur-tout de noirs & de verts, qui n'avoient point encore été obfervés *(fynonimie, n.° 67).* On y trouve encore une morille en forme de champignon, obfervée *(fynonimie, n.° 131).*

Parmi les champignons polypores & agarics poreux *(polyporus, agarico-polyporus)*, on en trouve un grand blanc, à pores quadrangulaires, *page 361,* analogue à celui que Micheli avoit obfervé *(fynonimie, n.° 193)*, & treize ou quatorze agarics de ce genre, parmi lefquels fe trouvent ceux que l'Éclufe & Loëfel avoient obfervés *(fynonimie, n.°s 12, 35, 48, 82)*; l'agaric tendre, *page 362,* en forme de langue ou de foie *(fynonimie, n.° 23).* Parmi les champignons tubuleux ou cepes *(fuillus)*, un de couleur fauve deſſus, flave-verdoyant deſſous *(ſynonimie, n.º 18)*; un tout couleur de terre, *page 362 (ſynonimie, ibid)*; pluſieurs grisâtres ou rougeâtres, à tubes couleur d'ocre ou flave *(ſynonimie, n.ºˢ 14, 44)*.

Parmi les champignons & agarics à appendices *(erinaceus, echin-agaricus)*, il n'y a rien de nouveau : mais parmi les champignons à nervures ou girolles *(merulius)*, on y voit une eſpèce violette, *merulius violaceus, page 364*, qui n'avoit point été obſervée, & qui doit former une eſpèce particulière dont il ſera fait mention plus bas *(ſynonimie, n.º 312)*; un agaric du même genre, ou plutôt du genre formé par Haller, ſous le titre d'*agarico-merulius albus ſubtùs croceus*, qui croît ſur le bois, & qui, comme on voit, eſt blanc deſſus, couleur de ſafran deſſous; il forme une autre eſpèce particulière *(ſynonimie, n.º 279)*.

Parmi les champignons feuilletés, à feuillets blancs & à chapiteau de diverſes couleurs, on y diſtingue, parmi ceux qui étoient déjà connus, le champignon ordinaire tout blanc, bulbeux & colleté, *page 365 (ſynonimie, n.º 4)*; les poivrés laiteux & grands mouſſerons blancs *(ſynonimie, n.ºˢ 9, 19)*; la fauſſe oronge, à chapiteau couleur de ſang & dartreuſe, *fungus pileo ſanguineo, verrucoſo (ſynon. n.ʳ 13. a. 5)*; un vert rayé aux bords & colleté, à feuillets & pédicule blancs : il eſt analogue, par ſa couleur, à ceux des n.ᵘˢ 40 & 212; Haller le donne ſous la phraſe de *fungus viridis orâ ſtriatâ, pediculo annulato & lamellis albis*, & comme ayant été obſervé par Loëſel. Il l'a donné depuis, dans ſon *Hiſtoire*, d'après Gleditſch, pour le même que le vert-des-dames, obſervé par l'Écluſe, quoiqu'il ſoit manifeſte que ce n'eſt pas le même *(ſynonimie, n.º 40)*. Ce champignon vert, colleté & à bords rayés, obſervé depuis cette époque, forme une eſpèce diſtincte *(ſynonimie des eſpèces, n.º 280)*.

Parmi ceux à feuillets de couleur diverſe, il y en a un gris-de-cendre, à tige noire & à feuillets couleur de terre, mis ſous le titre de *fungus cinereus lamellis terreis, pediculo atro, page 367,* qui me paroît devoir former une autre efpèce particulière *(fynonimie, n.° 281)*; un autre, *p. 369,* que Haller dit être le plus beau de tous les champignons, dont le chapiteau & la tige font bleus, mêlés de vert, avec des feuillets couleur de rofe ou lilas & bleus. Dans un autre ouvrage, cet auteur dit qu'il eft colleté ; il forme une autre efpèce particulière *(fynonimie, n.° 282)*; un autre de couleur jaune & rayé, à feuillets couleur de rofe, qui rentre comme variété dans le numéro de l'efpèce principale *(fynon. n.° 226)*.

Parmi les agarics feuilletés *(agarico-fungus)*, on trouve ceux que Buxbaum avoit notés dans fa cinquième centurie *(fynonimie, n.° 126)*.

Parmi les agarics unis *(agaricus)*, on en voit un à bords ondés, & blanc, à furface inférieure de couleur violette, qui croît par terre ; il forme une efpèce analogue à celle qu'avoit obfervé Micheli *(fynonimie, n.° 187)*; un autre agaric de couleur flave, femblable à une réfine jaunâtre ou aux larmes de galbanum, & qui forme une efpèce particulière *(fynonimie, n.° 283)*.

Les autres efpèces étoient connues.

En 1749, Dalibard publia le catalogue des plantes des environs de Paris, fous le titre de *Floræ Parifienfis prodromus (e)*, & fuivant la méthode de Linné, dont il adopta les dénominations & le fyftême d'une manière prefque fervile : par conféquent, il nomma *agaricus* les champignons que Tournefort appeloit *fungus ; boletus*, ceux que celui-ci avoit nommés *agaricus ; phallus*, ceux que Tournefort appeloit *boletus ; elvela & peziza*, ceux que le même botanifte avoit nommés *fungoïdes*, &c. changement qui introduifit une nouvelle difficulté dans l'étude de la fcience.

An. de J. C.
1745.

Haller.
CCLXXXII

CCLXXXIII

1749.

Dalibard.

(e) Floræ Parifienfis prodromus, ou Catalogue des plantes qui naiffent dans les environs de Paris, rapportées fous les dénominations modernes & anciennes, & arrangées fuivant la méthode fexuelle de M. Linnæus, par M. Dalibard. *Paris*, chez Durand & Piffot, 1749, *in-12.*

Dalibard n'a rien fait connoître de nouveau dans ce catalogue, relativement aux champignons ; & bien loin d'éclaircir les paſſages obſcurs du *Botanicon* de Vaillant, ou de relever les erreurs ou négligences qu'on y remarque, il les a conſervées preſque toutes. Ainſi, il place, *page 365*, parmi les *agaricus* de Linné, l'eſpèce que Vaillant nomme, d'après J. Bauhin & Tournefort, *fungi lutei pernicioſi ſub pinu, &c.* quoique ce ſoit une faute chez Vaillant, & un *boletus* de Linné *(ſynonimie, n.° 14)*; il conſerve encore, *p. 385*, l'erreur de Vaillant, au ſujet du champignon nommé *fungus minimus flaveſcens, &c.* dont on a parlé *page 232 (ſynonimie, n.° 153)*, & y ajoute une mauvaiſe ſynonimie; il en fait de même ſur le champignon rouge à lait doux, donné, ſur la foi de Vaillant, pour croître aux environs de Paris *(ſynonimie, n.° 13. a. 5)*; enfin, il ſemble faire ſi peu de cas du grand Tournefort, qu'il met ſur le compte de J. Bauhin, *page 386*, juſqu'à la dénomination de *coralloïdes*, imaginée par le botaniſte françois, & qui n'exiſtoit par conſéquent pas du temps de J. Bauhin. Mais la principale faute qu'on trouve chez Dalibard, & qui a été copiée par Linné, c'eſt d'avoir donné, *page 383*, pour ſynonimie à un *boletus* de Linné (qui eſt le *boletus perennis*), la phraſe de *fungus lignoſus faſciatus* de Vaillant, qui eſt un champignon feuilleté, c'eſt-à-dire, un *agaricus* de Linné *(ſynonimie, n.° 38. b)*.

En 1750, Popowitſch publia, en langue allemande, un traité *(f)* dont l'objet eſt un peu étranger à celui des champignons, mais dans lequel il y a quelques remarques ſur les genres de Linné, qu'il critique, & ſur la manière de conſerver les champignons, en les faiſant ſécher. On trouve encore, dans cet ouvrage, quelques aſſertions un peu haſardées ſur l'uſage de certaines eſpèces. Il dit, par exemple, qu'on mange impunément, en Ruſſie & en France, le *fungus*

____

(f) *Sigiſmund. Valent. Popowitſch, Unterchuſchun, &c.* Noriberg. 1750, *in-4.°*

muscarius, c'est-à-dire, un de ces champignons rouges ou couleur de feu dessus, couvert de pellicules blanches, & blanc dessous *(synonimie des espèces, n.° 13)*. Cette assertion est trop vague, & peut induire en une erreur mortelle (voyez *synonimie, n.° 13*, les *Flora* de Loësel, de Scopoli, & la *Partie II* de cet ouvrage).

An. de J. C
1750.

Popowitsch
CCLXXXII

En 1751, Hill, botaniste anglois, publia dans son *Histoire des plantes (g)*, une nouvelle distribution méthodique des champignons, qui forment une classe particulière sous le nom de *fungi*.

1751.

Hill.

Il les distribue tous en quatre sections ou ordres, à raison de leur forme & de leur manière d'être ou de croître.

Le premier contient ceux qui croissent horizontalement sur les arbres; le deuxième, ceux qui sont droits, formés d'une tige & d'un chapiteau ; le troisième, ceux qui croissent droits, mais sans chapiteau ; & le quatrième, ceux qui croissent sous terre, c'est-à-dire, les truffes.

Le premier (champignons horizontaux aux arbres) renferme six genres, sous ces noms : *agaricus, poria, amphitretia, scindalma, odontia, stereum.* Ces six genres sont six ordres d'agarics de Micheli, dont l'auteur a emprunté les figures. L'*agaricus* comprend les agarics feuilletés, c'est-à-dire, les agarics du septième ordre de Micheli ; c'est le même genre que Haller avoit établi sous le nom d'*agarico-fungus (synonimie des genres, n.° 53)*. Le *poria* contient les agarics poreux à la partie inférieure, & spécialement les agarics du premier ordre de Micheli, ou l'*agarico-suillus* de Haller *(synonimie des genres, n.° 27)*. Hill assure avoir observé sur ces deux genres, des fleurs mâles & des fleurs femelles. L'*odontia* comprend une partie des agarics du sixième ordre de Micheli, c'est-à-dire, ceux qui ont des appendices ou comme des dents à la partie inférieure, c'est-à-dire, l'*echin-agaricus* de

---

(g) *A History of plants b'y John Hill, M. D. Acad. reg. Sci. Burdigal. Socio London.* 1751, 1773, *in-fol.*

An. de J. C.
1751.

Hill.
CCLXXXIII

Haller *(synonimie des genres, n.° 52)*. L'*emphitretia* comprend les agarics poreux ou spongieux, c'eſt-à-dire, ceux qui font partie du cinquième ordre de Micheli *(synonimie des genres, n.° 51)*. Le *scindalmia* ou *scindalma* contient les agarics tubuleux, compoſés de pluſieurs étages, c'eſt-à-dire, ceux du quatrième ordre de Micheli *(synonimie des genres, n.° 50)*. Le *ſtereum* comprend les agarics à ſurface unie, c'eſt-à-dire, des eſpèces du huitième ordre de Micheli, & de l'*agaricus* de Haller *(synonimie des genres, n.° 54)*.

Le ſecond ordre de Hill, c'eſt-à-dire, celui qui contient les champignons droits, à tige & à chapiteau, renferme ſix autres genres, qui ſont le *lepiota*, le *ſolenia*, le *porium*, l'*acontia*, le *leotia*, le *dyctiaria*.

Le *lepiota (h)* eſt le champignon feuilleté, *amanita* de Dillen, ou le *fungus* de Micheli, &c. *(synonimie des genres, n.° 36)*. Le *ſolenia* eſt le champignon poreux, c'eſt-à-dire, le *ſuillus* des auteurs, ſur-tout de Micheli & de Haller, champignon compoſé de deux ſubſtances facilement ſéparables *(synonimie des genres, n.° 57)*. Le *porium* eſt le *polyporus* de Micheli & de Haller *(synonimie des genres, n.° 58)*. L'*acontia* eſt l'*erinaccus* de Dillen & de Micheli *(synonimie des genres, n.° 37)*. Le *leotia* eſt le genre qui forme la première famille de Vaillant, c'eſt-à-dire, celle des champignons unis, & renferme le *fungoïdaſter* de Micheli & de Haller *(synonimie des genres, n.° 42)*; Hill aſſure avoir vu les parties de la fructification deſſus & deſſous leur chapiteau, ſous la forme de globules. Le *dyctiaria* eſt le même que le *phallus* de Linné, c'eſt-à-dire, comprend les phallus & les morilles *(synonimie des genres, n.° 73)*; Hill dit avoir encore vu ſur le réſeau de ceux-ci des fleurs mâles & des fleurs femelles.

Le troiſième ordre, c'eſt-à-dire, celui qui comprend les champignons à tige ſans chapiteau, contient quatorze genres, qui ſont le *clethria*, l'*arcyria*, le *lycoperdon*, le *carpobolus*,

---

(h) Mot formé du grec *lepos, lamella*.

le

le *cyathia*, l'*encœlia*, le *clavaria*, le *merifma*. le *xilaria*, l'*œcidium*, le *ceratofpermum*, l'*ifaria*, le *phyfarum* & le *monilia*.

Le *clethria*, eft le même que le *clathrus* de Micheli *(fynon. des genres, n.° 26)*. L'*arcyria (i)* comprend le *clathroïdes* & le *clathroïdaftrum* du même auteur *(fynon. des genres, n.° 81)*. Le *lycoperdon* eft à peu-près le même que celui de Tournefort, & comprend le *lycoperdon*, le *lycoperdoïdes*, le *lycoperdaftrum* & le *geafter* de Micheli *(fynonimie des genres, n.° 4)*. Le *carpobolus*, le *cyathia*, le *clavaria*, le *merifma (k)*, le *ceratofpermum* & l'*ifaria*, font les mêmes genres que ceux que Micheli avoit nommés *carpobolus*, *cyathoïdes*, *clavaria*, *coralloïdes*, *ceratofpermum* & *puccinia*, fans changement *(fynonimie des genres, n.°ˢ 23, 41, 55, 68, 69, 134)*. Quant à l'*encœlia*, ce font des *fungoïdes* de Micheli ; & celui qu'on trouve à la *planche LXXXVI, fig. 4* de cet auteur, eft donné pour modèle *(fynonimie des genres, n.° 3)*. Le *xilaria* & l'*œcidium* font deux genres formés du *lichen-agaricus* de Micheli ; l'un, le *xilaria*, contient les efpèces montées fur une tige ou prolongées ; l'autre, l'*œcidium*, celles qui font rondes ou tubéreufes & comme tuberculeufes *(fynonimie des genres, n.°ˢ 82, 83)* : les unes & les autres contiennent les parties de la fructification dans des cellules particulières. Le *phyfarum* de Hill renferme, ainfi que le *mucor* de Linné, trois genres de Micheli, le *mucor*, le *lycogala* & le *muci'ago (fynon. des genres, n.° 77)* ; & le *monilia* contient l'*afpergillus* & le *botrytis* du même auteur, qu'on ne confidère point comme des champignons *(voyez l'article de Micheli, & fynonimie des genres, n.° 137)*.

Le quatrième ordre, celui des champignons qui croiffent fous terre, renferme un feul genre, qui eft le *tuber* ou *tubera* de Tournefort, de Micheli, &c. c'eft-à-dire, la truffe, forte de production qui renferme, felon Hill, des fleurs mâles & des fleurs femelles dans des capfules membraneufes *(fynonimie des genres, n.° 1)*.

(i) Mot formé du grec, *arcyon*, réfeau.

(k) Mot formé du grec, *meridzein*, *dividere*, à caufe des branches que forme ce champignon.

Tome I. Z z

An. de J. C. 1751.

Hill.

CCLXXXIII

Cette méthode de Hill paroît n'avoir été suivie qu'en partie même, par Brown, dans son *Histoire naturelle de la Jamaïque :* elle n'est point à dédaigner ; & quoique Ludwig lui ait reproché de n'avoir fait, en général, que changer les noms & d'avoir trop multiplié les genres, reproche applicable à d'autres botanistes, il n'en est pas moins vrai qu'on lui doit la formation du genre *arcyria*, entrevu par Hallér, mais que Gleditsch a conservé tel que l'avoit formé Hill, sous le nom de *stemonitis (synon. des genres, n.° 81)*. Micheli lui a donné l'idée de ceux de *xilaria* & d'*œcidium*, qui ont servi de modèle à d'autres *(synonimie des genres, n.°s 82, 83)*. Cette méthode néanmoins ne pouvoit séduire qu'à la faveur d'un système général sur les plantes.

On est de plus redevable à Hill d'avoir éclairci un point d'histoire naturelle, concernant une production du genre des *clavaria* de Vaillant, qui croît sur les corps détruits ou larves des scarabées, sur-tout des cigales, production fréquente à la Martinique, où cet insecte est fort commun. Dans une réponse à M. Watson, insérée dans les *Transactions philosophiques*, Hill donne à cette plante singulière le nom de *clavaria sobolifera*, parce qu'elle a ordinairement comme de petites gousses ; elle rentre comme variété dans le n.° 87 de la synonimie des espèces *(ibid. var. e. 1)*.

C'est en 1753 que parurent sur les champignons les ouvrages les plus intéressans pour les botanistes, le *Species plantarum* de Linné, & le *Methodus fungorum* de Gleditsch. Voici en quoi consiste le travail de Linné sur cette partie :

Linné a compris, sous les onze genres qu'on a exposés, cent trois espèces & quelques variétés, vingt-huit *agaricus*, quatorze *boletus*, cinq *hydnum*, deux *phallus*, cinq *clathrus*, deux *helvela*, huit *peziza*, huit *clavaria*, dix *lycoperdon*, douze *mucor* & neuf *tremella* ; il a réuni, dans cet ouvrage, ce qu'il avoit déjà observé & rapporté dans son *Hortus Cliffortianus*, dans son *Flora Danica*, & dans son *Flora Suecica :* par conséquent, il y donne les observations, en ce genre,

faites en Hollande, en Suède, en Danemarck, &c. Il y a
joint quelques découvertes des botaniftes, fur-tout celles de
Buxbaum, de Haller, &c.

Parmi les vingt-huit efpèces comprifes fous le genre
agaricus, il y en a cinq ou fix qu'il a fait connoître ou décrites
clairement, qui font l'*agaricus dentatus*, l'*agaricus equeftris*,
l'*agaricus feparatus*, l'*agaricus betulinus*, l'*agaricus alneus*, &
l'*agaricus quinque-partitus*.

L'*agaricus dentatus* eft un champignon à furface unie,
humide, de couleur flave ou tabac d'Efpagne, qui croît en
touffe, dont les feuillets, de couleur pâle & détachés de la
tige, ont comme un crochet à leur bafe, du côté de la tige ;
cette tige eft fiftuleufe, nue & cylindrique. Il conftitue une
efpèce particulière *(fynonimie, n.° 284)*.

L'*agaricus equeftris* eft un champignon folitaire, de couleur
pâle, à feuillets couleur de foufre ou pâles, écartés à leur
bafe, & dont le chapiteau eft rayonné de jaune & comme
étoilé ; ce qui détermine l'auteur à le défigner par l'épithète
d'*equeftris*, par allufion à l'Ordre des chevaliers de l'Étoile
polaire, dont le figne eft une étoile. Il forme une autre efpèce
diftincte *(fynonimie, n.° 285)*.

L'*agaricus feparatus* eft un champignon à furface liffe & de
couleur livide, dont la tige eft bulbeufe & fort d'une bourfe ;
il établit une autre efpèce paticulière *(fynonimie, n.° 286)*.

L'*agaricus betulinus* eft un agaric en coquille, coriace
& foyeux, qui croît fur le bouleau, & dont les feuillets
s'anaftomofent, ce qui le rapproche du genre *agarico-merulius* de Haller ; mais il n'eft qu'une variété d'une efpèce
principale *(fynonimie des efpèces, n.° 126)*.

L'*agaricus alneus* eft un autre agaric de même nature, qui
croît fur l'aune, & dont les feuillets, fendus en deux, font
couverts de pouffière. Cette dernière efpèce avoit été obfervée
par Haller, qui l'avoit nommée *agarico-fungus lamellis bifidis
pulverulentis (Enumeratio pl. hel. p. 58)*, & ne peut être
regardée de même que comme une autre variété de la même
efpèce *(fynonimie des efpèces, n.° 126)*.

Z z ij

An. de J. C.
1753.

Linné.
CCLXXXIII

CCLXXXIV

CCLXXXV

CCLXXXVI

Quant à l'*agaricus quinque-partitus*, il paroît que perfonne n'avoit obfervé ce champignon avant Linné; il eſt de couleur grife, à feuillets blancs; il eſt mis fous la phrafe d'*agaricus caulefcens pileo cinereo quinque-partito, lamellis albis*, dans le *Flora Suecica*; il donne lieu à une autre efpèce *(fynonimie des efpèces, n.° 287)*.

Les autres efpèces mifes fous les titres d'*agaricus cantharellus, integer, mufcarius, deliciofus, lactifluus, piperatus, campeſtris, violaceus, cinnamomeus, vifcidus, Georgii, mammofus, clypeatus, extinctorius, fimetarius, campanulatus, fragilis, umbelliferus, androfaceus, clavus, crinitus & quercinus*, fe trouvent tous dans la fynonimie des efpèces, fous les n.ᵒˢ 4, 9, 10, 11, 13, 19, 21, 25, 55, 58, 76, 125, 126, 134, 140, 141, 156, 158, 170, 173, 205 *(voy. ibidem)*. La fynonimie dans les efpèces de ce genre, ne m'a paru vicieufe que dans l'efpèce 14, *agaricus Georgii, page 1642*, où l'auteur donne pour fynonime à ce moufleron, le *fungus croceus magnus* de Sterbeeck *(fynonimie, n.ᵒˢ 10 & 19)*. Quant à l'*agaricus quercinus, n.° 26, p. 1644*, il ne me paroît point à fa place; ce n'eſt point un *agaricus* de Linné, c'eſt-à-dire, un agaric feuilleté, & Micheli l'avoit mieux placé que Linné *(fynonimie, n.° 25)*.

Parmi les *boletus*, au nombre de quatorze, je ne vois que deux efpèces dont on n'avoit pas fait clairement mention, & dont l'une eſt étrangère à nos climats; l'une croît à la Chine, l'autre à Surinam : la première eſt fous le titre de *boletus favus*, l'autre fous celui de *boletus fanguineus*, indiqué par Rolander.

 Celui de la Chine, *boletus favus*, eſt un véritable agaric rude & foyeux, brun, tout hériffé de foies; le deffous eſt doublé d'ouvertures anguleufes ou de grands pores inégaux à leur bafe : on peut le confidérer comme une efpèce principale *(fynonimie des efpèces, n.° 288)*.

Celui de Surinam, *boletus fanguineus*, eſt un autre agaric rouge ou couleur de fang répandue par-tout, peu épais & comme une feuille d'arbre, un peu zoné en-deffus, à pores très-fins : on le trouve de même dans nos climats;

Il forme une autre espèce principale *(synonimie des espèces, n.° 289)*.

Les autres *boletus*, mis chez Linné sous les titres de *boletus tuberosus*, *boletus fomentarius*, *boletus igniarius*, *boletus versicolor*, *boletus suaveolens*, *boletus perennis*, *boletus viscidus*, *boletus luteus*, *boletus bovinus*, *boletus granulatus*, *boletus subtomentosus*, & *boletus subsquamosus*, se trouvent dans les écrits des auteurs qui ont précédé Linné, & sous les n.ᵒˢ 14, 18, 24, 48, 68, 78, 189 & 192 de la synonimie des espèces. On a déjà fait la remarque ailleurs, que ce botaniste, induit sans doute en erreur par Dalibard, avoit donné pour synonime à son *boletus perennis*, le *fungus lignosus fasciatus* de Vaillant, qui est un champignon feuilleté *(synonimie, n.° 38. b)* ; cette inadvertance & cette synonimie si déplacée, font cause qu'on ne sait de quelle espèce Linné a voulu parler sous le nom de *boletus perennis*, qui convient à deux ou trois sortes d'agarics poreux, à tige & ligneux, sur-tout à ceux du n.° 192 *(ibid.)*.

On ne trouve rien de nouveau parmi ses *hydnum ;* celui qui est en forme d'entonnoir, & qu'il nomme *hydnum tomentosum*, avoit été observé par Micheli *(synonimie des espèces, n.° 196)*. Quant à l'*hydnum parasiticum*, qui est un agaric épineux & velouté, qui croît sur les arbres d'Europe, il est en demi-cercle & ridé ; Linné l'a fait connoître par la phrase *hydnum acaule, crenato-rugosum, tomentosum, &c.* il rentre comme variété parmi les agarics dentés ou épineux, observés par Micheli *(synonimie, n.° 183)*. Ceux qu'on trouve sous les titres d'*hydnum repandum, imbricatum, auriscalpium*, rentrent comme variétés fixes de l'espèce principale, sous le n.° 70 de la synonimie *(ibid. a. e. g)*.

Il n'y a rien de neuf, non plus, parmi les *phallus*, dont l'auteur ne marque que deux espèces, le *phallus esculentus*, ou morille ordinaire, & le *phallus impudicus (synon. n.ᵒˢ 6, 17)*. Il n'en est pas de même des *clathrus :* il y a une espèce parmi ceux-ci que Linné a fait connoître ; c'est le *clathrus recutitus*, qui croît sur les troncs d'arbres, en Suède, & qui est mis sous la phrase *clathrus (recutitus) stipitatus, capitulo globoso,*

An. de J. C.
1753.

Linné.
CCLXXXIX

glande ovali. p. 1649, mais qui ne forme qu'une variété de l'efpèce principale obfervée par Ray *(fynonimie, n.° 135)*. Les *clathrus cancellatus, denudatus* & *nudus*, fe trouvent fous les n.ᶜˢ 22 & 135 de la fynonimie.

Parmi les *helvella*, on en trouve un qui croît, dans le nord, fur les pins & les fapins, qui eft l'*helvella pineti* que Linné fait connoître par cette phrafe : *helvella (acaulis) feu agaricus acaulis utrinque planiufculus, p. 1649*, mais qui n'eft qu'un agaric uni, analogue à celui du n.° 187 *(fynonimie, ibid. b)*. L'*helvella mitra* avoit été obfervé par Mentzel *(fynonimie, n.° 111)*.

Les *peziza* n'offrent rien de nouveau : on trouve les efpèces mifes par Linné fous les titres de *peziza lentifera, punctata, cornucopioïdes, acetabulum, cyathoïdes, cupularis, fcutellata, cochleata*, fous les n.ᵒˢ 15, 63, 67, 134 & 142 de la fynonimie.

Les *clavaria*, dont les efpèces font *clavaria piftillaris, militaris, ophiogloffoïdes, digitata, hypoxilon, coralloïdes, faftigiata, mufcoïdes*, font dans le même cas *(fynonimie, n.ᵒˢ 45. a. b, 86, 87, 88, 132)*.

Parmi les *lycoperdon*, on trouve une efpèce que Linné a fait connoître, qui eft le *lycoperdon radiatum* : cette efpèce croît fur le bois de fapin qui fe gâte ; elle eft grande comme la moitié d'une graine de coriandre ; elle jette, en s'ouvrant, fa pouffière avec une fubftance cotoneufe femblable à une laine brune ; elle s'ouvre en douze parties égales ; elle eft mife fous la phrafe de *lycoperdon (radiatum) difco hemifpherico radio colorato*. Elle eft analogue au *carpobolus* de Micheli, & fournit une efpèce particulière *(fynon. des efpèces, n.° 290)*.

Linné a obfervé encore, en Suède, le *carpobolus* ou vefce-de-loup à bombe, de Micheli, qu'il nomme *lycoperdon carpobolus (fynonimie des efpèces, n.° 277)*.

Cet auteur fait encore mention d'un autre petit lycoperdon qu'on trouve fur le dos des feuilles de tuffilage, à pouffière de couleur fauve, & qu'il met fous la phrafe de *lycoperdon (epiphyllum) aggregatum parafiticum, ore multifido lacero, pulvere fulvo, p. 1655,* & qui forme une autre efpèce particulière *(fynonimie, n.° 291).*

Les autres efpèces, *lycoperdon tuber, cervinum, bovifta, aurantium, ftellatum, pedunculatum, epidendrum,* font rapportées aux n.°^s 2, 7, 31, 73, 83, 133, 277 de la fynonimie *(ibid.).*

Parmi les *mucor,* au nombre de douze, genre qui paroît le mieux fait & le plus foigné chez Linné, on trouve cinq efpèces nouvellement décrites, mais dont deux avoient été découvertes par Haller, & mifes, dans fon premier ouvrage, fous les noms de *fphærocephalos* & d'*embolus,* & deux autres par Solander. Ces efpèces font fous les noms de *mucor fphærocephalus, mucor embolus, mucor fulvus, mucor furfuraceus, mucor eryfiphe.*

Le *mucor fphærocephalus (l)* eft vivace, a une petite tige noire qui porte une tête ronde & grife ; il croît fur les pierres. Le *mucor embolus (m)* croît fur le bois pourri ; il eft noir & velu. Le *mucor fulvus (n)* eft de couleur pâle, avec une tête de couleur fauve. Le *mucor furfuraceus (o)* eft vert ; fa furface fe réduit en petites écailles furfureufes : on le trouve fur la terre nue. Le *mucor eryfiphe (p)* fe trouve fur les feuilles du houblon, de l'érable, &c. il eft blanc & n'a point de tige. Ce font ces productions en forme de petites bulles ou véficules de différentes couleurs, dont Haller fur-tout a donné de très-bonnes figures fous le nom d'*embolus ;* elles rentrent toutes comme variétés dans le n.° 84 de la fynonimie des efpèces, ainfi que les efpèces mifes fous les titres de *mucor lichenoïdes, mucedo, leprofus, glaucus, cruflaceus, cefpitofus,*

(l) Mucor perennis ftipite filiformi nigro, capitulo globofo cinereo. **Linn.** *Species plantar.* p. 1655.

(m) Mucor fetâ nigrâ, villo fufco, ibid.

(n) Mucor perennis, pallidus, pileo fulvo, ibid.

(o) Mucor perennis, viridis, foliis furfuraceis, ftipite filiformi, capitulo globofo, ibid.

(p) Mucor albus capitulis fufcis feffilibus, p. 1656.

An. de J. C.
1753.

Linné.
CCXCI

Gleditfch.

fepticus, à l'exception de cette dernière, qu'on trouve fous le n.º 85 de la fynonimie *(ibid.)*.

Quant au genre mis fous le nom de *tremella, page 1625,* il contient le noftoc de Paracelfe, le noftoc fauve du genièvre *(fynonimie, n.º 8)*, l'oreille-de-judas, qui depuis a été ôtée, avec raifon, de ce genre; un *linckia* de Micheli, noftoc roufsâtre qui reffemble à une veffie *(fynonimie, ibid.)*, & plufieurs lichenoïdes de Dillen.

Le reproche qu'on a fait à Linné d'avoir réduit à un trop petit nombre les efpèces de champignons, fur-tout des champignons feuilletés, étoit, je crois, mieux fondé que celui qu'on a fait à Micheli de les avoir trop multipliées. En effet, on eft étonné que dans un ouvrage qui eft cenfé comprendre toutes les efpèces connues, on ne trouve que vingt-huit efpèces feuilletées, tandis qu'il y en a plus de fix cents dans l'ouvrage de Micheli; mais perfonne n'a mieux fenti que Linné combien cette partie de la botanique avoit befoin d'être rectifiée, & la difficulté qu'il y a de diftinguer une efpèce d'une variété. Il a le courage de dire, dans fon *Philofophia botanica : Fungorum ordo in opprobrium artis etiam cahos eft, nefcientibus botanicis in his quid fpecies, quid varietas fit, p. 241;* & difant ici : *Etiamnum in his valdè deficit res herbaria.*

Gleditfch, académicien de Berlin, publia la même année 1753, fa Méthode fur les champignons, fous le titre de *Methodus fungorum.* Ayant habité la campagne pendant fix ans, dans un pays couvert de forêts, cet auteur eut le temps de faire beaucoup de recherches & d'obfervations fur les champignons; il obferva ceux qui croiffent dans la grande Pologne, la Bohème, la Thuringe, la Heffe, la Franconie, la Luface inférieure, la Mifnie & une partie de l'Hircinie; il y vérifia les obfervations de Mentzel, de Loëfel, de Rupp, &c.

Après avoir expofé le vice de quelques méthodes particulières, qu'il appelle artificielles, il donne des préceptes fur la manière d'établir des claffes naturelles, ainfi que des

genres

genres & des efpèces ; enfin il propofe fa méthode, qu'il donne pour naturelle *(q)*.

Tous les champignons (y compris les *byffus*) y font divifés en quatre fections, fondées fur la pofition des femences ou parties de la fructification.

La première comprend ceux qui ont ces parties difperfées à leur furface.

La deuxième, ceux qui les ont dans des réceptacles particuliers.

La troifième, ceux qui les ont dans une cavité.

La quatrième, ceux qui les ont dans l'intérieur de leur fubftance.

Ceux de la première fection, ou qui ont leurs femences difperfées à la furface, font compris en trois genres, *byffus*, *clavaria*, *elvela*.

Ceux de la deuxième, c'eft-à-dire, qui les ont dans des réceptacles particuliers, font compris en trois genres, *phallus*, *boletus*, *agaricus*.

Dans la troifième, ou de ceux qui les ont dans une cavité, il n'y a qu'un feul genre, qui eft le *peziza*.

Ceux de la quatrième, ou qui les ont dans l'intérieur de leur fubftance, font compris en quatre autres, *clathrus*, *ftemonitis*, *lycoperdon*, *mucor*.

On a reproché, je crois, avec fondement, à Gleditfch, d'avoir mis parmi les champignons les *byffus*, qui n'en ont aucun des caractères, puifque ce font des plantes filamenteufes, fans chair, &c.

Il eft aifé de voir que cette méthode eft une imitation des diftributions principales de Micheli avec les genres de Linné ; Micheli lui fournit les caractères & les figures, Linné les noms ; c'eft, s'il eft permis de faire cette comparaifon, Micheli avec la livrée de Linné : cependant Gleditfch a fait quelques légers changemens.

An. de J. C.
1753.

Gleditfch.
CCXCI

(q) D. Joh. Gottlieb Gleditfch Lipf. *Methodus fungorum exhibens genera, fpecies & varietates cum caractere, differentiâ fpecificâ, fynonimis, folo, loco & obfervationibus.* Berolini, 1753, in-8.°

Le *clavaria* eft défini, par cet auteur, *un champignon per-pendiculaire en forme de maffue plus ou moins obtufe ou pointue, fimple ou en branches :* c'eft le même genre de Linné, & fous le même nom, c'eft-à-dire, le *fungoïdes* de Dillen *(fynonimie des genres, n.°* 11 *)*.

L'*elvela* eft le même genre que celui de Linné, mais tel qu'il eft établi dans le *Species plantarum*, c'eft-à-dire, comprenant les champignons à furface unie, les *peziza* de Dillen, les *fungoïdes* de Tournefort & plufieurs de Micheli ; mais avec cette différence, qu'il paroît mieux fait que celui de Linné, & contient l'oreille-de-judas, &c. Il renferme les agarics du huitième ordre de Micheli, & l'*agaricum* de Haller (*Enum. pl.*) *(fynonimie des genres, n.°* 75 *)*.

Le *phallus* eft le même genre que celui de Linné (*fynonimie des genres, n.°* 73 *)*.

Le *boletus* eft encore le même que celui de Linné, mais avec cette différence, qu'il comprend de plus l'*hydnum* du même auteur, c'eft-à-dire, l'*erinaceus* de Dillen & de Micheli ; Gleditfch étant perfuadé que les appendices des champignons épineux fe changent quelquefois en tubes, ou font poreux, & qu'il n'y a pas une différence effentielle, à cet égard, entre ces deux fortes de champignons (*fynonimie des genres, n.°* 84 *)*.

L'*agaricus* eft encore le même genre que celui de même nom, de Linné, mais préfenté avec le caraêtère du *fungus* de Micheli, & plus étendu même, *le chapiteau étant confidéré comme un calice commun, chaque feuillet comme un réceptacle de fleurs compofées d'étamines avec leurs filamens & leurs anthères grandes, cylindriques, folitaires ou réunies, en faifceau de cinq ou plus, & des femences rondes, très-fines, placées à chaque furface du feuillet* (*fynonimie des genres, n.°* 70 *)*.

Le *peziza* eft le même que celui que Linné avoit formé d'abord fous le même nom, c'eft-à-dire, le *cyathoïdes* de Micheli (*fynonimie des genres, n.°* 69 *)*.

Le *clathrus* de Gleditfch eft le même que le *clathrus* de

Micheli, & tel que l'avoit formé d'abord Linné fous le même nom *(fynonimie des genres, n.° 74)*.

Le *ftemonitis* de Gleditfch eft un genre formé par Hill, fous le nom d'*arcyria* ou *clathroides* & *clathroïdaftrum* de Micheli ; Gleditfch le définit *un champignon à pédicule ou fans pédicule, de forme ronde, ovale ou alongée, fortant d'une enveloppe, & à fubftance fpongieufe très-ferme, à laquelle adhèrent les parties de la fructification.* Gleditfch lui a donné le nom de *ftemonitis*, à caufe de la reffemblance de fa partie extérieure avec certaines étamines dont les anthères jettent une femence pulvérulente *((fynonimie des genres, n.° 81)*.

Le *lycoperdon* de Gleditfch eft le même que celui de Linné *(fynonimie des genres, n.° 76)*.

Le *mucor* eft encore le même que celui de Linné, & défini *un champignon globuleux dont la fubftance eft formée comme de fils en réfeau, ou d'un tiffu celluleux couvert d'une écorce fimple qui s'ouvre diverfement (fynonimie des genres, n.° 77)*.

Gleditfch donne, pour tous ces genres, un nombre fuffifant de figures copiées de Micheli, propres à les faire connoître, ainfi que les parties de la fructification. Cette méthode eft faite avec beaucoup de foin ; mais on a reproché à Gleditfch de n'avoir donné qu'une fection naturelle, qui eft la dernière, celle qui contient les genres mis fous les noms de *clathrus*, de *ftemonitis*, de *lycoperdon* & de *mucor*, & d'avoir tiré un des caractères de l'*agaricus*, de la forme des femences, qui ne font point rondes dans tous les champignons feuilletés. Elle a peut-être encore un autre défaut déjà reproché à Linné, c'eft de contenir le *peziza* dans une fection particulière, faute que n'avoit pas fait Micheli, le maître de tous, ce qui rend dans la méthode de Gleditfch la troifième fection fuperflue : elle feroit fans doute plus heureufe & plus naturelle, en fupprimant les *byffus* & la troifième fection.

On fera peut-être étonné que dans une énumération complette d'efpèces, & fous les dix genres qui comprennent tous les champignons & agarics, il n'y en ait en tout que foixante-dix-huit efpèces indiquées dans l'ouvrage de Gleditfch,

An. de J. C.
1753.

Gleditfch.
CCXCI

parmi leſquelles il n'y en a que trente-deux pour tous les champignons & agarics feuilletés, tandis que dans l'ouvrage de Micheli il y en a près de ſix cents cinquante ; mais Gleditſch avertit qu'il lui reſte cent vingt champignons feuilletés à examiner, dont le caractère n'eſt pas encore bien déterminé. On trouve, il eſt vrai, beaucoup de variétés qui, pour Micheli, auroient paſſé pour des eſpèces ; celles que donne Gleditſch ſont déterminées & décrites, en général, avec le plus grand ſoin. La ſynonimie eſt encore une partie, en général, très-bien ſoignée chez cet auteur, & on peut dire que, pour les botaniſtes, c'eſt l'ouvrage, après celui de Micheli, le mieux ſoigné qu'il y ait.

Cet auteur n'a obſervé d'ailleurs aucun ordre ou ſous-diviſion pour la diſtribution d'un ſi petit nombre d'eſpèces ; ce qui rend, malgré cela, leur recherche encore plus pénible que chez Micheli, qui a ſauvé cet inconvénient pour les champignons feuillletés, au moyen de ſes diviſions & de ſa table ſynoptique.

En ajoutant aux ſoixante-dix-huit eſpèces les variétés, au nombre de deux cents dix-neuf, qu'on trouve à leur ſuite, cet ouvrage offre un total de deux cents quatre-vingt-dix-ſept champignons que Gleditſch a décrits ; ſur ce nombre, il y en a environ trente-huit qu'il a fait connoître. Cet auteur eſt perſuadé, comme Linné, qu'il y a un très-grand nombre de variétés parmi ces plantes ; les phraſes botaniques ſous leſquelles il les déſigne, ont, en général, l'inconvénient de celles de Micheli, c'eſt-à-dire, d'être trop longues ; ce qui fait ſentir la néceſſité d'une nomenclature courte, & déprécie en général les ouvrages de cette nature où elle ne ſe trouve pas, tel que celui-ci.

Parmi les champignons qu'il a fait connoître, on trouve d'abord deux clavaires ou maſſes ; une, *page 29, var. i,* qui eſt petite, très-noire, ridée, un peu en forme de langue, dont la ſubſtance interne eſt cendrée & ſans goût, mais qui ne forme qu'une variété noire du n.° 87 de la ſynonimie ; & une autre, *page 33, var. h,* qui eſt un coralloïde couleur de chair roulle, à fommités courtes, qui rentre encore comme variété dans le numéro de l'efpèce principale *(fynonimie des efpèces, n.° 45).*

Parmi les *elvela,* on en trouve fept dont Gleditfch a donné connoillance; un, *page 37, var. a,* de couleur fauve, qui rentre comme variété parmi les morilles déjà obfervées par Ray· *(fynonimie, n.° 131);* un autre, *page 41, var. a,* en forme de trompette ou d'entonnoir, d'un jaune-obfcur & uni en - dehors, gris en - dedans, qui eft encore une variété de l'efpèce obfervée par Ray *(fynonimie, n.° 134);* deux autres, *page 43, var. a, b,* de couleur brune, à nervures, à côtes ramifiées, &c. qui font encore des variétés, & données pour telles, de l'efpèce obfervée par Vaillant *(fynonimie, n.° 67);* un autre, *page 52, var. b,* d'un blanc de neige, qui croît fur les tonneaux, qui eft découpé en manière de crête de coq, & femblable à des bouquets d'amaranthe, fous la phrafe d'*elvela nivea corpore reticulari fibrofo, ramis compreſſis, in apice criftato laciniatis,* qui paroît être une efpèce analogue à celle que Ray avoit obfervée *(fynonimie, n.° 129).*

Parmi les *phallus,* on trouve une morille à chapiteau ouvert, *page 59, var. a,* de couleur fauve-obfcur, à longue tige, qui eft bonne à manger, & qui rentre comme variété dans le numéro de l'efpèce principale obfervée par Rupp *(fynonimie, n.° 147);* & une morille ordinaire, *page 61,* mais d'un blanc de neige, à pédicule mince, autre variété de l'efpèce principale *(fynonimie, n.° 6. f).*

Parmi les *boletus,* on trouve, *page 65,* un cepe à tige très-courte, brun deſſus, prefque jaune deſſous, qui eft une variété du n.° 14 *(fynonimie des efpèces, ibid.);* un petit agaric coriace, ou agaric iris, *page 73, var. a,* de couleur fauve-brun & foyeux aux bords, & creufé au centre *(fynonimie, n.° 48);* un autre, *page 77, var. a,* croûteux, d'un blanc de neige & mince, en partie à tubes ou pores, & en partie à appendices ou éminences, ce qui paroît un jeu de la Nature *(fynon. n.° 48);* deux agarics, *page 79,* dont l'un eft en forme d'ongle ou de fabot de cheval, rouge deſſus, blanc deſſous, qui croît fur l'aune ; il donne lieu à une efpèce nouvelle *(fynonimie, n.° 292)* ; l'autre eft en forme de croix, d'un gris-blanc, & paroît une difformité.

Parmi les *agaricus* ou champignons feuilletés, on en trouve environ vingt-un que Gleditfch a fait connoître ; l'un, *p. 91,* qui fort d'une grande enveloppe ou valve, à chapiteau d'un vert-obfcur, à feuillets de couleur fauve, & à tige grife, très-haute *(fynonimie des efpèces, n.° 79)* ; deux autres, dont un, *p. 95,* eft moucheté & écailleux, d'un jaune obfcur, à feuillets couleur de chair, & à tige filamenteufe ; & l'autre, *p. 96,* petit, à chapiteau contourné & écailleux, couleur de chair très-pâle, à feuillets couleur de chair brune, & à tige longue & filamentenfe, qui ne font que des variétés particulières du champignon ordinaire *(fynon. n.° 4)* ; un autre, *p. 102,* qui eft roux & foyeux, à bandes circulaires ou concentriques *(fynonimie, n.° 38)* ; deux autres, *page 106,* à chapiteau couleur de chair & rayés aux bords, à feuillets d'un blanc de neige, deux variétés de l'efpèce principale obfervée par Vaillant *(fynonimie, n.° 167)* ; quatre autres petits, *p. 111, 124,* dont deux à tiges jaunes *(fynonimie, n.° 72)* ; un agaric feuilleté, en forme de fouet ou d'éventail, blanc, écailleux, venant en touffe, à feuillets écartés, à tige très-courte, & qui vient fur le bois *(fynonimie, n.° 122)*. Les autres efpèces étoient connues.

Indépendamment de ces découvertes, Gleditfch a fait beaucoup d'obfervations, tant fur les caractères des champignons & leurs changemens, que fur leurs qualités, leurs effets & leur ufage, foit économique, foit médicinal, &c. il a, de plus, vérifié la plupart des expériences de Micheli, & il en a obtenu, dit-il, les mêmes réfultats ; il a déterminé, au moyen d'une fynonimie foignée & exacte, certaines efpèces ; &, en général, cet écrit eft un ouvrage eftimable & très-bien fait ; mais la méthode de l'auteur a l'inconvénient de toutes celles dont la connoiffance exige le fecours de la loupe.

On voit dans cet ouvrage, qu'on emploie l'agaric aftringent

à deux ufages, en Allemagne ; qu'on en prépare non-feulement l'agaric aftringent ou amadou, qu'on obtient avec une
leffive foufrée, & en le battant, mais qu'on a trouvé le moyen
d'en faire des vêtemens d'un tiffu très-doux & très-chaud,
qu'il a vus en Franconie, & qui étoient très-propres.

On y trouve encore, *page 102*, que le champignon zoné
couleur de brique, à fuc poivré ou âcre, que Micheli marque
pour dangereux *(fynonimie des efpèces, n.° 76)*, donne quelquefois, en effet, des dévoiemens avec colique, & incommode ceux qui en mangent ; c'eft celui qui change de couleur
lorfqu'on le coupe. Il dit encore, *page 104*, que lorfque la
girolle *(agaricus cantharellus. Lin.) (fynon. des efpèces, n.° 10)*
n'eft pas bien cuite ou bien préparée, elle peut caufer des
accidens ; qu'en 1741, on obferva, dans le cercle de la haute
Saxe, des diarrhées & des coliques qui furent attribuées à
fon ufage.

Il rapporte, au fujet de la truffe-du-cerf, & de cette efpèce
que Mentzel a fait connoître *(fynon. des efpèces, n.° 114)*,
qui a la forme d'un tefticule, & une odeur très-forte, qu'on
fe fert, en quelques endroits d'Allemagne, de la teinture
qu'on en tire, à l'efprit-de-vin, dans la vue de ranimer la
nature ; on voit qu'un payfan de Brunno, dans la province
d'Oftfrife, en prenoit tous les jours à la dofe d'un gros, dans
cette vue, & qu'il en fourniffoit gratuitement aux pauvres.
Il compare cette charité chrétienne à celles de cette femme
de Naples, qui fourniffoit gratuitement aux autres de quoi
fe défaire de leurs maris. Il eft prouvé que cette teinture peut
faire beaucoup de mal.

Indépendamment de cét écrit, Gleditfch a donné des
mémoires, qu'on trouve inférés parmi ceux de l'Académie
des Sciences de Berlin, en 1748, dans lefquels on voit un
détail d'expériences fuivies fur la reproduction des champignons, au moyen de leurs femences, & qui confirment celles
de Micheli. Il a vérifié encore les obfervations de cet auteur
fur l'exiftence des corps pyramidaux & triangulaires qu'on
trouve fur la furface des feuillets de quelques champignons

An. de J. C.
1753.

Gleditfch.
CCXCII

dans leur maturité. L'ufage de ces corps n'eft pas encore connu.

Battara, profeſſeur de philofophie à Rimini, a publié, à Faenza, en 1755 *(r)*, l'Hiſtoire des champignons qui croiſſent aux environs de la première ville. L'auteur a employé, pour cet ouvrage, une méthode qui conſiſte dans la diſtribution ſuivante :

Il diviſe tous les champignons en dix-huit claſſes, à raiſon,

1.º De leur forme ramifiée........ *Coralloïdes.*

2.º De leur forme en maſſe....... *Clavaria.*

3.º Des grandes cavités de leur chapiteau à jour, ou pliſſé, ou en
treillage, &c. ſans être poreux
ni feuilletés............. *Boleti.*

4.º De leur ſubſtance membraneuſe,
plane, pliſſée ou cave........ *Fungi membranacei.*

5.º De leur chapiteau feuilleté ſortant
d'une enveloppe ou valve.... *Fungi è volvâ erumpentes.*

6.º Du collet qui entoure la tige... *Fungi ſingulares.*

7.º Du voile qui couvre les feuillets.. *Fungi velum pro anulo habentes.*

8.º De leur nombre ſur une ſeule tige
colletée................ *Polymyces anulatus.*

9.º De la forme du chapiteau creuſé
en nombril, & ſolitaires...... *Omphalomyces.*

10.º De la même forme de leur chapiteau, & de leur nombre..... *Omphalopolymyces.*

11.º De la propriété de croître ſeuls,
ou ſolitaires, &c. & d'avoir un
chapiteau bombé ou en pointe.. *Monomyces.*

12.º De la même propriété & du nombre
des tiges............... *Polymyces ſimplex.*

13.º De l'état aqueux des champignons
feuilletés............... *Hydrophori.*

14.º De la forme du chapiteau en manière de petit clou doré..... *Bulla.*

(r) Fungorum agri Ariminenſis hiſtoria, Faventiæ, 1755, *in-4.º*

15.º **De**

An. de J. C.
1755.

Battara.
CCXCII

C'eſt ſous ces différentes claſſes, qu'on peut regarder comme autant de genres, que ſont compris tous les champignons dont l'auteur fait mention. Dans le dénombrement des eſpèces, Battara n'a pas toujours ſuivi la dénomination claſſique ou générique ; & relativement aux formes, à la ſtructure & aux qualités de certains, il change quelquefois le nom & en emploie d'autres ; ces noms ſont toujours tirés du grec : ainſi, il les nomme, par exemple, *maſtocephalus*, s'ils ont la forme d'une mamelle ; *hyſtero* ou *ſphæro-cephalus*, s'ils ont la forme d'une poire ou d'une matrice, &c. Dans la ſeptième, huitième & neuvième claſſes, par exemple, on trouve ſouvent d'autres noms génériques que le premier ; on y lit ceux de *maſtocephalus*, de *leucomyces*, de *maſtolemomyces*, d'*alecterolophoïdes*, de *picromyces*, de *myomyces*, &c.

Les première, deuxième & troiſième claſſes, *coralloïdes*, *clavaria*, *boleti*, étoient déjà formées par Tournefort & Vaillant, comme genres, & ſous les mêmes noms *(ſynon. des genres, n.°s 9, 23, 41)*.

La quatrième, celle des champignons membraneux *(fungi membranacei)*, eſt formée des genres *pezica* ou *peziza* de Dillen, & du *linckia* de Micheli, & paroît très-naturelle ; elle appartient à Battara *(ſynonimie des genres, n.° 85)*.

La cinquième *(fungi e volvâ erumpentes)* étoit faite par les anciens, par Pline ſur-tout, ſous le nom de *boletus*, & c'eſt une des ſous-diviſions de Micheli *(ſynon. des genres, n.° 6)*.

Les neuf claſſes ſuivantes, juſqu'à la quinzième, ſont établies, pour le champignon feuilleté, ſur des caractères qui ſembleroient ne devoir ſervir qu'à former des ſous-diviſions ſous un ſeul genre, comme a fait Micheli pour le *fungus*.

Tome I. B b b

An. de J. C.
1755.

Battara.
CCXCII

La fixième *(fungi fingulares)*, champignons folitaires col-letés, forme un genre particulier dont Vaillant a donné l'idée par fa troifième claffe *(fynonimie des genres, n.° 47)*.

La feptième *(fungi velum pro anulo habentes)*, champignons feuilletés, à voile au lieu de collet, en établit un autre *(fynoïn. des genres, n.° 86)*.

La huitième *(polymices anulatus)*, champignons feuilletés, en touffe & colletés, qui font une partie de ceux de la feconde feétion de Micheli, fous le genre *fungus*, en établit un autre *(fynonimie des genres, n.° 87)*.

La neuvième *(omphalomyces)*, champignons folitaires creu-fés en nombril, en fournit encore un *(fynonimie des genres, n.° 88)*.

La dixième *(omphalopolymyces)*, les mêmes, mais en touffe, en fournit un autre *(fynonimie des genres, n.° 89)*.

La onzième *(monomyces)*, champignons fimples ordinaires, bombés ou en pointe, en fournit un autre *(fynonimie des genres, n.° 90)*.

La douzième *(polymyces fimplex)*, les mêmes, mais en touffe, en établit un autre *(fynonimie des genres, n.° 91)*.

La treizième *(hydrophori)*, champignons aqueux, tendres, en fournit encore un autre qui paroît dans la Nature *(fynon. des genres, n.° 92)*.

La quatorzième *(bulla)*, petits champignons fecs, en forme de clou, donne lieu à un autre *(fynonimie des genres, n.° 93)*.

La quinzième *(tuberafter)*, champignons à truffe, forme un genre déjà indiqué par Céfalpin & Porta *(fynonimie des genres, n.° 24)*. Les trois dernières, *ceriomyces, lycoperdon, agaricus*, étoient déjà établies fous les mêmes noms ou fous d'autres *(fynonimie des genres, n.°ˢ 4, 8, 18)*.

Quoique cette méthode n'ait pas généralement féduit, elle feroit peut-être une des plus propres à faire connoître les champignons, & une des plus aifées, fi l'auteur, moins attaché aux mots grecs, l'eût un peu plus foignée, & n'eût pas multiplié fes claffes pour le champignon feuilleté ; c'eft celle qui offre le moins d'entraves, qui affervit le moins à des

principes arbitraires, & dont les caractères claſſiques ou génériques ſont tirés de la nature même de la plante ; c'eſt celle
qui, malgré ſes défauts, offre, ce me ſemble, les réunions
les plus heureuſes & les plus naturelles d'eſpèces analogues.

L'auteur paroît être celui qui a le mieux tracé le caractère
générique des *agarics.* Il les définit *des corps formés d'une double
ſubſtance ou couche, l'une fibreuſe* (la ſupérieure), *l'autre formée
de tubes ou d'anfractuoſités, ou de lames, & qui croiſſent ordinairement ſur les arbres ou les arbriſſeaux.* Cependant, ce caractère,
quoique généralement vrai, n'eſt pas applicable à tout ce
qui mérite le nom d'agaric.

Battara, en examinant la méthode de Gleditſch, lui
reproche, 1.° d'avoir compris ſous le titre de *boletus*, des
champignons poreux, & ſous celui d'*agaricus*, tous les champignons feuilletés & des agarics : d'où réſulte, ſelon lui, une
confuſion dans les mots & les idées que les botaniſtes ont
de ces ſortes de productions ; 2.° d'avoir employé le mot
elvela pour des champignons que perſonne n'a compris ſous
ce nom ; mais on voit que ces reproches tombent plutôt ſur
Linné que ſur Gleditſch ; 3.° d'avoir tiré les notes caracté-
riſtiques de ſes genres, des parties de la fructification : ce qui
peut réuſſir pour beaucoup d'autres plantes, mais n'eſt point
applicable aux champignons ; & qu'il y a quelques eſpèces,
parmi les feuilletés, auxquelles Gleditſch donne des ſemences
rondes, & où l'on découvre, au moyen du microſcope, des
ſemences qui ne ſont point rondes, mais entourées d'une
frange ou bourlet. L'auteur prétend enfin que, pour l'établiſ-
ſement des genres, le caractère diſtinctif doit être de nature à
être ſaiſi de tout le monde, & que ceux qu'a donnés Gleditſch,
ne le ſont pas.

Battara dit s'être convaincu, par des expériences, que les
champignons ſe reproduiſent de ſemences, & qu'il en a fait
lever ; mais il dit qu'il a pluſieurs fois ſemé en vain, les
petits corps lenticulaires du fungoïde ſi connu *(ſynonimie des
eſpèces, n.° 63), réſultat conforme à celui des expériences
de Camerarius. D'après cela, il penſe avec Lanciſi, Marſigli,

B b b ij

An. de J. C.
1755.

Battara.
CCXCII

An. de J. C.
1755.

Battara.

CCXCII

Valifnieri, que ces petits corps lenticulaires ne font point des femences, comme Mentzel & autres l'avoient cru.

Cet auteur a fait remarquer encore que les champignons parafites, tels que les agarics, ne font pas continus aux fibres de l'arbre ou de la plante fur laquelle ils croiffent, mais contigus. Cette obfervation paroît exacte, à la rigueur, quoiqu'il y ait quelquefois apparence du contraire ; prefque toujours les agarics prennent naiffance, non de l'écorce, mais de la partie ligneufe de l'arbre plus ou moins altérée, & qui fert de matrice à l'agaric qui lui eft attaché par quelque appendice ou pédicule : alors c'eft une plante parafite implantée fur une partie morte de l'arbre, & qui lui fert de terreau, fur lequel elle végète & prend fa nourriture.

Battara fait mention, dans cet ouvrage, de plufieurs manufcrits fur les champignons, qui n'ont pas été publiés ; de celui qui eft à Rome, & dont on a parlé à l'article de Lancifi ; d'un autre qui a été fait par Marfigli, & d'un troifième par M. B. Totti, abbé de Vallombrune.

Cet auteur a foin d'indiquer les efpèces dont on fait ufage, & celles qu'on rejette comme fufpectes.

Parmi les champignons que Battara a fait connoître, on doit diftinguer, fur-tout parmi les *boleti* (morilles), plufieurs efpèces : l'une fous le nom de *boletus caliciformis, page 25, tab. 3, fig. C;* l'autre, fous celui de *boletus pileolo monachi, ibid. fig. D;* & la troifième, fous la phrafe de *boletus albus pileolo complicato nigro, page 24, tab. 2, fig. 11.*

CCXCIII

La première efpèce repréfente une coupe portée fur une tige cannelée ou à barreaux entrelacés, & forme une efpèce particulière *(fynonimie, n.° 293),* qui ne diffère que par cette dernière note du fungoïde en forme de coupe.

CCXCIV

La deuxième eft à chapiteau ou tête femblable à un bonnet ou chapeau rabattu, ce qui lui donne la forme d'un champignon ordinaire. Elle fournit une autre efpèce particulière *(fynonimie, n.° 294).*

CCXCV

La troifième eft compofée d'une membrane divifée en quatre lambeaux qui tombent fur la tige. Elle fournit une autre efpèce particulière *(fynonimie, n.° 295)*. Ces efpèces ne font point données pour mal-faifantes.

Dans la quatrième claffe, c'eft-à-dire, parmi les champignons membraneux, on trouve une efpèce en forme d'écu d'armes, d'un rouge écarlate, mife fous le nom de *fungus numifmatalis, tab. 3, fig. 11,* qui donne lieu à une autre efpèce principale *(fynonimie, n.° 296)*.

Parmi les champignons que cet auteur a fait connoître, on en trouve, dans la fixième claffe, un petit feuilleté & colleté, couleur de miel, qui a cela de particulier, c'eft que la tige femble entée à la partie fupérieure, étant beaucoup plus mince ; cette partie reffemble au bout d'un jet des Indes. Battara le nomme *fungus pedunculo inoculato, p. 31, tab. 27, fig. I. K.* Cette particularité forme un caractère fpécifique, capable de le faire diftinguer des autres. Il donne lieu à une efpèce nouvelle *(fynonimie des efpèces, n.° 297)*.

Dans la huitième claffe, c'eft-à-dire, parmi les champignons feuilletés, colletés, & qui croiffent en touffe, on doit diftinquer une efpèce dont la tige eft en fpirale ou plutôt en treffe, & qu'il nomme *polymyces pedunculo fpirali, page 34, tab. 11, fig. A.* Ce champignon eft couleur de fafran, avec un chapiteau finement écaillé ; la tige eft longue & plus forte du bas, de couleur jaune, ainfi que les feuillets. Il ne forme qu'une variété de l'efpèce obfervée par Micheli *(fynonimie des efpèces, n.° 266. a)*.

Dans la dixième claffe, c'eft-à-dire, parmi les champignons en nombril, on doit diftinguer le *champignon phofphorique,* que Battara nomme *polymyces phofphorus, tab. 13, fig. A. B, tab. 14, fig. E.* On trouve ce champignon le plus fouvent au pied des oliviers. Le deffus du chapiteau eft couleur de feu, les tiges cylindriques couleur de fafran & rétrécies vers la terre ; ce font les feuillets qui font l'effet du phofphore, & ce champignon paffe pour être bon à manger. Il donne lieu à une efpèce particulière de la fynonimie *(fynonimie, n.° 299)*.

Dans la quinzième claffe, on voit une forte d'agaric feuilleté,

An de J. C.
1755.

Battara.

CCXCVI

CCXCVII

CCXCVIII

CCXCVIII trouvé fur une pierre, & qui en avoit prefque la dureté, que Battara nomme *lythodermomyces, tab. 24*, & dont M. Adanfon a fait un genre particulier, fous le nom de *petrona;* mais cela paroît un lithophite plutôt qu'un agaric ordinaire dans l'état naturel, & alors il fort de l'ordre des champignons.

CCXCIX Il n'en eft pas de même d'un agaric à tige latérale, mis fous le titre d'*agaricus dryofcheus*, qu'on voit *planche XXXVI, fig. A*, & que Jacquin a nommé depuis *agaricus pfeudoboletus*, forte d'agaric fort commun aux environs de Paris, & que Battara a fait connoître, à ce qu'il paroît, le premier. Il fournit une efpèce particulière *(fynonimie des efpèces, n.° 299)*.

On trouve encore à la fin de l'ouvrage de Battara, la defcription & la figure de deux *phallus* particuliers dont les auteurs n'avoient pas fait mention, découverts, l'un par Baffius, l'autre par Maratta, & qu'il a mis, l'un fous la phrafe de *phalloïdaftrum bononienfe alpinum Baffii, tab. 40., fig. A. B. C. D. E*, & l'autre fous celle de *phallus exilis Maratta, ibid. fig. F.*

CCC Le premier eft un phallus particulier dont la tige eft celluleufe extérieurement, & creufe ou fiftuleufe; il tient à la terre par une racine cylindrique en forme de queue de rat, & n'a point de bourfe ou enveloppe; le chapiteau qui le couvre eft uni, très-humide, & a la furface inférieure pliffée en manière de feuillets. Il donne lieu à une efpèce nouvelle de phallus *(fynonimie des efpèces, n.° 300)*.

CCCI L'autre eft du même genre & de même nature, mais fort d'une enveloppe; la tige eft couverte fupérieurement d'un chapiteau mince, & le tout a la forme d'un pilon, *pl. XL, fig. F*. Il fournit une autre efpèce particulière *(fynonimie des efpèces, n.° 301)*.

D'ailleurs, Battara a confirmé la plupart des obfervations de Micheli; il a donné la figure du champignon des rofeaux, qu'il nomme *calantica albida radice reti-formi (fynon. n.° 4. e)*. Il a donné encore, *planche XXXIX*, celle de ce champignon célèbre en Italie, qu'on y nomme *mammofa* ou *orcella (fynon. des efpèces, n.° 37)*.

Il regarde le *mucilago cruſtacea alba* de Micheli, comme une production animale.

Les figures, médiocrement bonnes, ajoutées à l'ouvrage de Battara, ne ſont pas toutes bien placées. Les champignons qu'il a fait connoître ſe trouvent depuis le n.° 294 de la ſynonimie, juſqu'au n.° 301 incluſivement.

En 1759, Jacq. Chrét. Schaeffer, botaniſte à Ratiſbonne, publia, en langue allemande, une diſſertation ſur les champignons, dans laquelle l'auteur examine l'origine de ces plantes, la maniere de les multiplier, leur forme, leur ſtructure, leurs propriétés, enfin les moyens de perfectionner cette branche de l'hiſtoire naturelle. Il y donne le réſultat de vingt-deux expériences tentées ſur la reproduction des champignons, qui eſt que, quoiqu'on ne puiſſe nier qu'il n'y ait une pouſſière ſéminale dans des cavités ou vaiſſeaux particuliers qui lui ſervent de réceptacles, ce qui eſt viſible dans les champignons feuilletés & poreux, il n'en eſt pas moins vrai que cette pouſſière eſt ſans effet lorſqu'on la sème, ou qu'on n'en retire pas le fruit ordinaire des ſemences; que le moment de la maturité eſt fort incertain dans les champignons, & que la manière dont ils ſe reproduiſent paroît différer de la loi générale à laquelle les autres plantes ſont ſoumiſes; ce qui ne doit pas cependant paroître ſi étonnant, puiſque toutes ne ſe reproduiſent pas par des ſemences : il en conclut que la reproduction des champignons eſt ſoumiſe à une loi particulière qui nous eſt inconnue.

Cet auteur adopte pour leur diſtribution & leur nomenclature, les genres de Linné; mais il en tire le principal caractère de la poſition des ſemences & de la conſidération de leur ſurface externe; ce qui rapproche beaucoup ſa méthode de celle de Gleditſch. Il diſtribue tous les champignons en trois ſections principales, qui ſont :

1.° Ceux qui ont les réceptacles de leurs ſemences ou leurs vaiſſeaux ſéminaires à la ſurface inférieure, laquelle eſt, ou feuilletée, comme dans l'*agaricus*, ou tubuleuſe & poreuſe,

An. de J. C.
1755.

Battara.
CCCI

1759.

Schaeffer.

comme dans le *boletus*, ou dentée, comme dans l'*hydnum*.

2.º Ceux qui ont leurs femences à la furface externe ou fupérieure, laquelle eft unie, comme dans le *clavaria*, ou ridée ou en treillage, comme dans les *phallus*, ou perforée & à barreaux, comme dans les *clathrus*.

3.º Ceux qui ont leurs femences à la furface interne, à laquelle elles adhèrent, comme dans les *elvela*, ou y font fimplement dépofées, comme dans le *peziza*, les *lycoperdon*, les *mucor*. D'ailleurs, les genres font définis à la manière de Linné & de Gleditfch.

Quant aux divifions qu'il adopte pour la diftribution des efpèces de ces genres, il veut qu'on les tire, pour l'*agaricus*, de la confidération de la fubftance molle ou ligneufe de la plante, de fon état avec tige ou fans tige, de celui de cette partie pleine ou creufe, avec ou fans racine, de leur manière de croître & du lieu où ils naiffent. Les divifions pour le *boletus* font déduites à peu-près des mêmes confidérations, ainfi que celles de l'*hydnum*. Les clavaires font fous-divifées à raifon de leur état fimple ou à branches. Les *clathrus* ne font foumis à aucune divifion, l'auteur avouant n'en avoir jamais vu. Les *phallus* font fous-divifés à raifon de l'abfence ou de la préfence de la valve ou enveloppe, & de la forme du chapiteau. Pour les *elvela*, il dit qu'il faut avoir égard à la forme du chapiteau & à celle de la tige. Pour les *peziza*, la forme, la furface & la couleur fourniffent des moyens de divifion. Celles du *lycoperdon* font difficiles, & la confidération de l'écorce aride d'abord ou non des *mucor*, fournit leurs divifions.

Il faut encore, fuivant l'auteur, confidérer attentivement la furface, la forme des champignons, les repréfenter avec leurs couleurs naturelles & dans leurs différens âges, les examiner chimiquement, &c.

En 1760, Scopoli, botanifte & profeffeur de minéralogie à Lubac dans la Carniole, publia fon *Flora Carniolica*, en un volume *in-8.º*, ouvrage dans lequel l'auteur a mis beaucoup

d'ordre

d'ordre dans la diftribution des champignons; mais comme il en a publié une nouvelle édition en 1772, en deux volumes *in-8.°* avec quelques changemens, nous remettons d'en parler à cette époque *(voyez année 1772).*

En 1762, Otton-Fréderic Muller, botanifte Danois, & des plus diftingués, fit connoître dans le vingt-troifième volume de l'Académie de Suède, un nouveau genre de champignon. Cette plante, qu'on trouve fur le bois de hêtre, depuis le mois de feptembre jufqu'en décembre, eft environ fix femaines à parvenir à fa parfaite maturité, & y parvient, quelque temps qu'il faffe. De ronde qu'elle eft d'abord, elle devient, en peu de jours, cylindrique; la partie fupérieure, en fe développant, laiffe apercevoir, dans fon milieu, une petite ouverture circulaire, qui s'agrandit peu-à-peu, à mefure que les bords s'éloignent, & forme comme un calice ou coupe dont les bords font bruns; le fond de ce calice eft plein d'une matière luifante qui devient noire dans la maturité du champignon; fes bords s'effacent enfin, & cette tête devient un chapiteau horizontal couleur de poix noire, porté fur un pédicule rétréci vers fa bafe & d'un gris foncé : la tête du champignon s'incline bientôt verticalement vers la terre, & y répand fa femence ; après quoi, toute la plante fe réduit en mucofité gluante. Cette production a une faveur femblable à celle d'une gelée un peu fucrée. Muller dit que les bûcherons le mangent; fa décoction rend l'eau mucilagineufe; voilà pourquoi Muller le nomme *fungus glutinofus :* on en fait de la colle. Ce champignon eft un *fungoïdafter* de Micheli, mais forme une efpèce particulière *(fynon. n.° 302).*

Le même auteur a donné dans fon *Flora Fridrichfdalina,* publié en 1757, ainfi que dans le quatrième volume des nouveaux Mémoires de l'Académie des Curieux de la Nature, des détails fur la clavaire qui croît fur les corps détruits des fcarabées *(fynonimie, n.° 87. e).*

En 1763, Muller publia un autre écrit en langue danoife *(f),*

An. de J. C.
1760.

Scopoli.
CCCI

1762.

Muller.
CCCII

(f) Efterredning og erfaring om fwampe, &c. Kiobenhamn, 1763, *in-4.°*

Tome I.   C c c

qui a principalement pour but de faire connoître les champignons de bonne qualité, & la manière de les claſſer. Il y
ſépare le *ſuillus* de l'*erinaceus* que Gleditſch avoit réunis ſous
le même genre, ainſi que les agarics des champignons que
Linné & d'autres avoient mis ſous un ſeul genre, & les caractères diſtinctifs qu'il donne ont été approuvés des meilleurs
connoiſſeurs ; il admet l'exiſtence des ſemences, mais nie
celle des étamines que Micheli, Gleditſch, Hill & d'autres,
ont prétendu y avoir découvertes : il y décrit un cepe couleur
de terre, *ſuillus terrei coloris*, dont il dit que la comteſſe de
Schulin lui fit connoître l'uſage & les bonnes qualités *(ſynon.
n.° 18. g)* ; & il fait remarquer que le cepe roux ou fauve,
à tubes verts, dont on fait uſage *(ſynonimie, n.° 18. a. 6)*,
a des ſemences vertes.

Les choſes en étoient-là, lorſque M. Adanſon, de l'Académie
royale des Sciences de Paris, publia, en 1763, ſes familles
des plantes *(t)*.

Les champignons en forment une, qui eſt ſa deuxième,
diviſée en ſept ſections.

La première contient *les champignons à ſurface couverte de
graines en pouſſière ſéminale*, & renferme neuf genres, ſous
les noms de *martela, manina, clavaria, ugola, monka, patila,
ſomion, bidona, terana*.

La deuxième contient *les champignons à écuſſons qui portent
leur graine ſur leur ſurface ;* elle renferme quatorze genres, ſous
les noms de *gonzala, pezica, cyatha, ceratoſpermum, piſſida,
trombetta, gabura, cledona, uſnea, platiſma, placodion, lichen,
kolman, kolkir*.

La troiſième contient *les champignons à graines renfermées
dans la ſubſtance de la plante*, & renferme neuf genres, ſous
les noms de *mucilago, lycogala, lycoperdon, ſuſa, carpobolus,
tuber, clathroïdes, clathroïdaſtrum, puccinia*.

La quatrième contient *les champignons à ſurface en réſeau
qui portent leurs graines dans des mailles*, & renferme quatre

─────────────────────────────────────

(t) Familles des plantes, par M. Adanſon. *Paris, 1763, 2 vol. in-8.°*

genres, fous les noms de *clathrus*, *phallus*, *boletus*, *phallo-boletus.*

La cinquième contient *les champignons à furface piquée de trous ou de tuyaux, fur les parois defquels font les graines*, mis fous huit genres, qui font, *hypoxilon*, *valfa*, *kordera*, *myfon*, *agaricon*, *poria*, *polyporus*, *fuillus.*

La fixième, *les champignons à furface couverte de fillons inégaux, dans lefquels font les graines*, mis fous quatre genres, *ftriglia*, *fefia*, *ferda*, *graphis.*

La feptième, *les champignons à furface couverte de lames, fur lefquelles font les graines*, mis fous les noms de *petrona*, *kuema*, *gelona*, *chanterel*, *amanita*, *fungus*, *volva.*

Indépendamment de ces cinquante-cinq genres, on en trouve un parmi les *fucus*, qui eft le *noftoc* de Paracelfe, que M. Adanfon a cru devoir tirer de la famille des champignons : il en a féparé de même l'*afpergillus*, le *botrytis* & les efpèces d'*agaricum*, n.ºs 20, 21, 23 de Micheli, qui, en effet, ne paroiffent pas appartenir aux champignons, & qu'il a mis parmi les *byffus.*

PREMIÈRE SECTION.

Champignons à furface couverte de graines en pouffière.

LE *martela* eft un champignon à tiges nues, réunies & fans branches, un de ceux indiqués fous le nom de *hériffons (fynon. des efpèces, n.° 90)* ; il comprend un *agaricum* de Micheli, fixième ordre ; un *corallo-fungus* de Vaillant, & des *agaricus* de Tournefort. M. Adanfon a formé ce genre *(fynonimie des genres, n.° 94).*

Le *manina* contient les coralloïdes de Tournefort, ou mai-nottes ordinaires. Ce genre étoit formé fous d'autres noms *(fynonimie des genres, n.° 23).*

Le *clavaria* contient les clavaires fimples ifolées. Vaillant avoit formé ce genre fous le même nom *(fynonimie des genres, n.° 41).*

L'*ugola* renferme des *fungoïdes* & des *fungoïdafter* de Micheli,

An. de J. C.
1763.

Adanfon.
CCCII

c'eſt-à-dire, ceux qui ſont en forme de boule portée ſur une tige droite *(ſynonimie des eſpèces, n.° 271)*. C'eſt M. Adanſon qui a formé ce genre *(ſynonimie des genres, n.° 95)*.

Le *monka* renferme les champignons à chapeau hémiſphérique, uni, monté ſur une tige centrale, & dont les ſemences ſont à la partie inférieure du chapeau. C'eſt Battara qui a fourni l'objet de ce genre *(ſynonimie des eſpèces, n.° 294)*, & c'eſt M. Adanſon qui l'a formé *(ſynon. des genres, n.° 96)*.

Le *patila* contient les agarics unis, à ſurface horizontale, de ſubſtance gélatineuſe, & dont les ſemences ſont à la partie inférieure. Micheli en fournit l'objet *(ſynonimie des eſpèces, n.° 186)*; M. Adanſon l'a formé *(ſynon. des genres. n.° 97)*.

Le *ſomion* contient les agarics dont le deſſous eſt doublé de piquans, ou agarics épineux. Micheli en a fourni le modèle & le genre *(ſynonimie des eſpèces, n.° 183, & ſynonimie des genres, n.° 52)*.

Le *bidona* eſt défini *un chapeau orbiculaire, de ſubſtance charnue, doublé en-deſſous de piquans, & porté ſur une tige centrale.* Ce genre étoit formé par Dillen *(ſynonimie des genres, n.° 37)*.

Le *terana* eſt défini *une lame rampante, irrégulière, unie, appliquée à un corps ſolide par toute ſa ſurface inférieure, de ſubſtance ſpongieuſe, & ayant les ſemences répandues à la ſurface ſupérieure.* C'eſt l'*agaricum* de Micheli, cinquième ordre *(ſynonimie des genres, n.° 51)*.

DEUXIÈME SECTION.

Champignons à écuſſons qui portent les graines à leur ſurface.

Le *gonʒala* eſt défini *un champignon à écuſſon orbiculaire & plat, appliqué à un corps ſolide par toute ſa ſurface inférieure.* C'eſt le *fungus numiſmatalis* de Battara *(ſynonimie des eſpèces, n.° 296)*, & c'eſt M. Adanſon qui a formé ce genre *(ſynonimie des genres, n.° 98)*.

Le *peʒica* eſt tel que l'a donné à peu-près Dillen *(ſynonimie des genres, n.° 3)*.

Le *cyatha* eſt le même que le *cyathoïdes* de Micheli *(ſynon. des genres, n.° 69).*

Le *ceratoſpermum* eſt encore le même que celui de Micheli *(ſynonimie des genres, n.° 55).*

Le *piſſida* eſt défini *un écuſſon hémiſphérique ou turbiné, liſſe, porté ſur une tige centrale, dont les ſemences ovoïdes ſont à la ſurface ſupérieure de l'écuſſon.* Il renferme des champignons que Micheli a nommés *fungoïdaſter* & *fungoïdes,* productions de ſubſtance charnue, qui reſſemblent, pour la plupart, à des entonnoirs ou des verres à boire unis *(ſynonimie des eſpèces, n.° 273).* C'eſt M. Adanſon qui a formé ce genre *(ſynonimie des genres, n.° 99).*

Le *trombetta* eſt défini de même, & n'en diffère que par la poſition de ſes ſemences à la partie inférieure de l'écuſſon. C'eſt encore un *fungoïdaſter* de Micheli, qui eſt en forme de corne d'abondance ou de trompe, ſorte de champignons indiqués d'abord par Ray *(ſynonimie des eſpèces, n.° 134).* C'eſt Micheli, après les diviſions de Vaillant, qui en avoit fait un genre *(ſynonimie des genres, n.° 100).*

Le *gabura,* le *cledona,* l'*uſnea,* le *platiſma,* le *placodion ;* le *lichen,* le *kolman,* le *kolkir* d'Adanſon, ſont des *coralloïdes* & des *lichenoïdes* de Dillen, à écuſſons en forme de lentilles ou d'écuelles renverſées, qui reſſemblent en quelque ſorte aux productions fongueuſes, mais qui n'en ſont pas, de l'avis du plus grand nombre de botaniſtes, & ſur-tout de Dillen, qui fait loi en botanique *(ſynon. des genres, n.°ˢ 138 & ſuiv.).*

TROISIÈME SECTION.

Champignons à graines enfermées dans la ſubſtance de la plante.

LE *mucilago* eſt défini *une lame rampante ſemb'able à une couche gélatineuſe, chagrinée, pâteuſe ou charnue, d'abord com- poſée de petites pyramides qui ſe changent en fil.ts très-fins, de ſubſtance cotonneuſ., auxquels adhèrent les ſemences.* Il renferme

des *mucor* & des *mucilago* de Micheli *(ſynonimie des eſpèces,
n.ᵒˢ 84, 85).* C'eſt M. Adanſon qui a formé ce genre *(ſynon.
des genres, n.ᵒ 106).*

Le *lycogala* eſt défini *un genre de champignon à téte ſphérique
ou ovoïde, ſans tige, de ſubſtance aqueuſe ou charnue d'abord,
enſuite cotonneuſe, formée de filets très-fins, auxquels adhèrent les
ſemences.* Il renferme des *lycogala,* des *mucilago,* des *mucor* de
Micheli. Ce genre étoit connu ſous le nom de *mucor (ſynonimie
des genres, n.ᵒ 77).*

Le *lycoperdon* comprend *les champignons à tige centrale &
en globe, qui s'ouvre en-deſſus irrégulièrement, ou par un tube, à
ſubſtance aqueuſe ou charnue d'abord, enſuite cotonneuſe, à filets
très-fins & à ſemences ſphériques attachées le long de ces filets.*
Il comprend des *lycoperdon,* des *lycoperdoïdes,* des *lycoperdaſtrum* de Micheli. Il ne diffère pas de celui de Tournefort
(ſynonimie des genres, n.ᵒ 4).

Le *ſufa* eſt *un globe qui s'ouvre deſſus irrégulièrement & porté
ſur une tige centrale qui ſort d'une enveloppe, & dont les ſemences
ſont attachées à des filets.* C'eſt Micheli qui fournit l'objet
(ſynonimie des eſpèces, n.ᵒ 73), & c'eſt M. Adanſon qui a
formé ce genre *(ſynonimie des genres, n.ᵒ 101).*

Le *carpobolus* eſt *un globe ſans tige & qui s'ouvre en-deſſus
en étoile ou par un trou ſimple, ſortant d'une enveloppe qui s'ouvre
irrégulièrement, & dont les ſemences ſphériques ſortent élaſtiquement
dans quelques eſpèces avec un placenta cotonneux.* Ce genre, dont
le nom eſt fourni par Micheli, contient des *geaſter* de Micheli,
le *fungus antropomorphos* de Seger & de Sterbeeck *(ſynonimie
des eſpèces, n.ᵒ 89);* c'eſt M. Adanſon qui l'a formé *(ſynonimie
des genres, n.ᵒ 102).*

Le *tuber* eſt le même que celui de Micheli & de Tournefort, &c. c'eſt-à-dire, la truffe de terre *(ſynonimie des genres,
n.ᵒ 1).*

Le *clathroïdes,* le *clathroïdaſtrum,* le *puccinia,* ſont trois genres
que M. Adanſon a conſervés de Micheli, avec leurs noms &
leurs caractères *(ſynonimie des genres, n.ᵒˢ 60, 61, 134).*

QUATRIÈME SECTION.

Champignons à furface en réfeau qui porte les graines fur fes mailles.

An. de J. C.
1763.

Adanfon.
CCCII

LE *clathrus*, le *phallus*, le *boletus* & le *phalloboletus*, font encore quatre genres confervés tels que Tournefort, Dillen & Micheli les avoient formés, & avec leurs caractères *(fynon. des genres, n.ᵒˢ 9, 26, 38, 59)*.

CINQUIÈME SECTION.

Champignons à furface piquée de trous ou de tuyaux, fur les parois defquels font les graines.

L'hypoxilon eft défini *un genre de champignon de fubftance coriace ou tubéreufe, à tige fimple ou ramifiée, à branches plates ou cylindriques, ou en maffue qui eft piquée de trous vers fon milieu, à cavités fphériques ouvertes à la furface de la plante, contenant un placenta gélatineux, & ayant une pouffière au fommet des tiges.* Il contient l'hypoxilon de Mentzel, la maffe-à-guerrier de Vaillant, les *lichen-agaricus* du premier ordre de Micheli. Ce genre étoit formé par Hill, fous le nom de *xilaria* *(fynonimie des genres, n.ᵒ 82)*.

Le *valfa* eft défini *une lame irrégulière de fubftance fongueufe, plate ou en grumeaux, rampante, piquée de trous en - deffus, attachée par toute fa furface inférieure, ayant des cavités comme le genre précédent, & une pouffière entre fes cavités.* Ce genre contient les efpèces du fecond ordre du *lichen-agaricus* de Micheli. Il étoit formé par Hill, fous le nom d'*œcidium (fynon. des genres, n.ᵒ 83)*.

Le *kordera* eft un genre établi d'après la defcription du *corallo-fungus argenteus omenti formâ*, figuré dans Vaillant, *pl. VIII, fig. 1*, & qui ne paroît point être un champignon, mais un *byffus (voyez Vaillant, p. 41*, & *fynonimie des genres, n.ᵒ 144)*.

Le *myfon* eft un genre établi d'après le quatrième ordre des *agaricum* de Micheli, *pl. LXII (fynon. des genres, n.° 50)*.

L'*agaricon* eft défini *un chapeau demi-orbiculaire, doublé en-deffous de trous ou de tuyaux verticaux, fans tige & attaché latéralement*. Il contient l'agaric du mélèze ou *agaricon* de Diofcoride, l'agaric tendre de Céfalpin, & l'agaric amadou ordinaire *(fynonimie des genres, n.°ˢ 15, 27)*.

Le *poria* eft défini *un chapeau demi-orbiculaire, doublé en-deffous de tuyaux verticaux, porté fur une tige latérale*. Il contient des agarics du troifième ordre de Micheli. Ce genre étoit établi par Haller, fous le nom d'*agarico-polyporus (fynonimie des genres, n.° 49)*.

Le *polyporus* & le *fuillus* font les mêmes genres que ceux de Micheli, & fous le même nom *(fynonimie des genres, n.°ˢ 57, 58)*. Ils font définis *un chapeau hémifphérique ou orbi-culaire, doublé en-deffous de tuyaux verticaux, & porté fur une tige centrale*.

SIXIÈME SECTION.

Champignons à furface couverte de fillons inégaux, fur lefquels font les graines.

Le *ftriglia* eft défini *un chapeau demi-orbiculaire, doublé en-deffous de fillons rayonnans, inégaux ou ondés, attaché par le côté, fans tige*. C'eft Hermolaüs qui avoit indiqué ce genre *(fynonimie des genres, n.° 16)*. Il contient l'agaric labyrinthe *(fynonimie des efpèces, n.° 25)*.

Le *fefia* & le *ferda* font deux genres définis de même, mais dont le chapeau eft orbiculaire, & dont l'un, le *fefia*, eft attaché par-deffous & par fon centre feulement, & l'autre par toute la furface inférieure. C'eft M. Adanfon qui a formé ces genres, d'après les agarics de Saint-Cloud, indiqués par Vaillant *(fynonimie des efpèces, n.° 25, & fynonimie des genres, n.°ˢ 103, 104)*.

Le *graphis* eft un lichenoïde de Dillen, de fubftance fari-neufe, ou plutôt une pouffière parfemée de fillons, & qui ne

mérite

mérite pas d'être placée parmi les champignons *(synonimie des genres à part)*.

SEPTIÈME SECTION.

Champignons à surface couverte de lames, sur lesquelles font les graines.

LE *petrona* eſt compoſé *d'un chapeau orbiculaire, convexe &* *liſſe en-deſſous, plat en-deſſus, à feuillets rayonnés, ſans tige.* C'eſt le *lithodermomyces* de Battara, qui ne paroît être autre choſe qu'un jeu de la Nature, ſemblable à l'agaric de Saint-Cloud de Vaillant, & qui d'ailleurs ne peut être compris dans la claſſe des champignons, dont il n'a pas les caractères, ayant la dureté de la pierre *(synonimie des genres, n.° 146)*.

Le *kuema* eſt défini *un chapeau demi-orbiculaire, doublé en-deſſous de lames qui vont des bords au centre, attaché par le côté, ſans tige.* Il contient les agarics du ſeptième ordre de Micheli. Ce genre étoit formé par Hill & Haller ; ce ſont les agarics feuilletés *(synonimie des genres, n.° 53)*.

Le *gelona* eſt défini de même, mais porté ſur une tige latérale. C'eſt M. Adanſon qui l'a formé *(synonimie des genres, n.° 105)*.

Le *chanterel* eſt défini *un chapeau turbiné, concave en-deſſus, doublé en-deſſous de nervures ou lames rameuſes, porté ſur une tige centrale.* Ce genre étoit déjà formé par Haller, d'après une des diviſions de Vaillant *(synonimie des genres, n.° 43)*.

L'*amanita* eſt défini *un chapeau hémiſphérique ou turbiné, doublé en-deſſous de lames parallèles ſimples, porté ſur une tige centrale nue.* Ce genre étoit formé par les anciens *(synonimie des genres, n.° 90)*.

Le *fungus* eſt défini de même *un champignon feuilleté en-deſſous, porté ſur une tige centrale, mais colleté.* Ce genre avoit été indiqué par Vaillant, qui en avoit fait ſa troiſième claſſe, & par Battara, qui en avoit fait ſa ſixième *(synonimie des genres, n.° 46)*.

Tome I.   D d d

An. de J. C.
1763.

Adanſon.
CCCII

An. de J. C.
1763.

Adanfon.
CCCII

Le *volva* eft encore défini de même, avec une tige colletée ou non, & fortant d'une enveloppe. Ce genre étoit formé par les anciens, fous le nom de *boletus* (*fynonimie des genres, n.° 6*).

Le *nofloc*, parmi les *fucus*, eft défini *un genre de plante réfultant d'une lame couchée, pliée & ondée irrégulièrement, dont les graines ou femences font répandues à la furface externe*. Ce genre étoit formé par Micheli, fous le nom de *linkia* (*fynonimie des genres, n.° 56*).

Tels font les genres établis par M. Adanfon fur les champignons. Ce botanifte ayant fait la critique de tous ceux qui l'avoient précédé, & en général, d'une manière jufte & profonde, fembloit être tenu de donner les fections ou claffes les plus naturelles fur cette partie ; & il paroît, en effet, que perfonne jufqu'à lui n'a plus approché de la perfection. Il a penfé qu'il étoit néceffaire d'établir un grand nombre de genres, & a renchéri fur ce point, même fur Micheli, qui lui a fervi de modèle.

Cet auteur, dans leur diftribution, n'ayant point eu égard, en général, aux formes ni à la fubftance des champignons, il fe trouve que, dans quelques fections, il y a des réunions de genres qui font fort éloignés entr'eux, à ces deux égards, & qui, par conféquent, n'ont nulle convenance naturelle. Il femble même que la plupart des botaniftes modernes n'ont fait confifter le mérite de leurs travaux fur cette partie, que dans l'art de former des claffes, qu'ils appellent plus ou moins naturelles, d'après la feule confidération de la pofition des femences ; & fous ce point de vue, les fections de M. Adanfon font les mieux faites & les plus naturelles : mais cet auteur éclairé & doué d'un génie hardi, n'a paru, en général, un peu trop affervi aux idées de Micheli & aux obfervations de Vaillant fur cette partie.

Si l'excellence d'une méthode fur les champignons ne confifte pas uniquement dans la pofition des femences, la diftribution des champignons par M. Adanfon eft vicieufe en quelques points, ou du moins n'a pas, à mes yeux, le mérite de la perfection dont elle paroît fusceptible : elle réunit, par exemple, dans la première section, des genres de champignons dont les uns ont leurs extrémités en pointes, d'autres les ont en globe, d'autres en chapiteau hémisphérique, d'autres en manière de fungosité plate ou en lame rampante ; les uns charnus, les autres gélatineux, les autres coriaces, les autres spongieux, &c. Ces sortes de réunions ne paroissent pas naturelles. On dira peut-être qu'il y a des difficultés par-tout ; j'en conviens.

Ces remarques ont sur-tout pour objet la première section, qui paroît d'ailleurs une des mieux faites. Les six premiers genres de la deuxième me paroissent encore heureusement établis, quoiqu'on eût pu ne faire qu'un genre du *piffida* & du *trombetta* ; & il est bien douteux que le *cyatha* doive y être.

Les troisième & quatrième sections paroissent très-naturelles ; il n'y a que le *clathrus*, dont les semences sont à l'intérieur, qui ne paroît pas à sa place.

La cinquième section me paroît réunir des champignons bien différens par leur forme & par leur nature, des hypoxilons, des productions tendres & ramifiées, avec des agarics poreux, &c.

Les trois premiers genres de la sixième n'en pourroient former qu'un, à la rigueur, & le dernier ne devroit pas y être. Il m'a paru encore que ces genres n'étoient pas assez caractérisés par l'expression de *fillons rayonnans* ; ce sont des cavités inégales, séparées par des cloisons. À la rigueur, cette section est inutile & pouvoit être fondue, soit dans la cinquième, soit dans la septième.

Le premier genre de la septième section, le *petrona*, paroît ou un lithophite ou une monstruosité. Le *kuema* & le *gelona* pourroient n'en faire qu'un. Les genres de cette section me paroissent trop multipliés.

On peut regarder le travail de M. Adanson sur les champignons, comme un bel hommage rendu à la méthode de Micheli.

D d d ij

An. de J. C.
1763.

Adanson.
CCCII

Otton de Munchhaufen, dans la feconde partie de fon ouvrage fur l'agriculture, publié en 1765 *(u)*, regarde les champignons comme l'ouvrage & la demeure de petits animalcules de la nature des polypes, & prend ce qu'on appelle femences ou graines dans les champignons, pour des animalcules mêmes. Ce fentiment, qui étoit à peu-près celui de Godeaert & de Lancifi, eft fondé fur une expérience faite par Munchhaufen, & de laquelle il réfulte que fi l'on met de la pouffière féminale d'un lycoperdon dans de l'eau chaude, on y aperçoit un mouvement vermiculaire ; d'où l'on a conclu que ce font des œufs d'infectes. Cette idée a donné lieu à une differtation qu'on trouve dans le feptième volume des *Amœnitates academicæ* de Linné, fous le titre de *Mundus invifibilis*, dans laquelle on voit que Linné lui-même, féduit par cette idée, n'étoit pas éloigné de tirer du règne végétal les *fungi* qu'il avoit mis dans fa cryptogamie.

La même année, Bergius publia, dans le vingt-fixième volume de l'Académie de Suède, un mémoire qui a pour objet des productions fongueufes qu'on obferve fur les feuilles du chou qu'on conferve en hiver dans des foffes, & que bien des perfonnes ont fouvent prifes pour la graine de cette plante. Cet auteur confidère cette production comme une efpèce de lycoperdon, & le nomme *lycoperdon (braffica) globofo-difforme, parafiticum, læviufculum, feffile*. Camerarius & d'autres avoient déjà fait mention de cette plante *(fynonimie des efpèces, n.° 145)*.

En 1766, George-Chrét. Oeder, Danois, botanifte du premier rang, publia à Copenhague le premier volume de fon *Flora Danica (x)*, dont le cinquième vient de paroître, ouvrage dans lequel on trouve plufieurs champignons. On voit entr'autres dans ce fuperbe ouvrage, dû à la munificence du Roi de Danemarck, des clathroïdaftrum, des lycoperdons étoilés, des fungoïdes, des champignons fous-épineux

____

(u) *Otto de Munchhaufen der Hanfvater.* Hanover, 1765, *in-8.°*
(x) *Flora Danica.* Hafniæ, 1761, *in-folio.*

(planches CV, CCXVI, CCLXIV, CCCX, CCCLX); mais le plus remarquable & le plus extraordinaire, & que l'auteur ne fait à quel genre rapporter, eft celui qu'on voit à la dernière planche du troifième volume, *n.°* ʒʒɟ0 : ce champignon, qui eft brun, ferme & glutineux, eft couvert par-tout d'excavations, & tient plutôt des morilles que de tout autre genre; il conftitue une efpèce particulière *(fynonimie, n.° ʒ0ʒ)*.

Du refte, cet auteur prétend, dans fes *Élémens de Botanique*, qu'il n'y a point dans la Nature de claffes naturelles, mais des efpèces qu'il faut s'attacher à bien décrire.

La même année, J. Pierre Marfigli, profeffeur de botanique à Padoue, publia une differtation *(y)* fur un champignon extraordinaire qu'on obferve tous les ans à Carraria près de Padoue. Le poids de ce champignon eft quelquefois de vingt-cinq livres. Il eft de forme globuleufe, femblable à une citrouille; il eft blanc & croît dans un terrain fablonneux; il fert à plufieurs ufages; on le coupe par tranches, & on le fait cuire à la poële avec de l'huile & du fel : fon écorce eft fi épaiffe, que, lorfqu'il eft fec, les femmes s'en fervent comme de gant ou de manchon. L'auteur le donne fous le nom de *fungus carrarienfis*. Il eft aifé de voir que c'eft la grande efpèce de lycoperdon dont Loëfel, Tournefort & autres ont fait mention *(fynonimie des efpèces, n.° ʒɟ , var. a. ʒ)*.

Cette même année, M. Pennier de Longchamp publia une differtation fur les truffes & les champignons *(z)*, dans laquelle il effaie de prouver, conformément à l'opinion de M. Geoffroy *(a)*, dont on a parlé *(année ɟ7ɟɟ)*, que la truffe blanche ne diffère de la truffe noire que par l'âge & la faifon, & que c'eft la même; que d'abord elle reffemble à un petit pois rond, rouge en-dehors, blanc en-dedans; qu'elle

An. de J. C.
1766.

Oeder.
CCCIII

J. P. Marfigli,

Pennier
de
Longchamp,

(y) *Fungi Carrarienfis hiftoria.* Patavii, 1766, in-4.° *fig.* ɟ.

(z) Differtation phyfico-médicale fur les truffes & les champignons, par M. Pennier de Longchamp le fils, médecin à Avignon. ɟ766, in-ɟ2.

(a) Mémoires de l'Académie des Sciences, *année ɟ7ɟɟ*.

groſſit peu-à-peu, & qu'elle forme alors ce qu'on appelle *truffe blanche;* & qu'enfin ſa ſurface devient noire & ſa chair grisâtre, marbrée & parfumée. Cet auteur n'admet par conſéquent qu'une eſpèce de truffe : il dit qu'on la trouve au pied ou à l'ombre des chênes ; que tranſplantée & arroſée, elle groſſit quelquefois, mais que cette expérience ne réuſſit pas toujours; qu'elle ſe plaît dans les terres incultes, rougeâtres, un peu ſablonneuſes & graſſes. Dans la ſeconde partie de cette diſſertation, il donne quelques conſeils ſur l'uſage des champignons, mais il n'en décrit & n'en fait connoître aucun.

En 1767, Linné a fait ſoutenir une thèſe à Upſal, par M. Roos, dans laquelle on agite la queſtion, ſi les champignons ne doivent pas former un nouveau règne dans la Nature, qu'on pourroit appeler le règne neutre ou le chaos ? C'eſt cette diſſertation, inſérée dans les *Amœnitates academicæ* dont on a parlé, qui eſt miſe ſous le titre de *Mundus inviſibilis.* Il eſt fâcheux, pour les Savans, que cette partie de l'hiſtoire naturelle ait toujours paru un vrai chaos à Linné.

On a déjà vu que Haller avoit publié, en 1742, un ouvrage ſur les plantes de la Suiſſe (*Enumeratio ſtirpium Helveticarum indigenarum*) & la *Flore d'Iène,* en 1745, ouvrages dans leſquels on trouve non-ſeulement pluſieurs découvertes, mais une méthode ſur les champignons, c'eſt-à-dire, des genres. Comme cet auteur a fait depuis, au premier ouvrage, beaucoup de changemens, qu'on trouve dans ſon *Hiſtoire des plantes de la Suiſſe (b),* publiée à Berne en 1768, & donné de nouveaux genres, nous avons cru devoir remettre le détail de ſes découvertes à cette dernière époque.

Les champignons, dans cet ouvrage, forment la dix-neuvième & dernière claſſe des plantes, c'eſt-à-dire, de celles qui n'ont point d'étamines, & que l'auteur met ſous le titre de

____

(b) *Alberti V. Haller hiſtoria ſtirpium indigenarum Helvetiæ, inchoata,* Bernæ ſumptibus Societatis typographicæ, 1768, 3 vol. *in-folio.*

An. de J. C.
1768.

Haller.
CCCIII

fungi. Il regarde cette claſſe comme naturelle, mais il trouve des difficultés à en établir la définition & le caractère claſ-ſique ; car pluſieurs champignons, dit-il, ſont d'une ſubſtance molle, différente des plantes utriculaires, compoſés de fibres parallèles ; d'autres ſont d'un tiſſu dur & ſans aucun ordre de fibres ; les uns ſont de courte durée, d'autres vivaces ; les uns ont des fibres homogènes, d'autres ſont compoſés de parties de nature différente ; pluſieurs ont de l'odeur, d'autres n'en ont point ; dans les uns les ſemences ſont viſibles, dans d'autres il eſt très-difficile de les reconnoître : on n'aperçoit ni feuilles ni fleurs, & il eſt rare qu'ils aient de véritables racines. Ils diffèrent des plantes filamenteuſes, & par le défaut de ces filamens, & par des ſemences plus ſenſibles ; ils diffèrent des *lichen* par leur nature, qui n'eſt ni cruſtacée ni tartareuſe, & par le défaut des cupules.

Dans cet ouvrage, tous les champignons ſont compris ſous vingt-deux genres, mis ſous les noms de *mucilago, fuligo, embolus, botrytis, lygogala, mucor, aſpergillus, trichia, lycoperdon, ſphœria, clavaria, puccinia, ceratoſpermum, cyathus, peziza, boletus, phallus, agaricum, polyporus, echinus, merulius, amanita.*

Le *mucilago* eſt défini *une petite plante de nature fongueuſe & à odeur de champignon, de courte durée, preſque filamenteuſe ou celluleuſe, à chapiteau & recouverte d'une croûte.* Ce genre comprend des *mucilago* de Micheli & des *mucor* de Linné ; ce ſont ces mucoſités filamenteuſes ou moiſiſſures laineuſes qu'on obſerve ſur différens corps. C'eſt Haller qui a formé ce genre *(ſynonimie des genres, n.° 106).*

Le *fuligo* eſt *une plante molle ſemblable à du beurre, qui ſe convertit bientôt en pouſſière noire & fuligineuſe.* Ce genre, formé par Haller, comprend des *mucor* de Linné, la fleur-du-tan, &c. *(ſynonimie des eſpèces, n.° 85, & ſynonimie des genres, n.° 107).*

L'*embolus* (genre déjà formé dans l'*Enumeratio ſtirpium Helveticarum* du même auteur) diffère du *fuligo*, en ce qu'il a une tête de figure déterminée, & une tige ; d'ailleurs, c'eſt une plante très-molle, qui tombe également eu pouſſière noire. Il diffère du *mucor*, en ce qu'il n'a pas une croûte sensible *(synonimie des genres, n.° 78)*.

Le *botrytis* eft le même que le *botrytis* de Micheli. On a vu qu'il fortoit de l'ordre des champignons *(synonimie des genres, n.° 135)*.

Le *lycogala* eft encore le même genre que celui de Micheli *(synonimie des genres, n.° 63)*.

Le *mucor* eft encore le même genre que celui de Micheli. Suivant Haller, il a une écorce & un tiffu celluleux ; il eft d'une courte durée & mou, ce qui le diftingue du *mucilago*, de l'embolus, du *lycogala* & de l'*afpergillus* *(synon. des genres, n.° 62)*.

L'*afpergillus* eft le même genre que celui de Micheli, & n'eft point un champignon *(synonimie des genres, n.° 136)*.

Le *trichia*, nom formé par Haller, comprend le *clathroïdes* & le *clathroïdaftrum* de Micheli, par conféquent le *flemonitis* de Gleditfch, & quelques efpèces de *mucor* du même. Les efpèces fur-tout qui ont un pédicule & une tête fphérique, avoient été données d'abord par Haller, fous le nom de *fphærocephalos (Enumeratio plantarum Helveticarum)*. Ce genre diffère du *lycoperdon*, en ce qu'il n'a pas une pulpe humide ni une chair qu'on puiffe couper, mais une moelle ou toile celluleufe, entre-mêlée de filets un peu durs. C'eft Hill qui a formé ce genre fous le nom d'*arcyria (synon. des genres, n.° 81)*.

Le *lycoperdon* eft le même genre que celui que Linné a établi fous ce nom *(synonimie des genres, n.° 76)*.

Le *fphæria*, genre établi d'après le *lichen-agaricus* de Micheli, eft caractérifé par Haller, *un corps végétal dont les fruits fphériques ou les petites fphères, placés ordinairement fous l'écorce, font pleins d'une pouffière noire comme du charbon, qu'ils verfent par un feul orifice fenfible*. Ce genre de plante eft celui dont le caractère qu'on vient d'expofer, a fait le plus d'honneur à fon auteur *(synonimie des genres, n.° 48)*.

Le *clavaria* eft le même genre de Linné & de Gleditfch *(synonimie des genres, n.° 11)*.

Le *puccinia* & le *ceratofpermum* font les mêmes que ceux de Micheli *(synonimie des genres, n.°s 55 & 134)*.

Le

Le *cyathus*, mis d'abord fous le nom de *cyathoïdes*, eſt le même que le *cyathoïdes* de Micheli *(ſynonimie des genres, n.° 69)*.

Le *peziza* eſt défini *une plante charnue, ou membraneuſe, ou gélatineuſe, ayant quelques cavités;* ce qui le diſtingue des agarics unis, de ſubſtance homogène. Ce genre comprend les *fungoïdes* & des *fungoïdaſter* de Micheli, des *peziza* de Linné, & des *elvela* de Gleditſch. C'eſt Dillen qui l'a formé ſous le même nom *(ſynonimie des genres, n.° 3)*. Mais Haller a ſous-diviſé ce genre en quatre ordres, à raiſon du nombre & de la diverſité des eſpèces, qu'il diſtingue, relativement à leur ſubſtance & à leur forme, en *peziza membraneux, gélatineux, à conſiſtance de cire*, & *plats : pezizæ membranaceæ, gelatinoſæ, ceraceæ, planæ*, dont trois étoient formés *(ſynonimie des genres, n.ᵒˢ 3, 56, 98)*, & dont le quatrième lui appartient *(ſynonimie des genres, n.° 108)*.

Le *boletus* eſt le *boletus* de Tournefort, mais comprend, outre la morille ordinaire, des *phallus* de Linné, quelques eſpèces d'*elvela* du même auteur & de Gleditſch, qu'il conſi-dère comme des morilles *(ſynonimie des genres, n.° 109)*.

Le *phallus* eſt le même que celui de Dillen & de Micheli *(ſynonimie des genres, n.° 38)*.

L'*agaricum* renferme les agarics du huitième ordre de Micheli, *p. 124*, & contient quelques-uns de ſes *fungoïdaſter*, des *elvela* & des *tremella* de Linné. Haller donne le nom d'*agaricum* à toute production *fongueuſe, à tige ou ſans tige, de forme horizontale ou plane, dont la ſurface inférieure n'a ni pores, ni tubes, ni appendices, ni nervures, ni feuillets.* Il diffère des clavaires, par ſa ſurface plane ; du *peziza*, en ce qu'il n'eſt pas creux ; des *lichen*, en ce qu'il n'a aucune graine, aucune fleur ou apparence de fleur. Haller l'avoit déjà établi ſous le nom d'*agaricus (ſynonimie des genres, n.° 54)*.

Le *polyporus* de Haller *(Hiſtoire des plantes)*, comprend les quatre genres qu'il avoit d'abord formés ſous les noms de *polyporus*, de *ſuillus*, d'*agarico-ſuillus*, d'*agarico-polyporus*, c'eſt-à-dire, le *polyporus* & le *ſuillus* de Micheli, & les deuxième, troisième, quatrième & cinquième ordres de l'*agaricum* du même auteur ; c'est enfin le même que le *boletus* de Linné *(synonimie des genres, n.° 71)*.

L'*echinus* diffère du *polyporus*, en ce qu'il est hérissé de papilles ou de pointes à la partie inférieure du chapiteau. Dans sa distribution, l'auteur s'est un peu écarté de cet ordre, en plaçant, parmi les *echinus*, des champignons à appendices à la partie supérieure. Ce genre comprend l'*erinaceus* de Dillen & de Micheli (c'est le même que l'*hydnum* de Linné), & renferme les genres que Haller avoit déjà formés sous les noms d'*erinaceus*, d'*echin-agaricus (synon. des genres, n.° 72)*.

Le *merulius* est le même genre établi dans l'*Enumeratio plantarum*, & dont Vaillant a fourni l'idée *(voyez page 353, & synonimie des genres, n.° 43)*.

L'*amanita*, mis d'abord par Haller sous les noms de *fungus*, d'*agarico-fungus*, comprend tous les champignons & agarics feuilletés, & diffère de l'*agaricus* de Linné, en ce qu'il ne renferme pas les champignons à nervures *(synon. des genres, n.° 110)*.

Sur ces vingt-deux genres, il y en a, comme on voit, quatre ou cinq que Haller a formés ; mais le genre *sphæria* paroît être celui dont le caractère lui a fait le plus d'honneur. On ne doit pas reprocher à ce grand homme d'avoir changé quelques genres, mais on peut lui reprocher d'avoir changé inutilement leurs noms : par exemple, le champignon feuilleté n'étoit-il pas aussi aussi-bien désigné par le mot *fungus*, qu'il lui avoit donné d'abord, que par celui d'*amanita!* *cyathoïdes* étoit aussi expressif que *cyathus ;* le *merulius*, qui est l'ancien nom des morilles, devoit-il être donné à un champignon à nervures ? Aussi avertit-il que J. Bauhin & Boerhaave ont employé ce mot pour désigner d'autres champignons que ceux qu'il indique sous ce nom. À cela près, ces genres me paroissent faits avec soin ; mais Haller avoit assez de génie pour éviter le reproche d'avoir imité un peu trop servilement d'abord Micheli, ensuite Linné.

Sous ces vingt-deux genres, on trouve l'énumération de

trois cents foixante-deux efpèces décrites ou fimplement indiquées, & plufieurs variétés ; mais comme le genre *amanita*,
ou champignon feuilleté, en contient lui feul cent cinquante-
neuf, Haller, à l'exemple de Vaillant & de Micheli, a été
obligé de fous-divifer ce genre en plufieurs feétions, tirées
principalement de la couleur des feuillets. Il avertit qu'il a
beaucoup travaillé ce genre ; que les fignes ou caraétères
propres à faire diftinguer les efpèces, font très-difficiles à
faifir ; que ceux qu'on tire de la confidération des formes,
de l'exiftence du voile ou du collet, des cannelures ou raies,
de leur état folitaire ou en famille, ainfi que de la couleur
du chapiteau, ne font pas folidement établis, puifqu'ils font
fondés fur des chofes très-variables, à raifon des différentes
circonftances où fe trouve la plante, comme à celle de fa
pofition, de fon âge, de la nature du fol, &c. mais que la
couleur des feuillets eft, felon lui, ce qui varie le moins.
Après la couleur des feuillets, la préfence du collet & la
couleur du chapiteau lui fourniffent principalement fes fous-
divifions. Du refte, l'auteur dit qu'il ne parle que de ce
qu'il a vu, & qu'à l'exception de quelques efpèces, il a tout
examiné par lui-même.

Parmi les *mucilago*, on en trouve trois, *page 110*, qu'il a
fait connoître, un couleur de neige, un gris & un rouge ;
ce font ces barbes ou moififfures cotonneufes qui fe forment
fur les autres plantes, fur leurs feuilles, fur le bois, fur les
champignons, & qu'on peut regarder comme efpèce analogue
à la principale *(fynonimie, n.° 84. a. 7)*.

Parmi les *fuligo*, mucofités jaunes & femblables à du beurre,
qui croiffent fur les débris des végétaux, il y en a deux, un
blanc & un jaune-roux *(fynonimie, n.° 85)*.

Parmi les *embolus*, au nombre de trois (plantules en forme
de barbes ou de têtes d'épingle, avec des tiges comme des
cheveux), il y en a un couleur de chair, *embolus carneus*, un
autre noir, & un autre blanc : on les trouve ordinairement
fur le bois qui fe gâte ; ils rentrent dans le numéro de l'efpèce
principale *(fynonimie des efpèces, n.° 84. a)*.

E e e ij

An. de J. C.
1768.

Haller.
CCCIII

An. de J. C.
1768.

Haller.
CCCIII

CCCIV

Parmi les *lycogala*, quatre, dont deux d'un blanc de neige, un blanc & un jaune-pâle, *(ſynonimie, ibidem)*.

Les *botrytis* & les *aſpergillus* ne ſont pas des champignons *(ſynonimie des genres, n.ᵒˢ 135, 136)*.

À l'occaſion des *mucor*, dont il marque trois eſpèces, un gris & deux blancs *(ſynonimie, n.ᵒ 84)*, Haller demande, après avoir parlé des ſemences du gris, qui ſont rondes, & qu'il répand en crevant, pourquoi Needham nie leur exiſtence & la faculté qu'ils ont de ſe reproduire, les conſidérant comme une végétation qui ne va pas juſqu'à la vie animale ?

Les *trichia*, au nombre de douze, dont il y en a cinq ou ſix de figurés, *pl. XLVIII*, ſont les *clathroïdes* & *clathroïdaſtrum* de Micheli, & quelques eſpèces de couleur noire, à tête ronde *(ſynonimie, n.ᵒ 135)*.

Parmi les *lycoperdon* ou veſces-de-loup, il y en a trois remarquables dont il fait mention : l'une qui pèſe quelquefois juſqu'à vingt-cinq livres, & qui a deux aunes de tour, eſpèce déjà obſervée *(ſynonimie, n.ᵒ 31, var. a. 3)* : une autre noire en-dehors & velue, à pulpe rouſſe ou flave & velue de même, & à cellules, qu'il nomme *à orle fleuronné*, c'eſt-à-dire, entourées comme d'une frange ; elle a la forme d'une marmite, avec des racines jaunes ; c'eſt un *lycoperdon* de Micheli ; Haller la met ſous le nom de *lycoperdon ſaccatum nigerrimum, pulpâ flavâ, cellulis fimbriatis, p. 119* ; elle donne lieu à une eſpèce particu- lière *(ſynonimie des eſpèces, n.ᵒ 304)* : une troiſième qui croît ſur le chou pourri, en hiver, & dont Camerarius & Gleichen avoient déjà fait mention, & que Wirdg avoit pris pour de la graine de chou *(ſynonimie des eſpèces, n.ᵒ 145)*.

Parmi les *ſphæria*, on trouve la truffe-de-cerf *(ſynonimie des eſpèces, n.ᵒ 7)*, à cauſe de ſa grande affinité avec les productions de ce genre : Haller dit, d'après l'obſervation de Buchner, *Mater. med.* qu'elle croît deſſus & deſſous la terre ; qu'elle eſt couleur d'orange extérieurement, toute couverte de petits tubercules durs, qui la rendent rude au toucher. Sous cette première écorce, on trouve une chair blanche, coriace & très-dure ; l'intérieur eſt formé d'une ſubſtance

mucide, grife, à laquelle fuccède une laine celluleufe &
aranéeufe, pleine de pouffière féminale. Les autres efpeces
de ce genre, font l'hypoxilon de Mentzel, la médiaftine de
Dodart, le fungoïde en godet de Boccone, & plufieurs *lichen-
agaricus* de Micheli *(fynonimie, n.ᵒˢ 86, 94, 142, 180)*.

Mais parmi ces *fphæria*, il y en a un, *page 121, n.ᵒ 2190*,
mis fous la phrafe de *fphæria rubra fragi fimilis*, qu'on trouve
fur les écorces d'arbres, & qui reffemble à une fraife par fa
forme, fa couleur & fes grains; fon écorce eft dure & noire,
ainfi que les cellules qui contiennent la pouffière féminale,
& la pulpe qui eft folide : il fournit une efpèce particulière
(fynonimie, n.ᵒ 305).

Parmi les *clavaria, page 123*, il y en a deux à branches,
c'eft-à-dire, deux coralloïdes, dont l'un eft couvert d'un
duvet blanc, & qui eft fiftuleux, déjà indiqué dans la *Flore
d'Iène* & l'*Enumeratio plantarum (fynonimie, n.ᵒ 45, var. b)*;
& un autre petit, attaché au bois fous terre, de confiftance
& de couleur de fuif *(fynonimie, ibidem)*; & une clavaire
fimple, de couleur verte, *page 125, clavaria indivifa, viridis,
rugofa & compreffa (fynonimie, n.ᵒ 87. d)*.

Parmi les *peziza*, il y en a un vert, qui croît fur le bois
de chêne, *page 131*; un autre brun, qui croît fur le difque
de la carline, *page 132*; un autre verdâtre, qui croît fur le
bois pourri, *ibidem*; un autre vert-d'eau en-dedans, très-blanc
en-dehors, qui croît fur les champignons poreux qui fe
gâtent, *ibidem*; & un autre petit, d'un rouge agréable, qui
vient dans l'eau, *page 133*. Tous ces *peziza* rentrent comme
variétés ou comme efpèces analogues, dans le numéro de
l'efpèce principale *(fynonimie, n.ᵒ 67)*.

Parmi les *agaricum*, il y en a neuf qu'il a fait connoître;
fix parmi ceux qui n'ont qu'une furface, *page 135*, deux
parmi les agarics à deux furfaces, *page 136*, & un parmi
les agarics coriaces. Celui qui eft ondé & violet, ainfi que
celui qui reffemble à une réfine, ont été déjà notés *(fynon.
des efpèces, n.ᵒˢ 187, 283)*; ceux qui font gélatineux, font
des variétés du noftoc *(fynonimie, n.ᵒ 8)*, ou de ceux que

An. de J. C.
1768.

Haller.
CCCIV

CCCV

Micheli avoit fait connoître *(fynonimie, n.ˢ 186, 187)*. Les autres étoient connus.

Parmi les *polypores* (champignons poreux & tubuleux), il y en a onze environ donnés pour efpèces nouvelles ou fans fynonimie ; deux agarics à une furface, l'un de couleur pourpre *(c)*, qui forme une efpèce nouvelle *(fynon. n.° 306)*, l'autre blanc *(d)*, qui en eft une variété, ou qui lui eft analogue *(ibidem)*. Parmi ceux qui font à deux furfaces, mais fans tige, on trouve un autre agaric couleur d'ocre deffus & écailleux, *n.° 2278*, à grandes ouvertures blanches, & qui rentre comme variété dans le n.° 35 de la fynonimie ; un autre roux-brun ou bai-brun, à pores anguleux & de couleur fauve, *n.° 2279*, qui rentre comme variété dans le même numéro *(fynonimie, ibidem)* ; un autre de couleur pourpre, qui croît fur les arbres des Alpes, ainfi qu'en Amérique *(e)*, déjà obfervé & décrit *(fynonimie des efpèces, n.° 289)* ; un autre fauve & foyeux, à pores blancs, analogue à ceux qui avoient été déjà obfervés *(fynonimie, n.° 35)*.

Parmi ceux qui font à tige, il y en a un à tige noire & latérale, qui rentre comme variété, ou plutôt comme le même, dans le n.° 299 de la fynonimie des efpèces ; un autre en gerbe ou faifceau *(f)*, de couleur brune ou bai-brun deffus, blanchâtre, à tige noire & creufe, qui forme une efpèce particulière *(fynonimie, n.° 307)*.

Parmi ceux dont la partie tubuleufe fe fépare du chapiteau, il y a un petit cepe blanchâtre, à furface inférieure violette, à tubes de même couleur *(g)*, qui forme une autre efpèce diftincte *(fynon. n.° 308)* ; un autre cepe couleur de terre *(h)*,

---

(c) *Polyporus cruftaceus purpureus*, p. 139, n.° 2274.

(d) *Polyporus cruftaceus albiffimus, poris maximis*, n.° 2275.

(e) *Polyporus feffilis convexo-planus miniatus*, n.° 2285.

(f) *Polyporus petiolatus, cefpitofus, ramofus, lobatus, fpadiceus, infernè albidus*, n.° 2297, p. 144.

(g) *Polyporus carne fecedente, petiolatus, pileolo albido, poris violaceis*, n.° 2306, p. 146.

(h) *Polyporus carne fecedente, petiolatus, terreus concolor*, n.° 2309.

dont il a été fait mention *(synon. n.° 18. g)*; un autre petit, couleur de rofe deffus, roux-flave deffous, & à chair de même couleur *(i)*, qui eft une efpèce analogue à celui que Sterbeeck avoit obfervé *(synonimie, n.° 100)*, mais qui en forme une particulière : celui-ci eft folitaire *(synon. n.° 309)*. Haller, dans cette divifion, décrit avec foin, *page 145*, le cepe roux à tubes verts, qu'on trouve en Suiffe, & qui eft d'ufage ; il dit que fes pores font grands, verts, les tubes de couleur flave, ainfi que la chair, qui eft molle *(synon. n.° 18, var. a. 6)*.

Parmi les *echinus* (champignons à appendices ou pointes), il y en a trois donnés pour efpèces nouvelles ; un noir, qui croît fur les branches des pins, fans tige & à longues pointes, mais qui n'eft, à la rigueur, qu'une variété de ceux que Micheli avoit obfervés *(synonimie, n.° 183)*; & deux autres à tige, l'un petit, à appendices ovales, laiteux, de couleur bai-brun *(k)*, qui forme une efpèce nouvelle *(synonimie, n.° 310)*, & l'autre tout gélatineux & à tige puftuleufe *(l)*, qui en forme une autre *(synonimie, n.° 311)* : celui-ci eft analogue à l'efpèce obfervée par Loëfel *(synonimie, n.° 81)*.

Parmi les *merulius*, il y en a une efpèce violette, différente de la jaune, mais de la même forme ; Haller la nomme *merulius violaceus, n.° 2327*; elle fournit une efpèce particulière *(synonimie, n.° 312)* : une autre de couleur rouffe, qui croît fur le bois & finit par prendre la forme d'un agaric, *n.° 2328*, déjà notée par le même auteur *(synon. des efpèces, n.° 279)*.

Les efpèces du genre *amanita* (champignons & agarics feuilletés) font fans tige ou à tige. Parmi celles qui font fans tige, c'eft-à-dire, parmi les agarics feuilletés, il n'y en a qu'un qui n'étoit pas encore indiqué ; c'eft celui qui eft d'un blanc de neige, mou, tremblant, mis fous le nom d'*amanita femipetiolatus niveus, n.° 2337*, variété de l'efpèce principale *(synonimie, n.° 126, var. d)*.

An. de J. C.
1768.

Haller.
CCCIX

CCCX

CCCXI

CCCXII

(i) Polyporus carne fecedente petiolatus, rofeus, infernè flavus, n.° 2313.
(k) Echinus petiolatus, pileolo hemifpherico, aculeis ovatis, n.° 2323.
(l) Echinus cryftallinus, petiolo craffo puftulato, n.° 2322.

An. de J. C.
1768.

Haller.

Les champignons feuilletés, à tige, font fous-divifés à raifon de la couleur des feuillets, dont la différence fournit neuf fous-divifions.

CCCXII   Parmi ceux qui ont d'abord les feuillets blancs, avec une tige nue, il y en a un à chapiteau & à pédicule violets, qui eft petit, *n.*° *2340*, & analogue aux *fungi varii* de J. Bauhin *(fynonimie, n.*° *72)*, mais qui forme la variété petite de l'efpèce obfervée par Vaillant *(fynonimie, n.*° *168. b)*; un autre, *n.*° *2361*, à chapiteau mamelonné & couleur de fang, & à feuillets qui deviennent jaunes *(fynonimie, n.*° *224) (m)*; un autre, *n.*° *2362*, à chapiteau en forme de cloche & gerfé comme en réfeau, de couleur fauve *(fynonimie, n.*° *58)*; un

CCCXIII   autre à peu-près de même couleur, ou de bois, mais tuberculeux & à tige colletée, ferme, fiftuleufe, blanche du haut, couleur de bois du bas, *amanita petiolo gracili anulato, pileolo convexo, tuberculofo, cerviceo, laminis albis*, *n.*° *2364*, qui fournit une efpèce particulière *(fynonimie, n.*° *313)*; deux

CCCXIV   autres de couleur bai-brune, *n.*°ˢ *2365, 2366*, dont l'un, à odeur de farine, eft colleté & bon à manger, & qui fourniffent une autre efpèce particulière *(fynon. n.*° *314)*; deux verts, à feuillets minces & ferrés, *n.*°ˢ *2376, 2377*, qui rentrent dans le numéro de l'efpèce principale *(fynonimie, n.*° *212)*; deux gris, à tige farineufe, dont l'un fort d'une enveloppe, *n.*°ˢ *2394, 2395* : l'un appartient au n.° *124*, l'autre au n.° *160* de la fynonimie *(ibidem)*.

Parmi ceux dont les feuillets font couleur d'ocre-pâle, & le chapiteau couleur de cerf, *page 66*, on en trouve deux à tige mince & colletée, *n.*°ˢ *2402, 2403*, qui rentrent comme variétés dans l'efpèce principale *(fynonimie, n.*° *241)*; & fept

CCCXV   autres de même couleur, à tige nue, *n.*°ˢ *2404—2410*, dont
CCCXVI   un, *n.*° *2410*, eft en touffe; les fix premiers, champignons

---

(m) Ce champignon, à feuillets d'abord blanchâtres, enfuite de couleur d'ocre, enfin jaunes, à chapiteau de couleur fauve, ou jaunâtre, ou bai-brun, ou fanguin, à tige couleur de fang inférieurement ou bai-brune, & blanche du haut, offre un exemple de la difficulté & de l'incertitude des divifions prifes de la différence des couleurs.

folitaires,

An. de J. C.
1768.

Haller.
CCCXVII

folitaires, fournissent une efpèce particulière, & le dernier une autre *(fynonimie des efpèces, n.*^os *3 1 5, 3 1 6)*; les chapiteaux de ce dernier font de forme conique ; ce champignon eft fec, petit : trois jaunes ou de couleur fauve ou de cerf, à tige colletée, *page 1 6 7, n.*^os *2 4 1 1, 2 4 1 2, 2 4 1 3*, qui forme une autre efpèce particulière *(fynonimie, n.° 3 1 7)*.

Parmi ceux qui ont leurs feuillets jaunes ou flaves, avec un chapiteau de même couleur, *page 1 6 8*, il y en a un couleur de foufre deffus & deffous, à tige nue, *n.° 2 4 2 2*, qui eft fec, dont la chair eft de la même couleur, efpèce déjà obfervée par Sterbeeck *(fynon. n.° 1 0 1)*; un vert, à feuillets jaunes éteints, colleté & bon à manger, *n.° 2 4 3 4*, qui avoit déjà été obfervé par Loëfel, fuivant Haller *(fynon. n.° 7 9)*.

CCCXVIII

Parmi ceux qui ont les feuillets verts, ou donnés pour tels, *page 1 7 6*, on en trouve un indiqué tout vert, *amanita totus viridis, n.° 2 4 6 0*, mais dont la defcription annonce des feuillets de couleur olivâtre, un chapiteau vifqueux, d'un vert-obfcur, & une chair d'un jaune-vert ; il forme encore une efpèce particulière *(fynonimie, n.° 3 1 8)*.

Parmi ceux à feuillets bruns, *page 1 7 6*, on en trouve un couleur de cire brute, rayé, *n.° 2 4 6 1*, & un autre couleur de terre d'ombre, *n.° 2 4 6 2*, qui rentrent dans des efpèces principales *(fynonimie, n.*^os *5 4, 2 2 4)*.

Parmi les champignons à feuillets gris ou cendrés, on trouve, *page 1 7 8*, celui que Micheli a indiqué, qui eft à branches & comme à trois têtes ou tubes *(fynon. n.° 1 9 7)*.

Enfin, parmi ceux qui ont les feuillets bruns ou couleur de terre d'ombre, on en trouve un noir, *amanita niger, n.° 2 4 8 6*, à chapiteau en cloche, que Haller foupçonne avoir été vert *(fynonimie, n.° 2 1 1)*. Tous les autres avoient été déjà indiqués par les auteurs qui l'avoient précédé.

Tels font les champignons que Haller a fait connoître ; & quoique la fynonimie, les defcriptions, la concordance des efpèces, aient été quelquefois négligées ; quoiqu'on ne trouve pas toujours la couleur des feuillets ou celle du chapiteau dans l'énumération des efpèces comprifes fous le titre

Tome I. F f f

An. de J. C.
1768.

Haller.
CCCXVIII

qui l'annonce ; quoiqu'il y ait bien des négligences ou des *lapfus calami*, fouvent de très-peu d'importance , il n'en eft pas moins vrai que c'eft l'ouvrage qui renferme le plus d'érudition, le plus de connoiffances variées, & un des mieux faits qu'il y ait fur cet objet ; on y reconnoît par-tout la touche du grand maître.

L'on y trouve, par exemple, beaucoup de chofes rectifiées, éclaircies fur plufieurs efpèces, le caractère mieux établi du genre qu'il nomme *fphæria*, un détail neuf fur l'*agaric du mélèze* que Haller a cueilli lui-même fur cet arbre, & qui fe trouve très-bien décrit, *page 141.* Il fait remarquer que cet agaric a une écorce dure, écailleufe, à écailles triangulaires & de plufieurs couleurs, marquées de bandes brunes, fauves, orangées ; que la partie inférieure ou tubuleufe eft jaune ou de couleur fauve, ainfi que fa pulpe, qui devient enfuite blanche par la defficcation ; que fur les Alpes, on s'en fert pour les maladies des hommes & des beftiaux, &c. En général, quand Haller parle d'un champignon ou d'un agaric, s'il eft employé à quelqu'ufage, il a foin de le noter, & cite toujours fes garants, avantage qu'on ne trouve dans aucun livre de ce genre ; il y ajoute fouvent fes réflexions, & toujours d'une manière concife. Il fait obferver, par exemple, au fujet de l'agaric aftringent, qu'on ne doit pas trop fe fier à cette qualité aftringente ; qu'on a vu périr des gens d'hémorrhagie, parce qu'on avoit négligé le foin de comprimer l'artère. Enfin, chaque article offre l'intérêt dont il eft fufceptible.

Hill.

On fe rappelle la réponfe de Hill à Watfon, fur le phénomène, fréquent à la Martinique, de cette végétation fingulière qui fe fait fur le corps détruit des infectes, fur-tout des fcarabées, & auxquels on donne le nom de *mouches végétantes*, lorfqu'ils donnent naiffance à la clavaire que Hill nomme *clavaria fobolifera*, & que Otton-Fréderic Muller avoit déjà nommé *fungus ex infecto natus*. Ce phénomène ne paroiffoit pas plus extraordinaire à Hill, que la production du champignon qui croît fur la corne du pied de cheval, lorfque ces

fubftances animales s'altèrent, c'eft-à-dire, font près de la cor- An. de J. C.
ruption. M. Needham voit, dans cette végétation, la preuve   1768.
du paffage ou du changement du genre animal au végétal,
& réciproquement du végétal à l'animal, la regardant comme   Hill.
une production qui ne parvient pas jufqu'à la vie animale;   CCCXVIII
& nie, en même temps, la reproduction des champignons
au moyen des femences *(n)*.

M. Fougeroux de Bondaroy, de l'Académie des Sciences   1769.
de Paris, dans un mémoire, publié en 1769, parmi ceux de   Fougeroux
cette compagnie, donne à cette forte de production, le nom   de
de *plantes animales*, & y fait connoître différentes efpèces d'in- Bondaroy.
fectes fur lefquels ces plantes végètent, & dont il donne la
figure : on y voit des clavaires, dont les unes prennent naiflance
fur des nymphes de cigale de la Martinique, &c. *planche I*,
& d'autres qui croiflent fur des vers de fcarabées, *planche II*,
clavaires fimples, à fibres longitudinales & creufes dans leur
maturité *(fynonimie. n.° 87)*. On voit encore, *planche II*, un
exemple d'une végétation analogue fur la cigale de Cayenne.
M. Fougeroux eft porté à penfer, par l'état de confervation
où il a trouvé ces infectes, que la plante a crû quelque temps
fur l'animal en vie ; il a remarqué que les racines ne pénètrent
point le corps de l'infecte.

On trouve, dans le volume des *Tranfactions philofophiques*   Ellis.
(59), qui parut la même année (1769), le fentiment d'Ellis
fur l'expérience qui avoit donné lieu à celui de Munchhaufen
& de Linné, au fujet de la place que doivent occuper les
champignons dans l'un des trois règnes de la Nature. Ellis
nous apprend que dans l'expérience de Munchhaufen, fur la
pouffière féminale des lycoperdons, le mouvement vermiculaire qu'il dit y avoir obfervé, a bien lieu, mais qu'il eft dû
à des animalcules extrêmement petits & à peine vifibles, qui
le leur communiquent.

(n) *Voyez* Notes de Needham, ajoutées aux *Nouvelles recherches fur les
découvertes microfcopiques & la génération des corps organifés*, ouvrage traduit
de l'italien de M. l'abbé Spalanzani, profeffeur de philofophie à Modène.
Paris, chez Lacombe, 1769.

An. de J. C.
1769.

Weis.
CCCXVIII

1772.

Schaeffer.

Cette idée de Munchhaufen & de Linné a déjà fait quelques profélytes, puifque dans l'*Énumération des plantes des environs de Gottingue*, publiée par Fr. Guill. Weis & Ruling, on ne trouve plus les champignons parmi les plantes de la cryptogamie *(o)*.

Le principal ouvrage fur les champignons, qu'il nous refte à analyfer, eft celui de Schaeffer, dont on a déjà parlé à l'époque de 1759.

Cet ouvrage *(p)*, en quatre volumes *in-4.°*, dont le premier parut en 1762, le deuxième en 1763, le troifième en 1772, & le quatrième en 1774, & dont il y a une nouvelle édition de 1780, à peu-près femblable à la première, eft enrichi de trois cents vingt-huit planches, avec des figures coloriées, en général, d'une fuperbe exécution, qui fervent à repréfenter deux cents quatre-vingt-dix-huit fortes de champignons, donnés pour autant d'efpèces diftinctes.

L'objet de cet important ouvrage, comme on le voit par le titre, a été de faire connoître les champignons de la Bavière & du Palatinat, fur-tout ceux qui croiffent aux environs de Ratifbonne, patrie de l'auteur.

Schaeffer a fuivi le fyftème ou plutôt les genres de Linné : ainfi, fous le mot *agaricus*, il place tous les champignons & agarics feuilletés ; fous celui de *boletus*, tous les champignons & agarics poreux ; fous celui d'*hydnum*, tous les champignons & agarics à appendices ou pointes ; fous celui d'*elvela*, les champignons membraneux & unis ; fous celui de *clavaria*, les coralloïdes, maffes & hériffons ; fous celui de *peziza*, les petits champignons à corps lenticulaires ; fous celui de *lycoperdon*, les vefces-de-loup ; fous celui de *mucor*, les mucofités & moififfures ; fous celui de *phallus*, les morilles, &c.

(o) *Plantæ cryptogamicæ Floræ Gottingenfis. Collegit & defcripfit Frid. Guill. Weis, D. M.* Gottingæ, 1769, 1770.

(p) *D. Jac. Chrift. Schaeffer fungorum qui in Bavariá & Palatinatu circá Ratifbonam nafcuntur, icones.* Ratifbonæ, 1762, 1763, 1772, 1774 & 1780, 4 vol. *in-4.°*

Schaeffer n'a fuivi d'autre ordre, dans la diftribution des champignons fous ces différens genres, que l'ordre numérique ; ainfi, c'eft *agaricus 1.us, 2.us, 3.us, &c.* Dans le quatrième volume, publié en 1774, on trouve les noms fpécifiques & la fynonimie.

Sur cent foixante-un champignons feuilletés, donnés fous le genre *agaricus* pour autant d'efpèces, & repréfentés en cent foixante-quatorze planches, il y en a environ cent quarante-deux qui étoient déjà connus ; les dix-huit ou dix-neuf qui reftent, font ceux que Schaeffer a fait connoître ou a donnés pour nouveaux : on les trouve fous les titres d'*agaricus 9 feu mutabilis ; agaricus 10 feu cervinus ; agaricus 14 feu multiformis ; agaricus 19 feu granulatus ; agaricus 25 feu fquamofus; agaricus 31 feu glutinofus; agaricus 35 feu punctatus; agaricus 38 feu flabelliformis ; agaricus 43 feu pallidus ; agaricus 44 feu cereolus; agaricus 54 feu floccofus ; agaricus 58 feu incurvus ; agaricus 63 feu lateralis ; agaricus 75 feu giganteus ; agaricus 76 feu plumbeus ; agaricus 87 feu bombycinus ; agaricus 136, 137, feu tubæformis; agaricus 154 feu aggregatus; agaricus 155 feu clavæformis*, & un autre fans numéro, qu'on trouve à la fin du *tome II.*

L'*agaricus 9 feu mutabilis*, ou *le changeant*, eft un champignon de fubftance sèche, qui vient en touffe, de couleur fauve ou de tabac d'Efpagne, dont la tige eft un peu écailleufe ou hériffée d'élevures, & colletée : on en fait ufage en Bavière, fans inconvénient. On le voit à la *planche IX* du *tome I.^r*, & il y a des efpèces analogues ou variétés, aux *planches LXI, LXXVII* du même volume. Il n'eft, à la rigueur, qu'une variété ou le même que celui du n.° 265 de la fynonimie *(ibidem).*

L'*agaricus 10 feu cervinus*, eft encore un champignon de fubftance sèche, à chapiteau conique & brun ou couleur de fuie, à feuillets blancs, folitaire & à tige nue : on ne dit rien de fes qualités. Il y a des efpèces analogues dans Micheli, & il rentre comme variété dans le numéro de l'efpèce principale indiquée par Ray *(fynonimie, n.° 123).*

L'*agaricus 14 feu multiformis*, eft un champignon de moyenne

An. de J. C.
1772.

Schaeffer.
CCCXVIII

Agaricus.

CCCXIX

CCCXIX　taille, qui croît ordinairement en grande quantité, solitaire,
mais dont les individus semblent se réunir par la base de
leur tige, qui est très-épaisse. Ce champignon très-charnu,
& dont la forme varie beaucoup, a ordinairement son chapiteau conique & d'une seule couleur, laquelle, de grise
ou pâle, devient brune ; la chair en est blanche. Ce champi-
pignon paroît particulier à la Bavière : Schaeffer s'est tu sur
ses qualités. Il est représenté en différens endroits & sous différentes formes, aux *planches XIV, L, LXIV, LXIX, LXXVIII,
CCIV, CCXIV, CCXV, &c.* Il établit une espèce particulière
(synonimie des espèces, n.° 319).

CCCXX　L'*agaricus 19 seu granulatus*, est un champignon feuilleté,
dont la couleur varie autant que la forme ; il est, pour l'ordinaire, de couleur de marron, ou comme lavé de safran &
lie de vin, piqué de points ou taches brunes en forme
d'écailles ; son chapiteau est le plus souvent mamelonné ou
relevé en bouton au centre ; il est bien en chair : on se tait
sur ses qualités. Il est représenté aux *planches XXI, XXXVII,
XXXVIII du tome I.*er Il est analogue à celui qui a été observé
par Micheli *(synonimie, n.° 220)* ; mais il fournit une espèce
particulière *(synonimie, n.° 320)*.

CCCXXI　L'*agaricus 25 seu squamosus*, est un champignon blanc,
sec & ferme, presque ligneux, qui a des écailles rousses &
fortes, bien marquées, & des feuillets roux ; il croît sur-tout
sur le saule ; il est très-analogue à celui marqué dans Haller,
au *n.° 2412.* On le voit aux *planches XXIX & XXX du
tome I.*er Il fournit une espèce particulière *(synon. des espèces,
n.° 321)*.

CCCXXII　L'*agaricus 31 seu glutinosus*, est un champignon visqueux,
couleur de tabac d'Espagne ou de chocolat, d'abord en forme
de botte ou de cylindre, ensuite en cône renversé. On le voit
à la *planche XXXVI du tome I.*er ; ses semences sont en forme
de fer-de-lance. Il forme une autre espèce nouvelle *(synonimie
des espèces, n.° 322)*.

CCCXXIII　L'*agaricus 35 seu punctatus*, est un champignon couleur
d'or ou canelle foncée, piqué de points noirs, sans voile ni

collet, à tige blanche. On le voit aux *planches XXIV, XL, XLI.* An. de J. C.
1772.
Il forme une efpèce particulière *(fynonimie, n.° 323)*.

Schaeffer.

L'*agaricus 38 feu flabelliformis*, eft un petit champignon CCCXXIV
feuilleté, un peu en forme d'éventail, à tige nue, de couleur
canelle pâle ou éteinte. On le voit aux *planches XLIII, XLIV.*
Il fournit une autre efpèce particulière *(fynon. n.° 324)*.

L'*agaricus 43 feu pallidus, pl. L*, eft un petit champignon CCCXXV
de couleur pâle ou blanc, bien en chair, d'abord de forme
un peu conique, enfuite plus arrondi; il vient quelquefois en
touffe & quelquefois feul; fa tige eft nue, pleine, comme
échancrée du bas. Il forme une efpèce particulière *(fynonimie,
n.° 325)*.

L'*agaricus 44 feu cereolus*, eft un champignon jaune &
luifant, couleur de cire jaune, à tige longue & colletée. On
le voit à la *planche LI*. C'eft le même que celui de Micheli
(fynonimie des efpèces, n.° 242).

L'*agaricus 54 feu floccofus, pl. LXI*, eft un champignon CCCXXVI
peluché & comme tigré, dont la chair eft un peu jaune; il
vient feul & en touffe : on ne marque point fes qualités. Il
fournit une autre efpèce particulière *(fynonimie, n.° 326)*.

L'*agaricus 58 feu incurvus*, eft un champignon qui fe contourne comme une girolle, de couleur jaune ou fafran, ou
rougeâtre, piqué de vert, à chair jaune. On le voit à la
planche LXV; c'eft une girolle à feuillets. Il ne forme qu'une
variété de cette efpèce *(fynonimie, n.° 10. b)*.

L'*agaricus 63 feu lateralis*, eft un gros champignon fem- CCCXXVII
blable à un cepe, de couleur de biftre en-deffus, à groffe tige
blanche. On le voit aux *planches LXXI, LXXII.* Il fournit une
efpèce particulière *(fynonimie, n.° 327)*.

L'*agaricus 75 feu giganteus*, eft un grand champignon à CCCXXVIII
tige forte & alongée, jaunâtre, peluché & écailleux, avec
des feuillets roux; il eft d'abord arrondi & preffe la tige, il
devient enfuite conique. On le voit à la *planche LXXXIV.*
Il fournit une efpèce particulière *(fynon. des efpèces, n.° 328)*.

L'*agaricus 76 feu plumbeus*, eft un champignon bulbeux, CCCXXIX
moyen, qui fort d'une enveloppe épaiffe, brun au fommet,

An. de J. C.
1772.

Schaeffer.
CCCXXIX
CCCXXX

CCCXXXI

CCCXXXII

CCCXXXIII

CCCXXXIV

& lavé de bleu ou plombé au reſte du corps. On le voit aux *planches LXXXV, LXXXVI*, & ſes variétés, aux *planches CCXLIV, CCXLV*. Il fournit une autre eſpèce particulière *(ſynonimie des eſpèces, n.° 329)*.

L'*agaricus 87 ſeu bombycinus*, eſt un champignon de couleur gris-de-lin, ſortant d'une bourſe de couleur fauve, épaiſſe, qui s'ouvre en grands lambeaux; ſes feuillets ſont de la couleur du chapiteau. On le voit à la *planche XCVIII;* il n'eſt ni rayé, ni colleté. Il forme une autre eſpèce particulière *(ſynonimie, n.° 330)*.

L'*agaricus 136, 137, ſeu tubæformis*, repréſente un champignon en forme de trompe très-alongée, ſec, preſque ligneux, qui croît ſur les arbres; le cylindre qui lui ſert de pédicule, eſt un peu tigré ou moucheté; ſes feuillets ſont de couleur aurore. On le voit aux *planches CCXLVIII, CCXLIX;* il eſt analogue, pour la forme, à celui du n.° 197 de la ſynonimie, mais il en diffère eſſentiellement. Il forme une eſpèce particulière *(ſynonimie, n.° 331)*.

L'*agaricus 154 ſeu aggregatus*, eſt un champignon très-charnu, qui croît en touffe au pied des arbres, d'un blanc lavé de couleur de chair, & qui reſſemble à du gras-double: on le mange en Bavière. On le voit aux *planches CCCV, CCCVI*. Il forme une autre eſpèce particulière *(ſynonimie des eſpèces, n.° 332)*.

L'*agaricus 155 ſeu clavæformis*, eſt un champignon charnu, en forme de maſſe ou de figue, qui reſſemble à des girolles, mais qui en diffère à pluſieurs égards. On le voit *pl. CCCVII*. Il forme une autre eſpèce particulière *(ſynonimie, n.° 333)*.

Celui qui eſt mis à la fin du *tome II*, ſous le titre d'*agaricus anonymus*, eſt un champignon en touffe, de couleur de tabac d'Eſpagne, ou plutôt gris-roux, finement écaillé & comme piqué; la forme eſt fort ſujette à varier. Il établit une autre eſpèce particulière *(ſynonimie, n.° 334)*.

Indépendamment des champignons feuilletés qu'on vient d'expoſer, il y en a deux ou trois autres qui offrent des choſes particulières. Celui, par exemple, qu'on trouve ſous le titre
d'*agaricus*

d'*agaricus 113 feu candidus*, donné pour le même que les colombettes de J. Bauhin *(fynonimie des efpèces, n.° 69)*, eft différent de celui de cet auteur, qui eft tout blanc ; celui de Schaeffer, creufé de même au milieu comme les girolles, eft piqué & comme peluché de roux fur un fond blanchâtre. On le voit à la *planche CCXXV*, & je crois que perfonne n'en avoit fait mention avant Schaeffer. Il fournit une efpèce particulière *(fynonimie, n.° 335)*.

Cet auteur a mis encore deux champignons d'un caractère bien différent, fous le même titre, & pour une efpèce que ni l'un ni l'autre ne repréfentent ; l'un eft le n.° 135, l'autre le n.° 145, mis fous le titre d'*agaricus cæfareus*. Schaeffer a cru fans doute que l'un ou l'autre de ces champignons devoit être l'oronge ordinaire ; mais l'un, l'*agaricus 135*, eft un champignon qui ne paroît pas même fortir d'une enveloppe, & dont la chair eft violette, avec une tige alongée en forme de manche de marteau ; ce n'eft qu'une variété du n.° 98, ou *agaricus filamentofus* de cet auteur, qui n'eft lui-même qu'une variété de fon n.° 19 *(fynon. n.° 320)* : l'autre, n.° 46, auroit plus de rapport avec l'oronge, puifque c'eft un champignon bulbeux, à feuillets couleur de fafran ; mais fa tige eft blanche & fon chapiteau comme pommelé, ce qui n'appartient pas à la véritable oronge. Ainfi, Schaeffer a fait de vains efforts pour figurer un champignon qu'il n'a pas été à portée de voir en Bavière. Il en réfulte que le n.° 46 forme une autre efpèce particulière *(fynonimie, n.° 336)*.

Sur le nombre de trente-fept efpèces ou variétés comprifes fous le genre *boletus*, il y en a deux ou trois que cet auteur a fait connoître : le *boletus 7 feu reticulatus, planche CVIII* ; le *boletus 11 feu flabelliformis, pl. CXIII*, & le *boletus 29 feu deformis, planche CCLXIV*.

Le *boletus 7 feu reticulatus*, eft un champignon poreux, d'un beau gris-perlé tirant fur le rouffelet, & à furface gerfée, à tubes jaunes & à tige en réfeau ; fa chair eft blanche. On le voit à la *planche CVIII* : Schaeffer ne parle point de fes qualités. Il donne lieu au n.° 337 de la fynonimie des efpèces *(ibidem)*.

Tome I. G g g

An. de J. C. 1772.

Schaeffer.
CCCXXXV

CCCXXXVI

Boletus.

CCCXXXVII

An. de J. C.
1772.

Schaeffer.
CCCXXXVII

Le *boletus 11 feu flabelliformis, pl. CXIII,* eſt un agaric poreux & charnu, en forme d'éventail ou de fouet, de pluſieurs couleurs deſſus, à pores gris-blancs & à chair blanche. On ne dit rien ſur ſes qualités. Il eſt très-analogue, pour la forme, aux n.ºs 181, 233 de la ſynonimie des eſpèces, & ne forme qu'une variété de l'agaric obſervé par Micheli *(ſynonimie, n.° 181).*

Le *boletus 29 feu deformis,* eſt une ſorte d'agaric ſec, ligneux, gris-blanc, qui croît ſur les racines des arbres ; il a une tige latérale. C'eſt une variété de l'eſpèce obſervée par Battara *(ſynonimie des eſpèces, n.° 299).*

Indépendamment de ces eſpèces, qui ſont très-bien repréſentées chez Schaeffer, on trouve de très-bonnes figures de *l'agaric tigré* ou *oreille-de-malchus (ſynon. des eſpèces, n.° 35),* ſous le nom de *boletus 1 feu juglandis, pl. CI, CII;* & du cepe brun ou tête noire *(ſynon. n.° 18.b),* ſous celui de *boletus 24 feu bulboſus, pl. CXXXIV, CXXXV.*

Hydnum.

Sur les douze eſpèces ou variétés d'*hydnum,* il y en a pluſieurs que Schaeffer paroît avoir indiqué le premier : l'*hydnum 7 feu floriforme,* qu'on voit aux *planches CXLVI, CXLVII,* qui eſt roux, creuſé en entonnoir, ſec, ligneux, à appendices griſes, mais qui ne forme, à la rigueur, avec le n.° 1, qu'une variété de ceux que Micheli avoit fait connoître

CCCXXXVIII

(ſynonimie, n.° 196); l'*hydnum 9 feu ſtriatum, pl. CCLXXI,* qui eſt couleur de marron foncé, rayé aux bords, contourné en girolle & avec des appendices qui ſe détachent; il donne lieu à une eſpèce particulière *(ſynonimie, n.° 338).*

Mais Schaeffer a le mérite d'avoir donné de très-bonnes figures, non-ſeulement des eſpèces qu'on vient de nommer, mais de celle que Maurice Hoffmann avoit indiquée, qui eſt écailleuſe & grande quelquefois comme un chapeau ; c'eſt l'*hydnum 2 feu imbricatum, pl. CXL* de Schaeffer : cette eſpèce eſt bonne à manger *(ſynon. n.° 70, var. e. 2).* La troiſième eſpèce, *hydnum 3 feu rufeſcens, planche CXLI,* en eſt encore une que Schaeffer a fait connoître ; elle eſt d'une belle couleur de noiſette ou canelle deſſus, blanche deſſous, en pouſſant pluſieurs bouts quelquefois fur la même tige avant le développement, en forme de petits boutons ou moufferons : ce n'eft point encore l'efpèce qu'on trouve en France ; elle forme une variété particulière dans l'efpèce principale *(fynonimie, n.° 70, var. d)*. On y voit encore la figure de l'agaric denté ou épineux & gélatineux, indiqué par Loëfel, fous le titre *d'hydnum 6 feu gelatinofum, pl. CXLIV, CXLV (fynonimie, n.° 81)*. Le n.° 11, *hydnum fquamofum, pl. CCLXXIII*, eft encore une variété de la grande efpèce, qui eft écailleufe & bonne à manger *(fynon. n.° 70, var. e)*. On y voit encore une fuperbe figure, fous le titre *d'hydnum 4 feu coralloïdes, pl. CXLII*, différent de celui que Boccone avoit indiqué, & qui n'eft point un *hydnum* de Linné, mais un *clavaria;* Tournefort l'avoit indiqué parmi fes *agaricus (fynonimie, n.° 64, var. b)*; & une autre de la morille en buiffon, indiquée par Ray *(fynonimie, n.° 130)*.

Sur trente-fept efpèces *d'elvela*, il y en a fept ou huit dont Schaeffer a donné connoiffance, ou du moins dont il a donné le premier des figures. Ces efpèces font fous les noms fpécifiques *d'elvela clavata, inflata, auricula, tubæformis, ramofa, carnea, clavus* & *caryophyllæa*.

L'elvela 2 feu clavata, planche CXLIX, eft un champignon uni, de couleur roux-pâle, dont la tête, taillée en chapiteau oblong & à bords relevés, repréfente comme un fabot pofé en travers & porté fur une tige en fufeau. Il forme une efpèce particulière *(fynonimie des efpèces, n.° 339)*.

L'elvela 6 feu inflata, eft un champignon membraneux, ou plutôt une forte de morille brune & baffe, qui tient à la terre par des appendices en forme de piliers ; elle eft bonne à manger. Elle forme une efpèce nouvelle *(fynon. des efpèces, n.° 340)*.

L'elvela 9 feu auricula, planche CLVI, eft un champignon du même genre, de couleur d'ocre ou roux, coriace, avec une tige courte & en forme d'oreille-de-lièvre ou de fpatule, ou creufé en conque, & qu'on trouve par terre ou fur le bois pourri. Il forme une autre efpèce particulière *(fynonimie, n.° 341)*.

An. de J. C.
1772.

Schaeffer.
CCCXXXVIII

Elvela.

CCCXXXIX

CCCXL

CCCXLI

Ggg ij

An. de J. C.
1772.

Schaeffer.
CCCXLI

L'*elvela 1 0 seu tubæformis, planche CLVII,* est une espèce à nervures, brune dessus, orangée ou rougeâtre dessous, à tige fistuleuse, creusée un peu en entonnoir ou en trompette, zonée dessus, & veinée ou ridée en-dehors, & qui ne forme, à la rigueur, qu'une variété de l'espèce indiquée par Ray *(synonimie, n.° 134. c)*.

L'*elvela 16 seu carnea, pl. CLXIV,* en forme de figue, est une espèce qui est forte en chair, de la même couleur que la précédente, ridée ou veinée dans sa longueur, & paroît n'être même qu'une variété du champignon mis parmi les *agaricus (synonimie, n.° 333)*; sa chair est blanche.

L'*elvela 26 seu clavus, pl. CCLXXIX,* est une petite espèce à chapiteau uni dessus & dessous, qui prend naissance sur d'autres champignons, & qui rentre comme variété dans le numéro de l'espèce principale observée par Micheli *(synonimie, n.° 272)*.

L'*elvela 37 seu caryophyllæa, pl. CCCXXV,* est une autre petite espèce à bandes ou zonée, coriace & sèche, d'un brun rougeâtre, ridée ou plissée en long, à tige, & qui croît, à ce qu'il paroît, sur le bois. Cette espèce, analogue à celles du n.° 48 de la synonimie, rentre comme variété parmi celles du n.° 273 *(ibidem)*. Les autres espèces étoient toutes connues, ou ne sont que des variétés de l'espèce principale *(synonimie, n.° 67)*.

Clavaria.

Parmi les clavaires, au nombre de vingt-neuf, y compris les *clavaria* & les *corallo-fungus* de Vaillant, il y en a quatre de remarquables que Schaeffer a fait connoître; les *clavaria flammea, cornuta, gemmata* & *digitellus*.

Le *clavaria 6 seu flammea, pl. CLXXIV,* est un coralloïde couleur de safran, à sommités dentées, mou & visqueux, à tiges un peu aplaties, qui rentre comme variété dans le numéro principal de la synonimie *(synonimie, n.° 45. b. 7)*.

Le *clavaria 14 seu cornuta, pl. CCLXXXIX,* est une autre sorte de coralloïde, dorée ou de couleur aurore, ridée ou tuberculeuse, un peu fourchue *(synon. des espéces, n.° 45. b)*.

Le *clavaria 15 seu gemmata, pl. CCXC,* est une clavaire

An. de J. C.
1772.

Schaeffer.
CCCXLI

simple, efpèce analogue au *clavaria militaris crocea* de Vaillant, mais beaucoup plus forte *(fynonimie, n.° 132)*.

Le *clavaria 17 feu digitellus, planche CCXCII ou CCCXXVI, tome IV*, eft une efpèce dont Schaeffer a donné une bonne figure ; elle eft en forme de doigts preffés les uns contre les autres, de couleur aurore ou fafran ; elle eft pleine, charnue & fibreufe. Ray l'a fait connoître *(fynonimie, n.° 139)*. Les autres clavaires font rapportées à leur place *(fynon. n.° 45)*.

Parmi les *peziza*, il n'y en a aucun qui ne fût connu. *Peziza.*

Parmi les *lycoperdon*, il n'y en a qu'une efpèce qui paroiffe *Lycoperdon.*
mériter attention ; c'eft le *lycoperdon 15 feu atrum, pl. CCCXXIX, tome IV*, qui eft une production ligneufe, sèche & noire, formée de plufieurs couches comme une pierre de la veffie, mais qui ne paroît pas appartenir à l'ordre des champignons. Haller l'a placé parmi fes *fphæria (fynonimie, n.° 180)*.

Parmi les *mucor*, on ne trouve rien de nouveau. *Mucor.*

Parmi les *phallus*, il y en a un mis fous le titre de *phallus* *Phallus.*
caninus, pl. CCCXXX, qui eft plus petit que les autres, à tête verte, furmontée d'un petit nombril rouge, & à tige mouchetée, que Schaeffer a fait connoître *(fynon. des efpèces, n.° 17. a. 2)*.

N'ayant point trouvé de *clathrus* en Bavière, Schaeffer en *Clathrus.*
a fait repréfenter un au frontifpice du quatrième volume, copié de Micheli.

Voilà, fi je ne me trompe, toutes les découvertes faites fur les champignons, par Schaeffer. On peut conclure de fon filence fur les vrais moufferons, fur l'oreille-de-judas, fur les *clathrus*, fur les truffes, & de fon erreur fur l'oronge, que ces fortes de champignons ne fe trouvent point en Bavière, du moins aux environs de Ratifbonne ; mais qu'on y trouve, en revanche, plufieurs efpèces très-bonnes à manger, & qu'on chercheroit peut-être en vain ailleurs.

On peut reprocher à cet auteur d'avoir trop multiplié les individus & les noms des mêmes efpèces ; d'une feule, d'en avoir fait quelquefois plufieurs, & fous différentes dénominations ; de n'avoir pas affez rapproché celles qui étoient

analogues, & de n'avoir mis, en général, aucun ordre dans leur diftribution. On peut fournir la preuve de la plupart de ces négligences, en faveur de ceux qui pofsèdent cet ouvrage, & leur épargner la peine de faire le rapprochement qui eft néceffaire, pour pouvoir s'en fervir avec utilité.

Sur les cent foixante-une fortes de champignons feuilletés, mis fous le nom générique d'*agaricus*, & en cent foixante-quatorze planches, il y en a tout au plus foixante-treize qu'on peut regarder comme des efpèces diftinctes.

L'*agaricus 3 feu violaceus*, par exemple, champignon violet, qui étoit connu (*fynonimie des efpèces, n.° 140*) très-fujet à changer de couleur, & par conféquent à offrir différentes nuances, quoique le même, fe trouve, en cet ouvrage, au moins en neuf endroits différens, & fous neuf dénominations diverfes : 1.° avec une tige arrondie à la bafe ou bulbeufe, un chapiteau violet-foncé & des feuillets roux, fous le nom d'*agaricus 49 feu amethyftinus, pl. LVI*; 2.° avec un chapiteau roux-violet & brun, fous le nom d'*agaricus 29 feu cœrulefcens, pl. XXXIV*; 3.° avec un chapiteau violet-foncé & des feuillets roux, fous le nom d'*agaricus 3 feu violaceus, pl. III*; 4.° avec un chapiteau verdâtre-fale & une tige demi-bulbeufe & tronquée, fous le nom d'*agaricus 106 feu prafinus, pl. CCXVIII*; 5.° avec un chapiteau d'un roux-tendre & des feuillets violets, fous le nom d'*agaricus 37 feu varius, pl. XLII*; 6.° avec un chapiteau & des feuillets violets, fous le titre d'*agaricus 46 feu glaucopus, pl. LIII*; 7.° d'un roux beaucoup plus pâle & n'étant que naiffant, fous le nom d'*agaricus 47 feu ochroleucus, pl. LIV*; 8.° avec un chapiteau roux & des feuillets violets, ainfi que le pédicule, comme on le voit dans le *tome III*, fous le nom d'*agaricus 109 feu gilvus, planche CCXXI*. On pourroit y ajouter l'*agaricus 107 feu rutilans, pl. CCXIX*, qui paroît encore n'être qu'une variété du même; & l'*agaricus 21, 35*, qui ne paroiffent que des variétés du n.° 37, *feu varius*. Ainfi, ce n'eft qu'en parcourant les *planches III, XXXIV, XLII, LIII, LIV, LVI, CCXVIII, CCXIX, CCXXI*, qu'on peut avoir le tableau,

ou fe former une idée jufte d'un champignon & de fes
variétés.

Il en eft de même de l'*agaricus 2*, champignon de couleur
d'or & de forme conique, que Tournefort a fait connoître
(fynon. des efpèces, n.° 143) : mis d'abord dans le *tome I.ᵉʳ*
fous le nom d'*agaricus 2 feu conicus, pl. II*, il fe retrouve
enfuite en trois autres endroits & fous trois noms différens;
fous celui d'*agaricus 23 feu faftigiatus, pl. XXVI, même vol.*
fous celui d'*agaricus 110 feu acicula*, au *tome III, pl. CCXXII*,
quoique celui-ci paroiffe un peu différent ; & fous celui d'*agaricus 150, 151, feu coccineus*, au *tome IV, pl. CCLXII, CCCII.*

Il en eft encore de même du *champignon-du-cerf* ou *mouton*,
qui eft péluché & foyeux, rempli d'un fuc âcre ou acerbe, de
couleur jaune ou fafran & laiteux, dont les auteurs ont fait
beaucoup mention, & dont il y a quelques variétés *(fynon. des
efpèces, n.°ˢ 38, 76)* : on le trouve d'abord fous le titre d'*agaricus 12 feu torminofus, pl. XII ;* enfuite fous celui d'*agaricus 64
feu rubefcens, pl. LXXIII*, dans le *tome I.ᵉʳ;* fous celui d'*agaricus 115 feu fcrobiculatus, pl. CCXXVII*, dans le *tome III* (il eft
vrai que celui-ci eft jaune) ; fous celui d'*agaricus 116 feu
crinitus, pl. CCXXXV* (celui-ci eft d'un roux plus terne). On
pourroit y ajouter l'*agaricus 139 feu cyatiformis, pl. CCLII*,
qui ne diffère, à ce qu'il paroît, des autres, que parce qu'il
croît fur les arbres ; & l'*agaricus 11 feu deliciofus, pl. XI*, dont
le fuc eft acerbe, comme Schaeffer l'annonce dans fon *prof-
pectus*. Ainfi, pour avoir le tableau exact d'une ou de deux
efpèces de champignons, il faut parcourir les *planches XI,
XII, LXXIII, CCXXVII, CCXXVIII, CCXXXV, CCLII.*

Le n.° 6 eft encore dans le même cas ; c'eft un champignon
qui croît en touffe, qui eft gris, ou roux, ou brun, & dont
les feuillets, toujours bruns, fe réduifent en encre *(fynonimie
des efpèces, n.° 115. b)* : placé d'abord fous le titre d'*agaricus 6
feu truncorum, pl. VI*, on le retrouve avec très-peu de changement dans la couleur, fous celui d'*agaricus 16 feu fufcefcens,
pl. XVII ;* fous celui d'*agaricus 59 feu lignorum, pl. LXVI ;*
enfin, comme variété de l'*agaricus 60 feu fugax, pl. LXVIII.*

An. de J.C.
1772.

Schaeffer.
CCCXLI

An. de J. C.
1772.

Schaeffer.
CCCXLI

Il en eft encore de même de l'efpèce analogue à celle-ci, c'eft-à-dire, du champignon typhoïde, qui n'en diffère que parce qu'il eft un peu plus fort & folitaire *(fynon. n.º 55)*; il eft certain qu'il eft fujet à varier : mais Schaeffer, après l'avoir mis fous le titre d'*agaricus 7 feu ovatus, pl. VII,* le reproduit enfuite fous celui d'*agaricus 8 feu cylindricus, pl. VIII;* fous celui d'*agaricus 40 feu porcellaneus, pl. XLVI;* comme variété de l'*agaricus 60 feu fugax, pl. LXVII;* cendré & moins grand, fous celui d'*agaricus 89 feu cinereus, pl. C;* un peu plus brun, fous celui d'*agaricus 90 feu rufocandidus, pl. CCI;* enfin, d'un rouge tirant fur le violet ou pourpre, fous celui d'*agaricus 104 feu margaritaceus,* dans le *tome III, pl. CCXVI.* Ainfi, toutes les figures, ou variétés contenues dans les *pl. VI, VII, VIII, XVII, XLVI, XLVII, LXVI, LXVII, LXVIII, C, CCI, CCXVI,* font mifes pour un ou deux champignons fujets à varier.

Il en eft encore de même de ce champignon fi commun en Bavière, que Schaeffer a fait connoître *(fynon. n.º 319)*: mis d'abord avec beaucoup de figures, *tome I.ᵉʳ, planche XIV,* fous le titre d'*agaricus 14 feu multiformis,* parce qu'il varie beaucoup pour la forme & la couleur plus ou moins brune, il fe retrouve de couleur à peu-près de terre d'ombre, fous le nom d'*agaricus 57 feu terreus, pl. LXIV;* tirant un peu fur le vert ou verdoyant, fous le titre d'*agaricus 61 feu luridus, planche LXIX;* plus pâle & naiffant, fous celui d'*agaricus 69 feu albellus, planche LXXVII;* de couleur olivâtre, fous celui d'*agaricus 93 feu olivaceus, pl. CCIV,* au *tome III;* de couleur vineufe, fous le titre d'*agaricus 103 feu xerampelinus, pl. CCXIV,* avec une variété, *pl. CCXV;* & enfin, fous celui d'*agaricus 146 feu monftrofus,* à caufe de deux autres champignons qu'il porte fur fon chapiteau, & qui lui donnent une forme bizarre, à la *planche CCLX.* Ainfi, cette efpèce fe trouve reproduite environ fept fois & fous fept dénominations différentes, & dans huit planches, qui font les *XIV, LXIV, LXIX, LXXVIII, CCIV, CXXIV, CCXV & CCXVI,* tomes *I & III.*

Les

Les variétés de l'*agaricus 15 f. emeticus, pl. XVI*, & de l'*agaricus ruffula, pl. LVIII (fynonimie, n.°s 21, 219)*, champignons qu'on appelle en France du nom générique de *rougeotes, roffola* en Italie, font encore trop multipliées dans cet écrit. Ces champignons, qui font rouges deffus, blancs deffous, mis d'abord fous les titres qu'on vient d'indiquer, fe retrouvent avec leur forme & couleur, fous celui d'*agaricus 66 f. rofeus, planche LXXV;* & de couleur rouge, mais plus pâle, fous celui d'*agaricus 81 f. ruber, pl. XCII.*

Ce champignon couleur de fafran, que Schaeffer a fait connoître *(fynon. des efpèces, n.° 320)*, mis d'abord fous le nom d'*agaricus 19 f. granulatus, pl. XXI, XXII*, fe retrouve, avec quelques légères nuances dans la couleur & la forme, fous ceux d'*agaricus 32 f. aurantius, pl. XXXVII;* d'*agaricus 33 f. ftriatus, pl. XXXVIII;* d'*agaricus 55 f. incertus, pl. LXII;* d'*agaricus 98 f. filamentofus, planche CCIX;* d'*agaricus 135 f. cæfareus, pl. CCXLVII.* Ainfi, les *planches XXI, XXXVII, XXXVIII, LXII, CCIX, CCXLVII, tomes I & III*, font pour le même champignon.

Il en eft de même du champignon ordinaire *(fynon. n.° 4)*; mis d'abord dans le *tome I.er* fous les titres d'*agaricus 28 feu campeftris, pl. XXXIII*, d'*agaricus 65 f. obfcurus, pl. LXXIV;* d'*agaricus 85 f. pratenfis, pl. XCVI*, il fe retrouve au *tome III*, fous ceux d'*agaricus 130 f. fylvaticus, pl. CCXLII*, & d'*agaricus 156 f. arvenfis, pl. CCCX, CCCXI.*

Ce gros champignon, couleur de brique brune ou de biftre, que Schaeffer a fait connoître *(fynonimie, n.° 327)*, eft encore dans le même cas; mis d'abord fous le nom d'*agaricus 63 feu lateralis, pl. LXXI, LXXII, tome I.er*, il fe retrouve fous ceux d'*agaricus 72 f. armeniacus, pl. LXXXI*, & d'*agaricus 139 f. truncatus*, au *tome III, pl. CCLI.*

Voilà la principale redondance de noms, de figures & de planches, qu'on obferve dans cet ouvrage, fur un feul genre, à la vérité le plus étendu. Il y a encore beaucoup de variétés de même efpèce qui devroient être rapprochées ou mifes fous un feul nom & fous le même numéro : le n.° 18 devroit

Tome I.   H h h

An. de J. C.
1772.

Schaeffer.
CCCXLI

An. de J. C.
1772.

Schaeffer.
CCCXLI

être avec le n.° 129, le 31 avec le 86, le 19 avec le 98, le 54 avec les n.ᵒˢ 55 & 71, le 26 avec les n.ᵒˢ 27 & 100, le 31 avec le 86, le 50 avec le 57, le 52, *agaricus flavus*, avec les n.ᵒˢ 56, 62, 92, 114, 118, 122, 124, 143, tous petits champignons analogues, à têtes en forme de clou, mis ici fous les noms d'*agaricus campanulatus, tener, pufillus, pulverulentus, fragilis, atrorufus, grifeus, ochraceus, &c.* L'auteur auroit dû rapprocher encore le n.° 42, champignon couleur de feu & de foufre *(fynonimie, n.° 30)*, du n.° 70; le n.° 53 du 94; le n.° 67 des n.ᵒˢ 97, 112; le 76, champignon à valve ou oronge, des n.ᵒˢ 132 & 133, qui n'en font que des variétés; le n.° 91, champignon en forme d'éteignoir, des n.ᵒˢ 99, 117, 125, 137, tous champignons analogues, à tige alongée & de la même forme. Enfin, on ne peut pas parcourir cet ouvrage, fans être furpris & frappé de la multiplication & de l'éloignement des efpèces identiques ou analogues, & fans defirer l'ordre, la réduction ou le rapprochement qui leur manquent; ce défaut d'ordre eft tel, que l'ouvrage le plus fuperbe & le plus étendu qu'il y ait fur cette partie, devient inutile, par la difficulté qu'il y a de trouver ou de rapprocher les efpèces qu'on cherche.

La même redondance de noms & de figures reprochée à Schaeffer, à l'égard des champignons feuilletés, exifte encore à l'égard des champignons poreux, ou *boletus.*

Ces fortes de champignons, au nombre de trente-fept, mis en quarante-huit planches, pourroient être réduits à moins de vingt efpèces diftinctes; il y a quelquefois fix planches pour la même efpèce, & fouvent trois ou quatre noms différens.

Le *boletus 9*, par exemple, ou agaric à rameaux *(fynonimie des efpèces, n.° 12)*, mis d'abord fous le nom de *boletus 9 feu ramofiffimus*, à la *pl. XI du tome II*, fe retrouve, avec très peu de changement, aux *planches CXXVII, CXXVIII, CXXIX du même volume*, & aux *planches CCLXV, CCLXVI du tome III:* il eft vrai que l'auteur avoue ces variétés & n'emploie qu'un nom; mais falloit-il un luxe de fix planches pour un feul champignon? Le *boletus 4 f. olivaceus*, qui eft encore un champignon poreux, à tige renflée & à tubes jaunes *(fynonimie, n.° 14)*, mis d’abord fous ce nom au n.° 4, *pl. CV, tome II*, ne préfente que des variétés, à la rigueur, fous les noms de *boletus 6 feu luridus, boletus 10 f. craffipes*, & *boletus 36 f. terreus, pl. CVII, CXII, CCCXV, tomes II, IV*. Le *boletus 16 feu flavorufus, pl. CXXIII, tome II*, qui eft un champignon brun & comme le précédent, à tubes jaunes *(fynonimie, n.° 14)*, mis d’abord fous ce nom, n’offre encore que des variétés fous ceux de *boletus 19 f. ferrugineus, boletus 21 f. appendiculatus, boletus 23 f. cupreus, planches CXXVI, CXXX, CXXXIII, tome II*. Le *boletus 25 f. verficolor*, ou agaric à bandes concentriques, *(fynonimie, n.° 48)*, mis d’abord fous ce nom, *pl. CXXXVI, tome II*, eft répété fous ceux de *boletus 28 feu variegatus, boletus 31 f. mefentericus, boletus 32 f. atrofufcus, boletus 33 feu multicolor, pl. CCLXIII, CCLXVII, CCLXVIII, CCLXIX, tom. II, III :* on pourroit y joindre le *boletus 18 f. coriaceus, planche CXXV*, qui eft une autre variété du même. Enfin, le *boletus ungulatus*, qui eft un agaric aftringent *(fynon. n.° 24)*, mis aux *planches CXXXVII, CXXXVIII*, n’offre encore que des variétés fous d’autres noms, tels que ceux de *boletus 27 f. fulvus*, & *boletus 34 f. femi-ovatus, pl. CCLXII, CCLXX*.

Parmi les *elvela*, au nombre de trente-fept, il y a à peu-près onze variétés qui font mifes fous autant de noms différens, & données pour efpèces. L’*elvela 3 feu fcutellata*, par exemple, *pl. CL*, creufé en forme d’écuelle, a une variété mife ici fous le nom d’*elvela ochroleuca, planche CCLXXIV*. L’*elvela 29 f. pallida, planche CCLXXXII*, n’eft qu’une autre variété de l’*elvela 7 f. nigricans, pl. CLIV*. Les *elvela 13 feu mitra, 14 f. monacella, 30 f. fpadicea, 33 f. fuliginofa, 35 f. pallefcens, planches CLX, CLXI, CLXII, CCLXXXIII, CCCXX, CCCXXII*, ne font évidemment que des variétés de l’*elvela 12 f. infula, pl. CLIX*. Les *elvela 23 f. purpurafcens, 24 f. infundibuliformis, 25 f. floriformis, planches CCLXXVI, CCLXXVII, CCLXXVIII*, ne font encore que des variétés de l’*elvela 16 f. carnea*, que Schaeffer a fait connoître. Enfin, l’*elvela 18 f. tubulofa*, & l’*elvela 22 f. punctata, pl. CLXVI*

H h h ij

An. de J. C.
1772.

Schaeffer.
CCCXLI

& CCLXXV, ne font encore, quoique donnés pour efpèces diftinctes, que des variétés de l'*elvela 17 feu cornucopiæ*, *pl. CLXV.*

On peut conclure, en général, de ce qu'on vient d'expofer, que les deux cents quatre-vingt-dix-huit efpèces de champignons, qui forment la totalité de ceux que Schaeffer a donnés au public, en trois cents vingt-huit planches, pourroient être réduites à cent, à peu près, & les planches à deux cents, en confervant une partie du luxe que l'auteur a voulu y mettre.

On peut reprocher encore à Schaeffer d'avoir, en général, négligé de foigner la fynonimie qu'il a ajoutée à la fin de l'ouvrage ; celles qu'on trouve fous les n.^os de l'*elvela tubæformis* & de l'*elvela clavata*, en font la preuve.

Scopoli, qui a porté fon jugement fur cet ouvrage, s'exprime ainfi :

Fungos nonnullos delineavit & vivis coloribus pinxit Schaefferus, fed ordines & limites fpecierum in fplendidiffimo opere defiderantur (Flor. Carniol. t. II, p. 414).

Ce même Scopoli, dont on a parlé à l'époque de 1760, a donné depuis une nouvelle édition de fon *Flora Carniolica (q)*, qui a paru à Vienne, en deux volumes *in-8.°* en 1772.

Cet auteur, comme il l'annonce dans le titre, a fuivi la méthode de Linné ; il comprend, comme lui, tous les champignons fous une feule claffe ou ordre de plantes, qu'il nomme *fungi*, & il avertit que fi ce mot, qui eft l'ancien nom latin des champignons, n'étoit pas le nom claffique, il en auroit fait, à l'exemple de Micheli, le nom générique des champignons feuilletés, qu'il met fous celui d'*agaricus :* il en fait de même des autres genres, à l'exception des champignons à nervures ramifiées, dont il fait un genre particulier, comme Haller, & fous le même nom, c'eft-à-dire, fous celui de *merulius (fynonimie des genres, n.° 43)*.

(q) *Joan. Ant. Scopoli, &c. Flora Carniolica, exhibens plantas Carniolæ indigenas & diftributas in claffes, genera, fpecies, varietates ordine Linnæano :* edit. 2.° *aucta & reformata impenfis J. Pauli Krawff, bibliopolæ Vindobonenfis.* 1772, 2 vol. *in-8.°*

Scopoli remarque, avec raifon, que les botaniftes modernes
ont donné dans deux excès oppofés, au fujet des champi-
pignons; ou qu'ils ont trop multiplié les genres & les efpèces,
ou qu'ils les ont réduits à un trop petit nombre ; que Micheli
compte fix cents trente-quatre efpèces de champignons feuilletés *(r)*, tandis que Linné n'en donne que vingt-cinq, &
que Gleditch réduit cent trente efpèces à trente-deux.

Cet auteur, peu fatisfait de l'ordre que Battara & Haller
ont mis dans la diftribution des champignons feuilletés, dit
qu'il les avoit claffés d'abord relativement à la forme de leur
chapiteau *(voyez Flora Carniol. 1.*re *édit.)*, mais qu'ayant
reconnu depuis que les notes qui fourniffent les caractères,
font infidelles, il avoit changé d'avis & jugé plus à propos
de fuivre un ordre fondé principalement fur la ftructure, fur
la forme & fur les qualités des champignons. Selon lui, on
doit obferver s'ils font nus en naiffant ou couverts d'une
enveloppe ; s'ils fe putréfient à la fin, ou s'ils reftent fecs ;
fi les femences tombent, ou coulent, ou font lancées avec
explofion ; quelle eft la proportion entre la tige & le chapiteau ; quelle eft la forme naturelle du chapiteau en maturité ;
enfin, quelle eft la fituation, le nombre, la forme, la durée
& la difpofition des feuillets ?

Sur ces principes, après avoir défini le premier genre,
l'*agaricus* (champignon & agaric feuilleté), *un chapiteau hori-*
ontal dont les parties de la fructification font contenues à la
furface inférieure, qui eft feuilletée, il diftribue toutes les efpèces
en fept ordres ou claffes principales, à raifon de leur nature,
de leur forme, de leurs qualités, ou de l'état de quelqu'une
de leurs parties : ordres qu'on trouve fous les titres de *fungi*
tuberofi, atramentarii, tereticaules, lactefcentes, mammofi, crifpati,
dimidiati, & auxquels il donne le nom des botaniftes qui fe
font le plus diftingués dans cette partie, tels que *Micheli,*
Dillen, Gleditfch, Sterbeeck, Vaillant, Battara & *Schaeffer* :

An. de J. C.
1772.

Scopoli.
CCCXLI

Agaricus.

(r) Je crois que Scopoli fe trompe fur le nombre : Micheli donne fix cents
vingt-cinq efpèces fous le mot *fungus.*

An. de J. C.
1772.

Scopoli.
CCCXLI

*Fungi Micheliani, Dilleniani, Gleditfchiani, Vaillantiani, Ster-
beeckiani, Battarani & Schaefferiani.* Tous ces ordres peuvent
être confidérés comme autant de familles ou genres fecon-
daires.

1.º Les *fungi tuberofi* font ceux dont la racine eft tubéreufe
(c'eft-à-dire, bulbeufe), & dont les feuillets ne fe réduifent
point en liqueur. Cet ordre lui appartient, quoique l'idée en
foit prife chez Micheli *(fynonimie des genres, n.º 111)*.

2.º Les *fungi atramentarii* font ceux dont les feuillets deviennent noirs & fe réduifent en liqueur noire. Cet ordre
étoit formé fans être caractérifé *(fynon. des genres, n.º 17)*.

3.º Les *fungi tereticaules* font ceux dont la tige eft cylindrique, fans être bulbeufe. Cet ordre n'étoit ni formé ni
caractérifé *(fynonimie des genres, n.º 112)*.

4.º Les *fungi lactefcentes* font ceux qui ont un fuc laiteux.
Cet ordre étoit formé *(fynonimie des genres, n.º 19)*.

5.º Les *fungi mammofi* font ceux dont le chapiteau eft en
forme de mamelle. Quoique l'idée de cet ordre foit prife dans
Battara, qui avoit nommé *maftocephali* de femblables champignons, je crois qu'on en doit faire honneur à Scopoli *(fynon.
des genres, n.º 113)*.

6.º Les *fungi crifpati* font ceux dont le chapiteau forme des
plis. Cet ordre appartient à Scopoli *(fynonimie des genres,
n.º 114)*.

7.º Les *fungi dimidiati* font ceux qui n'ont qu'un demi-orbe
ou chapiteau en demi-cercle, & qui font parafites. Cet ordre
n'appartient pas à Scopoli *(fynonimie des genres, n.º 53)*.

L'auteur tire après, fes autres divifions de l'exiftence ou de
l'abfence de l'enveloppe & de celles du collet, de la couleur
du chapiteau & de celle des feuillets, &c. & réduit tous les
champignons feuilletés qu'on trouve dans la Carniole, à cent
vingt-une efpèces, dont plufieurs contiennent des variétés :
fur ce nombre, il y en a environ cinquante-un qu'il a fait
connoître & qu'il a bien décrits ; les autres étoient connus
& font rapportés avec la fynonimie des auteurs. Le premier
ordre en fournit fix ; le deuxième, un ; le troifième, trente-fix ;

le quatrième, trois ; le cinquième, autant ; le fixième, un ; &
le feptième, un autre.

An. de J. C.
1772.

Scopoli.
CCCXLI

O R D O   I.

Fungi tuberofi f. Micheliani.

Ceux de cet ordre font : *agaricus dryadeus, limacinus, ferru-gineus, leucophæus, inclufus, elytrioïdes.*

L'*agaricus dryadeus, n.° 1469,* eſt un champignon qui vient en touffe, fur le bois de chêne ; il eſt de couleur jaune, à feuillets d'un brun-pâle, & dont la pouſſière féminale eſt de couleur de tabac d'Efpagne ; il eſt charnu, blanc d'abord & de forme ovale, enfuite hémifphérique & jaune : fes tiges ont un pouce d'épaiſſeur ; il a une odeur de cepe. Il ne paroît former qu'une variété de l'efpèce indiquée par Micheli *(fynon. n.° 261).*

L'*agaricus limacinus, n.° 1471,* eſt un champignon comme enduit d'une glue par-tout, qui fort d'une enveloppe gélati-neufe, à chapiteau brun d'environ deux pouces de diamètre, à feuillets blancs ramifiés, à tige blanche, épaiſſe, vifqueufe, ainſi que les bords du chapiteau, &c. Il forme une efpèce nouvelle *(fynonimie, n.° 342).* CCCXLII

L'*agaricus ferrugineus, n.° 1473,* eſt un champignon hé-mifphérique, de couleur de rouille-de-fer par-tout, à chair blanche, à tige de dix lignes d'épaiſſeur au haut, & à feuillets portant fur la tige : on le trouve dans les bois. Il fournit une efpèce particulière *(fynonimie, n.° 343).* CCCXLIII

L'*agaricus leucophæus, n.° 1474,* eſt un champignon d'un gris-de-cendre & à chapiteau peluché, à tige courte & folide. Il ne paroît former qu'une variété de l'efpèce obfervée par Vaillant *(fynonimie, n.° 161).*

L'*agaricus inclufus, n.° 1475,* eſt un champignon couleur gris-de-fouris & vifqueux deſſus, à feuillets & à pédicule blancs, qui croît dans les cavités des troncs d'arbres, & qui ne paroît former encore qu'une variété de l'efpèce obfervée par Ray *(fynonimie, n.° 124).*

An. de J. C.
1772.

Scopoli.
CCCXLIV

L'*agaricus elytrioïdes*, *n.° 1476*, eft un champignon brun, folitaire, à feuillets blancs, qui ne touchent que par un point au chapiteau, comme la gaine *(elytra)* des ailes de certains infectes ; à tige filamenteufe de la groffeur du petit doigt. Il fournit une efpèce particulière *(fynonimie, n.° 344)*.

O R D O I I.

Atramentarii f. Dilleniani.

Cet ordre ne fournit qu'une efpèce, donnée pour nouvelle, fous le nom d'*agaricus quifquiliarum*.

L'*agaricus quifquiliarum*, *n.° 1481*, eft un champignon qui reffemble au champignon typhoïde, à tige très-longue, mince du bas, qui vient en touffe ou folitaire, & qui fe réduit en liqueur noire. Il rentre dans le numéro de l'efpèce principale *(fynonimie, n.° 55)*.

O R D O I I I.

Tereticaules f. Gleditfchiani.

Cet ordre, qui contient les champignons feuilletés à tige cylindrique, en fournit environ trente - trois, donnés pour efpèces nouvelles ou fans fynonimie, fous les noms d'*agaricus aromaticus, collinus, gallinaccius, pyramidalis, grumatus, leccinus, variegatus, amianthinus, pulverulentus, coccineus, ianthinus, rofeus, amethyflinus, caprinus, elegans, jacobinus, laceratus, villofus, tirignus, foderellus, albipes, flammeus, fantalinus, laccatus, hifpidus, rubellus, inverfus, longipes, quadricolor, cruftatus, lubricus, acuminatus, fpeciofus, carptus, criftatus* & *concavus*.

L'*agaricus aromaticus*, *n.° 1491*, eft un champignon couleur de cire blanche, qui croît en touffe, à tige torfe, nue, longue & fiftuleufe ; fon chapiteau fe creufe un peu & a l'odeur du rofeau aromatique *(calamus aromaticus)*. Il eft analogue, pour la couleur, à ceux qu'ont indiqué J. Bauhin & Ray *(fynon. n.°ˢ 78, 137)*, & ne forme qu'une variété de celui que Micheli a fait connoître *(fynonimie, n.° 253)*.

L'*agaricus*

L'*agaricus collinus*, *n.°* *1492*, ainſi nommé parce qu'il croît ſur les côteaux ou collines, parmi les herbes, eſt un petit champignon blanc, qui vient ordinairement en touffe dans le temps que fleurit le colchique, à tige nue, fiſtuleuſe & longue, d'une ligne de diamètre, à chapiteau uni & ſec. Ces notes ne ſont pas ſuffiſantes pour en faire une eſpèce diſtincte *(ſynonimie, n.° 125)*.

L'*agaricus gallinaccius*, *n.°* *1494*, eſt un champignon blanc de même, à chapiteau ſec, uni, convexe, à ſubſtance un peu ferme, & qui a un peu d'âcreté, à tige de l'épaiſſeur d'une ligne, ſolitaire. Cela n'offre rien non plus de particulier *(ſynonimie, n.° 125)*.

L'*agaricus pyramidalis*, *n.°* *1495*, eſt encore un petit champignon de trois à quatre lignes de diamètre, conique ou hémiſphérique, mais brun ou noir, peu en chair, à tige en fuſeau d'un pouce de haut. Il forme une eſpèce particulière dans la ſynonimie *(ſynonimie, n.° 345)*.

L'*agaricus grumatus*, *n.°* *1497*, eſt un petit champignon ſolitaire, à chapiteau d'un demi-pouce de diamètre, jaune-flave, ſec, filamenteux, à tige nue & fiſtuleuſe. Il eſt analogue à l'eſpèce indiquée par Vaillant *(ſynonimie, n.° 158)*.

L'*agaricus leccinus*, *n.°* *1498*, eſt un champignon blanc lavé de jaune, colleté, à feuillets preſſés, à tige lavée de rouge à ſa baſe, haute de trois pouces & groſſe comme le petit doigt, à collet un peu rouge. Il forme une eſpèce particulière *(ſynon. n.° 346)*.

L'*agaricus variegatus*, *n.°* *1499*, eſt un champignon d'un demi-pouce de diamètre & de haut, jaune & rougeâtre aux bords qui ſont rayés, ſolitaire, à tige épaiſſe de quatre lignes environ. Il ne paroît former qu'une variété de l'eſpèce indiquée par Céſalpin *(ſynonimie, n.° 21)*.

L'*agaricus amianthinus*, *n.°* *1500*, eſt un petit champignon peluché ou ſoyeux & jaune, colleté, du diamètre du précédent, à tige de deux pouces de haut, groſſe comme une plume à écrire. Il ne forme qu'une variété de l'eſpèce obſervée par Micheli *(ſynonimie, u.° 236)*.

Tome I.   I i i

An. de J. C.
1772.

Scopoli.
CCCXLIV

CCCXLV

CCCXLVI

CCCXLVI

L'*agaricus pulverulentus*, *n.°* 1501, eſt encore un champignon jaune, couvert comme d'une pouſſière farineuſe, qui croît en touffe au pied des arbres, à tige longue, pleine & ferme. Il ne forme qu'une variété de l'eſpèce principale indiquée par Lobel *(ſynonimie, n.° 30)*.

L'*agaricus coccineus*, *n.°* 1503, eſt un très-petit champignon de couleur rouge, à feuillets & à pédicule blancs, dont le chapiteau n'eſt pas plus grand qu'un grain de chenevis; la tige eſt comme un fil, d'un pouce de haut & à racine : il vient parmi les mouſſes. Il ne forme qu'une variété diſtincte de l'eſpèce principale obſervée par Micheli *(ſynon. n.° 228. d)*.

L'*agaricus ianthinus*, *n.°* 1504, eſt encore un très-petit champignon d'un rouge éteint, d'un pouce de haut, à tige rouge, nue & ſolitaire, fiſtuleuſe; il eſt rayé aux bords, & croît parmi les mouſſes *(ſynonimie, n.° 228. d)*.

CCCXLVII

L'*agaricus roſeus*, *n.°* 1505, eſt un champignon colleté, mais à collet fugace, haut, ſolitaire, d'un pouce ou deux de diamètre; il fait un très-bel effet à la vue. Ce champignon a été obſervé depuis. Il établit une eſpèce particulière *(ſynon. n.° 347)*.

CCCXLVIII

L'*agaricus amethyſtinus*, *n.°* 1506, eſt un champignon d'abord bleuâtre en naiſſant, s'éclairciſſant enſuite ſur les bords, & tacheté de marques bleues ſur un fond blanc, à tige rétrécie à la baſe, rayé aux bords, de cinq travers de doigt de diamètre. Il fournit une eſpèce particulière *(ſynon. n.° 348)*.

L'*agaricus caprinus*, *n.°* 1509, eſt un champignon de couleur gris-de-ſouris, à chapiteau uni, de trois pouces de diamètre, à tige groſſe comme le doigt, ſoyeuſe, pleine, nue, rétrécie à ſa baſe : il eſt très-recherché des chèvres. Il ne forme qu'une variété de l'eſpèce griſe *(ſynonimie, n.° 162)*.

L'*agaricus elegans*, *n.°* 1510, eſt encore un champignon gris-brun & peluché à ſon chapiteau, à tige couleur d'améthyſte, ſec, uni, de ſix à ſept lignes de diamètre, de deux pouces de haut, à tige nue & ſolitaire, qui croît ſur les arbres. Il ne forme qu'une variété de l'eſpèce obſervée par Vaillant *(ſynonimie, n.° 161)*.

L'*agaricus jacobinus, n.° 1511*, eſt un champignon brun, de cinq à ſix travers de doigt de diamètre, à tige brune, rétrécie à ſa baſe & groſſe comme le doigt ; il vient au mois de juillet. Il ne paroît former encore qu'une variété de l'eſpèce indiquée par Micheli *(ſynonimie, n.° 215)*.

L'*agaricus laceratus, n.° 1513*, eſt un champignon de cou-leur brune de même, qui croît en touffe, d'un tiſſu tendre, d'un pouce & demi de diamètre, dilacéré aux bords, aplati au centre, à feuillets un peu crénelés *(ſynon. n.° 103. a)*.

L'*agaricus villoſus, n.° 1516*, eſt un champignon jaune, peluché, à tige longue, nue, d'un rouge ſafrané & luiſant, à chapiteau uni, d'un pouce de diamètre, à tige ſolitaire *(ſynon. n.° 158. b. 2)*.

L'*agaricus tirignus, n.° 1517*, eſt encore un champignon jaune-obſcur, à chapiteau déchiré, à tige peluchée, nue, de trois à quatre travers de doigt de haut *(ſynon. n.° 158. g)*.

L'*agaricus ſoderellus, n.° 1518*, eſt un champignon jaune, déchiré de même aux bords, de ſix à ſept lignes de diamètre, à feuillets bridés, à tige brune, longue, ſolitaire, d'une ligne de diamètre à la partie ſupérieure *(ſynonimie, n.° 158. g)*.

L'*agaricus albipes, n.° 1522*, eſt un petit champignon jaune ou couleur d'ocre, pâle, ſec, à tige blanche, pleine, de deux pouces de haut *(ſynonimie, n.° 158, var. c)*.

L'*agaricus flammeus, n.° 1527*, eſt un champignon d'abord d'un rouge ſafrané, qui devient jaune, à tige nue, pleine, à feuillets écartés *(ſynonimie, n.° 21. a)*.

L'*agaricus ſantalinus, n.° 1528*, eſt un champignon tout de couleur de ſantal rouge ; il eſt ſolitaire, de deux pouces de diamètre *(ſynonimie, n.° 60)*.

L'*agaricus laccatus, n.° 1530*, eſt un champignon de cou-leur de laque pâle, uni, à tige groſſe comme une plume à écrire, nue, ſolitaire *(ſynonimie, n.° 60)*.

L'*agaricus hiſpidus, n.° 1531*, eſt un champignon hériſſé d'élevures de peau, colleté, rouge, à mamelons & à feuillets rouges ; il vient en touffe ; ſa tige eſt rouge. Il forme une eſpèce particulière *(ſynonimie, n.° 349)*.

An. de J. C.
1772.
Scopoli.
CCCXLVIII

CCCXLIX

I i i ij

An. de J. C.
1772.

Scopoli.

CCCXLIX

CCCL

CCCLI

CCCLII

CCCLIII

L'*agaricus rubellus*, n.° 1532, eft un champignon à chapiteau & à feuillets couleur de rofe, à tige blanche, d'un pouce de diamètre ; il eft un peu vifqueux. Il forme une variété de l'efpèce principale *(fynonimie, n.° 347)*.

L'*agaricus inverfus*, n.° 1534, eft un champignon par-tout d'un rouge fale & formant l'entonnoir, à tige nue & courte. Il me paroît devoir former une autre efpèce *(fynon. n.° 350)*.

L'*agaricus longipes*, n.° 1538, eft un champignon jauniſſant, à feuillets roux ou couleur de rouille, à tige longue, nue, d'un peu plus d'un pouce de haut, & de l'épaiſſeur d'une ligne *(fynonimie, n.° 158. h)*.

L'*agaricus quadricolor*, n.° 1539, eft un champignon de quatre couleurs, comme fon titre le porte, jaune au fommet, blanc & rayé aux bords, à feuillets couleur de canelle, & à tige violette ; c'eft un petit champignon d'un pouce de diamètre à fon chapiteau, dont la tige n'eft pas plus groſſe qu'une plume à écrire. Il forme une efpèce particulière *(fynonimie, n.° 351)*.

L'*agaricus cruſtatus*, n.° 1540, eft un champignon encore jaune ou roux-flave, à feuillets verts, à tige jaune, luifante, cannelée & nue ; le fommet du chapiteau eft écailleux. Quoiqu'analogue à ceux du n.° 30. b. 1 de la fynonimie, il forme une efpèce particulière *(fynonimie, n.° 352)*.

L'*agaricus lubricus*, n.° 1541, eft un champignon vifqueux, à chapiteau roux & à feuillets bruns, à tige jaune ; il eft folitaire, d'abord en cloche, enfuite convexe, à voile aranéeux *(fynonimie, n.° 156. a. 2)*.

L'*agaricus acuminatus*, n.° 1542, eft un champignon bleu, à feuillets bruns, à tige longue & colletée, également bleue. Il forme une efpèce particulière *(fynonimie, n.° 353)*.

L'*agaricus fpeciofus*, n.° 1545, eft un champignon couleur de chair-pâle, folitaire, à feuillets blancs, ainſi que la tige, qui eft pleine & à voile aranéeux *(fynonimie, n.° 167)*.

L'*agaricus carptus*, n.° 1547, eft un champignon folitaire, tout peluché & brun, à tige longue, à voile aranéeux, d'un pouce de diamètre *(fynonimie, n.° 165)*.

L'*agaricus criſtatus*, *n.° 1548*, eſt un champignon brun, en forme de cloche, hériſſé d'écailles ou d'élevures, d'un demi-pouce de diamètre, & en touffe *(ſynonimie, n.° 103. a)*.

L'*agaricus concavus*, *n.° 1549*, eſt un petit champignon d'un pouce de diamètre & d'un demi-pouce de haut, épais de deux lignes, nu, plein & ſolitaire : l'auteur dit qu'il eſt de la même forme que celui de Vaillant, *planche XIV, fig. 1 (ſynonimie, n.° 172)*.

O R D O   I V.

Lactefcentes f. Vaillantiani.

Parmi ceux qui ont un ſuc laiteux, on en trouve trois, qui ſont :

L'*agaricus pudibundus*, *n.° 1555*, ainſi nommé parce que ſa chair & ſon lait rougiſſent quand on le coupe ; il eſt de couleur de terre deſſus, avec une tige & des feuillets de la même couleur ou de terre cuite ; ſon lait eſt fort âcre : on le trouve en août. Il forme une eſpèce particulière *(ſynonimie, n.° 354)*.

L'*agaricus tithymalinus*, *n.° 1556*, eſt un champignon à lait âcre & brûlant, par-tout couleur de paille, d'un pouce de diamètre, à tige comme une plume à écrire. Il forme une autre eſpèce particulière *(ſynonimie, n.° 355)*.

L'*agaricus ermineus*, *n.° 1559*, eſt un champignon, brun en-deſſus, à feuillets & à pédicule blancs, mais à lait doux : c'eſt une eſpèce analogue à celle du n.° 72 *(ſynon. n.° 72, var. b. 4)*.

O R D O   V.

Mammofi f. Sterbeeckiani.

Parmi les champignons à chapiteau en forme de mamelle, il y en a trois donnés pour nouveaux.

L'*agaricus fulphureus*, *n.° 1562*, ainſi nommé à cauſe de ſon odeur de ſoufre ou de poudre à canon ; c'eſt un petit

An. de J. C.
1772.

Scopoli.
CCCLIII

CCCLIV

CCCLV

champignon qui croît fur les troncs d'arbres, tendre, tantôt blanc, tantôt brun, en forme de cloche & rayé, d'un demi-pouce de diamètre. Il ne forme qu'une variété de l'efpèce indiquée par Ray (*fynonimie, n.° 116. c. 1*).

L'*agaricus zinziberatus, n.° 1563*, eft un autre petit champignon d'un pouce environ de diamètre, flave ou jaune, piqué de points bruns, d'un demi-pouce de haut, & qui a une odeur de gingembre. Il eft un peu analogue au n.° 230 de la fynonimie, mais il en diffère par fes feuillets, qui font flaves ou jaunes, & par fon odeur (*fynonimie, n.° 356*).

L'*agaricus fafciatus, n.° 1567*, eft un champignon couleur gris-de-fouris, tendre, avec une bande de couleur fauve qui entoure le fommet du chapiteau, à feuillets roux. Il forme une autre efpèce particulière (*fynonimie, n.° 357*).

ORDO VI.

Crifpati f. Battarani.

Parmi ceux à chapiteau ployé, il y en a un, l'*agaricus rubefcens*, qui eft un champignon à furface peluchée, couleur de quinquina ou de canelle en poudre, à feuillets prefque rouges & formés de deux lames. Il eft analogue à l'efpèce obfervée par Micheli (*fynonimie, n.° 226*), mais il en forme une particulière (*fynonimie, n.° 358*).

ORDO VII.

Dimidiati f. Schaefferiani.

Parmi ceux qui ne forment que la moitié d'un champignon, ou plutôt d'un chapiteau, il n'y en a qu'un, qui eft l'*agaricus lacteus, n.° 1574*, agaric d'un blanc de neige, mou, uni, qui croît fur les arbres ; il eft folitaire & quelquefois en touffe. Il étoit déjà connu (*fynon. n.° 126. d*).

Tels font les champignons feuilletés que Scopoli a fait connoître. On doit dire à l'avantage de cet auteur, que les noms, en général, font heureufement trouvés & prefque toujours caractériftiques ; on doit s'être aperçu encore qu'il y en a beaucoup de pris dans la langue italienne, & que l'auteur a latinifés : outre ce mérite, cette partie en a un autre, c'eft celui de l'ordre. L'auteur n'a pas fait mention, en général, des qualités de la plupart des champignons, mais lorfque l'occafion fe préfente, il n'oublie pas de donner les détails néceffaires. Ainfi, on voit, par exemple, une defcription très-exacte & bien détaillée de l'oronge, *page 419*, fous le nom d'*agaricus cafareus*, & où il dit bien pofitivement que c'eft le *boletus* des Romains. On voit encore, *page 415*, que des habitans de Lubac ont payé quelquefois fort cher leur méprife, au fujet des champignons rouges à mouches ou fauffe-oronge, *agaricus mufcarius (fynon. n.° 13. a. 5)*, pris pour l'oronge, ce qui eft bien oppofé à l'affertion de Popowitfch, & conforme à l'expérience. On trouve encore dans cette partie, faite avec foin, plufieurs erreurs relevées, bien des chofes rectifiées, fur-tout *page 421*, fur les champignons violets; en général, des efpèces bien décrites & bien déterminées, & beaucoup de chofes neuves. Je crois qu'on feroit bien plus avancé dans la connoiffance des champignons, fi tous les ouvrages avoient été auffi-bien faits que celui de Scopoli, auteur d'ailleurs jufte, judicieux & plein de connoiffances.

Scopoli a adopté le genre fait par Haller, fous le nom de *merulius ;* il en indique deux efpèces fous ce nom, *page 462*, l'une à branches, qu'il a vue en Autriche, & qu'il met fous le nom de *merulius ramofus coriaceus*, l'autre qu'il nomme *merulius elveloïdes ;* l'une & l'autre fans defcription : mais on voit que l'auteur a voulu défigner par l'une un agaric de ce genre, fec & ligneux, analogue à celui de Haller *(fynonimie, n.° 279)*, & par l'autre un fungoïde à nervures. La première établit une efpèce particulière *(fynonimie, n.° 359)*.

Cet auteur comprend tous les champignons poreux & à tiges ou cepes, fous trois efpèces feulement, mais avec un grand nombre de variétés, fous les noms de *boletus bovinus*, *boletus luteus*, & *boletus coriaceus*, où il paroît qu'il n'y a rien

An. de J. C.
1772.

Scopoli.
CCCLVIII

Merulius,

CCCLLX

Boletus,

An. de J. C.
1772.

Scopoli.
CCCLIX
Hydnum.
CCCLX

Phallus.

Elvela.

Clavaria.
Clathrus.
Peziza.
Lycoperdon.

Mucor.

de nouveau ; mais les agarics poreux font compris fous dix efpèces, parmi lefquelles on ne remarque rien non plus qui ne fût connu.

Parmi les *hydnum*, on en trouve un, *page 472, n.° 1600*, fous le nom d'*hydnum fuaveolens*, qui eft coriace, vifqueux & blanchâtre, grand comme la paume de la main, à appendices violettes & à odeur de lavande. Il forme une efpèce nouvelle *(fynonimie, n.° 360)*.

Le genre *phallus*, contient, outre les morilles & les phallus proprement dits, deux *elvela* des autres botaniftes, c'eft-à-dire, la morille-lichen *(fynonimie des efpèces, n.° 131)*, & la morille pliffée *(fynonimie des efpèces, n.° 27)*; l'une fous le nom de *phallus crifpus*, l'autre fous celui de *phallus monacella*; & ce genre paroît plus naturel que chez les autres auteurs *(fynonimie de genres, n.° 109)*.

Le genre *elvela* paroît encore mieux foigné que chez les autres auteurs : les efpèces font diftribuées en cinq ordres ; en celles qui font en forme de trompette, qu'il nomme *buccina (fynonimie des genres, n.° 100)*; en celles qui font en forme d'oreille, qu'il nomme *auriculæ*; & il met ici l'oreille-de-judas, que Linné avoit placé parmi les *tremella* : cet ordre eft neuf *(fynonimie des genres, n.° 115)*; en celles qui font en forme de verre, *fcyphi (fynonimie des genres, n.° 99)*; en celles qui font en forme de calice ou de foucoupe, *patellæ (fynonimie des genres, n.° 3)*; & en celles qui font en forme de difque, *difci (fynonimie des genres, n.° 98)*.

Les genres *clavaria*, *clathrus*, *peziza* & *lycoperdon*, n'offrent rien de particulier ; mais les efpèces du genre *lycoperdon* font diftribuées en trois claffes ; en celles dont l'écorce extérieure ne fe fépare pas des autres, *lycoperda bovifæ*; en celles dont l'écorce externe fe fépare & s'ouvre jufqu'à la bafe, *lycoperda geafteres*; & en celles qui font fous terre, *lycoperda tubera (fynonimie des genres, n.°' 1, 4, 67)*.

Parmi les *mucor*, diftribués comme chez Linné, en mucor vivaces *(perennes)* & en mucor fugaces *(fugaces)*, on en trouve deux efpèces que Scopoli a fait connoître; le *mucor*

qu'il

qu'il nomme *ferpula*, dont il donne la figure, *p. 492, pl. LXV*,
& le *mucor obliquus*. Le premier, nommé *ferpula* à caufe de
fa forme de ferpent ou de ver, porte à fon milieu comme
une touffe de poils couverts d'une pouffière jaune; l'autre eft
une plantule du même genre, qui n'a qu'une ligne de haut,
dont la tige porte une bulle noire en forme de gland : le tout
ne dure que quelques heures. La première efpèce en forme
une particulière *(fynonimie, n.° 361)*, l'autre rentre dans
l'efpèce principale *(fynonimie, n.° 84. a. 5)*.

En la même année, Weigel, médecin à Sund & botanifte
diftingué, déjà connu par une Flore de Poméranie & de l'île
de Rugen fur la mer Baltique *(f)*, a publié des Obfervations
fur la botanique *(t)*, parmi lefquelles le genre que Haller a
établi fous le nom de *fphæria*, a fixé fur-tout fon attention.

Après avoir examiné le caractère de ce genre, tracé d'abord
par Micheli, enfuite par Haller, & fait voir en quoi il pèche,
il croit pouvoir dire qu'il *confifte dans une fphère creufe qui ne
s'ouvre point, contenant un fac membraneux plein d'une maffe
pulvérulente, c'eft-à-dire, de femences.* Ces fphères ou cellules
fphériques font folitaires, c'eft-à-dire, ifolées & particulières,
ou réunies fous une écorce commune; ce qui fournit à l'auteur deux divifions, dont l'une contient les efpèces fimples,
& l'autre les efpèces compofées. On en trouve fept dans la
première, quatre dans la feconde : *fphæria mucofa, byffacea,
gregaria, rugofa, lichenoïdes, nitida, mori; tremelloïdes, pertufa,
lycoperdoïdes, carchariæ.*

Sur ces onze efpèces, parmi lefquelles on trouve des *lichen,*
des *lichenoïdes* de Dillen, des *tremella*, des *lichen* & des *lycoperdon* de Linné, *des lycogala, &c.* il y en a deux que cet
auteur a fait connoître, le *fphæria rugofa* & le *fphæria mori ;*
on peut y ajouter le *fphæria carchariæ*, quoique l'auteur avoue

An. de J. C.
1772.

Scopoli.
CCCLXI

Weigel.

(f) *Flora Pomerano-Rugica*. Berolini, &c. 1769, in-8.°

(t) *Obfervationes botanicæ autore Chrift. Ehrenfr. Weigel, med. doct. &
pratico Sundenfi. Cum tabulis æneis.* Gryphiæ, apud Ant. Ferd. Rofe, 1772,
in-4.°

Tome I. K k k

que c'eſt ſur la foi d'Oeder qu'il rapporte celle-ci, & qu'il ne l'a jamais vue.

Le *ſphæria rugoſa* eſt une petite production de ce genre, qu'on trouve ſur l'écorce, ſur-tout du chêne, du ceriſier & du hêtre ; c'eſt une croûte rude, grisâtre ou d'un roux-brun, avec de petits tubercules remplis de pouſſière ſemblable à celle du charbon. L'auteur en donne la figure, *tab. 2. fig. 12.* Il forme une eſpèce particulière *(ſynon. des eſpèces, n.° 362)*.

Le *ſphæria mori* eſt une autre production de même nature, qu'on trouve ſur-tout ſur l'écorce du mûrier noir, qui eſt d'un beau rouge ; c'eſt comme un grain d'écarlate. Il rentre dans l'eſpèce obſervée par Haller *(ſynonimie, n.° 305)*.

Le *ſphæria carchariæ* eſt l'eſpèce la plus curieuſe ; elle eſt montée ſur une tige d'un blanc livide, avec une tête brune en forme de gland, & une chair fibreuſe dont les fibres s'étendent du centre à la circonférence ; les pores des cellules ſont pleins d'une ſubſtance mucilagineuſe. Weigel en donne une figure copiée d'Oeder, *planche III, fig. 6.* Elle établit une eſpèce particulière *(ſynonimie, n.° 363)*.

L'auteur, dans le dénombrement des variétés de cette eſpèce, fait remarquer qu'il y a des hypoxilons dans leſquels il n'a pu obſerver ces cellules, tels que le *clavaria hypoxilon* de Linné ; & que celui qu'on a donné dans les *Ephémérides des curieux de la Nature*, ſous le nom de *fungus cornu dorcadis facie*, eſt vraiſemblablement dans le même cas. Les hypoxilons à ſommités blanches, ſont de même *(ſynon. n.° 88. a. b)*.

Cet auteur fait encore mention d'un champignon à valve ou oronge, *p. 40*, dont le chapiteau & la tige ſont jaunes, & les feuillets blancs ; le chapiteau & la tige ſont couverts d'écailles brunes & relevées. Il le donne ſous le titre d'*agaricus ſquarroſus, &c.* & dit qu'il l'a trouvé aux environs de Gottingue, dans un bois. Quoiqu'analogue par la couleur à l'eſpèce du n.° 245 de la ſynonimie, il en forme une particulière : le chapiteau eſt conique. On en trouve ſouvent pluſieurs enſemble, qui ſe tiennent par des radicules *(ſynon. des eſpèces, n.° 364)*.

Weigel a donné la figure de *l'agaricus alneus* de Linné, planche *11*, fig. *6* (*synonimie, n.° 126. a*).

An. de J. C.
1773.

Jacquin.
CCCLXIV

En 1773, Nic. Joseph Jacquin, professeur de botanique à Vienne en Autriche, fit paroître le premier volume de son *Flora Austriaca*, ouvrage *in-folio* d'une superbe exécution, dont le cinquième volume a paru en 1778. On trouve dans cet écrit, ainsi que dans ceux qui ont pour titres, *Miscellanea*, & *Collectanea (u)*, plusieurs découvertes intéressantes sur la partie des champignons, & qui ont servi principalement à enrichir la quatorzième édition du *Systema vegetabilium* de Murray. Ces découvertes se réduisent à l'indication de trente-sept ou trente-huit espèces particulières, dont il y en a près de trente de neuves ou données pour telles, & qu'on trouve principalement dans le premier volume du *Miscellanea*. Ces dernières espèces sont parmi les *agaricus* de Linné, dont l'auteur suit la méthode : *l'agaricus alliaceus, niveus, ostreatus, pseudoboletus, aurantiacus, esculentus, virgineus, ceraceus, sanguineus, muscoïdes, ochraceus ;* les *boletus cinnabarinus, leptocephalus, lacrymans, cinnamomæus, rugosus ;* les *clavaria cespitosa, cornuta, plebeia, crispa ;* le *tremella hydnoïdes ;* le *peziza coronaria ;* les *lycoperdon pisiforme, luteum, ramosum* & *cancellatum,* & le *mucor miniatus.* Quant aux autres espèces, comme elles méritent toutes d'être notées, on les trouve dans la synonimie, à leur place.

L'*agaricus alliaceus (Fl. Aust. tab. 82)*, ainsi nommé parce qu'il a une odeur d'ail, est un petit champignon rayé, gris, à tige longue, fistuleuse & noire, avec une racine un peu en crochet ; mais ce champignon avoit été déjà indiqué par Micheli (*synonimie, n.° 178. b. 2*).

L'*agar. niveus (ibid. tab. 288)* est un petit agaric feuilleté, blanc, charnu, qui croît sur le bois ; Scopoli & d'autres l'avoient déjà indiqué (*synonimie, n.° 126. d*).

(u) *Nicol. Joseph. Jacquin Miscellanea Austriaca ad botanicam, chemiam & historiam naturalem spectantia.* Vindobonæ, tom. I, 1778 ; & tom. II, 1781, in-4.°

Ejusd. Collectanea Austriaca ad botanicam, chemiam & hist. natur. spect. Ibid. 1787, in-4.°

CCCLXV　L'*ag. oftreatus* *(ibid. tab. 104)* eſt un agaric feuilleté, en forme de coquille bombée, qui vient en touffe fur les arbres, & au nombre d'une vingtaine ramaſſés; fa couleur eſt d'un fauve-brun par-deſſus; fes feuillets font blancs, ainſi que fa chair qui eſt ferme : il eſt bon à manger; il croît fur les arbres, ramaſſé & fans tige. Il eſt analogue à ceux des n.ºs 65, 122 & 126 de la fynonimie, mais paroît devoir former une eſpèce particulière *(fynonimie, n.° 365)*.

L'*ag. pfeudoboletus* *(ibid. tab. 41)* eſt un *boletus* naiſſant, & le même que le *boletus rugofus* de cet auteur *(tab. 169)*; c'eſt un agaric couleur de cire d'Eſpagne, avec le luifant de cette fubſtance, & qui a une tige latérale : il étoit déjà indiqué *(fynonimie, n.° 299)*.

L'*ag. aurantiacus* *(Mifc. II, tab. 14, fig. 3)* eſt un petit champignon couleur d'orange foncée ou capucine, un peu de forme irrégulière & avec une apparence de girolle, avec des feuillets droits de même couleur, mais plus foncée ; il eſt, felon l'auteur, d'un ufage fufpeCt. Quoique très-analogue pour la couleur à celui du n.° 358 de la fynonimie, il me paroît n'être qu'une variété de celui de même couleur obfervé par Micheli , ou le même *(fynonimie, n.° 226)*.

L'*agar. efculentus* *(ibid. page 103)* eſt un petit mouſſeron rouſſelet-brun, à tige fiſtuleufe, légèrement papillé, qu'on apporte au marché; l'auteur dit que l'ayant goûté, il le trouva un peu amer : il eſt vrai que cette eſpèce n'eſt pas de celles qui font les plus recherchées. Il eſt analogue à ceux du n.° 158 de la fynonimie, mais fe rapproche encore plus de l'eſpèce obfervée par Vaillant *(fynonimie, n.° 170. a. 4)*.

L'*ag. virgineus* *(ibid. p. 104)* eſt un petit champignon d'un blanc de neige, avec un petit bouton au centre du chapiteau, à furface luifante, un peu en chair. Cette eſpèce avoit été déjà obfervée *(fynonimie, n.° 159. 4)*.

CCCLXVI　L'*ag. ceraceus* *(ibid.)*, ainſi nommé à caufe de fa couleur jaune de cire, eſt un petit champignon ferme, charnu, à feuillets jaunes-vert-d'eau, & à chair jaune, à tige prefque fiſtuleufe, fans odeur marquée, & donné pour fufpeCt par l'auteur. Il me femble pouvoir établir une efpèce principale *(fynonimie, n.° 366)*.

L'*ag. fanguineus (ibid.)* eft un petit champignon tout couleur de fang, croiffant quelquefois deux à deux, avec une chair couleur d'orange ; il a fon chapiteau un peu en forme de bonnet, & ne me paroît pas différer de celui qui a été indiqué par l'Éclufe & Vaillant *(fynonimie, n.° 61)*.

L'*ag. mufcoïdes (ibid.)* eft un champignon un peu plus grand que les précédens, de couleur grife, avec des feuillets blancs ainfi que la chair, haut de trois pouces ordinairement, d'abord avec un chapiteau conique, lequel s'aplatit enfin & fe creufe pour former le nombril ou l'entonnoir ; fa tige eft lavée de grïs ; il croît parmi la mouffe. Il paroît devoir former une efpèce particulière *(fynonimie, n.° 367)*.

L'*ag. ochraceus (ibid.)* eft un agaric feuilleté, charnu, d'un roux-tendre, qui croît fur les arbres, en forme d'oreille ou de fouet, & dont les auteurs avoient déjà fait mention, furtout Dillen & Schaeffer *(fynon. des efpèces, n.° 126. c)*.

Le *boletus cinnabarinus (Flor. Auft. tab. 304)* eft un agaric poreux, couleur de fang très-vermeil ou de cinnabre, peu épais, & dont les auteurs avoient déjà fait mention *(fynonimie, n.° 289)*.

Le *bol. leptocephalus (Mifc. I, tab. 12)* eft un petit *boletus* parafite, d'un roux-tendre deffus, blanc deffous, à tige à peuprès centrale, qui n'eft qu'une variété du *boletus perennis* de Linné *(fynonimie, n.° 192. b)*.

Le *bol. lacrymans (ibid. tab. 8, fig. 2)* eft un agaric poreux & coriace, parafite, couleur aurore ou d'orange au centre, avec une bande blanche à la circonférence, & de laquelle diftillent, par les pores, des gouttes d'eau ; il eft peu épais ; fes tubes font quadrangulaires. Cet agaric, quoiqu'analogue à ceux du n.° 48 de la fynonimie, paroît devoir établir une efpèce particulière *(fynonimie, n.° 368)*.

Le *bol. rugofus (Flor. Auftr. tab. 169)* eft le même que l'*agaricus pfeudoboletus* du même auteur *(fynon. n.° 299)*.

Le *bol. cinnamomæus (Collect. I, tab. 2, p. 116)* eft un

An. de J. C.
1773.

Jacquin.
CCCLXVI

CCCLXVII

CCCLXVIII

petit polypore en forme de verre à boire, épais d'une ligne ou deux, & de couleur canelle, à furface foyeufe. C'eft une variété d'efpèce déjà connue & indiquée *(fynonimie, n.° 108. b)*.

Les clavaires indiquées par cet auteur, font en général curieufes, foit par leurs formes, foit par leurs qualités. Celle qu'il nomme *clavaria cefpitofa (Mifc. II, tab. 12, fig. 2)*, n'eft pas la plus remarquable ; c'eft la plus commune, fimple, de couleur flave & en forme de pilon : elle étoit déjà connue *(fynonimie, n.° 87. a)*. Il n'en eft pas de même de celle qu'il

CCCLXIX   nomme *clavaria cornuta (ibid. p. 98)* ; elle eft en forme de doigts tronqués, épaiffe, à plufieurs tiges, très-brune, mais lavée de couleur violette ; fa chair eft blanche, ferme, mais teinte de cette dernière couleur. Elle forme une efpèce particulière *(fynonimie, n.° 369)*.

CCCLXX   Le *clavaria crifpa (ibid.)* eft une forte de clavaire à crêtes ou lobes aplatis & échancrés, de couleur rouffe, épaiffe, charnue, à chair blanche, dont on fait ufage dans la Carinthie. Elle établit une autre efpèce particulière *(fynon. n.° 370)*.

Le *clav. plebeia (ibid.)* eft une autre clavaire ou coralloïde, furnommée *plebeia* à caufe de l'ufage qu'en fait le peuple ; elle eft digitée, à groffes tiges ovales, pleine par-tout, de couleur flave ou rouffe, forte, à chair blanche, avec des extrémités rofées. Elle n'a pas affez de caractères particuliers pour former une efpèce diftincte *(fynonimie des efpèces, n.° 45. b)*.

Le *tremella hydnoïdes (ibid. 1, tab. 16)* n'eft autre chofe qu'un jeu de l'*hydnum gelatinofum* du même auteur & de Schaeffer ; c'eft un petit agaric blanc, à papilles & à chair tendre & tremblante, efpèce déjà indiquée *(fynon. n.° 81)*.

CCCLXXI   Le *peziza coronaria (ibid. tab. 10, p. 140)* eft une efpèce formée en foucoupe, à plufieurs fegmens relevés, ayant l'apparence d'une couronne, unie par-tout, épaiffe, forte, grife en-dedans, brune au-dehors, qui fournit une efpèce particulière *(fynonimie, n.° 371)*.

Parmi les *lycoperdons*, il y a encore des efpèces très-curieufes.

Le *lycoperdon pisiforme (Misc. 1, tab. 7)*, qui avoit été déjà indiqué par Linné & Murray *(Syst. veget. ed. 13)*, est gris, sans tige, a une pulpe rose ou couleur de chair, est grand comme un pois, & à peu-près semblable. Il ne forme qu'une espèce analogue au lycoperdon sanguin, qui est de la même forme & grandeur *(synon. des espèces, n.° 83. a. 1)*.

Le *lycop. luteum (ibid.)* ne diffère du précédent, que parce qu'il est un peu moins grand, jaune, ramassé en nombre, à surface unie. Il rentre comme espèce analogue dans le même numéro *(synonimie des espèces, n.° 83. a. 2)*.

Le *lyc. ramosum (Flor. Aust. tab. 224)* est encore un petit lycoperdon, blanc, mais qui a cela de particulier, c'est que ses têtes, qui sont réunies, sont portées sur autant de branches minces comme un fil. Il établit une espèce particulière *(synon. n.° 372)*.

Le *lyc. cancellatum (ibid. tab. 17)* est le plus curieux ; cette espèce est un petit ovale à barreaux & à jour, d'une ligne de haut, qu'on trouve au mois d'août sur le dos des feuilles de poirier, & que Oeder & d'autres ont observé de même. Il établit une espèce particulière *(synonimie, n.° 373)*.

Quant au *mucor miniatus (ibid. tom. III, tab. 299)*, il a cela de particulier, c'est qu'il est d'un beau rouge de feu ou de minium ; sa forme est ovale, & il a la grandeur des moisissures ordinaires. Il paroît analogue aux petites massettes à ressorts rouges *(synonimie, n.° 135)* ; mais d'après l'auteur, c'est un mucor, & il rentre dans l'espèce principale *(synon. des espèces, n.° 84. a. 1. *)*.

D'ailleurs, on trouve dans les œuvres de cet auteur, de très-belles figures du *boletus ramosissimus* de Schaeffer *(synon. n.° 12. d)* ; de celui qu'il nomme *bol. medulla panis (synonimie des espèces, n.° 182)* ; de plusieurs *elvela (synonimie, n.° 15)* ; d'un *clavaria* remarquable, & qui est bon à manger *(synon. n.° 333)* ; de plusieurs *tremella (synon. n.° 8)* : mais ce qu'il y a de plus intéressant pour les personnes de l'art, c'est la dissertation insérée dans le premier volume du *Miscellanea*, sur l'agaric du mélèze, dont on voit plusieurs figures enluminées,

An. de J. C.
1773.

Jacquin.
CCCLXXI

CCCLXXII

CCCLXXIII

& fur lequel il y a des détails botaniques, chimiques & médicinaux *(x)* très-intéreſſans. Il réſulte de cette excellente diſſertation, dont le principal auteur eſt François Rubel, que juſqu'à lui l'agaric du mélèze, qu'il nomme *boletus laricis (ſynon. n.° 1)*, avoit été très-imparfaitement connu, & que les analyſes ou détails ſur cette ſubſtance donnés par Geoffroy, Boulduc, Cartheuſer & autres, ne ſont pas parfaitement exacts. C'eſt aux ſoins de Wulfen, habitant de Clagenfurt en Carinthie, où l'on trouve cette production en abondance, qu'on eſt redevable des connoiſſances que Mrs Jacquin & Rubel en ont données. On s'eſt procuré l'agaric en nature, qui a été deſſiné ſur les lieux, & l'on a procédé à un examen botanique & chimique des plus ſcrupuleux, dernier travail dont M. Jacquin a été ſpécialement chargé. On s'eſt convaincu que cet agaric prend différentes formes ſur le mélèze, ſeul arbre ſur lequel on le trouve ; que dans ſa naiſſance, qui a lieu ſouvent au printemps, il eſt d'un jaune-pâle le plus ſouvent ; que cette couleur s'éclaircit peu-à-peu ; qu'il devient gris-de-cendre, & enfin un peu brun à ſon écorce : cette écorce a quelquefois juſqu'à un doigt d'épaiſſeur ; ſa pulpe eſt blanche quand il eſt formé, car d'abord elle participe de la couleur jaune ou d'ocre ; mais ſa partie tubuleuſe eſt conſtamment d'un jaune d'ocre ou citron ; ſes tubes ſont très-fins & très-ſerrés ; ſa ſubſtance interne eſt pulpeuſe & devient très-blanche ; il a dans ſa fraîcheur l'odeur de la farine frais moulue. L'analyſe y découvre dans l'écorce une partie réſineuſe qui eſt une vraie colophane, ſubſtance qu'on ne trouve pas dans la pulpe. Par la diſtillation, on n'en tire ni ſel urineux ni ſel eſſentiel, mais un flegme, un acide, une huile empyreumatique ; le *caput mortuum* incinéré donne de l'alkali fixe. La partie réſineuſe eſt la plus abondante ; & l'analyſe de Jacquin s'accorde avec celle de Neumann, qui avoit retiré d'une demi-livre de cet agaric, par l'eſprit-de-vin, ſix onces d'extrait réſineux, &

(x) Agaricum officinale, diſſertatio inauguralis medica publicæ diſquiſitioni ſubmiſſa, a Franciſco Rubel, emendata & aucta. Viennæ, 1778, in-4.°

trois gros feulement d'extrait aqueux. C'eſt dans la diſſertation
même qu'on doit voir ces détails. L'auteur parle par occaſion
des autres agarics qui croiſſent ſur le mélèze, d'un ſur-tout
qui eſt zoné, & qu'il nomme *boletus reſinoſus*, qui eſt du genre
ou de la nature des *igniarii (ſynon. n.° 24. a. 5)*, & on donne
preſque à entendre que c'eſt celui que Haller a donné pour
le véritable agaric du mélèze. Celui ci eſt coriace, cotonneux
& propre à prendre feu.

J. André Murray, profeſſeur de Botanique à Gottingue,
de l'Ordre de Waſa, &c. marchant ſur les traces de Linné,
ou plutôt donnant au public la partie du *Syſtema naturæ* de
cet auteur, qui concerne les ſeuls végétaux, a publié, en
1774, la treizième édition de ſon *Syſtema vegetabilium*, & la
quatorzième en 1784. L'auteur a réuni dans cet ouvrage,
non-ſeulement les découvertes qu'on trouve dans les ſupplé-
mens des ouvrages du chevalier Linné ou de ſon fils, publiés
ſous les titres de *Mantiſſa, Appendix ſpec. plant. Supplemen-
tum, &c.* mais toutes celles qui ont été faites par les principaux auteurs modernes, & marquées au bon coin; de manière
qu'on a l'avantage de voir revivre & de retrouver, pour
ainſi dire, Linné, au moins le botaniſte, dans la perſonne
de Murray.

Les découvertes conſignées dans cet écrit, ſe réduiſent,
pour la partie des champignons, indépendamment de celles
dont on vient de faire mention ou hommage à M. Jacquin,
& qu'on trouve dans la ſynonimie, aux eſpèces ſuivantes,
qui ſont : *boletus agaricoïdes, dimidiatus ; phallus mokuſin ;
peziza minima, auricula ; lycoperdon minimum, piſtillare, carcinomale, varioloſum, truncatum ; mucor clavatus, virideſcens.*

Le *bolet. agaricoïdes* eſt un agaric coriace, uni deſſus, à
pores anguleux & ondés, qui ne paroît être qu'une variété
du *boletus verſicolor* de Linné *(ſynon. n.° 48)*. C'eſt Thunberg
qui l'a obſervé au Japon.

Le *bolet. dimidiatus* eſt encore un agaric poreux, à tige
latérale, qui ne ſe corrompt point. Il paroît aſſez évident, par

<table>
<tr><td></td><td>An. de J. C.
1773.</td></tr>
<tr><td></td><td>Jacquin.
CCCLXXIII</td></tr>
<tr><td></td><td>1774.</td></tr>
<tr><td></td><td>Murray.</td></tr>
</table>

An. de J. C.
1774.

Murray.
CCCLXXIII
CCCLXXIV

la figure & la defcription qu'en donne Thunberg dans fon *Flora Japonica*, que cette efpèce eft la même qui eft très-commune en Europe & déjà notée par les auteurs *(fynonimie, n.° 299)*.

Le *phallus mokufin* eft une efpèce qui fort d'une bourfe comme les autres phallus, mais qui en diffère par la difpofition de fa tige pentagone ou à cinq angles, par fon chapiteau divifé en cinq portions, dont les extrémités fe rapprochent. Elle conftitue une efpèce particulière *(fynon. n.° 374)*.

Le *peziza minima* eft une efpèce très-petite, plane, convexe ou en forme de lentille, à bords unis & à très-petite tige comme un filet. Elle paroît être la variété unie de l'efpèce déjà obfervée par Micheli, ou du moins qui lui eft très-analogue *(fynonimie, n.° 275. b)*.

Le *peziza auricula* eft une efpèce d'oreille-de-judas obfervée primitivement par Vaillant, & qui forme une des variétés de l'efpèce principale *(fynonimie, n.° 15. 3)*.

Le *lycoperdon minimum* eft, comme l'épithète l'annonce, un très-petit lycoperdon, inégalement rond, folide & ramaffé en nombre, fans racine. Cette efpèce ne paroît pas avoir des caractères différens de celle qu'on appelle la truffe-du-chou *(fynonimie des efpèces, n.° 145)*.

Les *lycop. piftillare* & *carcinomale* font des lycoperdons noueux, à tige & à racines, qui répandent leur pouffière féminale ; l'un a la tige droite, l'autre tortue. Ils ne me paroiffent que des variétés des lycoperdons à tige déjà obfervés *(fynon. des efpèces, n.° 73. a. b. c)*.

Le *lycop. variolofum* eft un lycogala de Micheli, efpèce fans tige, qu'on trouve fur le bois pourri ; elle eft de la groffeur d'un pois ; fa furface eft grenue ; fa pulpe fe réduit en une farine compacte & noire. Elle rentre comme efpèce analogue dans le n.° 83 de la fynonimie *(ibid. a. 3)*.

Le *lycop. truncatum* eft une efpèce qui diffère des autres, en ce qu'au lieu d'être parfaitement ronde à fon fommet, elle l'a tronqué ; fon écorce eft coriace, & fa pulpe sèche ; fa groffeur eft depuis celle d'un pois jufqu'à celle du poing.

Il paroît que c'eſt celle que Dodonée & Sterbeeck avoient déjà obſervée *(ſynonimie, n.° 32)*.

Le *mucor clavatus* eſt une eſpèce noire, à tige filiforme de même couleur, & qui ſe ſoutient, c'eſt-à-dire, qui eſt vivace; il rentre comme variété dans l'eſpèce principale *(ſynonimie, n.° 84. a. 5)*. Le *mucor virideſcens* eſt de même nature, mais de couleur verte, grainé & fugace; il rentre dans le même numéro de la ſynonimie *(ibid. a. 6. ＊＊)*.

En 1776, J. Bernard Vigo, profeſſeur de rhétorique à Turin, a publié un poëme *(y)* ſur les truffes, en latin & en italien, dans lequel on trouve des détails intéreſſans, tant ſur la manière de les conſerver, que ſur celle de dreſſer des chiens dont on ſe ſert pour les découvrir : on y lit qu'au printemps la truffe ordinaire n'eſt pas plus forte qu'une ceriſe, qu'elle n'a preſque pas d'odeur ni de ſaveur, que l'intérieur en eſt blanc, & l'extérieur un peu rouge; qu'elle groſſit peu-à-peu en été, & qu'elle finit par devenir noire dans ſa maturité, & ſe pourrir en hiver pour donner naiſſance à d'autres. On y lit encore qu'un agriculteur ayant ſemé au printemps, après un léger labour donné à la terre, des champignons qu'il avoit fait ſécher & qu'il avoit réduits preſque en poudre, une moiſſon abondante de champignons répondit à ſes vœux, contre l'attente de tous ceux qui avoient été témoins de cet eſſai. La meilleure manière de conſerver les truffes, conſiſte à les choiſir bien ſaines; on les tient iſolées & on les couvre de ſablon, qu'on met dans un endroit frais; on les couvre de plus d'une peau fine quand on en fait des envois. J'en ai reçu de cette manière du Piémont, qui n'avoient rien perdu de leur fraîcheur ni de leur odeur. On les conſerve encore dans l'huile, coupées par morceaux, après les avoir fait paſſer à un feu doux pour leur enlever leur humidité. Ce poëme mérite d'être lû. On

An de J. C.
1774.

Murray.
CCCLXXIV

1776.

Vigo.

(y) *Tubera terræ, carmen Johannis Bernardi Vigi rhetoricæ profeſſoris.* Turini, 1776, in-4.° ex typographiâ regiâ.
I Tartuſi, poëmetto tradotto dal latino. In Torino.

LII ij

y trouve que Victor-Amédée II & Charles-Emmanuel III,
rois de Sardaigne, ayant envoyé à différens princes de l'Europe des hommes avec des chiens ainſi dreſſés à la découverte
des truffes, on s'étoit convaincu qu'il n'y a point en Europe
de pays qui égale le Piémont, ſoit pour la quantité, ſoit pour
la qualité, ſur-tout pour le parfum & la ſaveur des truffes :
on y en voit qui pèſent juſqu'à deux livres.

Le principal ouvrage méthodique qu'il nous reſte à examiner, c'eſt celui d'Aug. J. G. C. Batſch, botaniſte d'Allemagne,
qui, en 1783, a publié à Halles de Magdebourg, le premier
volume d'un Traité ſur les champignons, en latin & en allemand, enrichi de cinquante-ſept figures enluminées (z); il
contient ſur-tout les champignons qu'on obſerve aux environs
d'Iène. En 1786, il en a paru une continuation, ſous le titre
de *Continuatio prima* (a).

L'auteur, après avoir expoſé les difficultés qu'il y a dans
cette partie de la botanique, eſſaie d'établir, dans la première
partie, une méthode qui puiſſe ſatisfaire, & en donne une
qui conſiſte en pluſieurs ordres ou ſous-diviſions, dont les
caractères ſont tirés, ſoit de la plante en nature, ſoit des
figures les plus exactes, telles que celles de Micheli & de
Schaeffer ; il adopte d'ailleurs la nomenclature & les genres
de Linné, à l'exception de l'*elvela*, dont les eſpèces ſe trouvent
fondues dans les genres *boletus* & *phallus ;* il néglige de plus
la ſynonimie, les noms vulgaires, & en général les qualités
des champignons ; il eſſaie de marquer la ligne qui ſépare
ces plantes, de celles qui leur ſont analogues, ou qui en ſont
voiſines.

Il définit les champignons, *des végétaux de diverſes formes,*

<hr>

(z) *Elenchus fungorum. Cɔnſcripſit Aug. Jo. Georg. Car. Batſch, phil. D.
Accedunt icones 57 fungorum nonnullorum agri Ienenſis, ſecunùm naturam
ab auctore depictæ , &c.* Halæ Magdeburgicæ, apud Jo. Jac. Gebaver,
1783, in-4.°

(a) *Elenchus fungorum, continuatio prima deſcribens* CXXV *ſpecies &
varietates totidem iconibus* LIX — CLXXXIII *repræſentatas.* Halæ Magdeb.
1786.

An. de J. C.
1783.

Batfch.
CCCLXXIV

charnus, fans feuilles, qui croiffent fur la terre ou fous terre, & non dans l'eau, & dont les parties de la fructification, très-fimples & très-imparfaites, ont des femences ou graines très-fines à leur fuperficie, ou dans une cavité particulière, ou dans plufieurs réunies, & rarement des étamines à la marge d'une membrane externe qui porte les parties de la fructification.

Par ces caractères, ils diffèrent, felon lui, du *cynomorion*, du *lemna*, des *fucus*, des *tremella*, des *lichen*, des *byffus*, des *conferva*, &c.

Pour placer fes genres ou premières diftributions, il a égard principalement à la pofition des femences, qui font placées, felon lui, de deux manières principales, au-dehors ou au-dedans de la plante. Les genres qui les ont placées au-dehors & à la furface inférieure, font l'*agaricus*, le *boletus;* fur des appendices, l'*hydnum;* ceux qui les ont à la furface fupérieure, font le *peziza*, le *phallus*, le *clavaria;* ceux qui les ont dans l'intérieur & dans une cavité particulière, ou dans plufieurs réunies, comme dans un corps en treillage ou à barreaux, font le *clathrus;* ceux qui les ont dans un corps fermé, fans tige, & qui s'ouvre fupérieurement ou latéralement, ou dans un corps à tige capillaire & très-mince, font le *lycoperdon*, le *mucor*.

Chaque genre eft enfuite défini.

Le premier, ou *agaricus*, eft un corps végétal dont les femences font placées dans des plis ou feuillets en forme de lames ou de veines qui rayonnent du centre ou d'un côté du chapiteau, ayant leurs femences à leurs parois, & les étamines à leurs bords, lefquelles étamines font diftinctes ou réunies en trois par les bafes de leurs filamens.

Le deuxième, *boletus*, contient fes femences dans des tubes ou petites cavités réunies, ainfi que dans leurs parois, fouvent avec des étamines placées à la marge de ces tubes.

Le troifième, *hydnum*, a les fiennes fur des appendices placées à la partie fupérieure ou inférieure de la plante.

Le quatrième, *peziza*, eft un corps qui, dans fa naiffance, eft toujours creux fupérieurement.

Le cinquième, *phallus*, eſt un corps toujours convexe dans
ſa naiſſance.

Le ſixième, *clavaria*, eſt un corps toujours oblong, dont
les ſemences occupent toute la ſurface ou un des côtés.

Le ſeptième, *clathrus*, eſt un corps en treillage, qui, dégagé
de ſon enveloppe, devient à jour & contient ſes ſemences
à nud.

Le huitième, *lycoperdon*, eſt un corps ſans tige ou à tige
très-épaiſſe, & qui s'ouvre ſupérieurement ou latéralement.

Le neuvième, *mucor*, eſt un corps à tige capillaire, mince.

Indépendamment de la ſuppreſſion du genre *elvela* de
Linné, on voit qu'il y en a deux ſur-tout, l'*hydnum* & le
lycoperdon, dont le caractère eſt différent de ceux de Linné,
ou plutôt rectifié, en ce que l'*hydnum*, ſuivant Batſch, a ſes
ſemences à la partie inférieure ou ſupérieure, & le *lycoperdon*
s'ouvre ſupérieurement ou latéralement, ce qui s'obſerve en
effet : mais le genre *peziza* me paroît moins bien caractériſé,
à la rigueur, puiſque l'eſpèce à corps lenticulaires n'eſt pas
creuſe dans ſa naiſſance ; elle eſt au contraire globuleuſe ſupérieurement dans l'origine, & s'ouvre à la partie ſupérieure,
circonſtance qui n'avoit point échappé à Micheli pour ſes
diviſions. Il eſt vrai que ſon état ouvert eſt l'état permanent.

Le genre *agaricus*, qui eſt le plus étendu & dont les
eſpèces très-nombreuſes ſont les plus difficiles à claſſer, eſt
ſoumis à neuf principales diviſions ou ordres, ſous le nom
de *ſubordines*, dont les caractères ſont déduits principalement
de la forme du chapiteau, ou de la nature de la plante
entière, ou de quelqu'une de ſes parties ; ces ordres ſont
mis ſous les titres d'*agarici validi, pulvinati, volvati, fugaces,
clypeati, unctuoſi, obliqui, venoſi, dimidiati.*

Le genre *boletus* eſt diviſé en quatre ordres, *boleti favoginei,
ſuilli, milleporei, reteporei.*

L'*hydnum* l'eſt de même en quatre autres ; en hydnum à
tige *(hydna ſtipitata)*, en hyd. déformés *(hyd. deformia)*, en
hyd. latéraux *(lateralia)*, & en hyd. difformes *(difformia)*.

Le *peziza* l'eſt en quatre autres ; en ceux qui ſont de

consistance de cire *(ceraceæ)*, en ceux qui sont velus ou ciliés *(pilosæ)*, en ceux dont la surface est farineuse *(furfurosæ)*, & en ceux qui ont des corps lenticulaires *(lentiferæ)*.

An. de J. C.
1783.

Batsch.
CCCLXXIV

Le *phallus* l'est en trois, en ceux qui sont sans tige *(acaules)*, en ceux qui sont en lobes *(lobati)*, & en ceux qui sont en réseau *(reticulati)*.

Le *clavaria* l'est en quatre ; en clavaires simples ou en forme de massue *(clavæformis)*, en clavaires à branches *(ramosæ)*, en clavaires crustacées *(crustaceæ)*, & en clavaires gélatineuses *(gelatinosæ)*.

Le *clathrus* en deux ordres ; en clathrus charnus *(carnosi)*, & en clathrus secs *(sicci)*.

Le *lycoperdon* l'est en cinq ; en lycop. souterrains ou truffes *(subterranea)*, en lycop. sans tige & épais *(incrassata)*, en lycop. à tige *(pedunculata)*, en lycop. étoilés *(stellata)*, & en lycop. sans tige & très-petits *(sessilia)*.

Le *mucor* n'est soumis à aucune sous-division.

Chacun de ces ordres est caractérisé d'une manière particulière, & c'est dans la formation de leurs caractères que consiste le principal mérite de cet ouvrage ; ceux du premier genre sur-tout, sont ceux qui méritent le plus d'attention. Sur les neuf ordres qui y sont indiqués, il y en avoit quatre qui étoient déjà formés ; ce sont ceux qu'il nomme *volvati*, *fugaces*, *venosi*, *dimidiati*. champignons à valve ou oronges, champignons qui se réduisent en liqueur noire, champignons à nervures, & agarics feuilletés *(synon. des genres, n.*^os^ *6, 17, 43, 53)* : mais l'ordre des encriers, *agar. fugaces*, ordre très-naturel, paroît mieux caractérisé que chez les autres auteurs ; Batsch le définit *un champignon composé d'un chapiteau mou, mince, membraneux, conique, presque pas charnu, avec une tige longue, fistuleuse, distincte de la substance du chapiteau, avec des feuillets minces, alongés, très-serrés, non adhérens à la tige, qui dans leur maturité deviennent bruns ou couleur de suie, & finissent par se résoudre en liqueur noire, le chapiteau se déchirant.* Les cinq autres paroissent avoir été formés par Batsch ; ce sont ceux qu'il nomme *agarici validi, pulvinati, clypeati, unctuosi, obliqui ;*

quoique les *agarici pulvinati* euſſent été preſque indiqués par Battara (*ſynonimie des genres, n.° 90*).

Les *agar. validi* (champignons ſolides ou qui ont de la conſiſtance), *page 37*, ſont ceux qui ont un chapiteau épais, charnu, avec une ſurface unie ſouvent & luiſante, réſiſtant un peu, avec des bords roulés en-deſſous, des feuillets ſolides, caſſans, peu nombreux, & une tige forte dont la ſubſtance ſe confond avec celle du chapiteau (*ſynonimie des genres, n.° 116*).

Les *agar. pulvinati* (champignons en forme d'oreiller), *page 49*, ſont ceux dont le chapiteau un peu épais, charnu, membraneux, eſt mou, avec une ſurface ſouvent un peu viſqueuſe ou comme ſoyeuſe, des bords ordinairement minces, & une tige ou forte ou molle, & ſouvent fibreuſe, dont la ſubſtance eſt continue avec celle du chapiteau (*ſynonimie des genres, n.° 117*).

Les *agar. clypeati* (en forme de bouclier), *page 65*, ſont ceux dont le chapiteau mince, membraneux, varie beaucoup par la forme & par ſa ſubſtance, avec des feuillets peu nombreux, ne ſe réduiſant point en liqueur, & avec une tige longue, grêle (*ſynonimie des genres, n.° 118*).

Les *agar. unctuoſi* (champignons viſqueux) ſont ceux dont la ſurface du chapiteau eſt viſqueuſe au toucher & à la vue, & dont la tige ſolide tient diverſement au chapiteau, de forme différente (*ſynonimie des genres, n.° 119*).

Les *agar. obliqui* ſont ceux dont le chapiteau eſt placé inégalement ſur la tige, c'eſt-à-dire, ſur une tige qui n'eſt pas centrale, le plus ſouvent courte, épaiſſe, ſolide, dont la ſubſtance ſe confond ordinairement de toutes parts avec celle du chapiteau & avec des feuillets peu nombreux & inégaux (*ſynonimie des genres, n.° 120*).

Les ordres formés ſous les autres genres, ſont de moindre importance : ſur les quatre du genre *boletus*, il y en avoit deux de formés, *boleti ſuilli* & *reteporei* (*ſynonimie des genres, n.°ˢ 8, 58*); les deux autres, *boleti favoginei* & *milleporei*, appartiennent à Batſch. Les *bol. favoginei, page 97*, ſont les
cepes

An. de J. C.
1783.

Batfch.
CCCLXXIV

cepes ou agarics à grandes ouvertures ou tubes, en forme de cellules *(fynonimie des genres, n.° 121)*. Les *bol. milleporci, page 101,* font des champignons poreux ou tubuleux, à tubes très-fins & très-ferrés, & à tige *(fynonimie des genres, n.° 122)*.

L'auteur a ajouté, dans le fecond volume, les *boleti arcolati,* qui font ceux dont la portion tubuleufe forme comme des alvéoles ou féparations diftinctes *(fynon. des genres, n.° 123)*.

Sur les quatre ordres du troifième genre, *hydnum,* il y en avoit trois de formés, favoir, le premier, le troifième & le quatrième : *hydna ftipitata, hyd. lateralia, hyd. difformia (fynon. des genres, n.°⁵ 37, 52, 94)*; l'autre, qui appartient à l'auteur, comprend fous le titre d'*hydna deformia,* les efpèces dont la tige préfente un cône renverfé, dont les côtés font couverts de pointes, & qui eft tronqué fupérieurement *(fynonimie des genres, n.° 124)*.

Sur les quatre ordres du quatrième genre, *peziza,* il y en avoit deux de formés, les *pezizæ ceraceæ,* & les *pezizæ lentiferæ (fynonimie des genres, n.°⁵ 69, 108)*; les deux autres, de peu d'importance, à furface velue & à furface furfureufe ou farineufe, font de l'auteur *(fynon. des genres, n.°⁵ 125, 126)*. L'auteur a ajouté à ces ordres des fous-divifions dans le fecond volume, comme les peziza difformes & coriaces, les peziza à chapiteau plat, creux, à tige & feffiles, &c.

Sur les trois ordres du cinquième genre, *phallus,* conftruit à peu-près comme le *boletus* de Haller, &c. *(fynon. des genres, n.° 109)*, il y en a deux que Batfch a formés, *phalli acaules, phalli lobati.* Les *phalli acaules* font convexes, unis, épais, ovales ou ronds, bruns deffus, blancs deffous, à plufieurs petites racines; il n'y a qu'une efpèce que Schaeffer fournit *(fynon. des genres, n.° 127, & fynon. des efpèces, n.° 340)*. Les *phalli lobati* font à tige, à chapiteau en lobes ou portions différemment ployées, & à extrémités un peu recourbées *(fynonimie des genres, n.° 128)*. Le troifième ordre, *phalli reticulati,* étoit formé *(fynon. des genres, n.° 73)*.

Sur les quatre ordres du fixième genre, *clavaria,* il y en

Tome I. M m m

An. de J. C.
1783.

Batsch.
CCCLXXIV

avoit trois de formés *(synon. des genres, n.⁰ˢ 23, 41, 48)* : le quatrième, *clavariæ gelatinosæ*, comprend les clavaires gélatineuses *(synonimie des genres, n.° 129)* ; il y a deux sous-divisions de cet ordre, dans le second volume.

Les deux ordres du septième genre, *clathrus*, étoient formés *(synonimie des genres, n.⁰ˢ 26, 81)*.

Sur les cinq ordres du huitième genre, *lycoperdon*, il y en avoit trois de formés *(synonimie des genres, n.⁰ˢ 1, 4, 102)* ; le quatrième, *lycoperda sessilia*, contient les petites vesces-de-loup sans tige, parasites, ou croissant sur les corps qui se corrompent, & qui répandent leurs semences par les côtés *(synonimie des genres, n.° 130)*. Dans le second volume, on trouve un cinquième ordre, qui est celui qui comprend les vesces-de-loup à valve *(lycoperda volvata) (synon. des genres, n.° 131)*.

Le neuvième genre, *mucor*, comprend ces vésicules à tiges comme des cheveux, & renferme des *sphærocephalos* & des *embolus* de Haller *(synonimie des genres, n.° 132)*.

Mais indépendamment des changemens dont on vient de faire mention, on en trouve d'autres dans le second volume, l'auteur ayant jugé nécessaire de changer quelques dénominations & d'ajouter de nouveaux genres à ceux qu'il avoit déjà formés, qui sont l'*elvela*, le *stemonitis*, l'*embolus* & le *sphæria*.

Il donne le nom d'*elvela*, *page 187*, aux champignons horizontaux à surfaces unies. Ce genre étoit déjà formé sous un autre nom *(synonimie des genres, n.⁰ˢ 54, 97)*.

Celui de *stemonitis*, *page 261*, aux champignons de forme cylindrique & alongés, contenant dans leur intérieur une poussière sans corps intermédiaire *(synon. des genres, n.° 133)*.

Celui d'*embolus*, aux champignons qu'il avoit nommés *clathri sicci (synon. des genres, n.° 81)*.

Et celui de *sphæria*, aux champignons duriuscules, ayant des cavités. Ce genre étoit déjà formé. *(synon. des genres, n.° 48)*.

Telle est la méthode de Batsch, qui paroît la plus près de

An. de J. C.
1783.

Batfch.
CCCLXXIV

la perfection, parce qu'il a fenti la néceffité des diftributions & d'un plus grand nombre de divifions pour cet ordre de plantes.

Le premier volume comprend, fous les neuf premiers genres indiqués, la defcription de deux cents quatre-vingt-deux efpèces & de quelques variétés, dont cinquante fept font figurées & repréfentées en douze planches. Le fecond volume contient cent vingt-quatre ou cent vingt-cinq efpèces ou variétés, toutes figurées & repréfentées en dix-huit planches; de manière que cet ouvrage contient un total de quatre cents fept fortes de champignons, dont il y en a cent quatre-vingt-deux de repréfentés avec leurs couleurs naturelles.

Sur cette totalité, il y en a environ près de quatre-vingts que l'auteur a fait connoître, mais dont vingt-cinq feulement me paroiffent des efpèces particulières & principales; les autres n'étant que des variétés de celles-ci, ou des efpèces déjà connues ou voifines & très-analogues à celles-ci.

Les champignons que l'auteur a fait connoître, font, fous le genre *agaricus*, ceux qui font défignés par les épithètes *umbraculum*, *carbonarius*, *lacrymalis*, *pineti*, *abietis*, *barbatus*, *imperialis*, *mollis*, *hepaticus*, *fpadiceus*, *ochraceus*, *placenta*, *ianthinus*, *Rudolphii*, *granulofus*, *fuliginatus*, *atro-fquamofus*, *atro-tomentofus*, *pruinatus*, *aurora*, *libertatis*, *pileatus*, *nivofus*, *nimbatus*, *pufillus*, *cimicarius*, *rifigallinus*, *defoffus*, *atri-capillus*, *cynophallus*, *glandiferus*, *atro-cyaneus*, *fubatratus*, *hypni*, *flavo-floccofus*, *circumfeptus*, *rofellus*, *obfolefcens*, *candidus*, *canno-brunneus*, *aurivenius*, *diffufus*, *fphynx*, *alutaceus*, *neptuneus*, *fquamulofus*, *triflis*, *multifidus*; fous le genre *boletus*, ceux qui ont pour épithètes *lacteus*, *coriaceus*, *perennis*, *lipfienfis*; fous le genre *hydnum*, ceux qu'il nomme *hyd. fuberofum*, *carnofum*; fous le genre *clavaria*, les *clav. atro-purpurea*, *gyrans*; fous le genre *peziza*, les *pez. olivacea*, *purpurea*, *annularis*, *antiquata*, *figillatoria*, *miniata*, *hirudo*, *carpini*, *tenella*, *comitialis*, *bolaris*, *floccofa*; fous le genre *elvela*, les *elv. lilacina*, *cucullata*, *fepul-cralis*, *unctuofa*, *caliciformis*; fous le genre *lycoperdon*, les *lyc. arrhizon*, *vefparium*, *favogineum*, *lumbricalis*; fous celui de *ſtemonitis*, le *ſtem. ferruginoſa ;* enfin, ſous celui de *ſphæria*, les eſpèces dénommées *acinoſa, bombarda, ſpiculoſa, tentaculata.*

Batſch.
CCCLXXV

L'*agaricus umbraculum*, ainſi nommé à cauſe de ſa forme de paraſol, eſt un champignon à longue tige, de couleur roux-brun, un peu rayé ſur les bords & comme pliſſé, à feuillets inégaux. Quoiqu'analogue à ceux du n.° 161, il paroît devoir établir une eſpèce particulière *(ſynon. n.° 375)*.

CCCLXXVI

L'*agar. carbonarius*, ainſi nommé à cauſe de la couleur noire de ſes feuillets, eſt un petit champignon de couleur gris-roux, d'une ſubſtance sèche, à tige grêle, fiſtuleuſe & rouſſe, à feuillets inégaux & noirs comme du charbon. Il établit une eſpèce principale *(ſynonimie, n.° 376)*.

Les trois ſuivans, *agar. lacrymalis, pineti, abietis*, ne ſont que des variétés ou des eſpèces très-analogues à celles que Vaillant & Micheli ont fait connoître ; ce ſont de petits champignons couleur de tabac d'Eſpagne, en forme de petits clous dorés, à tiges minces *(ſynonimie des eſpéces, n.° 170. a. b, & n.° 228. a. 2)*.

CCCLXXVII

L'*agar. barbatus*, ainſi nommé à cauſe de ſa tige ou racine hériſſée de blanc de champignon, & comme barbue, eſt un petit mouſſeron blanc, à ſurface viſqueuſe, à tige longue & de même couleur, à feuillets d'un roux foncé, qui croît dans les pâturages & aux bords des bois. Il conſtitue une eſpèce particulière *(ſynonimie, n.° 377)*.

CCCLXXVIII

L'*agar. imperialis* eſt un grand champignon à valve briſée & écailleuſe, ou fauſſe-oronge, analogue à celles que Micheli avoit indiquées *(ſynonimie, n.° 251)*, les feuillets ſont blancs, les debris de ſa valve très apparens, ſoit à la baſe d'une groſſe tige, ſoit au chapiteau. Ce beau champignon conſtitue une eſpèce principale *(ſynonimie, n.° 378)*.

CCCLXXIX

Les quatre ſuivans, *agar. mollis, hepaticus, ſpadiccus, ochraceus*, mis dans la même *planche IV*, champignons roux-bruns ou couleur de foie ou d'ocre, à tige rayée & d'égale groſſeur, à feuillets d'un roux plus vif ou couleur de ſafran, ſont évidemment des champignons de la même eſpèce que Batſch a fait connoître, qui prennent diverſes nuances de la même

couleur, & qui font plus ou moins forts. Ils conftituent une
efpèce particulière & principale *(fynonimie, n.° 379)*.

Les trois fuivans, *agar. placenta, ianthinus, Rudolphii*, font
des efpèces connues ou qui leur font analogues : celui qu'il
nomme *agar. placenta*, parce que fa tige eft torfe comme le
cordon ombilical qui tient au placenta, étoit déjà indiqué
par Ray *(fynon. n.° 123. a)*; l'*agar. ianthinus*, violet très-clair,
appartient au champignon de couleur améthyfte, indiqué par
Vaillant *(fynon. n.° 166. b)*; & l'*agar. Rudolphii*, ainfi nommé
en l'honneur de Rudolph, & qui eft exactement couleur de
rouille - de - fer, paroît appartenir à l'efpèce indiquée par
Scopoli *(fynonimie, n.° 343)*.

L'*agar. granulofus* eft un champignon de taille moyenne,
couleur de canelle au chapiteau & à la tige, mais avec cette
particularité, que le fond de cette couleur fe trouve comme
piqué de points blancs, dépendans de petits grains de cette
couleur qui couvrent la furface du chapiteau ; les feuillets
font blancs, la tige un peu fillonnée : quoiqu'en apparence
le même que celui de la même couleur, indiqué par Schaeffer
(fynonimie, n.° 323), il en diffère, en ce que fa furface eft
granuleufe par des grains blancs, au lieu que l'autre eft taché
de petits points noirs. Il établit une efpèce particulière
(fynonimie, n.° 380).

Les *agar. fuliginatus* & *atro fquamofus* font deux petits
champignons feuilletés, dont la furface eft couverte d'un
duvet qui reffemble, pour la couleur & la fineffe, au poil
d'une fouris. Quoique Batfch en ait fait deux efpèces, on
voit évidemment que l'une n'eft qu'une variété de l'autre,
& qui en établiffent une particulière *(fynonimie, n.° 381)*.

L'*agar. atro-tomentofus* eft un grand champignon couleur
de terre d'ombre ou de fuie, avec une tige forte, noire &
cylindrique, & des feuillets lavés de la couleur du chapiteau.
Il paroît que perfonne n'avoit fait mention de ce champignon
avant Batfch ; il eft de forme irrégulière, & parmi les *agarici
obliqui* de cet auteur. Il établit une efpèce particulière &
remarquable *(fynonimie, n.° 382)*.

An. de J. C.
1783.

Batfch.
CCCLXXIX

CCCLXXX

CCCLXXXI

CCCLXXXII

An. de J. C.
1783.

Batfch.
CCCLXXXIII

L'*agar. pruinatus* eſt une eſpèce de girolle ou champignon à nervures, couleur de prune ordinaire deſſus, à nervures blanchâtres ou pruinées ſur un fond noir ou brun, & à tige jaune ou couleur de ſoufre; ce qui forme un champignon de trois couleurs, très-ſingulier, qui établit une eſpèce particulière (*ſynonimie, n.° 383*).

CCCLXXXIV

L'*agar. aurora* eſt une autre girolle auſſi ſingulière que la précédente, à chapiteau lavé de gris-brun agréable, & à tige jaune lavée de rouge ou aurore, dont la couleur ſe continue juſqu'à toute la partie inférieure du chapiteau. Elle forme une autre eſpèce particulière (*ſynonimie, n.° 384*).

Les *agar. libertatis* & *pileatus* ſont de petits champignons en forme de clous, de couleur dorée ou brun-doré, & à tige forte participant de la même couleur, qui rentrent comme variétés dans l'eſpèce principale indiquée par Vaillant (*ſynon. n.° 170. a. d*).

CCCLXXXV

L'*agar. nivoſus* eſt un petit champignon ou mouſſeron bien en chair, à groſſe tige & à petite tête, d'un blanc lavé de gris, qui forme une eſpèce particulière (*ſynon. n.° 385*).

CCCLXXXVI

L'*agar. nimbatus* eſt un autre mouſſeron analogue au précédent, & qui lui reſſemble, ſur-tout par la couleur, mais qui en diffère par ſon port beaucoup plus conſidérable, & par ſa tige piquée de petits points noirs au-dehors, & dont la ſubſtance interne paroît filandreuſe. Il paroît devoir former une autre eſpèce particulière (*ſynon. n.° 386*).

CCCLXXXVII

L'*agar. puſillus* eſt un fort petit champignon en forme de mouſſeron, comme les deux précédens, mais dont il diffère eſſentiellement par ſa petiteſſe, par la couleur de ſa tige lavée d'ardoiſe, mais ſur-tout par la couleur de la ſubſtance interne de cette tige, qui eſt abſolument noire. Il forme une autre eſpèce particulière (*ſynonimie, n.° 387*).

CCCLXXXVIII

L'*agar. cimicarius*, ainſi nommé à cauſe de ſon odeur de punaiſe, eſt un champignon de taille moyenne, de couleur de ſafran-obſcur ou châtain-foncé, qui a la forme à peu-près des girolles ordinaires, à tige longue & creuſe, dont la chair & les feuillets ſont lavés de la même couleur du chapiteau

& de la tige ; il répand, quand on le coupe, un fuc limpide & blanc, fans faveur. Il forme une autre efpèce particulière *(fynonimie, n.° 388)*.

L'*agar. rifigallinus* eft un champignon auffi fingulier que le précédent, par la différence & les nuances de fes trois couleurs : la couleur du chapiteau eft d'un ocre lavé de vert ; celle des feuillets eft ifabelle, & la tige eft blanche & fiftuleufe ou moelleufe ; les feuillets font tous de la même longueur, mais ils ont cela de particulier, c'eft qu'ils font comme liés enfemble par des nervures tranfverfales. Ce champignon eft analogue, pour la ftructure, à ceux du n.° 21 de la fynonimie, & en forme une variété diftincte & particulière *(fynonimie, n.° 21. f)*.

L'*agar. defoffus*, eft un champignon de taille moyenne, à chapiteau couleur de fafran, à tige forte, lavée de couleur d'ardoife claire, filamenteufe & bulbeufe, ou plutôt tubéreufe, avec des feuillets couleur de fafran. Cette efpèce, quoique un peu analogue aux bulbeufes & violettes *(fynon. n.° 140)*, en diffère beaucoup néanmoins, & en établit une particulière *(fynon. n.° 389)*.

L'*agar. atri-capillus* eft un champignon de taille moyenne, à chapiteau & à pédicule filamenteux, de couleur brune, à feuillets couleur de chair, à pulpe blanche, mais participant un peu à la tige de la difpofition du dehors. Ce champignon remarquable par fes filamens en forme de cheveux, conftitue une autre efpèce fingulière *(fynonimie, n.° 390)*.

L'*agar. cynophallus* eft un petit champignon brun, remarquable par fon chapiteau en forme de gland, ou de fufeau avec fa tige, & par fes rainures ou fillons qui règnent le long du chapiteau & de la tige ; il porte, en outre, au bas de la tige, qui eft très-longue & ardoifée, beaucoup de blanc de champignon ou foies en forme de barbe. Les *agar. glandiferus* & *atrocyaneus* du même auteur, ne paroiffent que des variétés de celui-ci, & établiffent enfemble une efpèce particulière *(fynonimie, n.° 391)*.

L'*agar. fubatratus*, qui eft gris, rayé, de fubftance sèche, &

An. de J. C.
1783.

Batfch.
CCCLXXXVIII

CCCLXXXIX

CCCXC

CCCXCI

CCCXCI à feuillets ſecs & noirs, ainſi que le n.° 91 de la *pl. XVIII*, ne ſont que des variétés de l'*agar. carbonarius* de l'auteur (*ſynon. n.° 376*). L'*agar. hypni*, petit champignon en forme d'éteignoir, qui croît ſur l'eſpèce de mouſſe, *hypnum*, rentre dans le numéro de l'eſpèce principale (*ſynon. n.° 116*).

CCCXCII   L'*agar. flavo-floccoſus* eſt un petit champignon de couleur blonde ou dorée, & filamenteux, mamelonné & peluché par petits flocons; les bords de ſon chapiteau ſont languetés; ſes feuillets ſont blancs, & la ſubſtance de ſa tige eſt une continuation de celle du chapiteau. Quoiqu'analogue à l'*agaricus floccoſus* de Schaeffer (*ſynon. n.° 326*), il établit une autre eſpèce particulière (*ſynonimie, n.° 392*).

     Les *agar. circumſeptus* & *roſellus*, petits champignons couleur de tabac d'Eſpagne, & roſés, en forme de petits clous, rentrent encore comme variétés dans le numéro de l'eſpèce principale (*ſynonimie, n.° 170. b*).

CCCXCIII   L'*agar. obſoleſcens* eſt un autre champignon un peu plus grand que les précédens, d'un blanc qui tire ſur la couleur de feuille-morte, avec des feuillets de cette dernière couleur, à tige dont la chair eſt continue avec celle du chapiteau; il eſt de forme irrégulière, le centre du chapiteau étant enfoncé au milieu, tandis qu'une partie eſt relevée. Il conſtitue une eſpèce particulière (*ſynonimie, n.° 393*).

CCCXCIV   L'*agar. candidus* eſt un autre petit champignon d'un blanc d'argent, de forme conique, obtus ou mamelonné, à feuillets grands & griſâtres; la baſe de ſa tige eſt en olive & comme bulbeuſe. Il conſtitue une autre eſpèce particulière (*ſynonimie, n.° 394*).

     L'*agar. canobrunneus* de la même *planche XX*, eſt évidemment une variété de l'*agar. obſoleſcens*, quoique ſes feuillets ſoient plus bruns (*ſynon. n.° 393*). L'*agaricus aurivenius* eſt encore une variété du champignon conique doré, indiqué par Tournefort (*ſynonimie, n.° 143*), ainſi que l'*agar. diffuſus* en eſt une de l'eſpèce indiquée par Ray (*ſynon. n.° 116. b*).

CCCXCV   L'*agar. ſphinx* eſt un champignon moyen, remarquable par ſa couleur de ſoufre-ſafrané au centre, & par ſa tige

torſe

An. de J. C.
1783.

Batſch.
CCCXCV

CCCXCVI

torſe & noire ou brun-foncé; il a ſa ſurface un peu viſqueuſe, & ſon chapiteau forme toujours un ovale irrégulier. Ce champignon croît aux environs de Paris ; il eſt analogue à celui que Vaillant y avoit obſervé *(ſynonimie, n.° 179)*, mais ce n'eſt point le même, & il conſtitue une eſpèce particulière *(ſynonimie, n.° 395)*.

L'*agar. alutaceus* eſt un petit champignon couleur de chair tendre, de forme conique ou d'entonnoir, c'eſt-à-dire, à cône renverſé & irrégulier, & reſſemblant aux girolles; d'une chair ferme & blanche continue avec celle de la tige, qui eſt courte & blanche. On en voit un autre dans la même planche, à côté de celui-ci, ſous le titre d'*agar. neptuncus*, qui eſt le même, à quelques nuances près dans la taille & les couleurs. Ils établiſſent une autre eſpèce particulière *(ſynon. n.° 396)*.

Ceux qu'on trouve ſous les titres d'*agar. ſquamuloſus, triſtis, multifidus*, rentrent comme variétés d'eſpèces dans le n.° 126 de la ſynonimie.

Les autres champignons feuilletés, figurés & décrits dans l'ouvrage de Batſch, ſe trouvent dans la ſynonimie des eſpèces, ſous les n.ᵒˢ 9, 10, 11, 21, 30, 55, 92, 101, 116, 119, 123, 124, 125, 126, 140, 141, 143, 156, 170, 200, 228, 320, 325, 326, 327, 332, 345.

Le *boletus lacteus* du même auteur, eſt un petit polypore rouſſelet, dont le deſſous eſt d'un blanc de neige, de ſubſtance ferme ; il croît ſur le bois, & Batſch le marque pour bon à manger : c'eſt une variété de l'eſpèce obſervée par Micheli *(ſynonimie, n.° 192. b)*. Ceux qu'il met ſous les noms de *bol. coriaceus, perennis, lipſienſis*, ſont des agarics de ſubſtance ſèche & ligneuſe, qui rentrent comme variétés dans les n.ᵒˢ 16 & 24 de la ſynonimie.

Les *hydnum carnoſum* & *ſuberoſum* rentrent encore comme variétés ſous les n.ᵒˢ 70. c. 2. & 196 de la ſynonimie.

Les *clavaria atro-purpurea* & *gyrans*, que Batſch a fait connoître, ſont deux champignons de ce genre, dont l'un a la forme d'une maſſue ou d'un fuſeau, l'autre celle de la maſſe-d'eau *(typha)*, & qui rentrent l'un & l'autre comme variétés

Tome I.   N n n

An. de J. C.
1783.

Batfch.
CCCXCVI

CCCXCVII

fixes ou efpèces analogues, dans le n.° 87 de la fynonimie *(ibid. f. dd)*.

Les *peziza olivacea, purpurea, annularis, antiquata, figillatoria, miniata, porphyrea, hirudo, carpini, tenella, comitialis, bolaris, floccofa,* font de petits fungoïdes creux, en forme d'écuelle ou de chaton de bague, qui rentrent tous comme variétés fixes d'efpèces principales déjà obfervées *(fynon. des efpèces, n.° 67. A. bb. 2. 3. dd. ee. 5. 8 ; & n.ᵒˢ 272, 273)*.

L'*elvela lilacina* eft un joli petit agaric uni, de couleur lilas en-deffous, & blanc deffus, qui rentre comme variété parmi les agarics unis *(fynonimie des efpèces, n.° 187. c. 2)*.

L'*elvela cucullata* eft un très-petit champignon de couleur d'or, à tige longue & à chapiteau ovale, qui n'eft ni feuilleté ni poreux, & qui, à raifon de ces notes, établit une efpèce particulière *(fynonimie, n.° 397)*, dont l'*elvela unctuofa* forme une variété *(ibid. b)*. Les *elvela fepulcralis, caliciformis,* font de petits fungoïdes à tige, en forme de verre ou d'entonnoir, qui rentrent comme variétés fixes d'efpèces principales *(fynonimie, n.° 67. B. 9 ; & n.° 272. 2)*.

Le *lycoperdon arrhizon* n'offre rien de bien particulier ; c'eft une petite vefce-de-loup fans racine *(fynonimie, n.° 31. a. 5)* : mais le *lycoperdon vefparium* offre une efpèce fingulière qui, quoiqu'entrevue par Ray, n'en eft pas moins curieufe par fa forme, comme de quilles réunies ou de tuyaux d'orgue, & par la fubftance lanugineufe qui fort avec fa pouffière féminale ; fa couleur eft rougeâtre ou de feu, & forme une variété remarquable dans l'efpèce principale *(fynonimie, n.° 138. b)*. Quant aux efpèces *lycop. favogineum, lumbricale,* ce font des moififfures ou petits globules jaunes & réunis, qui rentrent comme analogues dans l'efpèce principale *(fynon. n.° 84. b. 3)*.

Le *flemonitis ferruginofa* eft encore remarquable par fa forme de tuyaux d'orgue réunis & qui s'ouvrent à la partie fupérieure, fans avoir de laine. Quoique l'auteur en ait fait un genre particulier, il ne paroît devoir former ici qu'une variété fixe & diftincte dans l'efpèce obfervée par Ray *(fynon. n.° 138. c)*.

Les *fphæria acinofa, bombarda, fpiculofa, tentaculata,* font
de petits *fphæria* à cellules ou à cavités, qui rentrent comme
variétés diftinctes dans l'efpèce principale *(fynon. n.° 142,
var. b. c. d).*

An. de J. C.
1783.
Batfch.
CCCXCVII

Tel eft le tableau des productions de cette nature, que
Batfch a fait connoître; & il y a peu d'ouvrage qu'on puiffe
comparer au fien, foit pour l'ordre, l'exactitude des defcriptions, foit pour la netteté du deffin & de l'enluminure.

Les planches de cet ouvrage ont un avantage rare, c'eft
qu'outre que les plantes qui y font repréfentées font par-
tout une copie fidelle de la nature, foit pour le deffin, foit
pour la couleur, la place y eft ménagée avec art, avec goût,
les objets bien numérotés, & tout eft comme il convient. On
n'en peut pas dire autant de la plupart des ouvrages de ce
genre, dont les auteurs paroiffent avoir eu bien plus à cœur
la multiplication des objets, des figures & des planches,
que l'économie de la chofe & celle du terrein. L'ouvrage
de Batfch peut être regardé comme un livre élémentaire en
ce genre, quoiqu'il ne m'ait pas paru toujours également
heureux dans la rencontre de l'identité des efpèces compa-
rées à celles de Micheli & même de Schaeffer.

Il réfulte de fon filence ou du défaut d'étoile *(b)* fur
l'oronge, fur la couamelle, fur les vrais moufferons, fur
les *phallus,* les *clathrus,* que ces fortes de champignons ne
croiffent pas aux environs d'Iène, ou que du moins ils y font
fi rares, que l'auteur n'a pas eu occafion de les obferver. En
revanche, on y trouve beaucoup d'*hydnum* & de *pepiza,* &
quelques autres qu'on n'obferve point ailleurs.

Du refte, Batfch a fait dans fon premier volume, une
critique qui paroît jufte, de l'ouvrage de Schaeffer, en réduifant plufieurs de fes efpèces en une feule ou en fimples
variétés, comme on en voit plufieurs exemples, fur-tout fous

(b) L'auteur avertit dans fa préface, qu'il a marqué d'une étoile les
champignons qu'il a vus récens.

An. de J. C.
1783.

Batſch.
CCCXCVII

l'*agaricus rubellus*, qui comprend ceux que Schaeffer nomme *agar. olivaceus, xerampelinus;* ſous l'*agar. delicioſus*, qui, outre celui de même nom de Schaeffer, comprend l'*agar. fuſcus, amarus, rubeſcens, lateralis, alectorolophoïdes, incurvus, ſcrobiculatus, crinitus, torminoſus* du même auteur; ſous l'*agaricus delicatus*, qui comprend l'*agar. ruber, cyanoxanthus, vireſcens* du même. L'*agar. hepaticus* contient l'*agar. rutilans, gilvus, truncatus* de Schaeffer; l'*agar. pullus*, l'*agar. multiformis, terreus, luridus* de Schaeffer ; l'*agar. fungites*, l'*agar. plumbeus* & *lacer* du même; l'*agar. mitella* de Batſch, l'*agar. ovatus* & *cylindricus* de Schaeffer; l'*agar. carbonarius*, l'*agar. acuminatus, helvolus* de Schaeffer; l'*agar. furnus* de Batſch, l'*agar. tener, pyramidatus* de Schaeffer; l'*agar. fibrilloſus* de Batſch, l'*agar. clavus, griſeus* de Schaeffer; l'*agar. ſquarroſus*, l'*agar. floccoſus, piloſus* de Schaeffer; l'*agar. meſentericus*, l'*agar. flabelliformis, ſemipetiolatus, tremulus* du même : mais ſouvent il n'a fait que changer les noms, mettant en place de ceux de Schaeffer, ſous le genre *agaricus*, par exemple, celui d'*aſſerculorum*, pour *hirſutus;* celui de *patella*, pour *ſtriatus;* celui de *plicatus*, pour *fugax;* celui de *chamæleo*, pour *porcellaneus;* celui de *mappa*, pour *citrinus;* celui de *fuſiformis*, pour *craſſipes ;* celui de *vallus*, pour *giganteus; virgineus*, pour *pallidus; carneotomentoſus*, pour *aggregatus, &c. &c.* leſquels noms employés par Batſch, ſuivis enſuite de préférence ſur-tout par Willdenow, dans ſa *Flore de Berlin*, ne ſervent, à la rigueur, qu'à multiplier les difficultés de la nomenclature, comme on peut s'en convaincre en jetant les yeux ſur la ſynonimie, n.ᵒˢ 30, 48, 55, 325, 326, 327, 328, 332, 376, &c.

Bulliard.

Un des derniers écrits qui ait rapport à notre objet, & dont il nous reſte à rendre compte, eſt celui de M. Bulliard *(c)*. Cet ouvrage, dont le premier cahier parut en 1780, & dont on promet la ſuite, contient cinquante-quatre cahiers, dans

---

(c) Herbier de la France, *ou* Collection complette de plantes indigènes de ce royaume, avec leurs détails anatomiques, leurs propriétés & leurs uſages en médecine; par M. Bulliard. *Paris, 1780, in-fol.*

chacun defquels on trouve des champignons gravés en cou- leur ; genre nouveau employé depuis quelques années en France, qui rend quelquefois la Nature plus belle qu'elle ne l'eft, & quelquefois ne rend le coloris des plantes que d'une manière infidelle, & au point de les faire méconnoître, en les imbibant par-tout d'une couleur qui n'eft pas naturelle. Quoi qu'il en foit, ces cinquante-quatre cahiers offrent un total de cent neuf champignons, donnés pour autant d'efpèces particulières ; mais l'auteur en ayant mis trois, par inadvertance, deux fois, on doit en ôter ceux qu'il nomme *agaric bulbeux printannier, cahier 27 ;* le *bolet hériffé, cahier 53 ;* & *l'agaric cendré, cahier 22,* qui doublent ceux qu'il nomme *champignon bulbeux, cahier 1 ; bolet foie, cahier 19 ;* & *agaric de boufe, cahier 17 :* refte, cent fix.

Sur ces cent fix, mis indiftinctement & fous la dénomination françoife des genres de Linné, il y a celui que l'auteur nomme *bolet élégant, cahier 12,* qui n'eft, à la rigueur, qu'une variété de celui qu'il appelle *bolet oblique, cahier 2 ;* l'*agaric pie, cahier 52,* qui n'en eft qu'une autre du *typhoïde, cahier 4 ;* l'*agaric entaffé, cahier 24,* qui en eft une autre de l'*agaric en forme de dé, cahier 6 ;* l'*agaric feffile, cahier 38,* qui en eft une autre de l'*agaric ftyptique, cahier 35 ;* l'*agaric laiteux-âcre, cahier 3,* qui en eft une autre de l'*agaric meurtrier, cahier 4 ;* & l'*agaric momentané, cahier 32,* qui en eft une autre, ou plutôt le même que l'*agaricus plicatus* de Schaeffer, *cahier 20.* Ainfi, le nombre des efpèces peut être réduit à peu-près à cent, contenues dans ces cinquante-quatre cahiers.

Sur ces cent, il y en a huit environ dont cet auteur a donné connoiffance ; les autres avoient été obfervés.

Parmi ces huit, il y en a un qui a été communiqué à l'auteur par M. Thouin, botanifte diftingué, de l'Académie des Sciences, & qu'on voit dans le vingt-fixième cahier, fous le nom d'*agaricus ramofus ;* c'eft un champignon blanc, à longues tiges nues, à furface sèche, de bon goût, qu'on trouve fur le tan & fur les fouches de chêne ; il eft remarquable, en ce qu'il en pouffe plufieurs fur une même tige,

An. de J. C.
1783.

Bulliard.
CCCXCVII

CCCXCVIII

hors de terre & en manière de branches. Il donne lieu à une espèce particulière *(synonimie des espéces, n.° 398)*.

On voit encore, *cahier 28 (agaric turbiné)*, un autre champignon d'un jaune-clair ou pâle deſſus, avec un centre brun & des feuillets couleur de roſe, que l'auteur a fait connoître, mais qui ne peut être conſidéré que comme une variété de pareils champignons obſervés en Italie par Micheli *(ſynonimie, n.° 206)*.

Il y en a un autre, dans le même cahier, ſous le nom d'*agaric piluliforme*, ainſi nommé à cauſe de la forme arrondie de ſes têtes, qui vient en touffe, & dont les chapiteaux ſont couleur de vin ou de chair, avec des tiges blanches. Il ne paroît former qu'une variété des eſpèces violettes *(ſynon. n.° 150)*.

Je crois que c'eſt M. Bulliard qui a fait connoître le premier, par une bonne figure, le petit mouſſeron à tige longue, qui croît aux environs de Paris, & qu'on y appelle vulgairement *mouſſeron godaille :* cet auteur l'a mis ſous le titre d'*agaricus pſeudomouceron, cahier 36 ;* mais on doit obſerver qu'il n'eſt bien repréſenté dans cette planche, que par les figures qui ſont au bas ; car le petit groupe ou touffe qu'on voit au haut, le repréſente fort mal & n'en donne pas même l'idée. Ce champignon ne croît jamais en touffe, & ſon chapiteau n'eſt point parfaitement arrondi ou régulier, comme on le voit à cette figure : celles du bas ſont exactes. Il établit une eſpèce particulière *(ſynonimie des eſpèces, n.° 399)*.

Une autre eſpèce que cet auteur a fait connoître, eſt celle qu'on voit repréſentée au *cahier 40*, ſous le titre d'*agaricus radicoſus :* c'eſt, en effet, un champignon à racine très-forte & très-ſenſible, & à tige couverte au bas de groſſes écailles ; il n'y a qu'un faux collet formé par un voile aranéeux qui couvroit les feuillets ; ces feuillets ſont très-ſerrés & bruns, & le deſſus du chapiteau eſt d'une belle couleur de noiſette. Il établit une eſpèce particulière *(ſynonimie, n.° 400)*.

Le quarante-troiſième cahier en offre un autre également bien repréſenté, de couleur bleue, avec des feuillets roux ou couleur de chair, & une tige lavée de bleu, ſous le titre

d'*agaricus cyaneus* ; le fommet du chapiteau eft roux. Ce
champignon eft très-agréable à la vue. Il forme encore une
efpèce particulière *(fynonimie, n.° 401).*

On voit encore, dans le quarante-huitième cahier, une
vefce-de-loup, couleur d'ardoife en-dehors, brune en-dedans,
fous le titre de *lycoperdon ardofiacum,* & qui forme une efpèce
particulière *(fynonimie, n.° 402).*

Le dernier champignon que cet auteur paroît avoir fait
connoître, eft un fungoïde à nervures ramifiées, comme celles
des girolles ordinaires, & que Linné paroît avoir entrevu.
Cette efpèce eft remarquable par fes nervures fenfibles ; il eft
creux, zoné en-dedans, de couleur roux-tendre, & femblable
aux fungoïdes en forme de trompette. L'auteur l'a mife fous
le nom d'*agaricus cornucopioïdes.* Il donne lieu à une efpèce
particulière *(fynonimie, n.° 403).*

On doit encore à M. Bulliard de très-bonnes figures de
plufieurs champignons ; de l'agaric hériffon, *cahier 9 ;* de
celui qu'il nomme *agaric folitaire, cahier 12 (fynon. n.° 378) ;*
de l'efpèce qu'il nomme *agaric amer, cahier 8 (fynon. n.° 260) ;*
de fon *agaric tigré, cahier 18 ;* de quelques champignons en
touffe ; du moufferon blanc, *cahier 36 ;* de celui qu'il nomme
agaric odorant, cahier 44 ; d'un phallus, d'une morille en
mitre, *cahiers 46, 48 ;* du poivré blanc, *cahier 50, &c.* mais
cet auteur n'a pas été également heureux dans la repréfenta-
tion de tous les champignons, foit pour le deffin, foit pour
la couleur. On voit les champignons les plus ordinaires, tels
que l'oronge, le champignon de couche, la girolle, la gri-
fette & autres, entièrement manqués ou méconnoiffables
*(*voy. *cahiers 16, 31, 34, 43),* foit par une régularité
géométrique qu'il a cru devoir donner aux formes, régularité
qui n'eft jamais dans la nature, foit par une fauffe couleur
qui obfcurcit ou gâte le deffin, & dénature l'objet.

Cet auteur ne me paroît non plus heureux dans fa langue.
En fuppofant que la figure ne rende pas l'objet, les difficultés augmentent par fes expreffions, qui font une traduction
prefque fervile des noms forgés pour le fyftème d'un botanifte,

An. de J. C.
1783.

Bulliard.
CCCCII

CCCCII

An. de J. C.
1783.

Bulliard.
CCCCIII

& qui rendus ainſi littéralement en françois, préſentent un ſens différent. Ainſi, en admettant, par exemple, que la planche du n.º 34, deſtinée pour le champignon de couche, ne le repréſente pas bien dans ſon développement, ce qu'il eſt aiſé de voir par la figure du milieu & par les feuillets qui ne ſont pas couleur de roſe, comment le nom d'*agaric comeſtible*, que l'auteur emploie, le fera-t-il reconnoître ? Il en eſt de même de ceux qu'il nomme *agaric couleuvre*, *agaric chanterelle*, qui ſont méconnoiſſables (voy. cahier 16); de l'*agaric oronge vraie* ou *fauſſe*, &c. Il en eſt encore de même des champignons poreux ou cepes, en général mal deſſinés ou avec des tiges en forme de colonnes droites & régulières (voyez *cahier 15*); comment pourra-t-on les reconnoître à la faveur de noms ſemblables à celui de *bolet comeſtible*, que l'auteur donne, par exemple, au cepe d'uſage. Il me ſemble qu'un François, parlant ſa langue, doit ſe conformer à ce qui eſt généralement reçu, & employer les mots conſacrés par l'uſage. Le champignon de couche ſera toujours appelé champignon, & n'eſt point un agaric, quoiqu'il ait plu à Linné d'appeler *agaricus* tout champignon feuilleté, & aux imitateurs de le traduire littéralement. Un ſyſtème de botanique paſſe, & les mots conſacrés par un long uſage, reſtent.

La plante donnée dans cet Herbier, *cahier 44*, pour le *noſtoc ciniſlomum* des auteurs, ne l'eſt pas; & celui qu'on voit, *cahier 46*, ſous le nom de *tremelle verte*, eſt le noſtoc ordinaire ou *noſtoc ciniſlomum* (ſynonimie, n.º 8). L'agaric mis, *cahier 21*, ſous le nom de *bolet amadouvier*, & donné pour l'agaric aſtringent, n'eſt pas celui avec lequel on le prépare : c'eſt un agaric à écorce ligneuſe, qui rend une petite portion de partie cotonneuſe dont on ne ſauroit faire de l'amadou ; cet agaric n'eſt pas non plus couleur de feu, comme on le repréſente dans ce cahier.

Du reſte, quoique cet ouvrage, en général, ſoit d'une belle exécution dans la partie qui concerne les champignons, il a l'inconvénient de tous les recueils trop immenſes des

plantes

plantes données par fuite, &, pour ainfi dire, fans méthode : dans l'occafion, on ne s'y retrouve plus, parce que le fil propre à guider dans ce labyrinthe, manque.

An. de J. C.
1785.

Enflin.
CCCCIII

En 1785, J. Chriftophe Enflin, médecin d'Erlang en Franconie, a publié à Manheim une Differtation *(d)* fur l'agaric odorant du faule, dans laquelle l'auteur, après avoir établi la vraie nomenclature & le caractère botanique de cette plante *(fynon. des efpèces, n.° 68. 2)*, dont il donne la figure, paffe à l'examen de fes qualités & à fon analyfe chimique.

Cet agaric a une douceur mêlée d'amertume, quelquefois un peu acide ; fon odeur ne peut être comparée qu'à celle de l'iris de Florence, mais elle eft plus douce : l'eau avec laquelle on le diftille fec ou frais, fe charge de l'odeur aromatique de la plante, avec une légère amertume, fans aucune apparence d'huile. Si on le diftille à feu nu, de huit onces d'agaric on obtient deux onces un gros & deux fcrupules d'une liqueur d'un beau rouge, un peu acide, qui a l'odeur & la faveur de la fuie, & fur laquelle nage une huile empyreumatique noire; après la diftillation, on trouve au col de la cornue une concrétion fulfureufe , qui eft un véritable foufre, fuivant l'auteur.

Par la décoction de la même fubftance dans l'eau , on obtient, de deux onces d'agaric fec, deux gros & demi d'extrait aqueux, de couleur très-brune, qui n'a prefque pas d'odeur, d'une faveur amère, prefque nauféeufe & légèrement falée. La partie qui n'a pas été attaquée par l'eau, & qui étant féchée eft du poids d'une once fix gros, traitée à l'efprit-de-vin & au bain de fable, donne, par l'évaporation, quinze grains d'extrait réfineux.

Deux onces de ce même agaric, traité d'abord à l'efprit-de-vin, donnent cinquante grains d'extrait réfineux, de faveur falée & amere, & d'une odeur particulière très-pénétrante. Le réfidu féché de cette première opération, du poids d'une

---

(d) De boleto fuaveolente Linn. Commentatio medica, auctore Joanne-Chriftoph. Enflin, med. doct. Accedit tabula ænea. Manhemii, 1785, in-4.°

once fept gros, bouilli dans l'eau, donne deux gros quinze grains d'extrait aqueux, qui n'a point d'odeur & d'une faveur foible. Les extraits réfineux font facilement folubles dans la falive & s'étendent dans l'eau, qu'ils bruniffent; d'où l'auteur conclut que la partie réfineufe ainfi extraite, fe trouve toujours mêlée de parties gommeufes qui la rendent mifcible à l'eau ou foluble. Par l'incinération de quarante-huit onces, on obtient une once cinq gros & un fcrupule de cendres, qui étant lixiviées, donnent trois gros deux fcrupules & demi de fel lixiviel impur, lequel, par l'addition de l'eau, l'évaporation & la criftallifation, laiffe un gros neuf grains de fel pur criftallifé, qui fe rapproche par la faveur du tartre vitriolé & par la forme des criftaux du fel de Glauber. Le réfidu de la lixiviation infoluble dans l'eau, offre, au moyen des réactifs ou acides minéraux, trois fortes de terre, l'une calcaire, une autre filiceufe, & une troifième martiale.

De ces divers examens, l'auteur tire des inductions en faveur du remède, & le recommande fur-tout pour la phthifie pulmonaire & l'afthme, à la dofe depuis un fcrupule jufqu'à un gros en poudre ou en électuaire avec du miel; il rapporte que Schmidel, premier médecin du Margrave de Brandebourg, & profeffeur à Erlang, l'avoit employé avec avantage dans ces cas, & que le profeffeur Wendt en a obtenu des fuccès; enfin, l'auteur cite fa propre expérience, & rapporte plufieurs exemples de guérifon. Cette Differtation, qui eft faite avec beaucoup de foin, mérite toute l'attention des perfonnes de l'art. La figure qui y eft jointe & qui repréfente cet agaric, qu'on trouve aux environs de Paris, eft très-bonne. Quant aux vertus qu'on lui attribue, on ne peut que louer le travail & le zèle de l'auteur pour le bien de l'humanité; mais on doit prendre garde aux effets de cette plante, & fe rappeler ce que nous avons rapporté fur fes effets, *page 113.*

On voit, dans le même écrit, que d'après les découvertes du baron de Wulfen, on obferve fur les pins, dans la Carinthie, un agaric poreux, couleur d'orange, qui a une odeur de gérofle, & qui eſt analogue, à pluſieurs égards, à celui du mélèze *(ſynonimie des eſpèces, n.° 1, var. a)*.

An. de J. C.
1787.

Willdenow.
CCCCIII

En 1787, Charles-Louis Willdenow a publié le Catalogue des plantes des environs de Berlin, diſtribuées fuivant le ſyſtème de Linné, corrigé par Thunberg *(e)*. C'eſt dans ſa vingtième claſſe où l'on trouve, ſous le titre de *fungi*, l'énumération des champignons qu'on y obſerve. L'auteur, Élève de Gleditſch, adopte autant qu'il le peut, les préceptes de ſon maître, qui, dans ſon *Syſtema plantarum* publié en 1764, avoit établi un nouveau genre de champignons, ſous le nom de *poronia*, qu'on trouve dans ſa huitième claſſe, qui eſt celle des plantes fongueuſes *(plantæ fungoſæ)*, diſtribuées en trois ordres, *ſuperficiales, obvelatæ, occultatæ*, c'eſt-à-dire, dont les parties de la fructification ou femences ſont à la ſuperficie, ou voilées, ou entièrement cachées dans l'intérieur. C'eſt parmi les voilées qu'on trouve ce genre nouveau, qui eſt défini *une plante dont les parties de la fructification, très-menues, ſont dans la ſubſtance ſpongieuſe d'un corps en forme de toupie plate ou ouverte* (corporis turbinato-patuli), *& dont les ſemences ſont lancées par des pores diſtincts qui ſe trouvent à ſon diſque*. Il conſtitue un genre particulier *(ſynon. des genres, n.° 147)*. La plante qui le fournit, & dont on ne connoît, je crois, qu'une eſpèce, eſt celle que nous appelons le *petit godet crotinier (ſynon. des eſpèces, n.° 142. a)*. Willdenow, quoique dans le deſſein de ſe conformer à l'eſprit de ſon maître, pour la partie des champignons, comme il a ſoin de le faire obſerver dans ſon avant-propos, s'en écarte néanmoins, & range tous les champignons ſous dix-huit genres, qui ſont : *agaricus, boletus, hydnum, thælæphora, phallus, helvella, cyathus, poronia, peziza, clavaria, puccinia, ſtemonitis, lycoperdon, carpobolus, næmaſpora, ſphæria, tremella, mucor*. Sur ce nombre, il y en a ſeize donnés par Micheli, Linné, Haller ou Gleditſch, &

(e) Caroli-Lud. Willdenow, Soc. nat. cur. Halenſ. ſod. Floræ Berolinenſis prodromus ſecundùm, ſyſtema Linneanum, ab ill. viro ac eq. C. P. Thunbergio emendatum, conſcriptus; cùm tabulis VIII æri inciſis. Berolini, 1787, in-8.°

qui n'en diffèrent ni par leurs noms ni par leurs caractères *(synonimie des genres, n.°⁵ 48, 68, 69, 70, 71, 72, 73, 75, 76, 77, 81, 134, 147)*; & deux de l'auteur, qui sont le *thælæphora* & le *næmaspora*. Le *thælæphora* est défini, p. *396, un champignon qui a inférieurement des papilles en place d'ouvertures ou de feuillets*. Il diffère bien peu, comme on voit, de l'*hydnum*, avec lequel, en général, on comprend ces sortes de champignons à papilles; & c'est Vaillant qui a fourni l'idée de ce genre par sa seconde famille, qui est de même *(voy. page 228, & synon. des genres, n.° 37)*. Le *næmaspora* est défini, *page 414, un champignon oblong, jetant par une ouverture des semences qui tiennent à un fil*. La plante qui donne lieu à ce genre, est le *sphæria bombarda* de Batsch, qui en a donné la figure. Ce genre en forme un nouveau *(synonimie des genres, n.° 148; & synonimie des espèces, n.° 142. c)*.

Les champignons du premier genre, *agaricus*, sont mis sous quatre distributions, dont la première comprend les demi-champignons ou agarics feuilletés; la seconde, les champignons feuilletés à tige colletée; la troisième, les mêmes champignons à tige nue & à chapiteau bombé; & la quatrième, les mêmes plantes à tige également nue & à chapiteau non bombé.

La première division contient sept espèces, dont deux rapportées d'après Hudson, l'*agaricus pectinatus* & l'*agaricus lateralis*, paroissent nouvelles. L'*agaricus pectinatus* est un agaric coriace, à feuillets simples & sinueux, qui ne forme, à la rigueur, qu'une variété ou un jeu de la Nature dans l'*agaricus quercinus*, comme on l'a déjà observé *(synonimie, n.° 25. a. 2)*. Quant à l'*agar. lateralis*, déjà noté par Micheli, il ne forme qu'une autre variété ou plutôt une espèce analogue dans la principale *(synonimie, n.° 126. h)*. Les *agar. depluens, ochraceus*, étoient indiqués par Batsch & Jacquin *(synonimie, n.° 126. c. e. 2)*. L'*agaricus antiquus* n'est pas même une variété de l'*agar. quercinus* de Linné *(synonimie, n.° 25)*.

La seconde division, qui comprend dix espèces, ne contient rien de nouveau; on y trouve l'*agaricus mitella, chamæleo, mappa*, *pellitus*, *imperialis* de Batfch, &c. *(fynon. n.ºs 4. a. 5, 43. e, 55. b, 378).*

La troifième divifion, qui comprend neuf efpèces, en contient une qui n'étoit pas notée, & dont la première obfervation paroît dûe à Leyffer, dans fa *Flore de Hales;* c'eft l'*agaricus giganteus*, champignon blanc, ainfi nommé à caufe de la grandeur de fon chapiteau, qui a un pied de diamètre, tandis que la tige n'a pas plus d'un pouce de haut; fes feuillets font inégaux en longueur. Il établit une efpèce particulière *(fynonimie des efpèces, n.° 404).*

La quatrième divifion, qui renferme feize efpèces, n'en contient aucune qui ne fût connue, ni rien de remarquable.

La première divifion des *boletus*, en offre deux qui ont des chofes particulières; l'un eft celui qu'il nomme *boletus aduftus*, l'autre eft le *boletus buglofJum.* Le *boletus aduftus* eft un agaric brun, dur, petit, dont le bord eft noir, qui croît en grand nombre fur le bois qui fe pourrit, & dont les pores fins font en réfeaux. Cet agaric paroît avoir le caractère de ceux qui après avoir refté long-temps fur pied, finiffent par s'altérer & noircir; alors les pores en s'écartant prennent la forme d'un réfeau. On ne peut le confidérer que comme efpèce analogue à ceux du n.° 48 de la fynonimie. Le *boletus buglofJum*, ainfi nommé fans doute à caufe de fa forme de langue de bœuf, obfervé par Retz dans la Scandinavie & par Leyffer aux environs de Hales, qui le nomme *boletus lucidus*, eft un agaric fans tige ou avec une petite tige latérale, couleur de chair, de fubftance fibreufe, gélatineufe, à grains papillés deffus & deffous, à papilles poreufes; il ne paroît être qu'une variété du *boletus hepaticus* du même auteur, fi ce n'eft pas le même *(fynonimie, n.° 23. b);* car le *boletus hepaticus* a la même fubftance & la même forme dans fes commencemens; il a d'abord celle d'une langue de bœuf, pour prendre celle d'un foie. Cet agaric eft très-bon à manger.

Les *hydnum* n'offrent rien de particulier.

Parmi les *thælæphora*, l'efpèce la plus remarquable eft celle que l'auteur nomme *thælæphora mefenteriformis*, & dont il

An. de J. C.
1787.

Willdenow.
CCCCIII

CCCCIV

An. de J. C.
1787.

Willdenow.
CCCCIV

donne la figure, *pl. VII, fig. 15.* Cet agaric eſt compoſé de pluſieurs feuilles couchées les unes ſur les autres, auxquelles l'auteur n'a obſervé ni pores ni feuillets, mais des papilles au moyen de la loupe. Ce n'eſt qu'une variété déjà obſervée par Sterbeeck, des agarics papyracés, qui n'ont ſouvent ni pores ni feuillets *(ſynonimie, n.° 48. b. 4).* Les deux autres ſont des *helvella* des auteurs, l'un de couleur flave, l'autre blanchâtre, obſervés de même en Angleterre par Withering, & qui ſont pour nous des variétés fixes de l'agaric uni *(ſynon. n.° 187. a. 2, b. 3).*

Les *phallus*, les *helvella*, les *cyathus*, n'ont rien de particulier.

Le *poronia* ne contient que l'eſpèce connue, qu'il nomme *poronia Gleditſchii (ſynonimie, n.° 142. a).*

Parmi les *peziza*, dont le caractère générique eſt un peu différent de celui des autres auteurs, & qu'il définit *un cham-pignon ſouvent concave, ſans parties de la fructification viſibles, & qui jette par exploſion & par ſa force élaſtique, des ſemences très-fines comme une poudre, page 400*, on trouve pluſieurs eſpèces que d'autres avoient compriſes parmi les *phallus*, les *helvella*, & deux ſans ſynonimie, que l'auteur a obſervées : l'une eſt le *peziza lacera*, dont il donne la figure, *pl. VII, fig. 16;* l'autre eſt le *peziza flava.* La première eſt en forme de cloche, blanchâtre & à ſegmens relevés ; cette eſpèce ne paroît différer que par la grandeur de celle que Jacquin avoit obſervée *(ſynonimie des eſpèces, n.° 371)* : l'autre rentre dans l'eſpèce principale obſervée par Micheli *(ſynon. des eſpèces, n.° 275. b. 2).*

Parmi les *clavaria*, on en trouve trois remarquables : l'une forte, dure & noire au-dehors, en forme de maſſue, à chair ferme & blanche, qu'il nomme *clavaria lignea;* une autre petite, de même forme à peu-près, ou de pilon alongé, qu'on ne trouve que ſur le *lycoperdon ſcabrum*, dont il donne la figure, & qu'il nomme *clavaria paraſitica;* celle-ci eſt d'une ſubſtance plus molle que l'*ophiogloſſoïdes*, & a ſa ſurface comme papillée; & la troiſième, qui eſt de même forme, mais beaucoup plus petite, a cela de remarquable (ſi ce n'eſt

pas une plante parafite), d'avoir une racine en forme de
graine ; elle eft creufe & blanche. Ces trois efpèces nouvelles
rentrent dans le numéro de l'efpèce principale *(fynonimie des
efpèces, n.° 87. dd. 2, e. 4, g)*.

Les *puccinia* & *ftemonitis* n'offrent rien de nouveau.

Les lycoperdons (genre qu'il définit *un champignon à
femences tenant à un fil, & dont il eft plein intérieurement*),
diftribués en quatre ordres, en *folides* & *fouterrains fans
racines*, en *pulvérulens* & *à racines fur terre*, en *étoilés*, & en
parafites, offrent quelques particularités dans le premier ordre.
L'auteur y fait remarquer que la truffe-du-cerf, *lycoperdon
cervinum (fynonimie, n.° 7)*, a une écorce unie & non rude ;
qu'elle eft globuleufe, ferme, fans racine, à fubftance farineufe & compofée de grains oblongs. Il y a une autre efpèce,
le *lycoperdon fcabrum*, dont il donne la figure, à écorce rude,
ou plutôt finement écailleufe, oblongue & de la forme & de
la grandeur d'une prune ou d'une noix, d'un jaune-brun &
à fubftance noire. Il paroît que cette efpèce a été confondue
avec la première par quelques auteurs ; elle rentre comme
variété fixe ou comme analogue dans l'efpèce principale
(fynonimie, n.° 7. a). C'eft cette plante fur laquelle croît le
clavaria parafitica de l'auteur, qui fait obferver que les racines
de cette dernière plante ne pénètrent point la fubftance de
l'autre, qu'on trouve quelquefois fans cette clavaire parafite.

L'auteur donne encore la figure du champignon qui croît
fur la corne du pied de cheval, & qu'il nomme *lycoperdon
equinum*, efpèce dont Ray & Micheli avoient déjà fait mention *(fynonimie, n.° 84. a. 3)*.

Le genre *fphæria* (qu'il définit *un champignon fphérique,
plein de femences fans fil, qu'il jette le plus fouvent par des pores
répandus à la furface*), offre deux efpèces qui n'étoient pas
connues ; l'une eft le *fphæria olivacea* ; l'autre, le *fphæria
confluens :* l'une & l'autre font des mucofités en forme de
bulles ou ovales, fans tiges, qui croiffent fur les feuilles des
plantes ou fur le bois pourri, & qui font pleines de pouffière
brune ; l'une eft couleur d'olive, l'autre brune. Elles rentrent

An. de J. C.
1787.

Willdenow.
CCCCIV

comme efpèces analogues dans le numéro de l'efpèce prin‑
cipale *(fynonimie, n.° 84. b. 4. 1. 2).*

Parmi les *tremella* (dont le genre eſt défini *un corps gélati‑
neux dont les parties de la fructification y font cachées)*, on en
trouve pluſieurs, ou donnés pour nouveaux, ou dont il n'a
n'a pas encore été fait mention, qui font les *tremella arborea,
criſpa, viridis, granulata, moniliformis, ſtipitata,* dont quelques‑
uns font marqués d'après les obſervations faites en Angleterre
par Hudſon, Withering, en Scandinavie par Retz, &c. Ce
font des noſtocs, dont l'un, *l'arborea,* eſt noir & vient ſur
les arbres ; celui‑ci avoit été déjà obſervé par Vaillant :
un autre, le *criſpa,* par terre : il paroît que celui‑ci avoit
été également indiqué par le même auteur : un troiſième, le
viridis, qui croît ſur les pierres : un autre également vert,
mais de forme ſphérique ou en grains, & qui croît en
nombre & ramaſſé dans les endroits humides ; c'eſt le *tremella
granulata :* un autre d'un vert-clair & à grains globuleux, en
forme de collier, qui croît dans les jardins ; c'eſt le *monili‑
formis :* enfin, le dernier, *tremella ſtipitata,* de couleur rouge &
diaphane, de forme cylindrique, qu'on trouve ſur les arbres.
Tous ces noſtocs rentrent comme variétés fixes ou efpèces
analogues, dans le numéro de l'efpèce principale *(ſynon. des
efpèces, n.° 8. e. f. g. 2, h. 1. 2).* Du reſte, on trouve parmi ces
tremella, l'oreille-de-judas, & des peziza des auteurs, qui ne
paroiſſent pas à leur place, d'après le caractère tracé du genre.

Parmi les *mucor* (dont le genre eſt défini *un champignon en
forme de fil à capſules globuleuſes)*, on n'en trouve qu'un rap‑
porté après Dikſon, ſous le nom de *mucor urceolatus,* qui eſt
à tête noire, qui ne paroît qu'un *trichia* de Haller, & qui
rentre dans le numéro principal des mucoſités *(ſynonimie,
n.° 84. a. 5).*

En la même année, Hedwig a publié à Léipſick le premier
volume d'un ouvrage *(f)* dont l'objet principal eſt de déter‑
miner le vrai caractère des plantes de la cryptogamie. D'après

—————

(f) Stirpes cryptogamicæ. Lipſiæ, 1787 & 1788, 2 vol. *in-fol.*

leur

leur examen fait au moyen d'un excellent microfcope, il en
a réfulté, pour l'ordre des champignons, un genre nouveau,
ou du moins dont le caractère paroît mieux établi & déterminé, & auquel l'auteur donne le nom d'*octofpora*, à caufe
de la difpofition des femences renfermées conftamment au
nombre de huit dans des étuis.

An. de J. C.
1787.
Hedwig.
CCCCIV

Il définit ce genre, *un tronc ou corps* (de plante) *très-fimple,
terminé par une furface fertile, concave, plane ou relevée, de laquelle
s'élèvent des étuis très-nombreux, membraneux & alongés, couverts
dans la plupart des efpèces, d'un duvet filamenteux & d'utricules
diftincts, contenant chacun huit femences.*

L'ordre, la méthode qui règnent dans cet écrit, les foins
que l'auteur a pris de s'affurer de cette difpofition des parties,
paroiffent ne devoir laiffer aucun doute fur cette découverte,
& en font efpérer d'autres.

La manière de découvrir ces parties, confifte, d'après
l'auteur, à enlever délicatement un morceau de la pellicule
fupérieure de la plante, à l'humecter d'une goutte d'eau, &
à la placer fur l'objectif d'un microfcope folaire.

Le principal mérite de Hedwig a été de fixer, d'après cette
difpofition des parties, les limites qui féparent les genres &
les efpèces. L'examen rigoureux des plantes de la cryptogamie
lui a fait découvrir dans les divifions & genres de Linné,
des vices qu'on n'y foupçonnoit pas, & qui étoient capables
d'induire les botaniftes en erreur. Il cite pour exemple la
définition des algues & celle des lichens de cet auteur, qu'il
trouve vicieufes; il relève quelques erreurs de Batfch & de
Willdenow, botaniftes d'ailleurs très-exacts; enfin, il marque
les limites qui féparent les lichens de quelques plantes mifes
au rang des champignons, telles que les *peziza* & *elvela* des
auteurs (*fynonimie des efpèces, n.*^{os} *63, 67, 273, &c.*), qui
ont d'ailleurs de l'affinité avec les premières.

Ce qui les diftingue, c'eft 1.º la faculté qu'ont prefque
tous les lichens de continuer à croître & à s'étendre, ce
qui ne s'obferve pas dans les champignons dont on parle,
dont la force vitale fe trouve, pour ainfi dire, épuifée à

Tome I. P p p

leur naiſſance ; 2.° l'appareil des corps filamenteux, mais liés enſemble & libres, qu'on trouve à la plupart des lichens; 3.° la diſpoſition des ſemences, au nombre de huit, contenues dans chaque ſachet ou utricule à ſemences, de ces ſortes de champignons, & qu'on ne voit pas dans les lichens.

L'auteur expoſe enſuite les eſpèces du genre (octoſpora) qu'il a formé, & qui ſont au nombre de vingt-deux, ſous les noms d'*octoſpora ſcutellata, hirta, leucoloma, faſciculata, rhizophora, hæmaſtigma, applanata, puſtulata, minuta, viridans, varia, elaſtica, porphyroſpora, carnea, violacea, citrina, nana, albidula, luteſcens, pyriformis, tuberoſa, bulboſa*, eſpèces toutes figurées & décrites avec beaucoup de ſoin & de détail. Sur ce nombre, il y en a quatre qui étoient connues, qui ſont l'*octoſpora ſcutellata, hirta, rhizophora, elaſtica* (ſynonimie des eſpèces, n.° 67. A. bb. 2.** ee. 1.***.**** & 340); les autres ſont données comme nouvelles ou du moins ſans ſynonimie : ce ſont ces petites plantes qu'on appelle vulgairement *coccigrues* & *peaux-de-morille, &c.* ou fungoïdes de Tournefort & de Micheli, dont la plus forte eſpèce n'a pas trois pouces d'étendue, & dont pluſieurs ne ſont pas plus grandes que des lentilles, mais qui étant données groſſies au microſcope (comme c'eſt l'uſage aujourd'hui parmi pluſieurs botaniſtes), offrent aux yeux un ſpectacle frappant & nouveau, & tel qu'on le chercheroit en vain dans la Nature. Cependant les belles découvertes de Hedwig ſemblent juſtifier cette manière, qui eſt le ſeul moyen de déceler, pour ainſi dire, le ſecret de la Nature, & autoriſent ce luxe microſcopique.

Toutes ces eſpèces données pour nouvelles, au nombre de dix-huit, dont les unes ſont pédiculées, les autres ſans tige, les unes velues, d'autres unies, de diverſes couleurs, griſes, rouges, jaunes, vertes, blanches, &c. & en général, caractériſées par l'épithète qui y eſt jointe, rentrent toutes dans le n.° 67 de la ſynonimie des eſpèces, comme variétés fixes ou plutôt comme eſpèces diſtinctes ; car ces plantes ont été examinées avec tant de rigueur par Hedwig, qu'on peut compter

An. de J. C.
1787.

Hedwigi
CCCCIV

fur cette diftinction fpécifique, quoique la première, *octofpora fcutellata*, qui eft d'un rouge vif dedans, jaune dehors & ciliée, porte une fynonimie qui renferme des efpèces jaunes, telle que le *peziza lutea parva, marginibus pilofis*, qui ne fatisfera peut-être pas tout le monde, quoique l'auteur la garantiffe. *(Voyez* fur toutes ces efpèces, n.° *67, A. bb. 6. 7. ** . 8. 9. 10. 11. ** . *** . ee. ** . ff. 2. 6. 7. 10).*

Dans l'analyfe qu'on vient de faire des ouvrages fur les champignons, on s'eft cru difpenfé de faire mention de toutes les Flores qu'on voit paroître depuis quelques années, qui n'ont point les champignons pour objet particulier ou principal, & dans plufieurs defquelles on ne trouve qu'une fimple énumération de quelques efpèces connues. La plupart de leurs auteurs, prefque tous fectateurs de Linné, ont le défaut de n'avoir pas ofé franchir la barrière que ce botanifte avoit affignée, à l'égard des champignons. De ce nombre, font Gerard, fur les plantes de Provence *(g)*; Boehmer, fur celles de Léipfick *(h)*; Leyfer, fur celles de Hales *(i)*; Heyger, fur celles de Dantzich *(k)*; Meefe, fur celles d'Oftfrife *(l)*; Reichard, fur celles de Francfort *(m)*; Wilka, fur celles de Griffen *(n)*; Wulf, fur celles de Pruffe *(o)*, quoique ce dernier femble moins affervi que les autres à ce fyftème; Pollich, fur celles du Palatinat *(p)*; Gorter, fur celles des Pays-bas *(q)*; Mathufchka, fur celles de la Siléfie *(r)*, pays abondant en champignons, & fur lefquels Krocker femble faire efpérer, dans fon premier volume, des chofes neuves *(f)*; Allioni, fur celles du Piémont *(t)*; & un grand nombre d'autres, parmi lefquels on doit diftinguer néanmoins

---

(g) Flora Gallo-provincialis, 1761.
(h) Flora Lipfiæ, 1750.
(i) Flora Halenfis, 1761.
(k) Flora Gedanenfis, 1764.
(l) Flora Frifica, 1760.
(m) Flora Francofurtana, 1772, 1776.
(n) Flora Gryphica, 1765.

(o) Flora Boruffica, 1765.
(p) Plantæ Palatinæ, 1776.
(q) Flora Belgica & Gelrozuphanica, 1745, 1767.
(r) Enum. ftirpium Silefiæ, 1779.
(f) Flora Silefiaca, tom. I, 1786.
(t) Flora Pedemontana, 1786, in-fol.

CCCCIV

comme auteurs de Flores eftimées, J. Georg. Gmelin, fur les plantes de la Sibérie *(u)* (il n'étoit point Linnéifte) ; Hudfon & Withering , fur celles d'Angleterre *(x)* ; Lightfoot, fur celles d'Écoffe *(y)* ; Gouan, fur celles de Montpellier *(z)* ; Retz, fur celles de la Scandinavie *(a)* ; Gunner, fur celles de Norwège *(b)* ; Necker, fur celles du Palatinat *(c)* : Thunberg, fur celles du Japon *(d)*, auteurs dont plufieurs font cités dans le corps de cet ouvrage , & dont les œuvres renferment d'ailleurs d'excellentes obfervations. Nous en difons prefque autant de plufieurs autres écrits, recueils ou Flores françoifes, publiés depuis peu de temps, mais dans lefquels nous n'avons rien remarqué de nouveau, quant aux champignons.

De Secondat.

Il faut en excepter un ouvrage fur plufieurs objets d'Hiftoire Naturelle *(e)*, par M. de Secondat, des Sociétés royales de Londres & de Berlin, dans lequel on trouve, outre des détails intéreffans & de bonnes figures des champignons d'Italie, dont il a été fait mention plufieurs fois *(fynonimie des efpèces, n.° 74)*, une analyfe chimique de la fubftance qui leur fert de racine, faite par M. d'Arcet, profeffeur de chimie au Collège royal, de l'Académie des Sciences, &c. M. de Secondat les nomme *champignons de Villetri*, parce que la racine lui fut envoyée de Villetri en Italie , ville près de laquelle elle fut trouvée dans une forêt de hêtres.

Il réfulte de cette analyfe, que la décoction de deux gros de cette fubftance en poudre dans l'eau diftillée, n'a qu'un goût foible de terreau, & fournit par l'évaporation une lame de mucilage ; que la teinture à l'efprit-de-vin a le même goût, mais plus marqué; que deux onces de la même fubftance diftillée à feu nu, donnent une odeur femblable à celle de la gomme ou du pain qu'on diftille, & à la fin même

---

(u) Flora Sibirica. Petropoli, 1747, 1749, 1768, in-4.°
(x) Flora Anglica. Stirpes Britann.
(y) Flora Scotica.
(z) Flora Monfpeliaca.
(a) Floræ Scandinaviæ prodromus.
(b) Flora Norwegica.

(c) Enumeratio ftirpium Palatinarum, in actis Acad. Theod. Palatinæ, tom. II.
(d) Flora Japonica.
(e) Mémoires fur l'Hiftoire Naturelle. *Paris,* chez Debure, 1785, *in-folio.*

semblable à celle du bois; qu'on en obtient d'abord un flegme
blanc & infipide, mais odorant comme les champignons,
enfuite une liqueur rouge, & fur la fin une huile empyreumatique pefante, & de l'alkali volatil; que la liqueur qui
paffe dans le récipient, fait effervefcence avec l'acide vitric-
lique étendu dans l'eau, pendant laquelle il fe précipite
une huile noire & pefante; que cette huile précipitée, jointe
à celle qui monte dans le récipient, égale en volume une
petite noix, prend feu fur le charbon, & fe confomme en
entier; que le charbon refté dans la cornue, & qui pèfe
une once trois gros quarante-huit grains, perd un gros dix-
huit grains par la calcination, & douze grains par la lixiviation; que la leffive contient quelques parcelles de fer
vitriolifé; qu'un gros dix-huit grains de ce qui a été leffivé,
traité avec de l'huile d'olive dans un creufet fermé, redevient
noir & contient du fer que l'aimant attire; que ce même
leffivé, à la dofe d'une once deux gros dix-huit grains, traité
à l'eau-forte avec ébullition, ce qui refte après l'évaporation sèche difficilement, mais eft très-foluble dans l'eau &
dans l'efprit-de-vin; que l'efprit de vitriol ajouté à la diffolution aqueufe, n'excite aucune effervefcence, laquelle a
lieu en y ajoutant de l'alkali fixe, dont il réfulte un préci-
pité du poids de trois gros vingt-quatre grains d'une terre
très-atténuée, femblable à de la terre d'alun; que fi l'on ajoute
à la liqueur décantée un nouvel alkali fixe, il fe précipite une
terre d'une moindre ténuité; que décantée de nouveau, &
évaporée à l'air libre, elle donne des criftaux bien formés
d'alun, de félénite, & quatre grains d'ocre. La même fubftance
en poudre, mife dans un creufet fur le feu, brûle un peu
& laiffe un charbon; calcinée, leffivée & mife au fourneau
de porcelaine, elle fond en un verre noir tranfparent.

Si l'on joint à cette analyfe celle qu'en a donné Marc-
Aurèle Severin, & que nous avons rapportée *page 97*, on
aura le complément des détails néceffaires fur cette fubftance,
qui eft un corps végétal mêlé intimement avec de la terre
qui en occupe les interftices.

Les favans font inftruits que M. Pallas, docteur en médecine, ayant entrepris en 1768, par ordre de Sa Majefté l'Impératrice de Ruffie, un voyage dans diverfes parties de ce vafte empire, a été de retour à Péterfbourg en 1774, & qu'il a publié en langue allemande la relation de cet intéreffant voyage, dont on donne dans ce moment une traduction en françois. On y trouve plufieurs obfervations fur les champignons, dont on lit la defcription, principalement dans les appendix latins ajoutés à cet ouvrage. Il y eft fait mention particulièrement de quelques champignons feuilletés, fous les titres d'*agaricus bulbofus, lacteus, nycthemerus*, & d'autres fous les noms de *peziza pedunculata*, de *lycoperdon herculeum*, d'*hydnum clathroïdes*, de *mucor decumanus*.

L'auteur y fuit en général la nomenclature des genres de Linné, quoique parfois il s'en écarte, donnant le nom, par exemple, d'*erinaceus auritus* à un champignon hériffé, dont la defcription fe trouve dans les Mémoires de l'Académie de Péterfbourg, auxquels il renvoie. Il dit que le fuc de l'*elvela acaulis* (*fynon. des efpèces, n.° 187*) eft employé avec fuccès, par les habitans de Mourom, contre les engorgemens fcrophuleux & pour les enflures des jambes chez les vieillards.

Mais l'obfervation la plus remarquable, au fujet de ces plantes, eft celle qui a pour objet l'ufage & les effets du *champignon-à-mouches (agaricus mufcarius,* Lin.*)*, dont on a dit que quelques peuples de Ruffie font impunément ufage, fur-tout les Oftiaques qui s'en fervent comme d'un moyen de fe procurer une forte d'ivreffe. Un feul champignon en fubftance, ou la décoction de trois fuffit pour produire cet effet, c'eft-à-dire, pour donner un délire ou un état de ftupeur qui ne fuffit pas pour caufer la mort. Il eft néanmoins certain que cette efpèce, qu'on trouve dans nos climats *(fynon. n.° 13. a. 5)*, produit conftamment des effets dangereux, quoique fon ufage ne foit pas toujours mortel, comme on en a des exemples, fur-tout dans la perfonne de feue Madame la princeffe de Conti, qui en 1751 s'empoifonna accidentellement à Fontainebleau pour en avoir mangé, & n'en mourut

pas. D'ailleurs, la préparation peut lui enlever une partie de
ſes qualités vénéneuſes ; & je ne crois pas, en effet, qu'un ſeul
ou la décoction de trois ſuffiſe pour donner la mort, ſur-tout
à un Ruſſe ou à un Tartare.

Les eſpèces feuilletées qu'on rejette de l'uſage ordinaire,
ſont celle-ci & l'*agaricus fimetarius (ſynonimie, n.ᵒˢ 13, 55)* ;
mais celles qu'on recherche en Ruſſie, ſont les *agaricus campeſtris, deliciofus, Georgii, cinnamomæus, fragilis, extinctorius
(ſynon. n.ᵒˢ 4, 19. b. 1, 76, 158. d, 170, 205)*, en effet,
d'un uſage innocent par-tout, quoique les traducteurs de
M. Pallas diſent le contraire.

Ce qui paroîtroit plus extraordinaire ſur leur emploi, ſi
on en jugeoit par les apparences, c'eſt l'uſage que les Ruſſes
ſont impunément d'un champignon, que les traducteurs ont
déſigné ſous le nom vague d'*agaric des peupliers des bois*,
tome I, page 66, qui change conſtamment de couleur, ſur-tout
lorſqu'on le coupe, & qui de blanc ou brun qu'il eſt, devient
d'abord d'un beau bleu-d'outremer, & enfin vert-de-ſaxe ou
vert-bleuâtre ; ſon ſuc teint le linge de la même couleur, mais
elle n'eſt pas fixe. Cette eſpèce, déjà obſervée avec les mêmes
phénomènes, en Pruſſe par Loëſel ; & plus particulièrement
par Sterbeeck, dans le Brabant, eſt un grand champignon
feuilleté blanc, qu'on trouve ſous les peupliers, les trembles
ſur-tout, & dont on fait uſage en Brabant comme en Ruſſie.
Ce ſont les feuillets qui commencent à prendre la couleur
bleue *(ſynonimie des eſpèces, n.ᵒ 80)*.

Les autres eſpèces feuilletées, mais qui ne ſont qu'indiquées, ſont l'*agaricus integer*, Lin. *(ſynonimie, n.ᵒ 21)* ; parmi
les cepes ou champignons poreux, les *boletus bovinus, viſcidus,
perennis, luteus*, Lin. *(ſynon. n.ᵒˢ 14, 88, 192)* ; la morille
ordinaire *(phallus eſculentus)* ; le noſtoc du genevrier *(tremella
juniperina)* : on n'y trouve ni truffes, ni oronges, ni vrais
mouſſerons. Les eſpèces qui ſont plus particulièrement décrites ſont, parmi les champignons feuilletés, l'*agar. bulboſus,
lacteus, nycthemerus ;* un hériſſon des arbres *(hydnum clathroïdes)*;
deux lycoperdons *(lycop. herculeum, hypoxilon)* ; un peziza

(pez. pedunculata), & un mucor *(mucor decumanus)*. L'auteur a donné les figures de l'*agar. bulbofus*, de l'*hydnum clathroïdes*, & du *mucor decumanus)*. L'*agar. bulbofus, pl. v, fig. 6* de la traduction, & *pl. G, fig. 2* de l'édition originale, a environ trois pouces de hauteur, une tige renflée du bas, d'un pouce d'épaiffeur, qui s'atténue vers le haut ; fes feuillets font courts, ferrés, de longueur égale : il croît à l'ombre, fur le bois pourri. Il ne paroît pas différer de celui qui a été obfervé par Sterbeeck, & qui a la forme d'un pilon *(fynon. des efpèces n.° 95)*.

L'*agar. nycthemerus*, ainfi nommé fans doute à caufe de fa couleur noire ou de nuit, eft un petit champignon d'un pouce de diamètre & d'un demi-pouce de hauteur, à chapiteau convexe aplati, & dont le centre eft un peu enfoncé, à feuillets minces, larges, inégaux en longueur, & à tige très-mince d'un gris-blanc comme les feuillets. Il ne paroît pas différer de celui qui a été obfervé par Vaillant *(fynon. n.° 164)*.

L'*agar. lacteus* eft un champignon de deux pouces de haut, à chapiteau hémifphérique, & glaireux, à feuillets d'un blanc de neige, entre-mêlés de longs & de courts ; à tige nue, cylindrique & atténuée vers le haut, rendue inégale par des cicatricules qu'on y remarque. Il ne paroît pas différer non plus d'une efpèce déjà indiquée *(fynon. n.° 159)*.

L'*hydnum clathroïdes*, ainfi nommé parce qu'il eft comme à barreaux, eft cette efpèce de hériffon qui croît fur les arbres, déjà obfervé en Italie par Micheli *(fynonimie, n.° 64. b)*.

Le *lycoperdon herculeum*, ainfi nommé fans doute à caufe de fa forme en maffue & de fa hauteur, qui eft quelquefois d'un pied, eft une vefce-de-loup à tige blanche, & dont la tête eft de la groffeur du poing *(fynon. des efpèces, n.° 73. b)*.

Le *lycoperdon hypoxilon*, ainfi nommé parce qu'il vient fur le bois, eft une autre petite vefce-de-loup ramaffée, de la groffeur du millet, d'abord de couleur rouge, enfuite rouffe, à tige filiforme, & jetant enfin par la rupture de fon écorce une pouffière féminale mêlée dans une laine pourpre ; fa tige dure perfiftant *(fynonimie, n.° 84. a. 7)*.

Le *peziza pedunculata* eft de la même couleur que le précédent

lorfqu'il

lorfqu'il n'eft pas en maturité ; il eft à tige & à tête en forme de bouclier, & couleur de chair *(fynonimie, n.° 67. B.*

Le *mucor decumanus,* qu'on voit *planche v* de la traduction françoife, & *pl. H, fig. 2* de l'édition originale, eft un petit mucor à tige forte, comme hériffée & foyeufe, blanche, qui porte à fon fommet trois véficules ovales de la groffeur des grains de gremil, qui s'ouvrent en maturité du côté de leur infertion ; il eft analogue au *mucor ferpula* de Scopoli *(fynonimie des efpèces, n.° 361. a).*

Nous remettons aux détails que nous avons à donner dans la feconde partie de l'ouvrage, l'analyfe des mémoires & obfervations faites fur les accidens produits par les champignons, & le foin de faire connoître les efpèces qui les ont produits, tels que ceux dont M. le Monnier, premier médecin du Roi, a rendu compte dans les Mémoires de l'Académie des Sciences, *année 1749 ;* ceux qui ont été obfervés en France, en Italie, dans le Piémont & ailleurs, fur-tout par MM. Aymen, Targioni Tozetti, Picco, médecin de Turin, & autres, & confignés dans différens mémoires. Ce dernier a défigné deux efpèces pernicieufes, l'une par la phrafe *d'agaricus conicus,* l'autre par celle *d'agaricus pileo etiam per fenium conftanter conico, holofericus, &c.* & en a donné la figure dans le Recueil des Mémoires de la Société de Médecine, *ann. 1780, 1781.* Ces efpèces étoient connues *(fynonimie des efpèces, n.°s 199, 248, 354).*

Nous n'avons pas cru devoir faire mention, à l'époque de la publication des œuvres de Pontedera *(c),* de fes prétendues découvertes fur les champignons, quoiqu'il en ait donné deux pour extraordinaires ou très-particuliers ; l'un qu'il met fous le titre de *fungus dipfacoïdes,* l'autre fous celui de *lycoperdon valifnierium,* & dont l'un eft celui qu'avoit indiqué Fabius Columna *(fynon. n.° 5),* & l'autre n'eft point un lycoperdon, mais un phallus en coque, c'eft-à-dire, n'étant point encore développé, & qui dans cet état reffemble à un lycoperdon,

____

(c) Compendium tabularum botanicarum, Patavii, 1718, in-4.°

CCCCIV comme Mathiole, Vaillant & d'autres y ont été trompés *(fynonimie, n.° 17)*.

Enfin, pour éviter le reproche qu'on pourroit nous faire de n'avoir pas donné tous les caractères des genres de Linné fur les champignons, fur-tout ceux qu'on fuit généralement aujourdhui, & qu'on trouve dans la douzième édition du *Syftema naturæ* de cet auteur, ainfi que dans les treizième & quatorzième du *Syftema vegetabilium* de Murray, on doit ajouter à ce qui a été dit, *page 349*, fur le *clavaria* & le *mucor* de cet auteur, que l'un de ces genres, le *clavaria*, a été défini, en dernier lieu, *un champignon uni & oblong*, & le *mucor*, *un champignon à véficules portées fur une tige*.

Cabinet du Roi.

Le dernier ouvrage dont il nous refte à rendre compte, eft la collection des champignons peints avec leurs couleurs naturelles, qu'on conferve au Cabinet des Eftampes du Roi, & qu'on trouve parmi les plantes peintes par Robert, Mlle Baffeporte & autres. Cette collection a été enrichie depuis quelques années, de celle des plantes des environs de Paris, faite par feu M. Rouffel, fermier général, par les foins de M. Prevoft, & donnée au Cabinet. Les champignons de l'ancienne ont prefque tous été nommés par Antoine de Juffieu & Vaillant, dont les phrafes latines font mifes au bas, & dont on voit des exemples *(fynonimie des efpèces, n.ºs 30, 174, 244, 227, &c)*. Ceux de M. Rouffel ont été nommés d'après la nomenclature de Linné.

Parmi ces champignons, il y en a beaucoup qui ont été cueillis en Italie, & qui ont été peints fur-tout d'après lés deffins & les couleurs de Barrelier ; tous les autres paroiffent avoir été cueillis en France. Il n'y en a aucun qu'on ne puiffe rapporter à quelque genre ou efpèce connus ; mais la plupart de ceux d'Italie frappent par l'éclat & la beauté de leurs couleurs, & plufieurs par des caractères particuliers.

Sur tous ces champignons, au nombre d'environ deux cents cinquante, il y en a plus de la moitié dont les auteurs de botanique avoient déjà fait mention, ou qui ne font que de légères variétés d'efpèces connues. Sur les cent qui reftent, & dont quelques-uns ont été déjà rapportés dans différens numéros de la fynonimie, on peut diftinguer environ une vingtaine d'efpèces diftinctes, dont les autres ne font à la rigueur que des variétés.

Parmi ceux d'Italie, & parmi les poreux ou cepes, au nombre de quinze environ, on en diftingue d'abord un de couleur gris-de-perle, remarquable par deux bandes noires à fon chapiteau, & par fa partie tubuleufe de couleur aurore, à tige renflée du bas ou en fufeau, *fungus italicus porofus, fub-cinereus, geminâ fafciâ diftinctus*, qui forme une efpèce particulière *(fynonimie, n.° 405)*.

Un autre de même genre, de couleur pâle jauniffant, à tige jaune, longue & cylindrique, par-tout moucheté de taches pourpreufes ou brunes, à tubes lavés de jaune, *fungus italicus porofus, dracunculoïdes*, qui en forme une autre particulière *(fynonimie des efpèces, n.° 406)*.

Trois ou quatre autres de couleur pourpre ou aurore par-tout, & éclatans, dont l'un, *fungus italicus porofus, ex luteo & rubro variegatus*, eft du plus bel effet, & qui conftituent une autre efpèce particulière; dans celui-ci la couleur pourpre domine, les tiges font alongées, cylindriques, taillées légèrement en fufeau *(fynonimie des efpèces, n.° 407)*.

Un autre de même genre, de trois ou quatre couleurs diftinctes, à chapiteau lavé de bleu, à tubes jaunes & à tige rouffe & très-renflée, *fungus pediculo pyriformi rufefcente, pileolo femi-globofo, pronâ parte flavefcens, fupinâ verò cærulefcente*, qui en établit une autre *(fynonimie, n.° 408)*.

Plufieurs de couleur vineufe deffus, jaunes deffous, qui rentrent comme variétés dans le n.° 44 de la fynonimie; & d'autres de couleur grife, à groffe tige, également jaunes deffous, qui forment des variétés de l'efpèce principale *(fynonimie, n.° 14)*.

Parmi les champignons poreux cueillis en France, on y en remarque, entr'autres, deux dont Vaillant a fait mention, dont l'un a la tige verte, fes tubes jaunes; l'autre a comme des

Q q q ij

Cabinet du Roi.
CCCCIV
CCCCV
CCCCVI
CCCCVII
CCCCVIII

CCCCVIII

bras, est brun & a sa partie tubuleuse également jaune, *fungus porosus nostras, brachiatus, maximus*, qu'on n'a considérés que comme des monstruosités hors de nature, & des variétés de l'espèce principale *(voy. article de Vaillant, & synon. n.° 14)*.

Parmi les champignons papillés ou sous-épineux, au nombre de quatre, & d'Italie, il y en a deux couleur de rose, un gris & un autre rose & brun, qui rentrent comme variétés dans l'espèce principale *(synonimie, n.° 70)*.

Parmi les phallus ou morilles, on en trouve un qui est analogue aux *phallo-boletus* de Micheli *(synon. n.° 147)*, mais qui en diffère, en ce qu'il sort évidemment d'une valve, *boletus italicus phalloïdes pileolo in metam fastigiato e cinereo virescente*, qui forme une variété de l'espèce principale *(synon. n.° 147.3)*.

Parmi les morilles à lobes ou morilles-lichen, il y en a deux, dont l'une a un chapiteau qui ressemble à des feuilles de chêne, à tige renflée, entr'ouverte & caverneuse, *fungus italicus pedunculo lacero & laciniato, capitulo ad instar foliorum quercûs laciniato*, analogue à celle qu'avoit observé Ray *(synon. n.° 130)*; & l'autre est très-remarquable par des bandes brunes & pourpres disposées transversalement sur le chapiteau &

CCCCIX posées alternativement, *fungus italicus pileolo, laciniato, plano, fasciis undulatis purpureis & fuscis distincto*, qui établit une autre espèce particulière *(synonimie, n.° 409)*; celle-ci a sa surface plate, & ses bandes sont en spirales ou en zig-zag.

On voit encore un phallus vert à ombilic, & dont celui qu'a donné M. Bulliard, *cahier 46*, ne paroît qu'une copie *(synonimie, n.° 17)*.

Parmi les champignons feuilletés & d'Italie, les plus remarquables sont les oronges *(synonimie des genres, n.° 6)*. Parmi ceux-ci, le plus beau est un champignon d'une belle couleur

CCCCX pourpre ou écarlate par-tout, à tige nue, droite, égale & cylindrique, *fungus italicus phalloïdes, purpureus, pileolo patulo & veluti mammoso*, qui forme une autre espèce particulière *(synon. n.° 410)*.

CCCCXI Un autre de même genre, de couleur jaune ou flave, mais à surface dartreuse, & à tige marron, entourée vers le milieu comme d'un ruban rouge, *fungus italicus, pediculo faſciá rubrá notato, pileolo ſemigloboſo, flaveſcente, maculato,* qui forme une autre eſpèce diſtinĉte *(ſynonimie, n.° 411)*.

Parmi les oronges qu'on trouve en France, on y voit la verte, dont l'uſage eſt ſi dangereux *(ſynonimie, n.° 174)*; l'oronge ſoyeuſe *(ſynon. n.° 244)*; pluſieurs autres oronges dartreuſes, colletées, & d'autres ſans collet, de couleur griſe ou d'ocre, qui rentrent comme variétés dans le numéro de l'eſpèce principale *(ſynon. des eſpèces, n.° 43)*; un autre d'un gris-blanc & colleté, mais ſans mouchetures ou pellicules *(ſynonimie, n.° 250)*; un autre également uni, de couleur pourpre deſſus, à feuillets roux & à tige blanche & colletée, *fungus phalloïdes annulatus pileolo patulo, purpuraſcens, lamellis rufeſcentibus,* qui forme une autre eſpèce diſtinĉte *(ſynonimie, n.° 412)*; pluſieurs fauſſes-oronges rouges & mouchetées *(ſynon. n.° 13)*; & une brune à pellicules blanches *(ſynonimie, n.° 43)*. Mais le plus ſingulier des champignons de ce genre, eſt une oronge de couleur griſe ou cendrée, à tige fortement colletée, & dont toute la ſurface, ſoit du chapiteau, ſoit de la tige ou de la valve, eſt hériſſée comme de ſoies droites, dont l'extrémité eſt arrondie en forme de globules, *fungus phalloïdes noſtras ſubcinereus, aculeatus, globulis ſericeis aſperſus,* & qui forme une autre eſpèce diſtinĉte *(ſynon. n.° 413)*.

Parmi ceux qui ne ſont que bulbeux ou tubéreux, ſans valve ou débris de valve, on y voit une variété blanche de la couamelle, à tige brune, *fungus noſtras maximus annulatus candicans lituris rufeſcentibus diſtinĉtus (ſynonimie, n.° 5)*.

Parmi les champignons feuilletés plus ſimples, on en diſtingue un, de ceux d'Italie, dont le deſſus bombé eſt d'un vert-tendre ou de pomme, avec des feuillets gris & une tige renflée de même couleur, qui forme une variété des champignons verts *(ſynonimie, n.° 212. v. b)*; un autre de même couleur au chapiteau, mais en mamelle & piqué de points verts foncés, avec des feuillets très-rouges & une tige blanche, *fungus italicus pediculo brevi & craſſo, pileolo magno, patulo, punĉtis viridibus diſtinĉto, lamellis rubicundiſſimis,* qui forme une

autre efpèce particulière *(fynon. n.° 414)* ; plufieurs autres
jaunes & colletés, qui rentrent dans le numéro de l'efpèce

CCCCXIV principale *(fynonimie, n.° 236)* ; d'autres lavés de couleur
rouffe ou violette, à tige bulbeufe, mouchetés, ou tigrés &
non tigrés, qui ne paroiffent former que des variétés du
grand champignon bulbeux & violet *(fynonimie, n.° 140)* ;
un autre d'une belle couleur jaune & bulbeux, *fungus italicus
pediculo tumefcente*, qui rentre dans une efpèce déjà obfervée
(fynonimie, n.° 43. e) ; d'autres jaunes, à feuillets pourpres, &
dont l'un eft colleté, *fungus italicus annulatus, lamellis purpureis,*
& *fungus italicus pediculo & lamellis purpureis pileolo luteo*, qui
rentrent dans le numéro de l'efpèce obfervée par Micheli

CCCCXV *(fynonimie, n.° 225)* ; un autre en touffe, de couleur rouge,
avec des feuillets bruns, *fungus italicus multiplex, ruber, lamellis
fufcis*, qui établit une efpèce particulière *(fynonimie, n.° 415)* ;
d'autres en forme de girolles, c'eft-à-dire, de toupie ou d'entonnoir, dont deux de couleur pourpre ou aurore, & dont

CCCCXVI l'un a des bandes concentriques de couleur pourpre, *fungus
italicus purpureus umbilicatus & fafciatus*, qui forment une
autre efpèce particulière *(fynonimie, n.° 416)* ; d'ailleurs,
plufieurs véritables girolles feuilletées & couleur de fafran
(fynonimie, n.° 10) ; d'autres champignons feuilletés, en forme

CCCCXVII de mamelle, de couleur pourpre, à feuillets blancs, *fungus
italicus purpurafcens aut purpureus mammofus vel pileolo acuminato*, qui forment une autre efpèce particulière *(fynonimie,
n.° 417)* ; un autre dont le chapiteau a des bandes brunes,
comme celui dont on a déjà fait mention *(fynon. n.° 227)* ;
plufieurs moufferons gris, d'Italie, mais mal deffinés *(fynon.
n.° 19)* ; un très-beau champignon couleur bleu-de-ciel deffus,
jaune-doré deffous, à pédicule & à feuillets blancs *(fynonimie,
n.° 168)* ; enfin, un petit, gris ou blanc, à chapeau circulaire,
à tige fixe fortant d'une racine tubéreufe, *fungus italicus*

CCCCXVIII *albidus, pediculo longo, pileolo orbiculari, radice tuberosá*, &
qui forme une autre efpèce particulière *(fynon. n.° 418)*.

Parmi les champignons feuilletés qui croiffent en France,
on en voit plufieurs de ceux qui fe réduifent en encre *(fynon.*

Cabinet
du Roi.

n. *5 5, 1 1 5)*; d'autres en touffe, de couleur rouffe ou jaune, & qui rentrent tous dans l'efpèce principale *(fynonimie des efpèces, n.° 3 o)*, quoiqu'il y en ait un colleté, à feuillets verts écartés, qui paroiffe particulier, *fungus multiplex luteus lamellis eleganter viridibus (ibid. var. b. 2)*; un autre en touffe, de couleur verte & comme vergeté de pourpre, à feuillets bruns & à tige colletée, *fungus multiplex, pediculo annulato virefcente, lituris purpureis afperfo, pileo maximo, concolore, lamellis fufcis*, qui forme une autre efpèce particulière *(fynonimie, n.° 4 1 9)*; un autre en touffe, à chapiteau couleur de rofe & anguleux, à tige brune & à feuillets jaunes, *fungus multiplex pediculis fufcis, in pileolum rubrum & angulatum abeuntibus*, qui forme une autre efpèce particulière *(fynon. n.°. 4 2 o)*; un autre grand, jaune, tout tigré ou moucheté de taches couleur de fafran, *fungus luteus, maculis croceis notatus, pileolo lato & rotundo*, qui établit une autre efpèce particulière *(fynonimie, n.° 4 2 1)*.

CCCCXVIII
CCCCXIX
CCCCXX
CCCCXXI

On y voit encore le champignon à double chapiteau, ou champignon didyme dont a parlé Vaillant, *fungus noftras pediculo brevi in pileolum didymum abeunte*, qui forme une autre efpèce particulière *(fynonimie, n.° 4 2 2)*; le grand champignon violet bulbeux *(fynon. n.° 1 4 o)*; enfin, deux champignons à chapiteau triangulaire, dont l'un eft roux, à tige lavée de pourpre, l'autre violet-obfcur, à tige à crochet relevé, *fungus pediculo purpurafcente, pileolo rufefcente trigono, & fungus noftras pileolo triquetro nigricante pronâ parte obfcurè ianthino*, qui établiffent une autre efpèce particulière *(fynon. n.° 4 2 3)*.

CCCCXXII
CCCCXXIII

On y voit, en outre, le champignon feuilleté à branches, que Haller compare à une hydre *(fynon. n.° 1 9 7)*; un autre vert, à feuillets pourpres, à chapiteau voûté, moucheté d'écailles pourpreufes, qui peut former une variété de celui dont il a été queftion *(fynonimie, n.° 4 1 4)*; le vert qu'on trouve parmi les orties au bois de Boulogne *(fynon. n.° 3 1 8)*, & un petit champignon hydrophore, pourpre & colleté, *fungus exiguus pediculo annulato & pileolo purpurafcentibus*, qui forme une autre efpèce particulière *(fynon. n.° 4 2 4)*; deux fortes de champignons, dont l'un de couleur grife, à feuillets

CCCCXXIV

jaunes, a des tiges qui repréſentent des oignons verts ou ſur pied, & forme une eſpèce particulière *(ſynonimie, n.° 425)*; & l'autre eſt blanche & charnue, qu'on peut rapporter à l'eſpèce obſervée par J. Bauhin *(ſynon. n.° 71)*.

CCCCXXV

Parmi ceux qu'a laiſſés feu M. Rouſſel, fermier général, il y en a peu de remarquables : on y trouve pluſieurs de ceux qui ſe réduiſent en encre, ſous le titre d'*agaricus atramentarius* *(ſynonimie, n.°ˢ 55, 115)*; un champignon noir, ſous celui d'*agaricus ater*, dont les feuillets ſont bruns, le chapiteau en demi-globe, & qui eſt celui auquel on donne le nom, dans les campagnes, d'*œil-de-corneille*, dont on a déjà fait mention à l'article de Vaillant *(ſynon. n.° 164)*, quoiqu'il y ait quelques différences dans la forme.

La même collection de M. Rouſſel offre beaucoup d'agarics feuilletés roux, à ſurface unie, ſous le titre d'*agaricus alneus* *(ſynon. n.° 126)*; des touffes rouſſes, tigrées & colletées, ſous ceux d'*agaricus ambitioſus, brachiatus, &c.* qui rentrent dans le

CCCCXXVI

numéro 265 de la ſynonimie; un petit champignon feuilleté, d'un roux-tendre, à feuillets blancs, colleté, & dont toute la ſurface eſt hériſſée comme de petits mamelons ou papilles, *agaricus papillatus*, qui forme une autre eſpèce particulière *(ſyn. n.° 426)*; & un grand nombre d'autres feuilletés, qui ne ſont que des variétés d'eſpèces connues, ou les eſpèces mêmes.

Mais parmi les morilles-lichen ou morilles unies ou à lobes, on en voit une particulière qui eſt griſe, montée ſur

CCCCXXVII

une tige forte & longue, & dont le chapiteau repréſente à peu-près une oreille d'homme, *elvela aurita*, qui forme une autre eſpèce particulière *(ſynonimie, n.° 427)*.

CCCCXXVIII

On y trouve enfin, ſous les titres d'*elvela paviæ* & d'*elvela fuſca*, deux fungoïdes en forme de clavaires, à tige brune lavée de jaune, & à chapiteau en boule ou en hémiſphère noir & comme velouté, qui établiſſent une autre eſpèce particulière *(ſynonimie des eſpèces n.° 428)*.

NOTES

N O T E S.

(1) ON ne peut déterminer l'époque où les hommes ont fait ufage, pour la première fois, des champignons. On peut conjecturer néanmoins qu'il eft très-ancien, puifque de tout temps on a vu certains animaux, tels que les bêtes fauves, les bêtes à cornes & autres en rechercher certaines efpèces avec avidité. Mais l'ufage d'un grand nombre paroît n'avoir été introduit parmi les hommes, que fort tard dans tous les climats, & principalement lorfque des circonftances particulières ou le befoin les y ont forcés. Il eft affez généralement reçu que les habitans de la Tofcane ont été le premier peuple d'Europe qui ait employé de ces plantes, très-abondantes dans leur pays, & que leur ufage y eft devenu très-fréquent, fur-tout depuis qu'il a été obligé de fe précautionner d'une nourriture convenable pour le carême. La même caufe, fuivant Muller, a introduit chez les Ruffes l'ufage fréquent que ce peuple fait aujourd'hui des champignons dans le même temps. (Voyez *Mœurs & ufages des Oftiakes*, par Muller.) Si le peuple de Tofcane n'eft pas le premier qui ait fait ufage de ces productions, c'eft du moins aujourd'hui celui d'Europe qui les connoît le mieux, & qui en emploie le plus d'efpèces pour fa nourriture.

Suivant l'auteur de l'Hiftoire naturelle des Indes orientales, cité par G. Bauhin, le peuple des environs de l'ancienne Babylone fait fa principale nourriture des champignons qu'on y trouve abondamment. On fait qu'en Afrique on y mange avec délices la truffe blanche, qu'on y appelle *terfez ;* & qu'à la Chine le peuple y fait un ufage très-fréquent des champignons & des agarics. Toutes ces circonftances rendent fort incertaine la connoiffance de la première époque de leur ufage parmi les hommes, ainfi que celle du peuple qui a commencé à le pratiquer.

(2) Il eft affez généralement reçu parmi le peuple d'Allemagne, que les plantes qu'on y appelle *champignon* & *truffe-du-cerf,* font le produit des accidens du rut de cet animal *(* voyez *l'Éclufe, Sterbeeck, Bruckman, &c).* Il étoit également reçu parmi le peuple, en Italie, du temps de Céfalpin, que le champignon à racine tubéreufe, qu'il nomme *lapis lyncurius,* étoit l'effet de l'urine du lynx, qui en fe congelant, fe pétrifioit & fe convertiffoit enfin en racine de champignon. Il n'eft pas vraifemblable, quoiqu'on l'ait dit, que quelque idée analogue ait fait donner en Chine le nom de *lait-de-tigre* à un

Tome I.R r r

champignon de ce genre, qui y croît dans les déserts fablonneux.
En Allemagne, on croit fermement que la vertu aphrodifiaque qu'on
attribue à la truffe-du-cerf, ne dépend que de l'origine qu'on lui
donne; mais il y a plus de deux cents ans que toutes ces fables ont
été victorieufement combattues.

(3) Il y avoit chez les Anciens plufieurs manières de faire
croître artificiellement les champignons. La première, indiquée par
Ménandre, confifte à couvrir de fumier une fouche de figuier, &
à l'arrofer fouvent; au bout de quelques jours on voit naître des
champignons dont l'ufage, felon lui, n'eft point malfaifant.

La deuxième, indiquée par Tarentinus, confifte à délayer du levain
dans de l'eau chaude, & à la répandre fur les fouches du peuplier
noir; on y voit bientôt naître des champignons; ceux-là étoient
nommés *ægiritæ*, du nom grec de cet arbre : ce que Mathiole confirme encore du peuplier blanc, difant qu'en s'y prenant ainfi, on
en a de femblables & d'un goût agréable, au bout de quatre jours.

La troifième, indiquée par le même Tarentinus, confifte à arrofer
avec de l'eau & en plein air, les cendres du chaume ou d'autres
plantes qu'on a brûlés; il en naît des champignons.

Par la quatrième, indiquée par Diofcoride, pour avoir des champignons toute l'année & bons à manger, on prend de l'écorce des
peupliers blanc & noir, réduite en poudre, qu'on répand fur une
couche de terre bien fumée; cela fuffit pour les produire. Il eft très-
probable que l'idée de nos couches à champignons, ait été fournie
par ce dernier procédé : du refte, cet auteur ne garantit pas le fait;
il dit feulement, on affure que cela a lieu. *(Diofcor. lib. I, cap. 9 3).*

(4) Apicius, dans le chapitre *de fungorum apparatu*, en parlant
des cepes ou champignons poreux, qu'il nomme *fungi farnei*, parce
qu'on les trouve ordinairement en Italie, fous le hêtre, que les Latins
nommoient *fagus* & *farnus*, dit qu'après les avoir fait bouillir dans l'eau
& les avoir effuyés, on les fait cuire dans du bouillon avec du poivre &
du fel, ou bien de l'huile, du vin, du fel & un peu de coriandre broyée.

Suivant le même auteur, on préparoit l'oronge *(boletus)* de plufieurs
manières : on la faifoit cuire dans du vin doux ou vin cuit *(carenum)*,
avec un bouquet de coriandre fraîche, ou dans du jus des viandes,
avec du fel; on ajoutoit leurs tiges hachées menues, du poivre, un
peu de miel, du bouillon, de l'huile & des jaunes d'œufs.

Platine indique une autre manière ufitée pour les oronges, qui
eft de les faire cuire dans l'eau avec leurs tiges, une croûte de pain
& des queues de poire ou la poire même ; d'autres y ajoutoient l'ail,
comme correctif des fubftances nuifibles ; d'autres, après les avoir fait

cuire dans l'eau, les faifoient frire dans l'huile ou le bouillon, &
y ajoutoient une fauce piquante relevée avec de l'ail.

Ces deux dernières manières étoient celles qu'indiquoient les médecins, dans la vue de les corriger; mais la plus fimple & peut-être
la meilleure étoit, après avoir épluché les oronges, de les faire cuire
fur la braife avec de l'huile & du fel, & à les faupoudrer d'un peu
de poivre & de cannelle.

Quant aux truffes, leur préparation étoit différente.

Suivant Apicius, après les avoir fait cuire dans l'eau, on les traverfe d'un petit bâton & on les préfente un inftant devant le feu;
on les met enfuite dans un poëlon avec de l'huile, un peu de jus de
viandes, du chervi, du vin, du poivre & du miel dans des pro-
portions convenables; lorfque la fauce eft bouillante, on fait une
liaifon avec un peu de farine, & on les fert en cet état.

Platine dit qu'on les lave dans du vin, qu'on les fait cuire enfuite
fous la cendre, & qu'on les fert encore chaudes, faupoudrées de
poivre & de fel.

(5) On croit que c'eft le *natrum* des Égyptiens ou bafe du fel
marin, c'eft-à-dire, l'alkali minéral : mais on doit faire attention que
ce *nitrum* des anciens n'étoit pas un fel pur; il avoit le plus fouvent
une couleur rofe, & il eft très-probable que c'eft un mélange d'alkali
minéral & de fel marin, chargé de quelques portions de terre martiale qui lui donne cette couleur.

(6) Quoique les mots *poxos* & *cranion* aient été interprétés de
plufieurs manières, il eft probable que par le mot *poxos*, Théophrafte
a voulu défigner le genre de plante que Pline a enfuite nommé *pezica*,
nom qu'il donne pour grec, & qui, chez cet auteur, fignifie une forte
de champignon fans racines ou fans tige; définition vague, à la vérité,
qui convient également à certains champignons, appelés parmi nous,
oreille-de-finge, *oreille-de-judas*, *champignon-à-la-bague*, &c. (& c'eft en
ce fens que le *pezica* de Pline a été interprété par Fabius Columna),
comme à ceux qu'on nomme vulgairement *veffes* ou *veffies-de-loup*,
qui font pour la plupart de même, c'eft-à-dire, fans racines &
fans tige; & c'eft ainfi que Céfalpin interprète le mot *pezica* du même
auteur, employant indiftinctement ceux de *pezica*, de *puza*, de *vefcia*,
de *cranion*, comme fynonimes, pour les lycoperdons ou velces-de-
loup. Dodonée eft du même fentiment.

Pline paroît avoir contribué le plus à la confufion qui règne à cet
égard chez les botaniftes, par la définition vague qu'il donne du
mot *pezica*, & en outre par l'emploi qu'il a fait de ceux de *myfi* &
ceraunium, pour défigner une forte de truffe; mots qui paroiffent

R r r ij

encore d'origine grecque, & qui font peut-être les mêmes que *myces* ou *myfon*, & *cranion* des Grecs, mais altérés, ou comme latinifés.

Quoi qu'il en foit, pour augmenter l'obfcurité, le mot *pezica* de Pline a été enfuite changé par les botaniftes modernes en celui de *peziza*, fous lequel on a compris tantôt les productions que Fabius Columna, après Pline, avoit nommées *pezica*, tantot une feule efpèce de fungoïde, celle à corps lenticulaires.

Il en eft de même du mot *hydnum* de Théophrafte, qui avoit toujours fervi à défigner la truffe chez les Grecs, & qui n'a plus aujourd'hui la même fignification chez les botaniftes, fervant à défigner des champignons à appendices, comme on le voit chez Linné. Enfin, il en eft de même du mot *elvela*, qui, dans les écrits de Cicéron, fignifie l'oronge, & dans ceux de Linné des efpèces de morilles.

C'eft ainfi que l'obfcurité & les difficultés augmentent dans une fcience, par un changement abufif des termes & de leur fignification. Si Linné avoit befoin de termes, que n'employoit-il ceux de *myfi*, de *ceraunium*, inutiles dans Pline, ou bien celui de *mofyllos* ou *mofyllus*, qui eft doux, & dont la vraie fignification eft ignorée, au lieu de donner à des mots déjà reçus un fens tout différent de celui que l'ufage leur avoit affigné ?

En prenant ce qu'il y a de plus vraifemblable fur les différentes interprétations du mot *poxos*, il eft probable que Théophrafte a compris fous ce nom un genre de champignon membraneux, qu'on appelle vulgairement, à caufe des différentes formes que prennent les efpèces, *champignon-à-la-bague*, *oreille-de-finge*, *de chat*, *de cochon*, *&c;* fous celui d'*hydnum*, la truffe; fous celui de *myces*, tous champignons à tige & à chapiteau; & fous celui de *cranion*, les vefces-de-loup, dont la forme fe rapproche en effet de celle du crâne ou de la tête de l'homme.

(7) Il eft certain qu'il y a eu plufieurs auteurs de ce nom, & dont quelques paffages de leurs écrits ne nous font connus que par les citations de Pline, d'Athénée & d'autres. Un de ces Tarentins étoit le médecin Héraclide, furnommé *Tarentinus*, parce qu'il étoit de l'ancienne Tarente; celui-ci étoit antérieur à Diofcoride : un autre Tarentin, de la même ville, lui eft de beaucoup poftérieur; Haller le croit du v.ᵉ fiècle *(voy. Bibliotheca botanica)*. On ne fait lequel d'eux eft l'auteur de ce qui eft rapporté fur les champignons.

(8) Lorfque l'agaric du melèze eft encore fur l'arbre & dans un état de maturité, il eft revêtu d'une écorce écailleufe & ferme, de diverfes couleurs, le plus fouvent rougeâtre ou brune, & d'une partie tubuleufe placée à la partie inférieure; deux fubftances dont

on le dépouille entièrement pour le mettre dans le commerce, & qui
font très-différentes de la pulpe blanche, qui eft la feule partie d'ufage
en médecine. Dans le premier état, c'eft-à-dire, lorfqu'il eft entier,
il a quelquefois la forme de l'agaric-de-chêne ou agaric aftringent;
favoir, celle d'un fabot de cheval, quelquefois celle d'une toupie;
& cette forme eft toujours relative aux obftacles qu'il rencontre,
comme Bêlon l'a fait obferver *(voyez Bellonius de arboribus coniferis)*;
mais lorfqu'il n'en rencontre point, il affecte prefque toujours celle
d'un fabot de cheval.

Dans l'autre état, c'eft-à-dire, dépouillé de fon écorce écailleufe
& de fa partie tubuleufe, & tel qu'il eft dans le commerce, c'eft une
maffe blanche, ronde, informe, ordinairement ovale, qui devient
légère & friable lorfqu'elle eft sèche; c'eft proprement la pulpe sèche
de l'agaric. Il fe peut que ces différens états que Diofcoride peut
avoir connus, lui aient fait dire que l'agaric mâle eft d'une fubftance
plus compacte & plus ferme, ce qui dépend du temps où il eft cueilli,
de fes différens états de fraîcheur ou de féchereffe.

Suivant Bêlon qui avoit obfervé l'agaric du melèze fur l'arbre
même, en Orient, il eft jaune, très-lourd, très-humide & très-fpon-
gieux, & d'une odeur très-forte, fur-tout au printemps. Son ufage
alors feroit très-pernicieux, & c'eft peut-être même le champignon
le plus dangereux qu'il y ait dans la Nature, ou du moins celui
dont les effets font les plus prompts & les plus fenfibles, puifque
fes principes, très-exaltés alors, exigent des précautions qu'on prend
toujours lorfqu'on le coupe, & dont la principale eft de détourner
la tête pour n'être point frappé de fa vapeur, qui de tout temps a
paffé pour dangereufe. Dans la faifon de fa maturité, c'eft-à-dire,
en automne, il y a moins de rifque à courir & moins de précautions
à prendre; mais il eft encore humide, & c'eft pour accélérer fa defficcation & le rendre plus propre aux ufages de la médecine, qu'on
le dépouille de fon écorce & de fa partie tubuleufe, & qu'on le met
dans l'état où on le voit ordinairement.

Pour ce qui eft de l'agaric noir, il eft probable que Diofcoride a
voulu parler d'un agaric altéré, puifqu'on fait que la couleur noire
n'eft point la couleur naturelle des vrais agarics, & qu'ils ne la prennent
que lorfqu'ils font dans un état d'altération dernière ou de mort. Les
agarics en général ne fe corrompent point lorfqu'ils meurent, foit
fur l'arbre, foit arrachés du tronc; ils deviennent ligneux & noirs:
cela arrive conftamment fur-tout à ceux qui ont d'abord une fubftance charnue, laquelle devient toujours ligneufe. Haller conjecture
néanmoins que l'agaric noir de Diofcoride, eft une production parafite
de ce genre fournie par quelque arbre réfineux.

(9) On eſt étonné de lire dans les écrits des botaniſtes modernes, même les plus éclairés & les plus exacts, que Pline a donné le nom de *volva* à ce champignon. Cette erreur vient ſans doute de Gaſpard Bauhin, dans le *Pinax* duquel on trouve *volva Plinii* pour ſynonime de *fungus planus orbicularis aureus*, *n.° 23*, *page 371*. Mais il eſt bien clair, par la deſcription que Pline lui-même donne du *boletus* & de ſes parties, que ce n'eſt point la plante qu'il nomme *volva*, mais une de ſes parties, c'eſt-à-dire, la bourſe ou enveloppe de laquelle il ſort, que Pline croyoit formée la première, & dans laquelle le champignon eſt d'abord contenu comme le jaune l'eſt dans un œuf : *Volvam enim terra ob hoc priùs gignit, ipſum poſtea in volvâ ſicut in ovo eſt luteum.... rumpitur, hoc primo naſcente, &c.* Plin. *Hiſt. nat. lib. XXII*, cap. *22.* Ainſi on a pris la partie pour le tout. L'erreur de G. Bauhin vient de ce qu'il a cru que le *boletus* de Pline, qu'on trouve quelquefois au pied des chênes, & dont cet auteur parle dans un autre endroit, diſant : *ſed & boletos ſuilloſque.... quæ circà radices gignuntur*, étoit une production de cet arbre différente des champignons, & qu'il met, comme lui, au nombre des excroiſſances du même arbre ; mais le paſſage de Pline prouve clairement que ce ſont des champignons dont il veut parler, & que G. Bauhin n'auroit pas dû ſéparer des autres, comme il l'a fait. *(Voyez C. Bauhin. Pinax, p. 422, n.° 16, quercûs excrementa.)*

Une autre cauſe d'erreur encore ſur le *volva*, vient du *Philoſophia botanica* de Linné, où cette partie eſt mal indiquée. *(Voy.* la 2.ᵉ note de la page 1.ʳᵉ de la partie II.ᵉ de cet ouvrage, ſous le mot *bourſe.)*

(1 0) Il eſt étonnant que Pline, dans cette énumération, n'ait pas compris l'if & ſur-tout l'olivier, ſur la ſouche duquel, d'après des obſervations exactes, poſtérieures à celles de Nicandre, connu de Pline, il en croît une eſpèce couleur d'or, qu'on appelle *olivi* en Italie, dont l'uſage eſt fort dangereux. *(Voyez* Micheli, *Nova genera plantar. pag. 191 & 200.)*

(1 1) Les anciens comprenoient ſous la dénomination d'*aphronitrum*, deux ſortes de corps ſalins : l'un qu'on appelle *ſalpêtre de houſſage* ; l'autre qui eſt la diſſolution du ſel qu'ils appeloient *nitrum*, avec le ſavon. *(Voyez Galenus de antidotis.)*

(1 2) Je crois que Ruelle ſe trompe, lorſqu'il dérive le mot *merulius*, de *meta*, parce que la morille a quelquefois la forme d'une borne. Il eſt plus vraiſemblable que ce mot vienne de *morus*, mûre, à cauſe de la reſſemblance qui exiſte, pour la forme & l'état de leur ſurface, entre la morille ordinaire & le fruit du mûrier noir. Il y a lieu de croire qu'on a dit d'abord *morilius* ou *morulius*, & enfin *merulius.*

Du refle, les botaniftes modernes ont employé diverfement ce terme, en le donnant, comme Haller, à des champignons qui n'ont aucun rapport avec la morille. (Voy. *fynon. des genres, n.° 43; & fynon. des efpèces, n. 1 0. a. 1.)*

(*1 3*) Voici la compofition de ce firop, dont on ne peut pas garantir l'effet, mais qu'on peut préfumer capable de donner de la chaleur à ceux qui en manquent, quoiqu'il ne foit pas fait d'après les meilleurs principes de l'art.

Sirop de Truffes.

Prenez Truffes pelées, quatre livres,
    Méliffe, une livre,
    Chardon béni, huit livres.

Faites bouillir dans fuffifante quantité d'eau jufqu'à réduction de trois livres; paffez la décoction, en exprimant fortement le marc; diftillez la liqueur, pour en faire (avec f. q. de fucre) un firop, auquel on ajoute un gros d'eau diftillée de miel, & demi-once d'efprit-devin par chaque livre de liqueur; aromatifez le tout avec un peu d'eau rofe & de mufc. Cette préparation fe conferve très-bien fans fe corrompre: la dofe eft de deux onces un peu chaud, & on eft quatre heures fans manger.

(*1 4*) Ce champignon a donné lieu à une erreur, dont J. Godeaert eft l'auteur, & qui dès fa naiffance fut reconnue & combattue par Ray. Godeaert (voy. *Metamorphofis naturalis*) crut que ces corps lenticulaires étoient des œufs d'araignées, & qu'en les mettant en terre, on en verroit bientôt éclore ces infectes. De nos jours, on a adopté des idées qui ne font pas fort éloignées de celles de Godeaert. Lancifi les renouvela au commencement de ce fiècle, pour foutenir le fyftème de Marfigli, & Linné en a fait prefque autant à l'égard de celui de Munchhaufen, dans fon *Mundus invifibilis.*

(*1 5*) Quelques bibliographes ont été induits en erreur fur l'année de l'édition de cet ouvrage, foit par les nouveaux frontifpices qui en annonçoient une nouvelle, fur-tout une de 1712, foit par les époques de 1654 & 1668, qu'on trouve au commencement du difcours, qui eft en langue flamande, & qu'on a pris vraifemblablement pour celles des premières éditions de cet ouvrage. Haller n'a pas été dans cette erreur; il dit qu'il n'y a point d'édition de 1654, puifque dans la préface il eft fait mention de faits paffés en 1669; & que d'ailleurs les chronogrammes qu'on voit à la tête de l'ouvrage, établiffent la première édition à l'époque de 1675; ce qui eft vrai. Mais Haller admet, d'après d'autres bibliographes, les éditions de 1676

& de 1712, induit en erreur par des frontifpices fubreptices; mais s'il eût pris la peine de vérifier la chofe, il fe feroit convaincu qu'il n'y a eu d'autre édition que celle de 1675, & que dans celle fuppofée de 1712, que nous avons fous les yeux, on y trouve non-feulement l'omiffion des lettres de la planche XXVI, mais dans le cours de l'ouvrage, qu'en novembre 1674 il étoit après à faire imprimer fon livre, & que fi jamais il en donne une feconde édition, il rectifiera beaucoup de chofes; qu'il fera voir, par exemple, que la plupart des efpèces données pour être d'un ufage douteux, font bonnes à manger, &c. ce qui démontre clairement que la fabrication de ce frontifpice eft une fupercherie de la part du libraire ou de l'auteur. Les chronogrammes d'ailleurs, établiffent inconteftablement l'édition à l'époque de 1675.

(16) Cette manière de faire une couche à champignons, qui eft à peu-près la méthode ancienne, c'eft-à-dire, celle qui confifte à employer des écorces d'arbres, telles que celle du chêne ou le tan, pourroit juftifier en quelque forte l'opinion des Anciens fur la faculté qu'on attribuoit au contact du fer rouillé ou diffous, de communiquer aux champignons des qualités fufpectes; car en fuppofant un terrein ferrugineux & chargé de fels vitrioliques, on conçoit la poffibilité de la diffolution de ces fels par la préfence de l'humidité; & par celle d'une écorce aftringente, la poffibilité d'une liqueur noire ou forte d'encre qui peut en réfulter & teindre en noir les champignons qui y croiffent, comme Sterbeeck dit l'avoir obfervé fur des terreins femblables. Mais il eft plus naturel de croire que cet auteur n'a jugé de la nature du terrein & de la qualité des champignons que par leur couleur noire, indice bien foible & bien fujet à tromper, puifque prefque tous les champignons finiffent par devenir noirs fur toute forte de terreins, & qu'il y en a une famille entière dont les feuillets prennent conftamment cette couleur par-tout.

(17) Suivant Sterbeeck, on conferve plufieurs efpèces de champignons en les enfilant de manière qu'ils ne fe touchent pas, & en les faifant fécher dans un endroit chaud, après les avoir cueillis par un temps fec. Quand on veut les manger, on les fait revenir dans l'eau, dans le lait ou dans le bouillon; c'eft ainfi qu'on conferve le champignon ordinaire, les barbes-de-chèvre, les morilles, &c. On les conferve encore dans l'huile, le vinaigre ou la faumure; on préfère même ce dernier moyen pour les champignons ordinaires.

Pour les manger rôtis, on les traverfe d'une petite broche & on les graiffe avec du beurre, ou bien on les arrofe avec du verjus ou du vinaigre. Dans le pays de Liége & dans le Luxembourg, on en fait des beignets avec du beurre, en les roulant dans la farine après les avoir fait bouillir.

O_n

On prépare les bonnes espèces encore en manière de fricassée, avec des moules hachées, du persil, de la marjolaine, du poivre, des jaunes d'œufs, de l'huile d'olive ou du beurre, un peu de vin, une pointe d'ail, des anchois, un zest de citron & la grosse groseille blanche; ou bien après les avoir fait bouillir & essuyés, on les fait tremper un quart-d'heure dans le vinaigre qu'on jette; on les remet dans d'autre vinaigre auquel on donne un bouillon, en y ajoutant du poivre concassé, du romarin, une feuille de laurier, du fenouil, & on les sert froids. Cette manière est très-avantageuse, sur-tout pour corriger les champignons dont on suspecte les qualités.

Moutarde à champignons.

On prépare en Italie, suivant Sterbeeck, une sauce fort renommée pour les champignons, & qu'on y appelle *moutarde blanche* ou *moutarde à champignons;* on la regarde comme la plus excellente sauce qu'il y ait, & comme un des meilleurs correctifs de ces plantes. Pour la faire, on prend des amandes pelées qu'on pile dans un mortier avec un peu d'eau; on y ajoute de l'ail, du gros poivre concassé, de l'huile d'olive & du suc de citron; on donne au tout la consistance de la moutarde, & on la sert avec les champignons cuits.

Sterbeeck rapporte encore d'autres manières de les préparer, mais qui sont de très-peu d'importance.

(1 8) Je crois qu'il est possible de corriger ainsi un champignon même très-vénéneux, puisqu'on emploie deux moyens très-puissans pour produire cet effet, l'eau de chaux & l'eau salée. On sait que c'est par l'eau de chaux qu'on corrige l'amertume de certains fruits, & qu'on l'enlève même entièrement, comme on le pratique pour l'olive verte qu'on veut confire. Ce fruit est, comme on sait, dans cet état d'une amertume insupportable, & le fait arrivé à Racine en Languedoc est connu *. Pour enlever ce principe amer, on fait d'abord tremper l'olive environ dix à douze jours dans un lait de chaux ou dans une forte lessive; on la fait passer ensuite plusieurs fois à l'eau fraîche, & on finit par la laisser tremper dans une eau salée. J'ignore l'effet de l'eau de chaux sur les champignons, je crois qu'elle peut retarder leur fermentation putride; mais je sais que l'eau salée est un puissant correctif de ces plantes : ainsi l'on a dans cette méthode un double moyen de les corriger; & il est vraisemblable que sans cette précaution,

---

* Racine étant dans le bas Languedoc près d'Uzès, à la campagne, aperçut des olives vertes sur l'arbre, & en remplit ses poches dans l'intention de s'en régaler; mais il fut puni de son petit larcin, par l'amertume insupportable de ce fruit, & par l'essai qu'il en fit inutilement sur plusieurs.

Tome I. S ss

on pourroit courir quelque rifque en faifant ufage de l'efpèce dont l'auteur parle.

(1 9) Cet ouvrage de Baldus *ou* Baldi, que Micheli cite fouvent dans fes écrits, eft aujourd'hui dans la bibliothèque de Nani, à Venife, fous le *n.*° *54*, avec ce titre : *Jofephi Baldi, Doctoris Florentini, de fungis libri duo.* Il eft fans figures. L'étymologie qu'il donne du mot *fungus*, paroît la plus naturelle; il la dérive du mot grec σφόγγος pour σπόγγος, d'où vient *fpongia*, & dont on a fait d'abord *sfungus*, enfuite *fungus*, comme pour dire, corps fpongieux, fuivant l'idée générale qu'on a de tous les champignons.

Baldi ne confidère pas ces plantes comme le produit d'une fermentation acide ou putride, mais comme l'effet d'une fubftance fpermatique, informe, pulvérulente & vifqueufe, faifant l'effet d'une femence bien conformée, & confervant long-temps fa force génératrice. Il admet cette vertu dans la pouffière féminale de ces plantes, & dit que, quoiqu'on n'aperçoive pas d'autres parties de la fructification, comme fleurs, enveloppes des graines, &c. il eft vraifemblable qu'elles exiftent, & penfe qu'il eft poffible de les découvrir au moyen du microfcope, comme dans les fougères, le capillaire, le ceterac, le politric, les lichens & autres, qui, en apparence, en font privées, & qui néanmoins en contiennent au dos de leurs feuilles.

Baldi examine enfuite les parties fimilaires & diftinctes de ces plantes, en quoi confifte leur vénénofité, & les précautions à prendre lorfqu'elles nuifent. Il fait mention, fous le nom de *peziza*, d'un champignon de forme globuleufe qui fut envoyé en 1687 au grand duc de Tofcane, Côme III, & qui étoit du poids de douze livres & demie. Baldi fit, par fon ordre, plufieurs expériences, dont il réfulta qu'il n'étoit point vénéneux & qu'il étoit très-agréable à manger * : il eft aifé de voir que c'étoit un lycoperdon. (Voyez *fynonimie des efpèces*, *n.*° *31. a. 3.*)

(2 0) Micheli dit, *page 136*, qu'ayant laiffé répandre à plufieurs champignons feuilletés leur pouffière féminale fur des feuilles à demi pourries de chêne-vert, de laurier, le 10 juin 1718, & qu'ayant placé ces feuilles en plufieurs endroits ombragés & propres aux champignons, il aperçut, le 20 feptembre de la même année, après quelques pluies qui avoient eu lieu, depuis le 20 août jufqu'au 4 feptembre, cette pouffière féminale de la groffeur d'un grain de millet,

---

* Cette notice eft tirée d'un catalogue imprimé à Venife en 1776, & qui a pour titre : *Codices manufcripti latini bibliothecæ Nanianæ, a Jacobo Morellio relati, &c.* Venetiis, 1776, in-4.° de 202 pages.

& l'enveloppe de cette graine couverte comme d'une laine extrêmement blanche, & qui avoit jeté des radicules capillaires. Quelques
jours après, il s'éleva de cette laine de petites têtes de champignons ;
& vers la fin d'octobre, après quelques jours pluvieux, ils parurent
tout formés. Le réfultat ne fut pas le même dans tous les tas de
feuilles fur lefquelles avoit tombé la pouffière féminale ; & Micheli
dit que l'expérience ne réuffit pas toujours. Cet auteur expofe aux
planches LXXIII, LXXIV, LXXVII, la progreffion graduée & jour-
nalière de ces champignons, qui étoient de même efpèce que ceux
dont il avoit femé la graine ; il en conclut qu'il a eu la démonftration
de la reproduction de ces plantes par leur graine, ou plutôt de la
converfion de ces graines en champignons de même efpèce.

Micheli, lors de la publication de fon ouvrage, pouvoit avoir lû
les expériences de M. de Réaumur, faites fur le nofloc, & imprimées
dans les Mémoires de l'Académie, *année 1722,* dont il réfulte,
qu'ayant femé les petits grains qu'on trouve fur la furface de ces
plantes, ces grains en produifirent de femblables ; & alors le naturalifte françois auroit eu au moins la gloire d'avoir mis le botanifte
d'Italie fur la voie des découvertes. Mais celle de Micheli, quelque
probable, quelque réelle qu'elle paroiffe, n'a pas encore tous les
caractères de l'évidence, dans toutes les circonftances qui ont accompagné fes effais, ni la fanction de tous les obfervateurs, quoique le
plus grand nombre s'accorde fur le point principal.

Mazzoli * dit avoir fait la même expérience fur un phallus qu'il
avoit mis dans l'eau ; les femences ovales détachées de la partie fupérieure ayant tombé au fond, il les répandit avec l'eau fur une pierre
à champignons, & au bout de quelques jours il en pouffa cinq ou
fix phallus. Gleditfch dit avoir répété l'expérience de Micheli avec
le même fuccès ; elle a été tentée de même par Battara, mais fans
fuccès : cependant cet auteur dit en avoir fait une autre qui a eu
plus de réuffite ; ayant répandu la pouffière féminale d'un champignon fur un tas de feuilles de chêne, trois jours après il y aperçut
les premiers linéamens de la plante déjà formée ; c'eft tout ce qu'il
a pu voir. Camerarius a femé, mais en vain, les petits corps lenticulaires du *pezica lenticularis,* que Micheli regarde comme les fruits
de la plante. Seyffert dit avoir obtenu, par un temps très-humide,
des champignons, de leur femence jetée fur un terreau ligneux
& putride. Otton-Frederic Muller dit de même que la femence
d'un cepe tombée par hazard dans un terrein favorable, en multiplia
l'efpèce ; mais Néedham nie cette fécondité ou faculté reproductrice

---

* Mazzoli, *Memorie fopra la fifica e ifloria naturale, &c.* tom. I, pag. 172.

des champignons, sur-tout dans les mucor, que Micheli dit avoir semés comme les champignons.

Cependant, les belles découvertes de **Hedwig** semblent enfin résoudre la question, & tout concourt à prouver avec Micheli, **contre** Martigli, Lancisi, Néedham, que les champignons se reproduisent de leurs semences, comme les autres plantes ; que leur état fermentatif dans leur première formation n'exclut pas la nécessité de la présence des semences, ni leur fécondation ; & que ces productions, malgré le sentiment de Godeaert, de Munchhausen, de Weis, & de l'auteur du *Mundus invisibilis*, appartiennent incontestablement au règne végétal,

SYNONIMIE DES GENRES,

CLASSES ET PRINCIPAUX ORDRES DE CHAMPIGNONS.

1.

Truffes.

Hydnum Græc. Theophrasti.
Tubera Latinor. Plinii. Joan. & C. Bauh. Tournefort. Vaillant. Micheli.
Fungi subterranei ⬛aii.
Lycoperdi species Linn. Haller.
Lycoperda tubera Scopoli.
Lycoperda subterranea Batsch.

(*Voyez* n.° 76.) *

2.

Champignons à tige & à chapiteau.

Myces Græcor. Theoph. Dioscor.
Fungus Latinor. Vaillant, 1.re, 2.e, 3.e, 4.e, 5.e, 6.e familles.

(*Voy.* n.ºs 5, 6, 7, 8, 12, 13, 17, 19, 20, 21, 25, 28, 30, 31, 32, 34, 35, 36, 37, 42—47, 57, 58, 86—93, 111—114, 116—120.)

3.

Champignons membraneux.

Poxos Theophrasti.
Pezica Plinii.
Pezicæ Hermolai.
Fungi quasi sessiles Ruellii.
Fungi pezicæ Fabii Columnæ.
Fungoïdes Tournefort. Vaillant. Micheli.
Peziza & pezica Dillenii.
Encæliæ cavæ Hill.
Fungor. membranaceor. spec. Battar.
Elvelæ patellæ Scopoli.
Pezizæ membranaceæ Haller.

(N.ºs 29, 42, 54, 56, 69, 85, 98, 99, 100, 108, 115, 125, 126, 149.)

4.

Vesses-de-loup.

Cranion Theophrasti.
Fungi ovati Hermolai. Tragi, 1.um, 2.um genus.
Crepitus lupi Ruell.
Pezica, puza, vescia Cæsalpin.
Lycoperdon Tournefort. Vaillant. Hill. Battaræ.
Bovistæ species Dillen.
Lycoperdi species Linn.
Lycoperda bovistæ Scopoli.
Lycoperdon, lycoperdoïdes, lycoperdastrum, geaster, carpobolus Micheli.

(N.ºs 40, 65, 66, 67, 68, 76, 102, 102, 130, 131.)

5.

Champignons des prés.

Fungi pratenses Horat. Sterbeeck.
Fungi campestres Ruell.
Prateoli Cæsalpin.
Amanitæ & boleti Tragi.
Fungi vulgares edules Lobel.
Fungi autumnales Dodon.

6.

Oronges.

Helvellæ Cicer. epist. ad Gallum.
Boleti Plinii. Juvenal. Martial. Sueton. Clusii. Valer. Cord. in Dioscor.
Bolites Græc. Galen.
Fungi è volva erumpentes Micheli. Battaræ, 5.^{a} classis.
Volva Adanson.
Agarici volvati Batsch.

7.

Couamelles.

Fungi velut apice flaminis Plin.
Fusei Ruell.
Scarogiæ, canellæ Cæsalp.
Conochielle Portæ.

8.

Cepes *ou* Potirons.

Fungi suilli Plin. & *porcini* Cæsalp.
Amanita Græc. Galen. Paul. Ægin.
Fungi farnei Apicii.
Fungi spongiosi Ruell.
Romanitæ Bruyer. Campeg.
Silli & ammoniti Portæ.
Boletus Dillen.
Suillus & polyporus Micheli.
Boleti species Linn.
Ceriomyces Battaræ.
Boleti suilli Batsch.

(N.ºs 14, 57, 58, 71, 84, 121, 122, 123.)

9.

Morilles.

Spongia Plinii.
Fungi spongioli Hermolai.
Merulii & metulii Ruell.
Fungor. escul. 1.um *genus* Clusii.
Spongiolæ Portæ. Ponæ.
Fungi præcoces Dodon.
Fungi favaginosi seu *rugosi favis mellis similes* Lobel.
Fungi rugosi Cast. Sterbeeck.
Fungus spongiosus Dalescampii.
Merulius J. Bauhin.
Boletus Tournef. Vaill. Battaræ.
Morchella Dillen.
Phalli species Linnæi.

(N.ºs 38, 59, 73, 96, 109, 127, 129.)

---

* Ces numéros de renvoi servent à désigner d'autres genres voisins ou analogues, ou qui ne sont pas exactement les mêmes, & qu'on trouve dans cette Synonimie des genres.

Tome I.   T t t

10.

Champignons du peuplier.

Ægiritæ Tarentini. Tragi. Portæ.
Fungi populnei Dodon.

11.

Clavaires & Coralloïdes.

Fungi digitelli Hermolai. Ruell.
Tragi. Cæsalp.
Manotæ Bruyer. Campeg.
Maninæ Cæsalp.
Fungoïdes Dillen.
Clavaria Linn. Haller. Gleditsch.
Scopol. Schaeff. Batsch.
Fungus digitatus & ramosus C. Bauh.
Clavaria & corallo-fungus Vaillant.
(V. n.ᵒˢ 23, 41, 48, 52, 82, 83, 94, 129.)

12.

Champignons dartreux.

Fungi porriginosi Hermolai. Ruell.
Fungi muscarii Valer. Cord.
(V. n.ᵒ 20.)

13.

Mousserons.

Cardeoli, prunuli, spinuli Hermol.
Ruell. Cæsalp.

14.

Champignons coquillers.

Laciniæ Hermolai.
7.ᵘᵐ genus seu fungi lepusculi Trag.
Gallinaccia Porta.
21.ᵘᵐ genus fung. escul. Clusii.
Fungi genus magnum Gesner.

15.

Agarics-amadou.

Fungi lignei Cælii Aurel. lib. V,
cap. 1.
Fungi igniarii Hermol. Trag. Cæsal.
Isca Paul. Ægin. lib. VI, cap. 49.
Esca, genus Cæsalp.
Esco ou esquo Garidel.
Fungi arborei ad ellychnia J. Bauh.

16.

Bovistæ species Dillen.
Agarici ord. 2. species Micheli.
Boleti species Linnæi.
Agaricon Adanson.
Polypori species Haller, Hist.

Agaric-labyrinthe.

Fungi strigilium vice Hermolai.
Esca, genus Cæsalp.
Striglia Adanson.
Agarici species Linnæi.
Amanitæ species Haller, Hist.

17.

Champignons en œuf.

Fungi ovati Ruell.
Agarici atramentarii Scopoli.
Hydrophoror. species Battaræ.
Agarici fugaces Batsch.
Pisciacane Italor.

18.

Agarics de toute espèce.

Fungi arborei Ruell.
Fungi arborescentes Raii.
Agaricus Tournef. Vaillant.
Agaricus & bovistæ species Dillen.
Agaricum Michel. ord. 1, 2, 3, 4,
5, 6, 7, 8.
(V. n.ᵒˢ 10, 14, 15, 16, 22, 24, 27,
39, 48—54, 70, 71, 72, 83, 94, 97, 103,
104, 105, 110, 121.)

19.

Champig. laiteux & poivrés.

Fungi piperati & lactescentes Valer.
Cord.
Fungi orbiculati s. 3.ᵘᵐ genus Tragi.
Fungi acres & lactescentes Michel.
Agarici lactescentes Scopoli.

20.

**Champignons à mouches,
rouges.**

9.ᵘᵐ genus seu fungi muscarii Tragi.
12.ᵘᵐ genus fungor. perniciof. Clusi.
Fungus muscas interficiens C. Bauh.

21.

Girandets ou Girolles jaunes.

4.ᵘᵐ genus seu fungi lutei & splen-
didi Tragi.
Capreolini Tabern. Montan.
Gallinacei Portæ.

22.

**Champignons & Agarics
aux arbres.**

12.ᵘᵐ genus s. fungi arborei Tragi.
Fungi ad arbores Pôrtæ.

23.

**Coralloïdes ou Clavaires
ramifiées.**

5.ᵘᵐ genus Tragi.
Barba caprina seu 19.ᵘᵐ genus fung.
escul. Clusii. Sterbeeck.
Fungus ramosus Ferrant. Imperat.
J. & C. Bauh.
Fungus digitatus major & minor
C. Bauh.
Coralloïdes Tournefort. Micheli.
Battaræ. Haller, Enum.
Corallo-fungus Vaillant.
Clavariæ ramosæ Linn. Spec. pl.
Batsch.
Merisma Hill.
Manina Adanson.

24.

Pierre à champignons.

Fungi lyncurii Cæsalp.
Fungi e Saxis Portæ.
Tuberaster Battaræ.

25.

**Champignons feuilletés
en touffe.**

Familiolæ Cæsalp.
Fungi fasciculosi Micheli.
Polymyces & omphalopolymyces Batt.

26.

Bourfettes.

Ignis fylveftris feu fungi pannis lace-
ris fimiles Cæfalp.
Vefcia Fabii Columnæ.
Clathrus Micheli. Adanfon.
Clethria Hill.
Clathri fpec. Linnæi.
Clathri carnofi Batfch.

(N.º 60, 61, 74, 81.)

27.

Langue-de-bœuf, agaric.

Linguæ Cæfalp.
Agaricum ord. 1 Micheli.
Poria Hill.
Agaricon Adanfon.
Agarico-fuillus Haller, Enum.

28.

**Champig. terreftres (des prés
& des bois).**

Fungi pratenfes Portæ.
Fungi terreftres Raii.

29.

**Fungoïdes *&* Agarics
fans tige.**

Fungi pezicæ f. apodes Fab. Column.

30.

**Champignons hémifphériques
& coniques.**

Fungi varii J. Bauhin.

31.

Moufferons de Sterbeeck.

Boleti Sterbeeck, tab. 2. 17.

32.

**Champignons laineux
ou foyeux.**

Fungi villofi feu lanati Sterbeeck.

33.

Champignons en feuilles.

Fungi foliacei Sterbeeck, tab. 27,
fig. *L.*

34.

Champignons des bois.

Fungi fylvatici Mentzel.

35.

**Champignons feuilletés
& poreux.**

Fungus Tournefort.

36.

**Champignons feuilletés
& à nervures.**

Amanita Dillen.
Fungus Micheli.
Lepiota Hill.
Agarici ftipitati Linn. Spec. pl.

37.

**Champignons à pointes
ou à papilles.**

Erinaceus Dillen. Michel. Haller,
Enumer.
Fungus papillatus Vaill. 2.ᵉ famille.
Thælæphora Willdenow.
Fungus erinaceus Vaill. 3.ᵉ famille.
Acontia Hill.
Bidona Adanfon.
Hydna ftipitata Linn. Batfch.

38.

Phallus.

Phallus Dillen. Micheli.
Phalli fpecies Linnæi.

39.

**Agarics à deux furfaces
horizontales.**

Agaricus Dillen.
Agarici & boleti acaules Lin. Sp. pl.

40.

**Veffes - de - loup *&* Agarics
de forme globuleufe.**

Bovifta Dillen.

41.

Clavaires fimples.

Clavaria Vaillant. Micheli. Hill.
Haller, Enum. Adanfon.
Clavariæ indivifæ Linn.
Clavariæ clavæformes Batfch.

42.

Champignons à furfaces unies.

Fungus Vaillant, 1.ʳᵉ famille.
Fungoidafter Mich. Haller, Enum.
Leotia Hill.
Elvelæ buccinæ fpecies Scopoli.
Pezizæ membranaceæ Haller, Hift.

43.

Champignons à nervures.

Fungus Vaillant, 5.ᵉ famille.
Merulius Haller. Scopoli.
Chanterel Adanfon.
Agarici venofi Batfch.

44.

Champignons feuilletés.

Fungus Vaillant, 6.ᵉ famille.
Fungus Haller, Enum. & Flor. Ien.
Amanita Haller, Hift.
Agarici ord. 1, 2, 3, 4, 5, 6, Scop.

45.

**Champignons feuilletés, à tige
pleine & nue.**

Fungus Vaillant, 6.ᵉ famille &
1.ʳᵉ claffe.

46.

**Champignons feuilletés, à tige
fiftuleufe & nue.**

Fungus Vaillant, 6.ᵉ famille &
2.ᵉ claffe.

47.

Champgnons feuilletés,
à tige colletée.

Fungus Vaill. 6.ᵉ famille & 3.ᵉ claf.
Fungi fingulares Battaræ, 6.ᵉ claffe.
Fungus Adanfon.

48.

Fongofités dures & cruftacées,
ou Hypoxilons.

Lichen-agaricus Micheli, Haller,
Enum. Flor. Ien.
Sphæria Haller, Hift. Weigel.
Batfch, tom. II.
Clavariæ cruftaceæ Batfch, tom. I.
Xilaria & *æcidium* Hill.
Hypoxilon & *valfa* Adanfon.
(N.ᵒˢ 82, 83, 147.)

49.

Agarics poreux.

Agaricum , 3.ᵘˢ ordo Micheli.
Agarico-polyporus Haller, Enum.
Poria Adanfon.
Boleti acaulis fpecies Linn.
Polypori feffilis fpecies Haller, Hift.

50.

Agarics par étages & tubuleux.

Agaricum , 4.ᵘˢ ordo Micheli.
Scindalma Hill.
Mifon Adanfon.

51.

Agarics fpongieux.

Agaricum , 5.ᵘˢ ordo Micheli.
Amphitretia Hill.
Terana Adanfon.

52.

Agarics épineux.

Agaricum, ordo 6.ᵘˢ Micheli.
Echin-agaricus Haller, Enum.
Odontia Hill.
Somion Adanfon.
Agarici fpecies Tournefort.
Hydna lateralia Batfch.

53.

Agarics feuilletés.

Agaricum, 7.ᵘˢ ordo Micheli.
Agaricus Hill.
Agarico-fungus Haller.
Kuema Adanfon.
Agarici dimidiati Linnæi. Scopol.
Batfch.
(V. *Grlona* Adanfon, n.ᵒ 105.)

54.

Agarics à furfaces unies.

Agaricum, 8.ᵘˢ ordo Micheli.
Agaricus & *agaricum* Haller, Enum.
& Hift.
Stereum Hill.
Elvela Batfch, Elenc. fung. t. II,
p. 187.
(N.ᵒ 97.)

55.

Coccigrues à croiffans.

Ceratofpermum Mich. Hill. Haller.
Adanfon.

56.

Noftocs.

Linckia Micheli.
Nofloc Tournef. Plant. des envir.
de Paris. Vaillant.
Elvelæ tremulæ Scopoli.
Fuci fpecies Adanfon.
Tremellæ fpecies Linnæi.
Fungi membranacei fpecies Battaræ.
Peziza gelatinofæ Haller, Hift.

57.

Champignons tubuleux à deux
fubftances.

Suillus Micheli. Haller, Enum.
Adanfon.
Solenia Hill.
Boleti ftipitati fpecies Linnæi.
Polypori ftipitati fpec. Haller, Hift.

58.

Champ. poreux ou polypores,
à une fubftance.

Polyporus Michel. Haller, Enum.
Adanfon.
Polypori fpecies Haller, Hift.
Porium Hill.
Boleti fpecies Linnæi.
Boleti reteporei Batfch.

59.

Morille à chapeau.

Phallo-boletus Micheli. Adanfon.
Phalli reticulati fpecies Batfch.

60.

Bourfettes à reffort, fans tige.
Clathröides Micheli.
(N.ᵒ 81.)

61.

Id. à tige.

Clathröidaftrum Micheli.
(N.ᵒ 81.)

62.

Moififfure à écorce, & ronde.

Mucor Micheli. Haller.

63.

Moififfure en lait, *ou* Lait-de-
loup.

Lycogala Micheli. Haller, Hift.

64.

Mucofité à croûte furfureufe,
Mucilago Micheli.

65.

Veffe-de-loup à grains.
Lycoperdoïdes Micheli.

66.

Veffe-de-loup à cellules.
Lycoperdaftrum Micheli.

67.

Vesse-de-loup étoilée.

Geaster Micheli.
Lycoperda geasteres Scopoli.
Lycoperda stellata Batsch.

68.

Vesse-de-loup à bombe.

Carpobolus Mich. Hill. Willden.

69.

Coccigrue à lentilles.

Cyathoïdes Michel. Haller, Enum.
Cyathia Hill.
Peziza Linnæi, Gleditsch.
Cyatha Adanson.
Cyathus Haller, Hist. Willdenow.
Peziza lentiferæ Batsch.

70.

Agarics & Champ. feuilletés
& à nervures.

Fungi lamellati terrestres & arborei
Raii, Syn. II.
Agaricus Lin. Gleditsc. Schaef. &c.
(N.° 110.)

71.

Agarics & Champig. poreux
& tubuleux.

Boletus Linnæi.
Polyporus Haller, Hist.

72.

Agarics & Champignons
épineux.

Hydnum Linn. Schaeffer. Batsch.
Echinus Haller, Hist.

73.

Morilles & Phallus.

Phallus Linnæi.
Dyctiaria Hill.
Phalli reticulati Batsch.

74.

Bourfettes de toute espèce.

Clathrus Linnæi.
*Clathrus, clathröides & clathroïdas-
trum* Micheli.
Clathri carnosi & sicci Batsch.
(N.° 81).

75.

Morilles à surface unie.

Elvela ou *helvella* Linn. Gleditsch.
Schaeffer.
Phalli species Scopoli.
Boleti species Haller, Hist.
Phalli acaules & lobati. Batsch.

76.

Vesses-de-loup & Truffes.

Lycoperdon Linn. Gleditsch. Haller,
Hist. Schaeffer. Batsch.

77.

Moisissures de toute espèce.

Mucor Linnæi. Gleditsch.
Physarum Hill.
Lycogala Adanson.
Mucor, lycogala, mucilago Micheli.

78.

Moisissures à tige.

Embolus Haller.
(N.° 132.)

79.

Bourfettes à tige & à tête
ronde.

Sphærocephalos Haller, Enum.

80.

Agarics à nervures.

Agarico-merulius Haller, Enum.

81.

Bourfettes à ressort, à tige
& sans tige.

Arcyria Hill.
Clathröides & clathroïdastrum Mich.
Trichia Haller, Hist.
Stemonitis Gleditsch.
Clathri sicci Batsch, tom. I.
Embolus Batsch, tom. II.

82.

Hypoxilons à tige.

Xilaria Hill.
Lichen-agaricus 1.us ordo Micheli.
Hypoxilon Adanson.
Sphæriæ caulescentes Haller, Hist.

83.

Clavaires sans tige.

Æcidium Hill.
Lichen-agaricus 2.us ordo Micheli.
Valsa Adanson.

84.

Agarics & Champig. poreux,
épineux.

Boletus Gleditsch.
Boletus & hydnum Linnæi.

85.

Champignons membraneux en
forme d'oreille, de conque,
ou de trompette, &c.

Fungi membranacei Battaræ.
Peziza species Dillen. Linn.
Elvela Gleditsch.
*Elvela buccina, auriculæ, scyphi,
patellæ, disci* Scopoli.
Fungoides Tournefort.
*Linckiæ, fungoïdis, fungoïdastri
species* Mich.
*Pezicæ membranaceæ, gelatinosæ &
coraceæ* Haller, Hist.
Peziza species Fabii Columnæ.
Encalia Hill.

86.

Champignons à feuillets
voilés.

*Fungi velum pro anulo habentes
feu 7.ª claſſis Battaræ.*

87.

Champ. feuilletés & colletés,
en touffe ou en famille.

Polymyces anulatus, claſſis 8.ª Batt.

88.

Champ. feuilletés, en nombril,
folitaires.

Omphalomyces, claſſis 9.ª Battaræ.

89.

Id. en famille.

Omphalopolymyces, claſ. 10ª Battar.

90.

Champignons feuilletés, à tige
nue, bombés ou coniques,
folitaires.

[*Monomyces, claſ. 11.ª Battaræ.*
Amanita Adanfon.
Agarici pulvinati Batfch.
(N.° 117.)

91.

Id. en famille.

Polymyces fimplex, claſ. 12.ª Battar.

92.

Champignons feuilletés, frêles
& aqueux, ou hydrophores.

Hydrophori, claſ. 13.ª Battaræ.

93.

Champig. feuilletés en forme
de petit clou.

Bulla, claſſis 14.ª Battaræ.

94.

Agarics hériſſons.

[*Martela* Adanfon.
Agarici ord. 6, fpec. Micheli.
Boviſtæ fpecies Dillen.
Hydna difformia Batfch.
Hydni fpecies Linnæi.
Hydnum Willdenow.

95.

Fungoïde en boule.

[*Ugola* Adanfon.
Fungoïdis & fuugoïdaſtri fpec. Mich.

96.

Morille en champignon.

[*Monka* Adanfon.
Boleti fpecies Battaræ.

97.

Agarics gélatineux, à furface
unie.

[*Patila* Adanfon.
Agarici 8 ordin. fpecies Micheli.

98.

Fungoïde plat ou en écu.

[*Gonzala* Adanfon.
Fungor. membran. fpecies Battar.
Elvelæ difci Scopoli.
Peziza plana Haller, Hiſt.

99.

Fungoïde en forme de verre.

[*Piſſida* Adanfon.
Fungoïdis fpecies Micheli.
Elvelæ fcyphi Scopoli.

100.

Fungoïde en trompette.

[*Trombetta* Adanfon.
Fungoïdaſtri fpecies Micheli.
Elvelæ buccina Scopoli.
Pezizar. membran. Haller, Hiſt.
Pezizæ fpecies Linnæi, Spec. pl.

101.

Veſſe-de-loup à robe.

[*Sufa* Adanfon.
Lycoperdi fpecies Micheli, tab. 97,
fig. 2.

102.

Veſſes-de-loup à étoiles
& à piliers.

[*Carpobolus* Adanfon.
Geaſtri fpecies Micheli.
Lycoperda ſtellata Batfch.

103.

Agaric de Saint-Cloud,
1.ᵉʳ genre.

[*Sefia* Adanfon.
Agarici fpecies Vaillant.

104.

Id. 2.ᵉ genre.

[*Serda* Adanfon.
Agarici fpecies Vaillant.

105.

Agarics feuilletés, à tige
latérale.

[*Gelona* Adanfon.
Agarici ordin. 6 fpecies Micheli.

106.

Mucofité en laine.

[*Mucilago* Adanf. Haller, Hiſt.
Mucilaginis fpecies Micheli.

107.

Mucofité molle.

Fuligo Haller.

108.

Fungoïde à fubſtance de cire.

[*Peziza ceracea* Haller, Hiſter.
Batfch, Elench. fungor.

109.

Morilles de différente espèce, & Phallus.

Boletus Haller, Histor.
Phallus Scopoli. Batsch.
Phalli & helvellæ species Linnæi.
Fungoïdis species Micheli.
Elvelæ species Gleditsch. Schaeffer.

110.

Agarics & Champ. feuilletés.

Amanita Haller.
Agaricus Scopoli.
(N.° 70.)

111.

Champignons feuilletés, à tige bulbeuse.

Fungi tuberosi Scopoli.

112.

Champignons feuilletés, à tige cylindrique, sans bulbe.

Fungi tereticaules Scopoli.

113.

Champignons feuilletés, en mamelle.

Fungi mammosi Scopoli.
Maslocephali Battaræ.

114.

Champ. feuilletés, à chapiteau reployé.

Fungi crispati Scopoli.

115.

Fungoïde ou agaric en forme d'oreille.

Elvelæ auriculæ Scopoli.

116.

Champignons feuilletés, forts & charnus.

Agarici validi Batsch.

117.

Champig. feuilletés, bombés en orciller.

Agarici pulvinati Batsch.

118.

Champignons feuilletés, en bouclier.

Agarici clypeati Batsch.

119.

Champig. feuilletés, à surface glaireuse.

Agarici unctuosi Batsch.
Lumachone Italor.

120.

Champ. feuilletés, à chapiteau oblique.

Agarici obliqui Batsch.

121.

Champig. & Agarics à pores en forme de cellules.

Boleti favoginei Batsch.

122.

Champ. poreux ou tubuleux, à tube fins & à tige.

Boleti milleporei Batsch.
Elvela species Schaeffer.
Polypori species Micheli.

123.

Champ. poreux ou tubuleux, à aréoles.

Boleti areolati Batsch.

124.

Champignons sous-épineux, en cône renversé.

Hydna deformia Batsch.

125.

Pezizes velues.

Peziza pilosa Batsch.

126.

Pezizes furfureuses.

Peziza furfurosa Batsch.

127.

Morilles sans tige.

Phalli acaules Batsch.
Elvela species Schaeff. tab. 153.

128.

Morilles en lobes.

Phalli lobati Batsch.
Elvelæ species Schaeff. tab. 154, 159, 160, 161.

129.

Clavaires gélatineuses.

Clavariæ gelatinosæ Batsch.

130.

Moisissures sans tige.

Lycoperda sessilia Batsch.
Muci species Micheli. Schaeffer.

131.

Lycoperdons à valve.

Lycoperda volvata Batsch.

132.

Mucor à tige.

Mucor Linn. & Murray, Syst. veg. edit. 13, 14. Batsch. Willden.
Sphærocephali & embolispec. Haller.
Mucoris species Micheli.

133.

Fungoïdes à tuyaux pleins de poussière séminale, sans filamens.

Stemonitis Batsch, tom. II, p. 31.

*

134.

Puccinia Micheli. Wildenow.
Isaria Hill.

135.

Botrytis Micheli.

136.

Aspergillus Micheli.

137.

Monilia Hill.
Aspergillus, botrytis Micheli.

138.

Gabura Adanson.

139.

Cladona Adanson.

140.

Platisma Adanson.

141.

Placodion Adanson.

142.

Kolman Adanson.

143.

Korkir Adanson.

144.

Kordera Adanson.

145.

Graphis Adanson.

146.

Petrona Adanson.

Effus Gleditsch.

Usnea Adanson.

Lichen Adanson.

147.

Godets piqués ou crotiniers.

Poronia Gleditsch, System. plant.
  Wildenow.
Peziza species Linnæi.
Spheria species Haller.

148.

Les petites bombes.

Næmaspora Wildenow.
Spheria species Batsch.

149.

Peaux de morille à étuis.

Octospora Hedvigii.
Peziza species Linn.
Elvela species Gleditsch.

SYNONIMIE DES ESPÈCES.

N.° I.

AGARIC DU MÉLÈZE.

(Synonimie des genres, n.° 2.)

AGARICON Dioſcorid. Galeni.
Agaricum Bellonii, de Arbor. conif.
Agaricus ſive fungus laricis C. Bauh. Pin. 375.
Agaricum ſive fungus lar. Micheli, ord. 3, tab. 61, fig. 1.
Agaricum officinale & boletus laricis Jacquin & Rubel, Agar. officin. Diſſertat. inaug. p. 172.
An polyporus feſſilis convexo-planus, anulis diſcol.ribus fulvis, poris ochroleucis Haller, Hiſtor. ſtirp. helvet. n.° 2284.

a. Eſpèce analogue.

Agaric du pin, à odeur de girofle.

Boletus (odoratus) acaulis ſuprà convexus, ſubpulvinatus, inæqualis, aurantiacus, ſubtùs albido-flaveſcens, poris inæqualibus rotundato-angulatis Wulfen & Enſlin, Com. med.

(*Voyez* ſur les agarics de ce genre, les n.°ˢ 68, 118.)

2.

TRUFFES.

(Synonimie des genres, n.° 1.)

a. Truffe blonde *ou* de Dioſcoride, *dite* Truffe blanche du Piémont.

Tubera (hydna) flaveſcentia Dioſc. lib. II, cap. 139.
An miſy & ceraunium Plinii, lib. XIX, cap. 3 !

(b.. b. c.) Truffe ordinaire.

Lycoperdon tuber Linnæi, Spec. pl.
Tubera Mathiol. in Dioſcor. icon.

b.. Dans ſon premier état, ou au printemps.
Tubera minima, nucis magnitudine, coloris purpurei Raii, Synopſ. II.
b. En été, *ou* Truffe blanche de France & d'Italie.
Tubera alba Plinii, lib. XIX, cap. 23.
Tuber albidum Cæſalp. 613.
Tubera pulpâ candidâ, cortice nigro Mathiol. in Dioſcorid. edit. Lugd. in-4.°
Tartufi con corteccia nera foſtanza di color latteo Ferr. Imper. Hiſt. nat. lib. XXVII.
Tuber æſtivum, pulpâ ſubobſcurâ & odorâ Micheli, p. 221.
c. En hiver ou en automne, *ou* Truffe noire.
Tubera nigra Plinii. Portæ in Villâ.
Tubera nigra pulpâ pullâ Mathioli in Dioſc. edit. Lugd. in-4.°
Tuber brumale, pulpâ obſcurâ & odorâ Micheli, p. 221.
d. Truffes blanches *ou* à ſurface blanche.

1. D'Afrique, *dite* Terfez.

Tamer ſ. *Kema Arab.* Avicennæ, Plemp. Canon. med. lib. II, tract. 2, cap. 11.
Terfez Africanor. ſeu camha Leonis, Afric. Deſcript. lib. IX.
Terfez Afric. tuberis genus album J. Bauh. Hiſt. 3, cap. 81, p. 851.

1.. D'Amérique.

Tubera candida mollia Plum. Traité des Fougères, tome I, pl. 167, fig. K.

2. Petite Truffe pâle d'Italie, *dite* Bianchetti*.
Tuber album Portæ in Villâ.
Tuber minus lævi cortice, colore ſubruffo Mathiol. in Dioſcor. edit. Lugd.
Altri tartuffi di ſuperficie liſcia, pallidi, ſciapiti Ferrante Imperato, Hiſt. nat.

(*Voyez* ſur les truffes, les n.°ˢ 7, 109, 114, 145.)

---

* Malgré le témoignage des auteurs cités ici, il paroît que cette petite truffe eſt la même que celle de Dioſcoride, mais dans ſon premier état, & n'ayant pas encore ni la ſaveur ni l'odeur d'ail qu'elle acquiert dans ſa maturité.

3.

ORONGES.

(Synonimie des genres, n.° 6).

Boletus Plin. Martial. Juven. Apicii. Cæsalp. Portæ.

Helvella Ciceronis, Epist. ad Gallum.

Boletus f. *fungus dominorum vel Cæsareus,* 17.um *genus fung. escul.* Clusii, icon.

Fungus planus orbicularis aureus C. Bauhini, n.° 23, p. 371, & Micheli, tab. 77, fig. 1, p. 186.

Boleti quercûs C. Bauhini, n.° 16, p. 422.

Fungi lutei magni dicti Jaseran, speciosi J. Bauh. Hist. 3, p. 831, & Tournef. Inst. r. h.

Fungus ovinus Sterb. tab. 4, fig. *D. E. F.*

Agaricus Cæsareus Scopoli, Flora Carniol. edit. 2, n.° 1466.

Amanita flavus, volvatus, anulo latissimo Haller, Stirp. helv. Hist. n.° 2430.

(Voyez sur les oronges, les n.ºs 13, 43, 52, 79, 160, 174, 175, 243—251, 329, 330, 336, 342, 364, 378, 410—413.)

4.

CHAMPIGNON ORDINAIRE, *ou* DES PRÉS.

(Synonimie des genres, n.° 5.)

a. Champignons des friches *ou* de couche.

1. Blancs, à chapiteau finement écailleux, à feuillets rosés & brunissans.

Fungi qui rubent callo Plinii, lib. XXII, cap. 23.

Fungus campestris albus supernè, infernè rubens J. Bauhin. Hist. pl.

Fungus pileolo lato & rotundo livido C. Bauh.

Fungi pratenses Sterbeeck, tab. 1, fig. *A. B. C. D.*

Fungus sativus equinus Tournefort, Acad. royale des Scienc. ann. 1707.

Agaricus campestris Linnæi, Spec. pl.

Agaricus 85, f. *pratensis* Schaeff. tab. 96.

2. Id. à chapiteau brunissant.

Pradellus fuliginosus Sterb. tab. 19, fig. *I.*

3. Id. à chapiteau uni, grand.

1.^a *spec.* 8.ⁱ *gener. fung. escul.* Clusii.

Fungi pratenses Sterbeeck, tab. 1, fig. *F. F.*

4. Id. mais plus petit.

1.^a *spec.* 9.ⁱ *gener. fungor. escul.* Clusii.

Fungi albicantes Sterbeeck, tab. 5, fig. *A.*

5. Id. soyeux, à feuillets bruns.

Agaricus pellitus Batsch, El. fungor. p. 55, tom. I.

b. Champignon des bruyères *ou* boule-de-neige, croissant dans les bois.

Fungus inter pratenses Sterb. tab. 1, fig. *O. O.*

Fungus campestris albus supernè, infernè rubens Vaillant, p. 75, n.° 7.

Agaricus 158, f. *arvensis* Schaeff. tab. 310, 311.

c. Champignon des friches, semblable au précédent, à feuillets blancs ou gris-blancs.

Fungus esculentus, pileolo & lamellis albis Raii, Synops. II, p. 334.

Amanita kremlinga alba Dillen. Catal. giss.

Fungus totus albus edulis Vaill. p. 75.

d. Champignons des prés, gris, d'Italie, à feuillets pourprés.

Fungus perniciosus, supernè griseus & leucophæus, infernè dilutè purpureus, pediculo albo, breviore anulato Mich. p. 175, n.° 3.

Pratajolo salvatico Italor.

e. Champ. blancs des roseaux, à feuillets rosés, à racine sarmenteuse.

1. Profonde.

Pratajolo di radice profonda e reticolata Italor. & Micheli, p. 174, n.° 5, tab. 75, fig. 1.

Calantica albida radice retiformi Battar. icon.

2. Rampante.

Pratajolo di radice serpeggiante Italor. & Micheli, p. 174, tab. 75, fig. 3.

3. Id. mais de couleur grise.

Pratajolo salvatico de canneti e ai radice serpeggiante Italor. & Mich. p. 175, n.° 4.

f. Petit, ferme, des champs.

Fungus parvus colubrinus Sterb. tab. 16, fig. *F.*

5.

COUAMELLES, ÉCLUSEAUX.

(Synonimie des genres, n.° 7.)

Couamelle ordinaire.

Fungi candidi velut apice flaminis, insignibus pediculis Plinii, lib. XXII, cap. 23.

Columnella J. Bruyer. Campeg. de re cibaria, lib. IX.

Fungor. escul. 18. genus Clusii, icon.
Fungus quercinus dipsacoïdes Fab. Column.
Ecphraf. stirp. icon. 336, & Pontedera.
*Fungus pileolo lato pediculo longissimo varie-
gato* C. Bauh. p. 371, n.° 24. Vaillant,
n.° 1, p. 74.
Fungus fuscus duplici pileolo C. Bauh. p. 371,
n.° 25.
Fungus coronatus aut marmoreus Sterbeeck,
tab. 7, fig. *A*
Agaricus procerus Scop. n.° 1465 ; Schaeff.
tab. 22, 23.
*Fungus nostras anulatus candicans lituris ru-
fescentibus distinctus* Cimel. reg.

a. Couamelle pâle.

Agaricus 17, f. *excoriatus* Schaef. tab. 18, 19.

b. Couamelle d'eau.

1. Fungus pileolo conico maculato Vaillant,
p. 63, n.° 19.
*2. Fungus minimus albus, pileolo leviter fasti-
giato, pediculo cylindrico, tenuiori, anulato
fistuloso* Micheli, p. 171, tab. 78, fig. 7.

c. Couamelle couleur de rouille.

Bubbolina cattiva Italor. Mich. p. 177, n.° 1.

6.

MORILLES.

(Synonimie des genres, n.° 9.)

a. Morille rousse ou blonde, *dite* Morille blanche.

Fungus sphærocephalus aureus Sterb. tab. 10,
fig. *G.*
*Boletus nostras flavescens, pediculo crassissimo,
pileolo foliato* Vaillant.
2.ª 4.ª spec. 1. gen. fung. escul. Clusii.
Merulius albus J. Bauh. Hist.
Phallus 4, 5, f. *esculentus* Schaeff. tab. 298,
299, 300.

b. Morille blanche de Brandebourg.

*Phallus capitulo fastigiato longiore & niveo
subtùs operculato, petiolo nudo tenuiore*
Gleditsch, p. 61, var. *c.*

c. Morille noire *ou* ordinaire.

Fungor. escul. 1. gen. 3.ª spec. Clusii.
Fungus porosus, species 1. 2. 4. C. Bauh.
p. 370, n.° 1.
Merulius niger J. Bauh. Hist. pl.

*Fungus rugosus, tuberans mellarium & favus
niger* Sterb. tab. 10, fig. *A. B. C. D. F.*
Phallus esculentus Linnæi, Spec. pl.
Phallus 2.ᵘˢ Schaeff. tab. 199.

d. Morille bleue.

Fungus rugosus Sterb. p. 74, tab. 10, fig. 1.

e. Morille de Prusse.

*Fungus porosus pyramidalis & in metam
fastigiatus quadruplex* Mentz. Pugil. tab. 6.
(N.ᵒˢ 17, 27, 111, 112, 130, 131, 147,
293—296, 303, 340, 408, 427.)

7.

TRUFFE-DE-CERF.

(Synon. des genres, n.° 1.)

Fungi seu *boleti cervini* Cord. in Dioscorid.
Mathiol. Epistol. med.
Tubera cervina Lobel, icon.
Boleti cervini orbiculares J. Thalii.
Tuberum genus, quibusdam cervi boletus
J. Bauh. Hist. 3, p. 851.
*Lycoperdon (cervinum) globosum solidiusu-
lum, lacerum, centro farinifero, radice desti-
tutum* Linn. Sp. pl. Willden. Flor. berol.
*Lycoperdastrum tuberosum, arrhyzum, fulvum,
cortice duriore, crasso & granulato, medulla
ex albo purpurascente, semine nigro cras-
siore* Micheli, p. 222, tab. 99, fig. 4.
Fungus non vescus XXVIII Loësel, Flor. pruss.

a. Espèce analogue.

*1. Sphæria subrotunda, spherulis minimis,
medulla atra pulverulenta* Haller, Histor.
stirp. 3, p. 122, n.° 2191.
*2. Lycoperdon scabrum subterraneum suscef-
cens, subglobosum* Willdenow, Flor. berol.
n.° 1192, tab. 7, fig. 19.

8.

NOSTOC.

(Synonimie des genres, n.° 56.)

a. Verdâtre.

Nostoc Paracelsi, & Mém. de l'Acad. des
Scienc. Par. ann. 1708, 1722.
Muscus fugax membranaceus pinguis Magnol,
Botan. Monsp.
Nostoc cinistlorum Tournef. Hist. des plant.
Par. p. 506, & Vaillant, Botan. p. 144.

Ulva terrestris, pinguis & fugax Raii, Syn. III, n.° 11, p. 64.

Linckia terrestris, gelatinosa, membranacea, vulgatissima, ex pallida & virescente fulva Micheli, p. 126, tab. 67, fig. 1.

Tremella nostoc Linnæi, Spec. pl. 1625.

Nostoc Adanson, Famill. des plant.

Sputum lunæ; cæli flos; cæli-folium Quorumd.

b. Nostoc jaune-doré.

3.ª spec. 24 gen. fung. pern. Clusii.

Fungus membranaceus parvus aureus Sterb. tab. 26, fig. *E.*

Nostoc mesenterii formâ luteum Vaillant, Bot. pl. 14, fig. 4.

Tremella mesenteriformis Jacq. Miscell. I, tab. 13, p. 142.

Id. Willdenow.

Nostoc flavicans arboribus innascens Vaillant, p. 144, n.° 4.

Elvela 20, s. mesenterica Schaeff. tab. 168, tom. II.

c. Nostoc jaune du genièvre, &c.

Fungus juniperi Scharf, Ephem. Nat. Cur. dec. 3, an. 2, obs. 82, p. 97.

Fungi juniperi, seu spongiolæ ad ramorum exortus frequentes M. Hoffm. Flor. Altdorf.

Fungus juniperi & sabinæ luteus ephemeros, ejusdem, ibid.

Fungus gelatinus dentatus sabinæ adnascens fulvi coloris Raii, Synopf. II, p. 336.

Tremella juniperina Linnæi, Sp. pl. p. 1625.

d. Nostoc blanc.

Nostoc ligno putrido adnascens candicans Vaillant, p. 144, n.° 2.

e. Nostoc noir.

Nostoc nigricans arboribus adnascens Vaillant, ibid. n.° 3.

Tremella nigricans Withering, Brit. 2, p. 732.

Tremella sagarum Retz, n.° 1422.

Tremella arborea Willdenow, n. 1219.

f. Nostoc brun.

Nostoc qui lichen terrestris, minimus fuscus Raii, Synopf. & Vaillant, p. 144, n.° 5.

An tremella crispa Willdenow, & *tremella tenerrima* Withering !

g. Nostoc cramoisi.

1. Sans tige.

Nostoc granulosus coccineus, arboribus adnascens Vaillant, p. 144, n.° 6.

2. À tige.

Tremella stipitata, tota rubra, diaphana, corpore cylindraceo Willdenow, n.° 1225.

h. Verts.

1. *Tremella oblonga lætè viridis convexa* Willdenow, n.° 1222.
2. *Tremella granulata sphærica aggregata* Linn. Syst. edit. R. 4, p. 586, & Willden. (*Voyez* n.° 113.)

9.

LES GRANDS POIVRÉS.

(Synon. des genres, n.ºⁱ 19, 44.)

a. 1. Poivré laiteux, blanc.

Fungi orbiculati, vel *3.ᵘᵐ genus* Tragi.

Fungus piperatus albus lacteo succo turgens J. Bauh. III, cap. 6, p. 825.

Fungus strangulatorius Botalli.

An 2.ª spec. 8.ⁱ gen. fung. escul. Clusii !

Fungus pileolo lato orbiculari candicante C. Bauh. p. 370, n.° 10.

Fungus albus acris Tournef. Vaill. Raii.

Fungus vescus IX Loësel, Flor. prussica.

Agaricus piperatus Linnæi, Spec. pl. Batsch, Elench fungor. tab. 13, fig. 59.

2. Id. à feuillets carnés ou rosés.

Fungus umbilicosus lactescens Sterb. p. 116.

Fungus lacteus maximus infundibuli formâ Vaillant, p. 61, n.° 8.

3. Id. roux.

Fungus amarus, seu *8.ⁱ gener. fung. escul. 3.ª spec.* Clusii, icon. p. 267.

Species 54 fungor. escul. Sterbeeck, tab. 2, fig. *E*; tab. 8, fig. *D.*

Fungor. sylvarum esculent. 3.ª spec. ex fusco rubens. J. Bauh. cap. 13, p. 828.

b. Poivré sec ou sans lait, *ou* Girolle blanche.

1. Blanc, en forme d'oreille-de-lièvre.

Fungus piperitis & peperella Portæ Vill.

Fungus albus acris C. Bauh. p. 371, n.° 27.

Fungus vescus XXVI Loësel, Flor. prussica.

Auricula leporis alba Sterb. tab. 15, fig. *B.*

Fungus piperatus non lactescens, & *fungus totus albus* Vaillant, Botan. Parif. p. 62, n.° 11, & p. 65, n.° 34.

Fungus esculentus acris, albus, pileolo turbinato, ad oras angulato & subtùs repando Micheli, p. 143.

Gallinaccio bianco Italor.

Fungus albus perniciosus, instar fungi lutei chanterelle *dicti, se contorquens* Buxbaum, cent. IV, tab. 32.

2. Id. en entonnoir.
Fungus infundibulum referens albus Buxbaum, ibid. p. 1, tab. 1.

3. En nombril, de couleur baie.
Fungus piperatus non lactescens, pileolo admodum umbilicato sordidè spadiceo, lamellis albis, pediculo firmo, brevissimo, concolore Micheli, p. 144.
(N.ᵒˢ 21, 38, 76, 77, 198, 199, 200, 355.)

10.

GIRANDETS *ou* GIROLLES.

(Synonimie des genres, n.ᵒˢ 21, 43.)

Capreolini Germanor.

a. À nervures ramifiées.

1. Espèce safranée; grande.
Fungus leporinus, f. 2.ᵃ spec. 14 gen. fungor. escul. Clusii.
Auricula leporis lutea Sterb. tab. 4, fig. B. B.
Medulla terræ, manna terrestris Ejusd. p. 62.
Sinuosi nemorum fungi Lobel, icon.
Fungus luteus, chanterelle dictus, se contorquens, esculentus J. Bauh. III, p. 832.
Fungus angulosus & velut in lacinias sectus C. Bauh. n.ᵒ 20, p. 371.
Fungus esculentus acris pulchrè croceus, pileolo turbinato ad oras angulato & subtùs repando; & fungus esculentus acris, colore vitellino, pileolo turbinato, &c. Micheli, p. 143, 144.
Gallinaccio giallo Italor.
Fungus pileolo per maturitatem instar agarici intybacei laciniato Vaill. tab. XI, fig. 11, 12, 13.
Agaricus cantharellus Linnæi, Spec. plant. Schaeff. tab. 82. Batsch, tab. 9, fig. 34.
Merulius flavus oris contortis & laceris Haller, Hist. n.ᵒ 2326.
Merulius cantharellus Scopoli, n.ᵒ 1581.
Agaricus luteolus Batsch, Elench. fungor. tab. 23, fig. 120.

2. Petite, pâle & safranée.
Fungus leporinus, 1.ᵃ spec. 14 gen. fungor. escul. Clusii.
Fungus croceus parvus Sterb. tab. 4, fig. A.
Fungus pallidus se contorquens esculentus J. Bauh. p. 832.

3. Id. à nervures blanches, & laiteuse.
Fungus vescus III Loësel, Flora prussica.

b. À feuillets *ou* nervures droites.

1. Grande espèce, couleur de safran.
12.ᵘᵐ genus fungor. escul. Clusii.
Fungus vescus VI Loësel, Flora prussica.
Fungus pileolo lato orbiculari flavescente C. Bauh. n.ᵒ 11, p. 370.
Fungus croceus magnus Sterb. tab. 4, fig. C.
Amanita flavescens Dillen. Catal. pl. gift.
Agaricus pseudo-unctuosus Batsch, tab. 9, fig. 37.
Fungus alectorolophoïdes, costulis rectis Battar. tab. 14, fig. C.

2. Id. soufrée & laiteuse, à tige bosselée.
Fungus piperatus lactescens, pediculo lichenis arborei ad instar laciniato Michel. p. 142.
Fungus alectorolophoïdes scrobiculatus Battar. tab. 14, fig. N.
Agaricus scrobiculatus Scopoli, n.ᵒ 1551, & Schaeff. tab. 227.

3. Petite girolle soufrée, à pulpe blanche.
Pradellus parvus sulphureus perniciosus Sterb. tab. 23, fig. C.

4. Petite girolle safran, à pulpe jaune.
Fungus croceus parvus Sterb. tab. 23, fig. D.
Agaricus 58, f. incurvus Schaeff. tab. 65.

5. Petite girolle rousse & bombée.
Fungor. perniciof. spec. 75. Sterb. Theatr. fungor. tab. 23, fig. E.
(Voyez les n.ᵒˢ 75, 99, 153, 279, 312, 359, 383, 384, 416.)

11.

ROUGEOLE À LAIT DOUX.

(Synonimie des genres, n.ᵒ 44.)

a. Rouge & blanche.

Fungi dulcem & lacteum manantes succum, f. 6.ᵘᵐ genus Tragi.
Brodling Germanor.
Fungus pileolo lato puniceo lacteum & dulcem succum fundens C. Bauh. n.ᵒ 17, p. 371.
Fungus vescus V & fungus vesc. VII 1.ᵃ spec. Loësel, Flora prussica.
Agaricus 5, seu lactifluus Schaeffer, tab. 5, tom. I.

Agaricus teflaceus Scopoli, Flor. Carniol.
n.º 1558.

b. Jaune - rouge, à feuillets jaunes
ou rouges.

*Fungus e flavo ruber in medio depreffus, laƈte
non acri manans* Rupp & Haller, Flor.
len. p. 369.
Agaricus laƈtifluus Linn. Spec. pl. p. 1611.
Agaricus ichoratus Batfch, Elench. fungor.
tab. 13, fig. 60.

c. Jaune-pâle.

*Amanita pallidè lutea, laƈte aquofo non acri
turgens* Dillen, Catal. plant. giff.

d. De couleur d'or ou fauve.

*Fungus æftivus laƈtefcens ex aureo fulvus,
& fungus ex aureo ferrugineus.... dulci
fucco turgens* Micheli, p. 142.

e. De couleur baie.

*Fungus fpadiceus, five pileolo lato puniceo
laƈteum & dulcem fuccum fundens* Erdnt.
Virid. warfavienfe.

12.

POLYPORES COQUILLERS.

(Synonimie des genres, n.º 14.)

a. Coquiller en plateau.

Fungi lepufculi, f. 7ᵘᵐ genus Tragi.
Fungus alius interaneis vituli fimilis, cinereus
J. Bauh. III, p. 839.

b. **1.** Le Coquiller pied-de-griffon.

Laciniæ Hermolai.
Gallinaccia Portæ.
21.ᵃᵐ *genus fungor. efculentor.* Clufii.
Fungus intybaceus J. Bauh. III, 839.
*Fungus maximus ungaricus, multis laciniis
fquamatim incumbentibus* C. Bauh. p. 372,
n.º 21.
Florum fafciculus Sterb. tab. 28, fig. A.
Agaricus intybaceus Tournef. Dillen.
Agaricus efculentus barbo *diƈtus* Garidel.

2. Le même fur les arbres, brun deffus,
blanc deffous.

*Fungus arboreus maximus porofus diverfi modè
fe dividens & prorrulens* Raii, Synopf. II,
p. 336.
Grifole Italor. Micheli, p. 119, n.º 13.

3. Le même, couleur de chamois.

Agaric de l'Abbaye Saint-Germain, Tournef.
anc. Mém. de l'Académie des Sciences,
ann. 1692.
*Fungus foliatus major carnofior dendrides
criftatus* Boccone, Muf. I, tab. 302.; &
Barrelier, icon. 1268.

4. Le même, à lobes plus petits.

*Fungus ramofus criftatus anguftioribus lobis
& crifpis* Boccone, Muf. I, tab. 304;
& Barrelier, icon. tab. 1272.

c. Coquiller en bouquet, à coquilles
en nombril.

1. Pâle ou jaune-tendre.

*Fungus cefpitofus ramofus umbellatus major
pallido-luteus* Barrelier, icon. 1269.
Polyporus cefpitofus ramofus pallidè luteus
Micheli, p. 131, n.º 12.

2. Le même, blanc.

*Fungus cefpitofus ramofus umbellatus minor
albus* Barrelier, icon. 1270.
Polyporus cefpitofus & ramofus albus Mich.
p. 131, n.º 11.

d. Coquiller en bouquet, à coquilles
brunes & blanches bombées.

Fungus vefcus xx Loëfel, Flora pruffica.
Boletus ramofiffimus Schaeffer, tab. 111,
265, 266; & Jacquin, Flor. Auftr.

(*Voyez* fur les polypores, les n.ᵒˢ 74, 192,
193, 194, 195, 307.)

13.

CHAMPIGN. BULBEUX, ROUGES.

(Synonimie des genres, n.º 20.)

a. Rouges & blancs.

1. À chapiteau fans mouchetures, uni.

Le parafol.

Umbella feu 19 fpecies fungor. efcul. Sterb.
p. 50.

2. Id. rayé aux bords.

*Fungus pileolo faturè rubro & ad laccæ colo-
rem accedente, ad oras ftriato, infernè
albo, pediculo palmari cylindrico & anulato* Micheli, p. 186.
Vovolo malefico roffo Italor.

3. Id. à mouchetures blanches, fec, à tige nue.
Fungor. efcul. 15.ᴵ gener. fpec. 2.ᵃ Clufii,
icon. p. 271.

4. Id. à furface humide & vifqueufe.
Fungus e volvâ erumpens, pileolo fordidè pur-
pureo & ad fufco ferrugineum colorem ten-
dente, infernè lamellis albis Mich. p. 186.
Tignofa cattiva roffa e bianca fenz anello Ital.

5. Id. à tige colletée, rouge & peluchée.
Fungus mufcarius Erndt. Virid. warf. p. 49.

À tige colletée & blanche.

Fungi mufcarii, feu 9.ᵘᵐ genus Tragi.
Fungus pileolo lato puniceo, lacteum & dul-
cem fuccum fundens Vaillant, p. 75,
n.° 6.
Fungus magnus e volvâ erumpens, pileolo fu-
pernè rubro aureo, infernè albo, pediculo
anulato concolore, radice bulbofâ Michel.
p. 187. — *Tignofa maggiore roffa e bianca*
Italor.
Fungus pileo fanguineo verrucofo, lamellis
albis, anulo fugaci, bulbofo pediculo Haller,
Enum. p. 39, n.° 26.
Agaricus mufcarius Linn. Scopoli, n. 1459.
Schaeff. tab. 27, 28.

6. Id. à mouchetures, rayé aux bords.
Fungus bulbofus e volvâ erumpens, pileolo
fupernâ parte aureo & ad oras ftriato,
infernè & anulato pediculo albis Michel.
p. 188, tab. 78, fig. 2.

7. Id. à tige rouge, non peluchée.
Agaricus rubeus Scopoli, n.° 1460.

8. Id. rougeâtre.
Fungus e volvâ erumpens, pileolo defuper vi-
nofo, &c. Micheli, p. 188, n.° 5.
Agaricus fcandiccinus Scopoli, n.° 1463.
An fungus mufcarius violacei coloris Erndt.
Viridar. warfavienf. p. 49 ! & *muchari*
parchowate Polonorum !

b. Rouges, à feuillets de diverfes couleurs.

1. Mouchetés, à feuillets jauniffans.
Fungus non vefcus II Loëfel, Flora pruffica.

2. Id. rayé aux bords, à feuillets gris, colleté.
12.ᴵ gener. fungor. perniciof. 3.ᵃ fpec. Clufii.
Fungus mufcarius miniatus Sterbeeck, tab. 22,
fig. B. CC.

3. Id. à feuillets noirs.
12.ᴵ gener. fungor. pernicof. 4.ᵃ fpec. Clufii,
icon. p. 281.

Mel mufcarium venenofum Sterb. tab. 22,
fig. *A.*

4. Roux, fans mouchetures, fans collet,
à feuillets bruns.
12.ᴵ gener. fungor. perniciof. 5.ᵃ fpec. Clufii.
Fungus mufcarius fubruffus, pediculo craffo
Sterbeeck, tab. 22. fig. *D. E.*

(*Voy.* n.ᵒˢ 43, 412.)

14.

CEPES À TUBES JAUNES.

(*Synonimie des genres, n.° 8.*)

a. Jaunes deffus & deffous.

1. Grande efpèce.
Fungi lutei fub pinu, feu 10 genus Tragi.
Fungo cambiacolori Ferrante Imperato.
Fungi magni & lutei fub pinu habitantes
J. Bauh. p. 832, & Tournef. icon. p. 328.
Fungi luteoli dicti, colorem mutantes, maligni
J. Bauh. p. 832.
Boletus luteus Dillen. Catal. giff. p. 188.
Boleti bovini, var. Scopoli.

2. Petite efpèce.
Boletus ferruginatus Batfch, Elenc. fung.
tab 25, fig. 128.

b. Couleur de pain-d'épice & jaunes
deffous.

1. Fungi magni & lutei, &c. Tournef. icon.
328.
Fungus porofus Vaillant, p. 59, n.° 7.
19.ᴵ gen. fung. pern. 2.ᵃ & 4.ᵃ fpecies Clufii.
Fungus perniciofus quercetus niger Sterbeeck,
tab. 21, fig. *A.*
Boletus lævis & vifcidus obfcurè flavefcens
Dillen. Cat. p. 188.
Boletus olivaceus & terreus Schaeff. tab. 105,
315.
Suillus craffus fupernè obfcurus, infernè lu-
teus, pediculo medii coloris & fummâ
parte ftriato Micheli, p. 129.
Pinarello Italor.
Boletus granulatus Linnæi, Spec. pl. 1647.

2. Id. à racine en navet.
Suillus perniciofus fupernè obfcurus, infernè
ochroleucus, pediculo ventricofo, fupernæ
pileoli parti concolore, radice in mucro-
nem longum fenfim attenuatum producta
Micheli, p. 128, tab. 69, fig. 3.

c. Couleur de marron & jaune.

20.ᵉ *gen. fungor. pern.* 2.ᵃ *& 3.ᵃ spec.* Clusii.
Boletus lævis & viscidus supernè coloris fusci castanei, infernè lutei Dillen. Cat. pl. giss. p. 188.
Fungus 3.ᵘˢ buffonis; fungus argillaris inquinatus; & fungus nodosus niger Sterbeeck, tab. 17, fig. 1; & tab. 18, fig. *AA. C.*
Fungus porosus magnus crassus, coloris castanei, nunc liquidioris, nunc magis sordidi Vaill. p. 59, n.° 4, & seq. variet. n.° 5.

d. Roux, violet & jaune.

Fungus parvus violaceus marmoreus perniciosus Sterbeeck, tab. 23, fig. *BB.*

e. Flave & fauve.

Boletus subtomentosus Linn. Spec. pl. 1647.

(*Voy.* sur les cepes, les n.°ˢ 18, 44, 59, 78, 100, 105, 151, 189, 190, 191, 308, 309, 337, 404—407.)

15.

OREILLE-DE-JUDAS.

(Synonimie des genres, n.° 85.)

1. Ordinaire *ou* du sureau.

Fungus ad sambucum, seu 12 genus Tragi.
Auricula judæ, seu 1.ᵘᵐ genus fung. pernicios. Clusii, p. 276, icon.
Fungus membranaceus auriculam referens, sive sambucinus C. Bauh. p. 372, n.° 1.
Tremella (auricula) sessilis membranacea auriformis cinerea Linn. Spec. pl. p. 1625.
Agaricum auriculæ forma Micheli, p. 124, tab. 66, fig. 1.

2. Fausse oreille-de-judas frisée.

Arborum fungus auriculæ judæ facie, 1.ᵃ spec. Lobel, icon.
Fungus membranaceus expansus Raii, Syn. II, p. 334.

3. Petite oreille-de-judas farineuse.

Fungoïdes auriculam judæ referens intùs rufescens, extùs candicans & quasi farinosum Vaill. p. 57, n.° 9, tab. 11, fig. 8.
Peziza cochleata Linn. Spec. pl. 1651.
Peziza auricula Murray, Syst. 14, p. 979.

4. Petite oreille, marron.

Elvela cochleata Jacq. Misc. II, tab. 17, fig. 1, p. 112.
Elvela 8. Schaeff. tab. 155, 158.

(*Voy.* n.° 106.)

c. Couleur de marron & jaune.

16.

AGARICS JAUNES.

(Synonimie des genres, n.° 18.)

1. Du mélèze.

Fungus laricis aureus Mathiol. in Dioscorid.
Fungus lariceus aurei coloris C. Bauh. p. 371, n.° 26.
Fungi laricum maximi lutei esculenti J. Bauh. cap. 47, p. 839.

2. De différens arbres.

Fungus arboreus major, aureus, nulla membrana tectus Raii, Synops. II, appendix.
Boletus 8.ᵘˢ seu aurantius Schaeff. tab. 109.
Boletus caudicinus var. 2 Scopoli, Flora Carn. n.° 1596.

a. Espèces analogues, de même couleur.

1. Fungus quernus insulæ monæ Ephemer. Nat. Cur. tom. I, obs. 119.
2. Boletus perennis Batsch, tab. 25, fig. 129.

17.

PHALLUS.

(Synonimie des genres, n.° 38.)

Boletus phalloïdes Tournefort. Vaillant.
Lycoperdon Vaillant, p. 123, n.° 15.
Phallus impudicus Linnæi.

a. Phallus ouvert ou à nombril, ou d'Hollande; grande espèce.

Phallus Adriani Junii, & Sterbeeck, tab. 30, fig. *A. B. C. D.*
Fungus marinus Dodon. icon. p. 482.
Fungus batavicus Dalescamp. p. 1398.
Satyrium erythronium Mathioli.
Lycoperdon valisnierium Pontedera.
Fungus phalloïdes maximus Mentzel, Index.
Phallus germanicus, seu podagricus Sterb. tab. 30, fig. *L. M.*
Phallus impudicus Schaeff. tab. 197, 198.
Id. petite espèce.
1. Fungus priapeius, seu arrecti penis facie, & ova dæmonum Lobel, icon.
Phallus hollandicus Ponæ, Descr. Mont. Baldi.
2. Phallus caninus Schaeff. tab. 330.

b. Phallus fermé, ou Phallus de France.

23 *gen. fung. pernic.* 5.ᵃ *spec.* Clusii, icon.
Fungus phalloïdes gallus Barrel. icon. 1264.

c. Phallus

c. Phallus informe ou à boutons.

Coles terrestris cùm coleis Tulpii, obf. med.
rar. edit. 4.ᵃ icon. &c. Bruckmann. icon.
(*Voy.* n.ᵒˢ 300, 301, 374.)

18.

CEPES *ou* POTIRONS.

(Synonimie des genres, n.ᵉ 8.)

a. Roux ou fauves.

À tubes gris-blancs, à gros pied.

1. Fungi fuilli qui vulgò porcini vocantur
Cæfalpin.

2. Fungus anguineus Sterb. tab. 18, fig. *D.*

3. Fungus porofus, magnus, craffus, purpu-
rafcens Tournef. Hift. des p'ant. de Paris,
p. 449.

4. Id. à tige fillonnée.

Suillus efculentus craffus, fupernè e rubro fer-
rugineus, infernè albidus, pediculo concolore
rimofo, vel ftriato Micheli, p. 127, n.ᵒ 6.

5. Id. à tige alongée en fufeau.

19 gen. fung. pernic. fpec. 8, feu *dubia* Clufii.

Fungus aurantius, pediculo longo Sterbeeck,
tab. 15, fig. *A.4.*

Suillus efculentus montanus, craffus, pileolo
defuper ex rubro ferrugineo, infernè albido,
pediculo longiore albo, punctis rubris diftinclo
Micheli, p. 128, n.ᵒ 16.

6. Id. à tubes blancs ou pâles, verdiffans.

Fungus porofus magnus noftras Raii, Hift. pl.
& fung. n.ᵒ 1.

Fungus porofus, craffus Ejufd. Synopf. III,
p. 11, n.ᵒ 2.

Suillus efculentus craffus, fupernè fulvus, in-
.fernè initio albidus, deinde e flavo fulvi-
refcens, pediculo ventricofo & fupernæ
pileoli parti concolore Micheli, p. 127.

Suillus fulvus infernè e flavo virefcens Haller,
Enum. p. 29; & Flora Ienenf. p. 362.

Boletus bovinus Linn. Spec. pl. p. 1646.

Id. à tubes jaunes.

7. *Amanita* Sterb. tab. 3, fig. *A.*

Fungus porofus efculentus, fupernè obfcurè-
flavefcens, infernè luteus Buxb. cent. 17,
p. 128.

Suillus efculentus craffus, fupernè fordidè ru-
bens, vel ex rubro ferrugineus, infernè dilutè
luteus Micheli, p. 127, n.ᵒ 4.

8. Suillus efculentus vifcidus, craffus, fupernè

fulvus, infernè luteus, pediculo albo, punc-
turis & litturis fanguineis notato Micheli,
p. 129, n.ᵒ 18.

b. Cepe brun ou tête noire.

1. À tubes blancs, efpèce moyenne.

16.ⁱ gener. fungor. efculent. 3.ᵃ fpec. Clufii,
icon. p. 271.

Fungus augufti menfis, 3.ᵃ fpecies C. Bauh.
p. 371, n.ᵒ 22; & Erndt. Virid. warfav.

2. Id. grande efpèce.

Fungus porofus magnus craffus J. Bauhini,
cap. 29, p. 833.

c. Tête noire, à tubes jaunes-verts.

Forte efpèce.

Suillus colore fuliginofo Portæ in Villâ.

Suillus efculentus craffus, fupernè obfcurus,
infernè initio albidus, deinde ex flavo fordidè
virefcens, pediculo ventricofo, & fupernæ
pileoli parti concolore Mich. p. 128, n.ᵒ 3.

Fungus vefcus XIV Loëfel, Flora pruffica.

d. Id. à tubes jaunes.

Suillus efculentus craffus vifcidus, fupernè
obfcurus, infernè fubluteus, pediculo brevi,
tenui concolore, punctis & litturis notato
Micheli, p. 128, tab. 69, fig. 1.

Boletus 24, feu *bulbofus* Schaeff. tab. 134.

e. Id. à tubes gris.

Suillus efculentus craffus, defuper obfcurus,
infernè murini coloris, pediculo fupernæ pi-
leoli parti concolore & fericea perbreviique
lanugine infecto Micheli, p. 128, n.ᵒ 15.

Falchero Italor.

f. Cepe gris, grande & moyenne efpèce.

1. Lapis bufonis Sterb. tab. 23, fig. *F.*

2. Fungus aquila cinereus tuberofus perni-
ciofus Sterb. tab. 23, fig. *G. H.*

3. Fungus porofus, pediculo ovali, pileoli
fuperficie fordidiffimè alba Vaillant. Bot.
p. 60, n.ᵒ 8.

Id. petite efpèce.

4. Fungus fphaericus parvus cineraceus Sterb.
tab. 3, fig. *D.*

5. Fungus parvus limax Sterb. tab. 3, fig. *E.*

g. Cepe couleur de terre.

Suillus efculentus craffus totus pallidus Mich.
p. 127.

Suillus terrei coloris Haller, Flora Ienenf.
p. 362; & Otton-Freder. Muller.

19.

MOUSSERONS.

(Synonimie des genres, n.° 13.)

a. Mousserons d'Italie, *ou* Mousserons gris & blancs.

Prunuli Cæsalpin.
Prignoli, spinuli, virni Portæ.
Fungus minimus odoratus, capitulo donatus, cinereus C. Bauh. p. 371, n.° 28.
Fungus e radic. pruni sylestris vulgò prugnuoli Boccone, M.f. di fif. icon. p. 303.
Fungus esculentus, farinam recenter molitam suaviter redolens, pileolo supernâ parte griseo, infernè lamellis angustissimis, simul cum pediculo albis Micheli, p. 150, n.° 2.
Agaricus prunulus Scopoli, n.° 1508.

b. Mousserons blancs.

1. Peu régulier, *ou* Mousseron S.t-George.

3.um genus fung. escul. seu fungus S.ti Georgii Clusii, icon. & Sterb. tab. 1, fig. *G.*
Agaricus Georgii Linnæi, Spec. pl.
Fungus orbicularis exalbidus pratensis C. Bauh. p. 370, n.° 4.
Fungus divi Georgii, coloris exalbidi cum paucâ flavitie, esculentus, pratensis J. Bauh. p. 824.

2. Id. très-régulier.

Fungi verni, mousserons dicti, odorati & esculenti J. Bauh. cap. 2, p. 823, icon. & Tournef. Inst. r. h. p. 557.

c. Mousseron isabelle, d'automne & de printemps.

1. Fungus vernus parvus, farinam recenter molitam admodum redolens, pileolo desuper latè rufescente, infernè albo, lamellis vix lineam latis, pediculo crassiore, supernæ pileoli parti concolore Mich. p. 153, n.° 4.

2. Id. Croissant aux bords de la mer.
Prugnuolo di maremma Italor. Mich. p. 153, n.° 5.
Grumato alberino, cimbalo, capellone di faggeta Italor. Michel. p. 153, n.os 1, 2, 3.

3. Id. à feuillets écartés.

Fungus parvus, esculentus odoratus, coriaceus, ruffus, lamellis inter se distantibus Micheli, p. 148, n.° 3.

(Voy. n.os 51, 69, 158, 212, 367, 377, 385, 386, 387, 392.)

20.

CHAMPIGNONS DU FUMIER.

(Synonimie des genres, n.° 44.)

a. 1. Farineux, de grandeur moyenne.

Fungus prateolis similis Cæsalp.
3.um genus fungor. perniciof. ganejou dictus Clusii.
Fungus fimetarius in plano orbicularis C. Bauh. p. 372, n.° 11; & Raii, Synopf. III, p. 6.
Fungus bombaceus perniciosus Sterb. tab. 24, fig. *B. B.*
Fungus sterquilinius albus J. Bauh. p. 843.
Fungus parvus, pediculo oblongo galericulatus, striis lividis, aut nigris Raii, Synop. II, p. 13, n.° 14; & Vaillant, p. 65, n.° 30.

2. Écailleux.

Fungus fimetarius totus albus, pileolo fornicato, squamoso, pediculo cylindrico obeso, cujus cutis in cincinnatas & acutas squamas soluta Micheli, p. 171, n.° 2.

3. À feuillets noircissans.

Fungi, n.is 10, 11, 12, Micheli, p. 154, 155; & n.is 1, 2, p. 158, 159, ibid.

b. 1. Id. petit & gris.

Fungus minor tenerrimus farinâ respersus, pileolo supernè cinereo, lamellis tenuissimis nigris Raii, Hist. & Synopf. II, n.° 36.

c. Id. de couleur rousse au centre.

7.i gen r. fung. perniciof. 1.a species Clusii.
Umbella parva perniciosa Sterb. tab. 16, fig. *E.*
Fungus pileolo albo, centro rufescente Vaill. p. 65, n.° 31.

d. Id. rayé aux bords.

Lapis molaris Sterb. tab. 24, fig. *A. A.*

e. Gris-cervier.

Fungus in fimo equino natus, desuper cervini diluti coloris, subtùs altiùs lamellatus & fuscus, pediculo tenui fistuloso, ac supernæ pileoli parti concolore Micheli, n.° 2, p. 256.
Fungo di concio Italor. Micheli, p. 156, n.° 1, tab 73, fig. 1.

(Voyez n.° 55, 115.)

21.

LES PETITS PRÉVATS *ou* POIVRÉS SANS SUC.

(Synonimie des genres, n.° 44.)

a. Espèces rouges, *ou* Rougeotes à feuillets blancs.

Fungi turini Cæsalpin.

1. Moyenne.

Fungus umbilicosus ruber Sterb. tab. 22, fig. F. & *spec.* 91 *fung. perniciof.* Ejusd. tab. 24, fig. H.

Fungus piperatus non lactescens coloris brasilici Vaill. p. 65, n.° 29.

Amanita kremlinga, pileolo rubro, aut rubore saltem asperso Dillen. Cat. pl. giff. p. 178.

Agaricus 15, live emeticus Schaeff. tab. 15.

Agaricus integer Linnæi, Spec. pl.

2. 3. Petite espèce.

Fungi pratenses, externè viscidi rubentes Raii, Synopf. II, p. 13.

b. De couleur bise ou livide, *ou* Bisottes. à feuillets blancs.

Amanita orbicularis ex livido albicans, pileolo leviter umbilicato Dillen. Catal. pl. giff. p. 186.

Fungus piperatus non lactescens, pileolo admodùm umbilicato sordidè spadiceo, lamellis albis, pediculo firmo concolore Micheli, p. 144.

Fungus piperatus non lactescens Vaill. p. 65. n.° 11.

Agaricus livescens Batsch, Elench. fungor. tab. 14, fig. 67.

c. De couleur rousse ou d'ocre.

Fungi ruffi Sterb. tab. 5, fig. B.

4.° *spec. fungor. esculent.* 9.° *gener.* Clusii.

d. De couleur blanche.

1. Espèce moyenne.

3.° *spec. 23 gener. fungor. perniciof.* Clusii, icon.

Fungus nodosus, pediculo tornato Sterbeeck, tab. 21, fig. H.

Fungus major, pediculo longo, lamellis supernè ad marginem apparentibus Raii, Hist. pl. & Synopf. II, fascic. & *fungus medius, pileolo muco æruginei coloris obducto* Ejusd.

2. Id. petite espèce.

Fungi pratenses minores, externè viscidi, albi Raii, Synopf. II, p. 13.

e. Jaunes, à feuillets blancs, *ou* Jaunottes.

Fungi pratenses minores externè viscidi, lutei Raii, Synopf. II, p. 13.

*Fungi, n.° 1, 2, 3, p. 152, Micheli.

f. Couleur d'ocre, à feuillets isabelle.

Agaricus rifigallinus Batsch, tab. 15, fig. 72.

(Voyez n.°s 71, 379.)

22.

BOURSETTES.

(Synonimie des genres, n.° 26.)

a. Rouge.

Ignis sylvestris, seu fungi pannis laceris similes Cæsalpin.

Fungus coralloïdes, cancellatus Clusii, append. alt. icon. & Sterb. tab. 30, fig. N. O.

Lupi crepitus, vulgò vescia Fabii Columnæ. Ecphr. icon. p. 336.

Fungus pannis laceris similis igneus; fungus rotundus, cancellatus; & fungus lupi crepitus vulgi efflorescens C. Bauh. p. 372, n.° 9, & p. 375, n.° 43.

Pilatius parvus, crepitus lupi Sterb. tab. 29, fig. H.

Boletus cancellatus, purpureus; & boletus cancellatus, flavescens Tournef. Inst. r. h. p. 561.

Fungus coralloïdes, cancellatus, flavescens Barrel. icon. 1265.

Clathrus cancellatus Linn. Spec. pl. p. 1648.

Clathrus ruber Micheli, n.° 214.

Boletus ramosus, coralloïdes fœtidus, ou morille branchue, Réaumur, Mém. de l'Acad. des Scienc. ann. 1713.

b. Blanche.

Fungus pro capitulo laminam longam, latam, multipliciter laciniatam, convolutam albam, intus punctis nigris pictam emittens, calici squamoso exceptam Raii, Histor. tom. II. p. 25.

Clathrus albus Micheli, p. 214.

c. Id. sans bourse.

Fungus locellus dictus Sterb. tab. 15, fig. C.

(Voyez n.° 135.)

23.

LANGUE ou FOIE-DE-BŒUF.

(Synonimie des genres, n.° 27.)

Linguæ Cæsalpin.
Lingua bovina Latinor. & Occitanor.
Hypodris Solenandri, Consil. med.
Fungus latus sanguinei coloris C. Bauhini,
    p. 371, n.° 19.
Fungus jecorinus, præterlatus, cristatus
    Boccone, Mus. di fis. icon. p. 305.
Agarico-suillus, mollis, ruberrimus Haller,
    Enum. pl. helv. 29.
Fungus arboreus, carnosus, hepatis facie
    Raii, Hist. & Synops. II, p. 340.
*Agaricus porosus, rubens, carnosus, hepatis
    facie* Dillen. Catal. pl. giss. p. 192.
*Agaricum esculentum, castaneæ adnascens,
    latissimum, hepatis facie, supernè ex rubro
    ferrugineum, internè sanguineum, subtùs
    ochroleucum* Micheli, p. 117. tab. 60.
Boletus 14, s. hepaticus Schaeff. tab. 116,
    117, 118, 119, 120.

Espèces analogues.

a. *Fungus arboreus, purpureus corrugatus*
    Raii, Synops. II, append.
b. *Boletus buglossum acaulis utrinque granu-
    lato-papillosus, papillis poruliferis, supernè
    convexiusculus, carneus, infernè planus,
    subalbidus, subsstantia fibrosa, gelatinosa*
    Retz, Fl. Scandin. prodromus, n.° 1576;
    & Willdenow, p. 393.

(Voyez n.°ˢ 35, 181.)

24.

AGARIC À AMADOU ROUX.

(Synon. des genres, n.° 15.)

a. Subéreux ou ligneux.

1. Grisâtre.

Fungi igniarii species vulgò esca Cæsalp.
*Fungus in caudicibus nascens unguis equini
    figurâ* C. Bauh. p. 372, n.° 3.
*Fungus non vescus XL, seu fungus arborum
    lignosus* Loësel, Flora prussica.
Agaricus pedis equini facie Tournef. icon.
    p. 330.
Bovista igniaria Dillen. Catal. pl. giss.

*Fungus pedem equinum referens, subtùs fora-
    minosus* Raii, Synops. II, p. 336.
Boletus igniarius & fomentarius Linnæi,
    Spec pl. p. 1645.
Boletus 26, seu ungulatus Schaeff. tab. 137,
    138.

2. Id. fauve.

Boletus 27, seu fulvus Schaeff. tab. 262.

3. Id. Rouge-brun.

Boletus semi-ovatus Schaeff. tab. 270.

4. Blanchâtre, subéreux.

*Agaricum igniarium, agarici officinalis facie,
    sed non amarum, supernè ex albo cinereum
    & glabrum, infernè primùm ejusdem coloris,
    deinde obscurum, argutissimè & densissimè
    perforatum foraminulis rotundis* Micheli,
    p. 118, n.° 1.

5. À bandes concentriques.

Boletus resinosus Rubel, Dissert. inaug. de
    Agar. offic.

b. De forme plate.

Species 129 Sterb. Theat. fung. p. 262.

c. À aréoles.

Boletus coriaceus Batsch, tab. 24, fig. 127.

d. Brun, à tubes fins.

Boletus lipsiensis Batsch, tab. 25, fig. 130.

(Voyez n.°ˢ 29, 299.)

25.

AGARIC-LABYRINTHE.

(Synonimie des genres, n.° 16.)

Igniarior. fungor. spec. altera, s. esca Cæsap.
Fungo furfuraro Ferrante Imperato.
Fungus lignosus arboreus ad furfures J. Bauh.
    Histor. p. 839.
Fagi fungus striliis usum præbens Aldrov.
    Dendrol.
Agaricus dædaleis sinubus excavatus Tournef.
    Inst. r. h. p. 562.
Agaricum Micheli, p. 120, n.° 3.
Fungus ad cutim extergendam aptus C. Bauh.
    p. 372, n.° 4.
*Fungus ligneus dædalideus, gilvus, non repens,
    quercus cerri* Boccon. tab. 305.
*Agaricus (quercinus) acaulis, lamellis laby-
    rinthiformibus; & boletus suberosus* Linn.
    Species pl. p. 1644, 1645.

Agaricus quercinus Schaeff. tab. 57.
Agaricus villofus, lamellis finuofis & invicem implexis Buxbaum, cent. V, tab. 4, fig. 1.
Amanita feffilis duriffimus, lamellis cartilagineis imbricatis Haller, Hift. n.° 2330.

a. Efpèce analogue, à lames rayonnées.

1. *Agaric de S.ᵗ-Cloud*, Vaillant, p. 3, pl. 1, fig. 1, 2.
2. *Agaricus applicatus* Batfch, tab. 24, fig. 125.
Agaricus pectinatus Willdenow & Hudfon, Flor. Berol. & Angl.

26.

LA HOUPPE BLANCHE.

(Synonimie des genres, n.° 23.)

Fungus gallucci *dictus* Portæ in Villâ.
Fungus candidus criflatus J. Bauh. cap. 38, p. 837.

(*Voyez* n.° 45.)

27.

MORILLE PLISSÉE, *dite* PETITE RELIGIEUSE.

(Synonimie des genres, n.° 109.)

Monacelle Portæ in Villâ.
Fungoïdes fungiforme crifpum laciniatum & var.è complicatum, fupernè fubobfcurum, infernè fimùl cum pediculo album Micheli, p. 204, tab. 86, fig. 8.
Elvela 14, feu *monacella* Schaeff. tab. 162,
Phallus monacella Scopoli, Flora Carniol. edit. 2, n.° 1607.

28.

LE PLATEAU DE LOBEL.

(Synonimie des genres, n.° 44.)

Amplus nemorum fungus Lobel. icon.
Menfa delphica, feu *rotunda* Sterb. tab. 7, fig. *B.*
An fungus richione Portæ in Villâ !
An fungus fylveftris Sterb. Theat. fungor. tab. 2, n.° 2, fig. *A.*

29.

AGARIC EN FEUILLAGE, OU PLAT, À AMADOU.

(Synon. des genres, n.° 18.)

Arborum fungus auriculæ judæ facie, 2.ᵉ fpec. Lobel. icon.
Lignofus aureus querci fungus Sterb. tab. 27, fig. *B. B.*
Polyporus feffilis, cefpitofus, convexo-planus, hirfutus, fulvus Haller, Hiftor. tom. III, n.° 2286.

30.

TÊTES ROUSSES OU JAUNES, EN FAMILLE.

(Synonimie des genres, n.° 25.)

a. Têtes rouffes en forme de doigt, rayées, à feuillets noirciffans.

Fungi exiles perniciofi Lobel, apud Clufium, icon. *D,* p. 293.
Fungi venenofi Dodon. icon. p. 482.
Fungus parvus, galericulatus, alter flavus C. Bauh. p. 373, n.° 28.
Fungus digitalis Sterb. tab. 24, fig. 1.
Fungus-noftras multiplex, pediculo fiftulofo Vaill. p. 70, n.° 2.

b. De couleur rouffe dorée, ou de foufre, & en bouclier dans la maturité.

Fungi alii clypeiformes perniciofi Lobel, apud Clufium, icon. *E,* p. 294.
Fungus ex uno pede multiplex, pileolo aureo & fursùm reflexo, lamellis & cylindrico pediculo luteis Micheli, p. 193 ; & *fungus pafquali di fico* Italor. Micheli, ibid.

1. Id. à feuillets verdâtres ; petite efpèce.

Fungi plures, ex uno pede, e primorum radicibus enati Raii, Hift. n.° 32, & Synopf. II, III. Vaill. p. 68, n.° 51, & p. 71, n.° 5.
Fungus aureus, ex eodem pediculo multiplex Tournef. p. 559.
Fungus multiplex, parvus, luteus, pileolo molliter convexo Cimel. reg. Parif.
Agaricus 42, feu *lateritius* Schaeff. tab. 49, fig. 1, 2, 3, 5.
Agaricus Iennfis Batfch, tab. 7, fig. 29,

2. Id. plus forte espèce, à tête couleur de feu.

Fungus mediæ magnitudinis, pileolo e ruffo flavicante, lamellis fubtùs fordidè virentibus Raii, Hift. n.° 37, & Synopf. II, n.° 6. Vaill. p. 71, n.° 3.

Fungus ex uno pede multiplex, pileoli vertice croceo vel aureo, reliquâ parte dilutè concolore, infernè lamellis prafinis, pediculo cylindrico, fiftulofo, luteo Michel. p. 193.

Fungus luteus, pileolo molliter convexo, lamellis viridibus Cimel. reg. Parif. n.° 2.

Agaricus amarus Bull. cah. 8.

An fungus multiplex, crocei coloris, mediæ magnitudinis Cimel reg. !

Fungus major, fubluteus, lamellis luridis Buxb. cent. IV, tab. 4.

Agaricus 42, feu lateritius Schaeff. tab. 49, fig. 4, 6, 7.

c. Têtes rondes, couleur d'or ou de buis deffus & deffous.

Species 1.ª 22 gener. fung. perniciof. Clufii. *Nodi aurei* Sterb. tab 24, fig. M. *Fungi dumetorum ex uno pede prodeuntes, 1.ª fpec.* C. Bauh. p. 374, n.° 35.

d. Têtes rondes, roux-foncé deffus & deffous.

Species 3.ª 22 gener. fungor. perniciof. Clufii. *Fungi fafciculofi rufi coloris* Sterb. tab. 25, fig. D.

Fungus truncis humi jacentibus innatus, pluribus ex uno ped prodeuntibus C. Bauhini, p. 374, n.° 36.

e. Têtes creufées en nombril, couleur de chair & jaunes, à feuillets bruniffans.

Species 2.ª 22 gener. fungor. perniciof. Clufii. *Fungi fafciculofi, colore carneo & luteo mixti* Sterbeeck, tab. 25, fig. C. *Fungi dumetorum, &c. fpec. 2.ª* C. Bauh. p. 374, n.° 35.

f. Têtes rouffes ou flaves, à feuillets noirciffans.

Species 4.ª 22 gener. fungor. perniciof. Clufii. *Species 105 fungor. perniciof.* Sterb. p. 238.

g. Têtes rouffes, à feuillets gris.

1. *Species 5.ª 22 gener. fungor. pernic.* Clufii, icon. p. 285. *Fungi magni fafciculofi* Sterbeeck, tab. 25, fig. F.

2. *Fungi macerati* Sterb. tab. 24, fig. K.

h. Têtes couleur de buis, à feuillets bleus.

Fungi buxei fafciculofi Sterb. tab. 25, fig. E. *Amanita fafciculofa buxea* Dillen. Catal. pl. giff. p. 18.

i. Couleur de paille par-tout.

Fungi fafciculofi colore ftramineo Sterbeeck, tab. 25, fig. G.

(*Voyez* n.°s 60, 136, 148, 265, 266, 268, 298, 326, 334.)

31.

VESSE-DE-LOUP.

(*Synon. des genres, n.° 4.*)

a. En globe ou ronde, de groffeur ordinaire.

1. *Fungus orbicularis* Dodon. icon.

2. Id. de la groffeur de la tête d'un enfant, à fciffures & grife.

26.ª gener. fungor. perniciof. Clufii, *fpec. 2.ª & 3.ª* icon. & Sterb. tab. 28, fig. C. E.

3. Id. d'environ deux pieds de diamètre.

Fungus non vefcus XII Loëfel, Flor. pruffic. *131 fpec. fung. pern.* Sterb. tab. 28, fig. B. *Lycoperdon alpinum maximum cortice lacero* Tournef. p. 563.

Fungus maximus, rotundus, pulverulentus, dictus bofift germanis J. Bauh. III, p. 848. *Fungus rotundus orbicularis* C. Bauh. Erdnt. Viridar. warfavienfe, p. 48.

Lycoperdon bovifta Linnæi, Sp. pl. 1653. *Lycoperdon giganteum* Batfch, tab. 29, fig. 165.

Peziza Baldi (*voy.* note 19). *Fungus carrarienfis* Marfigli, Hift. fung. Car.

4. Id. mais bien moins grande, à facettes de diamant.

Fungus niveus adamantinus, in montibus Faltrinis Boccon. Muf. I, tab. 306. *Fungus globofus, grandinatus, italicus* Boccon. Muf. p. 1, tab. 303. *Lycoperdon niveum fphæricum, &c.* Tournef.

5. Id. petite, unie, ronde.

Lycoperdon arrhizon Batfch, tab. 29, fig. 166.

b. Ovale & blanche.

Species 1.ª 26 gener. fungor. perniciof. Clufii. *Peziza* Sterbeeck, tab. 29, fig. F. *Fungus ovatus, crepitus lupi* Tragi.

c. À verrues, grife & ronde.

Lycoperdon verrucofum fphæricum Tournef.

d. Id. en poire.

Lycoperdon pyriforme verrucofum Vaillant,
p. 123, n.° 14, pl. 16, fig. 4.

e. Id. couleur d'orange.

Lycoperdon aurantii coloris, ad bafim rugofum
Vaill. p. 123, n.° 17, pl. 16, fig. 9, 10.
Lycoperdon aurantium Linnæi, Species pl.
1653.

f. En grappe.

Fungus ollularis, vel botryoïdes fimarius
J. Bauhin, cap. 78, p. 848.
Lycoperdon, var. D, feu fafciculatum Haller,
Hift. ftirp. n.° 2172.
Lycoperdon minus & multiplex fphæricum
Tournef. p. 563.

(*Voyez* fur les lycoperdons, les n.°⁵ 32, 73,
83, 84, 93, 109, 133, 179, 277, 290, 291, 304,
372, 373, 402.)

32.

VESSE - DE - LOUP NOIRE.

(Synonimie des genres, n.° 4.)

Fungus femi-orbicularis niger Dodon. icon.
p. 485; & *femi-planus, crepitus lupi* Sterb.
tab. 29, fig. G.
Fungus niger, calicis figuram referens C. Bauh.
p. 375, n.° 44.
Fungus caliciformis, ex genere lupi crepitûs
Mentzel, Pugil. tab. 6.
Lycoperdon truncatum Murray, Syftema
veget. ed. 14, p. 981.
(*Voyez* n.° 67.)

33.

CHAMPIGNON PYRAMIDAL.

(Synonimie des genres, n.° 44.)

Genus 2.ᵐ *fung. efcul.* Clufii.
Fungus apice pyramidali & angufto C. Bauh.
p. 370, n.° 11.
Fungus delicatiffimi faporis J. Bauh. cap. 42,
p. 838.
Fungor. pratenfium fpecies Sterb. tab. 1,
fig. E.

34.

CHAMPIGNON dit MASCARILLE.

(Synonimie des genres, n.° 44.)

Genus 2.ᵐ *fungor. efculent.* Clufii, icon.
p. 265.
Fungus in metam faftigiatus; fungus nodofus;
& *fungus galeatus* Sterb. tab. 9, fig. E.F.G.
Fungus in metam faftigiatus, fufco tinctus
C. Bauh. p. 370, n.° 3.
Fungi in metam faftigiati efculenti coloris
albicantis, fufco tincti J. Bauh. cap. 15,
p. 828.

35.

AGARIC TIGRÉ, ou OREILLE-DE-MALCHUS.

(Synonimie des genres, n.° 58.)

5.ᵐ *genus fungor. efcul.* Clufii.
Fungus angulofus, pediculo exiguo C. Bauh.
p. 370, n.° 5.
Auricula flammea malchi Sterb. tab. 13, 14.
Fungus maximus arboreus, porofus, pediculo
limbo affixo Raii, Synopf. II, p. 236.
Boletus 1.ᵘˢ *feu juglandis* Schaeff. tab. 101,
102.
Agaricus porofus flabellum referens Buxbaum,
Enum. pl. Hall. p. 28.
Agaricus flabelli effigie Battar. p. 68, tab. 37,
fig. B.
Boletus fubfquamofus Batfch, tab. 10, fig. 41.

Efpèce analogue.

Agaricum flabelliforme, fupernè e ruffo-fla-
vum, cute lacera & veluti fubhirfuta, infernè
album & tenuiffimè porofum, foraminulis
rotundis, pediculo breviori ad latera dona-
tum Micheli, p. 118, n.° 5.

36.

CH. DU PEUPLIER, ou PEUPLIÈRE.

(Synonimie des genres, n.° 10.)

a. Blanche.

Ægiritæ (fungi) Tarentini. Ruell. Tragi.
Portæ.
Fungi populnei Dodon.
6.ᵘᵐ *genus fungor. efcul.* Clufii.

Fungi umbilicum exprimentes plures fimùl albi C. Bauh. p. 370, n.° 7.
Fungus racemus Sterb. tab. 12, fig. *B. B.*
Fungi plures fimùl albi ad arborum radices, efculenti J. Bauhin, cap. 32, p. 834; & Magnol, Bot. Monfp.
Fungus in popula albâ Mathioli.
Fungus umbilicatus parvus & multiplex Tournef. Garidel.
Pivoulado & pibouladø Occit. Gallo-prov.
Fungus efculentus odoratus infundibuliformâ, multiplex, fupernè albidus, infernè prorsùs albus, pediculo brevi lanuginofo Micheli, p. 190, n.° 11.
Agaricus umbilicatus Scopoli, n.° 1490; Gouan, Hort. Monfp.

    b. Peuplière brune.

Fungi ad arborum radices, ragagni dicti, Aldrov. Dendrolog. p. 172.
Agaricum efculentum, fquamofum, glabrum, fupernè obfcurum, infernè fubalbidum & lamellatum Micheli, p. 122.
Gelone, cardela, cerrena Italor. Michel. ibid.

    c. Peuplière rouffe, *ou des châtaigners.*

Fungi caftanei, five ruffi limbo inverfo Sterb. tab. 12, fig. *C. D.*

    d. Peuplière grife, *ou des pruniers.*

Genus 2.ᵘᵐ *fungor. perniciofor.* Clufii.
Fungi umbilicofi prunorum plures fimul Sterb. tab 27, fig. *A.*
Fungi ex eodem pede, fed non confpicuo numerofi C. Bauh. p. 372, n.° 10.

    (*Voyez* n.°ˢ 37, 253.)

<h2 style="text-align:center">37.</h2>

<h3 style="text-align:center">ORCEILLE ou SARDINE.</h3>

(Synonimie des genres, n.° 44.)

9.ⁱ *gener. fungor. efcul.* 2.ᵃ *fpec.* Clufii.
Semi-fungus Sterbeeck, tab. 8, fig. *E. E.*
Fungus pileolo lato & rotundo, fpecies 2.ᵃ C. Bauh. p. 370, n.° 12.
An fungus ex uno pede multiplex, alpinus efculentus, pileolo defuper cinereo-grifeo, infernè lamellis copiofiffimis, eleganter rufis, pediculo dilutè concolore Micheli, p. 192.
Orcella Caft. Dur. 191.
Mammola Battaræ, icon. tab. 39.
Mammola, orcella, fardinella Ital. Mich. ibid.

    (*Voyez* n.° 184.)

<h2 style="text-align:center">38.</h2>

<h3 style="text-align:center">CHAMPIGNON DU CERF.</h3>

(Synonimie des genres, n.° 19.)

    a. Rouge-tendre, à fuc laiteux.

10.ⁱ *gener.* 1.ᵃ *fpecies,* & 21.ⁱ *generis fungor. efcul.* 1.ᵃ & 2.ᵃ *fpec.* Clufii, icon. p. 268.
Fungus coccineus villofus, & *fpec.* 43, 44, *fungor. efcul.* Sterb. tab. 6. fig. *CC. E. F.*
Fungus pileolo in plano orbiculari villofo; & *fungus pileolo magno plano orbiculari venis exafperato* C. Bauhini, p. 370, n.° 14, & p. 371, n.° 15, 1.ᵃ & 2.ᵃ *fpecies.*
Fungi fylveftres efculenti cervini, 1.ᵃ *fpecies;* & *fungi abietini efculenti,* 1.ᵃ & 2.ᵃ *fpec.* J. Bauh. Hift. cap. 19, 20, p. 831.
Fungus vefcus XI Loëfel, Flora pruffica.
Fungus umbilicatus, lacte acri turgens, oris villofis Buxbaum, cent. IV, tab. 16, 23.
Agaricus torminofus; rufefcens; crinitus; feu agar. 12, 64, 116 Schaeff. tab. 12, 73, 228.

    b. Id. Roux.

Fungus lignofus fafciatus Vaill. p. 61, n.° 7; pl. 12, fig. 7.
Fungus omphalomyces circellatus, acris Battar. tab. 16, fig. *H.*
Fungus acris, lactefcens, parvus, dilutè rufefcens, pileo complanato & nonnihil umbilicato circularibus zomulis faturè concoloribus diftincto Micheli, p. 142.

    c. Id. à bandes, & à fuc rouge ou couleur de fang.

21 *genus fungor. perniciof.* Clufii.
Fungus abietinus fubftantiâ rubrâ C. Bauh. p. 374, n.° 4; & Rupp. Flor. ien. p. 368, ed. Haller.
Fungus hirfutus, marmoreus, ruber, perniciofus Sterb. tab. 23, fig. *AA.*
Fungi hirfuti internâ parte, perniciofi J. Bauh. cap. 19, p. 830.

    d. Id. brun, à furface prefque unie, & à feuillets bruns.

2.ᵃ *fpec.* 10.ⁱ *gen. fungor. efcul.* Clufii.
Fungus gemellus Sterb. tab. 7, fig. *CC.*

    e. Id. châtain-clair, à chair couleur d'ocre.

Fungus colore caftaneo, margine per maturitatem introrsùm convoluto Vaill. p. 68, n.° 50.

    (*Voyez* n.° 76.)

39.

39.

LE PIED-DE-CHÈVRE.

(Synonimie des genres, n.° 44)

*11.ᵘᵐ genus fungor. esculentor. seu fungus
pes caprinus dictus Clusii, icon. p. 269.*
*Fungi laceri sylvestres esculenti subfusci colo-
ris, infernè candicantes J. Bauh. cap. 21,
p. 831.*
*Fungus pileolo plano subfusco, oris laceris
C. Bauh. p. 371, n.° 16.*
*Amanita subfusca, oris laceris Dillen. Catal.
pl. giss.*
*Amanita petiolo brevissimo, pileo umbilicato
cinereo, lamellis tenuissimis albis Haller,
Hist. stirp. n.° 2378.*

40.

LE VERT DES DAMES.

(Synonimie des genres, n.° 88.)

*13.ⁱ gener. fungor. escul. 1.ᵃ spec. seu fungus
dominarum Clusii.*
Fungus magnus viridis Sterb. tab. 5, fig. C.
*Fungus umbilicum referens variegatus 3.ᵃ spec.
C. Bauh. p. 370, n.° 8, & Tournef.*
*Fungi sylvarum asperi esculenti, 1.ᵃ species
J. Bauh. cap. 12, p. 827.*
*Fungus esculentus, pileolo pulvinato viridi,
infernè cùm pediculo albo Micheli, n.° 1,
p. 152.*
*Agaricus 83, seu virescens Schaeffer, icon.
fungor. tab. 94.*

Espèce analogue.

a. Vert & bleu.

*14.ⁱ gen. fung. escul. 2.ᵃ species Clusii, icon.
p. 270.*
*Agaricus 82, seu cyanoxanthus Schaeffer,
tab. 93.*
*Agaricus delicatus Batsch, Elench. fungor.
tom. I.*

(Voyez n.°ˢ 212, 280.)

41.

CHAMPIGNON POURPRE.

(Synonimie des genres, n.° 88.)

*13.ⁱ gener. fungor. esculent. 3.ᵃ speç. Clusii,
p. 270.*

Tome I.

*Fungus umbilicum referens variegatus, 4.° spec.
C. Bauh. p. 370, n.° 8.*
*Fungi sylvarum asperi esculenti, species 3.ᵃ
cap. 12, p. 827.*
*Fungus purpureus sive ruber Sterb. tab. 6,
fig. DDD.*
*An grumato zucchetino Italor. Micheli,
p. 158!*

42.

CHAMPIGNON PLOMBÉ.

(Synonimie des genres, n.° 88.)

*13.ⁱ gener. fungor. esculent. 4.ᵃ & 5.ᵃ spec.
Clusii, p. 270.*
*Fungus umbilicum referens variegatus, 2.ᵃ &
5.ᵃ species C. Bauhini, n.° 8, p. 370.*
*Fungus argillaceus umbilicosus, & fungus
asper Sterbeeck, tab. 9, fig. CC. DD.*
*Fungi sylvarum asperi & esculenti, spec. 4.ᵃ
& 5.ᵃ J. Bauh. cap. 12, p. 827.*

43.

CHAMP. BULBEUX, MOUCHETÉS,
NI ROUGES NI BLANCS.

(Synonimie des genres, n.° 12.)

a. Mouchetés, gris ou pâles.

1. Espèce réputée bonne à manger.

1.ᵃ spec. 15.ⁱ gener. fung. escul. Clusii, p. 271.
*Fungus porcinus; fungus quercinus dipsacoïdes
Fab. Column. & fungus bulbosus duplici
pileolo Sterbeeck, tab. 8, fig. AA.*

2. Espèce réputée mauvaise.

*1.ᵃ spec. 15.ⁱ gener. fungor. perniciof. Clusii,
icon. p. 281.*
*Fungus bulboso pediculo, pallidus & macu-
latus Sterbeeck, tab. 18, fig. G.*
*Fungus pediculo in bulbi formam excrescente
1.ᵃ spec. C. Bauh. p. 373, n.° 22.*
*Fungus bulboso pediculo, pallidus J. Bauh.
cap. 59, p. 843.*

3. Espèces analogues, grises.

2.ᵃ & 3.ᵃ spec. 7.ⁱ gener. fungor. pern. Clusii.
*Fungus venter & dorsum bufonis Sterbeeck,
tab. 19, fig. F. G.*
*Fungus pileolo lato micis furfuraceis aspersa,
& fungus phalloïdes Vaill. p. 74, n.°ˢ 2, 4.*
Agaricus pustulatus Scopoli, n.° 1461.

4. Blanchâtres ou blancs, à pellicules grifes.

Fungi albi, venenati, vifcidi J. Bauh. cap. 8,
p. 826.
Rhombus Sterbeeck, tab 20, fig. *K.*

À pellicules blanches.

Agaricus volva exceptus fordidè albus, &c.
Gledittch, p. 84, var. *d.*
Agaricus albellus Scopoli, n.° 1462.

5. Blanc lavé de jaune.

*Fungus italicus, albidus, anulatus & macu-
latus* Cimel regi. Parif.

6. Id. fans mouchetures.

Agaricus ftramineus Scopoli, n.° 1464.

b. À pellicules blanches, brun.

Fungus perniciofus, inverfus, puftulatus Sterb.
tab. 21, fig. *D.*
*Fungus mufcas interficiens fufcus, maculis
albis* Buxbaum, Enum. pl. Hallef. p. 125.
Agaricus maculatus Schaeff. tab. 39.
Agaricus verrucofus Willdenow, Flor. berol.
p. 381; id. Hudfon, flor. angl.

c. Id. d'un brun noirâtre,

Spec. 2.ª 15.ⁱ gener. fungor. perniciof. Clufii.
Fungus perunctus niger, & *fungus fordidus
tuberans* Sterbeeck, tab. 18, fig. *H,* &
tab. 26, fig. *F.*
Fungus bulbofo pediculo tetri coloris J. Bauh.
cap. 59, p. 843.
*Fungus pediculo in bulbi formam excrefcente
2.ª fpec.* C. Bauh. p. 373, n.° 22.

d. Id. de couleur plombée ou bleuâtre.

1. Stercus diaboli, feu affa fœtida Sterbeeck,
tab. 19, fig. *AA.*
2 Fungus coriaceus, mufcatus & pern;ciofus
Sterbeeck, tab. 20, fig. *CC.*

e. 1. Id. de couleur prefque roufle,
ou jaunâtre.

*Fungus ochroleucus maculatus, pediculo intrà
terram globofo* Buxbaum, Enum. pl. Hall.
p. 121, tab. 128.

2. Jaune.

Agaricus citrinus Schaeff. tab. 20.
Agaricus mappa Batfch, Elench fung. tom. I,
p. 57; & Willdenow, Flor. berol. p. 381.
*Fungus italicus, luteus, pediculo tumefcente;
& fungus italicus, anulatus & maculatus*
Cimel. regi. Parif.

44.

CEPES *dits* PAINS DE LOUP.

(Synonimie des genres, n.° 8.)

a. Rougeâtres, à tubes jaunes ou verts.

*1. Fungus ruber, feu 2.ª fpec. 16.ⁱ generis
fungor. efcul.* Clufii, icon. p. 271.
Fungus porofus medius fordidè purpurafcens
Vaill. p. 59, n.° 5.
*Suillus craffus, fupernè purpureus, infernè ex
aureo fulvus, pediculo tumido fubrubente*
Micheli, p. 129.
*Boletus flavo-rufus, ferrugineus & appendi-
culatus* Schaeffer, n. 16, 21, tab. 123,
126, 130.
*2. 19.ⁱ gener. fungor. perniciofor. 1.ª, 5.ª,
6.ª & 7.ª fpecies* Clufii.
*Fungus orbicularis fecundùm vias & in quer-
cetis autumno nafcens, 1.ª fpec.* C. Bauh.
n.° 29, p. 373.
*Fungus tuberis figura; fungus cyclaminis radi-
cem colore & formâ referens; & fungus
omnium ampliffimus purpureus* C. Bauh.
n. 30, 31, 32, p. 374.
*Fungus pernitiofus quercetus; caput bufonis;
& panis bufonis parvus* Sterb. tab. 20,
fig. *MM.* & tab. 17, fig. *GG. NN.*
3. Fungus coccineus, fquamofus & globofus
Plumier, Traité des Fougères d'Amérique,
tome I, pl. 167, fig. *AAA.*

b. De couleur livide, à groffe tige.

*Fungus porofus, pediculo craffiffimo & inftar
caulis cepæ ventricofo* Rupp. Flor. Ien.
p. 302.
Boletus 6, feu luridus Schaeff. tab 107.
Vitta bufonis cava Sterb. tab. 17, fig. *F.*

(Voyez n.° 59.)

45.

CORALLOÏDES *ou* BARBES-
DE-CHÈVRE.

(Synonimie des genres, n.° 23.)

Fungus coralliformis Erdnt. Viridar. warfav.

a. Efpèces creufes.

1. Grifes ou pâles.

*19.ⁱ gener. fungor. efcul. 1.ª & 3.ª fpecies,
feu barba caprina* Clufii, icon. p. 274.

Fungus ramosus, flavus & albidus J. Bauh.
cap. 39, p. 837.
Fungus ramosus, flavus & albidus C. Bauh.
Pinax, n.° 29, p. 371.
Fungus ramosus comosus Barrelier, 1266.
Fungus corallinus nodosus Sterbeeck, tab. 11,
fig. *A.*

2. Roses & blanches, ou roses & jaunes.
19.ᵉ gener. fungor. esculent. 2.ᵃ spec. Clusii.
L'arba caprina major & minor Sterb. tab. 11,
fig. *C. D.*
Clavaria coralloïdes Linnæi, Species plant.
p. 1652.

3. Ventre-de-biche, ou couleur de buis.
Fungus corallinus asper Sterbeeck, tab. 11,
fig. *B.*

4. De couleur pourpre-sale, à coton blanc.
*Clavaria simplex & ramosa subulata, vellere
albo* Haller, Hist. stirp. n.° 2195.

b. Pleines.

Digitée & forte.
Clavaria plebeia Jacquin, Misc. II, tab. 13,
p. 101.

En forme de corail, ou à branches.
1. Rousses-flaves, ou couleur de buis.
Coralloïdes flava Tournefort.
Corallo-fungus flavus Vaill. p. 41, tab. 8,
fig. 4.
*Clavaria flava, flavescens, pallida, aurea,
rufescens* Schaeffer, tab. 175, 285, 286,
287, 288.
Clavaria fastigiata, var. B. Batsch, tab. 11,
fig. 48.

2. a. Blanche.
Coralloïdes albida Tournefort.
Clavaria coralloïdes Linn. Spec. pl.
Corallo-fungus candidissimus Vaill. p. 41,
pl. 8.
Clavaria albida Schaeff. tab. 170.

2. b. Id. très-petites.
Coralloïdes alba minima Buxb. Enum. Hall.
tab. 83.
*Fungus ramosus candidissimus ceranoïdes,
seu digitatus minimus* Raii, Synops. II,
p. 15.

3. Id. à sommités roses.
Coralloïdes album, corniculis dilutè purpureis
Micheli, p. 209.

4. Pourpre.
Coralloïdes ramosissima purpurascens Plumier,
Traité des Fougères d'Amérique, tome I,
p. 168, fig. *L.*
Fungus ramosus, coralloïdes purpureus Barrel.
icon. p. 1262.
Coralloïdes dilutè purpurascens Tournefort.
Coralloïdes 6.ᵃ seu purpurea Schaeff. tab. 172.

5. Rose.
Coralloïdes roseus italicus Barrel. icon. 1259.
Clavaria 9, seu rubella Schaeff. tab. 177.

6. Violette.
Fungus ramosus, crispus, violaceus Barrelier,
icon. p. 1261.
Clavaria 8.ᵃ s. atro-porphyrea Schaef. tab. 176.

7. Saffran.
Clavaria 6.ᵃ seu flammea Schaeff. tab. 174.

8. Jaunes.
*Fungoïdes fungiforme luteum, fœtidum &
minus ramosum* Raii, Angl. III, p. 479,
tab. 24, fig. 5.
Clavaria fastigiata Linnæi, Spec. pl.

9. Idem.
Fungus parvus, ramosus, luteus Raii, Ang. III,
p. 16, tab. 24, fig. 7.
Clavaria muscoïdes Linn. Spec. pl.
(*Voyez* n.° 26, 64, 86, 88, 90, 139, 144, 177,
276, 369, 370.)

46.

LES BIGARRÉS.
(*Synonimie des genres, n.° 44.*)

a. À feuillets rougeâtres.
20.ᵉ gener. fungor. escul. 3.ᵃ species Clusii,
p. 275, icon.
Fungor. escul. spec. 45 Sterb. tab. 6, fig. *G.*
Fungi abietini esculenti, 3.ᵃ species J. Bauh.
cap. 19, p. 830.
*Fungus pileolo magno, plano, orbiculari, venis
exasperato, 3.ᵃ spec.* C. Bauh. p. 271,
n.° 15.

Espèces analogues.
b. c. Fungus per maturitatem sursùm repando
Vaill. p. 73, n.° 21.
d. 2.ᵃ spec. 23.ᵉ gener. fungor. pernic. Clusii.
Fungus inæqualis cineraceus candicans Sterb.
tab. 20, fig. *A*; & *fungus fœcundus colore
lateritio, perniciosus*, tab. 21, fig. *B.*

47.

AGARIC PANACHÉ.

(Synon. des genres, n.° 18.)

4.*um genus fungor. perniciofor.* Clufii.
Fungus depictus Sterbeeck, tab. 26, fig. *A.*
Fungus faligneus, lichenis formâ, variegatus
C. Bauh. p. 372, n.° 7.

(Voyez n.° 48.)

48.

AGARICS PAPYRACÉS ET ZONÉS.

(Synonimie des genres, n.° 58.)

Fungus arborum & lignorum putrefcentium
coloris varii Raii, Hiftor. p. 159.
Boletus verficolor Linn. Scopoli, &c.

a. De fubftance molle, à coquilles
verticales, fans tige.

5.*um genus fungor. perniciofor.* Clufii, icon.
p. 277.
Species 5.*a dubia* Sterbeeck, p. 122, tab. 15,
fig. *D.*
Fungus ceraforum imbricatim alter alteri inna-
tus, variegatus C. Bauh. p. 372, n.° 8.
Fungi ceraforum coloris varii perniciofi J. Bauh.
cap. 56, p. 842.

b. De fubftance sèche, à lobes couchés
horizontalement, fans tige.

1. De diverfes couleurs.

Fungus holofericeus iridiformis quoad colorem
alternatione, variegatus M. Hoffmann,
Flor. Altd. & Raii, Synopf. II, p. 18.
Boletus 33, feu multicolor Schaeff. tab. 269.

2. Où la couleur rofe domine.

Fungus lignofus, rofeus, variegatus Boccone,
Muf. p. 1, tab. 20.

3. Id. Brun-jaunâtre.

Agaricus imbricatus, laciniatus, major Buxb.
cent. V, tab. 1, p. 1.
Boletus 5.*us feu annulatus* Schaeff. tab. 106.

4. Id. gris-de-fer.

Fungus mefentericus Sterb. tab. 27, fig. *K.*
Tælephora mefenteriformis Willden. p. 397.

5. Id. grisâtre.

Fungus crifpus lignofus Sterb. tab. 27, fig. *L.*

6. Id. velouté brun, prefque noir.

Boletus 32.us f. atro-fufcus Schae.f. tab. 268.

7. Id. jaune.

Boletus 28.us f. variegatus Schaeff. tab. 263.
Boletus 31.us feu mefentericus Schaeffer,
tab. 267.

8. Id. brun, jaune & noir, feuilleté.

Agaricus hirfutus Schaeff. tab. 16.
Agaricus afferculorum Batfch, tom. I, p. 96.

9. Id. de diverfes couleurs, & comme
feuilleté.

1. Agaricus hirfutus Schaeff. tab. 76.
Agaricus fepiarius Jacquin, Collect.
2. Agaricus femi-petiolatus Schaeff. tab. 208.
Agaricus flabelliformis Jacquin, Collect.

49.

LES GRIVELÉS *ou* MOUCHETÉS.

(Synonimie des genres, n.° 44.)

a. Des coudriers.

6.*um genus fungor. perniciofor.* Clufii.
Fungus coryleus Sterbeeck, tab. 16, fig. *G.*
Fungus coryleus orbicularis C. Bauh. p. 372,
n.° 13.
Fungi fub corylis orbicularis figuræ J. Bauh.
cap. 55, p. 842.
Fungus, n.° 13, Micheli, p. 154.

b. Des bouleaux.

Fungi betularum albi & maculati J. Bauh.
cap. 52, p. 841 ; & Sterbeeck, tab. 16,
fig. *H.*
Fungus betulaceus orbiculatus albus C. Bauh.
p. 373, n.° 16.

a. Efpèces analogues.

1. Rouges mouchetés.

12.*um genus fungor. perniciofor. fpecies* 2.*a*
Clufii.
Fungus purpureus, maculatus, ftriis nigris
Sterbeeck, tab. 21, fig. *G.*

2. Blanc, tacheté de jaune.

Fungus fallax, albus, limbo inverfo Sterb.
tab. 16, fig. *D.*

3. Mêlé de jaune, de rouge & de brun.

Fungus fubluteus, fufcus & rubro maculatus
Sterbeeck, tab. 20, fig. *B.*

50.

LE ROUX-NOIR *ou* CHANGEANT.

(Synonimie des genres, n.° 44.)

9.ᵘᵐ *genus fungor. perniciof.* Clufii.
Fungus mutabilis tumens Sterb. tab. 18, fig. *E.*
Fungus orbicularis, ex atro rufefcens C. Bauh.
　p. 373, n.° 17.
Fungi quodammodo orbiculati, atro-rufefcen-
　tes, perniciofi J. Bauh. cap. 66, p. 846.

51.

FAUX MOUSSÉRON-ENTONNOIR.

(Synonimie des genres, n.° 44.)

10.ᵘᵐ *genus fungor. perniciof.* Clufii.
Fungus minimus, flavefcens, infundibuli formâ
　C. Bauh. p. 373, n.° 18.
Fungi infundibulum referentes, flavefcentes,
　perniciofi J. Bauh. p. 847, cap. 72.
Fungus geminus Sterbeeck, tab. 17, fig. *D.*
Caput papaveris Ejufdem, tab. 24, fig. *F.*

Efpèces analogues.

1. *Scyphus lethalis* Sterb. tab. 24, fig. *G.*
2. *Agaricus 101, f. infundibuliformis* Schaef.
　tab. 212.
3. *Fungi parvi, lutei & clypeiformes* J. Bauh.
　cap. 70, p. 847, icon.
Fungus clypeiformis minor C. Bauh. p. 373,
　n.° 24.
4. *Fungus ftriatus totus niveus* Plum. Traité
　des Fougères, tome I, pl. 167, fig. *B.*

52.

ORONGE DES SOTS.

(Synonimie des genres, n.° 6.)

11.ᵘᵐ *genus fungor. perniciofor. feu fatuorum*
　fungus Clufii, p. 279.
Fungus fatuus, candidus, pileolo in metam
　affurgente C. Bauh. p. 373, n.° 15.
Fungi ftultorum boleto fimiles, perniciofi
　J. Bauh. cap. 25, p. 831.
Stultorum boletus Sterb. tab. 20, fig. *D.*
An fungus volvâ erumpens totus albus, pedi-
　culo cylindrico, præalto & anulato, vovolo
　baftardo Italor. Micheli, p. 184, n.° 2!

a. Efpèce analogue.

Boletus phalloïdes pileatus, feu pileolo villofo
　Plum. Tr. des Foug. tom. I, pl. 167, fig. *F.*

53.

CH. *dit* SIÉGE À GRENOUILLES.

(Synonimie des genres, n.° 44.)

a. À feuillets rouges.

13.ᵘᵐ *genus fungor. perniciof.* Clufii, p. 280.
Fungus albus, ftriis purpureis Sterb. tab. 16,
　fig. *E.*
Pattoncino Italor. Micheli, p. 158.
Fungus latus, orbicularis, candidus C. Bauh.
　p. 373, n.° 20.

b. À feuillets gris.

Pediculus longus, gracilis, excavatus Sterb.
　tab. 20, fig. *E.*

54.

CHAMPIGN. CENDRÉS ET BRUNS, *dits* CHAMPIGN. À COCHONS.

(Synonimie des genres, n.° 44.)

a. 14.ᵘᵐ *genus fungor. perniciofor.* 2.ᵃ *fpec.*
　Clufii.
Fungi duo fuilli J. Bauh. cap. 62, p. 845.
Fungus latus, orbicularis, oris intùs converfis
　C. Bauh. p. 373, n.° 21.
Fungus latus, orbicularis, cineraceus, perni-
　ciofus Sterbeeck, tab. 19, fig. *C.*
Fungus geminus, cineraceus, perniciofus Ejufd.
　ibid. fig. *E.* ·

b. Efpèce analogue, brune deffus &
defſous, à tige blanche, *ou* but noir.

4.ᵃ *fpec.* 20.ⁱ *gener. fungor. perniciof.* Clufii.
Scopus niger Sterbeeck, tab. 19, fig. *H.*

55.

LES ŒUFS À L'ENCRE, *ou* ENCRIERS SOLITAIRES.

(Synonimie des genres, n.° 17.)

a. Petits, gris & roux, à feuillets noirciſſans.

16.ᵘᵐ *genus fungor. perniciofor.* 1.ᵃ, 2.ᵃ &
　3.ᵃ *fpecies, feu fungi ferpentini* Clufii,
　p. 281, 282, icon.
Fungus oris laceris & in lacinias divifus
　C. Bauh. p. 373, n.° 26.

*Galerus brabanticus ; fungus columbalis ;
fungus comatus, seu coma fictitia rufa ;
fungus verriculosus ; & fungus ruffus, lacerus fœtens* Sterbeeck, tab. 20, fig. *F. H;*
tab. 22, fig. *I. K. L,* & tab. 21, fig. *E.*
Agaricus digitalis Batsch, Elench. fungor.
tab. 1, fig. 1.
Fungi tres fœtidi, serpentini dicti, perniciosi
J. Bauh. cap. 43, p. 838.
Agaricus fugax, cinereus & rufo candidus,
n. 60, 89, 90 Schaeff. tab. 67, 100, 201.
Agaricus fimetarius Linnæi, Spec. pl.
Fungi, fanghino & tigratino pisciacane Ital.
Micheli, n.° 1, p. 156; n. 7, 8, 9, 10,
p. 157; n. 1, 2, p. 158.

b. En œuf, écailleux, alongés, un peu
grands.

1. Blancs.
Fungus oviformis Merret, Pinax.
Fungus albus, ovum referens Raii, Synopf. III,
p. 5, n.° 22; & Buxbaum, cent. IV, p. 16,
tab. 27, fig. 1.
Fungus non vescus VII Loëfel, Flora prussica.
Fungus typhoïdes Vaillant, p. 72, n.° 9.
Agaricus 7, 8, 40, feu ovatus, cylindricus,
& *porcellaneus* Schaeff. tab. 7, 8, 46.
Agaricus chamæleo, & *agaricus mitella* Batsch
& Willdenow.
Fongo bozzolo Italor. Micheli, p. 178.

2. Id. violets.
*Fungus nostras capitulo cylindraceo, longiffimo,
leucophæo, lamellis violaceis* Gimel. reg. Parif.

3. Couleur de soufre, & fétide.
Fungus ovatus, fulphureus, fœtidus Sterb.
tab. 23, fig. *K.*

c. En forme d'éteignoir, couleur de rose.
1. Très-alongé.
Fungus in arenosis nascens, italis guglia, Mich.
p. 181.

2. Moins alongé.
*Fungus pascuorum majusculus, capitulo conico,
lamellis subtùs creberrimis, inferiore feu exteriore medietate rubentibus, superiore nigris*
Raii, Synopf. II, fasci.

d. Gris & fort petit.
Agaricus papillatus Batsch, Elench. fungor.
tab. 17, fig. 78.

e. Livide & petit.
Agaricus luridus Batsch, tab. 18, fig. 90.
(Voyez n.°s 20, 115.)

56.

LE ROUX-BRUN.

(Synonimie des genres, n.° 44.)

17.ᵘᵐ *genus fungor. perniciosor. 1.ª species*
Clusii, p. 282.
Fungus maternus, rufus, perniciosus Sterb.
tab. 21, fig. *FF.*
Agaricus subatratus, & *agaricus carbonarius*
Batsch, Elenc. fung. tab. 18, fig. 89, 91.
Fungus latus, oris laceris, 1.ª spec. C. Bauh.
p. 373, n.° 25.
Fungi duo lati, oris laceris, perniciosi, 1.ª spec.
J. Bauh. cap. 57, p. 842.

57.

LE NOIR VEINÉ.

(Synonimie des genres, n.° 44.)

17.ᵘᵐ *genus fungor. perniciosor. 2.ª species*
Clusii, p. 282, icon.
Fungus lacertus Sterbeeck, tab. 20, fig. *G.*
Fungus latus, oris laceris, 2.ª spec. C. Bauh.
p. 373, n.° 24.
Fungi duo lati, oris laceris, perniciosi,
2.ª *spec.* J. Bauh. cap. 57, p. 842.

58.

CH. *dit* BONNET DE MATELOT,
ou BONNET À VACHES.

(Synonimie des genres, n.° 113.)

18.ᵘᵐ *genus fungor. perniciosor.* Clusii.
Fungus vaccinus Sterb. tab. 21, fig. *CCC.*
*Fungus parvus, parvi galeri formam exprimens,
rufus* C. Bauh. p. 273, n.° 27; & Raii,
Synopf. III, n.° 35.
Fungus minor capitulo pileum nauticum referente, pediculo longiore Buxbaum, cent. IV,
tab. 21, p. 29.
Agaricus mammosus, Linn. Spec. pl. p. 1642.

59.

CEPE EN MAMELLE.

(Synonimie des genres, n.°s 8, 57.)

a.

19.ᵘᵐ *genus fungor. pernic. 3.ª spec.* Clusii.
Fungus scissus, cineraceus, nodosus Sterbeeck,
tab. 19, fig. *BB.*

Fungus orbicularis secundùm vias & in quercetis autumno nascens, 3.ª spec. C. Bauh. p. 373, n.º 29.

b.

20.ᵘᵐ genus fungor. perniciosor. 1.ª species Clusii, icon. p. 284.
Fungus crassus in metam surrectus C. Bauh. p. 374, n.º 33.
Fungi in metæ formam surrecti, perniciosi J. Bauh. cap. 30, p. 833.

60.

CHAMP. *dit* BONNET DES FOUS.

(Synonimie des genres, n.º 44).

22.ⁱ generis fungor. pernic. 6.ª species Clusii.
An fungus esculentus, saturatè rufescens, lamellis primùm albis, posteà concoloribus, pediculo duro plerumque crispo & complanato, ad radicem versùs attenuato Micheli, p. 190!
Stultorum cuculli fasciculus Sterb. tab. 25, fig. *H.*

61.

CHAMPIG. *dit* SANG DES MARAIS.

(Synonimie des genres, n.º 44.)

a. Petit.

23.ⁱ generis fungor. pernic. 1.ª species Clusii.
Fungus parvus, perniciosus, purpureus Sterb. tab. 22, fig. *H H.*
Amanita palustris sanguinei coloris Dillenii, Catal. pl. giss. p. 180.
Fungus parvus, coccineus Vaill. p. 66, n.º 38.
Agaricus sanguineus Jacquin, Miscell. II, tab. 15, fig. 3, p. 107.

b. Plus grand.

1. *Agaricus santalinus* Scopoli, n.º 1528.
Id. Murray, System. veget. 14, p. 975.
2. *Agaricus laccatus* Scopoli, n.º 1530.

62.

CHAMP. *dit* TOUPIE À COCHONS.

(Synonimie des genres, n.º 44.)

23.ⁱ generis fungor. pernic. 4.ª spec. Clusii.
Fungus inæqualis, cineraceus, candicans, perniciosus Sterbeeck, tab. 20, fig. *AA.*

63.

FONGOÏDE *ou* COCCIGRUE À CORPS LENTICULAIRES.

(Synonimie des genres, n.º 69.)

a. Unis.

23.ⁱ gener. fungor. perniciosor. 6.ª species, seu fungus anonymus Clusii, p. 287.
Fungus seminalis, seu species 142 Sterbeeck, p. 280.
Fungus minimus, ligneis tabellis areolarum hortorum adnascens C. Bauhini, p. 374, n.º 39.
Fungus minimus sine petiolo, perniciosus J. Bauh. p. 847, cap. 71.
Funguli caliciformes seminiferi Mentzel, Pugil. rar. pl. tab. 6.
Fungus seminiferus creditus; fungus minimus seminifer; & fungus discifer, exilis Ephem. Nat. Cur. dec. II, ann. 6, 7, 9, 10.
Fungus pyxioïdes seminifer, seu fungus non vescus XLI Loësel, Flora prussica, icon. 16, p. 90; Erdnt. Wirid. warf.
Fungoïdes infundibuliformâ semine fœtum Tournef. p. 560; & Vaillant, tab. 11, fig. 6, 7.
Peziza caliciformis lentifera, lævis Dillenii, Catal. pl. giss. p. 195.
Peziza lentifera Linn. Spec. pl.
Cyathoïdes Micheli, p. 222, tab. 102.

b. Velus.

Peziza caliciformis lentifera, hirsuta Dillen. Catal. pl. giss.

c. Rayés & velus.

Fungoïdes infundibuliformâ semine fœtum, externè striatum atque hirsutum Vaill. tab. 11, fig. 4, 5.

d. Rayés en-dedans, & écailleux extérieurement.

Peziza calice campanulato, internè striato, externè squamoso Guettard, Obs. stamp. tom. I, p. 15.

e. Rouge écarlate.

Peziza lenticularis, parva miniata Raii, Synops. III, p. 18, n.º 6.

64.

CORNE-DE-CERF, *ou* CHEVÈLURE DES ARBRES.

(Synonimie des genres, n.ᵒˢ 23, 52, 72.)

a. Blanche, d'un blanc d'argent.

25.ᵘᵐ *genus fungor. perniciof.* Clufii, p. 287, icon. in append. alter.

Fungus ramofus, candidus C. Bauh. p. 374, n.º 40.

Fungi ramofi, argentei J. Bauh. cap. 40, p. 838.

Cornu cervi calcinatum Sterbeeck, tab. 27, fig. *G.*

Fungus abietinus niveus Boccone, Muf. fific. icon. p. 304; & *fungus ramofus, abietinus, niveus* Barrelier, icon. 1257.

Coralloïdes abietina nivea procerior Tournef.

b. De couleur pâle, en forme de rateau.

Fungus mufcofus, albus, villis pallentibus raftriformis Boccone, Muf. p. 1, tab. 303.

Agaricus multifidus & villofus Tournefort, p. 562.

Hydnum clathroides Pallas, Iter Siber. tab. *H*, tom. II, fig. 3.

Agaricum efculentum, album, cefpitofum, multifidum & denticulatum, denticulis afperis Micheli, p. 122, n.º 2, tab. 64, fig. 2.

Hydnum coralloides, n.º 4, Schaeff. tom. II, tab. 142.

Id. Scopoli, ed. 2, n.º 1602.

Echinus ramofus, aculeis parallelis Haller, Hift. n.º 2317.

(Voyez n.º 90.)

65.

OREILLE-DE-NOYER,

(Synonimie des genres, n.º 53.)

a. Couleur de noifette.

Orecchinole, feu fungus auritus juglandium albicans Ferr. Imper. & J. Bauh. cap. 47, p. 839.

Fungus e trunco juglandis flavefcens M. Hoffm. Flora Altd.

b. Blanche & foyeufe.

Lingua di noce, cattiva Mich. p. 123, n.º 15.

(Voyez n.ᵒˢ 122, 126, 185, 254, 324.)

66.

AGARIC TEINTURIER, *ou* AGARIC VELU.

(Synonimie des genres, n.ᵒˢ 15, 18.)

Fungo villofo Ferrante Imperato.

Fungus villofus arboreus, coloris ochræ tinctorius J. Bauh. cap. 47, p. 840.

An agaricum efculentum, gelfis, feu moris adnafcens, luteum, tinctorium, fupernè villofum, infernè fubafperum, altius perforatum, foraminulis anguftis & ore inæqualibus Micheli, p. 120, n.º 4 !

Lingua di moro buona a tingere e a mangiare Ital. ejufd. ibid.

(Voyez n.º 127).

67.

FONGOÏDES CREUX.

(Synonimie des genres, n.º 3.)

A. Sans tige.

aa. Efpèces de forme régulière ou anguleufes, à furface unie.

1. Blanchâtres dehors, rouges dedans, en forme de faucière.

Fungi pezicæ, 1.ᵃ fpecies Fabii Columnæ, Ecphr. icon. p. 336.

Pezica cava, albida, intùs coccinea Aldrov, Dendr. icon. p. 116; *id.* Haller, Hiftor.

Fungus acetabulorum modo cavus, radice carens C. Bauh. p. 372, n.º 5.

Fungoïdes angulatum acetabuliforme Tournef. Inft. r. h., p. 560.

Fungus membranaceus, feu coriaceus, acetabuli modo concavus, colore intùs coccineo, feu cremefino Raii, Synopf. II, p. 19, n.º 39.

Peziza acetabuliformis, coloris intùs coccinei Dillen. Cat. pl. giff. p. 194.

2. Id. en form. de baffin, de couleur rouffe.

Fungoïdes pulviforme, molle, rufefcens Tourn. corollar. p. 40.

3. Id. en forme d'hépatique des fontaines.

Fungi pezicæ alter. fpec. Fabii Columnæ, Ecphr. ftirp. icon. p. 336.

Fungus hepaticæ faxatilis forma C. Bauhini, p. 372, n.º 6.

4. Id. en forme de navette ou de saucière, petite, couleur de feuille morte.

Peziza antiquata, Batfch, Elench. fungor. tab. 27, fig. 141.

5. Id. couleur de foie.

Peziza hepatica, Batfch, tab. 26, fig. 138.

6. Id. ardoifée.

Peziza grifea Batfch, tab. 12, fig. 55.

bb. De forme plus régulière, en mortier, en marmite, en creufet, en chaton de bague.

1. En mortier, couleur de cire jaune.

Fungus tenuis, ceræ flavæ fimilis, ventricofus mortarium referens romanum Bocc. Muf. I, tab. 300.

Lycoperdon mortarii formá Tournef. Inft. r. h. p. 561.

Fungoïdes fcutellatum majus, ceræ flavæ colore Micheli, p. 206, n.° 1.

Fungoïdes lutefcens, ollam referens Buxbaum, Ac. Petrop. act. tom. IV, tab. 29.

Elvela fcutellata, ochracea, ochroleuca Schaef. tab. 150, 155, 274.

2. En urne, de couleur brune, à côtes ramifiées.

* D'une feule couleur.

Fungoïdes noftras fufcum, mortarii formá Cim. reg. Parif.

Fungoïdes fufcum acetabuli formá, externè ramificatum, feu fungoïdes maximum pyxidatum Vaillant, tab. 13, fig. 1.

Peziza acetabulum Linnæi, Spec. pl.

** En plateau, brune, à cavité noire.

Peziza brunnea Batfch, tab. 11, fig. 50.

Octofpora elaftica Hedwig, Stirp. crypt. tom. II, fafc. 1, tab. 6.

Lycoperdon truncatum Linn. Syft. nat. R. 4.

Tremella agaricoïdes Willdenow, Flor. Berol. prod. n.° 1215.

*** Id. fans côtes.

Peziza bolaris Batfch, tab. 28, fig. 155.

3. En forme de creufet, chatonné & velu, gris-brun.

* *Peziza floccofa* Batfch, tab. 28, fig. 156.

4. Id. couleur de porphyre, en touffe.

Peziza porphyrea Batfch, tab. 12, fig. 53.

5. De couleur blanche, peu régulière.

* *Peziza nivea* Batfch, tab. 12, fig. 56.

Tome I.

** Id. Très-blanche, à anneaux.

Peziza annularis Batfch, tab. 26, fig. 139.

6. Grife & velue, en forme de marmite.

Octofpora fafciculata Hedwig, Stirp. cript. tom. II, fafc. 1, tab. 4.

7. De couleur verte.

* Verdoyante.

Octofpora (viridans) trunco convexo, feffili, patelliformi, dilutè fufco, margine viridante Hedwig, ibid. tab. 6.

** Verdâtre.

Octofpora porphyrofpora Hedwig, ibid. tab. 7.

8. Couleur de chair, en forme d'entonnoir.

Octofpora carnea Hedwig, ibid. tab. 7.

9. Id. mais plus petite; canelle vif.

Octofpora nana Hedwig, ibid. tab. 9.

10. En forme de creufet chatonné & boutonné, gris-fauve.

Octofpora puftulata Hedwig, ibid. tab. 6.

11. En chaton de bague, régulières, bombées, de couleur roux-tendre.

* *Peziza ienenfis* Batfch, tab. 28, fig. 153.
** *Octofpora varia* Hedwig, ibid. tab. 6.

*** Id. beaucoup plus petite.

Octopora minuta Hedwig, ibid. tab. 6.

12. Couleur de cendre.

Peziza cinerea Batfch, tab. 26, fig. 137.

cc. En forme d'entonnoir, régulier & velu, de couleur brune.

Peziza feffilis infundibuliformis, extùs hirfuta, umbrina, intùs nigerrima Haller, Hiftor. n.° 2219.

dd. En forme d'urne ou de coupe chatonnée, brune, régulière.

Peziza fubfufca major & minor Dillenii, Catal. pl. giff. p. 194.

Elvela pulla Schaeff. tab. 158.

Fungus fabuli Ofbeckii.

ee. De forme irrégulière, en écuelle, en conque, en lobes d'oreille, &c.

1. De couleur rouge.

* À bords unis.

24.° *gener. fungor. perniciof.* 1.° & 2.° *fpec.* Clufii, p. 287.

Fungi dicti fpongiolæ lignorum perniciofi Joan. Bauhini, cap. 50, p. 811.

Auricula judæ, colore coccineo & parva concha marina, colore coccineo Sterbeeck, tab. 26, fig. *C. D.*

Elvela coccinea Schaeff. tab. 148.

Peziza miniata major Dillen. Cat. pl. giff. p. 194.

Peziza cochleata, var. a. Batfch, tab. 28, fig. 158.

Pezizæ cochleatæ, var. b. Ejufd. tab. 28, fig. 157.

** Id. mais d'un rouge bordé de blanc.

Octofpora leucoloma Hedw'g, ibid. tab. 4.

*** Id. mais à bords ciliés.

Fungus arboreus, acetabuli modo cavus, coccineus, marginibus pilofis Raii, Synopf. II, p. 19, n.° 41.

Peziza acetabuliformis coccinea, marginibus pilofis Dillen. Catal. pl. giff. p. 195.

Peziza fcutellata Batfch, tab. 12, fig. 54.

Octofpora fcutellata Hedwig, ibid. tab. 3.

Fungoïdes alterum fcutellatum, foris purpureum & villofum Plum. Tr. des Fougères, pl. 168, fig. *E.*

**** Id. Velu par-tout.

Octofpora hirta Hedwig, tab. 3.

2. De couleur jaune, à bords unis, de grandeur moyenne.

Peziza acetabulo parùm cavo, lutea Rupp, Flor. Ien. ed. Hall. p. 359.

3. Id. mais plus petite.

Peziza lutea, parva, marginibus lævibus Raii, Synopf. III, ed. angl. p. 479, tab. 24, fig. 4; & *fungus minimus fcutellatus* Ejufd. Synopf. II, p. 17.

Pezica cyathoïdes Linnæi, Spec. pl. 1651.

4. Id. à bords ciliés.

Fungoïdes qui fungus minimus, fcutellatus, coloris aurantii Vaillant, tab. 13, fig. 13.

Peziza lutea, parva, marginibus pilofis Raii, Synopf. III, ed. angl. tab. 24, fig. 3.

Peziza fcutellata Linnæi, Spec. pl.

5. Blanchâtres ou grifes.

* *Fungoïdes peziza dictum, acetabulum referens, & fubalbum* Rupp, Fl. Ien. ed. Hal'. p. 358.

Peziza pineti Batfch, tab. 26, fig. 140.

** *Peziza comitialis* Batfch, tab. 27, fig. 152.

*** *Pezizæ fcutellatæ var. d.* Batfch, tab. 28, fig. 154.

6. D'un blanc de neige, & velue.

Peziza hemifphærica, hirfuta, nivea Haller, Enum. p. 20, n.° 7.

7. Blanche dedans, bai-brune dehors, & velue.

Peziza hemifphærica, intùs alba, extùs hirfuta & fpadicea Haller, Enum. p. 26, n.° 6.

Elvela 4 Schaeff. tab. 151.

ff. En forme d'éventail.

1. *Fungoïdes reticulatum flabelliforme* Plum. Traite des Fougères d'Amérique tome I, pl. 167, fig. *E.*

2. Couleur de canelle obfcure.

Octofpora applanata Hedwig, tab. 5.

B. À tige.

1. À tige blanche, à tête cramoifi.

Peziza petiolo albo, villofo, cupulâ intùs coccinea Rupp, Flora Ien. ed. Hall. p. 359.

Fungoïdes Micheli, p. 205, tab. 86, fig. 5.

2. Tout blanc de neige.

Peziza petiolo brevi, tota nivea Haller, Enum. plant. p. 27.

Octofpora albidula Hedwig, tab. 9.

3. Jaunâtre ou blond, en forme de toupie.

* *Peziza flavefcens, petiolo gracili, acetabulo conico* Haller, Enum. p. 22, n.° 25.

Octofpora lutefcens Hedwig, tab. 9.

** *Octofpora pyriformis* Hedwig, tab. 10.

4. Rouge, efpèce dite Fleur du coudrier.

Fungus non vefcus XXXIV, feu fungus pyxioïdes, coccineus Loëfel, Flora pruffica.

Fungus corylinus, floridus, feu flos mufci corylini Schroeck, Eph. Nat. Cur. dec. 3 & 4.

5. Gris-rouffelet, en forme de calice ou de cupule de gland.

Fungoïdes glandis cupulam referens, margine dentato Vaillant, Bot. p. 57, tab. 11, fig. 1, 2, 3.

Peziza cupularis Linnæi, Spec. pl.

6. Jaune-citron, & couleur de rouille.

* *Octofpora citrina* Hedwig, tab. 8.

** *Elvela hypocrateriformis* Schaef. tab. 152.

Elvela calyculas Batfch, tab. 12, fig. 53.

7. Brun & velu, à longue tige.

* *Fungoïdes fufcum, pediculo longiore donatum* Buxbaum, Ac Petr. tom. IV, p. 282, tab. 29, fig. 3.

Elvela hifpida Schaeff. tab. 167; & *elvela villofa* Ejufd. tab. 321.
** *Octofpora tuberofa* Hedwig, tab. 10.
*** *Octofpora bulbofa* Hedwig, tab. 10.
8. Rouge, à bords ciliés, dite *oreille-du-diable*, ou *mabouia areca.*

Fungoïdes coccineum, oris pilofis, cyathi formâ Plumier, Traité des Fougères, tome I, pl. 168, fig. *C.*

9. En forme de calice ou de champignon, à cupule rouge ou jaune, le refte blanc-rofé.

Elvela calyciformis Batfch, tab. 26, fig. 135.
      Id. Gris-de-cendre.
* *Peziza figillatoria* Batfch, tab. 27, fig. 142.
** *Peziza minutiffima* Batfch, tab. 27, fig. 143.
*** *Peziza amenti* Batfch, tab. 27, fig. 148.
**** *Peziza dubia* Batfch, tab. 27, fig. 145.
10. De couleur violette, en forme de trompette renflée.

Octofpora (violacea) trilinearis fimplex, e bafi anguflatá, elongatá cyathiformis, violacea, feminibus rotundis Hedwig, tab: 8.

(*Voyez* n.ºs 271—275, 293, 296, 302.)

68.

FAUX AGARIC BLANC.

(Synonimie des genres, n.° 18.)

1. Sans odeur.

Agarico fimilis fungus diverfarum arborum caudicibus adhærens C. Bauh. p. 375, n.° 2.
      Du faule.
Agaricus fpurius, feu fungus albidus maximus Raii, Synopf. II, p. 335.
Agaricus officinali fimilis Dillen. p. 192.
    2. Id. à odeur d'iris.
Falfus agaricus, feu fungus albus faligneus odore iridis Sterbeeck, tab. 27, fig. *D.*
Boletus fuave-olens Linn. Spec. plant.
Fungus falicis officinar. Enflin, Comm.
An fungus faligneus Scharfii, Ephem. Nat. Curiof. dec. III, an. 2, obf. 82.

a. Efpèce analogue.
    Agaric de l'ofier.
Fungus falicis ruffa Ephemer. Nat. Cur. dec. II, an. 5, obf. 121, p. 310.

69.

GRANDS MOUSSERONS BLANCS,
ou BISETTES ET COLOMBETTES.

(Synonimie des genres, n.° 44.)

a. Bifette.

Fungus albus, Mompelgardenfibus & vicinis, biffette, J. Bauh. cap. 7. p. 825.
Fungus albus, coucoumelle *dictus* Magnol, Botan. Monfpel. (†)

b. Colombettes.

Fungus magnus, totus albus, fine fucco lacteo, edulis, colombettes *Mompelgardenfibus* J. Bauh. cap. 7, p. 826.
Fungus efculentus, totus albus, pileolo plano, pediculo breviore Micheli, p. 145, n.° 2.

    Efpèces analogues.

c. Agaricus candidus, n.° 113, Schaeffer, tab. 225, tom. III.
d. Fungus totus albus Vaill. n.° 34, p. 65.

    À odeur de farine de froment.

e. Fungus efculentus, totus albus, farinam recenter molitam redolens Micheli, p. 145.
f. Fungi efculenti Micheli, n. 10, 11, 17, p. 145.

70.

CHAMPIGNONS SOUS-ÉPINEUX,
dits CHEVROTINES.

(Synonimie des genres, n.° 37.)

a. Pâle ou prefque blanc.

Fungus pœnè candidus pronâ parte erinaceus J. Bauh. cap. 14, p. 828.

(†) Quoiqu'on conferve ici la fynonimie donnée par Magnol fur le champignon qu'on appelle *coucoumelle* en Languedoc, nous devons faire obferver qu'elle n'eft point exacte. Ces deux champignons ne fe reffemblent que par la couleur blanche de leur chapiteau. Celui dont parle J. Bauhin eft un champignon nu; celui de Magnol fort d'une enveloppe. C'eft par conféquent une efpèce d'oronge blanche dont les feuillets prennent un œil de chair. On en voit la figure dans la feconde Partie.

b. Tout blanc.

Erinaceus esculentus, albus, crassus Micheli,
p. 132, tab. 72, fig. 2.

c. 1. Ventre-de-biche ou couleur de buis,
ou chevrotine ordinaire.

*Fungus pulvinatus buxei ferè coloris volam
manûs æquans, infernè multis appendiculis
linguæ vitulinæ instar exasperatus, nullo
succo turgens* M. Hoffmann, Flora Altd.
Fungus echinatus, luteolus minor Rupp,
Fl. Ien.
Fungus erinaceus Vaill. p. 58.
Erinaceus esculentus, pallidè luteus Micheli,
p. 132, n.° 2, tab. 72, fig. 3.
Hydnum repandum Linn. Spec. pl. p. 1647.
Hydnum clandestinum Batsch, tab. 10,
fig. 44.
2. *Hydnum carnosum* Batsch, tab. 26,
fig. 136.

d. Rousselette.

Hydnum 3.um *seu rufescens* Schaeff. tab. 141.

e. À grand chapeau.

1. Jaune-brun, écailleux.

*Fungus erinaceus major atrocinereus ad petasi
ferè magnitudinem accedens, pronâ parte
squammatus* M. Hoffmann, Flor. Altd.
& Erndt. Virid. warf.
*Fungus echinatus maximus, umbraculo am-
plissimo obscuro & nigricante* Rupp. Fl. Ien.
Hydnum subsquamosum Batsch, tab. 10,
fig. 48.

2. Id. de couleur bistre.

*Fungus esculentus echinatus, pileolo supernè
squammoso & fuliginoso* Breyn. apud Mich.
p. 133.

3. Id. Blanchâtre.

*Echinus petiolatus albicans, supernè squam-
mosus* Haller, hist. n.° 2324, var. *B.*
Hydnum imbricatum Linn. Sp. pl. p. 1647,
& Sch. n.° 2, tab. 140.

f. Couleur de rouille & brun, à appendices
grises.

1. *Fungus non vescus I* Loësel, Fl. pruss.
2. *Fungus luteus africanus* Sterb. tab. 20,
fig. *L.*
3. *Erinaceus ex obscuro ferrugineus, subtùs
denticulis longioribus cinereis* Mich. p. 132,
n.° 8, tab. 72, fig. 1.

g. Petit, en forme de curette ou de truelle,

1. Uni.

*Fungus erinaceus parvus, pediculo longiore
auriscalpium referens buxei coloris in stro-
bilis abietis proveniens; & fungus erinaceus,
parvus in conis abietis, &c.* Buxbaum,
Enum. Hall. tab. 57, fig. 1, & tab. 129.
*Hydnum (auriscalpium) stipitatum pileo di-
midiato* Linn. Spec. pl. 1648.

2. Velu.

*Erinaceus parvus hirsutus, ex fusco fulvus,
pileolo semi-orbiculari, pediculo tenuiore*
Micheli, p. 132, n.° 5, tab. 72, fig. 8.

h. Id. couleur de rose.

*Fungus rosei coloris, pediculo in pileolum variè
dissectum abeunte* Cimel. reg. Parif.

k. Gris ou roux, en entonnoir.

*Fungus italicus infundibuliformis rufescens,
undulatus & papillis donatus* Cimel. reg.
Parif.

(*Voyez* n.°* 81, 183, 196, 310, 311, 338, 360,
426.)

71.

LA TOUFFE BLANCHE
ET LUISANTE.

(*Synonimie des genres, n.° 25.*)

*Fungi albi lucentes ex uno principio plures, e
radicibus arborum* J. Bauh. cap. 34, p. 835.
*Amanita fasciculosa, viscida, arborea, molliter
alba* Dillen. Cat. pl. giff. p. 186.
Amanita albus viscidus, lamellis tenuissimis
Haller, Hist. n.° 2341, var. *B.*
Agaricus valens Scopoli, n.° 1487.

(*Voyez* n.°* 124, 137, 255, 256, 398.)

72.

LES PETITS CHAPEAUX.

(*Synonimie des genres, n.° 30.*)

a. Plats.

1. Tout bleu.

Fungus parvus omninò cæruleus J. Bauhini,
cap. 69, p. 846, icon.
Fungus cæruleus minor, pediculo gracili Buxb.
cent. IV, tab. 12.

2. Blanc dessus, aurore dessous.

*Fungus parvus, pileoli superiore parte albâ
alterá autem ex luteo rubente* J. Bauh. ibid.

3. Jaunes & visqueux.
Fungi minimi, lutei externè viscidi J. Bauh.
ibid.

4. Brun, à feuillets gris.
Species 81 fungor. perniciof. Sterb. tab. 23,
fig. *L.*

5. Roux ou fauves, à feuillets blancs.
Species 82 fungor. perniciof. Sterb. tab. 23,
fig. *N.*
Rossola cattiva Ital. Micheli, n.° 2, p. 154,
& n. 1, 3, 4, ibid.

6. Id. jaunes, à feuillets blancs.
Fungi, n. 1, 2, 3, 8, Micheli, p. 152.

À feuillets de la couleur du chapiteau.
Fungi fulvi, feu muftellinini Micheli, p. 148
& 149, n. 1, 2, 3, 4, 5, 6.

b. À chapiteau hémifphérique.

1. À tige longue, & blanchâtres.
*Fungus parvus, albus cum luteolâ parte in
fummitate capituli vifco nitente refplendens*
J. Bauh. cap. 69, p. 846.
Fungi varii J. Bauh.

2. Id. marron foncé deffus, blanc deffous.
Boleti Sterbeeck, tab. 2, fig. *AA.*

3. Id. gris ou bruns, à feuillets de même
couleur, & laiteux.
Boleti Sterbeeck, tab. 17, fig. *A. B. C.*
Fungus lactefcens non acris Raii, Synopf. II,
p. 334.
*Fungus minimus, pediculo longo tenuiffimo
lactefcens* Raii, Synopf. II, p. 13.

4. Bruns, à feuillets blancs.
Agaricus ermineus Scopoli, n.° 1559.

5. Jaunes, à feuillets bruns, ou gris.
Fungus capite hemifphærico pallidè lutefcente
Vaillant, p. 65, n.° 32.

c. En toupie ou cône renverfé.
*Fungi pediculo fatis brevi & craffo donati
ex luteo pallefcentes, capitulo turbinato*
J. Bauh. cap. 69, p. 846.

Efpèces analogues.

d. À chapiteau en cône obtus.
Gris-cendré.
Fungus parvus, pediculo oblongo, firmo,

*lento, pileolo in medio faftigiato ftriis ex-
teriùs apparentibus* Raii, Synopf. II, p. 13.
Fungus minimus, pediculo (pileolo) conico
Vaill. p. 68, n.° 52.
*Fungus capitulo conico pallidè cineritio centro
fufco* Vaill. p. 65, n.° 33.

e. À chapiteau ovale.

Fungus albus pileolo inverfo J. Bauh. cap. 73,
p. 847, icon.

73.

LYCOPERDON À TIGE.
(Synonimie des genres, n.° 4.)

a. Peu longue.
Fungus ovatus J. Bauh. cap. 76, p. 848.
Fungus pulverulentus, pediculo longiori Raii,
Synopf. II, n.° 17; & *fungus pulverulentus, pediculo infidens* Raii, Synopf. II,
n.° 18, p. 16.
*Lycoperdon album totum aculeatum altiori
bafi donatum* Micheli, p. 217, tab. 97,
fig. 1.

b. En forme de cucurbite ou d'alambic.
*Fungus lupinus cucurbitinus cervice longa,
fcabrâ, grifea* Boccone, Muf. I, tab. 306.
Lycoperdon excipuli formâ Tournef. Vaill.
Schaeff. n. 6, 11, 14, tab. 187, 292,
295.
Lycoperdon herculeum Pallas, Appendix,
tome I, p. 772.

c. À tige ventrue.
*Fungus pulverulentus major, pediculo longiori
ventricofo* Raii, Synopf. II, p. 16, n.° 16.

d. En forme de mamelle, & à tige
écailleufe.
*Lycoperdon album mammofum, pediculo longo
& veluti fquammofo ac fiftulofo* Micheli,
p. 218, tab. 97, fig. 7.

e. Petit lycoperdon à tige.
*Lycoperdon parifienfe minimum, pediculo do-
natum* Tournef. p. 563, tab. 331
Bovifta parva, cylindracea, pediculo donata
Dillenii, p 197.
Lycoperdon minimum verrucofum Vaillant,
p. 123, tab. 12, fig. 16.
Lycoperdon pedunculatum Linn. Spec. pl.
1654; & Batfch, tab. 29, fig. 167.

74.

PIERRE À CHAMPIGN. POREUX.

(Synonimie des genres, n.° 24.)

Lapis fungiferus Marc. Aurel. Sev. Epift. ad Befler. & Car. Avant. in Cœna.
Fungus lyncurius, feu *ex lapide lyncis* Cæfalp.
Fungus in faxis proveniens Portæ in Villâ.
Lapis phrygius, *fungos ferens* Mercat. 147.
Tuberafter, *fungos ferens* Boccone, Muf. di fif. tab. 300, & Battaræ.
Polyporus efculentus ex ingenti, *perenni & tuberofâ radice in fingulos menfes plerumque nafcens*, *fupernè rufefcens*, *infernè fimùl cum pediculo albis* Mich. p. 131, tab. 71.
Fungus finenfis antidotalis lac tigridis diclus Breynii, Eph. Nat. Cur. an. 4, 5, p. 195, icon. obf. 153.
Radix per modum fungi Kircher, Magn. naturæ regnum, feČt. 3.
Champignons de Villetri, de Secondat, Mém. fur l'Hift. Nat.

(Voyez n.° 213.)

75.

GIROLLE FEUILLETÉE,
À SUC JAUNE.

(Synonimie des genres, n.° 44.)

Fungus vefcus II Loëfel, Flora pruffica.
An fungus edulis optimus Cord. in Diofcor. !
An fungus angulofus & velut in lacinias feclus Erndt. Virid. warf. p. 47 !
Amanita fulvus, *lacte croceo* Haller, Hiftor. n.° 2419.

76.

ROUGILLONS, *ou* LES BRIQUETÉS.

(Synonimie des genres, n.° 19.)

a. À fuc jaune.

Fungus vefcus IV Loëfel, Flora pruffica.
Amanita lateritii coloris Dillen. Cat. pl. giff.
Omphalomyces acris lateritii coloris Battaræ.
Fungus efculentus lateritio colore immutabili fuccum acrem & croceum fundens, *pediculo breviore* Micheli, p. 141.

b. À fuc couleur de fang.

Agaricus XI, feu *deliciofus* Schaeff. tab. 11, tom. I.
Agaricus deliciofus Linn. Scopol. n.° 1552.

Efpèce analogue.

Fungus parvus, *geminus*, *rufus*, *fufcus* Sterb. tab. 20, fig. I.

77.

POIVRÉS BRUNS ET BLANCS.

(Synonimie des genres, n.° 44.)

Fungus vefcus XII, & *fungus vefcus XIII* Loëfel, Flora pruffica.

(Voyez n.° 21. b.)

78.

LE CEPE À COLLET.

(Synonimie des genres, n.° 58.)

Fungus vefcus XXV Loëfel, Flora pruffica.
Fungus porofus autumnalis viridis Buxbaum, cent. V, tab. 14, fig. 1.
Suillus annulatus terreus, *infernè flavefcens* Haller, Enum. 29 ; & *polyporus carne fecedente*, *petiolatus annulatus* Ejufdem, Hift. ftirp. n.° 2301.
Boletus luteus Linnæi, Spec. pl. p. 1646. Scopoli & Schaeff. n.° 12, tab. 114.

79.

ORONGE VERTE ET JAUNE,
OU FAUVE.

(Synonimie des genres, n.° 6.)

Fungus vefcus XXVII Loëfel, Flora pruffica, p. 86.
Agaricus volva magna & perfiftente exceptus, *pileolo obtus è faftigiato*, *obfcurè viridi*, *lamellis fubfulvis*, *petiolo cylindraceo*, *anulato*, *præalto*, *grifeo* Gleditfch, Meth. fung. p. 91, n.° 5, var. *a.*
An amanita pileolo pulvinato viridi, *lamellis obfcurè luteis* Haller, Hift. n.° 2434 !

(Voyez n.° 174.)

80.

LE PARASOL BLANC BLEUISSANT.

(Synonimie des genres, n.° 44.)

Fungus non vefcus VIII Loëfel, Flora pruff.
Umbella Sterb. tab. 2 , n.° 2 , fig. *H.*
Agaricus fub populo fylveftr. Pallas, Voyag.
tom. I, p. 66.

81.

L'AGARIC ÉPINEUX, EN GELÉE.

(Synonimie des genres, n.° 52.)

Fungus non vefcus XXIX Loëfel, Fl. pruff.
Fungus erinaceus, candidus, fubftantiá gela-tinea M. Hoffmann, Flora Altdorf.
Echinus cryftallinus, gelatinofus Haller, Hift.
n.° 2319.
Hydnum gelatinofum , n.° 6, Schaeffer,
tab. 144, 145.
Id. *& monftrofum* Jacq. Mifc. I, tab. 9, p. 139.
Tremella hydnoïdes Ejufdem, ibid. tab. 16,
p. 145.
(Voyez n.°* 18; & 311.)

82.

FROMAGE DES ARBRES, *ou* AGARIC
À AMADOU BLANC.

(Synonimie des genres, n.° 18.)

a. Flos arborum fungo affinis, feu fungus non vefcus XXX Loëfel, Flora pruffica.
Fungus cafearius Sterb. tab. 12, fig. *A.*

b. Efpèce analogue.

Fungi ceraforum fylveftrium Sterb. tab. 26,
fig. *B.*
(Voyez n.° 91.)

83.

PETITE VESSE-DE-LOUP,
COULEUR DE SANG.

(Synon. des genres, n.° 4.)

Fungus non vefcus XXXI Loëfel, Fl. pruff.
Fungus fanguineus, fphæricus Bocc. Muf. I,
p. 304.

Lycoperdon epidendrum , miniatum, pulverem fundens Buxbaum , Enum. Hall. p. 203 ;
& *lycoperdon fanguineum, fphæricum* Ejufd.
cent. V, tab. 29, fig. 2. Rupp, Fl. Ien.
Bovifta miniata , pifi majoris magnitudine
Dillen. Catal. pl. giff.
Lycoperdon (epidendrum) cortice farináque purpureá Linn. Spec. pl. 1654.
Lycoperdon læve, fphæricum, miniatum Hall.
Hift. n.° 2173.
Lycoperdon fphæricum, feffile , ore in apice vel integro, vel inæquali & radiato Gleditf.
Meth. fung. p. 150, n.° 4.

a. Efpèces analogues.

1. Lycoperdon pififorme Linn. Murray, Syft.
veget. Jacq. Mifc. I, tab. 7, p. 137.
2. Lycoperdon luteum Jacq. Mifc. I, tab. 8,
p. 139.
3. Lycoperdon variolofum Murray, Syft. veg.
p. 981.

84.

MOISISSURES, MUCOSITÉS.

(Synonimie des genres, n.° 77.)

a. À tige ou à fils.

1. À tige & couleur de chair ou de corail.

À tête ronde ou ovale.

Fungus non vefcus XXXII, XXXIII Loëfel,
Flora pruffica.
Embolus carneus Haller, Hift. n.° 2136.
Mucor furfuraceus Batfch, tab. 30, fig. 178.
Id. ramaffé, & d'un rouge de minium.
Mucor miniatus Jacq. Flora auft. tom. III,
tab. 299.

2. De diverfes couleurs.

Lycoperdon fpurium , barbatum , arboreum
Buxbaum, Enum. pl. Hall. p. 204.
Mucor Sterbeeck, tab. 31.
Fungi ex putrefcentibus carnibus enati Raii,
Synopf. III, n.° 13.
3. Blanche, fur la corne du pied de cheval.
Fungi parvi, globofi ex ungue equino putref-cente enati Raii, Synopf. III, tab. 1, fig. 3.
Lycoperdon omnium minimum album, ungui-bus equinis putrefcentibus innafcens Mich.
p. 218, n.° 12, tab. 97, fig. 8.
Lycoperdon equinum Willdenow, tab. 7,
fig. 20.

4. Couleur de souris, sur la fiente de chat.

Fungus bombycinus, murini coloris, e fimo felino tenuissimis capillis Raii, Synopf. III, p. 13, n.° 16.

5. Noir.

Sphærocephalos niger, villo ochroleuco Haller, Enum. tab. 1, fig. 3.

Trichia Ejufdem, Hift.

Mucor sphærocephalus Linnæi, Spec. plant. p. 1655.

Mucor embolus Ejufdem, ibid.

Mucor clavatus Murray, Syft. veget. 14, p. 982.

Mucor urceolatus Willdenow, n.° 1234.

6. Vert.

Mucor (furfuraceus) perennis viridis, foliis furfuraceis, stipite filiformi capitulo globoso Linn. Spec. pl. 1655.

Mucor viridescens Murray, Syft. veget. 14, p. 982.

7. Filamenteuses ou laineuses.
1. Blanche.

Mucilago alba, crustacea & filamentofa; & mucilago plumofa nivea Haller, Hift. n.° 2129.

2. Rouge.

Mucilago miniata villofa, minima Haller, Hift. n.° 2132.

Lycoperdon hypoxilon Pallas.

3. Grife.

Mucilago cinerea, filis cefpitofis ramofis & non ramofis Haller, Hift. n.° 2131.

b. Sans tiges ni fils.
1. Blanches ou grifes.

Fungus non vefcus XXXIX Loëfel, Fl. pruff.

Mucor globofus, lactis coagulati candorem & fubftantiam æmulans Micheli, p. 215, tab. 95, fig. 3.

2. D'un gris-blanc.

Lycoperdon cinereum Batfch, tab. 29, fig. 169.

Lycoperdon complanatum Batfch, tab. 29, fig. 170.

3. Rouge.

Fungus coccineus minimus, capite fphærico, liquore flavefcente repleto Raii, Synopf. II, p. 336.

Lycogala globofum rubrum, grani panici magnitudine & formâ Micheli, p. 216, tab. 95, fig. 3.

4. Jaune.

1. Lycoperdon veficulofum Batfch, tab. 29, fig. 171.

2. Lycoperdon favogineum Batfch, tab. 30, fig. 173.

3. Lycoperdon umbricale Batfch, tab. 30, fig. 174.

5. Bruns & olivâtres.

1. Sphæria olivacea, folitaria, oblonga, convexa, pulverulenta, carne concolore Willden, Flora Berol. n.° 1211.

2. Sphæria confluens, oblonga, fufca, depreffa Willdenow, ibid. n.° 1212.

85.

MUCOSITÉ À POUSSIÈRE,
ou FLEUR-DU-TAN.

(Synon. des genres, n.° 77.)

a. À pouffière blanche.

Fungus farreus, feu fungus non vefcus XXXVI Loëfel, Flora pruffica.

b. À pouffière noire, ou fleur-du-tan.

Spongia fugax, mollis, flava & amœna in pulvere coriaceo nafcens Marchand, Mém. de l'Acad. ann. 1727, icon.

Fuligo butyracea, crocea, cauliculis ramofis laciniatis Haller, Hift. n.° 2133.

Mucilago flava, ramofiffima mollis Ejufdem, Enum.

Mucor cruftaceus, ramofiffimus, mollis & fugax crocei coloris Gleditfch, p. 160.

Mucor (fepticus) unctuofus, flavus Linnæi, Spec. pl. p. 1656.

c. Lycoperdon à pouffière noire, ou nielle des blés.

Necrofis graminum.

86.

HYPOXILONS EN FORME DE DOIGTS RÉUNIS.

(Synonimie des genres, n.° 48).

a. Des ruches.

Fungus non vefcus XLII, feu fungus digitatus alveariorum Loëfel, Flora pruffica, icon.

An

An fungus digitatus niger, velut cornua expri-
mens J. Bauh. cap. 40, p. 838!
Fungus monſtroſus ac inſolitæ figuræ in alvea-
rio natus Berniz, Miſcell. Nat. Cur. dec. 1,
obſ. 54, icon. & Sterbeeck, tab. 29, fig. *A.*

b. Ordinaire.

Hypoxilon excrementum ligni putridi fungo-
ſum Mentzel, Pugil. r. pl. tab. 6.
Fungus piperi æthiopico ſimilis, vel digitatus
niger Merret, p. 14, & Raii, Synopſ. III,
p. 14.
Lythophiton terreſtre digitatum nigrum Mar-
chand, Mém. de l'Acad. des Sc. ann. 1711.
Agaricus digitatus niger Tournef.
Clavaria digitata Linn. Spec. pl. p. 1652.
Spharia nigerrima, aſpera, petiolata, conica
Haller, Hiſt. n.° 2193.
Fungus digitatus alveariorum Oeder, Fl. Dan.
tab. 405.
Fungus hypoxilon digitatus Bruckmann, Diſſ.
de fung. hypox. tab. 2, fig. 3.
Tubera teſticulorum formâ minora Plumier,
Tr. des Fougèr. tome I, pl. 168, fig. *N.*

(*Voyez* n.°ˢ 88, 94, 120, 142, 180, 305, 362,
363.)

87.

CLAVAIRES SIMPLES.

(Synonimie des genres, n.° 41.)

a. En forme de pilon, & jaunes.

Fungi clavati ex gracili caule paulatim craſ-
ſiores redditi, ad digiti minimi longitudinem
ſere accedentes Maur. Hoffmann, Fl. Altd.
Fungoïdes clavatum minus Dillen. p. 189.
Clavaria minor lutea corpore ſimpliciſſimo
gracili integro & obtuſo Gleditſch, p. 28,
var. *f.*
Clavaria ligula, n.° 3, Schaeff. tab. 171.
Fungi parvi, lutei, ad ophiogloſſoïdem nigrum
accedentes Raii, Synopſ. II, p. 16, n.° 13.
Clavaria ceſpitoſa Jacq. Miſc. II, tab. 12,
fig. 2.

b. Id. mais plus fortes & blanches.

Fungus clavatus albidus piſtillaris, ſpecies
crepitûs lupi Boccone, Muſ. I, tab. 307.
Lycoperdon clavæ effigie Tournefort.
Clavaria alba piſtilli formâ Vaillant, p. 39,
tab. 7, fig. 5.
Clavaria major alba Micheli, p. 208.
Clavaria piſtillaris Linn. Spec. pl. Scopoli.

Tome I.

bb. Id. de couleur jaune.

Agaricus clavatus flaveſcens coriaceæ ſubſtan-
tiæ Rupp, Flora Ienenſ.
Clavaria piſtillaris Batſch, tab. XI, fig. 46.

cc. Id. de couleur marron.

Tubera teſticulorum formâ majora, Plumier,
Tr. des Fougèr. tome I, pl. 168, fig. *M.*

dd. Id. de couleur noire.

1. *Clavaria atro-purpurea* Batſch, Elenc.
fungor. tab. XI, fig. 47.
2. *Clavaria lignea ſimpliciſſima clavæformis*
dura, nigra Willdenow, n.° 1176.

c. En forme de langue de ſerpent, & noires.

Fungus ophiogloſſoïdes niger Raii, Synopſ. II,
p. 16, n.° 12.
Clavaria ophiogloſſoïdes nigra Vaill. tab. 7,
fig. 3.
Clavaria ophiogloſſoïdes Linnæi, Spec. pl.

d. Clavaire verte.

Clavaria indiviſa viridis rugoſa & compreſſa
Haller, Hiſt. ſtirp. n.° 2205.

e. Petites clavaires paraſites.

Fungus ex inſecto natus Ott.-Fred. Muller,
Nov. act. Nat. Cur. tom. IV.

1. Id. à nœuds.

Clavaria ſobolifera Hill, Tranſ. philoſoph.
& Fougeroux, Mém. de l'Acad. des Scienc.
ann. 1769, pl. 1, fig. 4, 5, 9, 10.

2. Id. ſimples & à grains.

Clavaria Fougeroux, ibid. fig. 7, 8.

3. Id. unies.

Clavaria Fougeroux, ibid. pl. 2, fig. 1, 2,
3, 4, 5, 6, 7, 8.
4. *Clavaria paraſytica clavata, nigra, &c.*
Willdenow, n.° 1178, tab. 7, fig. 17.

5. Id. en forme d'éperon de coq.

Clavus ſecalinus.

f. En forme de maſſe-d'eau ou typhoïdes.

Clavaria gyrans Batſch, tab. 28, fig. 164.

g. En forme de langue.

Clavaria granulata, clavata alba, ſimpli-
ciſſima, teres, corpore fiſtuloſo, radice
granulata, nigra Willdenow, n.° 1179,
tab. 7, fig. 18.

(*Voyez* n.°ˢ 132, 276.)

88.

HYPOXILONS À BRANCHES.

(Synonimie des genres, n.° 48.)

a. À pointes blanches & aplaties.

Muscus palmatus farinaceus, digiti altitudine e caudicibus quercuum putrescentibus, caule nigro gracili, cujus capitulum depressum in aliquot extrema acuta, quasi palma in digitos finditur, candidoque polline efflorescente albescit Maur. Hoffmann, Flora Altdorf.

Fungus ramosus niger, compressus, parvus, apicibus albidis Raii, Synopf. III, p. 15, n.° 8.

Clavaria flabellaris Batsch, tab. 28, fig. 159.

Fungus lignosus rostratus antuerpiensis Bocc. Muf. I, tab. 266.

Coralloïdes ramosum nigrum, compressum, apicibus albidis Tournef. p. 565.

Coralloïdes digitatum nigrum apicibus albidis Petiver Gazoph. tab. 62, fig. 12.

Clavaria hypoxilon Linn. p. 1652.

Lichen agaricus nigricans, ligno adnascens plerumque multifidus & compressus, imâ parte villosus summâ verò glaber, albidus & pulverulentus Micheli, p. 104, tab. 55, fig. 1, ord. 1.

Clavaria hirta Batsch, tab. 28, fig. 160.

b. Id. en forme de cornes de daim.

Fungus cornu dorcadis facie Jac. Breynii, Ephem. Nat. Cur. dec. 1, ann. 4, 5, obf. 152, icon. p. 195.

An fungus digitatus niger, veluti cornua exprimens J. Bauh. cap. 40, p. 838.

Coralloïdes cornua damæ referens Tournef. Inft. r. h. p. 569, & Hift. des plant. Par. p. 423.

c. Id. à tiges prolongées & fourchues.

Fungus lignosus rostratus Boccone, Muf. I, tab. 116.

Coralloïdes ramis longioribus prædita Barrel. icon. 1280.

Coralloïdes ramofa palmata Ejufdem, icon. 1279.

89.

VESSE-DE-LOUP À TÊTE ET À PILIERS.

(Synonimie des genres, n.° 4.)

Fungus antropomorphos Seger, Mifcell. Cur. ann. II, obf. 55, p. 112, icon. & Sterb. tab. 29, fig. *B.*

Fungus agnum paschalem repræfentans Eph. Nat. Cur. dec. 3, obf. 176.

Fungus monstrosus ac insolitæ figuræ repertus inter virgulta, ibid. dec. 1, ann. 4, 5, obf. 90.

Lycoperdon vesicarium calice quadrifido majus Buxbaum, centur. V, tab. 38.

Geasteroïdes phragmites fuscum e volva erumpens tetraradies elevatum curiosum Battar. p. 74, tab. 39.

Lycoperdon coronatum Schaeff. tab. 182.

Lycoperdon fenestratum Batsch, tab. 29, fig. 168.

90.

LE HÉRISSON, *ou* BARBE DES ARBRES.

(Synonimie des genres, n.° 94.)

1. Fauve ou roux.

Fungus barbatus fœtidus Breynii, Ephem. Nat. Cur. dec. 1, ann. 4, 5, obf. 150.

Pseudo-spongia fungoïdes fulva lignis adnascens Raii, Hift. in Mifcellan.

Agaricus barbatus flavescens Buxb. cent. 1, tab. 56, fig. 1.

2. Blanc.

Fungus erinaceus albus in sylvis tufculanis Boccone, Muf. di fific. tab. 307.

Coralloïdes histricis formâ Tournef. p. 565.

Bovista erinacea Dillen. Catal. plant. giff. p. 197.

Hydnum erinaceus Bulliard, cah. 9.

3. À pointes fines.

Fungus setaceus Boccone, Mufeo di fifica, tab. 303.

(Voyez n.° 64.)

91.

AGARIC AMADOU BLANC, *ou* CUIR DES ARBRES.

(Synon. des genres, n.° 18.)

Fungus coriaceus quercinus hæmatodes Breyn. Ephem. Nat. Cur. dec. 1, ann. 4, 5, obf 150, p. 193; & Raii, Hift.
Fungus igniarius cylindraceus Dillen. Catal. pl. giII. p. 197.

Efpèces analogues.

1. Du poirier.

Pyri cortex interior membranaceus Aldrovand. Dendrol. lib. II, p. 404.

2. Du mélèze.

Agaricus coriaceus, larycinus, hæmatodes gallo-provincialis Garidel, p. 10.

92.

CHAMPIGNON DE MITHRIDATE.

(Synonimie des genres, n.° 44.)

Fungillus Mithridaticus Welfchii, Ephem. Nat. Cur. dec. 1, ann. 3, obf. 34, icon. p. 53.
Fungus parvus, capitulo conico in cellis vinariis proveniens Buxbaum, cent. IV, tab. 13.
Fungus minimus, tenui & prælongo pediculo, paucis fubtus ftriis Raii, Synopf. II, p. 14, n.° 19.
Agaricus mucor Batfch, Elench. fungor. tab. 17, fig. 82.

(Voyez n.° 179.)

93.

VESSE-DE-LOUP À PEPINS JAUNES.

(Synonimie des genres, n.° 4.)

Fungus ficulus fubcæruleâ pulpâ, arillis flavis refertus, catatumphuli dictus, Boccone, Icon. & defcrip. rar. pl. p. 23, tab. 12, fig. *B B.*

Efpèce analogue.

Fungus malicorii facie Ejufdem, ibid. fig. *C.*

94.

LA MÉDIASTINE.

(Synonimie des genres, n.° 18.)

La médaftine, ou *plante nouvelle,* Dodart, anc. Mém. de l'Acad. tome X, pl. 4, fig. 3, & Journ. des Savans, ann. 1675.
Fungus ramofiffimus, niger, compreffus, in cribrum veluti formatus Raii, Hiftor. 3, n.° 21 ; & *fungus niger, compreffus, variè divaricatus & implexus, inter lignum & corticem* Ejufdem, Synopf. II & III, p. 333 & 15.
Corallo-fungus niger, compreffus, variè divaricatus & implexus, inter lignum & corticem Vaillant, p. 41, n.° 9.
Agaricum nigrum reticulatum, compreffum, e mortuis arboribus inter corticem & lignum, interdùm in ipfo ligno innafcens, ac latè fe diffundens Micheli, p. 125, n.° 20, tab. 66, fig. 3.
Sphæriæ nigerrimæ afperæ, palmatæ, cornutus planis, carnofis, pulverulentis, radices, feu var. γ Haller, Hift. n.° 2194.

95.

LA LIMACE.

(Synonimie des genres, n.° 44.)

Fungus magnus limax Sterb. tab. 2, fig. *B.*
Agaricus bulbofus Pallas, Iter Ruff. tab. 5, fig. 6.

(Voyez n.° 156.).

96.

BONNET À LA POLONOISE.

(Synon. des genres, n.° 44.)

a. Blanc, à feuillets gris.

Vitta polonienfis Sterb. tab. 2, n.° 2, fig. *D.*

b. Id. à feuillets couleur de rofe.

Fungus dubius, 8.ª fpec. Ejufdem, tab. 15, fig. *F. G. H. I. K.*

97.

LE VISQUEUX PIGEONNIER.

(Synonimie des genres, n.° 44.)

Fungus pratenfis albus, rugatus, perniciofus Sterbeeck, tab. 16, fig. *A.*

98.

LE BUT BLANC.

(Synonimie des genres, n.° 44.)

Scopus albus Sterbeeck, tab. 16, fig. *C.*

99.

PETITE GIROLLE BLANCHE.

(Synonimie des genres, n.° 44.)

Fungus parvus, tenax, albus Sterb. tab. 16, fig. *I.*

100.

CEPE JUMEAU, ROUGE.

(Synonimie des genres, n.° 8.)

Fungus geminus, purpureus Sterb. tab. 22, fig. *GG.*

101.

LES SOUFRÉS.

(Synonimie des genres, n.° 44.)

a. Soufrés & safranés.

Fungus rotundus, sulphureus Sterb. tab. 23, fig. *I.*

Amanita sulphureus siccus, lamellis crassis Haller, Histor. stirp. n.° 2422.

Agaricus sulphureus Bulliard, cah. 42.

b. Safranés.

Agaricus croceus Schaeffer, tab. 4.

Agaricus subcorneus, & *agaricus squamulosus* Batsch, Elench. tom. I, p. 83, & tab. 23, fig. 117.

(Voyez n.° 223.)

102.

LE CHAMPIGNON À FEUILLES.

(Synonimie des genres, n.° 33.)

a. Jaune.

Fungus luteus, foliaceus, perniciosus ; & *fungus magnus luteus, perniciosus* Sterb. Spec. pern. 94, 95, tab. 24, fig. *L.*

b. Rouge, à odeur de musc.

Fungus foliaceus, colore sanguineo, odore moschi perniciosus Ejusd. Spec. 96.

103.

LA SEMENCE DE CHAMPIGNONS.

(Synonimie des genres, n.° 25).

Fungi seminati Sterbeeck, tab. 24, fig. *N.*

Amanita fasciculosa ex fusco nigra, seu murini col ris, lamellis & *pediculo albis* Dillen. Cat. pl. giss. p. 186.

Fungus ex uno pede multiplex, pileolo fornicato subobscuro, subtùs lamellis albis, pediculo longo, supernæ pileoli parti concolore & *inferiora versùs crescente* Mich. p. 199.

Semenzini Italor. Micheli, ibid.

a. Espèces analogues.

Agaricus laceratus Scopoli, n.° 1513.

Agaricus cristatus Scopoli, n.° 1548.

(Voyez n.° 261.)

104.

LA TOUFFE D'ARGENT.

(Synonimie des genres, n.°ˢ 17, 25.)

Fungi cani fasciculosi Sterb. tab. 25, fig. *A.*

Hydrophorus oris laceris Battaræ, p. 54, tab. 26, fig. *D. E. F.*

105.

CEPES BRUNS EN FAMILLE.

(Synonimie des genres, n.° 8.)

Fungi fasciculosi fusci Sterbeeck, tab. 25, fig. *BB.*

Agaricus multiplex porosus Dillen. Cat. pl. giss. p. 193.

106.

CONQUE DU SAULE.

(Synonimie des genres, n.° 3.)

Concha salignea marina Sterbeeck, tab. 27, fig. *E.*

107.

PETIT CHAPEAU DU SAULE.

(Synonimie des genres, n.° 44.)

Fungus saligneus ex rufo fuscus, caule tenui & *expanso* Sterb. Th. fungor. tab. 27, fig. *F.*

108.

ENTONNOIRS POLYPORES.
(Synonimie des genres, n.° 58.)

a. Gris.
Fungus campanulatus lignosus Sterb. tab. 27, fig. 1.

b. Fauve.
Fungus porosus & lignosus, infundibuli formâ Breynii, apud Mich. p. 130; & *polyporus lignosus, fulvus, infundibuli formâ ad oras fimbriatus, pediculo tenuiori* Mich. p. 130, n.° 4, tab. 70, fig. 8.
Boletus cinnamomæus Jacquin, Collect. I, tab. 2, p. 116.

c. Brun.
Boletus coriaceus Scopoli, & Schaeff. n.° 18, tab. 225.

d. Noir.
Polyporus lignosus & cespitosus infundibulum imitans, supernè nigricans, infernè cùm pediculo albus, areolis carbonariis innascens Micheli, p. 131, tab. 70, fig. 6.

(Voyez n.° 192.)

109.

FAUSSE TRUFFE-DE-CERF,
ou TRUFFE VESSE-DE-LOUP.
(Synonimie des genres, n.° 4.)

a. Sans tige.
Tubera perniciosa terrestria Sterb. tab. 31, fig. *BBB.*
Lycoperdon cepæ facie Vaill. p. 123, n.° 13, tab. 16, fig. 5, 6.

b. À tige courte.
Lycoperdon sphæricum verrucosum, pediculo donatum Vaillant, p. 122, n.° 4, pl. 16, fig. 7.
Lycoperdon nostras e flavo virescens, squamis fuscis distinctum Vaill. p. 122, pl. 16, fig. 8.

110.

OREILLE-DE-CHARDON.
(Synonimie des genres, n.° 44.).

Fungus eryngii Magnol, Botanic. Monspel. & Garidel, Plantes des environs d'Aix.
Brigoule ou *bouligoule* Gallo-provincial.

Fungus esculentus e griseo rufescens, infernè lamellis & pediculo allis, in mortuâ eryngii radice nascens Micheli, p. 151, tab. 73, fig. 2.

111.

MORILLE EN MITRE.
(Synonimie des genres, n.°s 75, 109.)

a. Brune.
Fungus autumnalis bisulcus velut apex flaminis Mentzel, Pugil. rar. pl. tab. 6.
Elvela mitra Linnæi, Sp. pl.
Boletus mitram pontificis referens, pullus Rupp, Flora Ien. p. 302.
Elvela 12 f. infula Schaeff. tab. 159.

b. Noire.
Boletus mitram pontificis referens nigricans Rupp, ibid.
Elvela 33 f. fuliginosa Schaeff. tab. 320.

c. Blanche ou pâle.
Boletus mitram pontificis referens albicans Rupp, ibid.
Elvela 35 f. pallescens Schaeff. tab. 322.

d. Grise.
Boletus leucophæus Battar. p. 2), tab. 3, fig. B.

112.

MORILLE À PLIS DE BOYAUX.
(Synonimie des genres, n.° 9.)

Fungus porosus communis, intestinorum gyros referens Mentzel, Pugil. tab. 6.

113.

NOSTOC PHOSPHORIQUE.
(Synonimie des genres, n.° 56.)

Fungulus lichenosus lampyridis instar noctu serenâ lucens in paludosis octobri Mentzel, Index, p. 127.

114.

TRUFFE DE BRANDEBOURG.
(Synonimie des genres, n.° 1.)

Tubera subterranea, testiculorum formâ Mentz. Pugil. rar. pl. tab. 6.
Tubera testiculorum formâ Tournefort.
Lycoperdon subterraneum, ovato-oblongum glabrum, basi & radice carens Gleditsch, Meth. fung. p. 156.

I I 5.

LES ENCRIERS EN FAMILLE, GRIS OU ROUX.

(Synonimie des genres, n.° 17.)

a. Espèce grise ; petite.

Fungi plurimi minimi simul nascentes turbinati exteriùs cinerei aut subfulvi striis nigricantibus Raii, Hist. 3, n.° 35, p. 100.

Fungus parvus ex uno pede multiplex, pileo griseo & ubivis striato, infernè nigricante, pediculo albo & fistuloso Micheli, n.° 2, p. 95.

Agaricus 100 seu pallescens Schaeff. **tab.** 2 1 1.

2. Id. plus grand, à centre roux.

Fungus multiplex ovatus cinereus minor Vaill. p. 72, n.° 10.

Fungus nostras multiplex coniformis lamellis nigricantibus Cimel. reg. Paris.

3. Id. beaucoup plus grand.

Fungus multiplex ovatus cinereus major Vaill. p. 73, n.° 16, pl. 12, fig. 10, 11.

b. Espèce rousse.

Fungus capitulo mammoso rufescente Vaill. p. 73, n.° 15.

Agaricus atramentarius Roussel, Collect. Cimel. reg.

Agaricus n. 6, 16, 59, seu agar. truncorum, fuscescens & lignorum Schaeff. tab. 6, 17, 66.

I I 6.

ÉTEIGNOIRS SECS ET SOLITAIRES, DE DIVERSES COULEURS.

(Synonimie des genres, n.° 44.)

a. Fauve & lisse, à feuillets gris.

Fungus sordidè fulvus in acutum conum fastigiatus Raii, Histor. pl. & fungor. n.° 34. Parkinson, icon. 1321.

b. De couleur livide.

Agaricus diffusus Batsch, Elench. fungor. tab. 21, fig. 111.

c. Gris-brun.

1. À odeur de soufre.

Agaricus sulphureus Scopoli, n.° 1562.

2. *Agaricus pratensis* Batsch, Elenc. fungor. tab. 2, fig. 5.

d. De couleur aurore, petit.

Agaricus hypni Batsch, Elenc. fung. tab. 19, fig. 96.

(Voyez n.° 123).

I I 7.

LE MARRON À TIGE TIGRÉE, À FEUILLETS BLANCS.

(Synon. des genres, n.° 44.)

Fungus pileatus major, supernè coloris castanei, lamellis candidis, caule maculato Raii, Hist. pl. tom. III, p. 17.

Amanita magna castanei coloris Dillen. Cat. pl. giss. p. 183.

I I 8.

LE BONNET ROMAIN.

(Synonimie des genres, n.° 44.)

Fungus parvus, pediculo oblongo, pileolo hemisphærico, ex albido subluteus Raii, Synopf. II, p. 13.

Id. Vaill. p. 71, n.° 4.

Fungus fimi equini capitulo pileum romanum referente Vaill. p. 70, n.° 62.

I I 9.

LES PETITS PLISSÉS.

(Synonimie des genres, n.° 44.)

a. Gris.

1. *Fungus perpusillus, pediculo oblongo, pileolo tenui utrinque striato, seu flabelli in modum plicatili* Raii, Synopf. II, p. 13.

Agaricus narcoticus Batsch, tab. 16, fig. 77.

2. *Amanita parva, utrinquè striata, pileolo coniformi, murini coloris, lamellis & pediculo albis* Dillen. Cat. pl. giss. p. 183.

b. Id. à centre un peu brun.

1. *Fungus capitulo conico, pallidè cineritio, centro fusco* Vaill. n.° 33, p. 65.

Agaricus griseus Batsch, El. fung. tab. 17, fig. 80.

2. *Agaricus plicatus*, & *agaricus brunneus*
Schaeff. tab. 31, 32.
3. *Agaricus pilosus* Batsch, tab. 1, fig. 2.
Agaricus tintinnabulum Batsch, tab. 1, fig. 3.

c. Châtain-clair.

Fungus epipterigios Vaill. n.° 55, p. 67.

120.

LA NOIX DU FRÊNE.

(Synonimie des genres, n.° 18.)

Fungus fraxineus niger, durus, orbiculatus
Raii, Synopf. II, p. 18, n.° 35.
Agaricus fraxineus niger durus, orbiculatus
Tournef. & Rupp, Flora Ien. Haller ed.
p. 373.

121.

LES CROISSANS.

(Synonimie des genres, n.° 29.)

a. Noir.

Fungus quercinus niger Raii, Histor. &
Synopf. II, p. 18, n.° 36.
Fungoïdes quercinum peltatum nigrum Dillen.
Cat. pl. giff. p. 190.

b. Pourpre.

Fungoïdes quercinum peltatum purpureum
Ejufdem, ibid.

(*Voyez* n.° 371.)

122.

AGARIC FEUILLETÉ,

MULTIFORME.

(Synonimie des genres, n.° 53.)

a. *Fungus arboreus mollis multiformis* Raii,
Synopf. II, app. p. 335; & Buxbaum,
cent. IV.
Fungus palmatus albo-gilvus criftatus Boccon.
Muf. p. 1, tab. 302.
Fungus palmatus Barrel. icon. 1267.
Agaricus dimidiatus, n.° 121, Schaeffer,
tab. 233, tom. III.

b. À feuillets jaunes.

Agaricus rofeo-niveus, ftriis aureis, rugofus
Plumier, Traité des Fougères, tome I,
pl. 168, fig. *G.*

123.

L'ÉTEIGNOIR COTONNEUX,

FAUVE ET BLANC.

(Synon. des genres, n.° 44.)

Fungus fordidè fulvus, capitulo in conum
faftigiato, pediculo longiffimo firmo ftriato
Raii, Synopf. II, in fafcic.

a. Id. à tige torfe.

Agaricus leoninus, n.° 41, Scfaeffer, tab. 48.
Agaricus placenta Batfch, p. 79, tab. 5,
fig. 18.

b. 1. Id. à tige en crochet.

Fungus pileolo parvo fulvo, fubhirfuto, lamellis
albis, pediculo longiffimo fiftulofo, pariter
fulvo & fubhirfuto, radice mucronatâ Mich.
p. 153, n.° 2.
An agaricus macrourus pileo villofo Scopoli,
n.° 1472!

Efpèces analogues.

2. *Fanghino* Italor. Michel. p. 154, n.° 3.
Agaricus 10 feu cervinus Schaeff. tab. 10.

124.

LES GRIS-BLANCS.

(Synonimie des genres, n.° 44.)

Fungus fuperficie murini coloris, lamellis albi-
cantibus Raii, Synopf. app. p. 335; &
Buxbaum, cent. IV, p. 16.
Myomyces pediculo lemnifcato Battaræ.
Agaricus murinus, & *agaricus cinerafcens*
Batfch, Elenc. fung. tab. 5, fig. 19, &
tab. 19, fig. 101.
Amanita pileo plano orbiculari fufco cinereo,
pediculo & lamellis albis Dillen. Catal. pl.
giff. p. 180.

a. Moufferons gris.

Fungi dicti berlingozzino de prati, bigione,
bigiolino Italor. Micheli, p. 151, n. 9, 10,
11, 12, 16.

b. Id. gris & blancs, d'Italie.

Fungi, n. 1, 3, 6, 14, 15, 17, 18, 20,
p. 151, Micheli, & n.° 5, p. 154.
Bigerella Italor. ibid.

c. Gris & vifqueux.

Agaricus inclufus Scopoli, n.° 1475.

125.

LES BLANCS DE LAIT.

(Synonimie des genres, n.° 44.)

a. Hémisphériques & rayés.

1. Solitaires.

Fungus parvus candidissimus lamellatus, pediculo longo, gracili Raii, Synopf. II, p. 14.

Fungus crenatus tenuissimus ac niveus Plum. Traité des Fougères d'Amérique, tome I, pl. 167, fig. C.

Fungus minimus totus albus, pileolo hemisphærico, utrinquè striato, lamellis rari ribus Micheli, p. 166, tab. 80, fig. 11; & *fungus, n.° 14,* Ejufdem, p. 155.

Agaricus umbelliferus Linnæi, Spec. plant. p. 1643.

2. En touffe.

Agaricus collinus Scopoli, n.° 1492.

b. Mamelonnés & irréguliers.

Fungus minimus, albus, umbilicatus, striatus Vaill. p. 71, n.° 6.

Fungus parvus albus ex conis abietis dejeclis nafcens Buxbaum, cent. I, tab. 57, fig. 2.

Agaricus cæfius Batfch, El. fung. tab. 18. fig. 94.

(Voyez n.° 205.)

126.

LES COQUILLES PÉTONCLES.

(Synonimie des genres, n.° 53.)

a. Petite efpèce blanche, à feuillets blancs.

Fungus parvus lamellatus, peclunculi formâ alno adnafcens Raii, Synopf. II, p. 14, n.° 27. *Id.* Tournef. & Vaill. p. 70, tab. 10, fig. 7.

Agaricus parvus lamellatus, peclunculi formâ elegans Dillen. Cat. pl. giff. p. 192.

Agaricus alneus Linn. Spec. pl. & Weigel, tab. 2, fig. 6.

Agaricus multifidus Batfch, tab. 24, fig. 126.

b. Efpèces analogues, blanches & foyeufes.

1. Fungus parvus arboreus villofus, albus, infernè lamellatus Raii, Synopf. II, p. 18. *Id.* Tournef.

Fungus arboreus holofericeus, infernè lamellatus Raii, Synopf. II, p. 14. *Id.* Tournef.

Agaricus betulinus Linn. Spec. pl. 1645.

2. À feuillets jaunes.

Agaricus betulinus Jacquin, Collect.

c. Efpèce plus forte, de l'aune, couleur de noifette, à furface unie.

Agaricus lamellatus major, peclunculi formâ Dillen. Cat. pl. giff. p. 192.

Agaricus alneus Schaef. tab. 246; & Rouffel, Cimel. reg. Parif.

Agaricus ochraceus Jacq. Mifc. II, tab. 16, fig. 2. *Idem,* Murray, Syftema veget. & Willdenow, Flor. Berol.

d. Efpèce molle, blanche & tremblante.

Amanita femi-petiolatus niveus Haller, Hift. n.° 2337.

Agaricus niveus Jacq. Flor. Auftr. tab. 288. *Id.* Murray, Syft. veget.

Agaricus lacteus Scopoli, Flora Carniol. II, n.° 1574.

Agaricus 102, feu mollis Schaeff. tom. III, tab. 213.

Agaricus canefcens Batfch, tab. 9, fig. 38.

Agaricus flurftedtienfis Batfch, tab. 24, fig. 124.

e. Efpèces blanches, à feuillets fanguins.

1. Dure.

Fungus arboreus, albus, durus, lamellis inftar lapidis hæmatitis Raii, Synopf. II, p. 14. *Id.* Tournef.

2. Ferme.

Agaricus depluens Batfch, tab. 24, fig. 122. *Id.* Willdenow, n.° 1693.

f. À feuillets pourpres, & à écailles.

Agaricum fquamofum, fquamis parvis, fupernè fulvis & glabris, cum lamellis purpureis Micheli, p. 123, tab. 65, fig. 3.

g. Efpèces foyeufes, blanches.

1. À feuillets rouges.

Linguæ pilofæ Raii, Hift. pl. tom. III, p. 26. n.° 7.

Agaricum fquamofum & laciniatum, fupernè album & villofum, infernè lamellis fubrubentibus Mich. p. 123, n.° 14, tab. 65, fig. 4.

2. Id. à feuillets violets.

Agaricus imbricatus hirfutus, lamellis violaceis Buxbaum, cent. V, tab. 7, fig. 1.

3. Id. noire, à feuillets jaunes.

Agaricus imbricatus, hirsutus, nigricans, lamellis luteis Buxb. cent. v, tab. 6.

4. Id. toute noire.

Agaricus tristis Batsch, tab. 24, fig. 121.

5. Id. bleuâtre.

Agaricus glaucus Batsch, tab. 24, fig. 123.

h. Roufles & jaunes.

Agaricum squamosum, rufescens, pediculo donatum, subtus lamellis densis Micheli, tab. 65, fig. 7.

Agaricus lateralis Hudson, Flora angl. & Willden. Fl. Berol.

127.

LANGUES PEINTES, POREUSES.

(Synonimie des genres, n.° 49.)

Linguæ maculis purpureis, oblongis pictæ Raii, Hist. 3, p. 26, n.° 3.

Pellicia di Re Italor.

Agaricum gelsis seu moris adnascens subpurpureum, supernè hirsutum, infernè porosum, foraminulis angustis, rotundis Mich. p. 119, n.° 19.

128.

L'AGARIC FRIABLE.

(Synon. des genres, n.° 18.)

Fungus foraminosus arboreus lævis albissimus Raii, Hist. & Synops. II, p. 340.

129.

OREILLETTES DES ARBRES.

(Synonimie des genres, n.° 18.)

a. Rouges.

Fungus arboreus lobis rubellis diversimodè figuratis & punctatis Raii, Histor. & Synops. II, p. 20.

Evela purpurea, n.° 36, Schaeff. tab. 323, 324.

b. Blanches.

Fungus albus minimus trilobatus, sine pediculo, foliis quercinis adnascens Raii, Synops. II, p. 18.

Tome I.

130.

MORILLE EN BUISSON.

(Synonimie des genres, n.° 109.)

Fungus pro capitulo laminas aliquot laciniatas, folia querna imitantes emittens Raii, Hist. 3, p. 25.

Elvela ramosa, n.° 15, Schaeff. tab. 164, tom. II.

An agaricus niveus brassicam crispam referens Plum. Tr. des Foug. pl. 168, tom. I, fig. *H.*!

(Voyez n.° 370.)

131.

MORILLE-LICHEN, *ou* MORILLE DE MOINE.

(Synonimie des genres, n.° 109.)

a. Blanche.

Fungus terrestris, pediculo striato & cavernoso, capitulo plicatili subtùs plano Raii, Synops. II, in fasciculo.

Boleto-lichen vulgaris Jussieu, Mémoir. de l'Académie des Sciences, ann. 1728.

Fungoides fungiforme crispum laciniatum & variè complicatum, pediculo crasso, striato rimoso ac fistuloso Mich. p. 204, tab. 86, fig. 7.

Phallus crispus Scop. Fl. Carn. II, n.° 1606.

b. De couleur bistre.

Elvela nigricans Schaeff. n.° 7. tab. 154.

c. De couleur pâle.

Elvela pallida, n.° 29, Schaeff. tab. 282.

d. Baie-brune.

Elvela spadicea, n.° 30, Schaeff. tab. 283.

e. En spirale.

Boletus pileolo spiralibus plicis contorto Battar. tab. 2, fig. *G,* p. 24.

132.

MASSE-À-GUERRIER.

(Synonimie des genres, n.° 41.)

a. Petite espèce.

1. Fungus minimus clavatus Raii, Histor. & Synops. II.

Bbbb

2. *Clavaria militaris crocea* Vaill. p. 39, pl. 7, fig. 4.

Clavaria militaris Linn. Spec. pl.

b. Grande espèce.

Clavaria gemmata, n.° 15, Schaeff. tab. 290.

133.

VESSE-DE-LOUP ÉTOILÉE.

(Synonimie des genres, n.° 67.)

Fungus crepitus lupi dictus, coli instar perforatus cum volvâ stellatâ Raii, Synopf. II, p. 340.

Lycoperdon coronatum Plumier, Traité des Fougères, tome I, pl. 167, fig. 1.

Fungus stellatus carnei coloris Boccon. Muf. tab. 305, fig. 4.

Geaster Micheli, p. 220, tab. 100.

Lycoperdon stellatum Linn. Scopol. Schaeff. tab 182.

134.

TROMPETTE DES MORTS.

(Synonimie des genres, n.° 100.)

a. Unie.

Fungus tubæ fallopianæ æmulus Raii, Synopf. II, p. 20, n.° 51.

Peziza tubæ fallopianæ æmula Dillen. Cat.

Fungoïdes nigricans majus cornucopiæ formâ Vaill. p. 57, n.° 3, pl. 13, fig. 2, 3.

Elvela punctata ; cornucopiæ; tubulosa Schaef. tab. 165, 166, 275.

Peziza cornucopioïdes Linn. Spec. plant.

Fungoïdes tubæ acusticæ formâ fuscus, externè cinereus Breynii, apud Micheli, p. 201.

Fungoïdaster Mich. p. 201, n.° 7, tab. 82, fig. 6.

b. Velue en-dedans, rouge & blanche.

Fungoïdes cyathiforme candidum, (& purpureum) intùs villofum Plumier, Traité des Fougères, tome I, pl. 168, fig. *A. B.*

Agaricus crinitus Linn. Spec. pl. 1644.

c. Orangée.

Elvela tubæformis Schaeff. tab. 157.

(Voyez n.° 152.)

135.

MASSETTES À RESSORT.

(Synonimie des genres, n.° 81.)

a. Avec tige simple.

1. Pourpre.

Fungus fontanus purpureus elegans Raii, Synopf. II, p. 18, n.° 28.

Clathroïdes purpureum capitulo donatum Mich. p. 214, tab. 94, fig. 1.

Clathrus denudatus Linn. Spec. pl. 1649.

Clathrus pediculatus purpureus , capitulo oblongo Guettard , Obferv. fur les plantes d'Étampes, tome I, p. 16.

Mucor stemonitis Scopol. Schaeff.

2. Couleur de fafran.

Embolus crocatus Batfch, tab. 30, fig. 177.

b. Avec tige afcendante.

1. *Clathroïdaftrum* Micheli, p. 214, tab. 94, fig 1, 2.

Clathrus nudus Linn. Spec. pl. 1649.

2. *Clathrus (recutitus) stipitatus, capitulo globoso, glande ovali* Linn. Spec. pl. 1649.

Clathrus pertufus Batfch, tom. I; & *embolus pertufus* Ejufd. tom. II, tab. 30, fig. 176.

136.

TÊTES JAUNES, À PIEDS BRUNS ET ROUGES.

(Synonimie des genres, n.° 25.)

a. À tiges brunes.

Fungus fasciculofus , pileolo orbiculari lutefcente, pediculo tenerrimo-villofo, lamellis ex flavo candicantibus Raii, Synopf. III, n.° 51, p. 9.

b. À tiges rouges.

Fungus fasciculofus pileo orbiculari lutefcente, pediculo purpureo Raii, Synopf. III, p. 9, n.° 12.

137.

LES PETITS BONNETS D'ARGENT.

(Synonimie des genres, n.° 25.)

Fungi plures juxtà fe nafcentes parvi, turbinati candidi ubivis coloris Raii, Synopf. III, p. 11, n.° 54, tab. 1, fig. 2.

138.

FONGOSITÉ À QUILLES.

(Synonimie des genres, n.° 3.)

a. Blanchâtre.

Fungoides humile ex albo livefcens, apicibus tenuiffimè crenatis Raii Synopf. III, tab. 1, fig. 4.

b. Rougeâtre ou fafranée, & laineufe.

Lycoperdon vefparium Batfc. tab. 30, fig. 172.

b. Couleur de rouille.

Stemonitis ferruginofa Batfc. tab. 30, fig. 175.

139.

LE DIGITAL PANACHÉ
OU AURORE.

(Synonimie des genres, n.° 41.)

Agaricus digitatus maximus, ex luteo, coccineo & nigro colore eleganter variegato Raii, Synopf. III, p. 21.
Clavaria digitellus, n.° 17, Schaeff. tab. 292 vel 326.

(*Voyez* n.° 144.)

140.

LE CHAMPIGNON VIOLET.

(Synonimie des genres, n.° 44.)

a. À feuillets violets foncés.

Fungus boletus violaceus exitialis Boccone, Muf. di fifica, p. 301.
Fungus efculentus bulbofus, dilutè purpureus Micheli, p. 14, tab. 749, fig. 1.
Fungus fylvaticus autumnalis major violaceus Cimel. reg. Parif.
Amanita pediculo bulbiformi pileo fufco, lamellis & pediculo obfcurè violaceis Dillen. Cat. p. 184.
Fungus major violaceus Vaill. p. 67, n.° 45.
Fungus cœruleus major, & fungus lividus pediculo bulbofo Buxb. cent. IV, tab. 9 & 22.

Agaricus (violaceus) ftipitatus pileo rimofo, margine violaceo, tomentofo, ftipite cœrulefcente, lanâ ferrugineâ Linn. Spec. pl. p. 1641.
Fungo vedovo Italor.

b. Id. à feuillets roux ou fauves.

Fungus lamellis fulvis, pileo convexo terreo annulo fugaci Rupp, Flora Ien. p. 370.
Fungus bulbofus, pileo complanato livido fufco, ad oras dilutè violaceo, lamellis fulvis Mich. p. 181.
Agaricus fubpurpurafcens Batfch, El. fung. tab. 16, fig. 74.
Agaricus violaceus, pileo violaceo, lamellis rufefcentibus Linnæi, Spec. pl. Scopoli, n.° 1470.
Agaricus 3.° & 49.°, feu violaceus, & amethiftinus Schaeff. tab. 3, 56.
Fungus italicus rufefcens, pileo fupinâ parte ianthino Cimel. reg. Parif.

c. Id. terreux ou verdâtre, ou bleuâtre, ou roufleâtre, ou mêlé de ces couleurs.

Agaricus 29, 37, 46, 47, 106, 107, 109, feu agaricus cœrulefcens, varius, glaucopus ochroleucus, gilvus, prafinus, rutilans Schaeff. tab. 34, 42, 53, 54, 218, 219, 221.
Agaricus fubgranulatus Batfch, tab. 5, fig. 22.
An fungus mufcarius violacei coloris Erndtel. Viridar. warfav. p. 49 !

(*Voyez* n.° 168.)

141.

LES ANDROSACÉS.

(Synonimie des genres, n.°° 44, 93.)

1. À Tige noire.

Fungus caule nigro capillari androfaces capitulo Boccone, Muf. di piante rare, p. 143, tab. 104.
Fungus pileolo candicante, lamellis paucis, pediculo fufco fplendente Vaillant, p. 69, n.° 58, pl. 11, fig. 21, 22, 23.
Agaricus (androfaceus) ftipitatus albus, pileo plicato membranaceo, ftipite nigro Linn. pl. 1644, & Schaeff. n.° 127, tab. 239.

2. À tige rousse & luisante.

Agaricus facharinus Batsch, El. fung. tab. 17, fig. 83.

Agaricus fquamula Batsch, El. fung. tab. 17, fig. 84.

142.

LES PETITS SPHÆRIA.

(Synonimie des genres, n.ᵒˢ 48, 147.)

a. En forme de godet ou de toupie.

Fungus minimus lignofus, difco punctato Boccone, Muf. di piante rare, p. 149, tab. 107.

Fungus minimus infundibuliformis, fupernè nigris punctis notatus Raii, Synopf. II, p. 17, n.ᵒ 25.

Peziza (punctata) turbinata truncata, difco punctato Linn. Spec. pl. 1650.

Sphæria nivea plana, punctis nigricantibus, & fphæria atra Hall. Hift. ftirp. n.ᵒ 2184 & 2186.

Fungus fcutellatus niger punctatus Raii, Synopf. II, p. 20, n.ᵒ 48.

Elvela turbinata patula, difco foraminulis pertufo, bafi breviffimâ Gleditfch. meth. fung. p. 44.

Poronia Gleditfchii, Willdenow, n.ᵒ 1162, p. 400.

b. En forme de grains.

1. Ciliés.

Sphæria acinofa Batsch. tab. 30, fig. 179.

2. Unis.

Sphæria globularis Batsch, tab. 30, fig. 180.

c. À tige alongée.

Sphæria bombarda Batsch, tab. 30, fig. 181.

d. À épi.

1. Sphæria fpiculofa Batsch, tab. 30, fig. 182.

2. Sphæria tentaculata Batsch, tab. 30, fig. 183.

143.

LE CÔNE DORÉ DE TOURNEFORT.

(Synonimie des genres, n.ᵒ 44.)

Fungus aurantii coloris, capitulo in conum abeunte Tournef. Inft. r. h. tab. 327, fig. *A. B.* & Vaill. p. 67, n.ᵒ 48.

Amanita conifera vifcida, lutea Dillen. Cat. pl. gif. 186.

Fungus aureus, capitulo in conum abeunte Vaill. p. 63, n.ᵒ 49.

Amanita flavus vifcidus, pileolo conico Hall. Hift. n.ᵒ 2421, var. *B.*

Agaricus conicus, coccineus, faftigiatus, acicula Schaeff. n. 2, 23, 110, 150, 151, tab. 2, 26, 222, 262, 302.

Agaricus hyacinthus Batsch, tab. 7, fig. 28.

Fungi n. 4, 5, 6, 7, Micheli, p. 152.

a. Efpèce très-analogue.

Agaricus aurivenius Batsch, El. fung. tab. 20, fig. 107.

144.

LE DIGITAL HUMAIN.

(Synonimie des genres, n.ᵒ 41.)

Champignon de l'appareil des fractures N. Lemery, Dictionnaire des drogues fimples, p. 358, 2.ᶜ édit. 1714.

Id. Hift. de l'Acad. des Sciences, an. 1707.

145.

LA TRUFFE DU CHOU.

(Synonimie des genres, n.ᵒ 1.)

Funguli braffica pro femine habiti Camerar. Eph. N. C. Dec. III, an. 1, n.ᵒ 105.

Fungus braffica putrefcentis Gleichen, Com. litter. Norimb. 1741.

Fungi braffica qui pro femine habentur Fr. Ern. Bruckmann Cent. epift. itinerar.

Lycoperdon globofo-difforme parafiticum læviufculum, feffile Bergii Act. Suec. an. 1765.

Lycoperdon fubterraneum, rugofum, congeftum Haller, Hift. ftirp. n.ᵒ 2178.

Lycoperdon minimum Murray, Syft. veg. 14, p. 981.

146.

L'ENTONNOIR DE PROVENCE.

(Synonimie des genres, n.° 44.)

Fungus infundibuli figuram referens, colore carneo, vulgò pinedo Garidel, Hist. des plantes qui croissent autour d'Aix.

147.

MORILLE À CHAPEAU.

(Synonimie des genres, n.° 59.)

Boletus pediculo & capitulo donatus nondùm descriptus Rupp. Flor. Ien. p. 361, ed. Haller.

1. Fauve.

Phallus capitulo conico & brevi, è fulvo spadiceo, subtùs patente, petiolo nudo longissimo Gleditsch. p. 59, var. a.

2. Brune.

Phallo - boletus esculentus, pileolo conico ampliore subobscuro, pediculo leucophæo fistuloso Micheli, p. 202, tab. 84.

3. Verte.

Boletus italicus phalloïdes, pileolo in metam fastigiato, è cinereo virescente Cimel. reg. Parif.

148.

LE CHÊNIER VENTRU.

(Synonimie des genres, n.° 44.)

Amanita dura ex fusco rubens quercina Dillen. p. 181.

An fungus multiplex sordidè carneus Vaill. p. 66, n.° 36 !

Agaricus crassipes seu *agaricus 77* Schaeff. tab. 87, 88, tom. I.

Agaricus fusiformis Batsch, tom. I, p. 47.

149.

LA TÊTE DE MÉDUSE.

(Synonimie des genres, n.° 25.)

Amanita fasciculosa pileis rufo-fuscis, lamellis & pediculis albentibus, maculis seu eminentiis nigricantibus distincta Dill. p. 187.

150.

LES TOUFFES VIOLETTES.

(Synonimie des genres, n.°s 25, 89.)

a. En nombril.

Amanita fasciculosa alta, pileis sublividis umbilicatis Dillen. Cat. pl. giss. p. 187.

Amanita orbicularis verna palustris, ex livido fusca, pileo leviter umbilicato Ejusd. ibid.

b. À pied bulbeux.

Amanita fasciculosa sublivida pediculo molli, bulbiformi Ejusd. ibid.

151.

CEPES À VERRUES.

(Synonimie des genres, n.° 57.)

a. Brun.

Boletus verrucosus ex fusco sordidè niger Dillen. Cat. giss. p. 189.

An fungus verrucosus atrofuscus Boccone, Muse !

b. Grisâtre.

Fungus porosus medius superficie sordidè albâ, tuberculis castaneis variegatâ Vaill. p. 59, n.° 6.

152.

FUNGOÏDE UNI OU GÉLATINEUX DE VAILLANT.

(Synonimie des genres, n.° 42.)

Fungus gelatinus flavus Vaill. p. 58, pl. 13, fig. 7, 8, 9.

Fungoidaster parvus gelatinosus lubricus, pileolo subviridi, oris subtùs re, andis, pediculo aureo fistuloso Micheli, p. 201, tab. 82, fig. 2.

(Voyez n.° 302.)

153.

LA GIROLETTE EN LIMAÇON, DE VAILLANT.

(Synonimie des genres, n.° 44.)

Fungus minimus flavescens infundibuli formâ Vaillant, p. 60, n.° 2, pl. 11, fig. 9, 10.

(Voyez n.° 51.)

154.

LES GRIS ET ROUX ÂCRES ET LAITEUX.

(Synonimie des genres, n.°ˢ 44, 88.)

a. Gris.

1. À feuillets roux.

Fungus lactescens prægnantissimus Vaillant, p. 61, n.° 9.

2. À feuillets blancs.

Fungus alpinus acris, lactescens, desuper è griseo fuscus, infernè cum breviori pediculo albus ; & fungus acris lactescens, desuper griseus, infernè cum pediculo albo Micheli, p. 142, n.°ˢ 1, 2.

b. Roux.

Fungus lactescens piperatus rufus Vaillant, p. 61, n.° 10.

Agaricus rufus Scop. n.° 1553.

Fungus infundibuli formâ lactescens rufescentis coloris Mich. p. 141, n.° 2.

(Voyez n.°ˢ 38, 76, 77, 198, 199, 200.)

155.

L'ENTONNOIR RAMAGÉ GRIS.

(Synonimie des genres, n.° 44.)

Fungus albidus, infundibuli formâ palustris Vaill. p. 62, n.° 13.

156.

LES CHAMPIGNONS GLAIREUX.

(Synonimie des genres, n.° 119.)

a. À chapiteau bombé ou sinueux, roux - flave.

1. Par-tout de même couleur.

Fungus glutine flavo limacino resplendens Vaill. p. 62, n.° 14.

Agaricus viscidus Scop. n.° 1521.

2. À feuillets bruns.

Agaricus lubricus Scopol. n.° 1541.

b. À chapiteau mamelonné.

1. de couleur pâle.

Fungus colore homogeneo pallido, pileolo & pediculo glutine obductis Vaillant, p. 69, n.° 56.

Fungus viscidus papillaris striato - terreus, subtùs albus Haller, Enum. p. 41.

Agaricus clypeatus Linn. Spec. pl. 1641.

Agaricus glutinosus Batsch, tab. 15, fig. 70, 71.

2. Gris ou verdissans.

Fungus colore homogeneo griseo pediculo glutine obducto Vaill. p. 69, n.° 57.

Fungus cono primùm obtuso postea plano, pileolo & pediculo glutine obductis Ejusd. p. 70, n.° 61.

3. Id. à tige en navet.

Fungus capite expanso viscosus Ejusd. ibid. n.° 60.

Agaricus macrourus pileo viscido Scopoli, n.° 1472.

c. Brun dessus, blanc dessous.

Fungus esculentus odoratus, supernè subobscurus & veluti vernigine oblitus, infernè lamellis & pediculo albis Micheli, p. 154, n.° 4.

d. Rougeâtre ou pourpre, à feuillets roux ou flaves.

Agaricus viscidus Linn. Spec. pl. 1642.

Agaricus 42 s. purpureus Schaeff. tab. 254.

157.

LE SATINÉ GRIS.

(Synonimie des genres, n°. 44.)

Fungus gilvus margine tenuissimo Vaillant, B. P. , n°.18, p.63; (mis sous le titre, transposé, de *fungus griseus holosericeus, pileolo crenelato* Vaill. n°. 15 ibid. où est sa description. *Voy.* plus bas, Synonimie des espèces, n°. 160.)

158.

FAUX MOUSSERONS DES BOIS.

(Synonimie des genres, n°. 44.)

a. couleur de paille , à feuillets écartés.
Fungus pileolo straminci coloris Vaill. n°. 16.

b. Id. à feuillets serrés.

Fungus esculentus paleacei seu straminei coloris, pileolo pulvinato, lamellis tenuissimis perangustis, ou le Tirignoso des Italiens, Micheli, N. G. Pl. p. 147.

c. Couleur d'orange.

Fungus totus per maturitatem aurantii coloris Vaillant, n°. 20, p. 63.

d. Tout roux.

Fungus minor totus ruffus Vaill. p.66, n°.40.

e. Couleur de citron.

Fungus minor citrino colore, pediculo flavescente Vaill. p. 66, n°. 41.
Agaricus erythropus quorumdam.

f. Roux à surface déchirée en écailles.

Agaricus grumatus Scopoli , n°. 1497.

159.

LES PETITS BLANCS DE LAIT.

(Synonimie des genres, n°. 44.)

1.
Fungus (mediæ magnitudinis) totus albus Vaillant, p. 63, n°. 17 (titre transposé et mis à la place du *fungus totus albus* du même, p. 65, n°. 34, où il est décrit et de grandeur moyenne; au lieu que celui-ci,

n°. 17, est un petit champignon tout blanc de neige, d'un pouce environ de diamètre, sur deux de hauteur) (*Voy.* Syn. des espèces, n°. 69, var. *d.*)

2.
Fungus colore lacteo Vaill. p. 64, n°. 28.

160.

L'ORONGE SATINÉE.

(Synonimie des genres , n°. 6.)

a.

Fungus griseus , holosericeus, pileolo crenelato Vaill. p. 63, n°. 15 (au lieu de *fungus gilvus margine tenuissimo,* ibid. n°. 18 : titres transposés et dont l'un doit être mis à la place de l'autre; cette oronge étant décrite sous le n°. 18.)

Fungus è volva erumpens pileolo supernè griseo, ad oras striato, infernè albo, pediculo cylindrico concolore angustissimè fistuloso Micheli, N. G. Pl. p. 183.

b.

Fungus esculentus è volvá erumpens pileolo fornicato, ad oras nonnihil striato griseo rufescente, infernè albo, pediculo cylindrico concolore, et in superficie pulchrè lacerato Micheli p. 183.

c.

Fungus parvus è volva erumpens , pileolo ruffo, ad oras striato, infernè albo, pediculo cylindrino pariter albo, ac parum fistuloso Micheli ibid. , tabul. 76, fig. 2.

161.

LE CHARTREUX, *ou* LE VELUCATTI
DE VAILLANT.

(Synonimie des genres , n°. 44.)

Fungus lœtè fusco colore pediculo breviore Vaillant, B. P. p. 63, n°. 22 et 23.
Agaricus leucophœus Scopoli, n°. 1474.
Fungus parvus pileolo fornicato, obscuro, in medio umbilicato, et ubivis in sericeas et

tenuissimas squamas quasi lacerato, lamellis carneis, pediculo dilutè concolore, fistuloso, Micheli, N. G. Pl. p. 158.

162.

LE TOUT GRIS.

(Synonimie des genres, n°. 44.)

Fungus totus griseus Vaillant B. P. p. 65, n°. 35.

An fungus esculentus saturè cinereus, vel murini domestici coloris, farinam recenter molitam redolens, pediculo crassiore, ou le Bigiolone des Italiens Micheli N. G. Pl. p. 147 ?

163.

LES MAMELONS ORANGÉS et GRIS.

(Synonimie des genres, n°. 25.)

Fungus nostras multiplex, pileolo lato mammoso Vaill. p. 65, n°. 37.

Espèce analogue.

Fungus ex uno pede multiplex, pileolo inœquali clypeato, desuper ex aureo rufescente, in medio verò saturatioris coloris, infernè lamellis rufis pediculo cylindrico, fistuloso, concolore, sericea ac probrevi lanugine infecto Micheli p. 193.

164.

L'ŒIL DE CORNEILLE.

(Synonimie des genres, n°. 44.)

Fungus minimus totus niger umbilicatus Vaill. n°. 39, p. 66.

Espèce analogue.

Fungus parvus acetabuli modo cavus, colore subobscuro Micheli p. 149.

165.

LES PETITS PELUCHÉS.

(Synonimie des genres, n°. 44.)

Fungus minor pilei superficie flocculis fuscis villosa Vaill. p. 64, n°. 42.

Les Florispersi des Italiens.

166.

LE CHAMPIGNON AMÉTHISTE.

(Synonimie des genres, n°. 44.)

a. De couleur améthiste.

Fungus minor amethistinus Vaillant, p. 67, n°. 43.

b. Violet clair.

Fungus dilutè violaceus, pileolo parvo, pediculo gracili prœalto, fistuloso Micheli, p. 150, n°. 8.

c. D'un roux purpurin.

Fungus parvus, dilutè purpureus, pileolo sursùm deflexo ac concavo, pediculo longiore intorto Micheli, p. 149.

d. Fauve à feuillets violets ou carnés.

Fungus parvus capitulo et pediculo fulvis, lamellis dilutè purpureis Micheli, p. 158.

167.

LES CARNÉS DE VAILLANT.

(Synonimie des genres, n°. 44.)

Fungus dilutè carneus vel incarnatus Vaill. p. 67, n°. 46.

Fungus parvus pileolo mammoso, supinâ parte ex albo subvinoso, pronâ verò saturo, pediculo candido vix fistuloso, Micheli p. 156.

168.

LE VIOLET PALE.

(Synonimie des genres, n°. 44.)

Fungus albus magnus, pileolo lato pronâ parte sordidè cœruleo Vaill. p. 67, n°. 47.

Fungus esculentus, pileolo desuper dilutè ianthino, infernè lamellis et pediculo albis Micheli, p. 156.

169.

LES MAMELONS RAYÉS.

(Synonimie des genres, n.° 44.)

a. Roux, à feuillets gris.

Fungus clypeatus in medio protuberans Vaill. p. 68, n.° 53.

b. Gris ou blanchâtre.

Fungus capitulo mammoso, centro papillari Vaill. p. 69, n.° 54.

c. Id. à mamelon roux.

Agaricus 45 f. *galericulatus* Schaeff. tab. 52, fig. 7, 8, 9.

d. Gris & petit.

Fungus capitulo mammoso Vaill. p. 70, n.° 1.

e. De couleur baie.

Fungus parvus totus spadiceus, desuper quasi in sericea filamenta atque in medietate velut in papillam acutam assurgente, pediculo tenuiore Micheli, p. 148.

170.

LES PETITS CLOUS DORÉS.

(Synonimie des genres, n.° 93.)

a. Couleur de tabac d'Espagne.

1. Fungus pediculo croceo (crocei) splendoris participe Vaill. p. 69, n.° 58, pl. 11, fig. 16, 17, 18.

Agaricus fragilis Linn. Spec. pl. 1643.

2. Agaricus circumseptus Batsch, tab. 29, fig. 98.

3. Agaricus pileatus; & agar. ferruginatus Batsch, tab. 14, fig. 63, & tab. 18, fig. 92.

4. Agaricus esculentus Jacq. Miscell. II, tab. 14, fig. 2.

Agaricus lacrymalis Batsch, tab. 3, fig. 7, 8.

5. Agaricus hispidus Batsch, tab. 6, fig. 25.

b. Couleur d'orange.

I. Fungus minimus aurantius mamillaris Vaill. p. 76, n.° 64, pl. 11, fig. 19, 20.

Agaricus pineti Batsch, tab. 3, fig. 9.

Agaricus auricomus Batsch, tab. 5, fig. 21.

Agaricus clavus Linn. Spec. pl. & Schaeff. tab. 59.

II. Id. à tige & à feuillets rosés ou rouges.

1. Agaricus rosellus Batsch, tab. 19, fig. 99.

2. Agaricus subcarneus Ejusd. ibid. fig. 100.

3. Agaricus tremulus Batsc. tab. 20, fig. 104.

4. Agaricus coriaceus Ejusd. tab. 21, fig. 109.

c. Jaune-pâle, à feuillets gris.

1. Fungus obsoletè luteus, pileolo hemisphærico parvo, lamellis murini coloris, pediculo præalto tenuiori, fistuloso Micheli, p. 157. *Fungo chiodo* Italor. Micheli, ibid.

2. Agaricus bulbularis Batsch, tab. 20, fig. 108.

d. Bistre clair.

Agaricus libertatis Batsch, tab. 14, fig. 62.

171.

LA FAMILLE PLEUREUSE, ORANGÉE.

(Synonimie des genres, n.° 25.)

Fungus glutinosus, colore aurantio Vaillant, p. 72, pl. 12, fig. 8, 9.

Agaricus hariolorum Bulliard, cahier 14.

172.

L'ENTONNOIR BRUN DE VAILLANT.

(Synonimie des genres, n.° 44.)

Fungus foliaceus vel lamellatus infundibuliformis fusco-lividus Vaill. p. 73, n.° 12, pl. 14, fig 1, 2, 3.

Fungus infundibulum referens palustris nigricans; & fungus infundibulum referens nigricans pascuorum Buxb. cent. IV, p. 3, 4, tab. 3.

Fungus parvus obscurus, pileolo acetabuli modo cavo, &c. Mich. p. 149, n.° 5.

Agaricus concavus Scopoli, n.° 1549.

173.

LES PETITES CLOCHETTES.

(Synonimie des genres, n.° 17.)

a. Gris-de-souris.

Fungus multiplex obtusè conicus colore griseo murino Vaillant, p. 71, n.° 7, pl. 12, fig. 1, 2.

Agaricus campanulatus Linn. Spec. plant. 1643.

b. Brunes.

Fungus multiplex campaniformis, colore fusco Vaill. p. 73, n.° 13, pl. 12, fig. 5, 6.

c. De couleur châtain.

Fungus multiplex campaniformis colore casta-neo Ejusd. ibid. n.° 14, fig. 3, 4.

(*Voyez* n.°ˢ 257, 258, 259, 262, 263, 267, 269, 425.)

174.

L'ORONGE VERTE OU VERT-DE-GRIS.

(*Synonimie des genres, n.° 6.*)

a. * Jaune-verte.

Fungus phalloïdes annulatus sordidè virescens & patulus Vaill. p. 74, n.° 3, pl. 14, fig. 5. a. & Cimel. reg. Parif.

An fungus e volvâ erumpens, pileolo supernâ parte viridi & splendente, lamellis & cylindrico pediculo albis Micheli, p. 182 ?

b. * Blanche.

Agaricus bulbosus Bulliard, cahier 27.

175.

LE BULBEUX À FACETTES DE DIAMANT.

(*Synonimie des genres, n.° 12.*)

Fungus colore candido, tuberculis flavo-fuscis elegantissimè variegato Vaill. p. 75, n.° 9.

Espèce analogue.

Agaricus 128 f. agar. guttatus Schaeffer, tab. 240.

176.

LES PETITES MAMELLES À RUBAN, COLLETÉES.

(*Synonimie des genres, n.° 113.*)

Fungus centro mammosâ rufo circulo sordidè albo circumdato Vaill. p. 76, n.° 10.

177.

CORALLOÏDE PIED D'OISEAU.

(*Synonimie des genres, n.° 23.*)

Corallo-fungus croceus, ornithopoïdes Vaill. p. 41, pl. 8, fig. 3.
Clavaria 16 f. laciniata Schaeff. tab. 291.

178.

L'AILLIER DE JUSSIEU.

(*Synonimie des genres, n.° 44.*)

a. Grisâtre ou de couleur baie.

Fungus minor allii odore Jussieu, Mém. de l'Acad. des Scienc. ann. 1728.
Fungus non vescus exilis e cinereo albicans, pediculo spadiceo, odore allii Breynii apud Micheli, p. 144, tab. 77, fig. 2.
Agaricus 88 feu alliatus Schaeff. tab. 99, tom. I.

b. Espèces analogues.

1. Id. de couleur jaune, à feuillets blancs.
Fungus campestris parvus, luteus, odore allii, lamellis albis, pediculo supernâ parte concolore Micheli, p. 144, tab. 78, fig. 5.

2. Id. gris, à tige noire.
Fungus alpinus, odore & sapore allii, pileolo hemisphærico utrâque parte sordidè griseo, pediculo præalto tenuiori nigricante fistuloso & veluti sericeo Mich. p. 144, tab. 78, fig. 4.
Agaricus alliaceus Jacq. Fl. Austr. tab. 82.

179.

VESSE-DE-LOUP À GRIFFE.

(*Synonimie des genres, n.° 65.*)

a. Jaune.

Lycoperdon magnum globosum pulpâ granulatâ, radice crassâ Buxb. cent. I, p. 37, tab. 56.

b. Blanche.

Lycoperdon album tinctorium, radice amplissimâ Micheli, p. 219, tab. 98, fig. 1.

180.

180.

LES ROGNONS DES ARBRES.

(Synonimie des genres, n.° 48.)

Lichen-agaricus cruſtaceus, craſſus, bovinum renem veluti repræſentans, niger & quaſi deuſtus Micheli, p. 104, n.° 3, tab. 54, ord. 2, fig. 1.
Sphæria maxima convexa nigerrima Haller, n.° 2192.
Valſa tuberoſa Scopoli, n.° 1415.
Lycoperdon 15 ſ. atrum Schaeff. tab. 329.

181.

L'AGARIC ÉVENTAIL, POREUX.

(Synonimie des genres, n.° 49.)

Agaricum eſculentum candidum flabellifcrme, multiplex pediculo donatum & favi modo amplè perforatum Micheli, n.° 8, p. 120, tab. 61. fig. 2.
Fungo ventaglio Italor.
Boletus 11 ſ. flabelliformis Schaeff. tab. 113.

182.

L'AGARIC MIE DE PAIN.

(Synonimie des genres, n.° 51.)

Agaricum album terreſtre medullam panis referens autumnali tempore ad arborum radices Micheli, p. 121, n.° 1, tab. 63, fig. 2.
Boletus medulla panis Jacq. Miſc. I. tab. 11, p. 141 ; & Murray, Syſt. veget. 14.

183.

L'AGARIC ÉPINEUX.

(Synon. des genres, n.° 52.)

Agaricum ſquamoſum album ſupernè ſubhirſutum, infernè pectinatum Mich. p. 122, tab. 64, fig. 4, & ibid. fig. 4, 5.
Hydnum (paraſyticum) acaule arcuato-rugoſum tomentoſum Linn. Species plant. p. 1648.

Tome I.

184.

LE DEMI-ENTONNOIR.

(Synonimie des genres, n.° 53.)

Agaricum infundibulum dimidiatum imitans, per oras undulatum, ſupernè obſcurum & velut ſericeum, infernè lamellatum & album Micheli, p. 123, n.° 16, tab. 65, fig. 2.

185.

LE CHAMPIGNON OU AGARIC

DE LA BALEINE.

(Synonimie des genres, n.° 53.)

Agaricum ſquamoſum adipoſum, lamellatum, fœtidum, fulvum Mich. p. 123, n.° 21.
Agaricum ſquamoſum adipoſum, fœtidum ſupernâ limbi parte ramoſâ, ſuprà balenæ oſſa adhuc pinguedine refcrta natum Tillii, Horr. Piſan. tab. 3.

186.

AGARIC GÉLATINEUX, À BANDES.

(Synonimie des genres, n.° 54.)

Agaricum ſquamoſum & lichenoſum ſubſtantiâ gelatinoſâ, ſupernè variegatum & villoſum, infernè primùm violaceum, poſteà griſeum & meſenterii inſtar corrugatum Mich. p. 124, n.° 5, tab. 66, fig. 4.
(Voyez n.°s 187, 283.)

187.

AGARICS UNIS.

(Synonimie des genres, n.° 54.)

a. 1. Brun, ſoyeux.

Agaricum alpinum ſquamoſum membranaceum, ſupernè obſcurum & ſericeum, infernè ex albo rufeſcens Mich. p. 124, n.° 7, tab. 66, fig. 2.

2. De couleur flave.

Helvella-agaricus Withering. Brit. II. p. 773.
Thælæphora hirſuta explanata, flava, extùs hirſuta Willdenow, p. 397.

C c c c

b. Brun & lisse.

Elvela pineti Linn. Spec. pl. 1649.
Agaricus acaulis utrinquè planiusculus Ejusd.
Flor. lap. 517.
Elvela acaulis Pallas, Voyag. de Russie,
tom. 1, p. 51.

c. Blanc.

1. À bords ondés, violet dessous.

*Agaricus terrestris orâ undulatâ albus, in-
ferne violaceus* Rupp & Haller, Flor. Ien.
p. 372.

2. Id. sans ondes.

Elvela lilacina Batsch, tab. 25, fig. 131.

3. Blanchâtre.

Helvella corrugata Withering, Brit. II,
p. 773.
*Thælephora glabra explanata, lævis, sordidè
alba* Willden. p. 397.

(*Voyez* n.º 283.)

188.

COCCIGRUE À CROISSANS.

(*Synonimie des genres, n.º 55.*)

Ceratospermum, n. 1, 2, 3, Micheli, p. 125,
tab. 56, fig. 1, 2, 3.

189.

LE CEPE BLANC.

(*Synonimie des genres, n.º 57.*)

*Suillus esculentus, crassus, subtus pallidus,
pediculo ventricoso pariter albo* Micheli,
p. 127.
Porcino, o ceppatello bianco Italor.
Boletus subsquammosus Linn. Sp. pl. 1647.

190.

CEPE SOUFRE ET AGATE.

(*Synonimie des genres, n.º 57.*)

*Suillus esculentus, alpinus, crassus, desuper
sulphureus, cute lacerâ quasi hirsutâ, inferne
acathæ dilutissimo rubore præditus, pediculo
ventricoso, supernæ pileoli parti concolore*
Mich. p. 127.

191.

CEPE DE COULEUR FAUVE ET CITRON.

(*Synonimie des genres, n.ºs 57.*)

*Suillus esculentus, supernè pulchrè fulvus,
infernè citrinus & subtilissimè perforatus,
pediculo concolore* Micheli, p. 128, n.º 9,
tab. 68, fig. 1.
*Suillus esculentus, crassus, supernè fulvus,
infernè luteus, pediculo concolore, rugoso
& aspero* Micheli, p. 128, n.º 10.
Leccino Italor.

192.

LE PETIT POLYPORE SEC.

(*Synonimie des genres, n.º 58.*)

a. Blanc.

*Polyporus exiguus, coriaceus, albus lignis
adnascens* Mich. p. 130, tab. 70, fig. 7.
An fungus lignosus, pediculo longiore Loësel,
Flora prussica !
Boletus perennis Linn. Spec. pl. 1646.
*Fungus porosus minor, candidus, siccioris
substantiæ, ex ligno natus* Breyn. apud
Mich. p. 130.
Boletus lacteus Batsch, tab. 10, fig. 42.

b. De couleur fauve, ou brun.

*Polyporus exiguus coriaceus, fulvus, pileolo
concolore ac in medio nonnihil umbilicato*
Mich. p. 130, n.º 5, tab. 70, fig. 9.
Boletus leptocephalus Jacquin, Miscell. I,
tab. 12.
Id. Murray, Syst. veget. 14, p. 977.

(*Voyez* n.º 108.)

193.

LE POLYPORE TREILLAGEUR.

(*Synonimie des genres, n.º 58.*)

*Polyporus alpinus cinereus, pileolo supernâ
parte lacero, & veluti tessellato, infernè
instar favi amplè perforato* Mich. p. 130,
tab. 71, fig. 2.
Coltricione Italor. Micheli, ibid.

194.

LE POLYPORE BRUN.

(Synonimie des genres, n.° 58.)

a. Des bruyères.

Polyporus esculentus, parvus, pileolo desuper obscuro, infernè tenuissimè poroso & albo, pediculo supernæ pileoli parti concolore Micheli, p. 130, tab. 70, fig. 3.
Scopetino Italor.

b. Des charbonnières, & plus noir.

Polyporus esculentus, parvus & habitior, ex griseo & obscuro nigricans, infernè albus & tenuissimè porosus, pediculo cum supernâ pileoli parte ejusdem coloris Mich. p. 131, tab. 70, fig. 2.
Fungo corvo o carbonajo Italor.

195.

LE POLYPORE DE L'AUNE,
OU BAI-BRUN.

(Synonimie des genres, n.° 58.)

Polyporus alni, radicibus innascens, molli & crassâ pulpâ, pileolo d super ex spadiceo fulvo, infernè luteo viridi, pediculo brevi supernæ pileoli parti concolore Micheli, p. 130, tab. 70, fig. 1.
Fungo di ontano Italor.

196.

LES ENTONNOIRS ÉPINEUX, SECS.

(Synonimie des genres, n.° 37.)

a. Roux.

Erinaceus infundibulum imitans coriaceus, colore e fulvo ferrugineo, pileolo desuper velut sericeo, & pluribus striis circularibus excavato Mich. p. 132, n.° 3, tab. 72, fig. 4.
Hydnum tomentosum Linn. Spec. pl.
An hydnum zonatum Batsc. Willden. n.° 1242!

b. Noirs.

Steccherino nero malefico Ital. Mich. p. 132, n.° 7, p. 133, n.° 10, tab. 72, fig. 5, 6.
Hydnum floriforme Schaeff. tab. 146, 147.
Hydnum suberosum Batsch, tab. 10, fig. 45.

197.

L'HYDRE À FEUILLETS.

(Synonimie des genres, n.° 44.)

Fungus ramosus parvus, albus, pileis in tubum velut contractis Micheli, p. 141, tab. 79, fig. 3.
Fungo ramoso Italor. Mich. ibid.
Amanita cinereus prolifer, vaginâ infundibuliformi Haller, Hist. stirp. n.° 2477.
Fungus albidus, pediculo in capitulum sulcatum infundibuli formâ abeunte Cimel. reg. Parif.

198.

LE POIVRE À LAIT, BULBEUX.

(Synonimie des genres, n.° 19.)

Fungus bulbosus lactescens, acris, rubro ferrugineus Micheli, p. 142.

199.

LE POIVRE À LAIT, POINTU.

(Synonimie des genres, n.° 19.)

Fungus parvus piperatus lacteum succum fundens, pileo griseo mammoso, papillâ acutâ, infernè cum pediculo albus Mich. p. 142, tab. 80, fig. 1.
Agaricus conicus Picco, Société royale de Médec. tome III, icon.

(*Voyez* n.° 354.)

200.

LES POIVRÉS À LAIT, BRUNS.

(Synonimie des genres, n.° 19.)

1. À feuillets blancs.

Fungus parvus succum lacteum & acrem fundens, supernè colore obscuriori, subtùs lamellis & pediculo albis Mich. p. 143.
Agaricus rusticanus Scopoli, n.° 1554.

2. À feuillets couleur de chair.

Agarici deliciosi var. Batsch, tab. 14, fig. 68, a, b.

201.

LES RAVIERS.
(Synonimie des genres , n.° 44.)

a. À tige nue.

1. Petit, blanc & gris.

Fungus exiguus odore & sapore raphani, pileolo desuper albo, infernè griseo, pediculo supernæ pileoli parti concolore Mich. p. 141.

Fungo ramolaccio minore Italor.

2. Plus grand, roux & gris.

Fungus odore & sapore raphani, pileolo supernâ parte pulchrè rufo, lamellis densis, griseis, pediculo medii coloris cum cuticulâ lacerâ veluti subhirsutâ Mich. p. 144.

Fungo ramolaccio maggiore Italor.

b. À tige à collet fugace, jaune-olivâtre.

Fungus odore & sapore raphanum simulans, obsoletè luteus & ad olivæ conditæ colorem accedens, &c. Fungo ramolaccio Italor. Mich. p. 179, n.° 1.

Fungus odore & sapore raphanum simulans, obsoletè luteus & ad fulvum colorem tendens, &c. Mich. ibid. n.° 2, tab. 75, fig. 2.

Fungo ramolaccio giallo Italor. ibid.

202.

LE MEÛNIER.
(Synonimie des genres , n.° 44.)

Fungus esculentus albus, pileolo plano, viscidus, lamellis crispis Mich. p. 145, n.° 3.

Fungo mugnajo Italor.

Agaricus mugnaius Scopoli, n.° 1486.

203.

LE CERVELET.
(Synonimie des genres, n.° 44.)

Fungus niveus per elegans, pileolo subrotundo, cerebri instar crispato pediculo breviori Mich. p. 145, n.° 9.

Fungo bianco, &c. Italor.

204.

PETITS ENTONNOIRS BLANCS.
(Synonimie des genres, n.° 44.)

Fungus albus, infundibulum imitans, pediculo tenuiore Mich. p. 145, n.° 4.

Fungus totus albus, infundibulum imitans, &c. Mich. ibid. & p. 146, n. 12, 13, 31, 32.

205.

LES PETITS ÉTEIGNOIRS BLANCS DE LAIT.
(Synonimie des genres, n.° 44.)

Fungus parvus, totus albus, inter muscos nascens, pileolo acuto extinctorii forma Micheli, p. 146, n.° 26.

Fungus minimus ceræ albæ colore, pileolo plano, in medium fastigiato, pediculo fistuloso, musco polygoni folio innascens Ibid. n.° 28.

Agaricus extinctorius Linn. Spec. pl.

206.

LES GRIS FARINIERS.
(Synonimie des genres, n.° 44.)

a. Tout gris.

Fungus esculentus, saturo - cinereus vel muri domestici coloris, farinam recenter molitam redolens, pediculo crassiore Mich. p. 147, n.° 1.

Bigiolone Italor.

b. À feuillets rosés.

Fungus esculentus, farinam recenter molitam redolens, pileolo desuper cinereo, infernè carneo, pediculo longiore & crassiore albo Mich. p. 160, n.° 1.

Grumato grigio Italor.

Fungus esculentus, supernè griseus, infernè suavè rubens Mich. p. 160, n.° 3.

Fungus esculentus, farinam recenter molitam redolens, pileolo desuper griseo argenteo, infernè lamellis carneis Mich. ibid. n.° 4.

Prugnuolo bastardo Italor.

(Voyez n.° 314.)

207.

LE ROUX, PAIN DE VACHE.
(Synonimie des genres, n.° 44.)

Fungus esculentus, crassus, ex rufo albicans vel ex albo-rufescens, lamellis angustissimis, pediculo crassiore Mich. p. 148, n.° 1.

Soderello degli uccellari Italor.

An fungus siccus vaccini coloris Haller, Enum. p. 49, n.° 75 ; & Rupp, Fl. Ien. ed. Hall. p. 369 !

a. Espèces analogues.

Fungi ruffi, n. 2, 4, 5, 6, 7, 8, Mich. p. 148.

208.

LA PETITE SOUCOUPE OLIVÂTRE.

(Synonimie des genres, n.° 44.)

Fungus esculentus, odoratus, parvus, acetabuli modo cavus, obscurus & ad olivæ conditæ colorem nonnihil tendens Mich. p. 149, n.° 2.

209.

L'HÉMISPHÈRE CHÂTAIN-BRUN.

(Synonimie des genres, n.° 44.)

Fungus ex obscuro fulvus, pileo amplissimo crasso, hemisphærico Mich. p. 149, n.° 1.
Fungus parvus obscurus, aut castanei veteris coloris, pileolo hemisphærico Ejusd. ibid. n.° 7.

210.

LES MAMELLES BRUNES.

(Synonimie des genres, n.° 113.)

Fungus subobscurus, pileolo campanulato, ac desuper in sericea filamenta veluti lacerato, pediculo præalto Mich. p. 149, n.° 3.
Fungo canapone scuriccio Italor.
Fungus parvus subobscurus, pileolo mammoso, papilla acuta Mich. p. 149, n.° 6.
Funghetto scuro, &c. Italor.

211.

L'ÉTEIGNOIR VERT-DORÉ.

(Synonimie des genres, n.° 44.)

Fungus parvus totus viridis & ad aureum nonnihil tendens, ac limacin· glutine oblitus, pileolo extinctorii formâ, pediculo fistuloso Micheli, p. 1504.
Fungo verdino, cattivo, lumacoso Italor.

212.

LES VERDELETS *ou* MOUSSERONS VERTS.

(Synonimie des genres, n.° 44.)

a. À tige & feuillets blancs.

Fungus esculentus, pileolo pulvinato, desuper e luteo virescente, infernè lamellis & pediculo albis Micheli, p. 152.

Fungus esculentus, pileolo pulvinato, viridi, infernè cum pediculo albo Ejusd. ibid.
Agaricus virens Scopoli, n.° 1507.

Analogues *ou* variétés.

Fungus pileolo cucullato viscido, &c. Lumachino verde inverniciato Ital. Mich. p. 152, n.° 2.
Fungus parvus, pileolo pulvinato, &c. Verdacchino di bosco dictus Italor. ibid. n.° 3.

b. À tige & feuillets gris.

Fungus italicus, pediculo crasso, subcinereo, pileolo semi-globoso virescente Cimel. reg. Parif.

(Voyez n.° 40.)

213.

PIERRE OU TRUFFE À CHAMPIG. FEUILLETÉS.

(Synonimie des genres, n.° 24.)

Fungus esculentus ex ingenti, perenni, & plerunque complanatâ radice, in singulos menses præcipuè æstivos nascens, pileolo desuper ex spadiceo rufo, lamellis & pediculo albis Mich. p. 153, n.° 4.

214.

GRAND MAMELONNÉ BULBEUX, BRUN ET BLANC.

(Synonimie des genres, n.° 113.)

Fungus magnus esculentus, pileolo desuper obscuro, & lacero, ac pereleganti papillâ in medio ornato, lamellis albis, pedicule supernæ pileoli parti concolore, radice bulbosâ Mich. p. 154, n.° 1.

215.

LE VENTRU BRUN ET BLANC, *ou* LE JACOBIN.

(Synonimie des genres, n.° 44.)

Fungus alpinus esculentus, vernus, parvus & habitior, desuper obscurus, infernè & pediculo albis Micheli, p. 154, n.° 6, tab. 74, fig. 9.
Fungo dormiente f. marzuolo Italor.
Fungi n.° 7 Mich. ibid.
Agaricus jacobinus Scopoli, n.° 1511.

216.

LE BISTRE À CROCHET,
ou LE GREC.
(Synonimie des genres, n.° 44.)

Fungus esculentus, pileolo ampliore, ad oras undulato desuper obscuro, infernè albo, pediculo brevi, concolore radice rostratâ, peracutâ. Fungo greco Italor. Micheli, p. 154, n.° 3.

217.

LE BISTRE ET BLANC,
ou LE PASSIONNÉ.
(Synonimie des genres, n.° 44.)

Fungus esculentus, pileolo fornicato, tenuioris substantiæ, supernè obscuro, infernè lamellis albis, pediculo longo, cylindrico, non fistuloso, concolore Mich. p. 154, n.° 8.
Fungo appassionato Italor.
Agaricus tristis Scopoli, n.° 1512.

218.

LE BRUN ET BLANC COULEUVRE.
(Synonimie des genres, n.° 44.)

Fungus pileolo fornicato, vertice tantùm fusco, reliquâ parte albo, lamellis concoloribus, pediculo utroque colore pulchrè variegato Micheli, p. 154, n.° 9.
Fungo serpentino Italor.
An fungus italicus albidus lituris fuscis distinctus Cimel. reg. Parif.

219.

ROUGEOTES D'ITALIE.
(Synonimie des genres, n.° 44.)

Rossola Italor.
a. Bombés.
1. À feuillets blancs.

Fungus esculentus, pileolo pulvinato desuper rubro, subtùs lamellis & breviori pediculo albis Mich. p. 155, n.° 3.
Fungi n. 4, 6, 7, 8, 9 Ejusd. ibid.
Agaricus russula Scopoli, n.° 1502.

2. À feuillets prenant une teinte jaune.

Fungus esculentus, pileolo supernè rubro, infernè primùm albo, deindè obsoletè luteo, pediculo longiore & crassiore semper albo Micheli, p. 155, n.° 1.
b. En forme d'entonnoir.
Fungus esculentus infundibulum imitans, pileolo viscido ad oras undulato, saturatè rubro ad laccæ colorem accedente, infernâ verò parte & pediculo albis Mich. p. 155, n.° 5.
Lardajolo Italor.
Agaricus 151 s. russula Schaeff. tab. 58.

220.

LES TIGRÉS VINEUX.
(Synonimie des genres, n.° 44.)

a. Fungus parvus pileolo mammoso, supinâ parte ex albo subvinoso dilutissimo colore, pronâ verò saturo, pediculo candido Mich. p. 156, n.° 13.
b. Fungus parvus pileolo in acutum conum fastigiato, albo, purpureis maculis, tigridis ad instar notato, lamellis pariter purpureis, pediculo supernæ pileoli parti concolore Mich. p. 156, n.° 16.
Brizzatino de vasi Italor.
Fungus italicus guttis sanguineis aspersus, pileolo patulo & mammoso Cimel. reg. Par.

221.

LE PERLÉ ROUX.
(Synonimie des genres, n.° 44.)

Fungus esculentus parvus, pileolo sursùm reflexo, leucophæo, lamellis rufescentibus, pediculo supernæ pileoli parti quasi concolore Micheli, p. 156.
Peverino Italor.

222.

LE BONNET DE PRÊTRE.
(Synonimie des genres, n.° 44.)

Fungus pileolo parvo in pyramidem quadrilateram veluti assurgente, & simul cum longo fistuloso & intorto pediculo aureo, lamellis cinereis Mich. p. 157, n.° 2.
Berreta di prete Italor. ibid.

223.

LES TOUT JAUNES.
(Synonimie des genres, n.° 44.)

a. Terreſtre.

*Fungus pileolo deſuper lacero & veluti filamen-
toſo, fulvi palleſcentiſque coloris, ſubſtantia
& lamellis buxeis, pediculo fiſtuloſo, ſu-
pernæ pileoli parti concolore* Mich. p. 158,
n.° 1, tab. 74, fig.

b. Des arbres.

*Fungus alno adnaſcens, pileolo amplo, cly-
peato, tenuioris ſubſtantiæ, &c.* Micheli,
ibid. n.° 2.

Fungo giallone di ontano Italor.

224.

LE JAUNE-BRUN OU GRIS.
(Synonimie des genres, n.° 44.)

*Fungus pileolo hemiſphærico, obſoletè luteo
& ad vitellinum tendente, lamellis obſcuris,
pediculo præalto, &c.* Mich. p. 159, n.° 1.

Fungus major ſubluteus, lamellis luridis Buxb.
centur. IV, tab. 4, fig. 5.

Amanita, n.° 2461, Haller, Hiſt.

*Fungus totus luteus, pileolo ampliore, deſuper
maculis obſcuris, ubivis radiato; & fungus
pileolo & pediculo luteis, punctis ſubobſcuris
creberrimi notatis, lamellis vero omnino ſubobſcuris* Mich. p. 159, n.° 3, 4.

a. Fongo canapino Micheli, ibid.
(Voyez n.° 358.)

225.

L'ÉCARLATE JAUNE.
(Synonimie des genres, n.° 44.)

Fungus coccineus, infernè aurantii coloris
Breynii apud Mich. p. 159.

*Fungus parvus pileolo hemiſphærico, deſuper
coccineo, infernè lamellis aureis, pediculo
ſummâ parte plerumque coccineâ imâ verò
aureâ* Micheli, p. 159.

226.

LE JAUNE ÉCARLATE.
(Synonimie des genres, n.° 44.)

*Fungus pileolo hemiſphærico croceo, infernè
lamellis & pediculo rubris* Mich. p. 159.

*Fungus italicus, pediculo & lamellis purpu-
reis, pileolo luteo* Cimel. reg. Pariſ.

Agaricus aurantiacus Jacq. Miſc. I, tab. 14,
fig. 3.

Id. Murray, Syſt. veget. 14, p. 975.

227.

LE GIRASOL FEUILLETÉ.
(Synonimie des genres, n.° 44.)

a. À bandes rouſſes.

*Fungus parvus albus, pileolo vertice nigro,
reliquâ parte circularibus zonulis fulvis inter ſe diſtinctis velut interruptâ, pediculo
cylindrico fiſtuloſo* Mich. p. 161, n.° 8.

Giraſole Italor. Mich. ibid.

b. À bandes brunes.

*Fungus italicus minor albidus, pileo faſciis
fuſcis obſcurioribus concentricis diſtincto*
Cimel. reg. Pariſ.

228.

LES TÊTES D'ÉPINGLE PARASITES.
(Synonimie des genres, n.°ˢ 44, 93.)

a. Eſpèce rouſſe.

*Fungus omninum minimus ſuper creſcentem
juncum foliis articuloſis naſcens, pileolo
hemiſphærico ex rufo-fulvo, lamellis albidis,
pediculo ſemiunciali capillaceo fuſco* Mich.
p. 162, tab. 80, fig. 9.

Agaricus tenellus Batſch, tab. 18, fig. 88.

b. Eſpèce blanche.

Agaricus clavularis, & agar. pallor Batſch,
tab. 17, fig. 81, & tab. 18, fig. 95.

c. Jaune ou ocracée.

*1. Fungus minimus aureus, virgæ aureæ ramis
innaſcens, pileolo hemiſphærico* Micheli,
p. 148, n.° 10.

Cappetino Italor.

2. Agaricus ſemiglobatus Batſch, tab. 21,
fig. 110.

3. Agaricus abietis Batſch, tab. 3, fig. 10.

d. D'un rouge vif & jaune.

Agaricus coccineus, & agaricus ianthinus
Scopoli, n.° 1503, 1504.

229.

LES TIGRÉS DE JAUNE ET DE BRUN.

(Synonimie des genres, n.° 44.)

Fungus esculentus, pileolo desuper luteo, & obscurè tincto, nunc commixti, nunc distincti coloris, lamellis & pediculo albis. Corgnola gi..llerella Italor. Mich. p. 162, n.° 2.

Fungus esculentus, pileo pulvinato, desuper lutei, & obscuri coloris inter se distincti, densissimè variegato, infernè lamellis & pediculo albis Ibid. n.° 2.

Giallone, &c. Italor. ibid.

230.

LE JAUNE-BLANC PIQUETÉ.

(Synonimie des genres, n.° 44.)

Fungus esculentus, pileolo amplo pulvinato, sordidè luteo, lamellis albis, ac per oras nigris punctis notatis, pediculo brevi crasso & veluti bulboso Micheli, p. 162, n.° 2, in fine.

Fungus italicus luteus pediculo crasso, pileolo patulo Cimel. reg.

231.

L'ÉTEIGNOIR PIED BLEUÂTRE.

(Synonimie des genres, n.° 17.)

Fungus esculentus parvus, pileolo extinctorii formâ, vertice fusco, reliquâ parte albo, lamellis tenuissimis & densissimis concoloribus, pediculo purpureo cæruleo, radice bulbosâ Micheli, p. 163, n.° 1.

232.

LE TROIS COULEURS PIED VIOLET.

(Synonimie des genres, n.° 44.)

Fungus parvus pileolo desuper fusco nigro, lamellis albis, pediculo cylindrico, tenuiori, dilutè violaceo. Vedovino di tre colori Ital. Mich. p. 163, n.° 3.

233.

LE TRÈFLE DES ARBRES.

(Synonimie des genres, n.° 44.)

Fungus parvus elegantissimus, pileolo umbilicato ac trilobato, obscuro, lamellis rarioribus, torosis & rufescentibus, pediculo coriaceo nigro, fistuloso Micheli, p. 164, tab. 79, fig. 2.

234.

LA CANTHARIDE.

(Synonimie des genres, n.° 44.)

Fungus parvus elegans, cantharidum colorem, splendorem, & odorem æmulans, pileolo cum vertice lævi, reliquâ parte pulchrè striato lamellis carneis, pediculo cylindrico fistuloso Micheli, p. 168, tab. 75, fig. 5.

Funghetto rigatto, con colore &c. di canteralle Ital. ibid.

235.

LE COLLET VISQUEUX BLANC.

(Synonimie des genres, n.° 44.)

Fungus totus candidus, pileolo ampliore, glutine limacino infecto, pediculo tenuiori cylindrico, anulo strictiori cincto Mich. p. 171, n.° 4.

Capellone lumacoso, bianco, di faggeta. Ital. ibid.

236.

LE COLLET JAUNE *ou* SAFRAN PARFUMÉ.

(Synonimie des genres, n.° 44.)

Fungus esculentus odoratus, pileolo fornicato, pediculo longo, cylindrico, anulato Mich. p. 171, n.° 1.

Leccino giallo Italor. ibid.

Agaricus ictericus Scopoli n.° 1514.

Agaricus amianthinus Scopoli n.° 1500.

237.

237.

LE COLLET AGATE.

(Synonimie des genres, n.° 44.)

Fungus esculentus bulbosus, subpurpureus, pileolo complanato & in superficie lacero, pediculo brevi anulato Mich. p. 171, ad fin.
Bubboleta buona colore di agatha, &c. Ital.

238.

LES COLLETS GRIS-BLANCS, À TIGE ET FEUILLETS BLANCS.

(Synonimie des genres, n.° 44.)

Fungi esculenti, n. 1, 2, 3, 4, 5, 6, Mich. p. 172.
Bubbola Italor. ibid.

239.

LE COLLET BLANC, À FEUILLETS GRIS, *ou* LE BALAYEUR.

(Synonimie des genres, n.° 44.)

Fungus esculentus parvus, pileolo pulvinato, albo & limacino glutine infecto, lamellis murinis, pediculo pariter albo, gemino & perangusto anulo cincto Micheli, p. 172, n.° 7.
Granajuolo bianco Italor. ibid.

240.

LES COLLETS ROUX ET BLANCS.

(Synonimie des genres, n.° 44.)

Fungi esculenti, bulbosi, pileolo rufo, vel ex rufo-fulvo, lamellis & pediculo albis, &c. Mich. p. 172, 173, n. 1, 2, 3, 4, 5, 6, 7, 8, 9, 10.
Bubbola Italor. ibid.

241.

LE PETIT COLLET FAUVE.

(Synonimie des genres, n.° 44.)

Fungus parvus totus fulvus, pileolo fornicato, pediculo gracili, cylindrico, anulo fugaci cincto Mich. p. 178, tab. 75, fig. 4.
a. Amanita, n. 2402, 2403, Haller, Hist.
(Voyez n.° 366).

Tome I.

242.

PETIT COLLET CIRE JAUNE.

(Synonimie des genres, n.° 44.)

Fungus stercorarius viscidus, dilutè luteus, pileolo fornicato, subtùs ex obscuro nigricante, pediculo cylindrico, supernæ pileoli parti concolore, & anulo fugaci instructo, radice bulbosâ Mich. p. 180.
Agaricus 44 f. cereolus Schaeff. icon. 51.

243.

LA PETITE ORONGE PÂLE.

(Synonimie des genres, n.° 6.)

Fungus parvus è volvâ erumpens, pallidè luteus, pileolo pulvinato, pediculo brevissimo cylindrico Micheli, p. 181, ad finem.

244.

LA GRANDE ORONGE BLANCHE, SOYEUSE.

(Synonimie des genres, n.° 6.)

a. À feuillets couleur de chair.
Fungus magnus esculentus, è volvâ erumpens, pileolo villoso, albo, lamellis carneis, pediculo cylindrico, glabro, pariter albo Mich. p. 182, n.° 1, tab. 76, fig. 1.

b. À feuillets blancs.
Fungus phalloïdes sericeus totus albus Cimel. reg. Parif.
An fungus richione Portæ !

245.

ORONGE JAUNE ET BLANCHE.

(Synonimie des genres, n.° 6.)

a. Unie.
Fungus esculentus, è volvâ erumpens, pileolo fornicato, supernâ parte luteo, infernè albo, pediculo longo, cylindrico, pariter albo Micheli, p. 182.

b. Rayée aux bords.
Fungus è volvâ erumpens, desuper ex aureo pallido & a medio ad oras striato, lamellis & pediculo albis Micheli, p. 183.

D d d d

246.

PETITE ORONGE BRUNE ET BLANCHE.

(Synonimie des genres , n.° 6.)

Fungus parvus , è volvâ erumpens , pileolo desuper ex obscuro nigricante , cute lacerâ & veluti squammosâ , infernè albo , pediculo cylindrico , supernæ pileoli parti concolore Mich. p. 182.

247.

ORONGE RAVIÈRE, ou ORONGE GRISE ET ROUSSE.

(Synonimie des genres, n.° 6.)

Fungus esculentus, è volvâ erumpens, odore & sapore raphani, griseus, infernè rufescens, pediculo albo, longo, radice bulbosâ Mich. p. 182.
Loppajola Italor. ibid.

248.

L'ORONGE SOURIS.

(Synonimie des genres, n.° 6.)

Fungus è volvâ erumpens, pileolo leviter fastigiato , desuper murini coloris , infernè ex albo rufescente , pediculo albo cylindrico Micheli, p. 183.

Agaricus pileo etiam per senium constanter conico , holosericeus , lamellis ex albo vix flavescentibus , stipite albido, pleno, rarissimè recto , subbulboso , volvâ albissimâ , absque anulo ornato Picco, Mém. de la Société royale de Médecine, tome III, icon.

249.

L'ORONGE ROUSSE ET BLANCHE.

(Synonimie des genres, n.° 6.)

Fungus parvus è volvâ erumpens, pileolo rufo, ad oras striato, infernè albo, pediculo cylindrico, pariter albo ac parùm fistuloso Mich. p. 183, tab. 76, fig. 2.

250.

L'ORONGE BLANCHE.

(Synonimie des genres, n.° 6.)

a. Farinière, unie.
Fungus esculentus magnus, è volvâ erumpens, totus albus , graviter odoratus , lamellis crebris & creberrimè denticulatis, pediculo obeso , anulato Micheli, p. 184.
Farinaccio Italor. ibid.

b. Rayée aux bords.
Fungus esculentus, è volvâ erumpens , totus candidus , pileolo ad oras striato , & c. Mich. p. 185, n.° 1.
Agaricus cocolla Scopoli, p. 1485.

251.

ORONGES TEIGNEUSES, À COLLET, BLANCHES.

(Synonimie des genres, n.° 12.)

Fungus magnus, totus albus, è volvâ erumpens, pediculo præalto , anulato , radice bulbosâ Mich. p. 187, n.° 1.
Fungi esculenti, toti albi, è volvâ erumpentes, & c. Ejusd. ibid. n. 2, 3, 4.
Tignosa & bulbosa Italor.

252.

LE BRANCHU FEUILLETÉ.

(Synonimie des genres, n.° 44.)

Fungus ramosus, maximus, pileolo desuper griseo, infernè lamellis & lanuginoso pediculo albis Mich. p. 190, tab. 79, fig. 1.
Famiglia di funghi ramosi, buoni, & c. Italor.

(Voyez n.° 398.)

253.

LE SUREAUTIER.

(Synonimie des genres, n.° 25.)

Fungus esculentus, infundibuli formâ, albus, ex unâ radice multiplex, pileolo in plures partes se dividente, tenuioris substantiæ & in superficie lacero, radice modo brevi, modo longissimâ Micheli, p. 190, n.° 3.
a. Agaricus aromaticus Scopoli, n.° 1491.

(Voyez n.° 36.)

254.

OREILLE JAUNE DE L'OLIVIER.

(Synonimie des genres, n.° 25.)

*Fungus perniciofus, intensè aureus, ex uno
pede multiplex, ad oleam nafcens, pediculo
radicem versùs fenfim & l viter attenuato*
Micheli, p. 191, n.° 3, & p. 200.
Fungo olivo dorato, malefico Italor. ibid.

255.

LA TOUFFE BLANCHE, À CENTRE JAUNE.

(Synonimie des genres, n.° 25.)

*Fungus efculentus odoratus, ab unâ radice
multiplex, totus albus, centro dumtaxat
pileoli luteo* Micheli, p. 191.

256.

LES ÉTEIGNOIRS BLANCS, PIQUÉS DE POURPRE.

(Synonimie des genres, n.°s 17, 25.)

*Fungus ex uno pede multiplex, totus albus,
purpureis ac radiatis maculis veluti acu pictis
notatus, pileolo parvo, extinctorii formâ,
pediculo longo, radicem versùs craffefcente*
Mich. p. 192.

257.

LA TOUFFE ORMIÈRE, BISE ET BLANCHE.

(Synonimie des genres, n.° 25.)

*Fungus cefpitofus efculentus, parvus pileolo
pulvinato, fupernè obfcuro, infernè cum cy-
lyndrico, pediculo albo* Mich. p. 192, n.° 1.
Olmarino buono Italor. ibid.

258.

LES NOMBRILS EN TOUFFE, BAIS-GRIS.

(Synonimie des genres, n.° 25.)

*Fungus efculentus, ex uno pede multiplex,
pileolo defuper è fp diceo rufo, in medio
nonnihil umbilicato & villofo, infernè lamellis multifidis leucophæis, pediculo nonnihil
tumido, & fupernæ pileoli parti formâ concolore* Mich. p. 192.

259.

LA TOUFFE GRIS-BRUN, TIRE-BOURRE.

(Synonimie des genres, n.° 25.)

*Fungus parvus ex uno pede multiplex è grifeo
fubfufcus, pileolo hemifphærico, pediculo
cylindrico, fpiræ modo intorto, ac punctis
nigris notato* Micheli, p. 192.

260.

LA TOUFFE ÉTEIGNOIR, ROSE ET JAUNE.

(Synonimie des genres, n.° 25.)

*Fungus ex uno pede multiplex, pileolo conico,
infrà & suprà rofeo, vel carneo, pediculo
cylindrico, fiftulofo, luteo* Mich. p. 193,
tab. 78, fig. 3.

(Voyez n.°s 254, 315, 332, 349, 420.)

261.

LA TOUFFE ODORANTE, BAIE-BRUNE.

(Synonimie des genres, n.° 25.)

*Fungus efculentus, odoratus, ex uno pede
multiplex, fupernâ pileoli parte fpadiceâ,
infernè albâ, pediculo longo & ex obfcuro
fufco* Mich. p. 194.
a. *Agaricus dryadeus* Scopoli.

262.

LA TOUFFE BISE ET GRISE.

(Synonimie des genres, n.° 25.)

*Fungus cefpitofus duriufculus ; efculentus,
parvus, pileolo fupernâ parte obfcuro, infernè
grifeo, pediculo albo* Mich. p. 194.
Soderino & piazzajolo Italor.

263.

LA TOUFFE ANDROSACE.

(Synonimie des genres, n.° 25.)

*Fungus fimetarius parvus, cefpitofus, fugax,
pileolo fornicato, utrâque parte cinereo, defuper ftriato ac in medio pulchrè umbilicato,
fubtùs lamellis raris, ad tubum quemdam
coeuntibus eidemque junctis, cui inferitur
pediculus albus & fiftulofus* Mich. p. 195,
tab. 79, fig. 7.

264.

LA TOUFFE POURPRÉE.

(Synonimie des genres, n.° 2 5.)

Fungus cespitosus, dilutè purpureus, pileolo galericulato, à medio ad verticem crispo, reliquâ parte striato, pediculo tenuiore & altiore fistuloso.

Famiglia di funghi colore di principe Italor. Mich. p. 196.

265.

LA TOUFFE À COLLET, ROUSSE.

(Synonimie des genres, n.° 2 5.)

Fungus atro-rufescens, ex uno pede multiplex, esculentus, pileolo parvo, pediculo crassiore, cylindrico anulo perangusto cincto.

Famiglia di funghi rigagni Ital. Mich. p. 197; *& fungus parvus ex uno pede multiplex, ex rufo aureus, &c.* Ibid. n.° 2, tab. 80, fig. 6.

a. Polymyces pedunculo spirali Battar. tab. 11, fig. *A.*

266.

LA TOUFFE À COLLET, JAUNE.

(Synonimie des genres, n.° 2 5.)

Fungus esculentus, totus luteus, ex uno pede multiplex, pediculolongo, cylindrico, anulato Micheli, p. 197, n.° 1.

Fungi esculenti, lutei, &c. Ibid. n. 2, 3.

267.

LA TOUFFE À COLLET, GRISE ET BLANCHE.

(Synonimie des genres, n.° 2 5.)

Fungus esculentus, ex uno pede multiplex, pileolo desuper griseo, & veluti in squamas lacerato, lamellis albis, pediculo cylindrico concolore, anulo perangusto cincto Mich. p. 197.

268.

LA TOUFFE À COLLET, FAUVE ET BLANCHE.

(Synonimie des genres, n.° 2 5.)

Fungus minimus ex uno pede multiplex, pileolo & pediculo fulvis, lamellis albis Micheli, p. 197; *& fungus parvus, &c. pileolo mellino subtùs albo &c.* Ibid. ad finem.

269.

LA TOUFFE À COLLET, GRISE ET ROUGE.

(Synonimie des genres, n.° 2 5.)

Fungus esculentus ex uno pede multiplex, griseus, infernè sordidè & dilutè purpureus, pediculo albo, cylindrico & anulato Mich. p. 198.

Famiglia di pratajoli Italor. ibid.

270.

LES PEUPLIÈRES DE QUATRE COULEURS.

(Synonimie des genres, n.° 2 5.)

a. À feuillets étroits & à grand collet.

Fungus esculentus populeus, ex uno pede multiplex, pileolo corrugato vel potiùs lichenis pulmonariæ arboreæ instar, lamellis excavato, colore primùm obscuro, posteà fulvo & tandem in subalbidum flavescente, infernè lamellis lineam latis, candidi coloris, pediculo albo amplè anulato Mich. p. 198, n.° 1.

b. Id. à feuillets larges, à petit collet.

Id. *lamellis semi-unciam latis, pediculo albo, anulo perangusto cincto* Ibid. n.° 2.

Piopini & alberini Italor. ibid.

271.

FUNGOÏDE EN POMME.

(Synonimie des genres, n.° 9 5.)

a. Uni.

Fungoïdaster parvus, ex spadiceo rufescens, capitulo villoso, sphærico, pede fornicato. Fungis semi-putridis innascens, semine stellato Micheli, p. 200, tab. 82, fig. 1.

Fungo di fungo morto Italor.

b. À côtes ou rayé.

Fungoïdes globosum striatum, griseum, pediculo longo, albo, fistuloso Mich. p. 205, tab. 86, fig. 3.

272.

FUNGOÏDE EN DISQUE.

(Synonimie des genres, n.° 42.)

1. Blanc.

Fungoïdaster minimus discoïdes albus, semine ovato donatus, foliis vel lignis semi-putridis innascens Micheli, p. 201, n.° 3, tab. 82, fig. 3.
Funghini Italor.
Elvela 26 s. clavus Schaeff. tab. 279.

2. Brun ou noir.

Elvela sepulcralis Batsch, tab. 26, fig. 133.

3. Jaune.

Peziza sulphurea Batsch, tab. 27, fig. 146.
4. *Peziza hircedo* Batsch, tab. 27, fig. 149.
5. *Peziza carpini* Batsch, tab. 27, fig. 150.

273.

FUNGOÏDE EN FORME DE VERRE OU D'ENTONNOIR.

(Synonimie des genres, n.° 99.)

a. Simple.

1. *Fungoïdes infundibuli formâ grisenm, externè costis seu venis ramosis & invicem implexis munitum* Mich. p. 205, n.° 2.
2. *Peziza infundibulum* Batsch, tab. 27, fig. 147.
Peziza tenella Batsch, tab. 27, fig. 151.

b. En touffe.

Fungoïdes cespitosum, infundibuli formâ, fulvum, pediculo donatum Mich. ibid.

c. Id. à racine vivace.

Fungoïdes cespitosum, infundibuli formâ, fulvum, radice nigra tuberosâ perenni Ibid. n.° 5, tab. 86, fig. 10.

274.

FUNGOÏDE EN COUPE.

(Synonimie des genres, n.° 99.)

Fungoïdes pyxidatum, intùs coccineum, externè albidum, pediculo prorsùs albo Mich. p. 205, n.° 6, tab. 86, fig. 5.
(Voyez n.° 393.)

275.

FUNGOÏDE EN FORME DE LENTILLE.

(Synonimie des genres, n.° 3.)

a. À bords ciliés.

Fungoïdes coccineum, lentiforme, oris pilosis Micheli, p. 207, n.° 22, tab. 86, fig. 19.
Fungoïdes minimum, lentiforme, vix cavum, fusco-rubrum, externè hirsutum & obscurum Mich. ibid. n.° 26.

b. À bords unis.

1. *Peziza minima* Murray, Syst. veget. 14, p. 979.
2. *Peziza flava, sessilis, plana, orbiculata* Willdenow, p. 402, n.° 1175.

276.

CLAVAIRE EN FAMILLE.

(Synonimie des genres, n.° 41.)

Clavaria cespitosa major candida Micheli, p. 209, n.° 1, tab. 87, fig. 10.
Id. *lutea, vermiculata* Ibid. n.° 2, 3, 4, tab. 87, fig. 11, 12, 13.
Ditola & *canelli* Italor. ibid.

277.

VESSE-DE-LOUP À BOMBE.

(Synonimie des genres, n.° 68.)

Carpobolus aureus, vel. â albâ, fructu obscuro, seminibus subrotundis albicantibus Micheli, p. 221, tab. 101, fig. 1.
Lycoperdon carpobolus Linn. Spec. pl. 1654.

278.

CURETTE À FEUILLETS.

(Synonimie des genres, n.° 44.)

Fungus spadiceus arvensis Buxb. cent. IV, tab. 8, fig. 10.

279.

L'AGARIC À NERVURES.

(Synonimie des genres, n.° 80.)

Agarico-merulius albus, subtùs croceus Haller, Flora len. p. 367.

280.

LE VERT RAYÉ, COLLETÉ.

(Synonimie des genres, n.° 44.)

*Fungus viridis orâ striatâ, pediculo anulato
& lamellis albis* Haller, Flora Ien. p. 366.
An fungus non vescus VI Loësel, Fl. pruss. !
*Amanita pediculo anulato, pileo viridi, striato,
lamellis albis* Haller, Hist. n.° 2375.
*Agaricus pileolo pulvinato, in margine striato,
petiolo anulato ad radicem tuberoso* Gleditf.
Met. f. p. 105, n.° 13.

281.

LE TERREUX, TIGE NOIRE.

(Synonimie des genres, n.° 44.)

Fungus cinereus, lamellis terreis, pediculo nigro
Haller, Flora Ienenf. p. 367.

282.

LE BLEU VERT ET LILAS.

(Synonimie des genres, n.° 44.)

*Fungus ex cœruleo viridis, lamellis è cœruleo
roseis* Haller, Enumer. p. 51, n.° 83, &
Flora Ienenf. p. 369.

283.

L'AGARIC RÉSINE.

(Synonimie des genres, n.° 54.)

a. De consistance de suif.

Agaricus sebaceus undulatus, resinosus, flavus
Haller, Fl. Ienenf. p. 373.

b. De consistance de résine.

Agaricus crustaceus, resinosus, flavus Haller,
Flora Ienenf. p. 373.

284.

LE DENTÉ.

(Synonimie des genres, n. 44.)

*Agaricus (dentatus) stipitatus, pileo convexo,
lamellis basi mucrone dentatis* Linnæi,
Spec. pl. 1640.
Agaricus 148 s. psittacinus Schaeff. tab. 301.

285.

L'ÉTOILE POLAIRE.

(Synonimie des genres, n.° 44.)

*Agaricus (equestris) stipitatus, pileo pallido,
disco stellatim luteo, lamellis sulphureis*
Linn. Spec. plant. 1642, n.° 13.

286.

L'ENCRIER À BOURSE.

(Synonimie des genres, n.° 17.)

*Agaricus (separatus) stipitatus, pileo lævi,
livido, lamellis nigricantibus separatis, stipite bulboso volvato* Linn. Spec. pl. 1643.

287.

LE CHAMPIGNON CINQ-PART.

(Synonimie des genres, n.° 44.)

*Agaricus (quinque-partitus) stipitatus, pileo
subflavescente partito, lamellis albidioribus,
internè dentato connexis; & agaricus cau-
lescens, pileo cinereo, quinque-partito,
lamellis albis* Linn. Spec. plant. 1640,
n.° 2.

288.

L'AGARIC VELU DE LA CHINE.

(Synonimie des genres, n.° 18.)

*Boletus (favus) acaulis subpulvinatus scaber,
setis erectis ramosissimis, poris angulatis
patulis* Linn. Spec. pl. 1645.

289.

AGARIC SANGUIN, *ou* AGARIC
DE SURINAM.

(Synonimie des genres, n.° 18.)

*Boletus (sanguineus) acaulis submembrana-
ceus, ruber, poris tenuissimis* Linn. Sp. pl.
1646.
Polyporus sessilis, convexo-planus, miniatus
Haller, Hist. stirp. n.° 2285.
Boletus cinnabarinus Jacquin, Flora austr.
tab. 304.

290.

LA PETITE VESSE-DE-LOUP LAINEUSE OU À PLUMET.

(Synonimie des genres, n.° 4.)

Lycoperdon (radiatum) disco hemisphærico, radio colorato Linn. Spec. pl. 1654.

291.

LA PETITE VESSE-DE-LOUP DU TUSSILAGE.

(Synonimie des genres, n.° 4.)

Lycoperdon (epiphyllum) aggregatum parasiticum, ore multifido lacero, pulvere fulvo Linn. Spec. plant. 1655.

292.

AGARIC ROUGE ET BLANC.

(Synonimie des genres, n.° 18.)

Boletus subglobosus minimus, ungulam animalis exprimens, supernè sanguineus, infernè niveus, petiolo horyzontali breviffimo Gled. Meth. fung. p. 79, n.° 12, var. a.

293.

MORILLE EN COUPE.

(Synonimie des genres, n.° 96.)

Boletus caliciformis Battar. Hift. fung. arim. tab. 3, p. 25.

294.

MORILLE EN CAPUCHON.

(Synonimie des genres, n.° 96.)

Boletus pileolo monachi Battaræ, tab. 25, fig. *D.*

295.

MORILLE À PANS.

(Synonimie des genres, n.° 109.)

Boletus albus, pileolo complicato nigro Battar. p. 24, tab. 2, fig. 11.

296.

MORILLE PLATE OU EN ÉCU.

(Synonimie des genres, n.° 98.)

Fungus numifinatalis Battaræ, tab. 3, fig. 11.
(Voyez n.° 67.)

297.

LE CHAMPIGNON ENTÉ.

(Synonimie des genres, n.° 44.)

Fungus pedunculo inoculato Battaræ, p. 31, tab. 27, fig. *I. K.*

298.

LA TOUFFE PHOSPHORIQUE.

(Synonimie des genres, n.° 25.)

Polymyces phofphorus Battaræ, tab. 13, fig. *A. B;* & tab. 14, fig. *E.*

299.

AGARIC À TIGE, *ou* TRUELLE À RAMONEUR.

(Synonimie des genres, n.° 18.)

Agaricus dryofchæus Battar. tab. 36, fig. *A;* & *agaricus dactyloïdes* Ejufdem, ibid. fig. *C.*

An fungus arborum lignofus, feu *fungus non vefcus* XL Loëfel, Flora pruffica !

Boletus 29 f. deformis Schaeff. tab. 264.

Agaricus pfeudo-boletus, & *boletus rugofus* Jacq. Flora auftriaca, tab. 41 & 169.

Polyporus petiolo laterali, pileo cervino, poris cynnameis Haller, Hift. n.° 2293.

Boletus obliquatus Bulliard, cah. 2.

Boletus dimidiatus Thunberg, Flora japon. & Murray, Syft. veget. 14.

300.

PHALLUS À FEUILLETS.

(Synonimie des genres, n.° 38.)

Phalloidaftrum bononienfe, alpinum Baffii. Battar. tab. 40, fig. *A. B. C. D. E.*

301.

PHALLUS EN PILON.

(Synonimie des genres, n.° 38.)

Phallus exilis Marattæ. Battar. tab. 40, fig. *F.*

302.

CHAMPIGNON GLUTINEUX.

(Synonimie des genres, n.° 100.)

Fungus glutinosus f. fungoïdaster Ott.-Fred. Muller, Act. suec. vol. XXIII, ann. 1762.

303.

MORILLE GLUANTE.

(Synonimie des genres, n.° 9.)

Fungus Oeder, Flora dan. tom. III, tab. 540.

304.

VESSE-DE-LOUP NOIRE ET JAUNE.

(Synonimie des genres, n.° 4.)

Lycoperdon saccatum nigerrimum, pulpâ flavâ, cellulis fimbriatis Haller, Histor. stirp. n.° 2176.

305.

LA FRAISE DES ARBRES.

(Synonimie des genres, n.° 48.)

1. *Sphæria rubra, fragi similis* Haller, Hist. stirp. n.° 2190.
2. *Sphæria mori* Weigel, tab. 2, fig. 11.

(Voyez n.ᵒˢ 362, 363.)

306.

AGARICS PLAQUÉS, POURPRE, ET BLANC.

(Synonimie des genres, n.° 18.)

Polyporus crustaceus, purpureus Haller, Hist. n.° 2274.

a. Polyporus crustaceus, albissimus, poris maximis Haller, Hist. n.° 2275.

307.

POLYPORE EN FAMILLE, À PIED NOIR.

(Synonimie des genres, n.° 58.)

Polyporus petiolatus, cespitosus, ramosus, lobatus, spadiceus, infernè albidus Haller, Hist. n.° 2297.

308.

CEPE GRIS ET VIOLET.

(Synonimie des genres, n.° 57.)

Polyporus carne secedente petiolatus, pileolo albido, poris violaceis Haller, Hist. n.° 2306.

309.

CEPE ROSE ET ROUX.

(Synonimie des genres, n.° 57.)

Polyporus carne secedente petiolatus, roseus, infernè flavus Haller, Hist. stirp. n.° 2213.

310.

L'ÉPINE BRUNE, LAITEUSE.

(Synonimie des genres, n.° 37.)

Echinus petiolatus, pileolo hemisphærico aculeis ovatis Haller, ibid. n.° 2323.

311.

ÉPINE EN GELÉE.

(Synonimie des genres, n.° 37.)

Echinus crystallinus, petiolo crasso, pustulato Haller, ibid. n.° 2322.

312.

GIROLLE VIOLETTE.

(Synonimie des genres, n.° 43.)

Merulius violaceus Haller, Hist. n.° 2327.

313.

LE PETIT COLLET TUBERCULEUX.

(Synonimie des genres, n.° 44.)

Amanita petiolo gracili, anulato, pileolo convexo, tuberculoso, cervino, lamellis albis Haller, Hist. n.° 2364.

314.

314.

LES FARINIERS À COLLET.
(Synonimie des genres, n.° 44.)

Amanita petiolo crassissimo, anulato, spadiceo laminis albis, præcrassis; & amanita petiolo bulboso anulato, pileolo convexo, spadiceo Haller, Hist. n. 2365 & 2366.

(Voyez n.° 206.)

315.

LES CERVIERS NUS, SOLITAIRES.
(Synonimie des genres, n.° 44.)

Amanita cervinus, pileo pulvinato, oris adtractis; & amanitæ Haller, Hist. n. 2404—2409.

316.

LES CERVIERS EN FAMILLE.
(Synonimie des genres, n.° 25.)

Amanita fasciculatus, pileolo cervino, conico, undique concolor Haller, ibid. n.° 2410.

317.

LE COLLET CERVIER.
(Synonimie des genres, n.° 44.)

Amanita anulatus, cervinus, pediculo supernè albo Haller, ibid. n.° 2413.

318.

LE VERT DES ORTIES.
(Synonimie des genres, n.° 44.)

a. À feuillets olivâtres.
Amanita totus viridis Haller, Hist. n.° 2460.

b. À feuillets roux.
Fungus nostras virescens & virosus, lamellis rufescentibus Cimel. reg. Parif.

319.

LE CHAMPIGNON MULTIFORME.
(Synonimie des genres, n.° 44.)

Agaricus multiformis n.° 14, Schaeff. tab. 14.
Agaricus terreus, luridus, albellus, olivaceus, xerampelinus, f. n.°s 57, 61, 69, 93, 103. Schaeffer, tab. 64, 69, 78, 204, 214, 215.

Tome I.

320.

LA MAMELLE PELUCHÉE ET TIGRÉE.
(Synonimie des genres, n.° 44.)

Agaricus granulatus n.° 19 Schaeff. tab. 21.
Id. *Agaricus aurantius, striatus, feu agaricus 32, 33,* tab. 37, 38.
a. Espèces analogues, ou les mêmes.
1. Agaricus incertus Schaeff. tab. 62.
Agaricus impuber Batsch, tab. 23, fig. 116.
2. Agaricus filamentosus Schaeff. tab. 209.
3. Agaricus cæsareus Schaeff. tab. 247.

321.

COULEMELLE DES ARBRES.
(Synonimie des genres, n.° 44.)

Agaricus squammosus f. agaricus 25 Schaeff. tab. 29, 30.

322.

LES ENTONNOIRS GLUTINEUX.
(Synonimie des genres, n.° 44.)

a. Brun.
Agaricus glutinosus feu agaricus 31 Schaeff. tab. 36, tom. I.

b. Blanc.
Agaricus nitens feu agaricus 126 Schaeff. tab. 238, tom. III.

323.

LE CANELLE PIQUÉ.
(Synonimie des genres, n.° 44.)

Agaricus punctatus f. agar. 35 Schaeffer, tab. 40.
Id. *Agaricus aureus f. agar. 36* Ejusd. tab. 41.
(Voyez n.° 380.)

324.

L'AGARIC ÉVENTAIL, FEUILLETÉ.
(Synonimie des genres, n.° 44.)

Agaricus 38 f. flabelliformis Schaeff. tab. 43, 44.
Fungus nostras exiguus multiplex rufescens, veluti flabelliformis Cimel. reg. Parif.

325.

LE BLANCHET.

(Synonimie des genres, n.° 44.)

Agaricus 43 feu pallidus Schaeff. tab. 50.
Agaricus virgineus Batfch, tab. 3, fig. 12.

326.

LES TIGRÉS SEULS OU EN FAMILLE.

(Synonimie des genres, n.°ˢ 25, 44.)

a. Secs.

1. À chair blanche.

Agaricus 54, 55, 71 f. *flocofus, incertus & pilofus* Schaeff. tab. 61, 62, 80.
Agaricus flammeus & ag. fquarrofus Batfch, tom. I, p. 85, tab. 7, fig. 30.

2. À chair jaune.

Agaricus aurivellus Batfch, tab. 22, fig. 115.

b. À furface onctueufe.

1. flammés.

Agaricus fquarrofus Batfch, tab. 8, fig. 31, *pro fequenti.*
Agaricus adipofus Ejufd. tab. 22, fig. 113.

2. Couleur de foufre à chair jaune.

Agaricus imbricatus Batfch, tab. 22, fig. 114.

327.

TÊTE NOIRE À FEUILLETS.

(Synonimie des genres, n.° 44.)

Agaricus 63 f. *lateralis* Schaeff. tab. 71, 72.
Agaricus 72 f. *armeniacus, & agar. 139,* feu *truncatus* Schaeff. tab. 81, 251.
Agaricus involutus Batfch, tab. 13, fig. 61.

a. Efpèce très-analogue.

Agaricus fubannulatus Batfch, tab. 16, fig. 75.

328.

LE GÉANT.

(Synonimie des genres, n.° 44.)

Agaricus giganteus feu *75* Schaeff. tab. 84.
Agaricus vellus Batfch, Elench. fungor. tom. I, p. 49.

329.

L'ORONGE PLOMBÉE.

(Synonimie des genres, n.° 6.)

Agaricus plumbeus n.° 76, Schaeff. tab. 85, 86.
Agaricus hyalinus, n.° *132,* & *agar. badius* Ejufd. n.° 133, tab. 244, 245.

330.

L'ORONGE POCHÉE.

(Synonimie des genres, n.° 6.)

Agaricus bombycinus n.° *87* Schaeff. tab. 98.

331.

LE CHAMPIGNON TROMPETTE.

(Synonimie des genres, n.° 44.)

Agaricus tubæformis n.° *136, 137* Schaeff. tab. 248, 249.

332.

LA TOUFFE DE CHAIR DE BAVIÈRE.

(Synonimie des genres, n.° 25.)

Agaricus aggregatus n.° *54* Schaeff. tab. 305, 306.
Agaricus carneo-tomentofus Batfch, tab. 8, fig. 33.

333.

LA FIGUE GIROLLE.

(Synonimie des genres, n.° 43.)

a. À nervures.

Agaricus clavæformis n.° *53* Schaeff. tab. 307.

b. Unie.

Elvela carnea n.° *16* Ejufd. tab. 164.
Clavaria elveloides Jacq. Mifc. II, tab. 12, fig. 3, pag. 99.

334.

LA TOUFFE TABAC D'ESPAGNE.

(Synonimie des genres, n.° 25.)

Agaricus anonymus Schaeff. tom. II.

335.

COLOMBETTES DE SCHAEFFER.

(Synonimie des genres, n.° 44.)
Agaricus candidus f. 1 1 3 Schaeff. tab. 225.

336.

ORONGE POMELÉE DE SCHAEFFER.

(Synonimie des genres, n.° 6.)
Agaricus cæfareus, n.° 145, Schaeffer, tab. 258.

337.

CEPE TREILLAGEUR, *ou* CEPE FEUILLE MORTE ET JAUNE.

(Synonimie des genres, n.° 57.)
Boletus 7.°' f. reticulatus Schaeff. tab. 108.

338.

L'ÉPINEUX TOURNANT, *ou* ÉPINEUX GIROLLE.

(Synonimie des genres, n.° 37.)
Hydnum 9.°° feu ftriatum Schaeffer, tab. 271.

339.

MORILLE EN SABOT.

(Synonimie des genres, n.° 3.)
Elvela 2.ª feu clavata Schaeff. tab. 149.

340.

MORILLE À PILIERS.

(Synonimie des genres, n.° 75.)
Elvela 6.ª f. inflata Schaeff. tab. 153.
Phallus acaulis convexus glaber, &c. Batfch, El. fung. tom. I. pag. 129, 1.
Peçiça rhizophora Willdenow, p. 402.
Octofpora rhizophora Hedwig, tab. V.

341.

MORILLE EN OREILLE DE LIÈVRE OU DE COCHON.

(Synonimie des genres, n.°' 44, 75.)
Elvela 9.ª f. auricula Schaeff. tab. 156.

342.

L'ORONGE EN GELÉE.

(Synonimie des genres, n.° 6.)
Agaricus limacinus Scopoli, Flor. Carniol. II, n.° 1471.

343.

LE CHAMPIGNON ROUILLE DE FER.

(Synonimie des genres, n.° 44.)
Agaricus ferrugineus Scopol. ibid. n.° 1473.
An agaricus Rudolphii Batfc. tab. VI, fig. 23!

344.

LE CHAMPIGNON AILÉ.

(Synonimie des genres, n.° 44.)
Agaricus elythrioïdes Scopoli ibid. n.° 1476.

345.

LE PETIT PYRAMIDAL NOIR.

(Synonimie des genres, n.° 44.)
Agaricus pyramidalis Scopol. ibid. n.° 1495.
Agaricus fuliginarius Batich, tab. 9, fig. 40.

346.

LE JAUNE À COLLET ROUGE.

(Synonimie des genres, n.° 44.)
Agaricus leccinus Scopoli, ibid. n.° 1498.

347.

LE CHAMPIGNON ROSÉ.

(Synonimie des genres, n.° 44.)
Agaricus rofeus Scopoli, n.° 1505, & Bulliard cah. 41.

a. Id. à tige blanche.

Agaricus rubellus Scopoli, n.° 1532.

348.

LE TIGRÉ DE BLEU.

(Synonimie des genres , n.' 44.)

Agaricus amethiſtinus Scopol. n.° 1506.

349.

LA TOUFFE HÉRISSÉE, ROUGE.

(Synonimie des genres , n.' 25.)

Agaricus hiſpidus Scopol. n.° 1531.

350.

L'ENTONNOIR ROUGE.

(Synonimie des genres , n.' 44.)

Agaricus inverſus Scopol. n.°. 1534.

351.

LE QUATRE COULEURS.

(Synonimie des genres , n.' 44.)

Agaricus quadricolor Scopol. n.° 1539.

352.

L'ÉCAILLEUX JAUNE ET VERT.

(Synonimie des genres , n.' 44.)

Agaricus cruſtatus Scop. n.° 1540.

353.

LE BLEU ET BRUN.

(Synonimie des genres , n.' 44.)

Agaricus acuminatus Scopoli, n.° 1542.

354.

LE PUDIBOND OU ROUGISSANT.

(Synonimie des genres , n.' 44.)

Agaricus pudibundus Scopol. n.° 1555.
An agaricus conicus Picco, ſoc. roy. méd. tom. III !

355.

LE TITHYMALEUX.

(Synonimie des genres , n.' 19.)

Agaricus tithymalinus Scopol. n.° 1556.

356.

LE CHAMPIGNON GINGEMBRE.

(Synonimie des genres , n.° 44.)

Agaricus zinziberatus Scop. n.° 1563.

357.

LE GRIS À BANDE ROUSSE.

(Synonimie des genres , n.' 44.)

Agaricus faſciatus Scop. n.° 1567.

358.

LE CANELLE PLUCHÉ.

(Synonimie des genres , n.' 44.)

Agaricus rubeſcens Scop. n.° 1572.

359.

GIROLLE AGARIC À BRANCHES.

(Synonimie des genres , n.° 43.)

Merulius ramoſus coriaceus Scop. p. 462.

360.

L'ÉPINEUX À LAVANDE.

(Synon. des genres , n.° 37.)

Hydnum ſuaveolens Scop. n.° 1600.

361.

LE MUCOR SERPENTIN.

(Synonimie des genres , n.' 62.)

Mucor ſerpula Scop. n.° 1639, tab. 65.

Eſpéce analogue.

Mucor decumanus Pallas iter Ruſſ. tab. *G*, fig. I, app.

362.

LA CROUTE À CHARBON.
(Synonimie des genres, n.° 48.)

Sphæria rugosa Weigel. Obferv. Botanicæ, tab. 2, fig. 12.

363.

LA CROUTE GLANDÉE.
(Synonimie des genres, n.° 48.)

Sphæria carchariæ Weigel. tab. 3, fig. 6.
An tibulifera arachnoïdea Jacq. Mifcell. I, p. 144, tab. 15!

364.

L'ORONGE ÉCAILLEUSE.
(Synonimie des genres, n.° 6.)

Agaricus fquarrofus, pileo conico ftipiteque luteis, fquammis fubimbricatis, reflexis, fufcis, ftipite folido volvato Weigel. n.° 34, pag. 40.

365.

L'AGARIC À COQUILLES.
(Synonimie des genres, n.° 53.)

Agaricus oftreatus Jacquin, Flor. Auftriaca, tom. II, tab. 104.

366.

LE CIRIER JAUNE.
(Synonimie des genres, n.° 44.)

Agaricus ceraceus Jacq. Mifc. II, tab. 15, fig. 2, p. 105.
Id. Murray, Syft. veg. 14, p. 975.

367.

LE GRAND MOUSSERON GRIS.
(Synonimie des genres, n.° 44.)

Agaricus mufcoïdes Jacq. Mifc. II, tab. 16, fig. 1, p. 109, & Murray Syft. veg. 14, pag. 976.

368.

L'AGARIC À BANDES, PLEUREUX.
(Synonimie des genres, n.° 18.)

Boletus lacrymans Jacq. Mifc. Auftr. II, tab. 8, fig. 2, p. 111.
Id. Murray, Syft. veg. 14.

369.

CLAVAIRE CORNUE.
(Synonimie des genres, n.° 11, 23.)

Clavaria cornita Jacq. Mifc. II, tab. 14, fig. 2, p. 98.
Id. Murray, Syft. veget. 14.

370.

CLAVAIRE À CRÊTES.
(Synonimie des genres, n.° 11.)

Clavaria crifpa Jacq. Mifc. II, tab. 14, fig. 1, p. 100.
Id. Murray, Syft. veget. 14.
Agaricus niveus, brafficam crifpam referens Plum. Traité des Foug. pl. 168, fig. *H.*

371.

LA SOUCOUPE À SEGMENS.
(Synonimie des genres, n.° 3.)

Peziza coronaria Jacq. Mifc. I, tab. 10, p. 140.
Id. Murray, Syft. veg. 14, p. 980.
Peziza lacera Willden. Fl. Berol. tab. VII, fig. 16.

372.

LYCOPERDON À BRANCHES.
(Synonimie des genres, n.° 4.)

Lycoperdon ramofum Jacq. Fl. Auftr. tom. III, tab. 224.
Id. Murray, Syft. veg. 14, p. 982.

373.

LYCOPERDON DU POIRIER.
(Synonimie des genres, n.° 4.)

Lycoperdon cancellatum Jacq. Flor. Auftr. tom. I, tab. 17.
Id. Murray, Syft. veget. 14, p. 981.

374.

LE PHALLUS PENTAGONE.

(Synonimie des genres, n.° 38.)

Phallus mokusin Murray, Syſt. veget. 14,
pag. 978.

375.

LE PARASOL D'IÈNE.

(Synonimie des genres, n.° 44.)

Agaricus umbraculum Batſch, Elench. fung.
tab. II, fig. 4.

376.

LES ENCRIERS SECS.

(Synonimie des genres, n.° 44.)

1. *Agaricus arbonarius* Batſch, El. fungor.
tab. 2, fig. 6, & tab. 18, fig. 95.
2. *Agaricus ſubatratus* Batſch, tab. fig. 89.

377.

MOUSSERON BLANC DE LAIT.

(Synonimie des genres, n.° 44.)

Agaricus barbatus Batſch, tab. 3, fig. 11.

378.

L'ORONGE IMPÉRIALE.

(Synonimie des genres, n.° 6.)

Agaricus imperialis Batſch, El. fung. tom. I,
p. 59, n.° 55.
Agaricus ſolitarius Bulliard, cahier 12.

379.

LE CHAMPIGNON HÉPATIQUE.

(Synonimie des genres, n.° 44.)

*Agaricus hepaticus, ſpadiceus, ochraceus,
& mollis* Batſch, Elench. fung. tab. 4,
fig. 14, 15, 16, 17.

380.

LE CANELLE À GRAINS.

(Synonimie des genres, n.° 44.)

Agaricus granuloſus Batſch, tab. 6, fig. 24.
(Voyez n.° 323.)

381.

LA SOURIS GRISE.

(Synonimie des genres, n.° 44.)

*Agaricus fuliginatus, & agaricus atroſqua-
moſus* Batſch, tab. 6, fig. 26, 27.

382.

LE GRAND CHAPEAU, TERRE D'OMBRE.

(Synonimie des genres, n.° 44.)

Agaricus atrotomentoſus Batſch, tab. 8,
fig. 32.

383.

GIROLLE PRUINÉE.

(Synonimie des genres, n.° 43.)

Agaricus pruinatus Batſch, tab. 9, fig. 35.

384.

GIROLLE AURORE.

(Synonimie des genres, n.° 43.)

Agaricus aurora Batſch, tab. 9, fig. 36.

385.

LE MOUSSERON DE NEIGE.

(Synonimie des genres, n.° 44.)

Agaricus nivoſus Batſch, tab. 14, fig. 64.

386.

LE MOUSSERON DE NEIGE, PIQUÉ.

(Synonimie des genres, n.° 44.)

Agaricus nimbatus Batſch, tab. 14, fig. 65.

387.

LE PETIT MOUSSERON TIGE NOIRE.

(Synonimie des genres, n.° 44.)

Agaricus puſillus Batſch, tab. 14, fig. 66.

388.

LE CHAMPIGNON PUNAISE.
(Synonimie des genres, n.° 44.)
Agaricus cimicarius, Batfch, tab. 15, fig. 69.

389.

LE SAFRANÉ TUBÉREUX.
(Synonimie des genres, n.° 44.)
Agaricus defoffus Batfch, tab. 15, fig. 73.

390.

LE CHAMPIGNON CHEVELU.
(Synonimie des genres, n.° 44.)
Agaricus atricapillus Batfch, tab. 16, fig. 76.

391.

LES GLANDÉS ARDOISIERS.
(Synonimie des genres, n.° 44.)
1. *Agaricus equophallus* Batfch, tab. 17, fig. 85.
2. *Agaricus glandiferus* Batfch, tab. 18, fig. 86.
3. *Agaricus atrocyaneus* Batfch, tab. 18, fig. 87.

392.

LE DORÉ PLUCHÉ.
(Synonimie des genres, n.° 44.)
Agaricus flavofloccofus Batfc. tab. 19, fig. 97.

393.

LE PETIT FEUILLE MORTE.
(Synonimie des genres, n.° 44.)
Agaricus obfolefcens Batfc. tab. 20, fig. 102, 103.

394.

LE PETIT NEIGÉ.
(Synonimie des genres, n.° 44.)
Agaricus candidus Batfch, tab. 20, fig. 106.

395.

LE SPHINX.
(Synonimie des genres, n.° 44.)
Agaricus fphinx Batfch, tab. 22, fig. 112.

396.

LE PETIT NEPTUNE.
(Synonimie des genres, n.° 44.)
Agaricus alutaceus, & *agaricus neptuneus* Batfch, tab. 23, fig. 118, 119.

397.

CHAMPIGNON UNI.
(Synonimie des genres, n.° 42.)
a. Couleur d'or.
Elvela cucullata Batfch, tab. 26, fig. 132.
b. Jaune onctueux.
Elvela unctuofa Batfch, tab. 26, fig. 134.

398.

LA TOUFFE BRANCHUE.
(Synonimie des genres, n. 25.)
Agaricus ramofus Bulliard, Herb. de la f. cah. 26.

399.

MOUSSERON GODAILLE.
(Synonimie des genres, n.° 44.)
Agaricus pfeudo-moufferon Bulliard, cah. 36.

400.

LE RACINIER.
(Synonimie des genres, n.° 44.)
Agaricus radicofus Bulliard, cahier 40.

401.

LE BLUET DORÉ.
(Synonimie des genres, n.° 44.)
a. À feuillets roux.
Agaricus cyaneus Bulliard, cahier 43.

b. À feuillets bleus.

Fungus italicus cœruleus, pileolo pronâ parte aureo, cum lamellis cœruleis Cimel. reg. Parif.

402.

VESSE-DE-LOUP ARDOISE.
(Synonimie des genres, n.° 4.)
Lycoperdon ardofiacum Bulliard, cah. 48.

403.

LE FONGOÏDE À NERVURES.
(Synonimie des genres, n.° 43.)
Agaricus cornicopioïdes Bulliard, cah. 52.

404.

LE GÉANT BLANC.
(Synonimie des genres, n.° 44.)

Agaricus (giganteus) ſtipitatus, pileo maximo, albo, in medio depreſſo, umbonato, ſtipite breviſſimo Leyſſer. Flor. Hall. 1203.
Agaricus giganteus Willdenow, Flor. Berol. p. 383.

405.

LE DISQUE DU SOLEIL, POREUX.
(Synonimie des genres, n.° 57.)

Fungus italicus, poroſus, ſubcinereus, geminâ faſciâ diſtinctus Cimel. reg. Parif.

406.

LE CEPE COULEUVRE.
(Synonimie des genres, n.° 57.)
Fungus italicus, poroſus, dracunculoïdes Cimel. reg. Parif.

407.

CEPES AURORE ET POURPRE.
a. Aurore.
Fungus italicus poroſus, ex luteo & rubro variegatus Cimel. reg. Parif.

b. Pourpre ou rouge éclatant.
1. *Fungus italicus purpureus, craſſus & molliter convexus* Cimel. reg. Parif.
2. *Fungus italicus ruber & poroſus* ibid.

408.

CEPE BLEU, JAUNE ET ROUX.
(Synonimie des genres, n.° 57.)

Fungus pediculo pyriforme, rufeſcente, pileolo ſemigloboſo, pronâ parte flaveſcens, ſupinâ verò cœruleſcente Cimel. reg. Parif.

409.

MORILLE PLATE ET RUBANIÈRE.
(Synonimie des genres, n.° 109.)

Fungus italicus pileolo laciniato, plano, faſciis undulatis purpureis & fuſcis diſtincto Cimel. reg. Parif.

410.

L'ORONGE POURPRE.
(Synonimie des genres, n.° 6.)

Fungus italicus phalloïdes purpureus, pileolo patulo & veluti mammoſo Cimel. reg. Parif.

411.

ORONGE JAUNE À RUBAN ROUGE.
(Synonimie des genres, n.° 12.)

Fungus italicus, pediculo faſciâ rubrâ notato, pileolo ſemigloboſo flaveſcente maculato Cimel. reg. Parif.

412.

ORONGE POURPRE ET ROUSSE.
(Synonimie des genres, n.° 6.)

Fungus phalloïdes annulatus, pileolo patulo, purpuraſcente, lamellis rufeſcentibus Cimel. reg. Parif.

413.

ORONGE À BOUTONS SOYEUX.
(Synonimie des genres, n.° 6.)

Fungus phalloïdes noſtras ſubcinereus, aculeatus, globulis ſericeis aſperſus Cimel. reg. Parif.

414.

414.

LA MAMELLE VERTE ET ROUGE.

(Synonimie des genres, n.° 113.)

Fungus italicus, pediculo brevi & crasso, pileolo magno patulo, punctis viridibus distincto, lamellis rubicundissimis Cimel. reg. Parif.

415.

LA TOUFFE ROUGE ET BRUNE.

(Synonimie des genres, n.° 25.)

Fungus italicus multiplex ruber, lamellis fuscis Cimel. reg. Parif.

416.

GIROLLE FEUILLETÉE POURPRE.

(Synonimie des genres, n.° 44.)

a. À bandes.

Fungus italicus purpureus, umbilicatus & fasciatus Cimel. reg. Parif.

b. Sans bandes.

Fungus italicus infundibuli formâ, ex rubro & luteo distinctus, ibid.

417.

LES MAMELLES POURPRES ET BLANCHES.

(Synonimie des genres, n.° 113.)

1. Fungus italicus purpurasceus mammosus Cimel. reg.

2. Fungus italicus minor purpureus, pileolo acuminato, ibid.

418.

LE PETIT CHAPEAU À TRUFFE.

(Synonimie des genres, n.° 44.)

Fungus italicus albidus, pediculo longo, pileolo orbiculari, radice tuberosâ Cimel. reg. Parif.

Tome I.

419.

TOUFFE À COLLET, VERTE ET BRUNE.

(Synonimie des genres, n.° 25.)

Fungus multiplex pileolo annulato, virescente, lituris purpureis aspersâ, pileo maximo concolore, lamellis fuscis Cimel. reg. Parif.

420.

TOUFFE ROSE ET JAUNE ANGULEUSE.

(Synonimie des genres, n.° 25.)

Fungus multiplex, pediculis fuscis, in pileolum rubrum & angulatum abeuntibus Cimel. reg. Parif.

421.

LE TIGRÉ JAUNE ET SAFRAN.

(Synonimie des genres, n.° 44.)

Fungus luteus, maculis croceis notatus, pileolo lato & rotundo Cimel. reg. Parif.

422.

LE CHAMPIGNON DIDYME.

(Synonimie des genres, n.° 44.)

Fungus nostras, pediculo brevi in pileolum dydimum abeunte Cimel. reg. Parif.

423.

LE CHAMPIGNON TRIANGLE.

(Synonimie des genres, n.° 44.)

a. À tige longue & pourpre.

Fungus pediculo purpurascente, pileolo rufescente trigono Cimel. reg. Parif.

b. À tige en crochet.

Fungus nostras, pileolo triquetro, nigricante, pronâ parte obscurè ianthino Cimel. reg. Parif.

F f f f

424.

LE COLLET POURPRE HYDROPHORE.

(Synonimie des genres, n.° 44.)

Fungus exiguus, pediculo anulato & pileolo purpurascentibus Cimel. reg. Parif.

425.

LA TOUFFE EN OIGNON.

(Synonimie des genres, n.° 25.)

Fungus multiplex, pediculis cepæ ad inftar tumentibus, pileo femiglobofo, cineraceo, lamellis luteis Cimel. reg. Parif.

426.

LE PETIT PAPILLÉ.

(Synonimie des genres, n.° 44.)

Agaricus papillatus Rouffel, Cimel. reg. Parif.

427.

MORILLE EN OREILLE D'HOMME.

(Synonimie des genres, n.° 113.)

Elvela aurita Rouffel, Cimel. reg. Parif.

428.

FUNGOÏDE À TÊTE DE MAURE.

(Synonimie des genres, n.° 113.)

1. *Elvela Paviæ* Rouffel, Cimel. reg. Parif.
2. *Elvela fufca* Ejufd. ibid.

429.

PEAU DE MORILLE LICHEN.

Tremella (lichenoïdes) frondibus erectis planis, margine crifpo lacinulato Linn. Sp. pl.

(Voyez n.° 8. e. f.)

ADDITION.

Page 547, n.° 83, après *lycoperdon variolofum*, ajoutez
4. Charbon des blés, ou cloque.
Lycoperdon triticeum.
An carbunculus Plinii ?

FIN DE LA SYNONIMIE.

TABLE
DES NOMS LATINS.

[Le chiffre indique la page.]

Ffff ij

Agaricus extinctorius Linn. 364, 568.
——falsus Sterb. 165, 543.
——furinaceus Hudf. Willd. 562.
——fafciatus Scop. 438, 584.
——fastigiatus Schaeff. 423, 560.
——ferruginatus Batsch, 563.
——ferrugineus Scop. 431, 583.
——fibrillosus Batsch, 468.
——filamentosus Schaeff. 417, 425, 581.
——fimetarius Linn. 364, 538.
——flabelli effigie Battar. 531.
——flabelliformis Schaeff. 415, 468, 536, 581.
——flammeus Scop. 435, Batsch, 582.
——flavus Schaeff. 426.
——flavofloccosus Batsch, 464, 587.
——floccosus Schaeff. 415, 468, 582.
——sturstedticus Batsch, 556.
——fragilis Linn. 364, 563, Schaeff. 426.
——fugaces Batsch, 455, 510, n.° 17.
——fugax Schaeff. 423, 468, 538.
——fuliginarius Batsch, 583.
——fuliginatus Batsch, 461, 586.
——fungites Batsch 468, 561.
——furnus Batsch, 468.
——fufcefcens Schaeff. 423, 554.
——fufcus Schaeff. 468.
————fericeus Vaill. 253.
——fufiformis Batsch, 468, 560 bis.
——galericulatus Schaeff. 563.
——gallinaceus Scop. 433.
——gelatinofus membranaceus, &c. Fabric. 354.
——Georgii Linn. 364, 526.
——giganteus Schaeff. 415, 468. 582, Willd. 477, 588, Leysser, 588.
——gilvus Schaeff. 422, 468, 559.
——glandiferus Batsch, 463, 587.
——glaucopus Schaeff. 422, 559.
——glaucus Batsch, 557.
——glutinofus Schaeff. 414, 381. Batsch, 560 ter.
——granulatus Schaeff. 414, 425, 581.
——granulofus Batsch, 461, 586.
——grifeus Schaeff. 426, 468. Batsch, 554.
——grumatus Scop. 433, 561.
——guttatus Schaeff. 564.
——hariolorum Bulliard, 563.
——helvolus Schaeff. 468.
——hepaticus Batsch, 460, 468, 586.
——hirfutus Schaeff. 468, 536.
————nigricans lamellis luteis Buxb. 350.
——hifpidus Scop. 435, 584, Batsch, 563.
——hyacinthus Batsch, 560.
——hyalinus Schaeff. 582.
——hypni Batsch, 464, 554.
——jacobinus Scop. 435, 569.
——ianthinus Scop. 234, 571. Batsch, 461, 562.

Agaricus ichoratus Batsch, 522.
——ictericus Scop. 572.
——ienenfis Batsch, 529.
——imbricatus Batsch, 382.
————hirfutus, lamellis vid. Buxb. 350, 556.
——————nigricans, &c. Buxb. 557.
————laciniatus major Buxb. 536.
——imperialis Batsch, 460, 586.
——impuber Batsch, 581.
——incertus Schaeff. 425, 582.
——inanis Scopoli, 561.
——inclufus Scop. 431, 555.
——incurvus Schaeff. 415, 468, 521.
——infundibuliformis Schaeff. 537.
——integer Linn. 364, 527.
——intybaceus Tournef. 522.
——inverfus Scop. 436, 584.
——involutus Batsch, 582.
——laccatus Scop. 435, 539. Schaeff. 562.
——lacer Schaeff. 468.
——laceratus Scop. 435, 552.
——lacrymalis Batsch, 460, 563.
——lacteus Scop. 438, 556. Pallas, 488.
——lactifluus Linn. 364, 522. Sch. 521.
——lamellatus major pectunculi formâ Dillen. 556.
——————minimus albus Buxb. 350.
——laricis C. Bauh. 517
——lateralis Schaeff. 414, 425, 468, 582. Hudfon, & Willd. 476, 557.
——lateritius Schaeff. 529, 530.
——leccinus Scop. 433, 583.
——leoninus Schaeffer, 555.
——leucophaeus Scop. 431.
——libertatis Batsch, 462, 563.
——lignorum Schaeff. 423, 554.
——limacinus Scop. 431, 583.
——livefcens Batsch, 527.
——longipes Scopoli, 436, 561.
——longus Rouff. 562.
——lubricus Scop. 436, 560 ter.
——luridus Schaeff. 424, 468, 581. Batsch, 538.
——luteolus Batsch, 521.
——luteus clypeiformis, &c. Plum. 211.
——macrourus Scop. 555, 560 ter.
——maculatus Schaeff. 534.
——mammofus Linn. 346, 364, 538.
——mappa Batsch, & Willden. 468, 534.
——margaritaceus Schaeff. 424.
——mefentericus Batsch, 468.
——mitella Batsch, 468, 538. Willden. 538,
——mollis Batsch, 460, 586. Schaeff. 556.
——monftrofus Schaeff. 424.
——mucor Batsch, 551.

Agaricus magnatus Scopoli, 568.
——*multifidus* Batsch, 465, 556.
—————*& villosus* Tournef. 540.
——*multiformis* Schaeff. 413, 424, 468, 581.
——*multiplex porosus* Dillen. 552.
——*murinus* Batsch, 555.
——*muscarius* Linn. 364, 523. Scop. 439, 523. Schaeff. 523. Pallas, 486.
——*muscoides* Jacq. 445, 585.
——*mutabilis* Schaeff. 413.
——*narcoticus* Batsch, 554.
——*neptureus* Batsch, 465, 587.
——*nigerrimus instar corii hisp. &c.* Dill. 223.
——*nimbatus* Batsch, 462, 586.
——*nitens* Schaeff. 581.
——*niveus* Jacq. 443, 556.
—————*brassicam crispam referens* Pl. 211, 557, 585.
——*nivosus* Batsch, 462, 586.
——*nycthemerus* Pallas, 488, 562.
——*obliqui* Batsch, 456, 515, n.° 120.
——*obscurus* Schaeff. 425.
——*obsolescens* Batsch, 464, 587.
——*ochraceus* Schaeff. 426. Jacq. 445, 556. Batsch, 460, 586. Willdenow & Murray 556.
——*ochroleucus* Schaeff. 422, 559.
——*officinali similis ad quercus* Dillen. 223, 543.
——*olivaceus* Schaeff. 424, 468, 581.
——*ostreatus* Jacq. 444, 585.
——*ovatus* Schaeff. 424, 468, 538.
——*pallescens* Schaeff. 554.
——*pallidus* Schaeff. 415, 468, 582.
——*pallor* Batsch, 571.
——*papillatus* Rouss. 496, 590, Batsch, 538.
——*parvus lamellatus croceus &c.* Raii 196.
——————*pectunculi formâ* Raij 556.
——*patella* Batsch, 468.
——*pectinatus* Willden. Huds. 529.
——*pedis equini facie* Tournef. 528.
——*pelitus* Batsch, 518.
——*pileatus* Batsch, 462, 563.
——*pileo conico* Pico, 480, 574.
——*pileolo pulvinato, &c.* Gleditsch, 578.
——*pilosus* Schaeff. 468, 582. Batsch, 555.
——*pineti* Batsch, 460, 563.
——*piperatus* Linn. 364, 520.
——*placenta* Batsch, 461, 555.
——*plicatus* Schaeff. 469, 555. Batsch, 468.
——*plumbeus* Schaeff. 415, 468, 581.
——*populi sylvestris* Pallas, 547.
——*porcellaneus* Schaeff. 424, 468, 538.
——*porosus coloris saturi aurantii* Dillen. 223.
——————*flabellum referens* Buxb. 226, 531.

Agaricus porosus rubens, carnosus, &c. Dillen. 528.
——*prasinus* Schaeff. 422, 559.
——*pratensis* Schaeff. 425, 518. Batsch, 554.
——*procerus* Schaeff. & Scop. 519.
——*pruinatus* Batsch, 462, 586.
——*prunulus* Scopoli, 526.
——*pseudo-boletus* Jacq. 444, 579.
——————*mousseron* Bull. 470, 587.
——————*unctuosus* Batsch, 521.
——*psittacinus* Schaeff. 378, 560.
——*pudibundus* Scop. 437, 584.
——*pulius* Batsch, 468.
——*pulverulentus* Schaeff. 426, Scop. 434.
——*pulvinati* Batsch, 456, 515, n.° 117.
——*punctatus* Schaeff. 414, 581.
——*purpureus* Schaeffer, 560 ter.
——*pusillus* Schaeff. 426, Batsch, 462, 586.
——*pustulatus* Scopoli, 533.
——*pyramidalis* Scop. 433, 583.
——*pyramidatus* Schaeff. 468.
——*quadricolor* Scopoli, 436, 584.
——*quercinus* Linn. 364, 528, 529. Schaeff. 529. Willd. 476.
——*quernus lamellatus coriaceus albus* Dillen. 223.
——*quinquepartitus* Linn. 364, 578.
——*quisquiliarum* Scopoli, 432.
——*radicosus* Bull. 470, 587.
——*ramosus* Bull. 469, 587.
——*risigallinus* Batsch, 463, 527.
——*rosellus* Batsch, 464, 563.
——*roseoniveus striis aureis, &c.* Plum. 211, 555.
——*roseus* Schaeff. 425. Scop. 434, 583. Bull. 583.
——*rubellus* Scop. 436, 584. Batsch, 468.
——*ruber* Schaeff. 425, 468.
——*rubescens* Sch. 423, 468, Scop. 438, 584.
——*rubeus* Scopoli, 523.
——*Rudolphii* Batsch, 461, 583.
——*rufescens* Schaeff. 532.
——*rufocandidus* Schaeff. 424, 538.
——*rufus* Scopoli, 560 ter.
——*russula* Schaeff. 570. Scop. 570.
——*rusticanus* Scop. 567.
——*rutilans* Schaeffer, 422, 468, 559.
——*saccharinus* Batsch, 560.
——*sanguineus* Jacq. 445, 539.
——*santalinus* Scop. 435, 539. Murray, 539.
——*scandiccinus* Scop. 523.
——*scrobiculatus* Schaeff. 423, 468, 521.
——*sebaceus undulatus, &c.* Hall. 578.
——*semiglobatus* Batsch, 571.
——*semipetiolatus* Schaeff. 468, 536.
——*separatus* Linn. 363, 578.
——*sepiarius* Jacq. 536.
——*soderellus* Scop. 435, 561.

Amanita *semipetiolatus niveus* Haller, 407, 556.
——————*sessilis duriffimis lamellis cartilag.* &c. Hall. 529.
——————*subfufca oris laceris* Dillen. 533.
——————*sulphureus ficus,* &c. Hall. 552.
——————*totus viridis* Haller, 409, 581.
Ammoniti Portæ, 44, 509.
Amphitretia Hill. 359, 512, n.° 51.
Antropomorphos 109, 171, 351, (voy. *fungus antrop.*).
Aphronitrum 9. 502.
{ *Arachidna*
      &
{ *Aracoïdes* J. Bauhin, 91.
Arborum fungus auriculæ Judæ facie Lob. 529.
Arcyria Hill. 360, 513, n.° 81.
Aspergillus Mich. 265, 338, 516. Hall. 400.
Affa fœtida f. stercus diaboli Sterb. 143, 524.
Auricula flammea Malchi Sterb. 139, 531.
——————*Judæ* Cluf. 165, 524.
——————*colore coccineo* Sterb. 81, 164, 542.
——————*leporina* Cluf. 61.
——————*leporis alba* Sterb. 140, 520.
—————— *lutea* Sterb. 127, 521.
Auriculæ Scopoli, 440.

B

BARBA caprina Cluf. 66, 510, n.° 23. 534.
——————*major & minor* Sterb. 136, 535.
Bidona Adanson, 388, 511, n.° 37.
Boleto-lichen vulgaris Juffieu, 190, 259, 557.
{ *Boleti*
      &
{ *Boletus* Romanor. 12. Plinii, 12, 509, 518. Tragi, 509. Cæfalp. 37, 518. Portæ, 44, 518. Dodon. 53. Cluf. 65, 509, 518. Sterb. 122, 144, 511, 545. Tournef. 203, 509, n.° 9, Dillen. 217, 509, n° 8. Vaill. 228, 509, n.° 9. Mich. 334, Linn. 348, 513, n.° 71. Gledit. 370, 513, n.° 84. Battar. 376, 509, n.° 9. Adanson, 391. Hall. 401, 515, n.° 109. Sch. 412. Batfch, 453.
——————*adustus* Willden. 477.
——————*agaricoïdes* Murray, 449.
——————*albus pileolo complicato,* &c. Battar. 380, 579.
——————*annulatus* Schaeffer, 536.
——————*appendiculatus* Schaeff. 427, 534.
——————*arboreus supernè fufcus,* &c. Dillen. 222.
——————*areolati* Batfch, 457, 515, n.° 123.
——————*atrofufcus* Schaeff. 427, 536.
——————*aurantius* Schaeff. 524.
——————*bovinus* Linn. 365, 525. Scop. 439, 523.

Boletus bagloffum Willden. 477, 528. Retz, 528.
——————*bulbofus* Schaeffer, 418, 527.
——————*caliciformis* Battar. 380, 579.
——————*cancellatus flavefcens* Tournef. 527.
——————————*purpureus* Tournef. 527.
——————————*totus purpureus* Plum. 210.
——————*caudicinus* Scopoli, 524.
——————*cervi* J. Bauh. 94.
——————*cervini* Valer. Cord. 25, 519. Math. 33, 519.
——————*cinnabarinus* Jacq. 445, 578.
——————*cinnamomæus* Jacq. 445, 553.
——————*coriaceus* Schaeff. 427, 553. Scop. 439, 553. Batfch, 465, 528.
——————*craffipes* Schaeff. 427.
——————*cupreus* Schaeffer, 427.
——————*deformis* Schaeff. 418, 579.
——————*dimidiatus* Murray, 449. Thunb. 579.
——————*dubii* Sterbeeck, 144.
——————*favoginei* Batfch, 456, 515, n.° 121.
——————*favus* Linn. 364, 578.
——————*ferruginatus* Batfch, 523.
——————*ferrugineus* Schaeff. 427, 534.
——————*flabelliformis* Schaeff. 418, 565.
——————*flavorufus* Schaeff. 427, 534.
——————*fomentarius* Linn. 365, 528.
——————*fulvus* Schaeffer, 427, 328.
——————*granulatus* Linn. 365, 523.
——————*hepaticus* Schaeff. 42, 528. Willd. 477.
——————*igniarius* Linn. 365, 528.
——————*italicus phalloïdes* Cumel. Reg. 402, 560 bis.
——————*juglandis* Schaeff. 418, 531.
——————*lacrymans* Jacq. 445, 585. Murray, 585.
——————*lacteus* Batfch, 465, 566.
——————*lævis & vifcidus* Dillen. 523, 524.
——————*laricis* Jacq. 448, 517.
——————*leptocephalus* Jacq. 445, 566.
——————*leucophæus* Battar. 553.
——————*lipfienfis* Batfch, 465, 528.
——————*luridus* Schaeff. 427, 534.
——————*luteus* Dill. 523. Linn. 365, 546. Sch. 427. Scop. 439.
——————*medulla panis* Jacq. 447, 565.
——————*mefentericus* Schaeff. 427, 536.
——————*milleporei* Batfch, 456, 515, n.° 122.
——————*mitram pontificis referens* Rup. 215.
——————————————*albicans* Rupp. 553.
——————————————*nigricans* Rupp. 553.
——————————————*pullus* Rupp. 553.
——————*multicolor* Schaeff. 427, 536.
——————*noftras flavefcens,* &c. Vaill. 253.
——————*obliquatus* Bull. 579.
——————*odoratus* Wulfen. & Enflin, 474, 517.
——————*olivaceus* Schaeffer, 426, 523.

Boletus

Boletus pediculo & capitulo donatus, &c. Rup. 215, 560 bis.
—— *perennis* Linn. 276, 365, 566. Batſch, 465, 524.
—— *phalloïdes* Tournef. 524. Vaill. 253.
—— *pileatus*, &c. Plum. 209, 537.
—— *rugoſus*, pediculo fiſtuloſo Plum. 210.
—— *pileolo monachi* Battar. 380, 579.
—— *ſpiralibus plicis contorto* Battara, 537.
—— *quercûs* C. Bauh. 90, 518.
—— *ramoſiſſimus* Schaeff. 426, 522.
—— *ramoſus coralloides fatidus* Reaumur, 527.
—— *reſinoſus* Jacq. 449 Rubel, 528.
—— *reteporei* Batſch, 456.
—— *reticulatus* Schaeff. 417, 583.
—— *rugoſus* Jacq. 445, 579.
—— *ſanguineus* Linn. 364, 578.
—— *ſemiovatus* Schaeff. 427, 528.
—— *ſtultorum* Cluf. 71, 317. Sterb. 537.
—— *ſuaveolens* Linn. 365, 473, 543.
—— *ſuberoſus* Linn. 364.
—— *ſubgloboſus minimus*, &c. Gleditſch, 579.
—— *ſubſquamoſus* Linn. 365, 566. Batſch, 531.
—— *ſubtomentoſus* Linn. 365, 524.
—— *ſuilli* Batſch, 456, 509.
—— *terreus* Schaeff. 427, 523.
—— *variegatus* Schaeff. 427, 536
—— *verrucoſus ex fuſco ſordidé niger* Dillen. 222, 560 bis.
—— *verſicolor* Linn. 365, 536. Schaeff. 427. Scopoli, 536.
—— *viſcidus* Linn. 365.
—— *ungulatus* Schaeff. 427, 528.
Boli gulæ 176.
Bolites Græcor. Galeni, 19, 509.
Botrytis Mich. 265, 338, 516. Hall. 400.
Boviſta Dillen. 217, 509, 511, n.° 40.
—— *erinacea* Dillen. 224, 550.
—— *igniaria* Dillen. 224, 528.
—— *miniata, piſi majoris magnitudine* Dillen. 224, 547.
—— *parva cylindrica, pediculo donata* Dillen. 545.
Buccina Scopoli, 440.
Bufonum pileus Sterbeeck, 144.
Bulla Battara, 376, 514, n.° 93.
Byſſus Mich. 265, 338. Gleditſch, 369, 516.

C

CALANTICA albida, radice retiformi Battar. 382, 518.
Canellæ Cæſalp. 513, 509.
Capreolini Germanor. 60, 510, 521. Tab. Mont. 291, 510. Loëſel, 98.

Caput bufonis Sterb. 534.
—— *papaveris* Sterb. 527.
Cardeoli Hermol. 510, n.° 12.
Cardueles Portæ, 47.
Carpobolus Mich. 342, 513, n.° 68. Hill, 360 513. Adanſ. 390, 514, n.° 102. Willden. 513.
—— *aureus* Mich. 577.
Caſtanites 172.
Catarumphuli Bocc. 115.
Ceratoſpermum Mich. 272, 512, n.° 55, 566. Hill. 361, 512. Adanſ. 389, 512. Haller, 400.
Ceraunium Plinii, 16, 499, 517.
Ceriomyces Battar. 377, 509, n.° 8.
Cervi boletus J. Bauh. 519.
Chanterel Adanſ. 393, 511, n.° 43.
Cladonia Adanſ. 389, 516.
Clathroïdaſtrum Mich. 339, 512, n.° 61, 558. Adanſ. 390,
Clathroïdes Mich. 338, 512, n.° 60. Adanſ. 390.
—— *purpureum capitulo donatum* Mich. 558.
{ *Clathri* & *Clathrus* Micheli, 338, 511, n.° 26. Linn. 348, 513, n.° 74. Adanſ. 391. Batſch, 454.
—— *albus* Micheli, 527.
—— *cancellatus* Linn. 366, 527.
—— *carnoſi* Batſch, 455, 511, n.° 26, 513.
—— *denudatus* Linn. 366, 558.
—— *nudus* Linn. 366, 558.
—— *pediculatus purp. ped. oblongo* Guett. 558.
—— *pertuſus* Batſch, 558.
—— *recutitus* Linn. 365, 558.
—— *ruber* Mich. 527.
—— *ſicci* Batſch, 455, 513.
{ *Clavariæ* & *Clavaria* Vaill. 228, 511, n.° 41. Mich. 336, 511. Hill, 361, 511. Gleditſch, 370, 510. Battar. 376. Linn. 349, 510. Adanſ. 387, 511. Scop. 510. Hall. 400, 510. Schaeff. 412, 510, Batſch, 454, 510. Fouger. 549.
—— *alba piſtilli formâ* Vaill. 254, 549.
—— *albida* Schaeff. 535.
—— *atroporphyrea* Schaeff. 535.
—— *atropurpurea* Batſch, 465, 549.
—— *aurea* Schaeff. 535.
—— *ceſpitoſa* Jacq. 446, 549.
—— *major candida* Mich. 577.
—— *clavæformes* Batſch, 455, 511.
—— *coralloides* Linn. 366, 535.
—— *cornuta* Schaeff. 420. Jacq. 446, 585. Murray, 585.
—— *criſpa* Jacq. 446, 585.
—— *cruſtaceæ* Batſch, 455, 512, n.° 43.

Tome I. Gggg

Clavaria digitata Linn. 366, 549.
—————*digitellus* Schaeff. 421, 559.
—————*elvéloïdes* Jacq. 582.
—————*fastigiata* Linn. Batsch, 535.
—————*flabellaris* Batsch, 550.
—————*flammea* Schaeff. 420, 535.
—————*flava* Schaeff. 535.
—————*flavida* Schaeff. 535.
—————*gelatinosæ* Batsch, 455, 458, 515, n.° 129.
—————*gemmata* Schaeff. 420, 558.
—————*granulata* Willden. 549.
—————*gyrans* Batsch, 465, 549.
—————*hirta* Batsch, 550.
—————*hipoxilon* Linn. 366, 550.
—————*indivisa viridis* &c. Hall. 405, 549.
—————*indivisæ* Linn. 511.
—————*laciniata* Schaeff. 564.
—————*lignea* Willden. 478, 549.
—————*ligula* Schaeff. 549.
—————*lutea vermiculata* Mich. 577.
—————*major alba* Mich. 549.
—————*militaris* Linn. 558.
———————————*crocea* Vaill. 254, 558.
—————*muscoïdes* Linn. 366, 535.
—————*ophioglossoïdes* Linn. 366, 549.
———————————*nigra* Vaill. 549.
—————*pallida* Schaeff. 535.
—————*parasytica* Willden. 478, 549.
—————*pistillaris* Linn. Scop. Batsch, 549.
—————*plebeïa* Jacquin, 446, 535.
—————*purpurea* Schaeff. 535.
—————*ramosæ* Linn. 510. Batsch, 455, 510.
—————*rubella* Schaeff. 535.
—————*rufescens* Schaeff. 535.
—————*simplex & ramosa subulata*, &c. Haller, 535.
—————*sobolifera* Hill. 362, 410. Fougeroux, 549.
Clavus secalinus 549.
Clethria Hill. 361, 511, n.° 26.
Cali-flos 520
—————*folium* 520
Coles terrestris 352.
———————————*Tulpii*, 523.
Colomella J. Bruy. Camp. 518.
Coma fictitia rubra Sterb. 155.
Concha marina flammea Sterb. 139.
—————*parva marina col. coccin.* Sterb. 81, 164.
—————*salignea marina* Sterb. 165, 552.
Corallo-fungus Vaill. 228, 254, 510, n.° 23.
———————————*argenteus omentiformâ* Vaill. 254.
———————————*candidissimus* Vaill. 254, 535.
———————————*crocens ornithopoïdes* Vaill. 254, 564.
———————————*flavus* Vaill. 535.
———————————*niger compressus varié divaric.* Vaill. 255, 551.
Coralloïdes Tournef. 203, 510. Mich. 337, 510. Battar. 376, 510. Hall. 510.

Coralloïdes abietina nivea procerior Tournef. 540.
—————*alba minima* Buxb. 535.
—————*albida* Tournef. 535.
—————*album corniculis diluté purpureis* Mich. 535.
—————*cornua cervi referens* Tournef. 206.
———————————*damæ referens* Tournef. 206, 550.
—————*digitatum nigrum apicib. albi* Petiver. 550.
—————*diluté purpurascens* Tournef. 535.
—————*flava* Tournef. 535.
—————*fusca & laciniata* Plum. 211.
—————*histricis formâ*, Tournef. 550.
—————*ramis longioribus prædita* Barrel. 202, 550.
—————*ramosa palmata* Barrel. 202, 550.
—————*ramosissima purpurea* Plum. 535.
—————*ramosum compressum*, &c. Tournef. 550.
Cornu cervi calcinatum Sterb. 165, 540.
Cranion Theophrasti 8, 509.
Cranium Cæsalp. 37, 499.
Crepitus lupi Ruell. 24, 509.
———————————*efflorescens* C. Bauh. 41, 527.
———————————*pilatius parvus* Sterb. 170.
———————————*semiplanus* Sterb. 170.
Crista galli Mentzel, 179.
Cuculli stultorum fasciculus Sterb. 162.
Cyatha Adanf. 389, 513, n.° 69.
Cyathia Hill. 361, 513, n.° 69.
Cyathoïdes Mich. 80, 342, 513, n.° 69, 539.
Cyathus Hall. 401, 513, n.° 69.
Cynomorion coccineum Mich. 115.

D

DICTIARIA Hill. 360, 513, n.° 73.
Digitelli Tragi 5, 510. Cæsalp. 42, 510.
Dorsum bufonis Sterb. 148.

E

ECHIN-AGARICUS Hall. 353, 312, n.° 52.
Echinus Hall. 402, 513, n.° 72.
—————*crystallinus gelatinosus* Hall. 547.
———————————*petiolo crasso*, &c. Hall. 407, 580.
—————*petiolatus albicans*, &c. Hall. 544.
———————————*pileo hemisph.* &c. Hall. 407, 580.
—————*ramosus aculeis parallelis* Hall. 540.
{*Elvela* &
{*Elvela* Linn. 348, 513, n.° 75. Gled. 370, 513, n.° 85. Schaeff. 412, 513. Batsch, 458, 512, n.° 54.
—————*acaulis* Pallas, 486, 566.
—————*auricula* Schaeff. 419, 583.
—————*auriculæ* Scop. 440, 515, n.° 115.
—————*aurita* Rousfel, 496, 590.

Fungus

Fungus ovatus J. Bauh. 93, 545.
——— crepitus lupi Tragi, 530.
——— sulphureus fœt. Sterb. 156, 538.
——— oviformis Merret, 538.
——— ovinus Sterb. 127, 518.
——— pallidus marmoreus Sterb. 132.
——— se contorquens esculentus J. Bauh. 521.
——— palmatus Barrel. 555.
——— albogilvus cristatus Bocc. 200, 555.
——— panis bufonis parvus Sterb. 144.
——— porcinus, &c. Sterb. 144.
——— pannis laceris similis Cæsalp. 40, 41. C. Bauh. 527.
——— papillatus Vaill. 511. n.º 37.
——— parvi globosi ex ungue equino, &c. Raii, 547.
——— lutei ad ophioglossoidem nigrum acced. Raii, 549.
——— & clypeiformes J. Bauh. 537.
——— lethales J. Bauh. 95.
——— parvus albus, &c. Mich. 568, 571.
——— cum luteolâ parte, &c. J. Bauh. 545.
——— ex conis abietis Buxb. 262, 556.
——— arboreus villosus, albus, &c. Raii, 556.
——— candidissimus lamellatus Raii, 188, 556.
——— capitulo conico in cellis vinariis Buxb. 551.
——— coccineus Vaill. 240, 539.
——— colubrinus Sterb. 142, 518.
——— è volvâ erumpens, &c. Mich. 573, 574.
——— elegans cantharidum colorem, &c. referens Mich. 572.
——— elegantissimus, &c. Mich. 572.
——— esculentus odoratus, &c. Mich. 526.
——— ex uno pede multiplex, &c. Mich. 554, 575.
——— galericulatus alter flavus C. Bauh. 529.
——— geminus rufus, fuscus Sterb. 150, 516.
——— lamellatus pedunculi formâ, &c. Raii, 245, 556.
——— lethalis galericulatus Lobel, 52.
——— limax Sterb. 126, 525.
——— obscurus, &c. .... 563, 569.
——— omninò caruleus J. Bauh. 544.
——— parvi galeri formâ, &c. C. Bauh. 538.
——— pediculo oblongo, firmo, lento, &c. Raii, 545.

Fungus parvus pediculo oblongo, galericulatus, &c. Raii, Vaillant, 526, 239.
——— pileolo fusco Mich. 572
——— tenui oblongo, &c. Raii, 184.
——— firmo, lento Raii, 185.
——— pileoli supernâ parte albâ, &c. J. Bauh. 545.
——— pileolo in acutum conum, &c. Mich. 570.
——— fusco, &c. Mich. 572.
——— hemisphærico, &c. Raii & Vaill. 554. Mich. 562. 571.
——— mammoso, &c. Mich. 570.
——— mellino, &c. Mich. 576.
——— pulvinato, &c. Mich. 569.
——— subobscuro, &c. Mich. 561.
——— succum lacteum, &c. Mich. 567.
——— piperatus, &c. Mich. 567.
——— purpureus perniciosus Sterb. 155, 539.
——— ramosus luteus Raii, 535.
——— subobscurus, &c Mich. 569.
——— succum lacteum fundens, &c. Mich. 567.
——— tenax albus Sterb. 142, 552.
——— totus albus, &c. Mich. 568.
——— fulvus, &c. Mich. 573.
——— padiceus, &c. Mich. 563.
——— viridis, &c. Mich. 569.
——— violaceus marmoreus pernic. Sterb. 156, 524.
——— paschalis, &c. Mich. 529.
——— pascuorum majusculus capite conico, &c. Mich. 538.
——— pedem equinum referens J. Bauh. 528.
——— pediculo enulato, &c. Mich. 283.
——— crocei splendoris participe Vaill. 244, 563.
——— in bulbi formam excrescente C. Bauh. Vaill. 250, 534.
——— pupurascente Cimel, 495, 589.
——— pyriforme, &c. Cimel, 588.
——— rufescente, 491.
——— pediculus longus, gracilis excavatus Sterb. 150, 537.
——— pedunculo inoculato Battar. 381, 579.
——— pene candidus pronâ parte erinaceus J. B. 93, 543.
——— per maturitatem sursùm repando Vaill. 535.
——— perniciosi Clus. 68.
——— perniciosus brevi & crasso pedic. Sterb. 146.
——— intense aureus, &c. Mich. 575.

Fungus perniciofus inverfus puftulatus Sterb. 153, 534.

——————————*quercetus* Sterb. 150, 534.

—————————————*niger* Sterb. 74, 146, 523.

——————————*fupernè grifeus, &c.* Mich. 518.

——————*perpufillus pediculo oblongo, &c.* Raii, 554.

——————*perunctus niger* Sterb. 534.

——————*pes caprinus* Cluf. 59, 533.

——————*pezicæ* Herm. 22. Dodon. 53. Fab. Col. 86, 511, 540.

——————*phallodes maximus, &c.* Mentz. 178, 524.

——————*phalloïdes* J. Bauh. 94. Vaill. 250.

———————————*annulatus pileolo patulo, . &c.* Cimel, 588.

—————————————*fordidè virefcens & patulus* Vaill. 250, 564.

————————————*noftras fubcinereus* Cimel, 588.

————————————*fericeus totus albus* Cimel, 46, 573.

——————*phofphorus (polymyces)* Battar. 381.

——————*pilatius, parvus crepitus lupi* Sterb. 170, 527.

——————*pileatus major fup. color. caftaneo* Raii, 183, 554.

——————*pileo fanguineo verrucofo, &c.* Hall. 356, 523.

——————*pileolo albo centro rufefcente* Vaill. 239, 526.

——————————*candicante lamellis paucis, &c.* Vaill. 245, 550.

————————————*conico maculato* Vaill. 238, 519.

————————————*cucullato rifcido, &c.* Mich. 569.

————————————*defuper lacero, &c.* Mich. 571.

————————————*fornicato, &c.* Mich. 570.

————————————*hemifphærico, &c.* Mich. 571.

————————————*in plano orbiculari villofo* C. Bauh. 532.

————————————*lato & rotundo* C. Bauh. 532.

———————————————*livido* C. Bauhin, 518.

——————————*longiffimo pediculo variegato* C. Bauh. & Vaill. 249, 313, 519.

——————————*orbiculari candicante* C. Bauh. 520.

———————————————*flavefcente* C. Bauh. 521.

—————————*micis furfuraceis afperfo* Vaill. 249, 533.

—————————*puniceo, lacleum & dulcem fuccum fundens* C. Bauh. 521. Vaill. 251, 523. Ern. 522.

—————————*magno plano orbiculari* C. Bauh. 532, 535.

—————————*parvo, &c.* Mich. 570.

———————————*fulvo, &c.* Mich. 555.

—————————*per maturitatem inflar ag. intyb. laciniato* Vaill. 232, 521.

Fungus pileolo plano fubfufco, &c. C. B. 533.

———————————*faturè rubro, &c.* Mich. 522.

———————————*ftraminei coloris* Vaill. 237, 561.

——————————*piperati & lactefcentes* Val. Cord. 510, n.° 18.

——————————*piperatus lactefcens, &c.* Mich. 521.

———————————*albus lacteo fucco turgens* J. Bauh. 520.

———————————*non lactefcens* Vaill. 234, 527.

————————————————*coloris brafilici* Vaill. 239, 527.

——————————————————*pileolo adm. umbilicato, &c.* Mich. 521.

——————*piperi æthiopico fimilis, &c.* Merret 549.

——————*piperis fapore & lacteo liquore manans* V. Cord. 25.

——————*piperitis* Portæ 520.

——————*planus orbicularis aureus* C. Bauh. 518.

——————*plures ex uno pede è prunor. radicibus, &c.* Raii, 182, 243, 529.

—————————*juxtà fe nafcentes parvi, &c. candidi, &c.* Raii, 558.

—————————*fimùl, albi ad arbor. rad.* J. Bauh. 532.

——————*plurimi minimi fimul nafcentes turbin. &c.* Raii, 554.

——————*podagricus* Kill. 114.

——————*popuinei* Dodon. 510, n.° 10, 531.

——————*porcini,* Vid. Vidii, 27. Cæfalp. 37, 509.

——————*porcinus* Sterb. 132, 533.

——————*porofus* Vaill. 230, 523. C. Bauh. 519.

———————————*autumnalis viridis* Buxb. 546.

———————————*communis inteftinor. gyros referens* Mentz. 179, 553.

———————————*craffus* Raii, 525.

———————————*efculentus, &c.* Buxb. 525.

———————————*& lignofus infundibuli formâ* Breyn. 553.

➤ ————————————*fufcus pediculo tumente* Vaill. 231.

———————————*magnus craffus* J. Bauh. 94, 525.

——————————————*purpureus* Tournef. 205, 525.

————————————————*tuberculis min. exafp.* Vaill. 230.

———————————————*colore caftan.* Vaill. 524.

————————————*maximus craffus luteus lacer, &c.* Vaill. 231.

————————————*minor* Breyn. 566.

————————————*medius fordidè purpureus* Vaillant, 231, 534.

——————————————*fuperficie fordidè albâ* Vaill. 560 bis.

————————————*noftras* Raii, 183, 525.

———————————————*brachiatus maximus* Vaill. 231, 492.

————————————*pediculo ovali pil. fuperf. caftan.* Vaill. 231.

Fungus umbilicofus purpureus Sterb. 155.
————*ruber* Sterb. 155, 527.
————*umbilicum exprimentes plures* J. Bauh. 532.
————*referens variegatus* C. Bauh. 533.
————*unguinofus* Clufii, 74.
————*volvâ erumpentes* Mich. 283, 537.
————*vulgares edules* Lobel. 51, 509.
Fufei Ruell. 24, 509.

G

GABURA Adanf. 389, 516.
Galerus brabanticus Sterb. 150, 538.
Gallinacei Cæfalp. 40. Portæ, 510.
Gallinacia Portæ, 45, 510, 522.
Geafter Mich. 341, 509, 513. n.° 67, 558.
Geafteroïdes Battar. 110, 550.
Gelona Adanf. 393, 514, n.° 105.
Gonzala Adanf. 388, 514, n.° 98.
Graphis Adanf. 392, 516.

H

HELVELLA Ciceronis, 509, 518. Linn. 366, 348, 513, n.° 75. *(Voy. elvela).*
————*agaricus* Withering, 565.
————*corrugata* Wither. 566.
————*mitra* Linn. 366.
————*pineti* Linn. 366, 566. *(V. elvela).*
{*Hydnon* Theophr. 8, 509.
{*Hydna* Diofcor. 517.
{*Hydnum* Linn. 348, 513, n.° 72. Schaeff. 412, 513. Batfch. 453, 513. Willden. 514, n.° 94.
————*aurifcalpium* Linn. 365, 544.
————*carnofum* Batfch. 465, 544.
————*clandeflinum* Batfch. 544.
————*el enroïdes* Pallas, 488, 540.
————*coralloïdes* Schaeff. 419, 540. Scop. 540.
————*deformia* Batfch. 457, 515, n.° 124.
————*difformia* Batfch. 457, 514, n.° 94.
————*floriforme* Schaeff. 418, 567.
————*gelatinofum* Schaeff. 419, 547.
————*& monfhrofum* Jacq. 547.
————*imbricatum* Linn. 365, 544. Schaeff. 418.
————*lateralia* Batfch. 457, 512, n.° 52.
————*parafiticum* Linn. 365, 565.
————*revandum* Linn. 365, 544.
————*rufefcens* Schaeffer, 418, 544.
————*fquamofum* Schaeffer, 419.
————*flipitata* Batfch. 457, 511, n.° 37.
————*flriatum* Schaeffer, 418, 583.
————*fuaveolens* Scop. 440, 584.
————*fuberofum* Batfch. 465, 567.
————*fulfquamofum* Batfch. 544.
————*tomentofum* Linn. 365, 567.
————*zoratum* Batfch. 567.
Hydrophori Battar. 376, 514, n.° 92.
Hypodris Solenandri, 50, 528.

Hypoxilon Adanfon, 391.
————*excrementum ligni putrid. f.* Mentz. 180, 549.
Hyftero-cephalos Battara, 377.

I

IGNIS fylvefris Cæfalp. 40, 511, n.° 26, 527.
Ifaria Hill. 361, 516, n.° 134.
Ifka Græcor. Paul Ægin. 21, 510.

K

KEMA Arab. 517.
Kolman Adanf. 389, 516.
Kolkir Adanfon, 389, 516.
Kordera Adanf. 391, 516.
Kuema Adanf. 393, 512, n.° 53.

L

LAC tigridis, 111.
Laciniæ Hermol. 22, 510, n.° 14, 522.
Lapis bufonis Sterb. 156, 525.
————*fungiferas* M. Aur. Sev. 546.
————*hucens & hncurius* Hermol. 23. Cæfalp. 37, 38, 407.
————*molaris* Sterb. 69, 158, 526.
————*phrygius furgos ferens* Merc. 546.
Leotia Hill. 360, 511, n.° 41.
Lepiota Hill. 360, 511, n.° 36.
Lepufculi Tragi, 30.
Leucomyces Battara, 377.
Lichen Adanf. 389, 516.
Lichen-Agaricus Mich. 264, 266, 512, n.° 48, 513.
————*crafiaceus, crafus, bovinus* Mich. 565.
————*nigricans, &c.* Mich. 267.
Lichenoïdes Weigel, 441, 550.
Limax magnus Sterb. 123.
———— *parvus* Sterb. 126.
Linckia Mich. 273, 512, n.° 56.
————*terrefris gelatinofa, &c.* Mich. 520.
{*Linguæ*
{*Lingua* Cæfalp. 41, 511, 528. Italor. 268.
————*bovina* 41, 528.
————*maculis purpureis oblongis pictæ* Raii, 189, 557.
————*pilofæ* Raii, 556.
Lithodermomyces Battara, 382.
Lithophyton terrefre digit. nigram March. 549.
Locellus Sterb. 140.
Lupi crepitus vulgo vefcia f. Col. 87, 201, 527.
Lycogala Mich. 339, 512, n.° 63. Adanfon, 390, 513, n.° 77. Hall. 400, 512.
————*globofum rubrum, &c.* Mich. 548.
Lycoperdaftrum Mich. 115, 341, 509, 512. n.° 64.

M

Merisma

Fin de la Table des noms latins.

TABLE

DES NOMS FRANÇOIS, ITALIENS, &c.

MÊME LES PLUS VULGAIRES.

[Le chiffre indique la page.]

A

Entonnoir

Entonnoirs polypores 168, 553.
——— de Provence 214, 560 bis.
——— ramagé gris 236, 560 ter.
——— rouge 436, 584.
Ergot du seigle 549.
Esca, esco ou *esquo* 21, 214, 268, 510.
Éteignoirs (les petits) blancs de lait 291, 568.
——— blancs & pourpre 324, 575.
——— cotonneux fauve & blanc 187, 555.
——— pié bleuâtre 304, 572.
——— secs & solitaires 183, 554.
——— vert doré 293, 569.
Étoile (l') polaire 363, 578.
——— de terre 192,, 341, 558.
Éventail des dames St. 129.

F

FALCHERO 525.
Famiglia 281, 323. 326, 328, 329, 574, 576.
Famille (la) pleureuse 248, 563.
Fanghacia, fanghino 281. 297, 299, 300, 538, 555.
Farinaccio 318, 574.
Fariniers (les) à collet 408, 581.
Feu sauvage 338, 527.
Feuille du ciel 27, 519.
——— (la) morte 464, 587.
Figue (la) girolle 416, 582.
Filongrana 338.
Fleur du ciel 27, 519.
——— du tan 226, 548.
Florisperfi 241, 282, 562.
Fo-lim 111, 497, 546.
Fongositez 512.
——— à quilles 195, 559.
Foye-de-bœuf 41, 268, 528.
Funghanina, fungherello, funghetto, funghetti, funghino 280, 297. 333, 569, 572, 577.
Fungo ou *fongo, appasionato* 298, 570.
———*bianco* 568.
———*borsaro* 84.
———*bozzolo* 538.
———*cambia colori* 84.
———*canapino* 571.
———*canapone* 569.
———*canino* 335, 529.
———*carbonajo* 277, 282, 567.
———*chiodo* 300, 563.
———*corvo* 277, 282, 567.
———*di concio* 282, 300, 526.
———*di fungo morto* 333, 567.
———*di ontano* 276, 567.
———*di pietra* 85, 546.
———*dormiente* 297, 569.
———*filongrana* 338.
———*furfuraro* 84, 528.
———*gelofo* 290.
———*giallo* 280.

Fungo giallone 571.
———*greco* 297, 570.
———*jozzolo* 290.
———*lesina* 322.
———*monacella* 335, 529.
———*marzuolo* 297, 569.
———*nugnajo* 290, 568.
———*olivo dorato* 324, 575.
———*ramolaccio* 289, 568.
———*ramoso* 84, 567.
———*serpentino* 298.
———*sottocopa* 336.
———*vedovo* 293, 559.
———*ventaglio* 269.
———*verdino* 569.
———*villoso* 84, 540.
Fungoïdes ou fongoïdes 203, 217, 228, 334, 509, 539, 540, 541.
——— en coupe 336, 577.
——— creux 85, 509, 540.
——— en disque 333, 577.
——— gélatineux 229, 560 bis.
——— en lentille 336, 577.
——— à nervures 471, 588.
——— en pomme 333, 576.
——— à tête de maure 496, 590.
——— en verre à boire 335, 577.
Fuoco sylvatico 41, 338, 527.
———Fuseaux (les) 13, 24, 509, 518.

G

GALLINACCIA 45, 67, 281.
Gallinacei, gallinaccio, gallinella 40, 45, 127, 282.
Gallinole 42, 45.
Gallucci 45, 282, 529.
Gambarello 281.
Ganéjou 69, 526.
Géant (le) 415, 582.
——— blanc 477, 588.
Gelona, gelone 271, 532.
Gérille 29, 40, 176, 521.
Giallo, giallino, gialleti, giallone, giatelli 40, 127, 280, 304, 572.
Girandets ou girandoles 29, 40, 510, 521.
Girasol feuilleté & *girasole* 303, 571.
Girolles 29, 40, 51, 62, 510, 521.
——— agaric à branches 439, 584.
——— aurore 462, 586.
——— blanche 140, 520, 552.
——— feuilletée pourpre 494, 589.
——— à suc jaune 98, 546.
——— à feuillets 60, 121, 127.
——— jaunes ou safranées 29, 40, 51, 62, 521.
——— rousse 157, 521.
——— safranées (*voy.* jaunes).
——— souffrée 521.

Q

R

S

Fin de la Table des noms François, Italiens, &c.

PRINCIPALES FAUTES A CORRIGER.

Page 35, note 12, *lisez* note 13.
45, *conocchielles*, lisez *conocchielle.*
312, ligne 3, *surino*, lisez *turino.*
365, *boletus tuberosus*, lisez *suberosus.*
389, *cledona*, lisez *cladona.*
510, 2.ᵉ colonne, *agarici atramentarii*, lisez *fungi atramentarii.*
Ibid. 1.ʳᵉ col. *isca*, lisez *iska.*
535, 2.ᵉ colonne, *coralloïdes 6.ᵃ*, lisez *clavaria 6.ᵃ*
536, 1.ʳᵉ colonne, *tœlephora*, lisez *thælæphora.*
Ibid. 2.ᵉ col. sch. *tab.* 16, lisez *tab.* 76.
Ibid. fuscus & rubro, lisez *fusco & rubro.*
537, 2.ᵉ col. *fungus albus*, lisez *fungus magnus albus.*
Ibid. fig. E., *lisez* fig. B.
539, *leutifera*, lisez *lentifera.*
Ibid. senime, lisez *semine.*
540, *pulviforme*, lisez *pelviforme.*
548, 2.ᵉ col. *lycoperdon umbricale*, lisez *lycop. lumbricale.*
549, *lythophyton*, lisez *lithophytum.*
468, lig. 21, *vallus*, lisez *vellus.*
588, lig. 10, *cormicopioides*, lisez *cornucopioides.*
616, 2.ᵉ col. *Plucii*, lisez *Plinii.*

TABLE

DES NOMS DES PRINCIPAUX AUTEURS,

O U

SOURCES CITÉES DANS CET OUVRAGE.

[Le chiffre indique la page.]

Fin du premier Volume.